国家科学技术学术著作出版基金资助出版

金沙江流域鱼类

Fishes in the Jinsha Jiang River Basin, the Upper Reaches of the Yangtze River, China

张春光　杨君兴　赵亚辉　潘晓赋 等 ◎ 编著

金沙江上游玉树江段

科学出版社

北 京

内 容 简 介

本书是金沙江下游乌东德水电站建设水生生态环境影响评价、国家科技基础性工作专项、中国长江三峡集团有限公司重点研究专项和生态环境部生物多样性调查评估等的综合研究成果。全书分为总论和各论两部分：总论部分主要论述了金沙江流域的基本概况，包括自然地理概况、鱼类物种多样性及其研究历史、鱼类多样性与区系分析、鱼类分布格局和资源现状及评价，以及鱼类物种多样性保护和恢复建议；各论部分共记述金沙江流域所产鱼类 200 种（包括 3 新种）或亚种，其中土著种 178 种，包括 7 目 17 科 79 属，外来种 22 种，按分类系统对区域内全部已知鱼类进行了详细论述，每种记述内容包括学名引证、实体照片、主要形态特征、生活习性及经济价值、资源现状和分布等。

本书适合从事相关研究的科研工作者和学生、从事渔业渔政管理和资源保护工作的人员，以及社会上对生物资源保育有兴趣的人士等阅读参考，也适合图书馆馆藏。

审图号：GS（2018）6877号

图书在版编目（CIP）数据

金沙江流域鱼类 / 张春光等编著. —北京：科学出版社，2019.3

ISBN 978-7-03-052448-5

Ⅰ. ①金… Ⅱ. ①张… Ⅲ. ①金沙江流域－鱼类资源－渔业调查 Ⅳ. ①S932.4

中国版本图书馆CIP数据核字（2019）第014090号

责任编辑：马 俊 李 迪 郝晨扬 / 责任校对：严 娜
责任印制：肖 兴 / 封面设计：北京铭轩堂广告设计有限公司

科学出版社 出版
北京东黄城根北街16号
邮政编码：100717
http://www.sciencep.com

中国科学院印刷厂 印刷

科学出版社发行 各地新华书店经销

*

2019年3月第 一 版 开本：889×1194 1/16
2019年3月第一次印刷 印张：40 3/4
字数：1 350 000

定价：598.00元

（如有印装质量问题，我社负责调换）

Fishes in the Jinsha Jiang River Basin, the Upper Reaches of the Yangtze River, China

By

Zhang Chunguang, Yang Junxing, Zhao Yahui, Pan Xiaofu, et al.

Science Press
Beijing

资助项目及资助单位

国家科技基础性工作专项 (2012FY111200)

中国长江三峡集团有限公司 (07011121)

环境保护部（现生态环境部）生物多样性保护专项“生物多样性调查与评估试点项目”(2016HB2096001006)

编写单位及人员分工

中国科学院动物研究所　张春光　赵亚辉　牛诚祎　张　洁
中国科学院昆明动物研究所　杨君兴　潘晓赋　蒋万胜　刘淑伟　闵　锐　杜丽娜
天津自然博物馆　李浩林
云南曲靖市水产站　卢宗民　卯卫宁
北京市水生野生动植物救治中心　时　晓　陈春山
广西水产畜牧学校　朱　瑜

具体分工

张春光　赵亚辉　杨君兴

总论　第八章

张春光　赵亚辉　牛诚祎　李浩林　张　洁　时　晓　陈春山

鲟形目 Acipenseriformes

鳗鲡目 Anguilliformes

鲤形目 Cypriniformes 中的胭脂鱼科 Catostomidae 和鲤科 Cyprinidae

胡瓜鱼目 Osmeriformes

鳉形目 Cyprinodontiformes

颌针鱼目 Beloniformes

合鳃鱼目 Synbranchiformes

鲈形目 Perciformes

闵　锐　杨君兴

鲤形目 Cypriniformes 条鳅科 Nemacheilidae 中的副鳅属 *Homatula*、南鳅属 *Schistura*（部分种）及沙鳅科 Botiidae 和花鳅科 Cobitidae

杜丽娜　杨君兴

鲤形目 Cypriniformes 条鳅科 Nemacheilidae 中的云南鳅属 *Yunnanilus*、高原鳅属 *Triplophysa* 和球鳔鳅属 *Sphaerophysa*

刘淑伟　潘晓赋　杨君兴

鲤形目 Cypriniformes 爬鳅科 Balitoridae

蒋万胜　杨君兴

鲇形目 Siluriformes

卢宗民　卯卫宁

条鳅科 Nemacheilidae 南鳅属 *Schistura* 中的牛栏江南鳅 *S. niulanjiangensis* 和似横纹南鳅 *S. pseudofasciolata*

朱　瑜

爬鳅科 Balitoridae 原缨口鳅属 *Vanmanenia* 中的拟横斑原缨口鳅新种 *V. pseudostriata* Zhu, Zhao, Liu *et* Niu, sp. nov.

＊各论部分所用照片除特别标注说明的，均由负责相关部分撰写的作者拍摄或提供；封面和封底照片由中国科学院水生生物研究所谭德清先生特别提供；图版除特别标注说明的均由张春光提供。

Division of Compilation

Institute of Zoology, Chinese Academy of Sciences

Zhang Chunguang, Zhao Yahui, Niu Chengyi, Zhang Jie

Kunming Institute of Zoology, Chinese Academy of Sciences

Yang Junxing, Pan Xiaofu, Jiang Wansheng, Liu Shuwei, Min Rui, Du Lina

Tianjin Natural History Museum

Li Haolin

Fisheries Station of Qujing City, Yunnan, China

Lu Zongmin, Mao Weining

Beijing Aquatic Wildlife Rescue and Conservation Center

Shi Xiao, Chen Chunshan

Guangxi Aquatic Animal Husbandry School

Zhu Yu

Division of Writers

Zhang Chunguang, Zhao Yahui and Yang Junxing

General Review and Chapter 8

Zhang Chunguang, Zhao Yahui, Niu Chengyi, Li Haolin, Zhang Jie, Shi Xiao and Chen Chunshan

Acipenseriformes

Anguilliformes

Catostomidae and Cyprinidae in Cypriniformes

Osmeriformes

Cyprinodontiformes

Beloniformes

Synbranchiformes

Perciformes

Min Rui and Yang Junxing

Homatula and *Schistura* of Nemacheilidae, Botiidae and Cobitidae in Cypriniformes

Du Lina and Yang Junxing

Yunnanilus, *Triplophysa* and *Sphaerophysa* of Nemacheilidae in Cypriniformes

Liu Shuwei, Pan Xiaofu and Yang Junxing

Balitoridae in Cypriniformes

Jiang Wansheng and Yang Junxing

Siluriformes

Lu Zongmin and Mao Weining

Schistura niulanjiangensis and *S. pseudofasciolata* in Nemacheilidae

Zhu Yu

Vanmanenia pseudostriata Zhu, Zhao, Liu *et* Niu, sp. nov. in Balitoridae

^ 中国科学院动物研究所作者合影（从左往右：赵亚辉、张春光、牛诚祎）

^ 中国科学院昆明动物研究所作者合影（从左往右：潘晓赋、杨君兴、闵锐、刘淑伟）

前言

近几十年来，随着我国社会、经济的快速发展，人们的生活水平显著提高。但同时受生产、生活等水平急速提升的影响，自然资源也被不合理或过度地开发利用，导致在一些地区人们的生存环境急剧恶化，大量生物物种的生存受到威胁，或资源量显著下降，或面临灭绝的危险甚至已灭绝。因生物多样性丧失引发的生态危机，使人们越来越意识到在经济、社会的可持续发展中，生物多样性保护和生境维护的重要性，生物多样性保护目前已经是人们普遍关注的热点问题之一。

生物多样性包括物种多样性、遗传多样性与生态系统多样性三个层次，物种多样性既是遗传多样性的载体，又是生态系统多样性的组成部分，是生态系统中最关键的基础环节，所以对物种多样性的深入了解和认识具有最重要的意义。在保护物种多样性的过程中，我们通常选择生物多样性高的地区进行优先保护，因为这样可以以有限的资源保护更多的物种。

金沙江是我国第一大河长江的上游，人们通常将青海省玉树市直门达接纳巴塘河的汇口至四川省宜宾市接纳岷江的汇口之间的江段称为金沙江，并以石鼓和攀枝花为界将金沙江分为上游、中游和下游。金沙江全长约为 2300km，占长江总长度的 36.51%；总落差约为 3300m，占长江总落差的 56.90%，蕴藏着极为丰富的水能资源。

金沙江上游段位于我国横断山区，该区生物多样性特有程度高，且被认为是全球 34 个生物多样性热点地区之一（Myers et al.，2000）；中、下游段逐渐进入干热河谷地区，相对于上游来说落差较小、水流变缓，尤其在新市镇以下，原狭窄的江面陡变宽阔，水文条件发生明显变化。纵观整个金沙江流域，其地理位置特殊、地势地形复杂、江水流态多变、气候多样，如此的生境孕育了多样性的鱼类。鱼类与其他生物类群相比有明显的特殊性，它们的生存离不开水，严格按照水系分布，所以它们的分布格局通常也能反映历史上水生生境的变迁。

另外，我国的传统能源一直以来都是以煤、油、气为主。目前，煤、油、气产业在实际生产过程中带来严重污染，二氧化碳等“温室气体”排放量巨大。而我国水能资源蕴藏量丰富，且水能又是一种清洁的可再生的能源，所以近年来我国在能源结构调整过程中加大了对水能资源的利用。预计在未来的几十年内，水能资源开发在我国能源开发过程中将始终保持重中之重的地位。根据 2003 年《全国水力资源复查成果》，金沙江流域（含通天河）水力资源理论蕴藏量为 121 022.9MW，约占全国水力资源理论蕴藏量的 1/6，技术可开发容量为 119 647.5MW，年发电量为 5926.78 亿 kW·h，经济可开发容量为 102 982.4MW，年发电量为 5130.57 亿 kW·h。

金沙江流域是国家规划的 13 个重要能源基地之一，在我国能源资源建设中具有重要的战略地位，但大规模的水电建设显著影响水生生态环境。河流作为一个完整的生态系统，最大的特点是连通性与流动性，水电建设中大坝的阻拦作用直接改变了这两大特征。大坝建成后，原始急流险滩的河流环境变成了水流趋缓的河道型水库环境，水生生态环境趋于单一，水体的透明度、温度等其他水文条件也会随之发生改变，同时特别在一些高坝下还会出现气体过饱和等问题。这些变化将使得原有的鱼类区系及分布格局发生明显甚或彻底的改变：适合急流生活、产漂流性卵等的鱼类资源量会减少甚至逐渐消失，如原来在干流中占据主导地位的圆口铜鱼 *Coreius guichenoti*、长鳍吻鮈 *Rhinogobio ventralis*、长薄鳅 *Leptobotia elongata*、中华金沙鳅 *Jinshaia sinensis*、白缘䱀 *Liobagrus marginatus* 等种群数量将会明显下降，甚至可能在一些工程河段消失；而适应缓流或静水生活的鱼类可能逐渐取代原自然河流里的种类，如鲫 *Carassius auratus*、䱗 *Hemiculter leucisculus*，甚至一些外来物种如虾虎鱼类 Gobiidae、银鱼类 Salangidae、鳑鲏类 *Rhodeus*、棒花鱼 *Abbottina rivularis*、麦穗鱼 *Pseudorasbora parva* 等。在区域内水电开发如火如荼地进行的大背景下，鱼类资源特别是土著鱼类资源的持续衰退，外来鱼类资源量急剧增加等已成为不争的事实。在我国，对由水电开发造成的水生生物特别是鱼类资源的破坏也存在一定的补偿机制，最直接的是在拦河大坝工程中修建过鱼通道、在工程影响区域设立增殖放流站以补偿当地鱼类资源，以及建立自然保护区以保护栖息地环境及土著鱼类资源等。但目前在对金沙江流域鱼类物种多样性与分布格局了解认识尚不够清楚的情况下，可以说，对鱼类资源保护所采取的一些措施成效十分有限。

综上，金沙江流域原本就地处全球生物多样性研究热点之一的横断山区，加之目前全国大力进行水电开发，现在已成为热点研究区域。从目前收集的资料看，有关金沙江流域鱼类的研究多为 20 世纪 90 年代或以前的工作，尤其缺少近年来关于金沙江流域鱼类物种多样性和分布格局等较为深入或系统的研究。

本项工作立足于提供金沙江流域鱼类完整名录（编目）和较详尽的分布格局及资源状况等信息，为金沙江流域鱼类多样性研究提供重要的基础数据，对区域内鱼类资源保育及水电建设规划等具有现实意义。

2008 年以来，我们先后开展了至少 10 次涉及整个金沙江流域的系统的野外调查和标本采集，先后有近 40 人次参加野外工作。野外调查采集范围覆盖金沙江干流及主要支流，野外调查采集时间涵盖了丰水期、枯水期和平水期，总计设采样点近 200 个。在野外工作过程中根据不同水文环境特点选择不同的采集工具和采样方式，如挂网、手撒网、地笼等，干流深水区的采集主要依靠当地渔民或租赁船只协助；为了采集到更多的样品、获取相关信息等，工作过程中还走访了大量当地渔民及鱼市场、餐馆等，先后到多家相关科研院所检视馆藏标本。综合上述工作，共计采集和整理馆藏涉及金沙江流域的鱼类标本实物超过 13 000 号。特别需要说明的是，由于金沙江流域绝大部分河段海拔为 3000~4000m 甚至更高，属于高山峡谷地形，以致很多地方交通不便，甚至人迹罕至，参加野外工作的人员经常会有缺氧和高山反应。野外工作期间，为了使野外调查采集更具有代表性，参加野外工作的人员克服重重困难，努力工作；尤其在深入藏区调查采集时，藏族群众保护水生生物的意识非常强烈，通常是绝对禁止捕鱼的，需要深入沟通。但也正是这些充满危险的大规模的野外实地调查和标本采集、整理、鉴定等，为我们完成好本项工作奠定了坚实的基础。

本项工作进行期间，先后得到了长江水资源保护科学研究所（2008~2014 年）、国家科技基础性工作专项（2012~2014 年）、中国长江三峡集团有限公司（2014~2016 年）和中国环境科学院（2016~2017 年）等单位的大力支持。特别是中国长江三峡集团有限公司科技与环境保护部孙志禹博士、陈永柏博士、李翀博士、李媛博士等对我们工作的完成给予了不可或缺的具体指导和帮助；云南省曲靖市水产站卢玉发站长、卢宗民副站长和卯卫宁高级工程师在我们野外调查期间给予了大量实际帮助，协助我们采集了大量标本，并具体参与了部分写作工作；四川省农业科学院水产研究所所长杜军研究员在我们野外工作期间，为我们检视鱼类标本提供方便，派人协助我们野外实地调查采集标本等；中国科学院水生生物研究所刘焕章研究员安排我们参观学习野外圆口铜鱼养殖基地，交流相关信息；中国科学院水生生物研究所谭德清先生提供了珍贵的石鼓大拐弯环境照和软刺裸裂尻鱼的生物学信息、资料等；中国科学院水生生物研究所曹亮博士协助我们拍摄鱼类标本照片；四川大学宋昭彬教授提供所在单位馆藏标本检视；西南林业大学周伟教授提供资料信息；集美大学康斌教授和台湾“清华大学”曾晴贤教授参加了我们的野外工作；四川农业大学、湖南省水产科学研究所和中国长江三峡集团有限公司中华鲟研究所等有关领导、同仁为我们进行标本检视提供方便；中国科学院动物研究所李高岩博士（现在广西壮族自治区贺州市发展和改革委员会工作）、邢迎春博士（现为中国水产科学研究院副研究员）、伍玉明女士、刘海波先生，以及陈熙、宋小晶、韩松林、张天赐、岳兰、李飞、马鸿毅等参加了部分野外工作。在野外调查期间，还得到很多地方县、乡、镇甚至村干部及群众特别是少数民族干部、群众、宗教界人士等对我们工作的理解和支持，使我们的野外调查得以比较顺利地开展。本项工作的完成离不开他们的支持和帮助，在此一并致以最诚挚的谢意！

本书由中国科学院动物研究所和中国科学院昆明动物研究所合作完成（具体分工见编写单位及人员分工）。分工编写完成后，由中国科学院动物研究所张春光研究员和赵亚辉副研究员负责统稿、修改、完善、定稿等，甚至包括一些前期编辑、排版等工作，牛诚祎同学协助做了大量基础数据的核对、整理等。尽管我们有强烈意愿也付出了巨大努力，希望能把此项工作尽可能做到最好，但由于主、客观原因，难免会有不足之处。主观上，我们水平所限。客观上，在实际工作中，我们深刻体会到，尽管前人在区域鱼类资源调查研究方面做了不少工作，但一些区域代表类群［裂腹鱼类、鳅类（高原鳅类和沙鳅类）、鮠类等］的基础分类学研究仍存在着十分突出的问题，不少物种鉴定起来十分困难，我们也很希望能进行更深入的研究。由于多种原因，中国鱼类经典分类学日渐式微，尽管新手段、新方法和新学科的蓬勃发展有助于深入理解鱼类的分类、演化、分布规律、动物地理学等科学问题，但诚如本书所展示的中国鱼类资源和本底调查等的基础研究，对于鱼类资源现状及保护、资源利用等关乎国计民生的问题，仍有十分重要的价值和意义。我们在调查过程中亦收集了相当多数量的能够反映资源现状的珍贵标本，需要永久保存以备后查。较长时间以来，所在单位工作考核评价机制鼓励的是如分子生物学这样的微观方面的工作，而采用宏观手段进行研究的经典分类学这样的基础性工作，基本上少予绩效；鱼类标本馆也已多年缺少专职或专业对口的标本管理人员，大量野外调查采集的标本堆放在标本馆内，不能正常入馆进行科学保管，标本损坏很难避免，影响了标本采集、整理、鉴定等工作的深入开展。

由衷希望有关方面能够高度重视像鱼类分类学这样的基础性研究。同时，也真诚希望今后会有对此项工作感兴趣的同仁能做出更深入的研究，盼望能有更好的工作成果。

张春光

2017 年 10 月于中国科学院动物研究所

Preface

In recent decades, along with the rapid social and economic development of China, people's living standards have improved significantly. At the same time, natural resources are used improperly or exploited excessively. As a result, environment has deteriorated sharply, and resources have decreased dramatically in some regions. Meanwhile a large number of species have been threatened and some of them went extinct. The ecological crisis caused by loss of biodiversity has made people more and more aware of the importance of biodiversity conservation and environment maintenance during the sustainable development of economy and society. Biodiversity conservation has now become one of the hot issues of people's common concern.

Biodiversity includes species diversity, genetic diversity and ecosystem diversity. Species diversity is not only the carrier of genetic diversity, but also the part of ecosystem diversity. It is the most critical basis in ecosystem. Therefore, a thorough understanding and knowledge of species diversity is of most important significance. In the process of species diversity protection, areas with high biodiversity are usually chosen as priorities so we can protect more species with limited resources.

The Jinsha Jiang is the upstream of the Yangtze River, the longest river in China. It is generally considered the part from Zhimenda in Yushu City, Qinghai Province where the Batang River meets to Yibin City, Sichuan Province where Minjiang River joins the Yangtze River. The Jinsha Jiang is divided into the upper stream, middle stream and lower stream by Shigu Town and Panzhihua City. The Jinsha Jiang stretches approximately 2,300km, accounting for 36.51% of the total length of the Yangtze River, and the water drop is about 3,300m, accounting for 56.90% of the Yangtze River. This part contains abundant hydropower resources.

The upstream of the Jinsha Jiang is located in the Hengduan mountainous region in China, where is one of the global hotspot of biodiversity with high species endemism. The middle and lower streams are gradually into the dry-hot valley region where the water drop is getting smaller. Especially below Xinshi Town, the original narrow river abruptly becomes wide, and the hydrological conditions change significantly in accordance. Across the whole Jinsha Jiang, its special geographical location, complicated topography, variable river flow states and diverse climate make up such unique ecological environment that gives birth to the fish diversity. Compared with other organisms, fishes have obvious specialty. Their distribution is in strict accordance with water conditions. So their distribution patterns usually reflect the changes of the aquatic habitat in history.

In addition, our country's traditional energy has been mainly on coal, oil and gas. At present, the coal, oil and gas industries have caused serious pollution in the process of practical production, and the emissions of greenhouse gases such as carbon dioxide are huge. At the same time, our country is rich in hydropower resources, and water energy is a kind of clean and renewable energy, so China has stepped up its use in the process of energy structure adjustment in recent years. It is expected that the development of hydropower resources will continuously remain a priority in the process of our country's energy development in the next few decades. According to the national "Water Resources Review Results" in 2003, the theoretical hydropower resource reserves of the Jinsha Jiang River Basin (including the Tongtian river) reaches 121, 022.9MW, which is about 1/6 of the national water resource reserves. The technical exploitation amount is 119, 647.5MW, and the annual generation capacity is 592.678 billion kW·h. The economic exploitation amount is 102, 982.4MW, with the annual generation amount is 513.057 billion kW·h.

The Jinsha Jiang River Basin is one of the 13 state planning important energy bases and it has an important strategic position in the energy resources construction of our country. However, the large-scale hydroelectric construction has significant effects on aquatic ecological environment. Rivers are a complete ecological system, whose greatest characteristics are connectivity and liquidity. But the blocking effect of the dams in hydroelectric construction has directly destroyed the characteristics. After the completion of the dam, the original environment of turbulent rivers and treacherous shoals has become the river-type reservoirs with slow-flowing channel type. The water ecological environment has become single. The transparency and temperature of the river, as well as other hydrological conditions will change accordingly. At the same time, especially in some high dams, there will cause problems like gas supersaturation. These changes will make the original fish fauna and distribution patterns change obviously or completely. The resources of the fishes that are suitable for turbulent life and lay floating eggs will be reduced or even disappear. For example, the populations of the predominant fishes in the original main stream, such as *Coreius guichenoti*, *Rhinogobio ventralis*, *Leptobotia elongata*, *Jinshaia sinensis*, *Liobagrus marginatus*, will decrease obviously, and will even vanish in the constructed river sections. And types of fishes such as *Carassius auratus, Hemiculter leucisculus*, and even including some alien species like Gobiidae, Salangidae, *Rhodeus*, *Abbottina rivularis*, *Pseudorasbora parva* which are adapted to slow water flow or still water life, may gradually replace those in the original natural rivers. Our country has a compensation system to reduce the damage to aquatic organisms, especially to fish resources, caused by hydropower development. The most direct way is to build the fish passages in the dam construction project, and establish the proliferation and flow discharging stations in the affected areas of the project to compensate the local fish resources. And nature reserves are also established to protect the habitats and indigenous fish resources. But at present, we can say, those measures to protect fish resources are ineffective on condition that our understanding of the fish species diversity and distribution pattern in the Jinsha Jiang River Basin is still unclear.

In conclusion, the Jinsha Jiang River Basin is located in Hengduan mountainous region, one of the global hotspots for biodiversity research. Combined with the large-scale national hydropower development, it has now become a hot research area. According to the collected data, the fish research in the Jinsha Jiang River Basin was in the 1990s or before. And in recent years, there is insufficient research on the diversity and distribution of the fish species in the area.

This work is aimed at a complete list and detailed distribution pattern of the fishes in Jinsha Jiang River Basin. In order to provide important basic data for the study of fish diversity in the Jinsha Jiang River Basin, which is of practical significance for the protection of fish resources and the planning of hydropower construction in this region.

Since 2008, we have carried out field work and specimen collection at least 10 times in Jinsha Jiang Basin, and nearly 40 people have taken part in the field surveys. Our field work covers wet season, dry season and normal season. The nearly 200 sampling points cover stem stream and main tributaries of the Jinsha Jiang. In our field work, different collection tools and sampling methods are selected according to the different hydrological environment characteristics, such as hanging nets, casting nets, traps. In the stem stream deep-water areas, we mainly depend on local fishermen or rental vessels. In order to collect more samples and relevant information, we also visited local fishermen and fish markets. We constantly visited several related research institutes and reviewed their specimens. All together, over 13, 000 fish specimens were collected and processed. It is these large-scale fieldwork and a large quantity of specimens collected, processed, and identified that have laid a solid foundation for the completion of our work.

Duration of our research, we have gained great support in both project approval and funding from the Chang Jiang Water Resources Protection Institute (2008-2014), the State Science and Technology Basic Work Special Committee (2012-2014) and the Three Gorges Company (2014-2016). Especially Dr. Sun Zhiyu, Dr. Chen Yongbo and Dr. Li Chong as well as Dr. Li Yuan from the Science and Technology & Environmental Protection Department of the Three Gorges Company gave us guidance and help which is indispensable. Lu Yufa and Lu Zongmin, the directors of the Fishery Administration Station in Qujing City, Yunnan Province, and senior engineer Mao Weining gave a lot of practical help during our field research work, and helped us to collect a lot of fish specimens. During our fieldwork, Du Jun, the director and research professor at the Institute of Fisheries Research of Sichuan Province lent their precious fish specimens for us to study, and sent people to assist us in the field research and collecting fish specimens. Liu Huanzhang, the research professor at the Institute of Hydrobiology, Chinese Academy of Sciences, arranged for us to visit their *Coreius guichenoti* field base, and exchanged relevant information. Dr. Tan Deqing at the Institute of Hydrobiology, Chinese Academy of Sciences, offered us the rare photos of the environment at the first bending of the Yangtze River in Shigu Town and provided us the biological data and information of some indigenous fish. Professor Song Zhaobin of Sichuan University helped us to check the specimens deposited in their fish collection room; Our colleagues, Dr. Li Gaoyan (now deputy director of Hezhou Education Bureau, Guangxi Zhuang Autonomous Region), Dr. Xing Yingchun (now associate research professor at Chinese Aquatic Products Research Institute), Wu Yuming, Liu Haibo, and Chen Xi,

Song Xiaojing, Han Songlin, Zhang Tianci, Yue Lan, Li Fei, Ma Hongyi and Kang Bin (JiMei University in Xiamen) took part in the field works. Our work could not be completed without the contributions from the above units and leaders, colleagues, friends and students, and we would like to extend our heartfelt thanks to them all.

This book is a collaboration between the Institute of Zoology, Chinese Academy of Sciences and Kunming Institute of Zoology, Chinese Academy of Sciences (detailed division of writers attached). After the writing was completed, Zhang Chunguang, research professor and Dr. Zhao Yahui did the final summary, modification, polishing and finalization, etc.

Although we have a strong desire and made great efforts to do this work to our best, there may inevitably be mistakes or errors, due to our limited ability. We warmly welcome any comments and corrections from our colleagues and readers of this book.

目录

总　论

各 论

Contents

General Review

Monograph

总　论

第一章　金沙江流域的自然地理概况

第一节 流域的自然环境

金沙江是我国第一大河长江的上游江段，一般是指青海省玉树市巴塘河汇口（直门达）到四川省宜宾市岷江汇口（宜宾）之间的长江上游江段，干流巴塘河汇口以上为河源区（通天河），岷江汇口以下为川江段（图 1-1）。金沙江古称黑水、绳水、泸水、丽水、马湖江、神川等，因沿河盛产沙金，有“黄金生于丽水，白银出自朱提”之说，宋代因为河中出现大量淘金人而改称金沙江。金沙江之水源自青海省唐古拉山脉的格拉丹冬雪山北麓，在西藏自治区江达县（江达县邓柯乡的盖哈河口）与四川省石渠县交界处进入西藏昌都地区边界，经江达、贡觉和芒康等县东部边缘，至巴塘县中心线附近的麦曲河口西南方小河的金沙江汇口处入云南省，向下在云南丽江折向东流，至四川省宜宾市岷江汇口以下始称长江（或川江）（陆孝平，2010）。

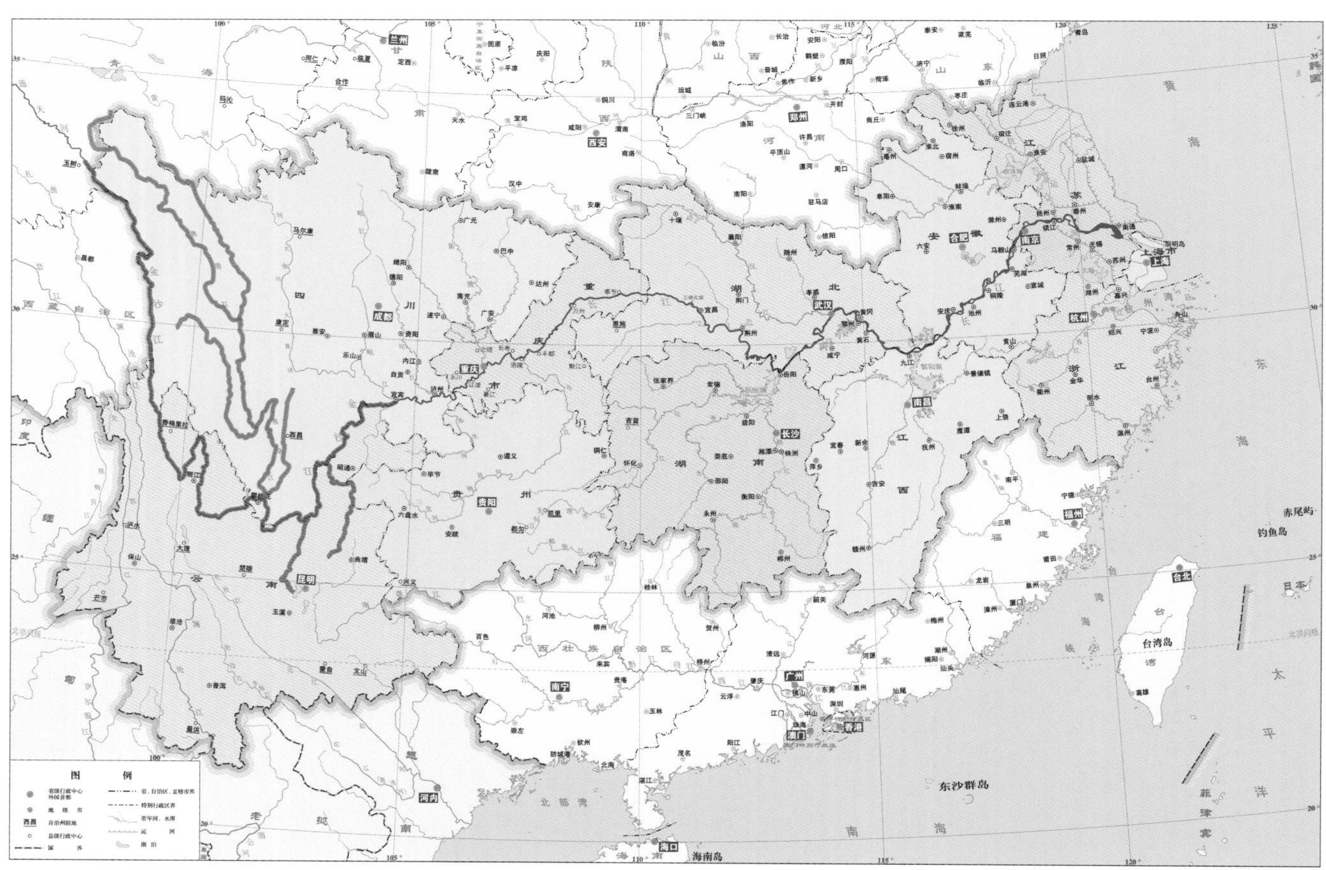

图 1-1 金沙江流域水系图（图中突出显示的为金沙江流域，其中绿色高亮部分为其最大的支流雅砻江）

金沙江全长 2331km，流域面积为 34 万 km^2，落差达 3300m（竺可桢，1981）。分别以石鼓镇和攀枝花市为界，分为上游、中游、下游三段。直门达至石鼓为金沙江上游段，河道长 984km，平均比降为 1.75‰，南流至石鼓后突然折向东北，在石鼓处形成举世闻名的“长江第一湾”；石鼓至攀枝花雅砻江汇口处为中游段，河道长 564km，平均比降为 1.48‰；攀枝花市至宜宾岷江汇口为下游段，河道长 783km，平均比降为 0.93‰，其间接纳了雅砻江、龙川江、普渡河、牛栏江、横江等流域内最大的几条支流，水量急剧增加。长江干流自河源至河口全长 6300km 以上，总落差 6600m 以上，金沙江干流的总长度占了长江干流总长度的约 1/3，总落差占了长江干流总落差的 1/2，水力蕴藏量极为丰富（中国科学院《中国自然地理》编辑委员会，1981）。

金沙江上游属于高原峡谷型地貌，河道海拔高、水流急、水温低；中游和下游河道渐平缓，河谷变得开阔，并伴随着干热河谷现象的出现。由于上述生境特征，鱼类分布格局也有明显的特点。金沙江干流从玉树直门达到邓柯乡，两岸山岭海拔均在 4000~5000m，江面海拔为 3000~3500m，相对高差为 500~1000m，具有高山河谷地貌特点。这段生境受"青藏运动"的影响，海拔高、气候干冷、水温低，鱼类赖以生存的环境相对恶劣（李吉均，1996）。从邓柯到石鼓，金沙江河谷愈切愈深，山岭高度降低有限，而江面海拔却从 3000m 降到 1800m，河谷高差达 1000~1500m，成为横断山区"山高谷深"的典型地段。石鼓以下，金沙江折向东北，河谷更加窄束，为著名的虎跳峡（又称"虎跳涧"）。虎跳峡右岸为玉龙雪山，左岸为哈巴雪山，两岸谷坡陡峭，谷深达 2500~3000m，有着狭窄的河谷、奔腾的急流、接连不断的跌水及犬牙交错的礁石险滩。虎跳峡以下，金沙江江面海拔变化减小，河道变得相对宽阔，并开始进入干热河谷区域，水流相对减缓，水温略有升高。结合该区域鱼类研究，一些学者将虎跳峡视为金沙江流域鱼类区系的划分界线（曹文宣和伍献文，1962；武云飞和吴翠珍，1990）。

金沙江流域基本上属于高原气候区，自北向南可分为高原亚寒带亚干旱气候区、高原亚寒带湿润气候区、高原温带湿润气候区，重庆华弹水文站以下则属于暖温带气候区。气温方面，总的趋势是自上游向下游、由西北向东南递增，并存在明显的垂直分布。奔子栏、洼里以下，以攀枝花市为中心，包括华坪、盐边、米易、元谋等地，是本流域温度最高、范围最大的高温区，也是长江流域有名的"长夏无冬"地区。乌东德水电站库区的金沙江河谷最为干热，俗称"干热河谷"。该地区年平均温度在 19.0℃以上，其中元谋县年平均气温达 22.0℃，攀枝花市达 20.4℃，极端最高气温可达 42.7℃（巧家水文站）。

金沙江流域地形复杂，降水在地区分布上很不均匀。金沙江上游、中游段约有 30 万 km^2 的地区，年降水均值小于 800mm，其中小于 400mm 的半干旱地区约为 7 万 km^2，是长江流域降水量最小的地区。攀枝花水文站—小得石水文站—湾滩水文站—乌东德坝址多年平均降水量为 800~1200mm，乌东德坝址—华弹水文站为 1000~1400mm，华弹水文站—屏山水文站为 1000~1400mm。

流域内多年平均风速一般不超过 4m/s，历年最大风速在 20m/s 左右，最大瞬时风速达 40m/s。

金沙江干流两岸支流发育，主要的一级支流自上而下有巴塘河、定曲河、漾弓江、硕多岗河、水洛河、雅砻江、龙川江、普渡河、小江、以礼河、黑水河、美姑河、牛栏江、横江等，比较大的天然湖泊包括滇池、程海、邛海、泸沽湖、马湖等。

第二节　流域内主要支流

（1）雅砻江

雅砻江是金沙江最长的支流，也是长江上游最长的支流，独立成系，古称"若水"或"泸水"，又名打冲江、小金沙江，藏语称尼雅曲，意为多鱼之水。雅砻江发源于青海省称多县巴颜喀拉山主峰南麓，自西北向东南流经尼达坎多后进入四川省，经石渠县、甘孜县、新龙县至雅江县两河口处，大致自北向南流，经木里县、冕宁县至四川省攀枝花市倮果注入金沙江。

雅砻江全长 1571km，流域面积为 128 400km^2，总落差为 4420m，平均比降为 2.24‰，平均流量为 1914m^3/s。干流以新龙县乐安乡尼拖、理塘河口为界分为上、中、下三段。上游呈高山 - 高原景观，河谷多为草原宽谷和少量浅丘峡谷，径流补给以冰雪为主；中下游为高原 - 高山峡谷河流，河宽为 100~150m，在支流中有宽谷和盆地出现。支流呈树枝状均匀分布于干流两岸，流域面积在 10 000km^2 以上的有鲜水河、理塘河和安宁河（图 1-1）。

雅砻江流域为丘状高原地貌向山地地貌过渡的山塬地貌，海拔为 3500~4000m，宽谷与峡谷相间排列，漫滩阶地断续出现。该地区河流过渡特征明显，靠近高山地带的河段河谷深切，谷底宽为 200~400m，相对高程为 600~1000m；靠近丘塬地区，河谷宽阔平坦，谷宽为 500~1700m，曲流、洪积扇、河滩等均发育较好。雅砻江流域大致为东西宽 100~200km、南北长 900km 的南北走向偏西北的狭长地带。流域内地势北、西、东三面都高，海拔 4500~5000m；南段地势向南倾斜，海拔由 4400m 降至 1500m。河流下切强烈。

雅砻江流域高空西风带大气环流和西南季风活动频繁，由于地形高程差异及南北纬大范围内的水平变化和垂直变化，造成雅砻江流域非常复杂的气候现象。北部高原流域被干燥和寒冷的大陆性气候控制，中部和南部流域气候垂直变化也很明显，为丰水期和枯水期分明的亚热带气候。

雅砻江流域存在着降水、冰川等多种形式的水资源，其中降水是最主要的水资源，并有季节性融雪补给。一般 11 月至次年 3 月为枯水期，降水稀少，且以降雪为主，径流主要由地下水补给；4~5 月为丰水、枯水过渡期，径流由融雪及春季降雨补给；6~10 月为丰水期（汛期），以降雨为主，是全年径流的主要形成期。年降水量一般为 400~800mm，主要集中在 5~9 月，且自东向西逐渐递减。雅砻江流域上游地区降水量为 500~600mm，中下游地区逐渐增加到 700~800mm，个别地区达 1000mm 以上。

根据野外现场所见，干流、支流均已建有大规模梯级水电站。

(2) 巴塘河

金沙江右岸一级支流，位于青海省玉树市，又名札曲，意为“从山岩中流出的河”，因流经巴塘盆地而得名，全长约为 92km，流域面积为 2480km^2，年径流量约为 8 亿 m^3。它发源于格拉山北日阿如东塞以东 4km 处，上段称各曲。源流向北穿过峡谷进入巴塘盆地，纳支流扎巴曲后始称巴塘河。后又进入峡谷北上至玉树结古镇，东流在坎果下 2km 处汇入通天河，与通天河交汇后为金沙江起点。河流基本还维持较自然状态，根据现场考察所见，尚少有水电开发。

(3) 定曲河

金沙江左岸一级支流，发源于四川巴塘县波密乡沙鲁里山南麓，在得荣县古学乡汇入金沙江干流。全长为 251km，流域面积为 2055km^2，主要流经巴塘县、乡城县和得荣县，属于高山河谷类型。

(4) 漾弓江

金沙江右岸一级支流，又名中江河，源自云南省西北部丽江县（现丽江市）玉龙雪山南麓玉湖，自北向南流经丽江县城，至大理州鹤庆县后转向东北，至中江乡注入金沙江。干流全长为 124km，流域面积为 1670km^2，天然落差约为 1610m，多年平均流量约为 29m^3/s，水力资源理论蕴藏量为 24.7 万 kW。附属湖泊有草海。

（5）硕多岗河

金沙江左岸一级支流，又名小中甸河，发源于云南省迪庆州香格里拉市的楚力措，流经属都、当持卡、坡谷、双桥、阿热、给那、宗丝、小中甸、吉沙、上桥头、螺丝湾等地，在香格里拉市虎跳峡镇汇入金沙江。全长为153.3km，流域面积为1966.2km^2，河口多年平均流量为30.4m^3/s，总落差为2100m，平均比降为13.7‰；水力资源理论蕴藏量为35.2万kW，其中吉沙至河口段长约50km，落差为1300m，平均比降为26‰，是落差最为集中的河段。

（6）水洛河

金沙江左岸一级支流，发源于四川省稻城县中部，在四川省木里县俄亚乡汇入金沙江干流。全长为321km，流域面积为13 791km^2，落差为3024m，平均比降为15.5‰。主要流经四川省稻城县、理塘县和木里县。

（7）龙川江

金沙江右岸一级支流，发源于云南省大姚县龙街镇，于元谋县江边乡汇入金沙江，全长约为246km，流域面积为9241km^2，发源处与入江口相对落差约为1600m，平均比降为4.8‰。龙川江属于云南省内河流，地处横断山脉与云贵高原的过渡地带，是金沙江流域在云南省内最靠近印度洋的河流之一，夏秋两季深受印度洋西南季风的影响，雨量充沛。根据野外调查期间现场所见，已有梯级水电开发，建有多座拦河水电站，常见减水、脱水河段。

（8）普渡河

金沙江右岸一级支流，发源于云南省昆明市的滇池，于昆明市东川区因民镇汇入金沙江，全长为380km，流域面积为11 090km^2，总落差为1850m，平均比降为4.9‰。

（9）小江

金沙江右岸一级支流，发源于云南省寻甸县清水海，于昆明市东川区拖布卡镇汇入金沙江，全长为134km，流域面积为3120km^2，总落差为1510m。河水含沙量大，鱼类资源稀少，调查期间很多河段采集不到鱼。

（10）以礼河

金沙江右岸一级支流，发源于云南省会泽县野马川海，于巧家县金塘镇汇入金沙江，全长为121km，流域面积为2560km^2，总落差为2110m，水力资源理论蕴藏量为33.2万kW。

（11）黑水河

金沙江左岸一级支流，发源于四川省昭觉县三岗乡，于宁南县葫芦口镇汇入金沙江，全长为174km，流域面积为3600km^2，总落差为2240m。根据现场调查所见，全流域大部分河段已建多座梯级拦河水电站。

（12）美姑河

金沙江左岸一级支流，发源于大凉山南麓，自北向南流经美姑县的洪溪、维其沟、觉洛，至巴普后折向西南流，于牛牛坝纳入年渣老河，至美姑大桥汇入乌坡河后折向东流，至柳洪改向东南，经雷波县的莫红、老木沟等地后汇入金沙江。干流全长为140km，落差为2700m，流域面积约为2100km^2，河口多年平均流量为59.4m^3/s，多年平均径流量为18.7亿m^3。从维其沟至河口，河道长120km，落差为1615m（高程2024~409m），河道平均比降为13.5‰，水力资源理论蕴藏量为

64 万 kW，拟定开发容量为 53.6 万 kW，是凉山州重要的水电开发基地。根据现场调查所见，已建多座拦河水电站。

（13）牛栏江

金沙江右岸一级支流，发源于云南省昆明市官渡区，于巧家县牛栏村汇入金沙江，全长为 423km，流域面积为 13 320km^2，落差为 1660m，水力资源丰富，理论蕴藏量为 1841.2MW，其中干流理论蕴藏量为 1669.9MW，占全水系的 90.7%。已建多座拦河水利工程。

（14）横江

金沙江右岸一级支流，也是金沙江流域最下段的一级支流，又名朱缇江、戈魁江、石门江、关河等。发源于云南省鲁甸县水磨乡，于四川省宜宾市安边镇汇入金沙江，全长为 305km，流域面积为 14 781km^2，总落差为 2080m，水力资源理论蕴藏量为 2578.2MW，其中干流 1535.5MW，占全水系的 59.6%，水力资源理论蕴藏量为 10MW 以上的河流共 8 条。横江汇口位于宜宾市内，向下与岷江、南广河等汇口邻近，形成“多江并流”之势。根据现场调查所见，干流、支流均已梯级开发，建有大量拦河水电工程。

第三节 流域内主要天然湖泊

（1）滇池

滇池位于云南省昆明市西南，古称大泽、滇南泽，又称昆明湖、昆明池、滇海、昆阳海等。位于昆明市南郊，东南临呈贡、晋宁，西南近西山、官渡。湖面多年平均海拔为 1886.35m，长 41.2km，平均宽 7.2km，最宽处为 13.0km，湖岸线长约 150km，面积为 330km^2，最大水深为 8m，平均水深为 4.3m，蓄水量为 11.69×10^8m^3。滇池是云南省最大的淡水湖，也是我国西南地区第一大湖、我国第六大淡水湖。

滇池集水面积为 2866km^2，多年平均入湖水量为 12×10^8m^3。注入滇池的河流主水源盘龙江（河），出自嵩明县西北梁王山（又名东葛勒山）的黄龙潭地下暗河，流经牧羊河，并与源于邵甸村的邵甸河汇合，得名盘龙江，多行山谷间，到了松华坝，地势豁然开朗，并分支为金汁河、明通河等河流汇入滇池；此外，还有柴河、马料河、昆阳河、海源河、宝象河、东大河、梁王河、呈贡大河、西白沙河等注入滇池。

汇入滇池的众河流在西南海口泄出，经螳螂川（普渡河上源，因河道中有形若螳螂的沙滩分布而得名，至富民始称普渡河），向下在东川与禄劝交界处注入金沙江，这也是本流域唯一的出湖河流。

滇池流域位于云贵高原中部，地处长江、珠江和元江三大水系分水岭地带，景色秀美，物产丰富，素有高原明珠之称。现主要受人类过度开发利用的影响，水域污染严重，环境压力巨大。就鱼类资源而言，原有土著鱼类 29 种，特有性强，现土著鱼类除泥鳅、鲫外，其他种类已很难见到。

（2）程海

程海位于云南省永胜县，古名程河，又名黑伍海，因湖北岸有黑伍尔而得名，属更新世早期构造断陷湖。原为吞吐型湖，与金沙江相通，明代中期以前，湖水南流 30km 以上汇入金沙江；之后，因水位不断下降，逐渐演变成封闭式内陆湖。

湖面海拔为 1503m，湖长近 20km，平均湖宽为 4km，最大湖宽为 5.3km，水域面积为 77.2km^2，最大水深为 35.1m，平均水深为 25.7m，储水量为 19.87 亿 m^3。程海湖水主要靠地下水、降水补给，并有团山、季官几条河流汇入。湖区属暖温带山地季风气候，是典型的金沙江干热河谷区，年平均气温为13.5℃，平均水温为15.9℃，最高水温为31.2℃，为不冻湖。程海南连期纳河谷，北临三川盆地，东西两侧青山对峙，湖水透明如镜。

程海记录鱼类有24种，根据近年野外实地调查所见，现有鱼类资源以外来种银鱼为主，可占渔获物的80%以上，其他土著鱼类极为少见。

（3）泸沽湖

泸沽湖位于四川省凉山州盐源县西南与云南丽江市宁蒗县交界处，为川滇两省界湖。古称鲁窟海子，纳西族摩梭语“泸”为山沟，“沽”为里，意即山沟里的湖，因位于左所附近，又名左所海，俗称亮海。由亮海和草海两部分组成，以湖岸线计，云南侧约占3/5，四川侧占2/5。湖面高程为2690.75m以上，面积为56km^2。主要入湖补水除三家村河、山跨河外，还有10余条溪涧和岩溶地下水，加上降雨，年均总入湖水量为1.1亿m^3；平均水深为40.3m，最大水深为93.5m，透明度高达11.0m。出流由草海下泄，经海门河、祖盖河、盐源河、小全河入雅砻江。

原始记录的鱼类区系比较简单，土著特有种占比较大，多为裂腹鱼。根据近年野外实地调查所见，鱼类资源以外来种如鲫、麦穗鱼、小黄黝等为主，土著鱼类极少见到。

（4）邛海

邛海位于四川省凉山州西昌市南郊，古称邛池泽，又称邛河，“邛”为汉代西南少数民族名——邛都，分布在今西昌地区，因所在地族名而得名邛海。邛海为四川省第二大淡水湖，属更新世早期（180万年前）构造断陷湖。湖面高程为1509.28m，南北长11.5km，最大宽度为5.5km，平均湖宽为2.7km，水域面积为31km^2；平均水深为10.32m，最大水深为34m，蓄水量为3.2亿m^3。主要入湖河流有邛河、鹅掌河等，还有10余条间歇性小河流入，年均入湖流量为1.82亿m^3。邛海原是与安宁河断续相通的半封闭型内陆湖泊，出湖河流为位于西北部的海河，向西流入安宁河，向下在近金沙江处（攀枝花市附近）汇入雅砻江。1975年以前，雨季有水外流入安宁河，安宁河涨水时又可灌入邛海，之后，由于海河管制闸和溢流坝工程的兴建，阻碍了邛海与安宁河水生生物的交流。

原记录土著鱼类有13种，还有一些特有种，如邛海鲤、邛海鲌等。根据近年野外实地调查所见，现有鱼类资源以外来种如鲢、鳙、草鱼、黄颡鱼、麦穗鱼等为主，很少见到土著鱼类。

（5）马湖

马湖位于四川省凉山州雷波县，紧邻金沙江左岸，是全新世地震引起地层断陷，出口经岩体崩塌堵截积水形成的堰塞湖。湖面高程为986.5m，面积为7.32km^2，湖长5.69km，最宽处近2.5km，平均为1.29km，最大水深为134m，平均水深为65.7m。湖水依赖入湖溪流、降水和区间坡面漫流补给，主要入湖河流有东大河、西大河、额子沟河，总蓄水量为4.81亿m^3；外泄主要通过调蓄后地下渗漏，向北部黄琅方向渗漏形成了上、中、下3个连贯相通的小湖泊，称为“三海”；三海西北部还有一高山平塘，俗称后海。

根据近年野外实地调查所见，现有鱼类资源以马口鱼为主，也可见到鲤（马湖鲤）。

本章内容主要依据百度百科、《中国自然地理-下册》（高等学校试用教材）（上海师大等，1980，人民教育出版社）、《中国自然地理-地貌》（中国科学院《中国自然地理》编辑委员会，1980，科学出版社）、《中国湖泊志》（王苏民、窦鸿身，1998，科学出版社）、《中国地貌》（尤联元、杨景春，2013，科学出版社）、《中国水文地理》（刘昌明等，2014，科学出版社）等文献整理编写。

无量河

第二章　金沙江流域鱼类物种多样性及分布研究简史

目前，共收集到近 200 篇（部）与金沙江流域鱼类研究相关的文献资料，包括志书、专项研究论著等。文献涉及的研究区域除金沙江干流、支流外，还包括滇池、程海、邛海、泸沽湖、马湖等附属水体。前人的相关研究为我们今天的工作奠定了基础。依据文献内容，可大致将这些文献分为鱼类物种多样性和分布格局 —— 动物地理学两个方面。

第一节　鱼类物种多样性研究

20 世纪 90 年代以前，国内各方面科研条件都相对有限，室内外工作条件艰苦，但我国鱼类学家仍努力对流域内鱼类资源开展了不少研究工作。张孝威（Chang H. W.）先生于 1944 年在其 *Notes on the fishes of Western Szechuan and Eastern Sikiang* 中对 1938 ～ 1943 年他在四川西部采集的鱼类标本进行了整理研究，报道了鱼类 98 种，其中部分涉及金沙江流域的种类。其后很长时间，可能是由于连年战乱，加上金沙江流域地处偏僻，山高路远，有关鱼类方面的研究工作停顿了。新中国成立以后，陆续开展了一些新的工作。曹文宣和伍献文（1962）在《四川西部甘孜阿坝地区鱼类生物学及渔业问题》中，对区域内雅砻江水系和金沙江水系的鱼类区系分别进行了研究，整理出流域内 37 种鱼类名录。刘成汉（1964）在《四川鱼类区系的研究》中依据实地调查，并结合以往的相关工作，整理出四川省（包括现重庆市的范围）鱼类 166 种，其中涉及金沙江流域的记录点有邛海、西昌、巨甸、石鼓、朵美、拉鲊和屏山等，共计有鱼类 77 种，是一部可以比较完整地反映金沙江流域鱼类区系原生情况的重要文献资料。朱松泉（1989）在《中国条鳅志》一书中首次对我国的条鳅科鱼类进行了系统整理，记述了 14 属 91 种和亚种（包括 3 新种），其中涉及金沙江流域的条鳅类 17 种。褚新洛和陈银瑞（1989，1990）结合 30 多年实地调查采集和整理鉴定，出版了《云南鱼类志》，在整合《中国鲤科鱼类志》的基础上，记录了云南省鱼类 399 种，包括引入种 18 种，涉及金沙江流域的 86 种，隶属于 6 目 11 科 57 属。

20 世纪 90 年代以来，我国鱼类研究方面的工作日益增多。在收集到的现有资料中，第一个把金沙江流域作为独立研究区域的是吴江和吴明森（1990）的《金沙江的鱼类区系》，记述了金沙江流域鱼类 7 目 19 科 89 属，共 161 种（包括亚种），其中 74 种是新纪录种。文中还对金沙江流域与长江流域的鱼类区系作了对比，对占全流域鱼类组成较大比例的鲤科鱼类（65.60%），也深入地分析了各亚科的情况。继吴江和吴明森之后，我国鱼类学家还进行了很多与金沙江流域相关的研究工作。丁瑞华（1994）在《四川鱼类志》中记述四川省（包括重庆市）鱼类共 241 种（包括亚种），隶属于 9 目 20 科 107 属，并对四川鱼类区系特征、分布概况、区系形成与演变和动物（淡水鱼类）地理学等进行了较深入的探讨。书中还对四川省的各个水系（川江、金沙江水系、岷江水系、沱江水系、嘉陵江水系、乌江下游、黄河水系、酉水上游、任河上游和大宁河）和重要湖泊（邛海）作了单独的地理特点介绍。书中涉及金沙江流域的鱼类共计 158 种（包括亚种），隶属于 7 目 17 科 88 属。丁瑞华的工作细致、信息量大，分析讨论又侧重于动物地理学，对各水系鱼类区系组成和分布格局等问题进行了较深入的探讨。除此之外，也陆续出现了一些关于流域内某些河段或一些重要支流鱼类区系的研究工作。武云飞和吴翠珍（1990）曾对滇西金沙江河段鱼类区系进行了比较深入的研究，他们的研究区域包括石鼓至攀枝花河段，通过野外实地调查，共整理出鱼类 44 种，隶属于 11 科 35 属，包括 10 个新纪录种和 1 个新亚种，并对虎跳峡上、下游对鱼类分布的作用进行了讨论。丁瑞华和黄艳群（1992）在野外实地调查的基础上，对雅砻江下游支流安宁河的鱼类区系进行了研究，结合前人的相关工作，整理出安宁河的鱼类 5 目 14 科 65 属 82 种，并提出冕宁县城稍偏上的河段应为鱼类在安宁河上、下游分布的界线，此界线以上主要分布高原鱼。邓其祥（1996）对雅砻江下游鱼类区系开展了较深入的研究，依据 1983~1993 年 10 年左右的实地调查采集结果，并结合有关资料，共整理出鱼类 118 种和亚种，还就地理分布问题进行了讨论。近年比较重要的研究还有王晓爱等（2009）对金沙江下游重要支流牛栏江鱼类区系的研究，他们依据 2006~2008 年的野外实地调查，结合相关文献资料，整理出鱼类 59 种，隶属于 5 目 12 科 46 属，还就区系成分进行了深入分析，认为其区系成分与金沙江中下游（石鼓至宜宾）非常相似，这也预示着牛栏江在金沙江下游鱼类保育中作为替代生境可以发挥重要作用。

金沙江流域鱼类研究之所以成为物种多样性研究热点之一，相当一部分原因是金沙江的上游、中游处于生物多样性极高的横断山区范围之内。以往关于横断山区鱼类研究最权威的论著应首推《横断山区鱼类》（陈宜瑜，1998）。该书是经中国科学院青藏高原综合科学考察队于 1988~1989 年对横断山区鱼类进行全面考察之后，结合往年相关文献记录撰写而成的。该书对横断山区的鱼类区系进行了全面分析，并提出了鱼类资源保护与持续利用的意见；此外，对区域内各水系的发育关系，以及我国淡水鱼类动物地理区的划分也进行了较为深入的探讨。该书共记录横断山区鱼类 237 种，隶属于 8 目 18 科 97 属。书中将金沙江与雅砻江视为两个研究区域，其中金沙江鱼类共计 96 种，雅砻江鱼类共计 30 种。除鱼类区系组成外，该书还在动物地理学方面给出了青藏高原界线划分的建议，提出了青藏高原区是与古北区及东洋区有着同等地位的一个Ⅰ级区（界）的观点。

《中国动物志》（陈宜瑜等，1998；乐佩琦，2000）是反映我国动物分类学研究工作成果的系列专著，也是目前内陆鱼类分类学的重要参考书目。自 20 世纪 90 年代至今，关于硬骨鱼类著作共出版 16 部，在已出版的《中国动物志》（鱼类）中记载的金沙江流域鱼类共计 172 种，隶属于 23 科 87 属。已发表的《中国动物志》关于鱼类的卷部，除有系统检索表可供鉴定时使用外，每一个种都附有图片、历史记录、标本测量数据、形态描述及分布区域，种类全面、数据庞大。《中国动物志》编写过程中所涉及的标本产地及分布区域范围等，可从书中引用的文献中了解详情。总体来说，《中国动物志》是不可多得的参考书目，它为我们的研究提供了重要参考依据。

关于金沙江流域的鱼类多样性研究，志书以外的信息主要来自于陆续发表的文献，主要为一些新分类单元的描述。周伟和何纪昌（1989）报道了采自云南省呈贡县白龙潭（入滇池一支流）的异色云南鳅 *Yunnanilus discoloris*，并注意到了雌雄个体间两种色型的差异。周伟和崔桂华又报道了采自四川省会东县鲹鱼河的似横纹南鳅 *Schistura pseudofasciolata*，这应该也是已知的南鳅属鱼类分布的最北界线（Zhou and Cui，1993）。李维贤等（1998）在《云南高原平鳍鳅科鱼类二新种》中描述了采自云南省曲靖市牛栏江的牛栏江金沙鳅 *Jinshaia niulanjiangensis*；在《云南省华吸鳅属鱼类一新种》（李维贤等，1999）中描述了采自云南省沾益县德泽乡牛栏江的德泽华吸鳅 *Sinogastromyzon dezeensis*；在《中国金线鲃属鱼类二新种记述》（李维贤等，2003）中描述了采自云南省乌蒙山、沾益县德泽乡及宣威县（现宣威市）西泽乡的乌蒙山金线鲃

Sinocyclocheilus wumengshanensis，并从口须长度、颌须长度、背鳍位置和分子遗传距离等方面与多斑金线鲃 *S. multipunctatus* 作对比。安莉等（2009）在《云南牛栏江云南鳅属鱼类二新种记述（鲤形目，爬鳅科，条鳅亚科）》中记述了 1992~2003 年采自云南牛栏江的云南鳅属 *Yunnanilus* 2 个新种，即横斑云南鳅 *Y. spanisbripes* 和干河云南鳅 *Y. ganheensis*，该文主要从形态差异（体色、侧线形态）上进行阐述，比较了 2 个新种与南盘江云南鳅 *Y. nanpanjiangensis*（李维贤等，1994）、四川云南鳅 *Y. sichuanensis*（丁瑞华，1995）和虎斑云南鳅 *Y. tigerveinus*（李维贤等，1999）等的区别；2010 年，安莉等描述了采自云南省会泽县以礼河金钟镇毛家村水库（属金沙江下游右岸支流）中国西南野鲮亚科（鲤形目，鲤科）一新属新种——原鲮属原鲮 *Protolabeo protolabeo*。周伟等（Zhou et al.，2011）报道了采自雅砻江的长须石爬鮡 *Chimarrichthys longibarbatus*。

综上所述，志书等专著是对金沙江流域鱼类进行的系统描述，涵盖信息量大，但也存在个别种类分布区域和原始产地等信息不精确的问题。在专著以外陆续发表的新分类单元及小范围内分类地位的变更，则往往以文献的形式出现，多以形态描述为主，很少涉及分布格局和动物地理学问题的讨论。另外，从收集的文献中可以看出，金沙江上游的鱼类多样性近年来变化不大，新种及新分布记录往往出现在金沙江下游，这也与金沙江上游生境单一、下游生境复杂的自然地理特点有密切关系。

第二节　分布格局——动物地理学研究

金沙江上游属于高原峡谷型地貌，海拔高、水流急、水温低，中游和下游逐渐转变为平原地貌，河谷变得开阔，并伴随着干热河谷现象的出现。自然地理特点上的差异，也决定了金沙江流域不同河段鱼类组成和分布上的不同。

早在 1962 年，曹文宣和伍献文就在《四川西部甘孜阿坝地区鱼类生物学及渔业问题》中讨论过金沙江上游鱼类的区系组成，提出：“甘孜地区的鱼类组成非常特殊，主要以裂腹鱼类和高原鳅类为主，且显示出高原地区鱼类分布的独特性”（曹文宣和伍献文，1962）。1990 年，吴江和吴明森在《金沙江的鱼类区系》中，重提并支持了曹文宣和伍献文（1962）的观点，并更加具体地分析了金沙江上、下游两个江段的鱼类分布特点。他们分析指出：金沙江干流石鼓以上江段和支流，主要分布着裂腹鱼、条鳅和鮡科鱼类，没有纯粹食肉性的凶猛性鱼类，区系结构也相应简单；石鼓以下江段鱼类种类明显增多（100 多种），以喜温性的平原型鱼类为主，适应于南方山麓急流生活的鲃类、野鲮类、平鳍鳅类、钝头鮠类和鮡类占有较大比例，许多支流里仍然存在裂腹鱼类，凶猛性鱼类比例增加，区系结构变得复杂，上、下游两个江段鱼类分布组成显著有别，这是金沙江水系鱼类分布格局最明显的一个特征，另外，属于南方热带流水水域的鱼类（共 24 种）明显比岷江、嘉陵江等长江上游其他各大支流的种类都多，也比同纬度的长江中、下游地区的鱼类具有更多的热带区系特点，反映出我国鱼类的地理分布在金沙江具有典型南北、东西过渡的特点。

武云飞和吴翠珍（1990）对云南迪庆州经石鼓和虎跳峡至四川渡口（今攀枝花）一带的金沙江鱼类区系作过详细分析。他们于石鼓至渡口江段共获得鱼类 44 种，并列出了滇西金沙江鱼类的分布表。分析认为，滇西金沙江虎跳峡以上和虎跳峡以下干流、支流的鱼类区系组成有明显差异，上段以高原鱼类为主，下段则以平原鱼类和高原边缘山区急流鱼类为主；而且，无论是干流、支流综合分析，还是干流、支流单独分析，其结果十分相似，即上段干流和支流鱼类组成均以高原鱼类为主，属、种较为贫乏，而下段鱼类区系成分较为复杂，种类亦丰富，其鱼类组成主要是平原鱼类和高原边缘山区急流鱼类；这些差异反映了虎跳峡江段是金沙江鱼类的天然屏障。由此认为，从鱼类区系的角度分析，金沙江的鱼类分布格局应以虎跳峡为界，大致可分为上游和下游两部分，虎跳峡可作为鱼类分布上的自然地理界线。研究还认为，虎跳峡本身的狭窄河谷、奔腾急流和礁石险滩都阻碍了下游江河平原鱼类的迁徙，虎跳峡上游隶属于青藏高原，分布有青藏高原特有的裂腹鱼类、高原鳅类和高原常见的山鳅和鮡科鱼类，属于正常现象；对于金沙江上游仍然分布有鲫 *Carassius auratus*、鲈鲤 *Percocypris pingi*、泥鳅 *Misgurnus anguillicaudatus*、华吸鳅属 *Sinogastromyzon* 等现象，研究认为早在虎跳峡急剧隆起的中更新世以前这些种类就应该已经分布到了滇西金沙江河段。

1994 年，丁瑞华在《四川鱼类志》中对于虎跳峡是否为金沙江鱼类区系的界线问题也作了深入探讨，将金沙江的部分干流、支流鱼类区系组成与相邻水系作了对比。他认为，虎跳峡以下、雅砻江下游及安宁河的中下游鱼类种类与长江干流鱼类种类组成基本一致（同属江河平原鱼类区系），金沙江上段（虎跳峡以上）和雅砻江中上游与金沙江下游的鱼类区系组成差异颇大，其区系成分主要是青藏高原鱼类，这反映出金沙江上游江段与青藏高原具有更为密切的地理学关系；同时，金沙江虎跳峡以下和雅砻江下游江段是川西高原鱼类和东部鱼类区系交汇江段，从鱼类成分上看，似可认为其边缘江段是这两个不同鱼类区系的分界线。金沙江上游江段鱼类区系组成为青藏高原鱼类，主要是裂腹鱼类和高原鳅类，其中很多（修长高原鳅 *Triplophysa leptosoma*、拟硬刺高原鳅 *T. pseudoscleroptera*、斯氏高原鳅 *T. stoliczkai*、细尾高原鳅 *T. stenura*、东方高原鳅 *T. orientalis* 等）是跨长江与黄河水系分布的种类。这表明金沙江水系和黄河水系在历史上应该有过一定的联系。

眼镜湖

第三章 金沙江流域鱼类物种多样性研究方法及分析

第一节 材料与方法

一、数据来源

（一）野外标本采集及相关数据信息的收集整理

作者分别于 2008 年 6~7 月和 11 月、2009 年 4 月、2011 年 5 月、2012 年 4~5 月（分两队进行）和 9~10 月、2013 年 8~9 月、2014 年 7~8 月和 2015 年 5~6 月、2017 年 4 月和 8 月，先后对金沙江整个流域或部分江段进行了 11 次野外实地调查，设立采样点总计 191 个。野外调查时间上，涵盖了丰水期、枯水期和平水期；空间上，采样点覆盖了金沙江干流及各主要支流。

根据不同水环境特点和条件选择不同的采集工具和采样方式：浅水区域或支流，采集工具主要包括挂网、手撒网、地笼、小型便携式电捕鱼设备等；深水区域或干流，主要依靠当地渔民或租赁船只作业协助采集。为了采集到更多的鱼类样品及相关信息，野外调查期间还走访了当地渔民、农贸市场、餐馆等。采集到的样品、标本等在野外先用福尔马林溶液固定保存；野外工作结束后，经室内整理鉴定，用 75% 乙醇长期保存。整理历次采集所获得的鱼类标本共计 13 000 余号，近 200 种，分别保存在中国科学院动物研究所和中国科学院昆明动物研究所鱼类标本馆。

除对野外实地调查采集获得的标本、信息进行整理鉴定外，还对目前金沙江流域范围内已正式发表并有确切鱼类分布记录的信息，以及中国科学院动物研究所、中国科学院昆明动物研究所、中国科学院水生生物研究所、四川大学、西南大学、四川农业大学、湖南省水产科学研究所、四川省农业科学院水产研究所和中国长江三峡集团有限公司中华鲟研究所等科研机构及院校的鱼类标本馆馆藏标本信息进行了收集整理。

（二）标本鉴定

标本鉴定主要依据《中国动物志 · 硬骨鱼纲 鲤形目（中卷）》（陈宜瑜等，1998）、《中国动物志 · 硬骨鱼纲 鲤形目（下卷）》（乐佩琦，2000）、《中国动物志 · 硬骨鱼纲 鲇形目》（褚新洛等，1999）、《中国鲤科鱼类志（上卷）》（第一版和第二版）（伍献文，1964，1981）、《中国鲤科鱼类志（下卷）》（第一版和第二版）（伍献文，1977，1982）、《中国条鳅志》（朱松泉，1989）、《横断山区鱼类》（陈宜瑜，1998）、《云南鱼类志（上册）》（褚新洛和陈银瑞，1989）、《云南鱼类志（下册）》（褚新洛和陈银瑞，1990）、《四川鱼类志》（丁瑞华，1994）、《青藏高原鱼类》（武云飞和吴翠珍，1992）、《西藏鱼类及其资源》（张春光等，1995）等，以及上述专志未收录的其他相关研究报告、论文等（详见参考文献部分）。

二、研究方法

（一）数据整理

编制 Excel 表格，横向为调查点信息，纵向为金沙江的鱼类分类系统及名录（见书后“金沙江流域鱼类名录及分布表”）。鱼类分类系统主要依据 *Fishes of the World*、《中国动物志》相关卷册等，并结合相关志书、文献等作适当调整，如鳅类主要依据 Kottelat（2012）的文献。根据整理的鱼类名录对流域内鱼类区系组成进行分析，以采集或文献记载的地理信息统计分析鱼类分布点。

主要依据外部（少量内部）形态学差异，编制金沙江鱼类分类检索表。

（二）数据处理

1. 物种多样性评价

对于物种多样性的测度采用 G-F 指数分析法，此方法是基于信息测度的研究方法，公式是利用动物名录计算某区域的物种多样性（蒋志刚和纪力强，1999）。

F 指数（D_F）—— 科的多样性：

$$D_F = \sum_{k=1}^{m} D_{Fk} = -\sum_{k=1}^{m}\sum_{i=1}^{n} P_i \ln P_i$$

式中，$P_i=S_{ki}/S_k$，S_{ki} 为名录中 k 科 i 属中的物种数；S_k 为名录中 k 科中的物种数；n 为 k 科中的属数；m 为名录中鱼类的科数。

G 指数（D_G）—— 属的多样性：

$$D_G = \sum_{j=1}^{p} D_{Gj} = -\sum_{j=1}^{p} q_j \ln q_j$$

式中，$q_j=S_j/S$，S_j 为 j 属中的物种数；S 为名录中鱼类的物种数；p 为名录中鱼类的属数。

G-F 指数（$D_{G\text{-}F}$）：

$$D_{G\text{-}F} = 1 - \frac{D_G}{D_F}$$

G-F 指数的特征：G-F 指数为 0~1 的测度。G-F 指数越接近于 1，说明科间多样性越大或属间多样性越小，各种类在各科、属间的分布越均匀，群落结构越稳定。G-F 指数接近于 0 或为负数，说明名录中各种类在科、属间的分布比较集中，种类多样性较小，结构趋于不稳定。

2. 物种相似性比较

参照《云南鱼类志》，公式如下：

$$种级相同系数 = c/(a+b-c)$$

式中，a 和 b 分别为两个比较水系中各自种的数目；c 为两个比较水系中相同种的数目。系数越大，关系越近。

第二节　金沙江流域鱼类物种多样性分析

一、鱼类区系特点

金沙江流域至宜宾附近海拔急剧降低，又有横江，特别是其下的岷江、南广河等陆续汇入，江面开阔，水生生态环境与其上的金沙江江段环境差异显著，很多种类仅记录于此江段及其以下的长江其他干流、支流，此江段鱼类物种多样性因“边缘效应”显著高于其上的金沙江流域各江段。因本研究涉及的区域集中在金沙江流域本身，这种局部范围内鱼类物种多样性显著升高的现象，在很大程度上会干扰对金沙江流域本身的鱼类区系及分布格局的研究分析。为了尽可能去除干扰，我们将那些仅出现在宜宾及其以外而不见于其上金沙江流域干流或支流的种类剔除。结合我们实地野外调查采集和文献记录整理，统计出属于金沙江流域成分的鱼类 200 种，含 22 个外来种（见书后“金沙江流域鱼类名录及分布表”），即那些有确切依据出现在宜宾江段以上金沙江流域的鱼类，而不包括仅出现在宜宾及金沙江流域以外的种类。除去外来种，土著鱼类有 178 种，隶属于 7 目 17 科 79 属。

从目级水平看，金沙江流域土著鱼类以鲤形目 Cypriniformes 种类最多，共 141 种，占总种数的 79.21%；鲇形目 Siluriformes 28 种，占 15.73%；鲟形目 Acipenseriformes 和鲈形目 Perciformes 各 3 种，均占 1.69%；鳗鲡目 Anguilliformes、鳉形目 Cyprinodontiformes 和合鳃鱼目 Synbranchiformes 各 1 种，均占 0.56%（图 3-1）。

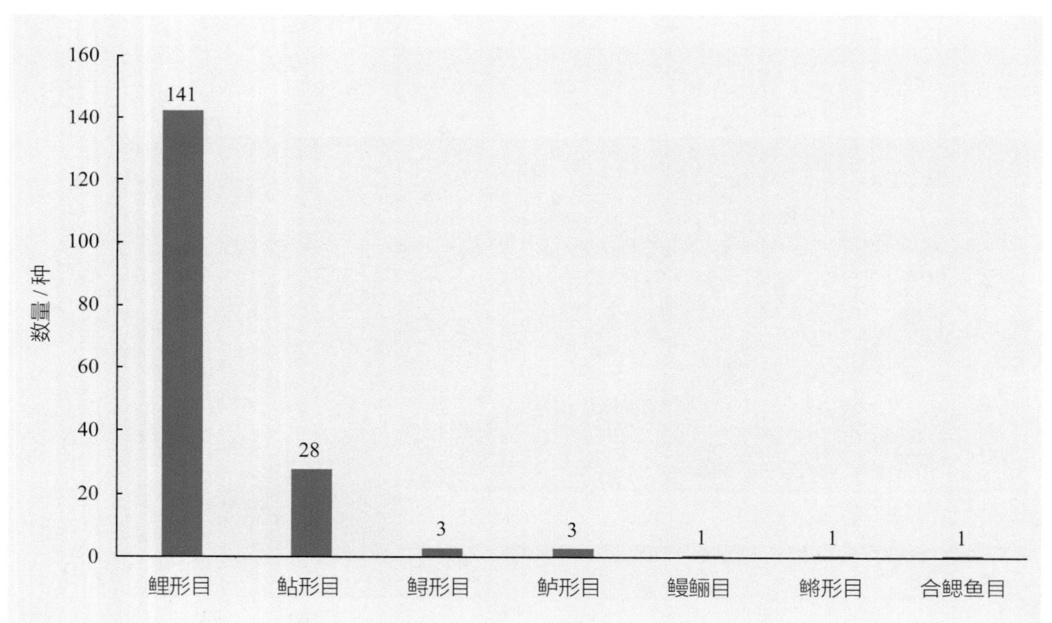

图 3-1　金沙江流域土著鱼类目级水平组成图示

从科级水平看，金沙江流域土著鱼类以鲤科 Cyprinidae 种类最多，共 84 种，占总种数的 47.19%；条鳅科 Nemacheilidae 次之，为 32 种，占 17.98%；爬鳅科 Balitoridae 和鲿科 Bagridae 各 14 种，均占 7.87%；沙鳅科 Botiidae 8 种，占 4.49%；鮡科 Sisoridae 6 种，占 3.37%；钝头

鮡科 Amblycipitidae 5 种，占 2.81%；鲇科 Siluridae 3 种，占 1.69%；鲟科 Acipenseridae、花鳅科 Cobitidae 和鮨鲈科 Percichthyidae 各 2 种，均占 1.12%；白鲟科 Polyodontidae、鳗鲡科 Anguillidae、胭脂鱼科 Catostomidae、大颌鳉科 Adrianichthyidae、合鳃鱼科 Synbranchidae 和鳢科 Channidae 各 1 种，均占 0.56%（图 3-2）。

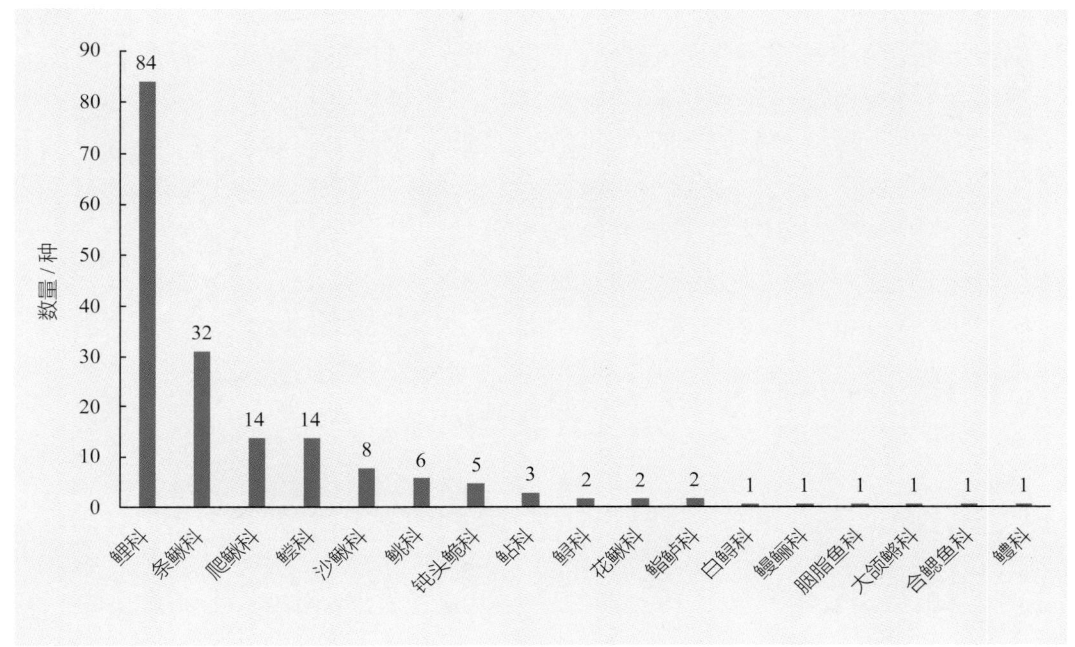

图 3-2　金沙江流域土著鱼类科级水平组成图示

就鲤科的亚科水平而言，金沙江流域土著鲤科鱼类有 11 亚科。其中，鲌亚科 Cultrinae 19 种，占金沙江流域土著鱼类总种数的 10.67%；裂腹鱼亚科 Schizothoracinae 17 种，占 9.55%；鮈亚科 Gobioninae 15 种，占 8.43%；鲃亚科 Barbinae 7 种，占 3.93%；鲴亚科 Xenocyprinae 和鲤亚科 Cyprininae 各 6 种，均占 3.37%；野鲮亚科 Labeoninae 4 种，占 2.25%；鿕亚科 Danioninae、鳑鲏亚科 Acheilognathinae 和鳅鮀亚科 Gobiobotinae 各 3 种，均占 1.69%；雅罗鱼亚科 Leuciscinae 1 种，占 0.56%（图 3-3）。

二、鱼类的特有性

金沙江鱼类土著种中，中国特有种共计 129 种，占金沙江流域鱼类土著种总数的 72.47%；长江特有种 99 种，占土著种总数的 55.62%；金沙江特有种 59 种，占土著种总数的 33.15%。

三、鱼类的珍稀濒危性

金沙江流域分布有国家重点保护鱼类 4 种：国家 I 级保护动物白鲟 *Psephurus gladius* 和达氏鲟 *Acipenser dabryanus*，国家 II 级保护动物胭脂鱼 *Myxocyprinus asiaticus* 和滇池金线鲃 *Sinocyclocheilus grahami*。历史上还有国家 I 级保护动物中华鲟 *A. sinensis* 的分布。

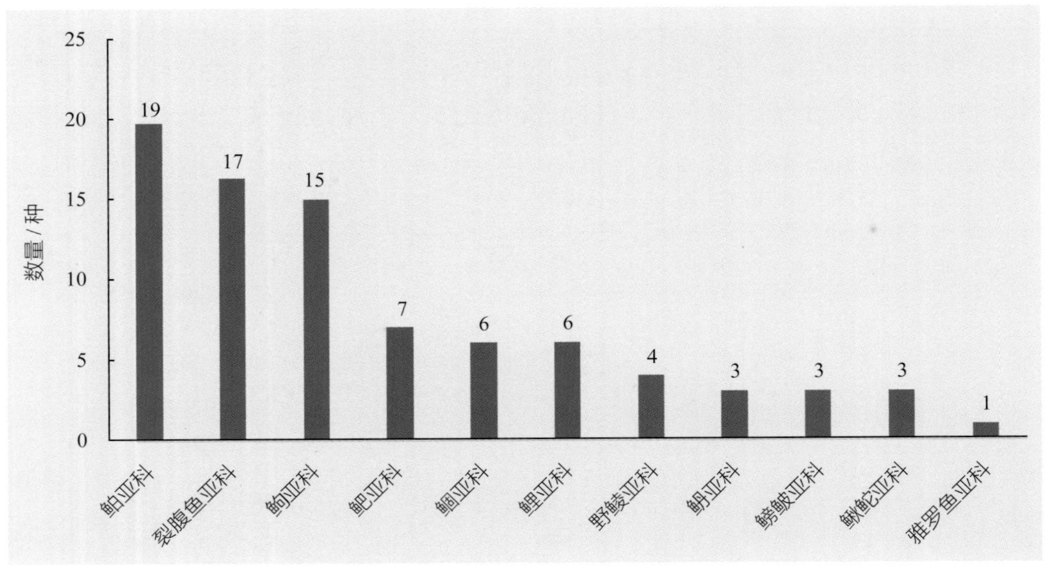

图 3-3 金沙江流域鱼类鲤科亚科级水平组成图示

土著种中被列入《四川省重点保护野生动物名录》的鱼类有 17 种，分别是西昌白鱼 *Anabarilius liui liui*、短臀白鱼 *A. brevianalis*、邛海白鱼 *A. qionghaiensis*、裸体异鳔鳅鮀*Xenophysogobio nudicorpa*、异鳔鳅鮀*X. boulengeri*、细鳞裂腹鱼 *Schizothorax*（*Schizothorax*）*chongi*、长丝裂腹鱼 *S.*（*S.*）*dolichonema*、鲈鲤 *Percocypris pingi*、岩原鲤 *Procypris rabaudi*、邛海鲤 *Cyprinus*（*Cyprinus*）*qionghaiensis*、大桥高原鳅 *Triplophysa daqiaoensis*、西昌高原鳅 *T. xichangensis*、小眼薄鳅 *Leptobotia microphthalma*、窑滩间吸鳅 *Hemimyzon yaotanensis*、侧沟爬岩鳅 *Beaufortia liui*、青石爬鮡 *Chimarrichthys davidi* 和中华鮡 *Pareuchiloglanis sinensis*。

除上述国家重点保护鱼类外，还有一些被列入世界自然保护联盟（IUCN）红色名录（2015 年）、《中国濒危动物红皮书 · 鱼类》（以下简称《红皮书》）或《中国物种红色名录 第二卷 脊椎动物》（以下简称《红色名录》）（表 3-1）。其中列入 IUCN 红色名录（2015 年）的有 8 种（6 种极危，2 种近危），列入《红皮书》的有 8 种（3 种濒危，5 种易危），列入《红色名录》的有 9 种（1 种绝灭、3 种濒危、5 种易危）。

表 **3-1** 金沙江分布的珍稀濒危鱼类

物种	国家保护名录	IUCN 红色名录，2015 年	《中国濒危动物红皮书 · 鱼类》，1998 年	《中国物种红色名录 第二卷 脊椎动物》，2009 年	主要致危原因
中华鲟 *Acipenser sinensis*	I	极危（CR）	易危（VU）		水利工程建设
达氏鲟 *Acipenser dabryanus*	I	极危（CR）	易危（VU）		水利工程建设
白鲟 *Psephurus gladius*	I	极危（CR）	濒危（EN）		水利工程建设
胭脂鱼 *Myxocyprinus asiaticus*	II		易危（VU）		水利工程建设、过捕
滇池金线鲃 *Sinocyclocheilus grahami*	II	极危（CR）	濒危（EN）		生境破坏
西昌白鱼 *Anabarilius liui liui*				绝灭（EX）	过捕、污染、外来种入侵
鲈鲤 *Percocypris pingi*		近危（NT）		易危（VU）	过捕

续表

物种	国家保护名录	IUCN 红色名录，2015 年	《中国濒危动物红皮书·鱼类》，1998 年	《中国物种红色名录　第二卷 脊椎动物》，2009 年	主要致危原因
短须裂腹鱼 *Schizothorax*（*Schizothorax*）*wangchiachii*		近危（NT）			水利工程建设、过捕
昆明裂腹鱼 *Schizothorax*（*Schizothorax*）*grahami*		极危（CR）		易危（VU）	过捕、外来种入侵
岩原鲤 *Procypris rabaudi*			易危（VU）	易危（VU）	水利工程建设、过捕、污染
窑滩间吸鳅 *Hemimyzon yaotanensis*				易危（VU）	生境破坏
长薄鳅 *Leptobotia elongata*			易危（VU）	易危（VU）	水利工程建设、生境破坏、过捕
中臀拟鲿 *Pseudobagrus medianalis*		极危（CR）	濒危（EN）	濒危（EN）	生境破坏、过捕、污染
白缘鉠 *Liobagrus marginatus*				濒危（EN）	过捕、污染
中华鮡 *Pareuchiloglanis sinensis*				濒危（EN）	过捕、污染

第三节　金沙江流域干流、支流鱼类物种多样性的比较分析

一、干流

主要在金沙江干流出现的土著鱼类共计 112 种，隶属于 6 目 15 科 67 属，占金沙江土著鱼类总种数的 62.92%。

从目级水平看，仍以鲤形目种类最多，共 82 种，占金沙江干流土著鱼类总种数的 73.21%；鲇形目次之，共 23 种，占 20.54%；鲟形目 3 种，占 2.68%；鲈形目 2 种，占 1.79%；鳗鲡目和合鳃鱼目各 1 种，均占 0.89%（图 3-4）。

从科级水平看，以鲤科种类最多，共 54 种，占金沙江干流土著鱼类总种数的 48.21%；鲿科次之，为 12 种，占 10.71%；条鳅科 10 种，占 8.93%；沙鳅科 8 种，占 7.14%；爬鳅科 7 种，占 6.25%；鮡科 5 种，占 4.46%；钝头鮠科 4 种，占 3.57%；花鳅科、鲟科、鲇科和鮨鲈科各 2 种，均占 1.79%；胭脂鱼科、合鳃鱼科、白鲟科和鳗鲡科各 1 种，均占 0.89%（图 3-5）。

二、支流

主要在支流出现的土著鱼类共计 144 种，隶属于 5 目 13 科 69 属，占金沙江土著鱼类总种数的 80.90%。

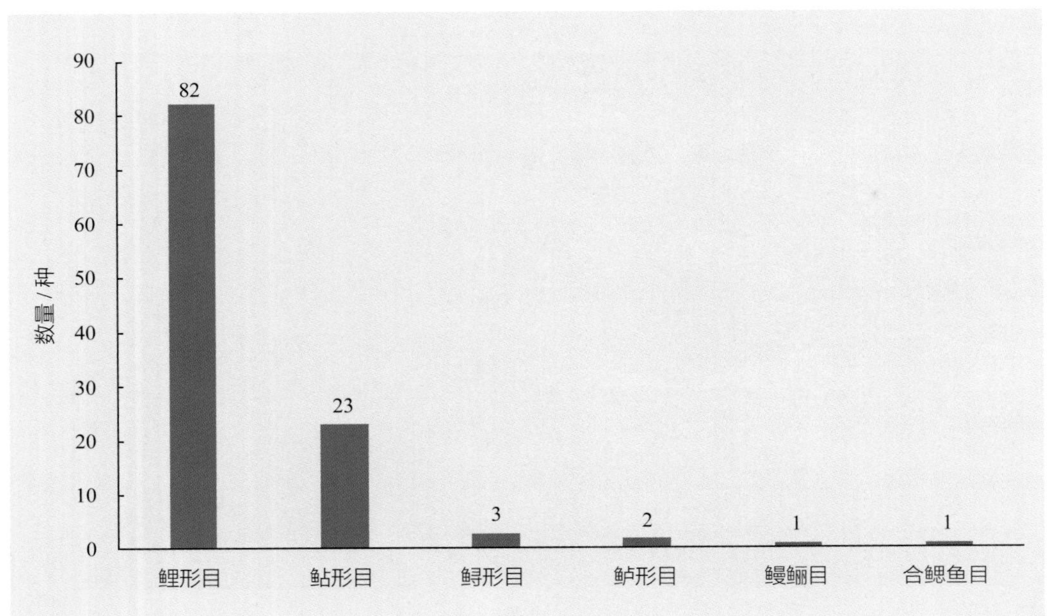

图 3-4　金沙江干流鱼类目级水平组成图示

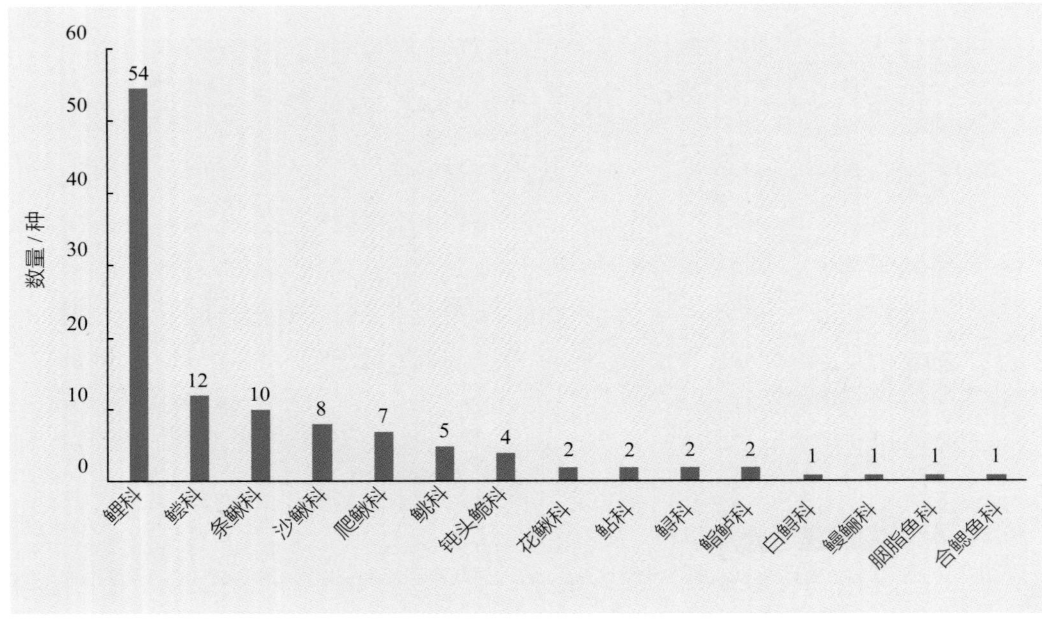

图 3-5　金沙江干流鱼类科级水平组成图示

从目级水平看，也以鲤形目种类最多，共 121 种，占金沙江支流土著鱼类总种数的 84.03%；鲇形目次之，共 20 种，占 13.89%；鳉形目、合鳃鱼目和鲈形目各 1 种，均占 0.69%（图 3-6）。

从科级水平看，以鲤科种类最多，共 71 种，占金沙江支流土著鱼类总种数的 49.31%；条鳅科次之，为 31 种，占 21.53%；爬鳅科 13 种，占 9.03%；鲿科 9 种，占 6.25%；鲱科和钝头鮠科各 4 种，均占 2.78%；鲇科和沙鳅科各 3 种，占 2.08%；花鳅科 2 种，占 1.39%；胭脂鱼科、大颌鳉科、鳢科和合鳃鱼科各 1 种，均占 0.69%（图 3-7）。

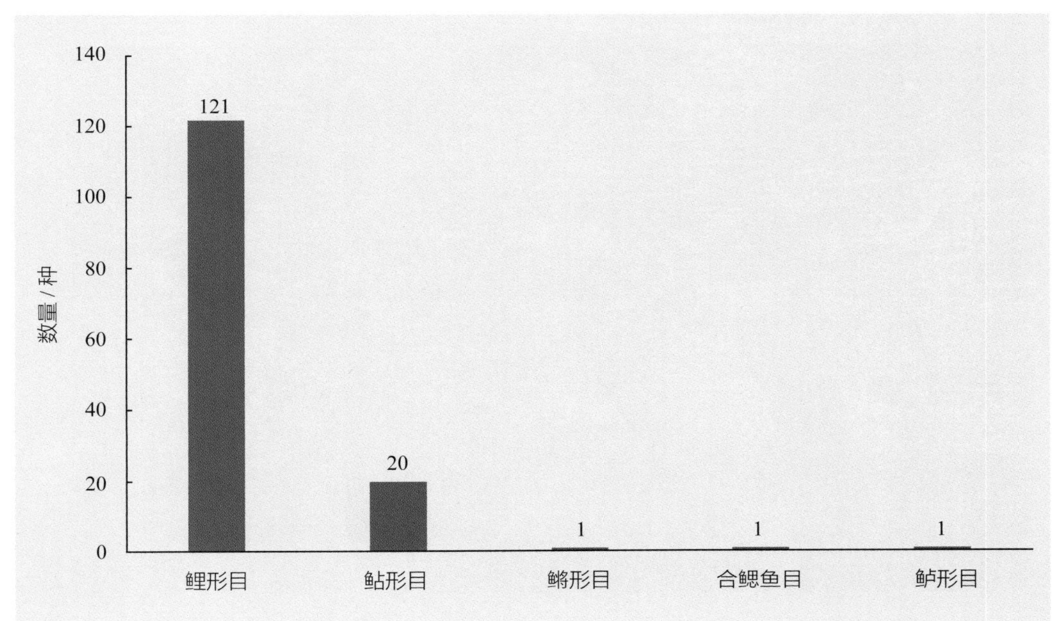

图 3-6　金沙江支流鱼类目级水平组成图示

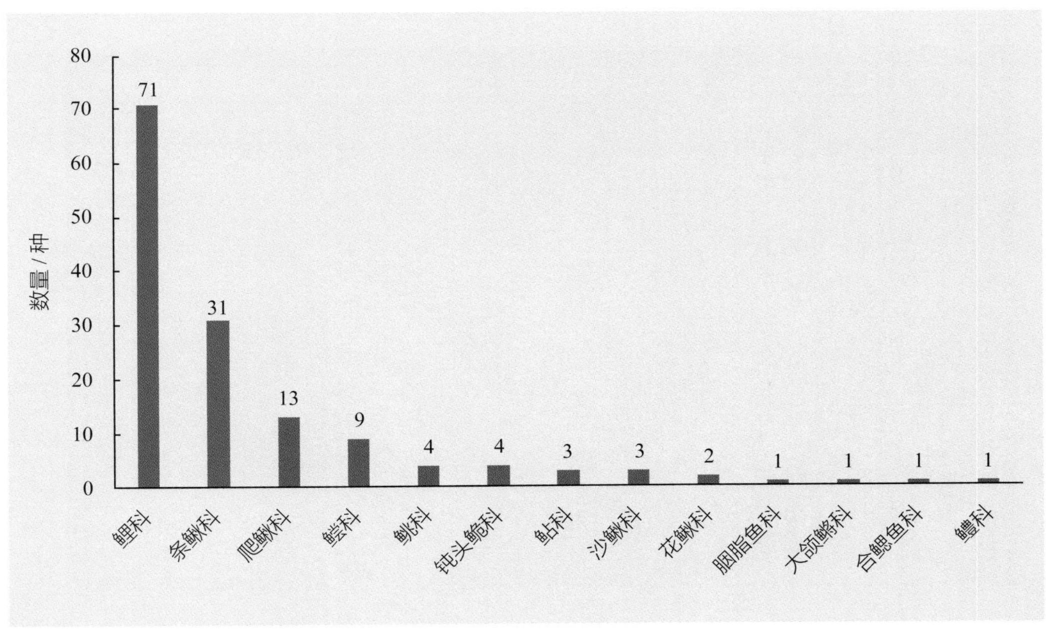

图 3-7　金沙江支流鱼类科级水平组成图示

三、干流、支流比较

用 G-F 指数分析法对金沙江干流和支流鱼类物种多样性进行分析，得到如下结果（表 3-2）。

1）干流科级分类阶元数量高于支流，F 指数高于支流，这说明干流不仅科多，科级多样性水平也高。

2）尽管干流属级分类阶元数量低于支流，但 G 指数高于支流，说明干流的属虽然少，但单型属较少，使其属级多样性升高。

3) G 指数和 F 指数标准化后得到的 G-F 指数显示，干流与支流基本相等，说明各种类在干流与支流各科、属间的分布均匀度相近，群落结构稳定性相似。

表 **3-2** 金沙江干流和支流鱼类物种多样性 **G-F** 指数分析比较

项目	科数	属数	种数	F 指数	G 指数	G-F 指数
干流	15	67	112	9.95	4.03	0.60
支流	13	69	144	9.90	3.85	0.61

（一）干流、支流共有种

金沙江干流、支流共有的土著种为 77 种，隶属于 3 目 11 科 55 属，占金沙江流域土著鱼类总种数的 43.26%。

目级水平上，以鲤形目种类最多，为 61 种，占共有种总数的 79.22%；鲇形目次之，共 15 种，占 19.48%；合鳃鱼目 1 种，占 1.30%（图 3-8）。

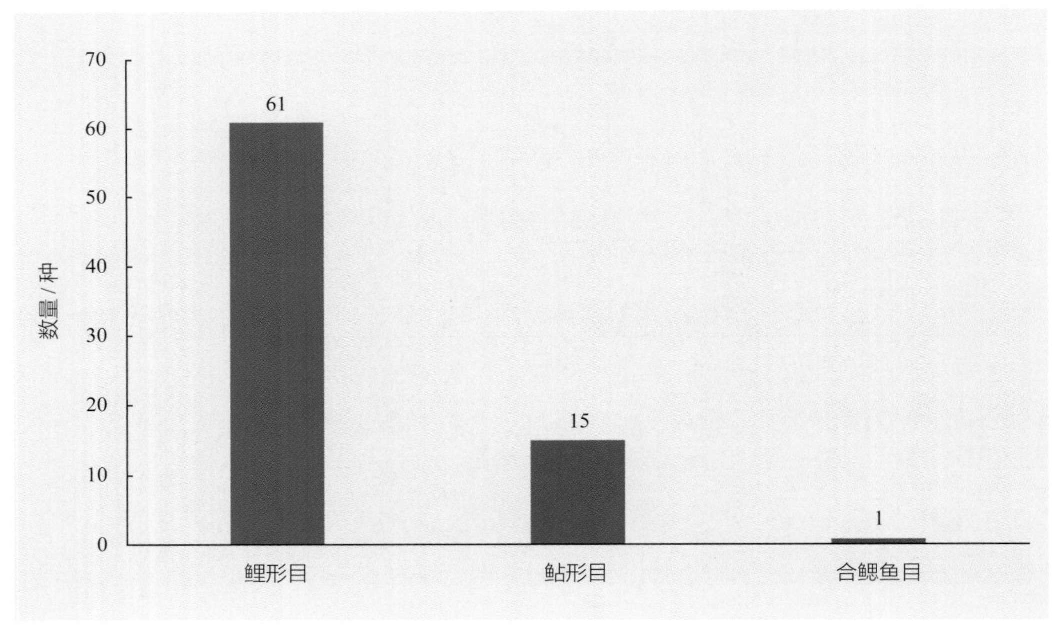

图 3-8 金沙江干流、支流鱼类共有种类目级水平组成图示

科级水平上，鲤科种类最多，为 40 种，占共有种总数的 51.95%；条鳅科 9 种，占 11.69%；鲿科 7 种，占 9.09%；爬鳅科 6 种，占 7.79%；鲱科、钝头鮠科和沙鳅科各 3 种，均占 3.90%；花鳅科和鲇科各 2 种，均占 2.60%；合鳃鱼科和胭脂鱼科各 1 种，均占 1.30%（图 3-9）。

（二）仅在干流出现的鱼类

仅在金沙江干流出现的土著种有 35 种，隶属于 5 目 11 科 24 属，占金沙江流域土著鱼类总

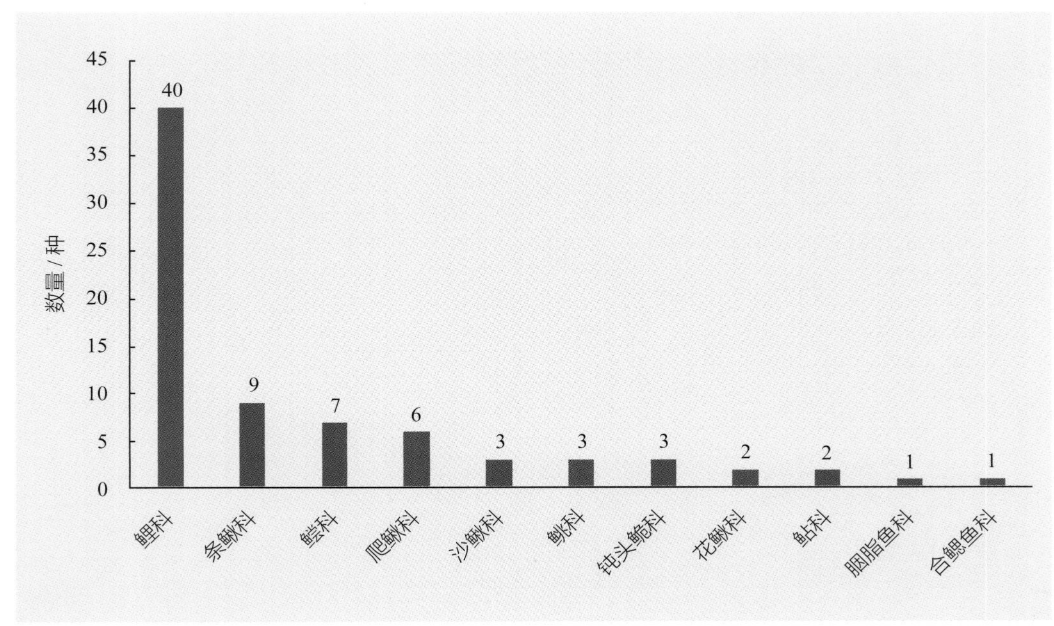

图 3-9　金沙江干流、支流鱼类共有种类科级水平组成图示

种数的 19.66%。

目级水平上，以鲤形目种类最多，有 21 种，占仅在干流出现的鱼类总种数的 60.00%；鲇形目次之，为 8 种，占 22.86%；鲟形目 3 种，占 8.57%；鲈形目 2 种，占 5.71%；鳗鲡目 1 种，占 2.86%（图 3-10）。

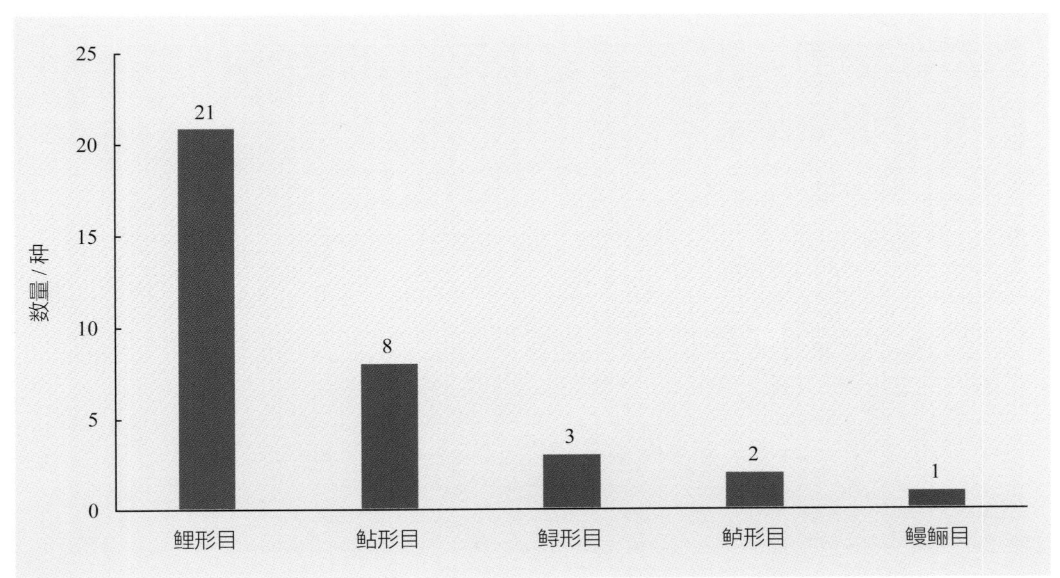

图 3-10　仅在金沙江干流出现的鱼类目级水平组成图示

科级水平上，以鲤科种类最多，共 14 种，占仅在干流出现的鱼类总种数的 40.00%；沙鳅科和鲿科各 5 种，占 14.29%；鲱科、鲟科和鮨鲈科各 2 种，均占 5.71%；白鲟科、鳗鲡科、条鳅科、爬鳅科和钝头鮠科各 1 种，均占 2.86%（图 3-11）。

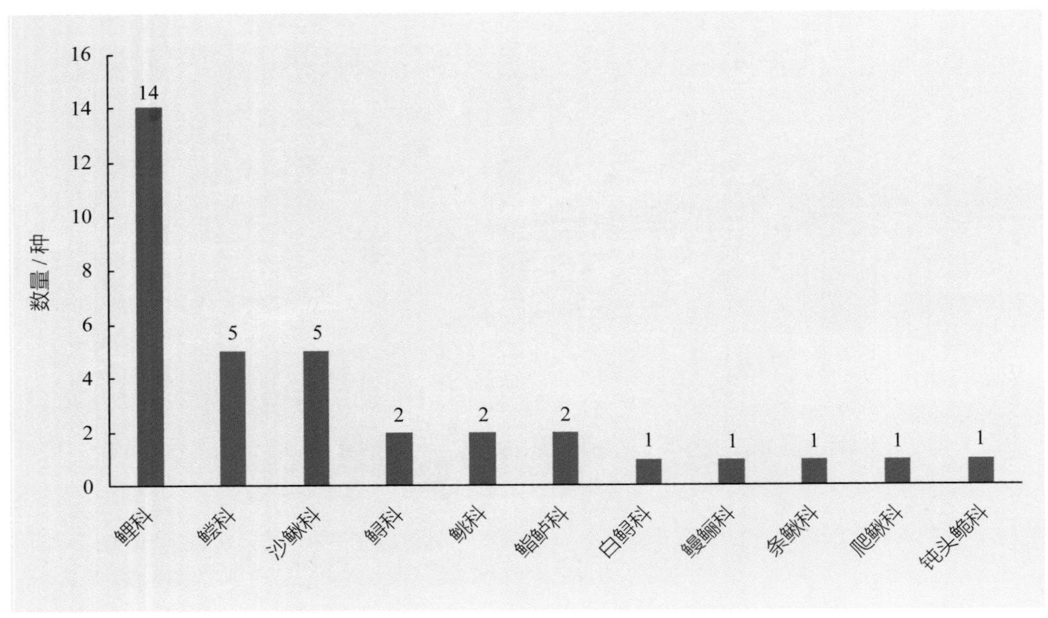

图 3-11　仅在金沙江干流出现的鱼类科级水平组成图示

（三）仅在支流出现的鱼类

仅在金沙江支流出现的土著鱼类有 67 种，隶属于 4 目 9 科 28 属，占金沙江流域土著鱼类的 37.64%。

目级水平上，以鲤形目种类最多，共 60 种，占仅在支流出现的鱼类总种数的 89.55%；鲇形目 5 种，占 7.46%；鳉形目和鲈形目各 1 种，均占 1.49%（图 3-12）。

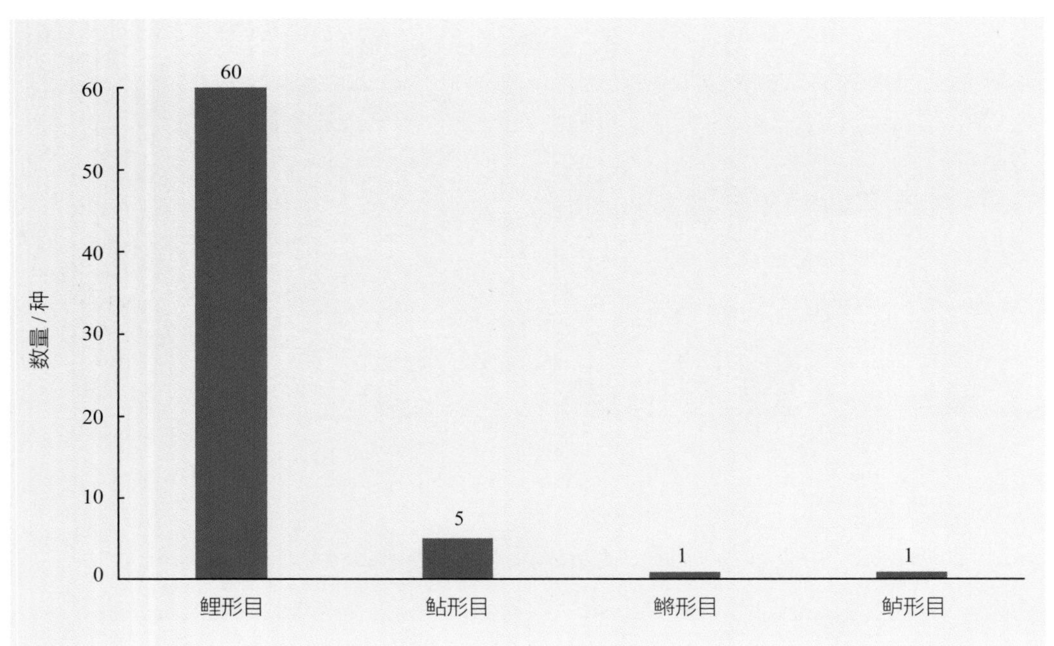

图 3-12　仅在金沙江支流出现的鱼类目级水平组成图示

科级水平上，以鲤科种类最多，共 31 种，占仅在支流分布的土著鱼类的 46.27%；条鳅科次之，共 22 种，占 32.84%；爬鳅科 7 种，占 10.45%；鲿科 2 种，占 2.99%；鲱科、钝头鮠科、鮡科、大颌鳉科和鳢科各 1 种，均占 1.49%（图 3-13）。

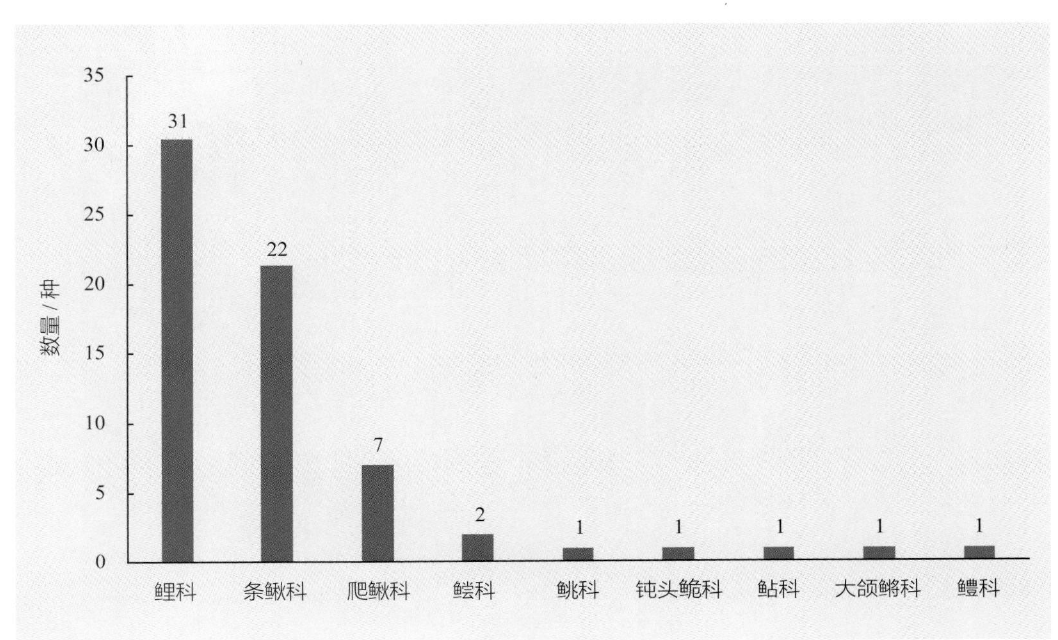

图 3-13　仅在金沙江支流出现的鱼类科级水平组成图示

四、雅砻江流域

雅砻江流域分布的土著鱼类共计 72 种，隶属于 4 目 11 科 45 属。从目级水平看，仍以鲤形目种类最多，共 58 种；鲇形目次之，共 12 种；合鳃鱼目和鲈形目各 1 种。

从科级水平看，以鲤科种类最多，共 36 种；条鳅科次之，为 15 种；鲿科 6 种；爬鳅科 4 种；沙鳅科、鲱科、钝头鮠科和鮡科各 2 种；花鳅科、合鳃鱼科和鳢科各 1 种。

虎跳峡

第四章　金沙江流域土著鱼类的分布格局

本章引用的历史分布记录信息均已标注，未标注的来自我们的实地采集。

第一节　分布状况

一、鲟形目

1988 年葛洲坝水利枢纽合龙后，鲟形目鱼类已不能上溯，金沙江流域内存留的鲟形目鱼类个体数量逐渐减少，至后来已无采集记录。根据历史文献记载，金沙江流域内分布的鲟形目有白鲟 *Psephurus gladius*、中华鲟 *Acipenser sinensis* 和达氏鲟 *A. dabryanus*，均仅在干流出现，且多出现在宜宾以上、横江汇入以下江段。白鲟最上分布记录似仅出现在宜宾县柏溪镇江段（丁瑞华，1994），达氏鲟历史记录最上分布点可偶见于屏山县清平乡冒水村附近江段（长江水系渔业资源调查协作组，1990），中华鲟可偶见于屏山（丁瑞华，1994）（图 4-1）。

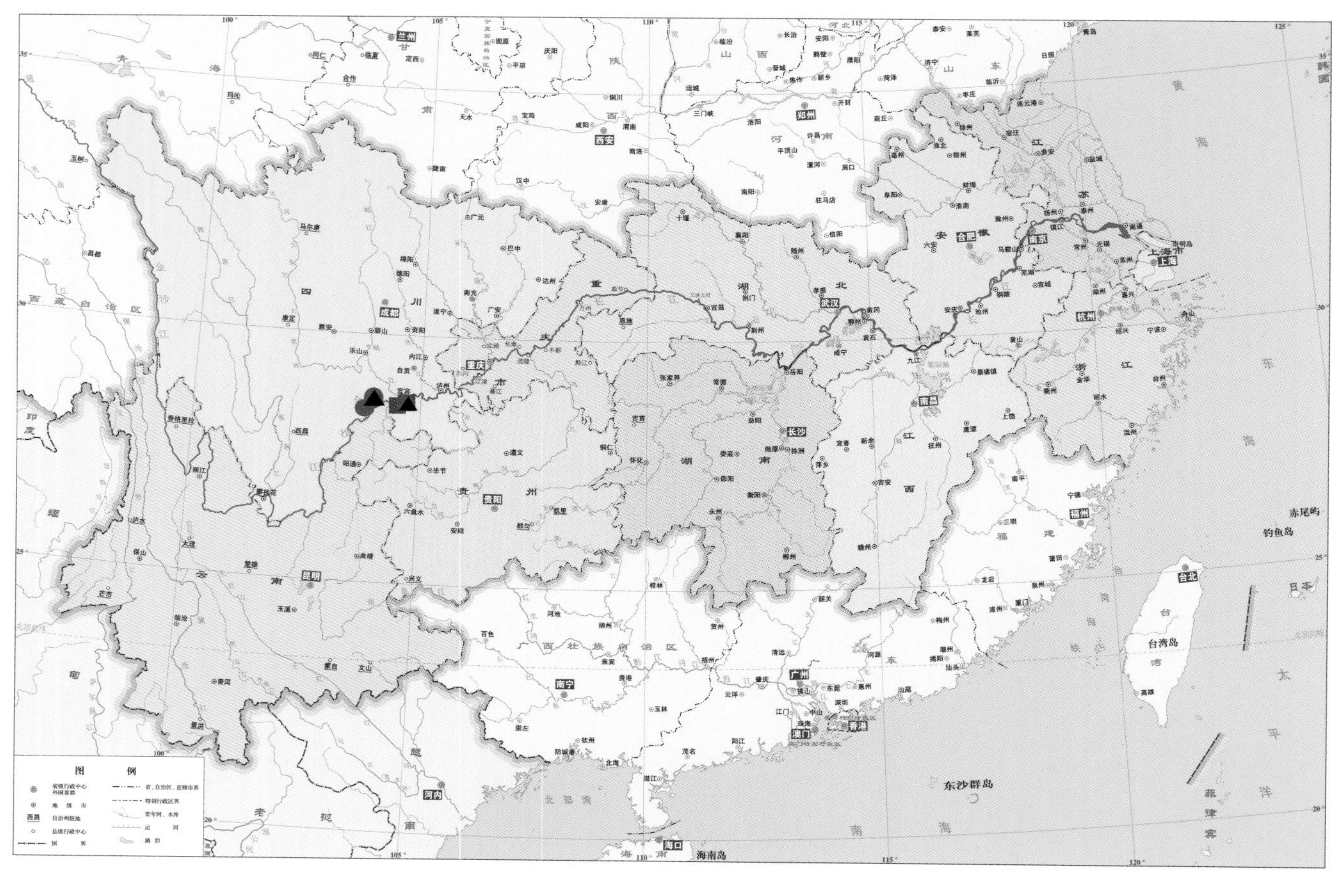

图 4-1　鲟形目鱼类在金沙江流域的分布

▲ 中华鲟；● 达氏鲟；■ 白鲟

二、鳗鲡目

鳗鲡目为远距离河海洄游性鱼类，我国沿西太平洋沿岸，从黑龙江到珠江各大通海河流及其支流有广泛的分布记录。在长江流域，可采信（有实物标本依据）的最上分布记录似不会超过宜宾江段（丁瑞华，1994）（图 4-2）。

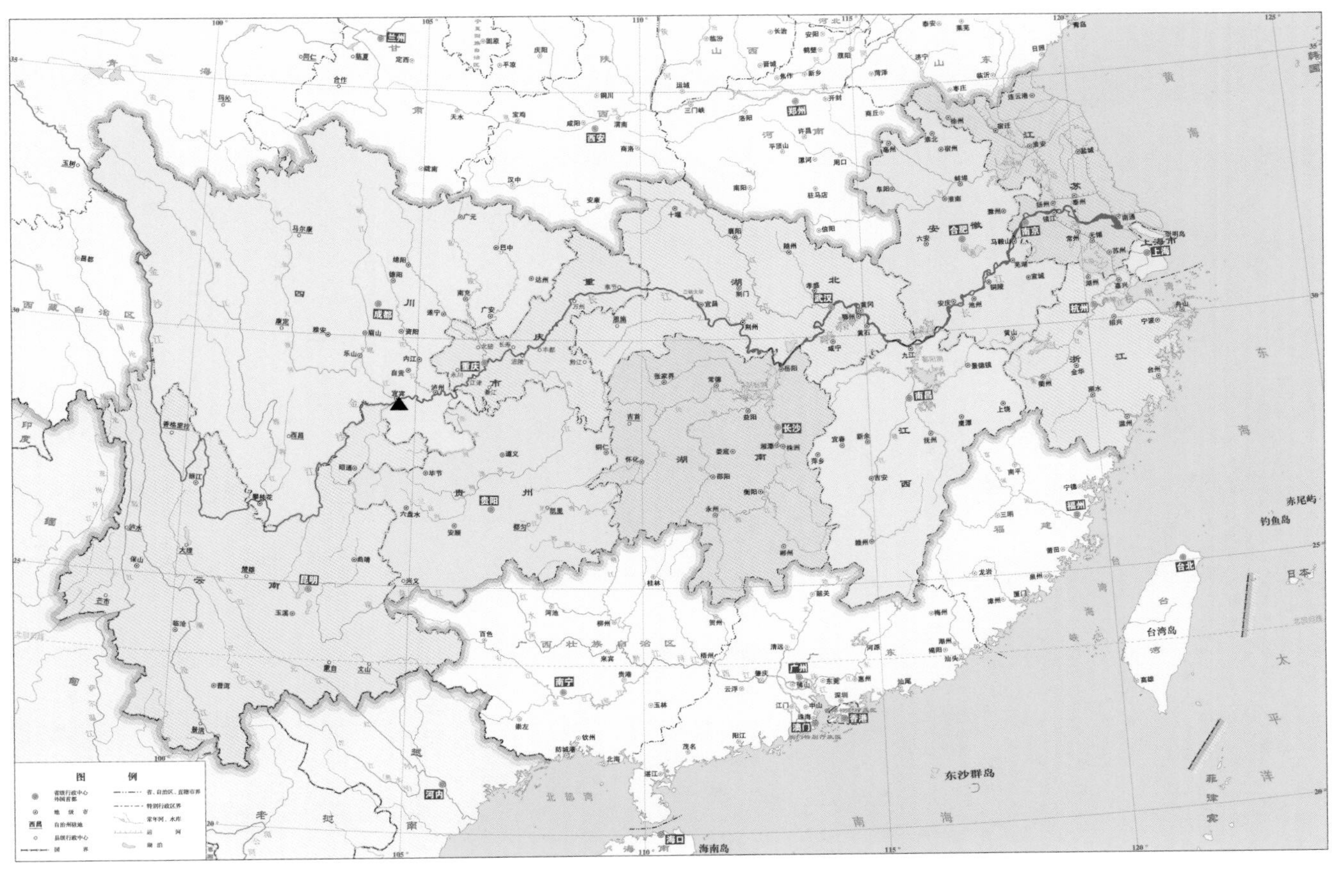

图 4-2　鳗鲡目鱼类在金沙江流域的分布
▲ 鳗鲡

三、鲤形目

鲤形目共有 6 科，分布遍及青海省玉树市直门达村巴塘河汇口至四川省宜宾市岷江汇口的整个金沙江流域。

（一）胭脂鱼科

胭脂鱼科 Catostomidae 中仅有胭脂鱼 *Myxocyprinus asiaticus*，主要出现在金沙江干流下游，历史记录最上可分布至攀枝花（吴江和吴明森，1985）。目前野生资源非常稀少，野外调查中曾于巧家县牛栏村（牛栏江河口）采集到 1 尾幼体，疑为人工增殖放流个体。此外，目前在金沙江以下的长江上游江段资源有一定恢复，野外调查期间，在泸州、重庆等江段附近一些鱼市场、饭店等均可见有售，但均为亚成体（见各论相关部分及照片）（图 4-3）。

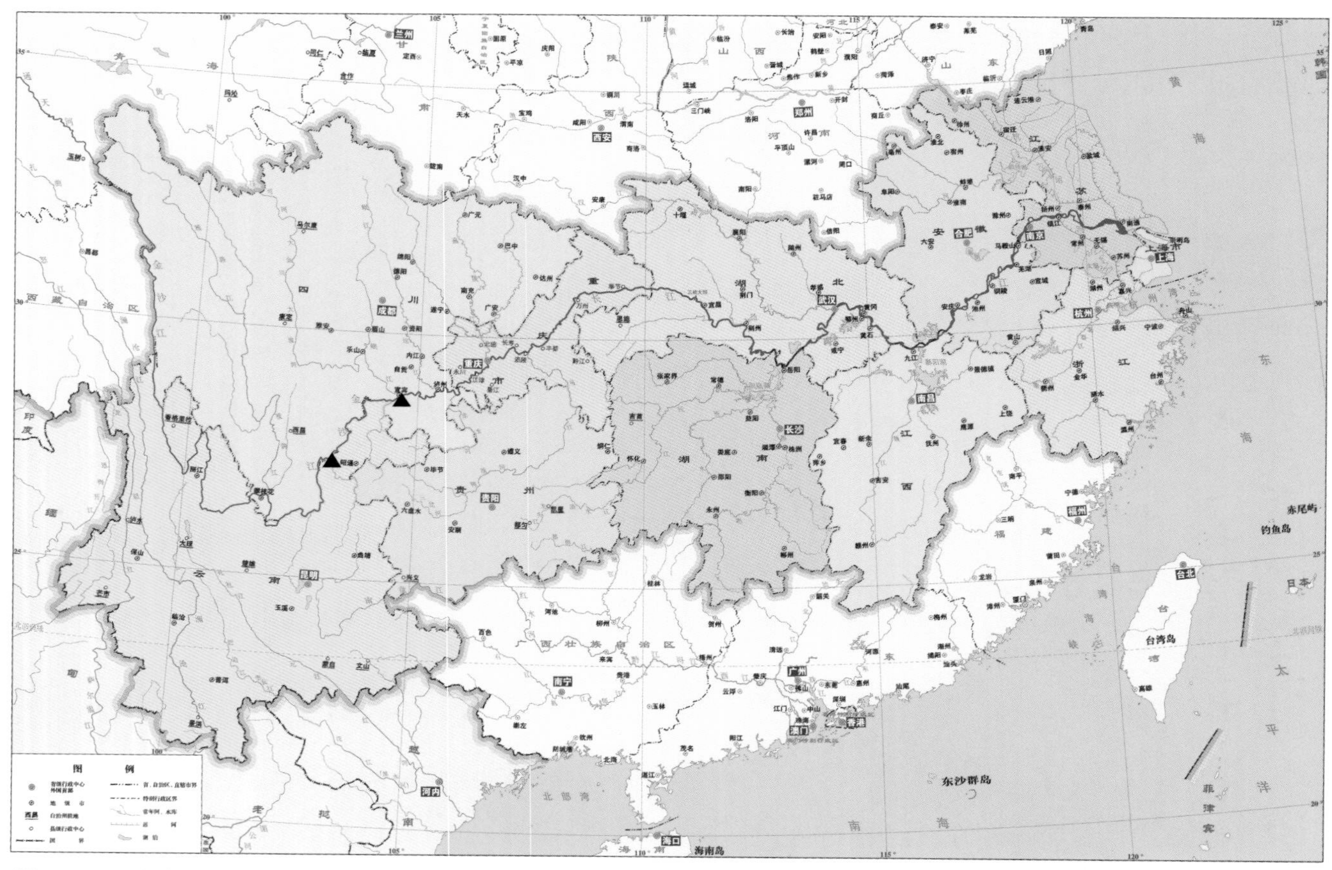

图 4-3 胭脂鱼科在金沙江流域的分布

▲胭脂鱼

（二）鲤科

鲤科 Cyprinidae 包括 11 亚科。

1. 鿕亚科

鿕亚科共有 3 属 3 种，最上可分布至攀枝花（陈宜瑜等，1998）及以上的龙开口江段（实地采集）（图 4-4）。

宽鳍鱲 *Zacco platypus* 和马口鱼 *Opsariichthys bidens* 均属于区域内常见种，在干流、支流均有分布。宽鳍鱲较马口鱼分布范围更广，其最上分布点可达攀枝花（陈宜瑜等，1998）及中游的程海、马过河等（实地采集）。马口鱼自雷波县开始，下游资源量明显升高，以雷波县所属的马湖为例，当地居民就以马口鱼为主要的经济食用鱼类；安宁河也有分布记录（刘成汉，1964）。

中华细鲫 *Aphyocypris chinensis* 的分布记录来自 2008 年的实地采集，位于武定县东坡镇。但从历史记录看，中华细鲫在本流域没有确切的自然分布，推测其极有可能为外来种。

2. 雅罗鱼亚科

雅罗鱼亚科中仅有赤眼鳟 *Squaliobarbus curriculus*，自然分布记录位于邛海（刘成汉等，1988；丁瑞华，1994；陈宜瑜，1998）及安宁河（刘成汉，1964）（图 4-5）。

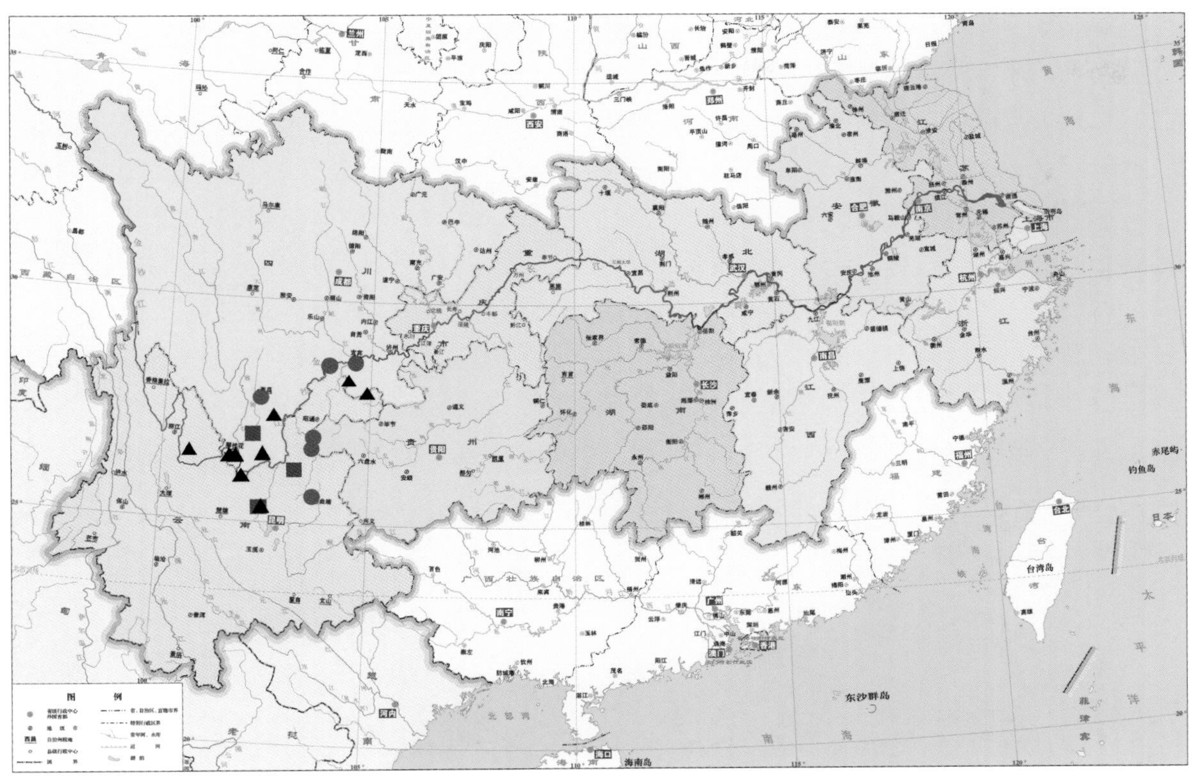

图 4-4　鲌亚科在金沙江流域的分布

▲宽鳍鱲；●马口鱼；■中华细鲫

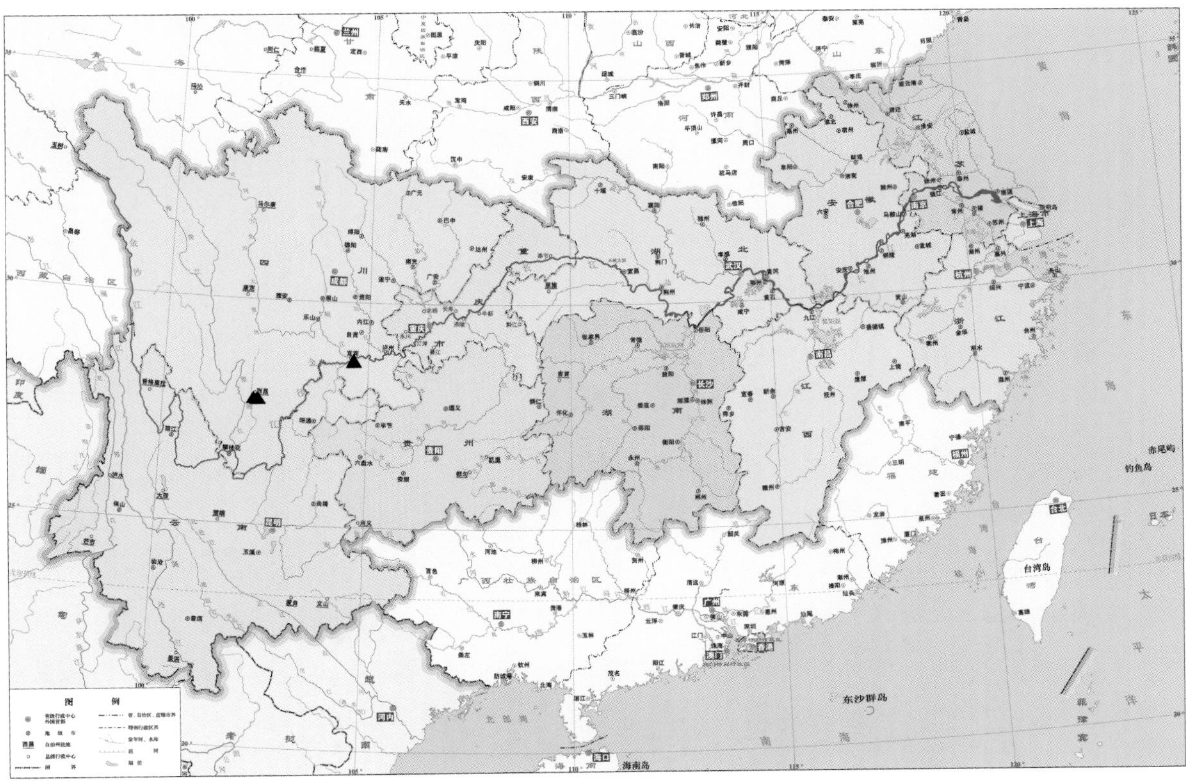

图 4-5　雅罗鱼亚科在金沙江流域的分布

▲赤眼鳟

3. 鲌亚科

鲌亚科有 6 属 20 种，自然分布最上可达攀枝花（吴江和吴明森，1985）。

白鱼属 *Anabarilius* 共 8 种，绝大多数种类仅分布于中下游支流及附属湖泊（陈银瑞和褚新洛，1980；何纪昌和王重光，1984；何纪昌和刘振华，1985；褚新洛和陈银瑞，1989；Zhou and Cui，1993；陈宜瑜等，1998；陈宜瑜，1998）。例如，多鳞白鱼 *A. polylepis* 和银白鱼 *A. alburnops* 仅分布在滇池；西昌白鱼 *A. liui liui* 分布于金沙江下游包括雅砻江支流安宁河；程海白鱼 *A. liui chenghaiensis* 仅见于程海；邛海白鱼 *A. qionghaiensis* 仅分布于邛海；寻甸白鱼 *A. xundianensis* 仅分布于寻甸清水海；嵩明白鱼 *A. songmingensis* 原记录仅分布于嵩明县牛栏江水系，但本项调查在云南永胜仁和镇新村马过河及绥江县板栗乡关键坝中发现新的分布记录，资源量较少，仅采集到 3 尾标本；短臀白鱼 *A. brevianalis* 仅见于四川省会东县金沙江支流鲹鱼河（图 4-6）。

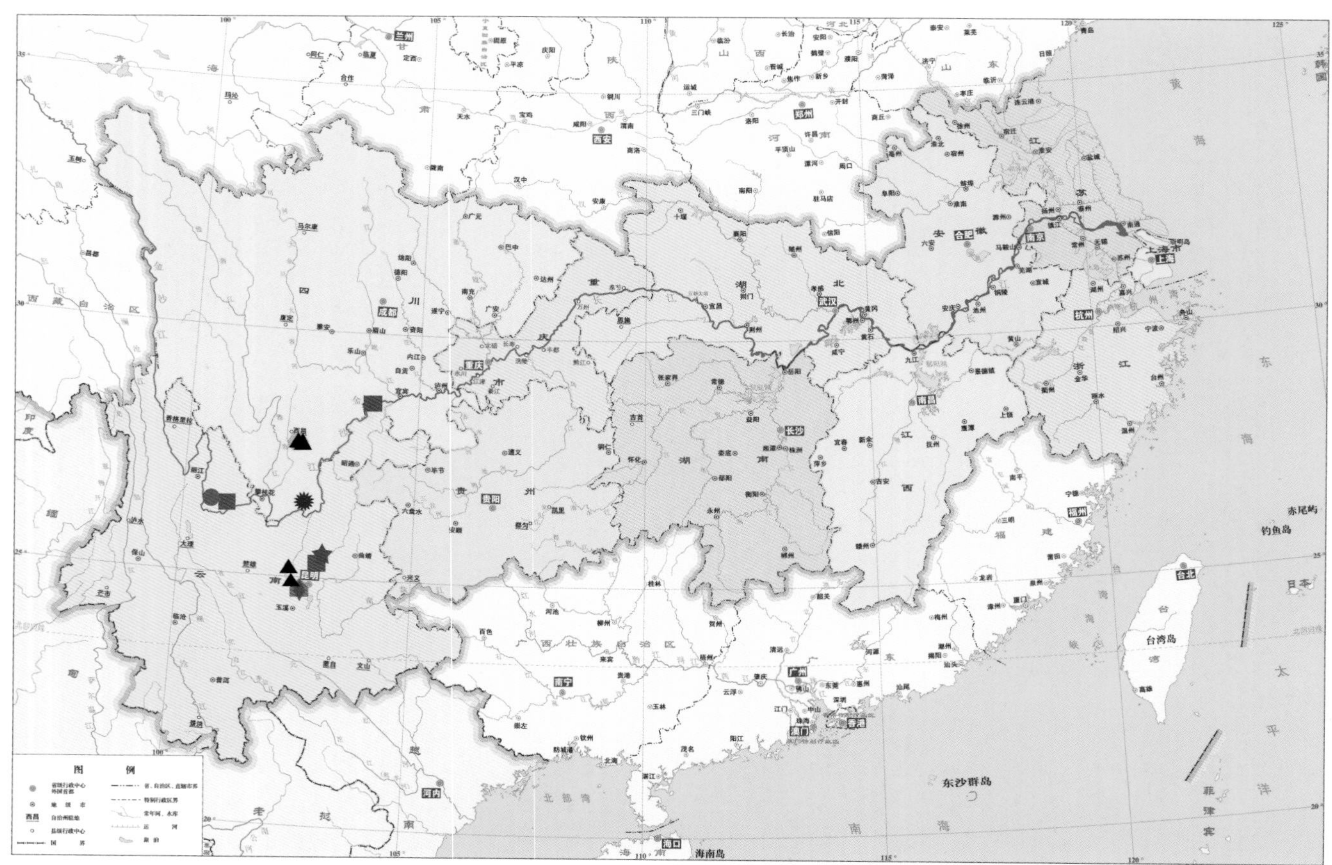

图 4-6　白鱼属在金沙江流域的分布

▲ 西昌白鱼；● 程海白鱼；■ 嵩明白鱼；⬢ 邛海白鱼；★ 寻甸白鱼；♦ 多鳞白鱼；☗ 银白鱼；✹ 短臀白鱼

飘鱼属 *Pseudolaubuca* 有银飘鱼 *P. sinensis* 和寡鳞飘鱼 *P. engraulis* 2 种。主要的分布记录集中在绥江县（褚新洛和陈银瑞，1989）、雷波县及以下江段，银飘鱼较寡鳞飘鱼的分布范围更广一些，可至巧家县牛栏村（牛栏江河口）甚至雅砻江下游（吴江和吴明森，1986）。

䱗属 *Hemiculter* 仅䱗 *H. leucisculus* 和张氏䱗 *H. tchangi* 2 种，分布记录在攀枝花以下和雅砻江流域邛海及其以下至宜宾，常在干流、支流新建水利枢纽工程库区形成优势种。

半鳘属 *Hemiculterella* 仅半鳘 *H. sauvagei* 1 种，金沙江流域并无相关文献记载，实地采集信息显示只在干流分布，位于攀枝花市金江镇和巧家县红路小沙沟渡口（图 4-7）。

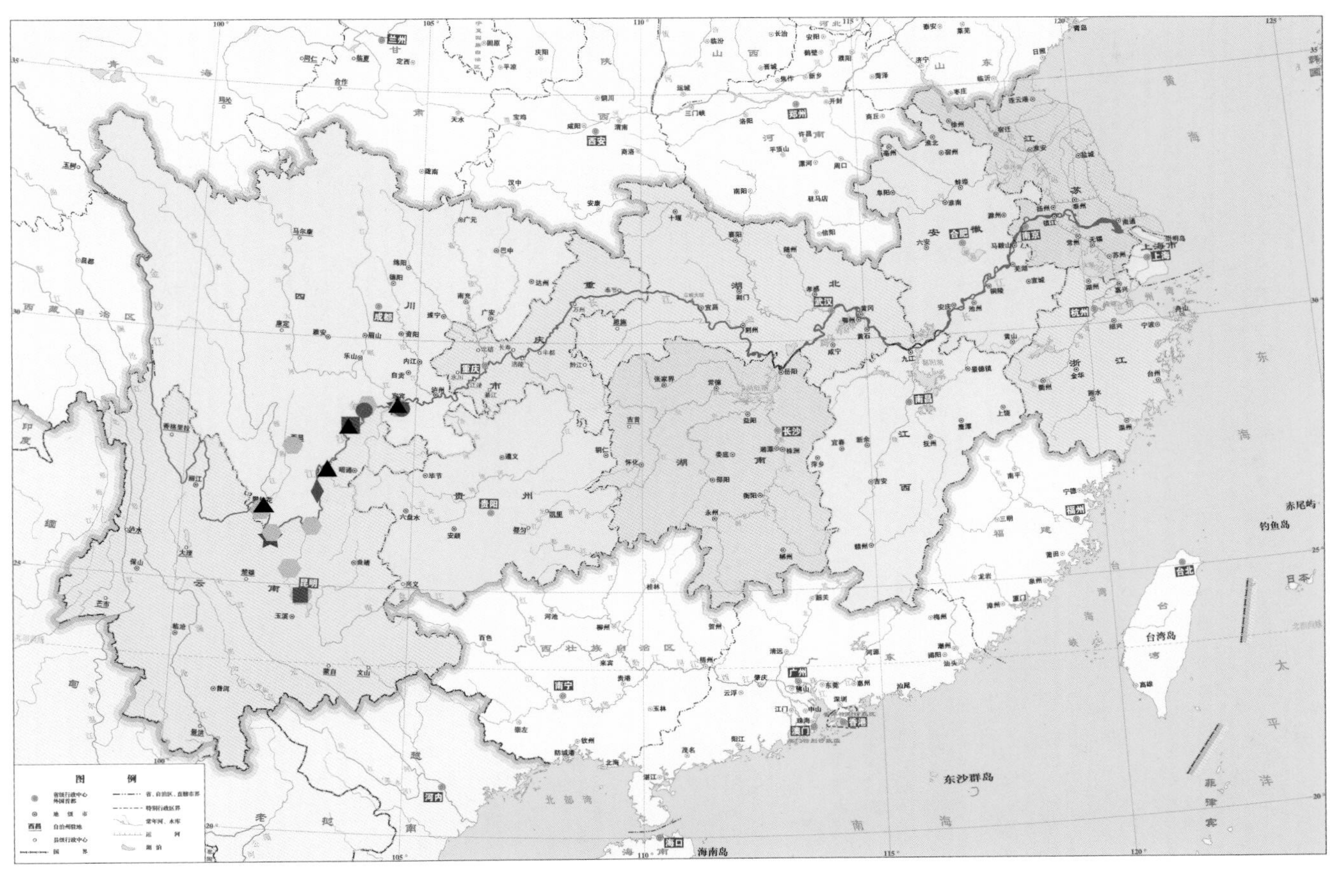

图 4-7　飘鱼属、鳘属和半鳘属在金沙江流域的分布

▲银飘鱼；●寡鳞飘鱼；■似鲚；⬢鳘；★张氏鳘；◆半鳘

原鲌属 *Cultrichthys* 仅红鳍原鲌 *C. erythropterus* 1 种，最上分布可达攀枝花（吴江和吴明森，1985）。根据野外采集情况，新增了绥江县和富民县普渡河的分布信息，原鲌属为干流和支流均有分布的种类。

鲌属 *Culter* 共 4 种，翘嘴鲌 *C. alburnus* 仅分布于金沙江下游、雅砻江下游及其支流，蒙古鲌 *C. mongolicus mongolicus* 分布于下游宜宾附近，程海鲌 *C. mongolicus elongatus* 仅分布在程海（褚新洛和陈银瑞，1989；陈宜瑜，1998），邛海鲌 *C. mongolicus qionghaiensis* 仅分布于邛海（图 4-8）。

4. 鲴亚科

鲴亚科有 2 属 6 种。

鲴属 *Xenocypris* 共 4 种，银鲴 *X. argentea* 分布于宜宾附近及雅砻江下游，云南鲴 *X. yunnanensis* 仅分布于滇池，黄尾鲴 *X. davidi* 和方氏鲴 *X. fangi* 仅分布于宜宾附近。

圆吻鲴属 *Distoechodon* 共 2 种，大眼圆吻鲴 *D. macrophthalmus* 仅分布于程海（褚新洛和陈银瑞，1989；陈宜瑜等，1998；Zhao et al.，2009），圆吻鲴 *D. tumirostris* 分布于宜宾、邛海（图 4-9）。

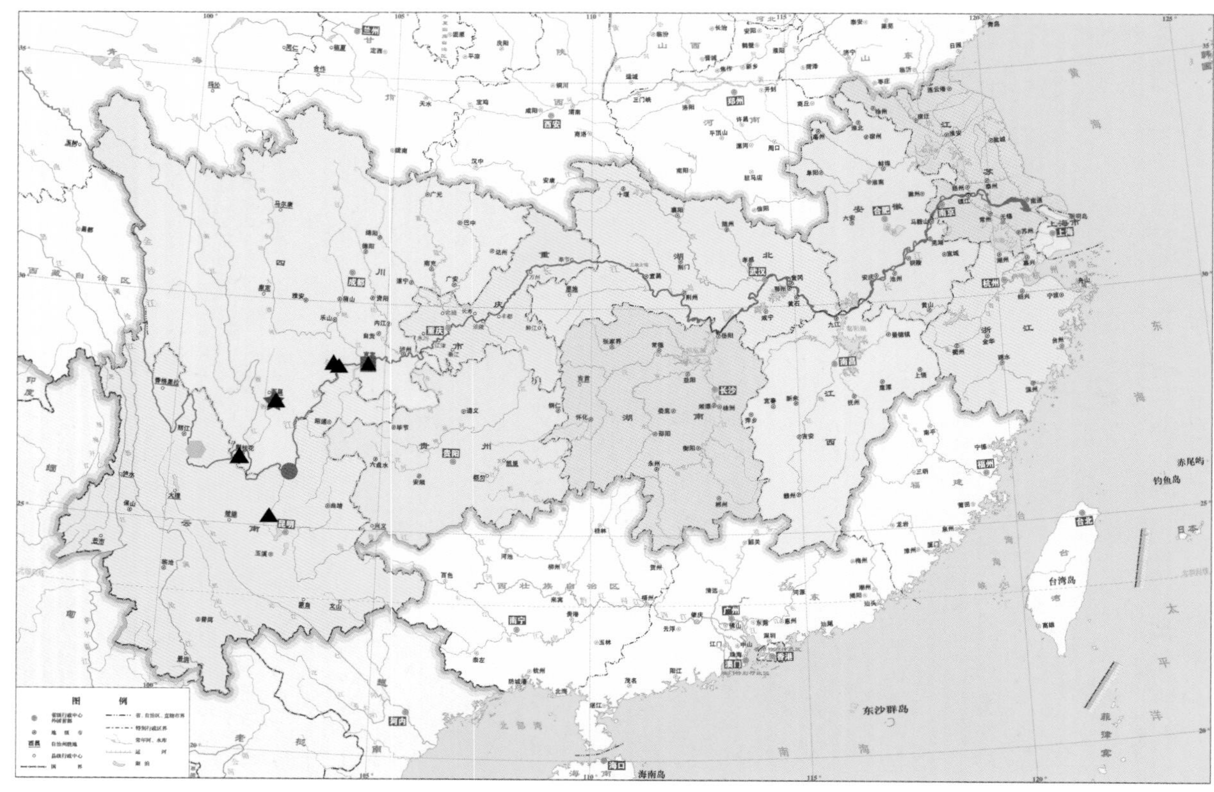

图 4-8 原鲌属和鲌属在金沙江流域的分布

▲红鳍原鲌；●翘嘴鲌；■蒙古鲌；⬢程海鲌；★邛海鲌

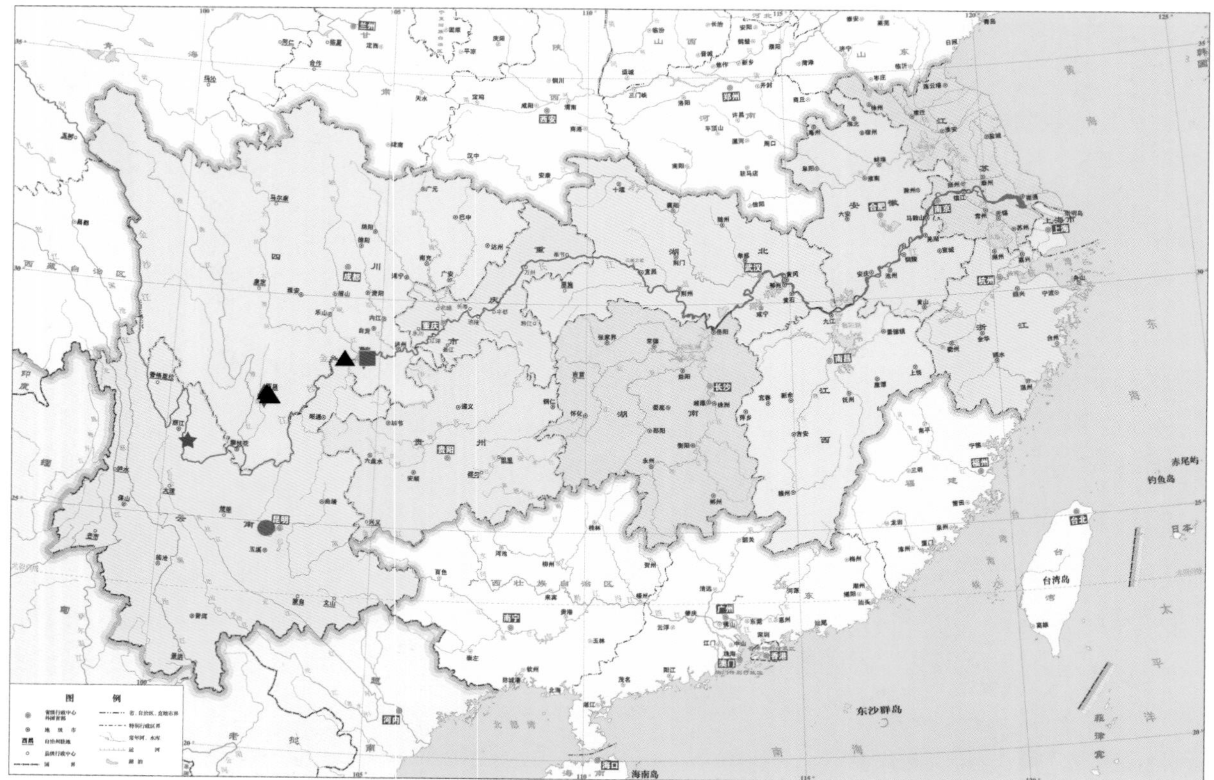

图 4-9 鲴属和圆吻鲴属在金沙江流域的分布

▲银鲴；●云南鲴；■黄尾鲴；⬢方氏鲴；★大眼圆吻鲴；♦圆吻鲴

鲴亚科鱼类在金沙江流域的分布呈斑块化，资源量稀少，本项工作经多次野外采集，仅获极少量标本。

5. 鳑鲏亚科

鳑鲏亚科中共有 2 属 3 种，根据野外采集记录，在支流最上分布可至永胜县马过河。

鳑鲏属 *Rhodeus* 仅高体鳑鲏 *R. ocellatus* 1 种，分布记录最上在石鼓，为金沙江中下游分布种。

鱊属 *Acheilognathus* 中大鳍鱊 *A. macropterus* 分布于宜宾；长身鱊 *A. elongatus* 仅见于金沙江下游支流普渡河水系，其附属湖泊滇池中也有分布，应为分布于金沙江下游的种（图 4-10）。

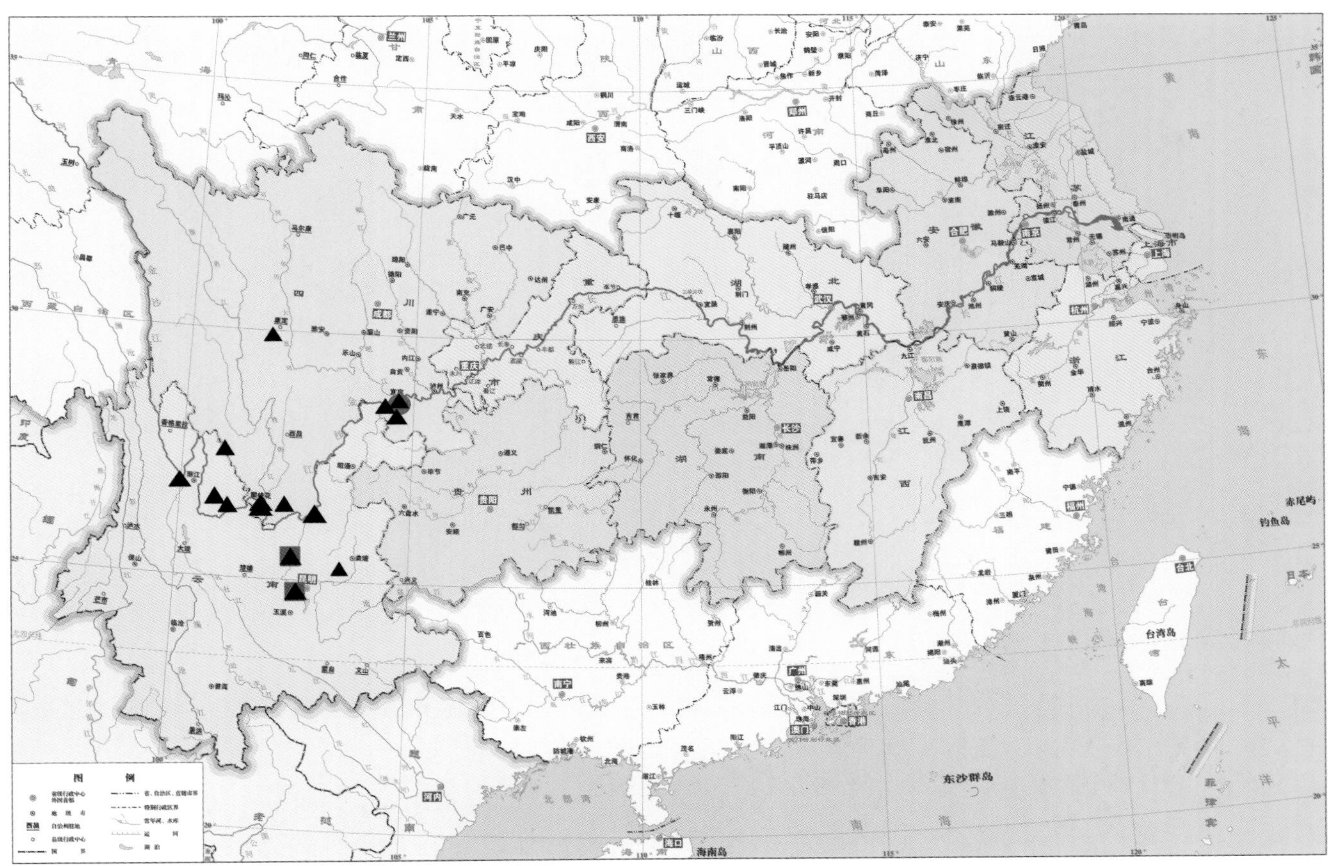

图 4-10　鳑鲏亚科在金沙江流域的分布

▲ 高体鳑鲏；● 大鳍鱊；■ 长身鱊

6. 鮈亚科

鮈亚科有 10 属 15 种。最上采集记录为丽江市树底（东江）村。

䱻属 *Hemibarbus* 有 2 种。唇䱻 *H. labeo* 分布范围相对较小，干流中仅在雷波以下江段有记载，支流中出现在牛栏江和横江；花䱻 *H. maculatus* 最上采集记录可至攀枝花市金江镇，支流中仅在横江水系有采集记录。

麦穗鱼属 *Pseudorasbora* 仅麦穗鱼 *P. parva* 1 种，广泛分布于金沙江中下游及各支流和雅砻江中下游。

颌须鮈属 *Gnathopogon* 仅短须颌须鮈*G. imberbis* 1 种，最上分布可达攀枝花市金江镇，支流中出现在龙川江。

银鮈属 *Squalidus* 的银鮈*S. argentatus* 最上分布至雷波（吴江和吴明森，1985），支流中仅于横江水系中有采集记录；点纹银鮈*S. wolterstorffi* 仅在云南华坪新庄河上游有分布报道（武云飞和吴翠珍，1990）（图 4-11）。

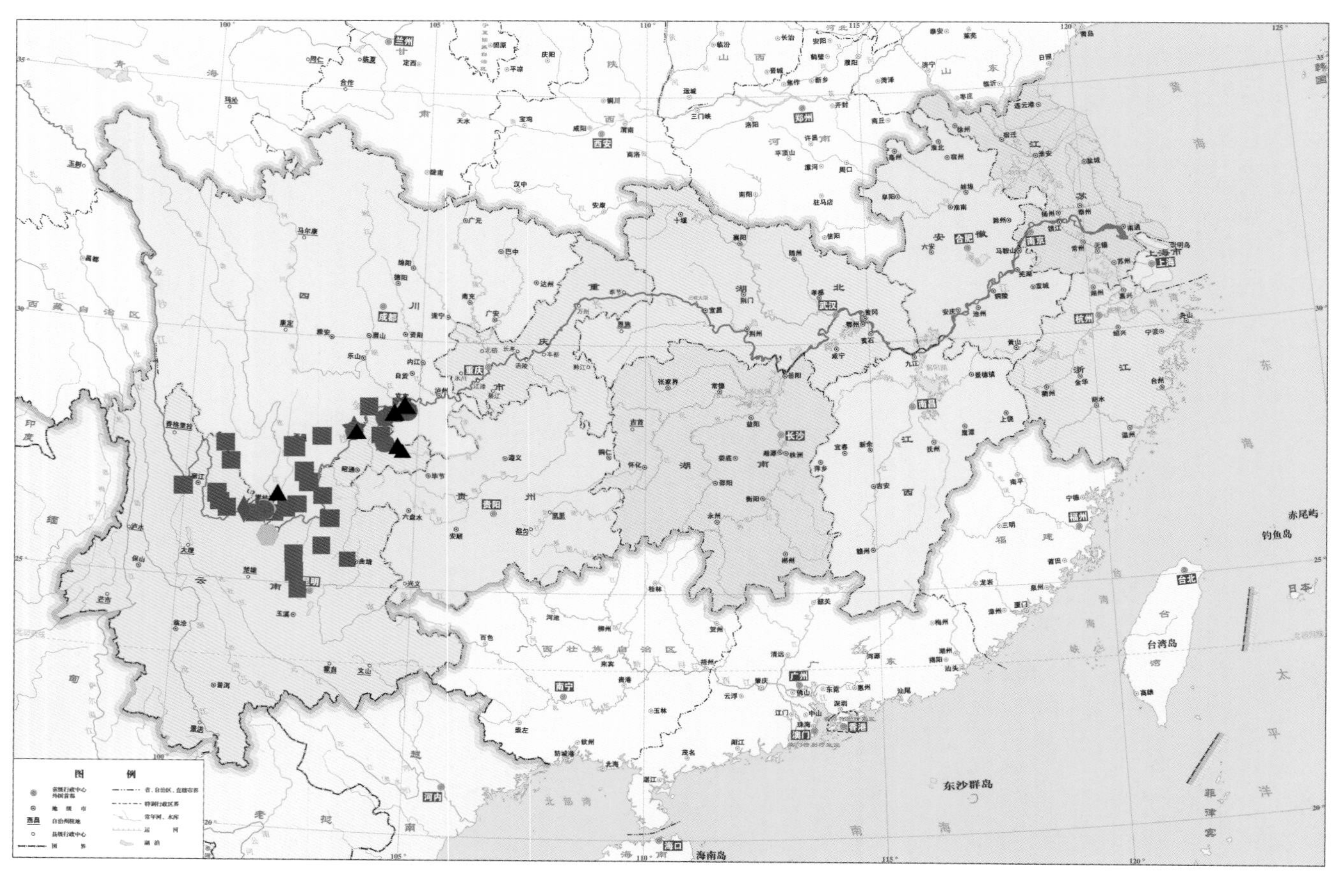

图 4-11 䱻属、麦穗鱼属、颌须鮈属和银鮈属在金沙江流域的分布

▲唇䱻；●花䱻；■麦穗鱼；⬢短须颌须鮈；★银鮈；♦点纹银鮈

铜鱼属 *Coreius* 共 2 种，几乎仅在干流出现。铜鱼 *C. heterodon* 最上分布仅至新市镇；圆口铜鱼 *C. guichenoti* 最上分布可至丽江市树底（东江）村（最上不会越过虎跳峡），支流中见于雅砻江水系下游。

吻鮈属 *Rhinogobio* 共 3 种。吻鮈*R. typus* 最上可分布至横江汇口以下；圆筒吻鮈*R. cylindricus* 和吻鮈分布点相同；长鳍吻鮈*R. ventralis* 最上可分布至干流的丽江市树底（东江）村江段（最上不会越过虎跳峡），支流中普渡河、龙川江和雅砻江下游有采集记录（图 4-12）。

片唇鮈属 *Platysmacheilus* 仅裸腹片唇鮈*P. nudiventris* 1 种，最上分布至雷波，支流中仅在横江水系有采集记录。

棒花鱼属 *Abbottina* 仅棒花鱼 *A. rivularis* 1 种，广泛分布于金沙江中下游及各支流和雅砻江中下游。

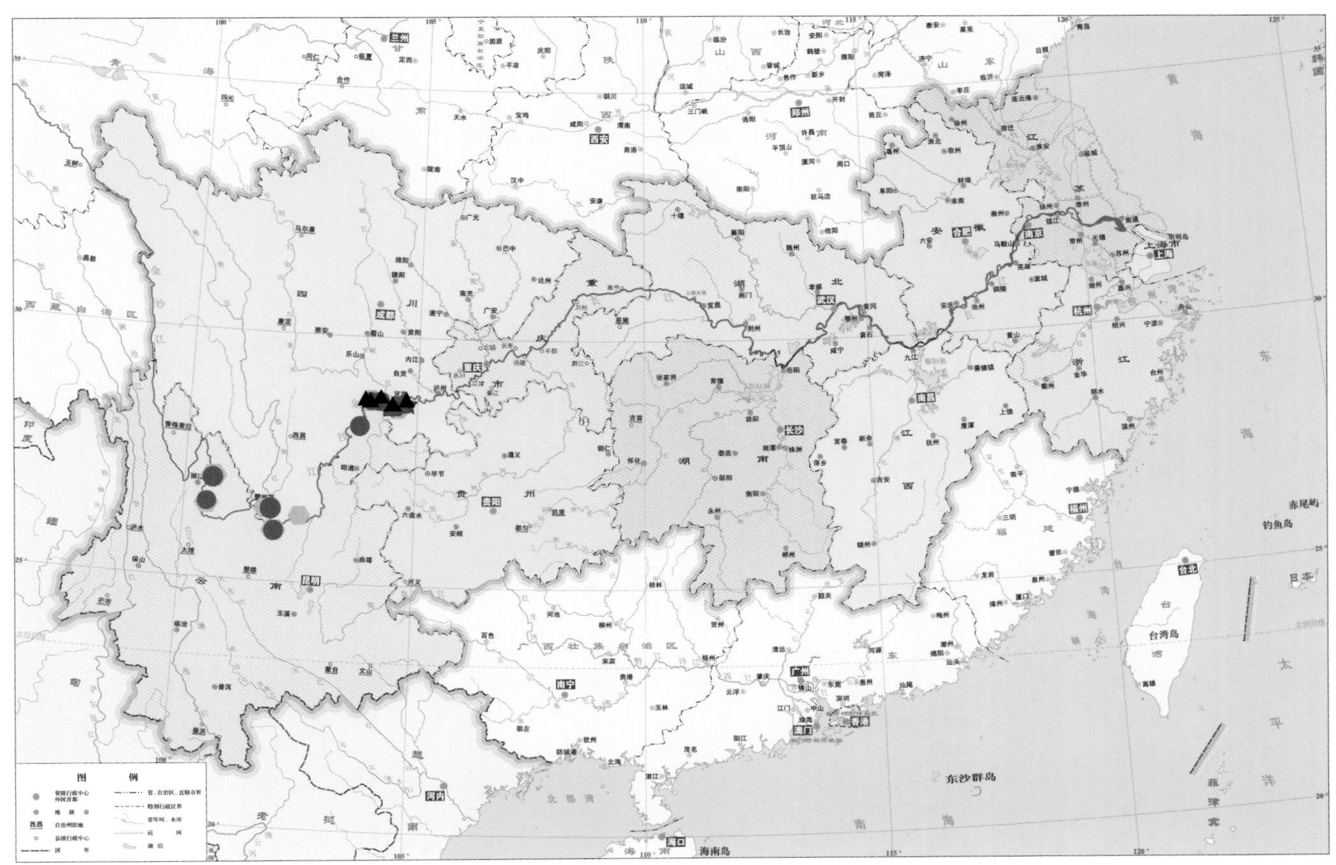

图 4-12　铜鱼属和吻鮈属在金沙江流域的分布

▲ 铜鱼；● 圆口铜鱼；■ 吻鮈；⬢ 长鳍吻鮈；★ 圆筒吻鮈

小鳔鮈属 *Microphysogobio* 仅乐山小鳔鮈 *M. kiatingensis* 1 种，最上分布仅至雷波（吴江和吴明森，1985），支流中仅在横江水系有采集记录。

蛇鮈属 *Saurogobio* 仅蛇鮈*S. dabryi* 1 种，最上采集记录可至鹤庆县龙开口镇，支流横江、雅砻江下游和程海有文献记录（图 4-13）。

7. 鳅鮀亚科

鳅鮀亚科有 2 属 3 种。最上分布记录可至鹤庆县龙开口镇中江村。

异鳔鳅鮀属 *Xenophysogobio* 2 种。异鳔鳅鮀 *X. boulengeri* 最上分布至雅砻江下游盐边；裸体异鳔鳅鮀 *X. nudicorpa* 仅在干流中有分布记录，最上分布至鹤庆县龙开口镇中江村及雅砻江下游。

鳅鮀属 *Gobiobotia* 仅宜昌鳅鮀 *G. filifer* 1 种，最上分布仅至横江河口（图 4-14）。

8. 鲃亚科

鲃亚科有 5 属 7 种，最上分布至丽江市石鼓镇。例如，鲈鲤属 *Percocypris* 的鲈鲤 *P. pingi*，在干流最上可分布至石鼓江段，支流在水洛河、普渡河（伍献文，1977；褚新洛和陈银瑞，1989）、雅砻江下游（Chang，1944；刘成汉等，1988）等均有分布。

我国特有金线鲃属 *Sinocyclocheilus* 鱼类仅出现在金沙江下游支流牛栏江流域中有岩洞发育的地区及其附近（何纪昌和刘振华，1985；褚新洛和陈银瑞，1989；陈宜瑜等，1998；乐佩琦，

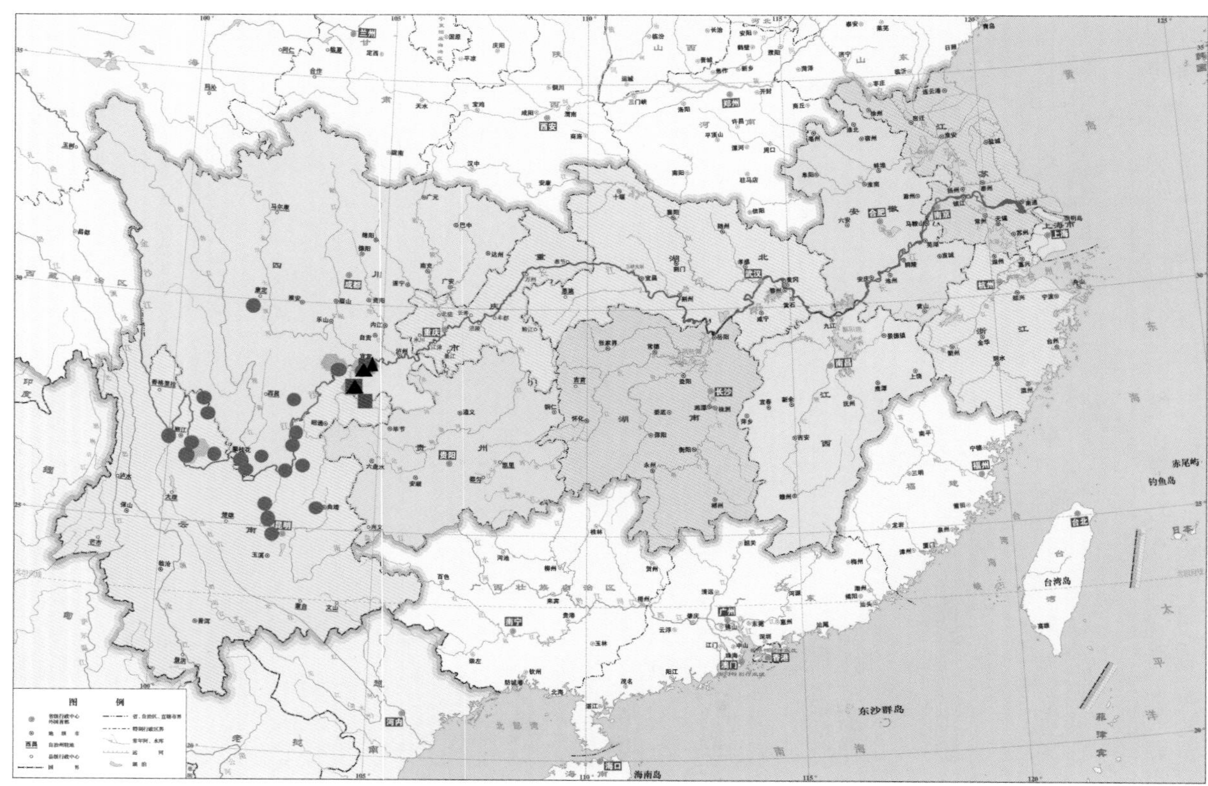

图 4-13　片唇鮈属、棒花鱼属、小鳔鮈属和蛇鮈属在金沙江流域的分布

▲ 裸腹片唇鮈；● 棒花鱼；■ 乐山小鳔鮈；⬢ 蛇鮈

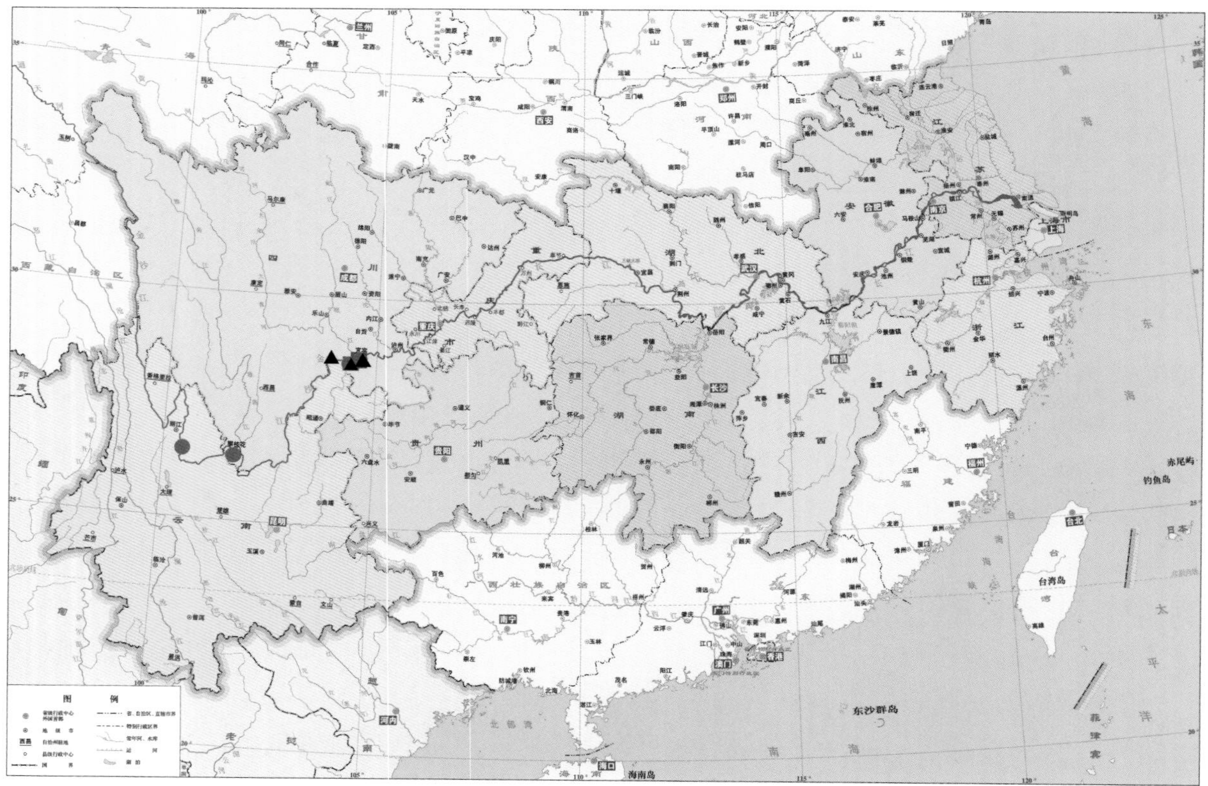

图 4-14　鳅鮀亚科在金沙江流域的分布

▲ 异鳔鳅鮀；● 裸体异鳔鳅鮀；■ 宜昌鳅鮀

2000；李维贤等，2003），共 3 种。乌蒙山金线鲃 *S. wumengshanensis* 和会泽金线鲃 *S. huizeensis* 仅分布在牛栏江中上游（李维贤等，2003；Cheng et al.，2015），滇池金线鲃 *S. grahami* 仅分布在滇池（何纪昌和刘振华，1985；褚新洛和陈银瑞，1989；陈宜瑜等，1998；乐佩琦，2000）。

倒刺鲃属 *Spinibarbus* 仅中华倒刺鲃 *S. sinensis* 1 种。干流分布仅至水富县；支流中分布较广泛，横江（褚新洛和陈银瑞，1989）、普渡河（何纪昌和刘振华，1985；褚新洛和陈银瑞，1989；陈宜瑜等，1998；乐佩琦，2000）、程海（褚新洛和陈银瑞，1989；陈宜瑜等，1998）、邛海（刘成汉等，1988）和雅砻江干流下游（Chang，1944；刘成汉，1964）等均有分布。

光唇鱼属 *Acrossocheilus* 仅云南光唇鱼 *A. yunnanensis* 1 种，最上可分布至攀枝花（吴江和吴明森，1985），支流中分布较广，可见于横江、牛栏江、普渡河、雅砻江下游等。

文献记录白甲鱼属 *Onychostoma* 有白甲鱼 *O. sima* 和四川白甲鱼 *O. angustistomata* 2 种。白甲鱼曾有记录最上可分布至攀枝花和雅砻江下游（吴江和吴明森，1985，1986），因为文献并未给出实际采集信息，所以对于是否实际有分布存疑；支流中可见于横江、普渡河等（伍献文，1977；褚新洛和陈银瑞，1989；陈宜瑜等，1998），相关文献均有实际采集信息支持。关于四川白甲鱼，文献中仅见有宜宾江段的实际采集信息，金沙江流域其他江段的分布（丁瑞华，1994）似均存疑（图 4-15）。

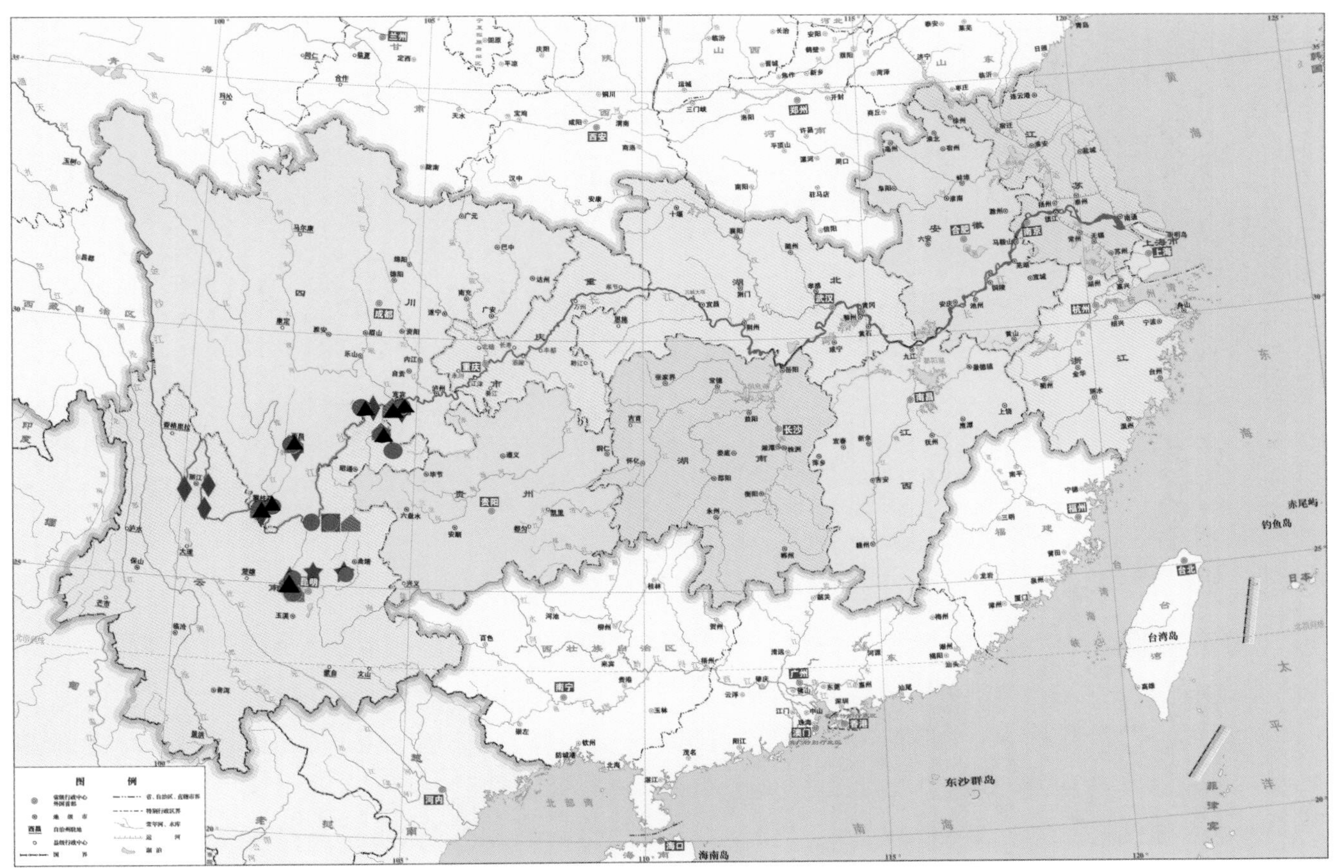

图 4-15　鲃亚科在金沙江流域的分布

▲白甲鱼；●云南光唇鱼；■会泽金线鲃；⬢滇池金线鲃；★乌蒙山金线鲃；♦鲈鲤；☗中华倒刺鲃

9. 野鲮亚科

野鲮亚科共有 4 属 4 种，最上可分布至鹤庆县龙开口镇。

原鲮属 *Protolabeo* 仅原鲮 *P. protolabeo* 1 种，仅分布在牛栏江（安莉等，2010）。

泉水鱼属 *Pseudogyrinocheilus* 仅泉水鱼 *P. prochilus* 1 种，最上可分布至水洛河，其他见于鹤庆县龙开口镇的中江、横江、牛栏江等。

墨头鱼属 *Garra* 仅缺须墨头鱼 *G. imberba* 1 种，最上可分布至鹤庆县龙开口镇，支流中见于横江、牛栏江和普渡河（褚新洛和陈银瑞，1989；陈宜瑜等，1989；乐佩琦，2000）。

盘鮈属 *Discogobio* 仅云南盘鮈*D. yunnanensis* 1 种，在支流中分布较广泛，最上可分布至水洛河（丁瑞华，1994），向下可见于雅砻江、宁蒗河、普渡河、牛栏江、横江等（图 4-16）。

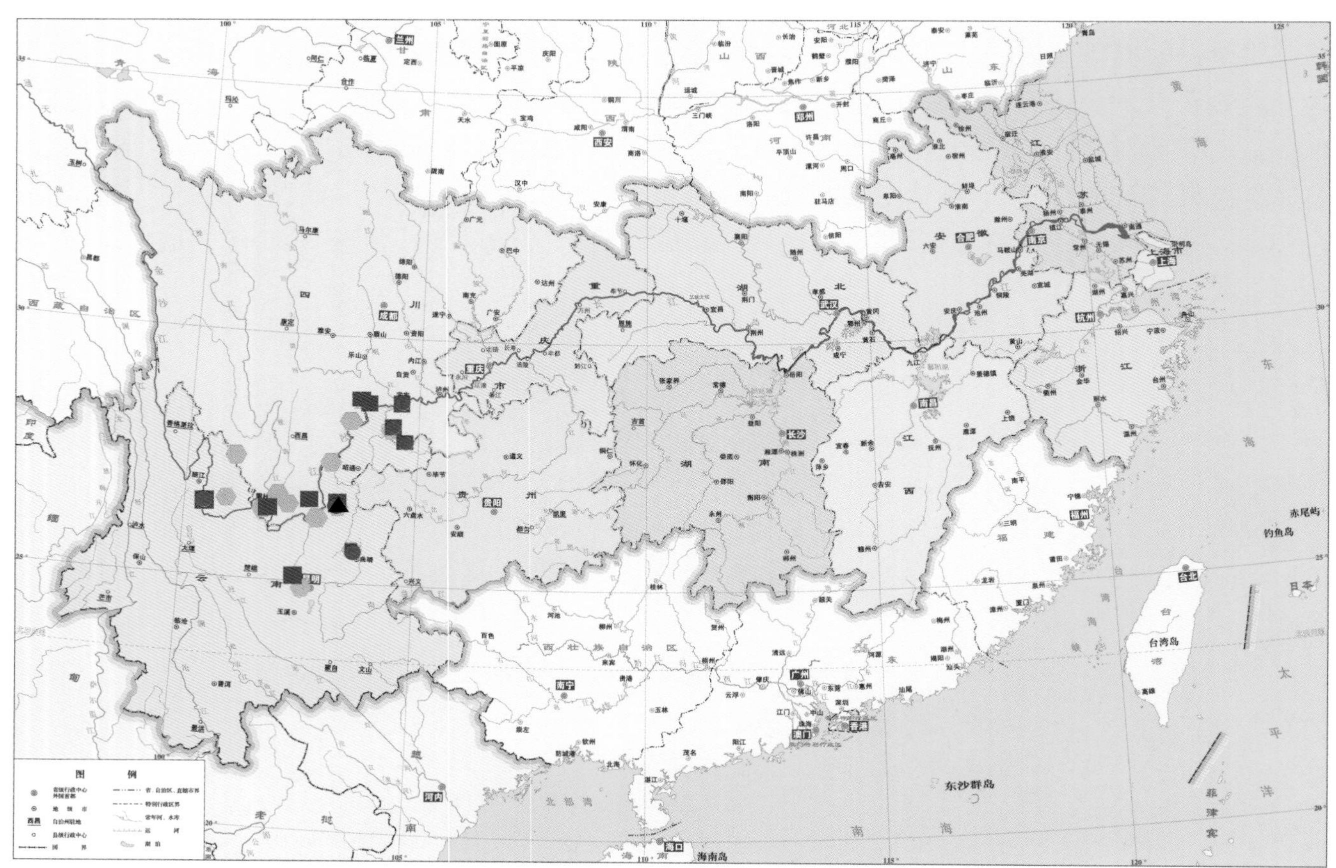

图 4-16 野鲮亚科在金沙江流域的分布

▲原鲮；●泉水鱼；■缺须墨头鱼；⬢云南盘鮈

10. 裂腹鱼亚科

裂腹鱼亚科共有 5 属 17 种（含 1 亚种）。

其中，裂腹鱼属 *Schizothorax* 包括 2 个亚属：裂腹鱼亚属 *Schizothorax* 和裂尻鱼亚属 *Racoma*（图 4-17，图 4-18）。

裂腹鱼亚属有 4 种，分布广泛。短须裂腹鱼 *S.*（*S.*）*wangchiachii* 的分布范围基本覆盖了整个金沙江流域，干流、支流均有分布。长丝裂腹鱼 *S.*（*S.*）*dolichonema* 以金沙江上游分布为主，主

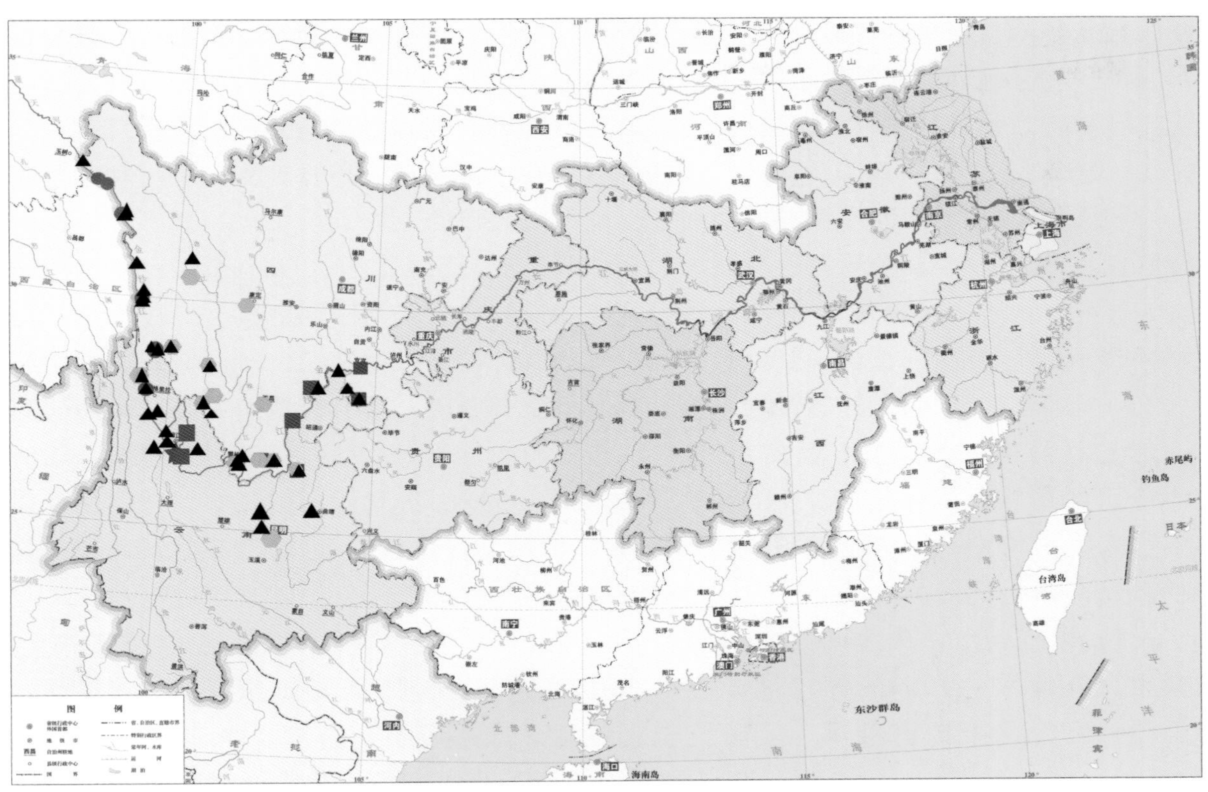

图 4-17　裂腹鱼属在金沙江流域的分布 (1)

▲ 短须裂腹鱼；● 长丝裂腹鱼；■ 细鳞裂腹鱼；⬢ 昆明裂腹鱼；★ 小裂腹鱼

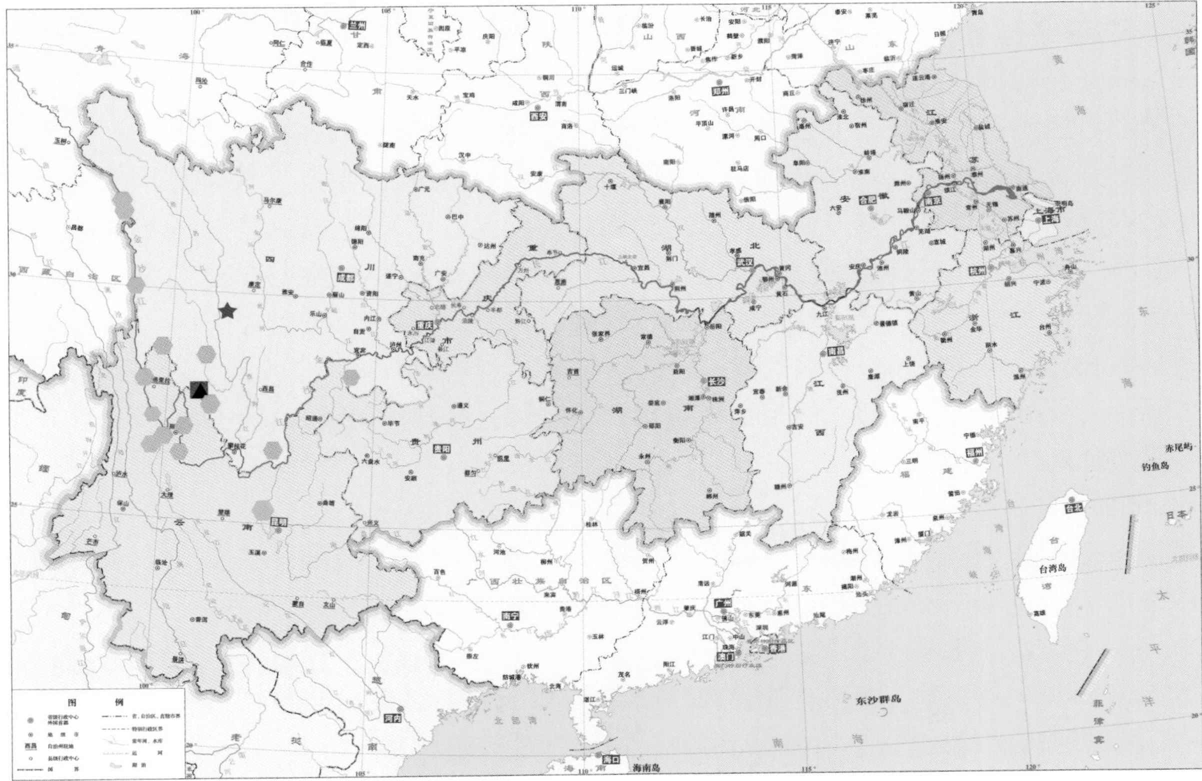

图 4-18　裂腹鱼属在金沙江流域的分布 (2)

▲ 厚唇裂腹鱼；● 小口裂腹鱼；■ 宁蒗裂腹鱼；⬢ 四川裂腹鱼；★ 花斑裂腹鱼

要在干流分布，最上可至四川省石渠县洛须镇，向下可达维西县；支流中出现在雅砻江中游等。细鳞裂腹鱼 *S.* (*S.*) *chongi* 最上分布可至丽江市树底（东江）村江段，支流分布于雅砻江、城河（伍献文，1964）、横江和牛栏江；昆明裂腹鱼 *S.* (*S.*) *grahami* 最上分布至巴塘，支流中见于鲹鱼河（陈宜瑜，1998；乐佩琦，2000）、城河（伍献文，1964；陈宜瑜，1998；乐佩琦，2000）、普渡河（滇池）（何纪昌和刘振华，1985）和雅砻江（长江水系渔业资源调查协作组，1990），最下分布至牛栏江。

裂尻鱼亚属有 6 种。厚唇裂腹鱼 *S.* (*R.*) *labrosus*、小口裂腹鱼 *S.* (*R.*) *microstomus* 和宁蒗裂腹鱼 *S.* (*R.*) *ninglangensis* 均仅分布在雅砻江附属湖泊泸沽湖（王幼槐等，1981；陈宜瑜等，1982，1998；褚新洛和陈银瑞，1989；乐佩琦，2000）；小裂腹鱼 *S.* (*R.*) *parvus* 仅在丽江漾弓江有分布（伍献文，1964；陈宜瑜，1998；乐佩琦，2000）；四川裂腹鱼 *S.* (*R.*) *kozlovi* 的分布较广，最上可分布至岗托（伍献文，1964），最下可分布至横江（褚新洛和陈银瑞，1989），支流中还可见于鲹鱼河（伍献文，1964；丁瑞华，1994）、普渡河（伍献文，1964；陈宜瑜，1998；乐佩琦，2000）、许曲河（伍献文，1964；黄顺友，1985）、雅砻江等。新种花斑裂腹鱼 *Schizothorax* (*Racoma*) *puncticulatus* 现知分布于雅砻江上游左侧一级支流立曲（图 9-6）。

叶须鱼属 *Ptychobarbus* 4 种（含 1 新种和 1 亚种），均为金沙江包括雅砻江中上游分布的鱼类（伍献文，1964；陈宜瑜，1998；乐佩琦，2000）。裸腹叶须鱼 *P. kaznakovi* 最下分布至金沙江上游支流许曲河，还可见于定曲河、雅砻江中上游等。中甸叶须鱼指名亚种 *P. chungtienensis chungtienensis* 仅分布于香格里拉市的小中甸河及其上游源头区域内的碧塔海（伍献文，1964；褚新洛和陈银瑞，1989；陈宜瑜等，1998；乐佩琦，2000）；中甸叶须鱼格咱亚种 *P. chungtienensis gezaensis* 仅分布于香格里拉市格咱乡的格咱河（下游为金沙江一级支流且冈河，在得荣县子庚乡汇入金沙江）（陈宜瑜等，1998；乐佩琦，2000）。修长叶须鱼，新种 *P. leptosomus* sp. nov.，现知仅分布在雅砻江中上游干流和支流，无量河（下游或称理塘河）可能也有分布。以上分布区均属于金沙江上游和雅砻江中上游区域（图 4-19）。

裸重唇鱼属 *Gymnodiptychus* 仅厚唇裸重唇鱼 *G. pachycheilus* 1 种，干流中见于德格（乐佩琦，2000）和石渠江段，支流中可见于雅砻江中上游。

裸鲤属 *Gymnocypris* 仅硬刺松潘裸鲤 *G. potanini firmispinatus* 1 种，最上分布至石渠江段，向下分布至石鼓；支流中见于雅砻江中上游、松麦河等。

裸裂尻鱼属 *Schizopygopsis* 仅软刺裸裂尻鱼 *S. malacanthus malacanthus* 1 种，以中上游分布为主，最下可见于下游的黑水河；支流中可见于水洛河、许曲河、定曲河、偶曲河、雅砻江中上游等（图 4-20）。

11. 鲤亚科

鲤亚科有 3 属 6 种。最上分布可至丽江石鼓。

原鲤属 *Procypris* 仅岩原鲤 *P. rabaudi* 1 种，最上分布至邛海（刘成汉等，1988），近年来在小江水系、牛栏江等有采集记录。

鲤属 *Cyprinus* 共 4 种，多分布于金沙江水系的附属湖泊之中。小鲤 *C.* (*Mesocypris*) *micristius* 仅在滇池有分布（何纪昌和刘振华，1985；褚新洛和陈银瑞，1989；陈宜瑜等，1998；乐佩琦，2000）；鲤 *C.* (*C.*) *carpio* 为中下游分布的种类，干流、支流均有，数量不多；杞麓鲤 *C.*（*C.*）*carpio chilia* 在区域内分布广泛，很多高原湖泊中均有分布记录，如滇池和程海

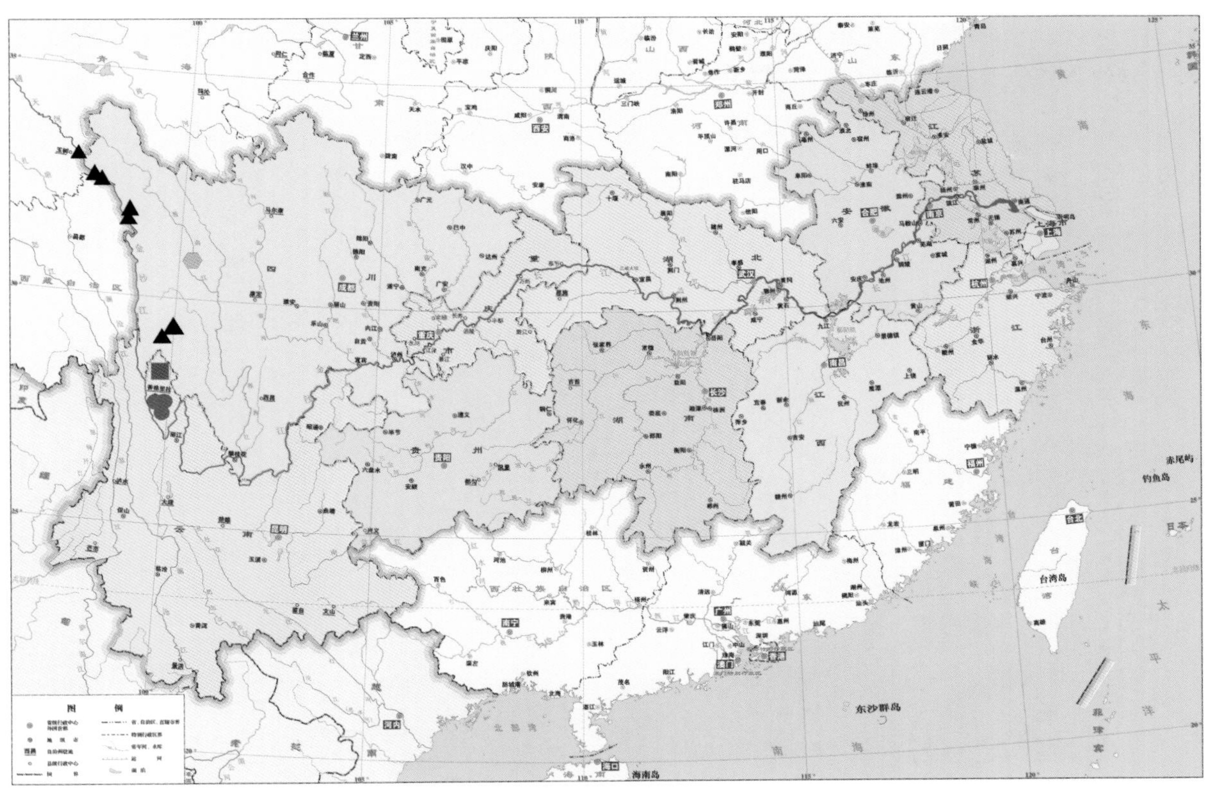

图 4-19　叶须鱼属在金沙江流域的分布

▲裸腹叶须鱼；●中甸叶须鱼指名亚种；■中甸叶须鱼格咱亚种；⬢修长叶须鱼

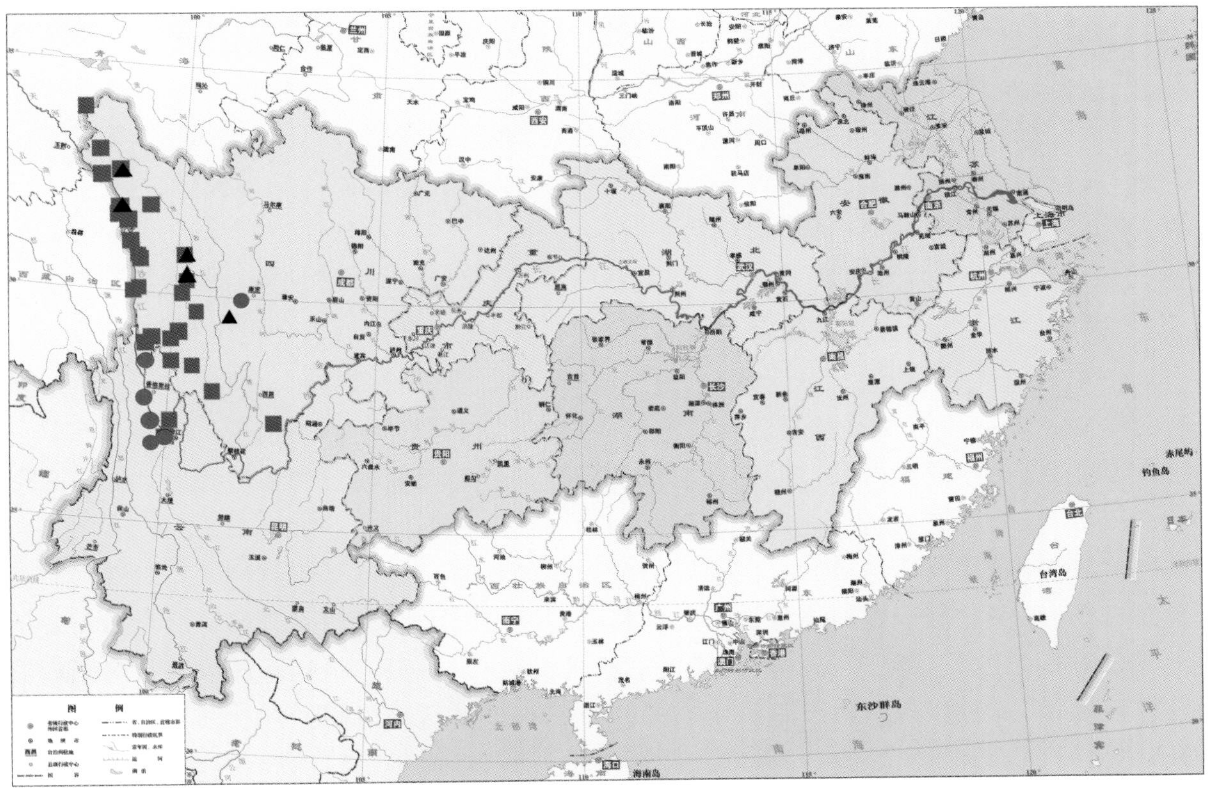

图 4-20　裸重唇鱼属、裸鲤属和裸裂尻鱼属在金沙江流域的分布

▲厚唇裸重唇鱼；●硬刺松潘裸鲤；■软刺裸裂尻鱼

（何纪昌和刘振华，1985；陈宜瑜等，1998）；邛海鲤 *C.*（*C.*）*qionghaiensis* 仅分布在邛海（刘成汉等，1988；陈宜瑜等，1998；乐佩琦，2000）。

鲫属 *Carassius* 仅鲫 *C. auratus* 1 种，在金沙江中下游及雅砻江中下游均有分布（图 4-21）。

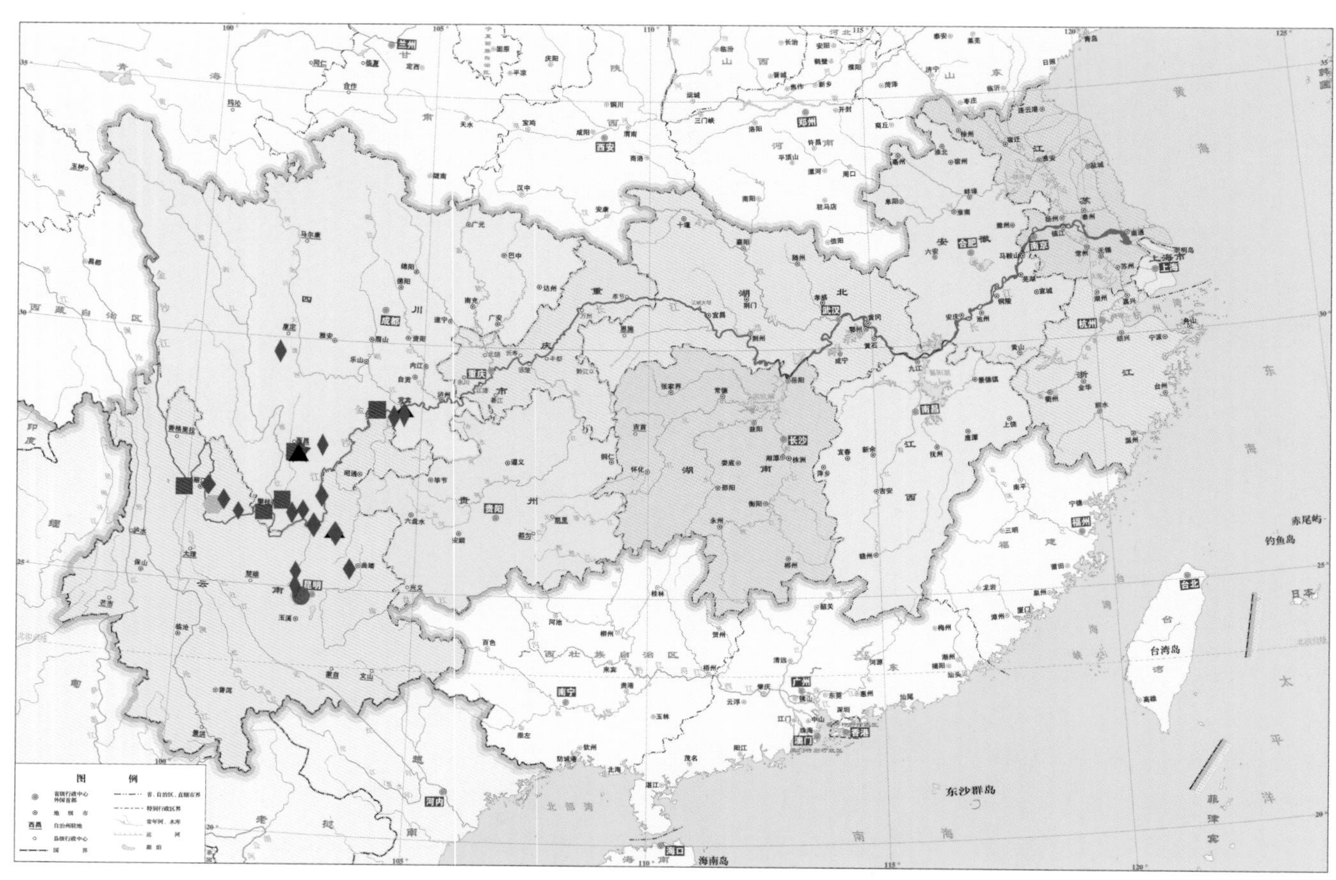

图 4-21 鲤亚科在金沙江流域的分布
▲岩原鲤；● 小鲤；■ 鲤；⬢ 杞麓鲤；★ 邛海鲤；♦ 鲫

（三）条鳅科

条鳅科 Nemacheilidae 共 5 属 31 种。

云南鳅属 *Yunnanilus* 共 8 种，且多仅分布在支流及其附属湖泊，分布区局限。黑斑云南鳅 *Y. nigromaculatus* 仅分布在普渡河水系包括滇池（Regan，1904；朱松泉和王似华，1985；丁瑞华和邓其祥，1990；陈宜瑜等，1998）；横斑云南鳅 *Y. spanisbripes* 分布于牛栏江和滇池；长鳔云南鳅 *Y. longibulla* 仅分布于程海（褚新洛和陈银瑞，1990）；侧纹云南鳅 *Y. pleurotaenia* 分布于滇池（Regan，1904；朱松泉和王似华，1985；褚新洛和陈银瑞，1990）和程海（褚新洛和陈银瑞，1990；陈宜瑜等，1998）；四川云南鳅 *Y. sichuanensis* 分布于鲹鱼河及龙川江；牛栏江云南鳅 *Y. niulanensis* 和干河云南鳅 *Y. ganheensis* 仅见于牛栏江；异色云南鳅 *Y. discoloris* 仅分布于云南呈贡县白龙潭（属滇池流域）（图 4-22）。

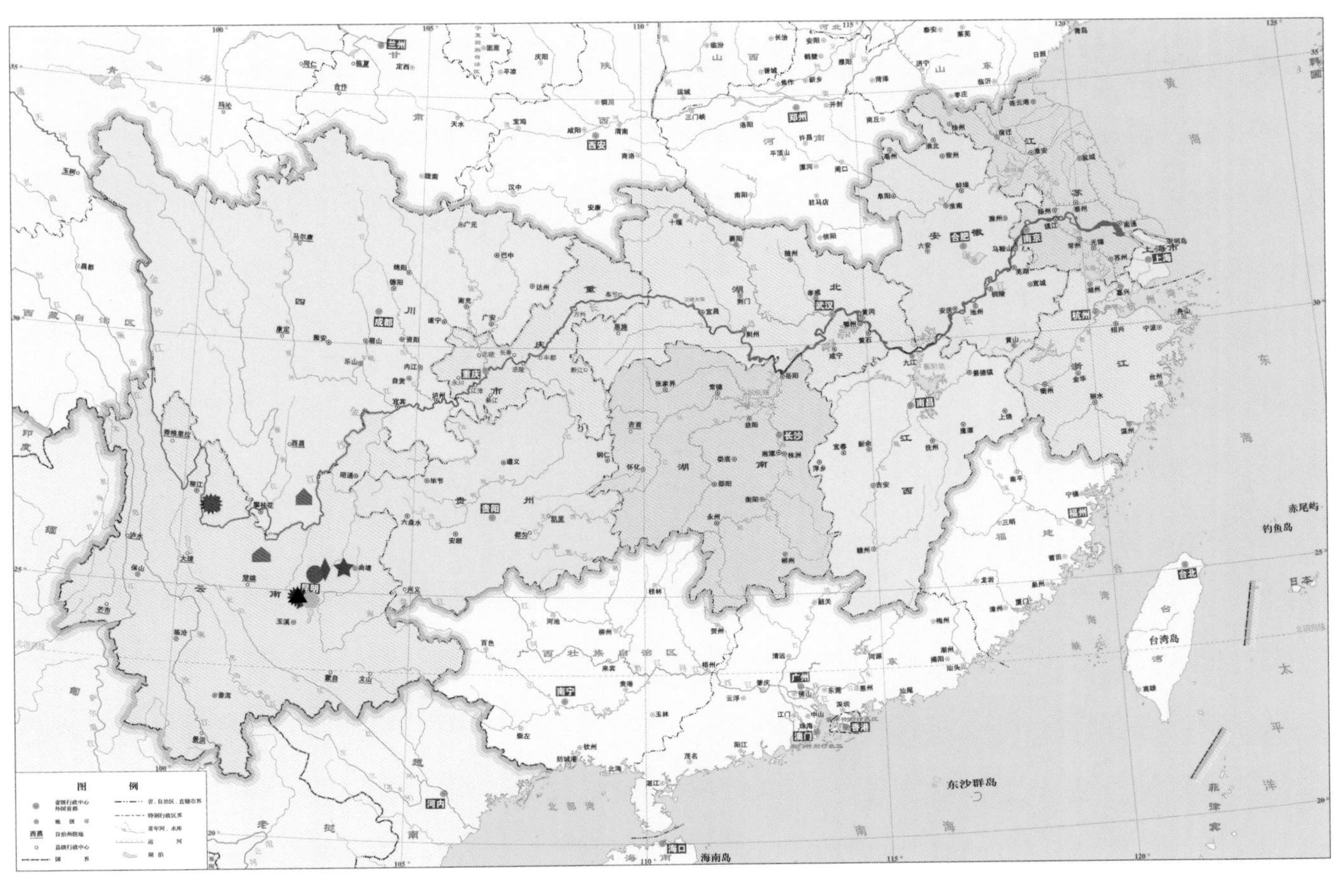

图 4-22 云南鳅属在金沙江流域的分布

▲黑斑云南鳅；●牛栏江云南鳅；■长鳔云南鳅；⬢异色云南鳅；★横斑云南鳅；♦干河云南鳅；⬟四川云南鳅；✹侧纹云南鳅

副鳅属 *Homatula* 共 2 种。红尾副鳅 *H. variegata* 分布较广泛，最上至永胜县仁和镇马过河，支流中见于黑水河、鲹鱼河、城河（陈宜瑜等，1998）、横江、牛栏江等；短体副鳅 *H. potanini* 最上分布至雅砻江下游。

球鳔鳅属 *Sphaerophysa* 仅滇池球鳔鳅 *S. dianchiensis* 1 种，分布在滇池（图 4-23）。

南鳅属 *Schistura* 4 种。横纹南鳅 *S. fasciolata* 分布较广泛，最上可分布至攀枝花（丁瑞华和邓其祥，1990），支流中见于黑水河、鲹鱼河、横江、牛栏江、普渡河（褚新洛和陈银瑞，1990；陈宜瑜等，1998）和龙川江。戴氏南鳅 *S. dabryi* 的文献记录可见于石鼓（朱松泉和王似华，1985）、城河（陈宜瑜等，1998）和宁蒗河。牛栏江南鳅 *S. niulanjiangensis* 现知仅见于牛栏江。似横纹南鳅 *S. pseudofasciolata* 仅在鲹鱼河有分布报道（Zhou and Cui，1993）（图 4-24）。

高原鳅属 *Triplophysa* 共 17 种，最上分布可至石渠县德荣马乡。其中除安氏高原鳅 *T. angeli*、前鳍高原鳅 *T. anterodorsalis*、昆明高原鳅 *T. grahami* 和贝氏高原鳅 *T. bleekeri* 外，其余现知均分布在攀枝花以上江段。安氏高原鳅现知最上可分布至巴塘县党巴乡，支流中见于黑水河、横江和雅砻江；前鳍高原鳅现知仅分布于丽江树底（东江）村及鲹鱼河（Wu，1930；Bănărescu and Nalbant，1967；邓其祥，1985）；贝氏高原鳅现知仅在雅砻江下游（丁瑞华，1994）及宜宾（李磊，2013）有分布；短尾高原鳅 *T. brevicauda* 现知最上可分布至德格（丁瑞

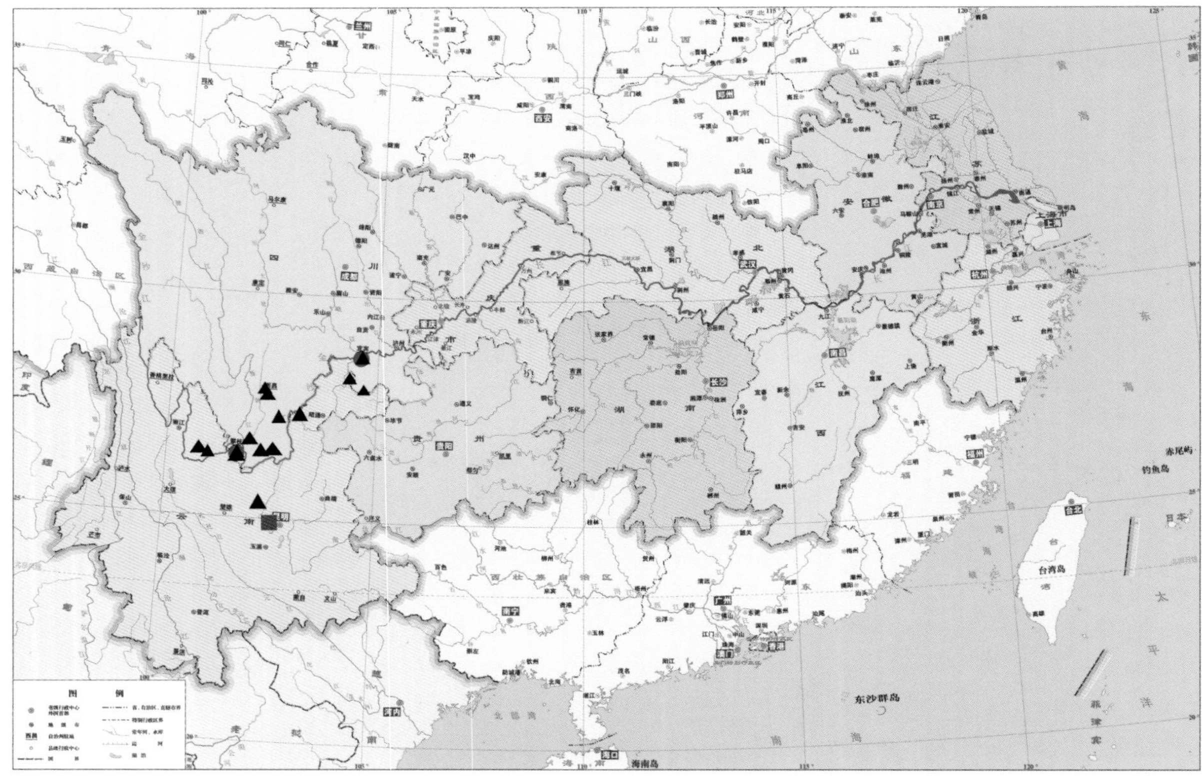

图 4-23　副鳅属和球鳔鳅属在金沙江流域的分布

▲ 红尾副鳅；● 短体副鳅；■ 滇池球鳔鳅

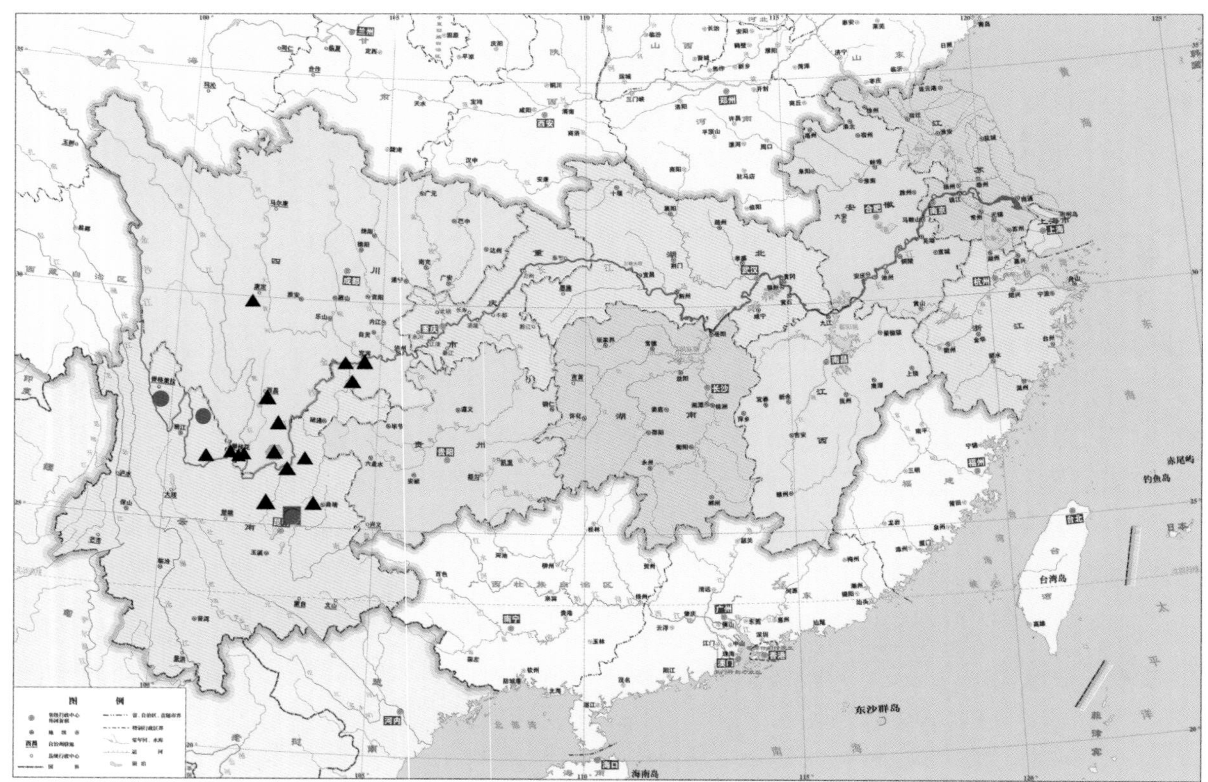

图 4-24　南鳅属在金沙江流域的分布

▲ 横纹南鳅；● 戴氏南鳅；■ 牛栏江南鳅；⬢ 似横纹南鳅

华，1994），最下分布至昭觉县四开乡，支流中还见于水洛河；稻城高原鳅 *T. daochengensis* 现知仅在四川省稻城县水洛河有分布（Wu et al.，2016）；大桥高原鳅 *T. daqiaoensis* 现知最上可分布至西藏江达县、贡觉县（许涛清和张春光，1996），最下分布记录于四川省凉山州冕宁县安宁河（丁瑞华和黄艳群，1992）；昆明高原鳅现知仅分布于普渡河（陈宜瑜等，1998）及其附属湖泊滇池（Regan，1906；陈宜瑜等，1998）；修长高原鳅 *T. leptosoma* 现知最下分布至攀枝花市金江镇，支流中可见于许曲河（丁瑞华，1994）、偶曲河和雅砻江；宁蒗高原鳅 *T. ninglangensis* 现知在雅砻江支流宁蒗河（武云飞和吴翠珍，1988）有分布；东方高原鳅 *T. orientalis* 现知分布于四川省石渠县俄多马乡；斯氏高原鳅 *T. stoliczkai* 现知最下可分布于定曲河，支流中仅见于雅砻江的上游和理塘河（丁瑞华，1994）；拟细尾高原鳅 *T. psuedostenura* 最下分布至丽江树底（东江）村，支流中见于许曲河（丁瑞华，1994）、雅砻江上游及理塘河（丁瑞华，1994）；秀丽高原鳅 *T. venusta* 现知仅分布在漾弓江（朱松泉和曹文宣，1988；朱松泉，1989；陈宜瑜等，1998）；西昌高原鳅 *T. xichangensis* 仅分布在雅砻江下游（丁瑞华，1994；陈宜瑜等，1998）及理塘河；西溪高原鳅 *T. xiqiensis* 仅在昭觉县西溪河（丁瑞华和赖琪，1996）有分布；雅江高原鳅 *T. yajiangensis* 仅分布于四川甘孜州雅江县雅砻江（Yan et al.，2015）；姚氏高原鳅 *T. yaopeizhii* 现知仅见于西藏江达、芒康、觉贡等的藏曲（金沙江上游右侧一级支流）（许涛清和张春光，1996）（图 4-25~ 图 4-27）。

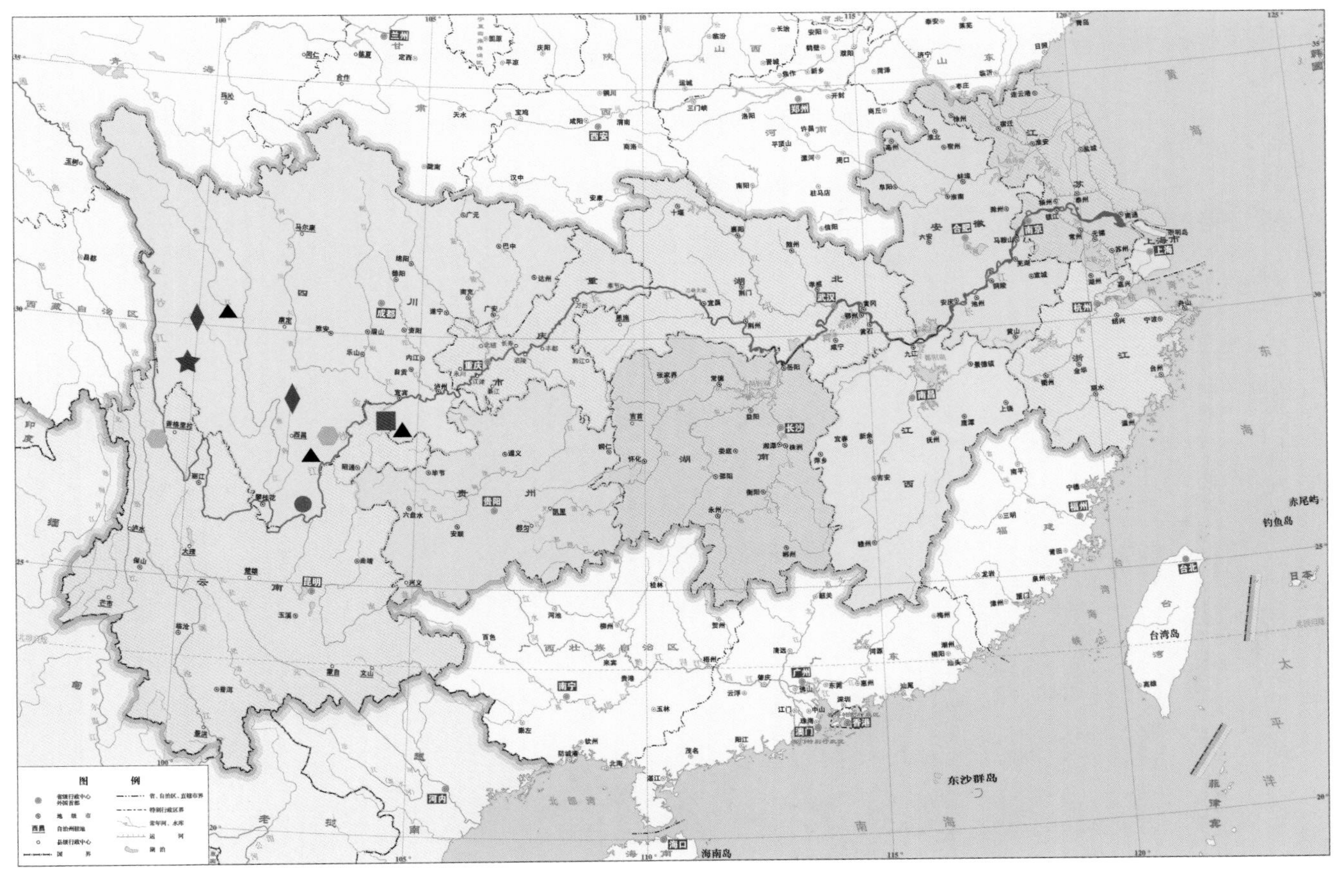

图 4-25　高原鳅属在金沙江流域的分布 (1)

▲ 安氏高原鳅；● 前鳍高原鳅；■ 贝氏高原鳅；⬢ 短尾高原鳅；★ 稻城高原鳅；♦ 大桥高原鳅

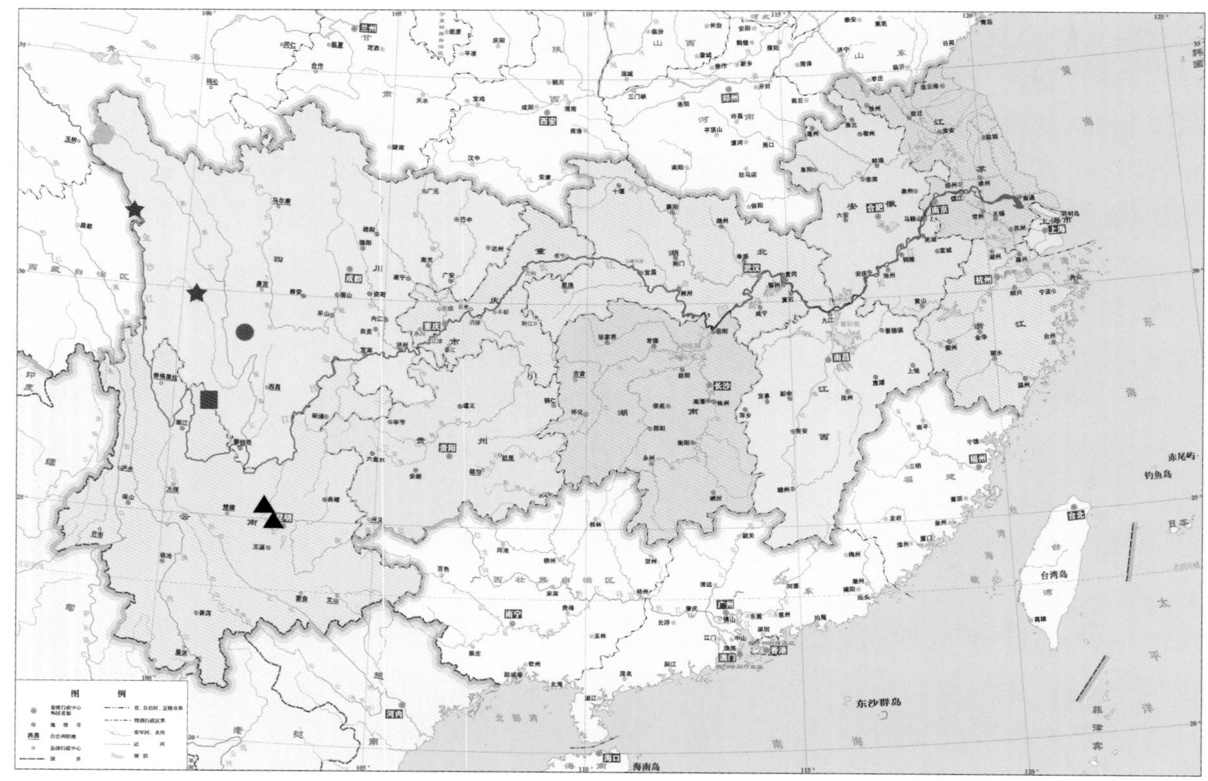

图 4-26 高原鳅属在金沙江流域的分布 (2)

▲昆明高原鳅；●修长高原鳅；■宁蒗高原鳅；⬢东方高原鳅；★斯氏高原鳅

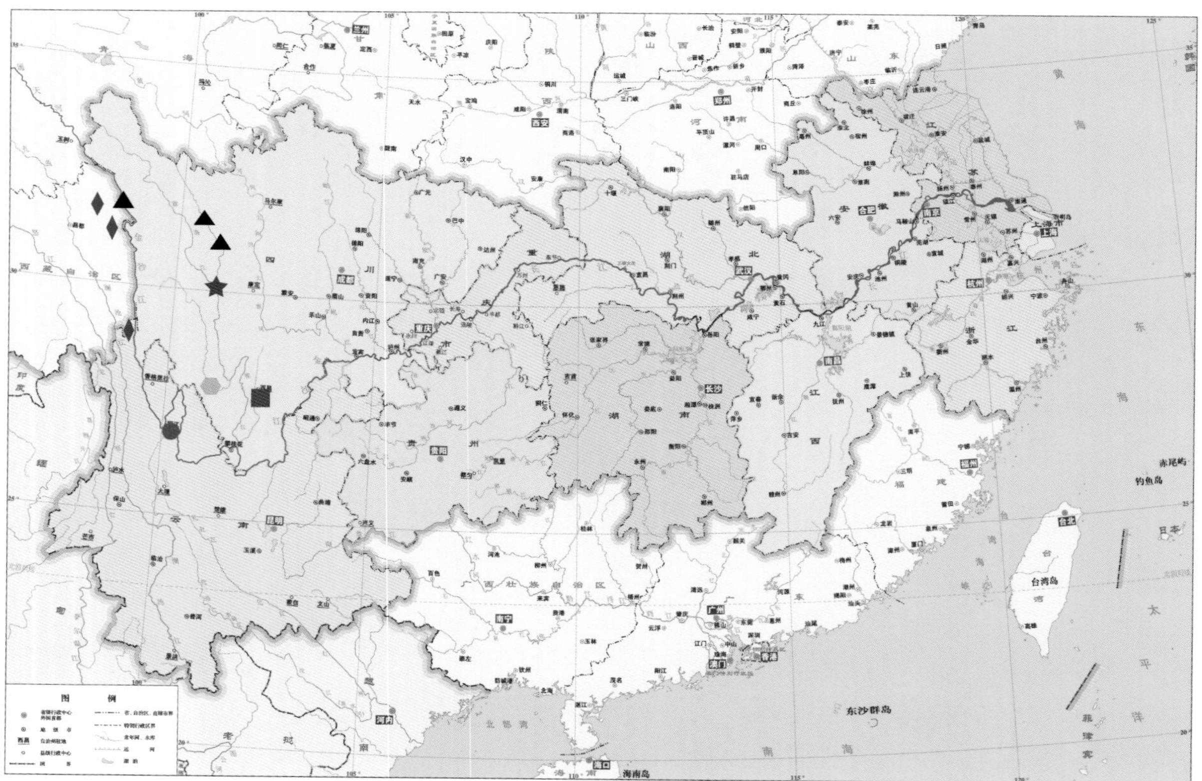

图 4-27 高原鳅属在金沙江流域的分布 (3)

▲拟细尾高原鳅；●秀丽高原鳅；■西昌高原鳅；⬢西溪高原鳅；★雅江高原鳅；♦姚氏高原鳅

（四）沙鳅科

沙鳅科 Botiidae 共 3 属 8 种。

薄鳅属 *Leptobotia* 有 5 种。薄鳅 *L. pellegrini* 和红唇薄鳅 *L. rubrilabris* 最上分布至水富江段；长薄鳅 *L. elongata* 最上分布可至鹤庆县龙开口中江乡江段，支流中可见于龙川江等入金沙江汇口处附近河段；小眼薄鳅 *L. microphthalma* 和紫薄鳅 *L. taeniops* 仅分布于宜宾附近江段（图 4-28）。

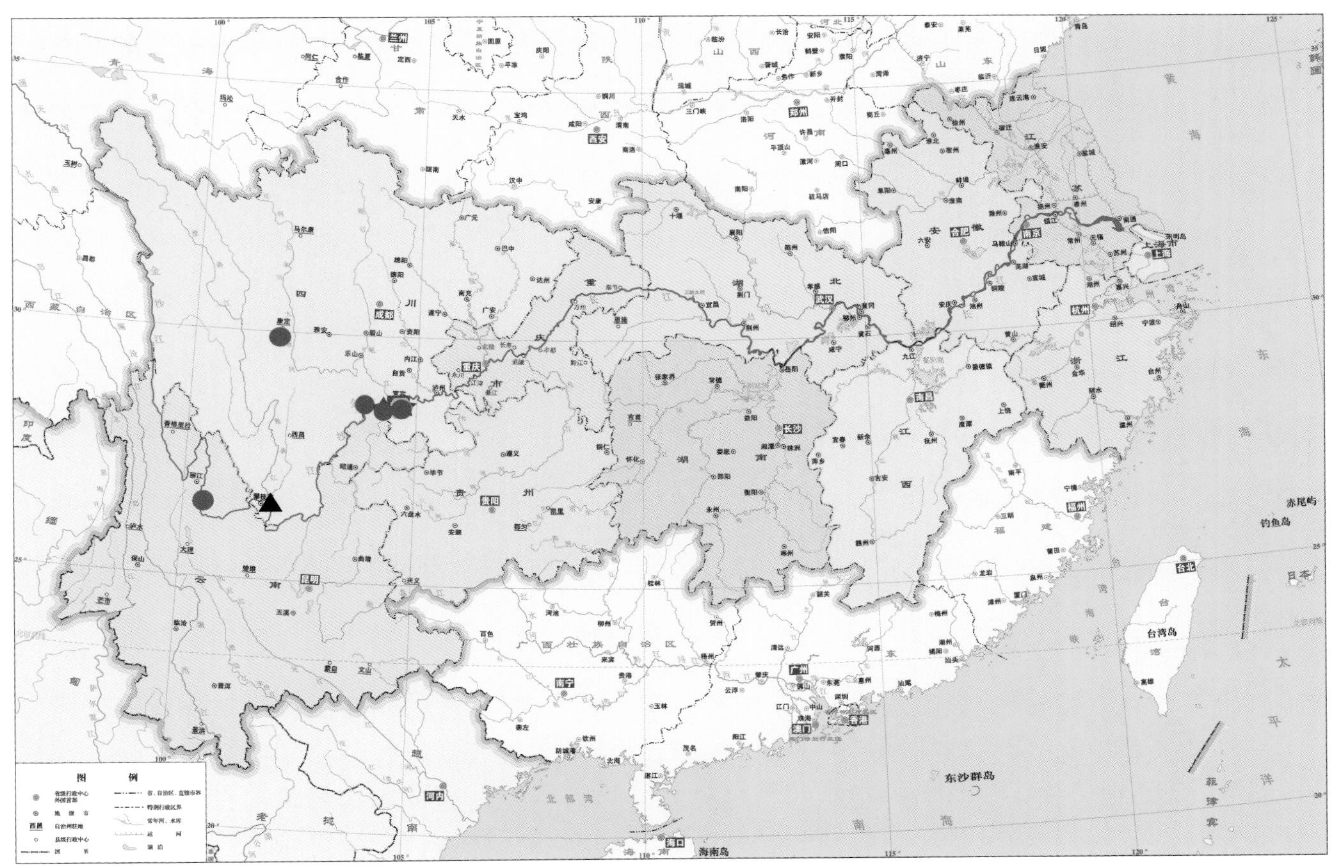

图 4-28　薄鳅属在金沙江流域的分布

▲红唇薄鳅；●长薄鳅；■小眼薄鳅；⬢紫薄鳅；★薄鳅

沙鳅属 *Sinibotia* 有 2 种。中华沙鳅 *S. superciliaris* 最上分布可至丽江树底（东江）村江段，支流中见于牛栏江和雅砻江（丁瑞华，1994）；宽体沙鳅 *S. reevesae* 最上分布至龙川江，还可见于横江、牛栏江和雅砻江。

副沙鳅属 *Parabotia* 仅花斑副沙鳅 *P. fasciata* 1 种，分布于宜宾附近江段（图 4-29）。

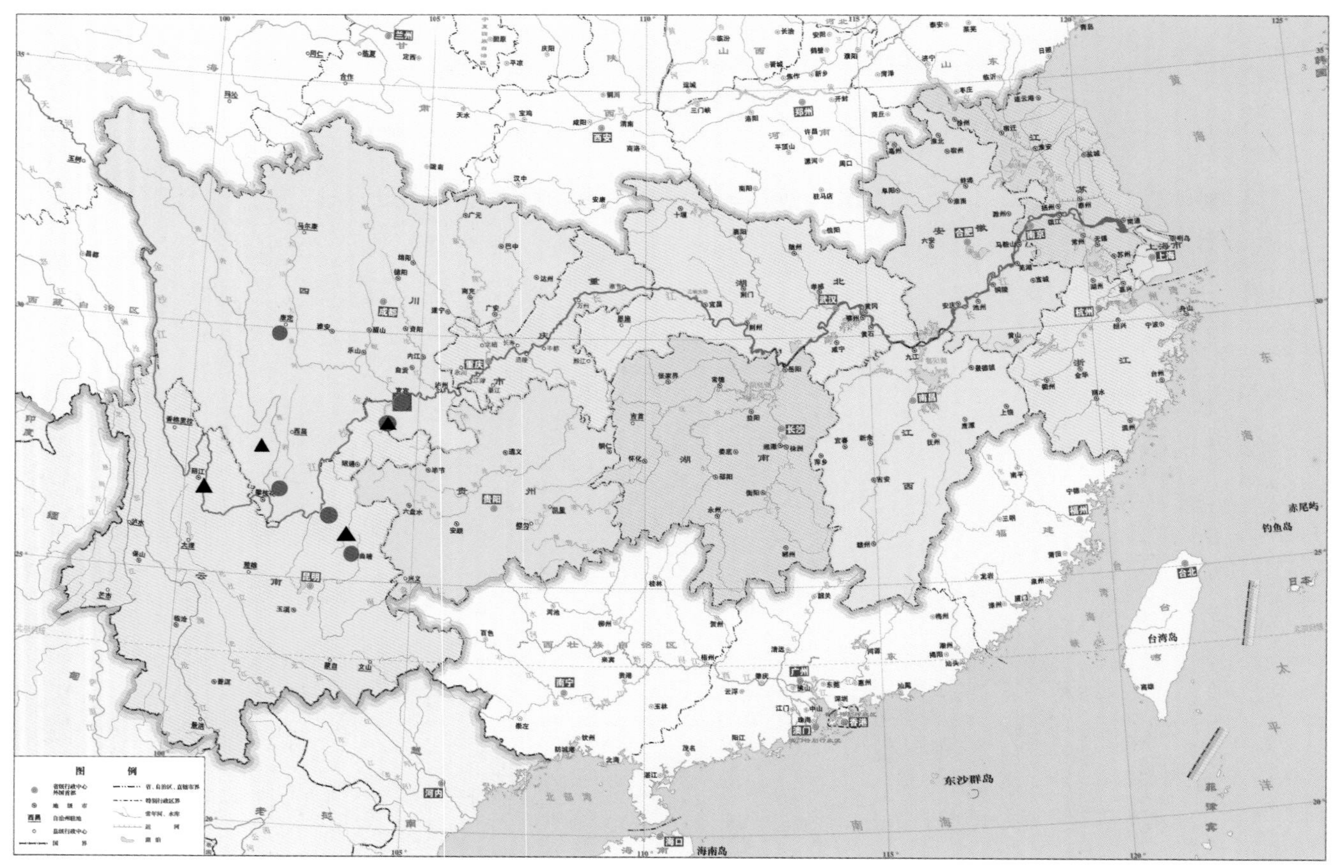

图 4-29 沙鳅属和副沙鳅属在金沙江流域的分布
▲中华沙鳅；●宽体沙鳅；■花斑副沙鳅

（五）花鳅科

花鳅科 Cobitidae 共 2 属 2 种。最上可分布于香格里拉。

泥鳅属 *Misgurnus* 仅泥鳅 *M. anguillicaudatus* 1 种，金沙江中下游及各支流和雅砻江中下游均有分布。

副泥鳅属 *Paramisgurnus* 仅大鳞副泥鳅 *P. dabryanus* 1 种，分布较泥鳅窄，分布于金沙江下游及其支流和中游干流（图 4-30）。

（六）爬鳅科

爬鳅科 Balitoridae 有 8 属 14 种。最上分布可至丽江石鼓，支流中可见于牛栏江、龙川江和雅砻江。

原缨口鳅属 *Vanmanenia* 仅拟横斑原缨口鳅 *V. pseudostriata* 1 种，现知仅见于支流普渡河（图 9-13）。

似原吸鳅属 *Paraprotomyzon* 仅牛栏江似原吸鳅 *P. niulanjiangensis* 1 种，且仅在牛栏江（卢玉发等，2005）有分布记录。

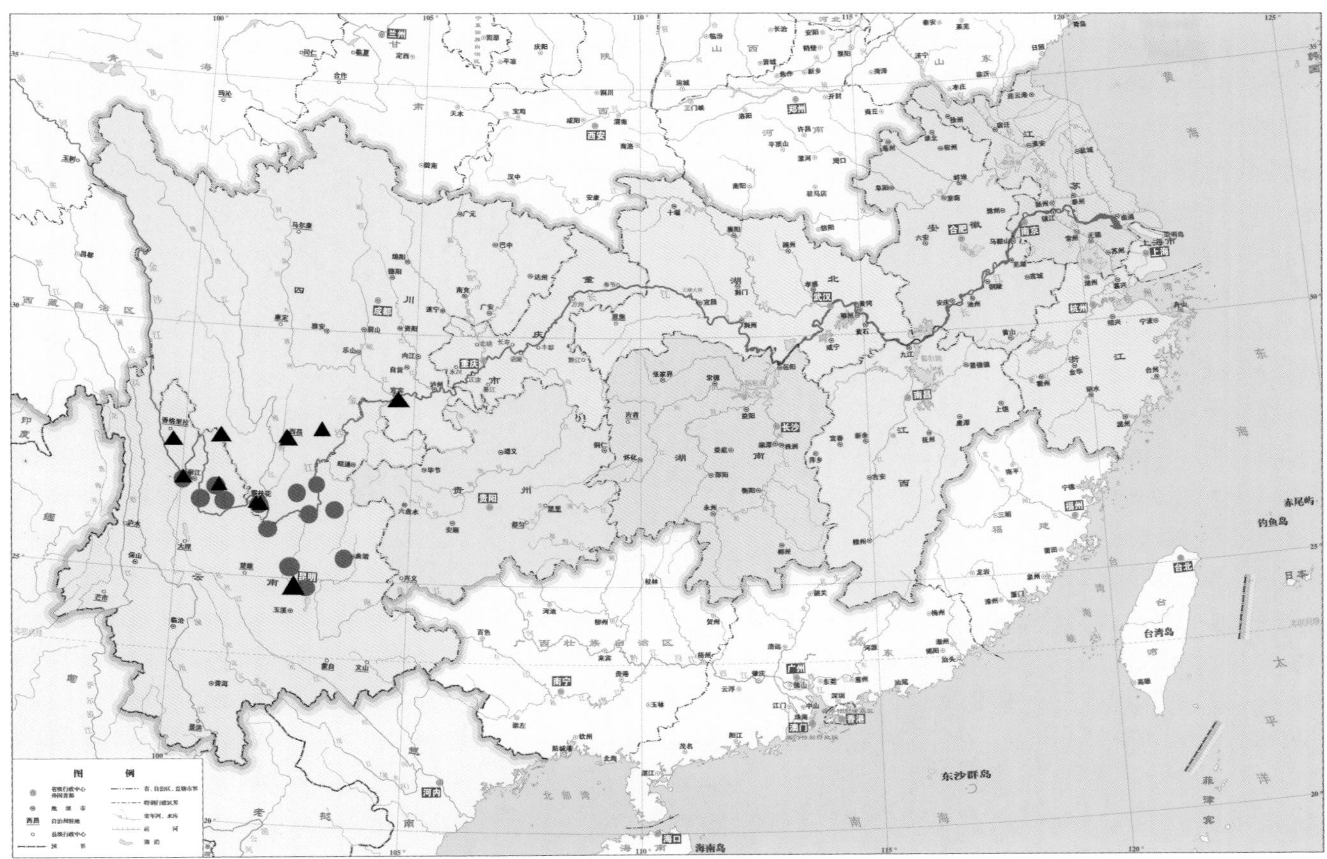

图 4-30 花鳅科在金沙江流域的分布

▲泥鳅；●大鳞副泥鳅

爬岩鳅属 *Beaufortia* 共 3 种，均仅分布于支流中。侧沟爬岩鳅 *B. liui* 见于板栗河和城河（陈宜瑜等，1998）；牛栏爬岩鳅 *B. niulanensis* 仅分布于牛栏江（陈自明等，2009）；四川爬岩鳅 *B. szechuanensis* 见于金沙江支流鲹鱼河和牛栏江、雅砻江支流鳡鱼河等（图 4-31）。

犁头鳅属 *Lepturichthys* 仅犁头鳅 *L. fimbriatus* 1 种，最上可分布至丽江石鼓、树底（东江）村等，支流中可见于牛栏江、龙川江和雅砻江。

华吸鳅属 *Sinogastromyzon* 共 3 种。四川华吸鳅 *S. szechuanensis* 仅在攀枝花（吴江和吴明森，1985）和牛栏江有分布；西昌华吸鳅 *S. sichangensis* 最上分布至攀枝花（丁瑞华，1994），支流中见于横江、牛栏江、龙川江和雅砻江下游（丁瑞华，1994；Chang，1944）及其支流理塘河；德泽华吸鳅 *S. dezeensis* 仅见于牛栏江（李维贤等，1999）（图 4-32）。

金沙鳅属 *Jinshaia* 共 2 种。中华金沙鳅 *J. sinensis* 最上可分布至丽江石鼓附近江段（越过虎跳峡），支流中可见于普渡河、龙川江、雅砻江下游、牛栏江等；短身金沙鳅 *J. abbreviata* 最上分布至攀枝花（吴江和吴明森，1985），支流中见于横江（褚新洛和陈银瑞，1990；陈宜瑜等，1998）。

间吸鳅属 *Hemimyzon* 仅窑滩间吸鳅 *H. yaotanensis* 1 种，仅在金沙江下游（施白南，1982）有分布记录。

后平鳅属 *Metahomaloptera* 共 2 种，仅分布在支流。峨眉后平鳅 *M. omeiensis* 见于横江（褚

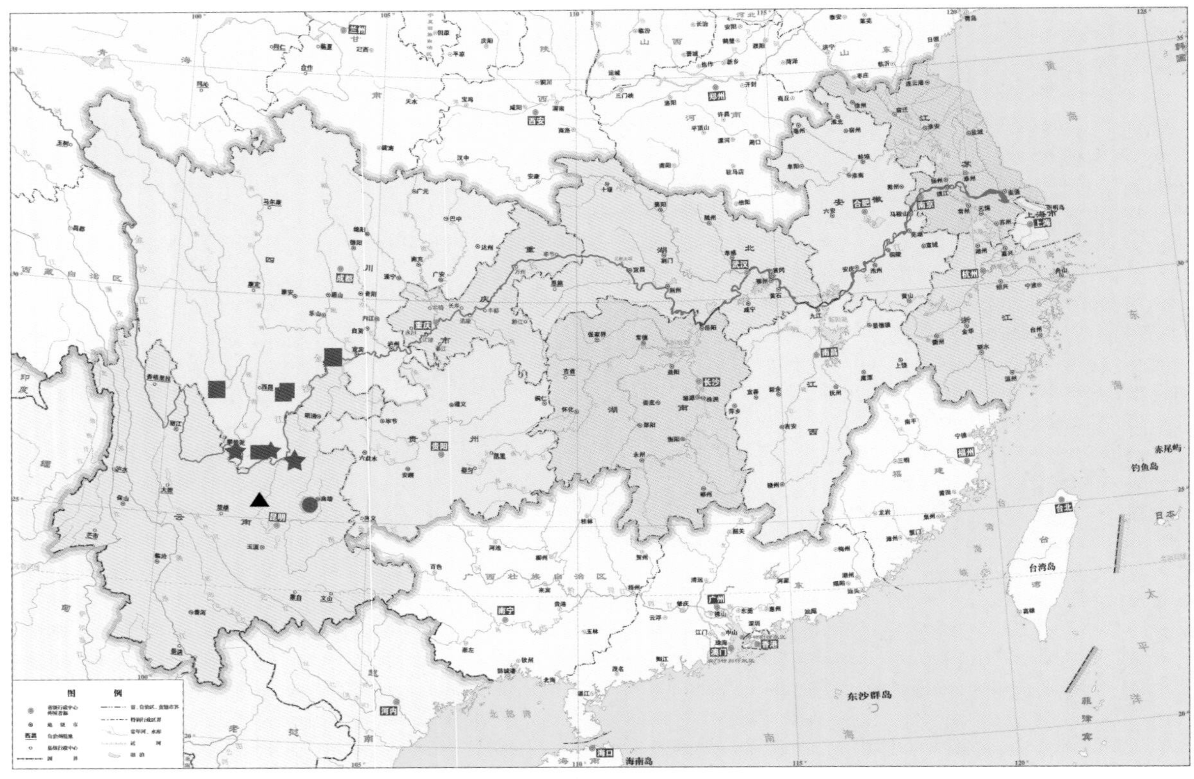

图 4-31　原缨口鳅属、似原吸鳅属和爬岩鳅属在金沙江流域的分布

▲ 拟横斑原缨口鳅；● 牛栏江似原吸鳅；■ 侧沟爬岩鳅；⬢ 牛栏爬岩鳅；★ 四川爬岩鳅

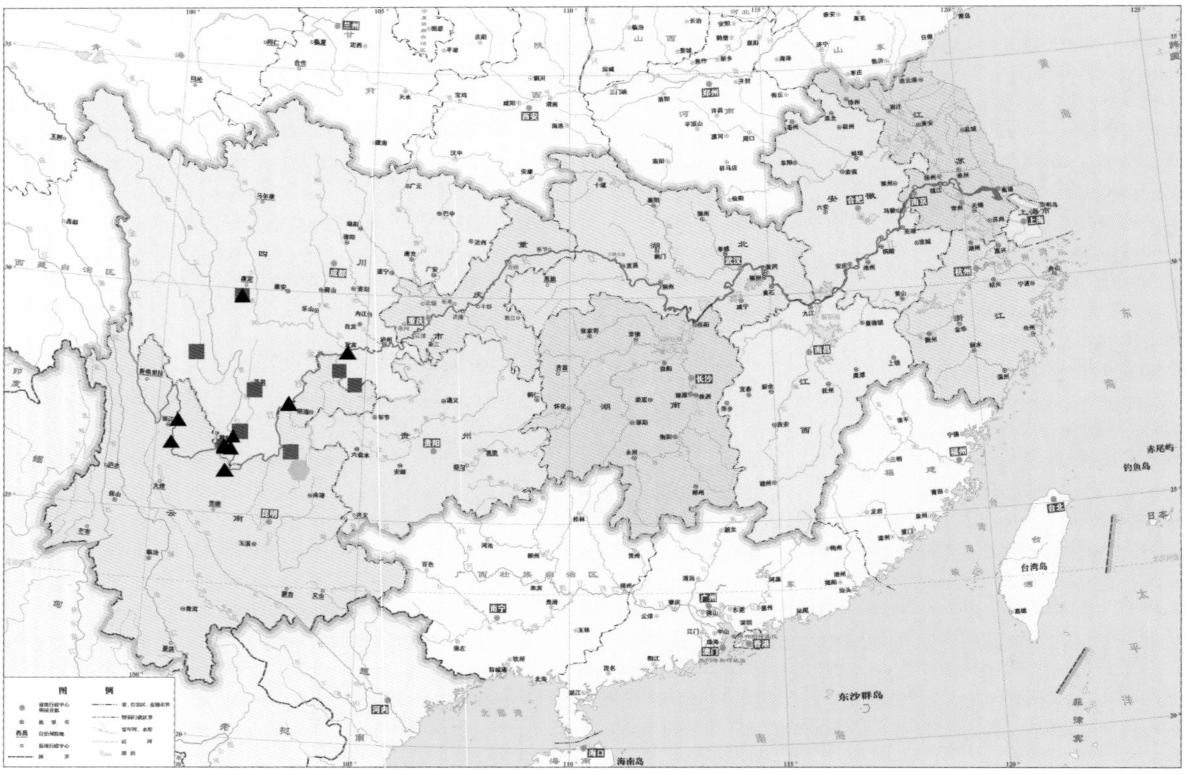

图 4-32　犁头鳅属和华吸鳅属在金沙江流域的分布

▲ 犁头鳅；● 四川华吸鳅；■ 西昌华吸鳅；⬢ 德泽华吸鳅

新洛和陈银瑞，1990；陈宜瑜等，1998）和牛栏江；长尾后平鳅 *M. longicauda* 仅分布于牛栏江（李维贤等，1999）（图 4-33）。

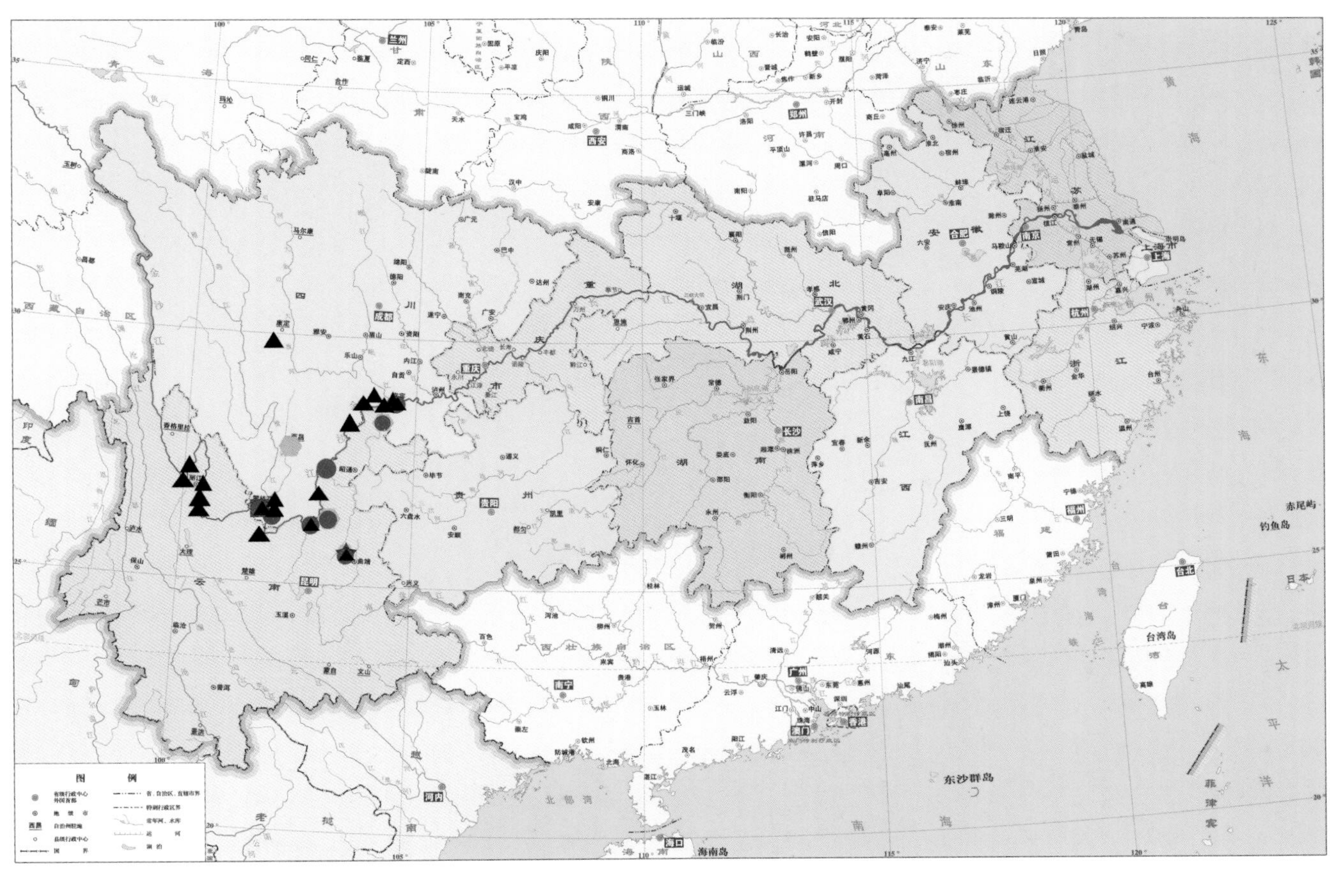

图 4-33 金沙鳅属、间吸鳅属和后平鳅属在金沙江流域的分布

▲中华金沙鳅；●短身金沙鳅；■窑滩间吸鳅；⬢峨眉后平鳅；★长尾后平鳅

四、鲇形目

鲇形目包括 4 科，在金沙江的分布也非常广泛，从西藏自治区德格县至四川省宜宾江段均有分布。

（一）鲿科

鲿科 Bagridae 共 4 属 14 种。

黄颡鱼属 *Pelteobagrus* 共 3 种。黄颡鱼 *P. fulvidraco* 仅分布于宜宾附近江段；瓦氏黄颡鱼 *P. vachelli* 最上分布至永胜（武云飞和吴翠珍，1982；陈宜瑜，1998），支流中见于横江和雅砻江下游（吴江和吴明森，1986）及其附属湖泊泸沽湖中（陈宜瑜等，1998）；光泽黄颡鱼 *P. nitidus* 最上可分布至攀枝花拉鲊村，支流中见于横江和牛栏江（图 4-34）。

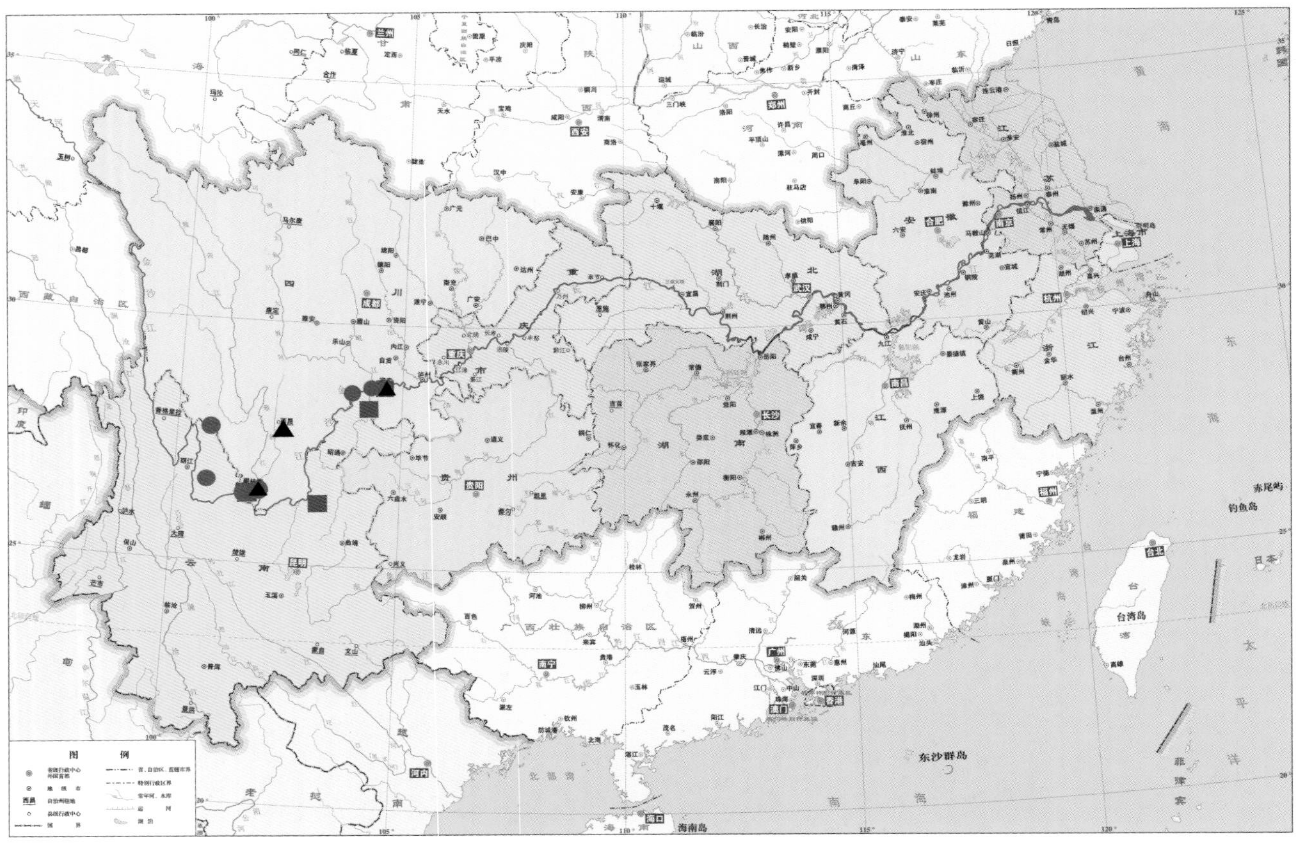

图 4-34 黄颡鱼属在金沙江流域的分布

▲黄颡鱼；●瓦氏黄颡鱼；■光泽黄颡鱼

鮠属 *Leiocassis* 共 4 种。长吻鮠 *L. longirostris* 最上分布仅至水富，支流中可见于普渡河和龙川江；粗唇鮠 *L. crassilabris* 最上分布至米易（陈宜瑜等，1998），支流中还可见于牛栏江、程海（褚新洛和陈银瑞，1990；陈宜瑜，1998）和雅砻江下游（曹文宣和邓中粦，1962）及其附属湖泊邛海（Chang，1944；刘成汉等，1988）；叉尾鮠 *L. tenuifurcatus* 最上分布至攀枝花拉鲊村，支流中可见于牛栏江和龙川江；长须鮠 *L. longibarbus* 现知仅在金沙江中游右侧支流宾居河有确切分布（褚新洛和陈银瑞，1990）（图 4-35）。

拟鲿属 *Pseudobagrus* 共 6 种。中臀拟鲿 *P. medianalis* 最上分布至攀枝花拉鲊村，支流中可见于横江、普渡河（褚新洛和陈银瑞；1990；陈宜瑜，1998）及其附属湖泊滇池（武云飞和吴翠珍，1982；褚新洛和陈银瑞；1990；陈宜瑜，1998；李磊，2013）；乌苏拟鲿 *P. ussuriensis* 最上可分布至雅砻江下游（邓其祥，1985），支流中还可见于横江（褚新洛和陈银瑞，1990；陈宜瑜等，1998）；切尾拟鲿 *P. truncatus* 仅分布于宜宾附近江段；凹尾拟鲿 *P. emarginatus* 最上分布至雅砻江下游（吴江和吴明森，1986），支流中还可见于普渡河（武云飞和吴翠珍，1982；褚新洛和陈银瑞，1990；陈宜瑜等，1998）；细体拟鲿 *P. pratti* 最上分布至雅砻江下游（吴江和吴明森，1986），金沙江其余支流中未见记载；短尾拟鲿 *P. brericaudatus* 最上可分布至金沙江上游下段的石鼓江段，向下于牛栏江和横江河口等也有分布报道（武云飞和吴翠珍，1982；褚新洛和陈银瑞，1990；陈宜瑜，1998）。

鳠属 *Hemibagrus* 仅大鳍鳠 *H. macropterus* 1 种，在宜宾附近江段有分布（图 4-36）。

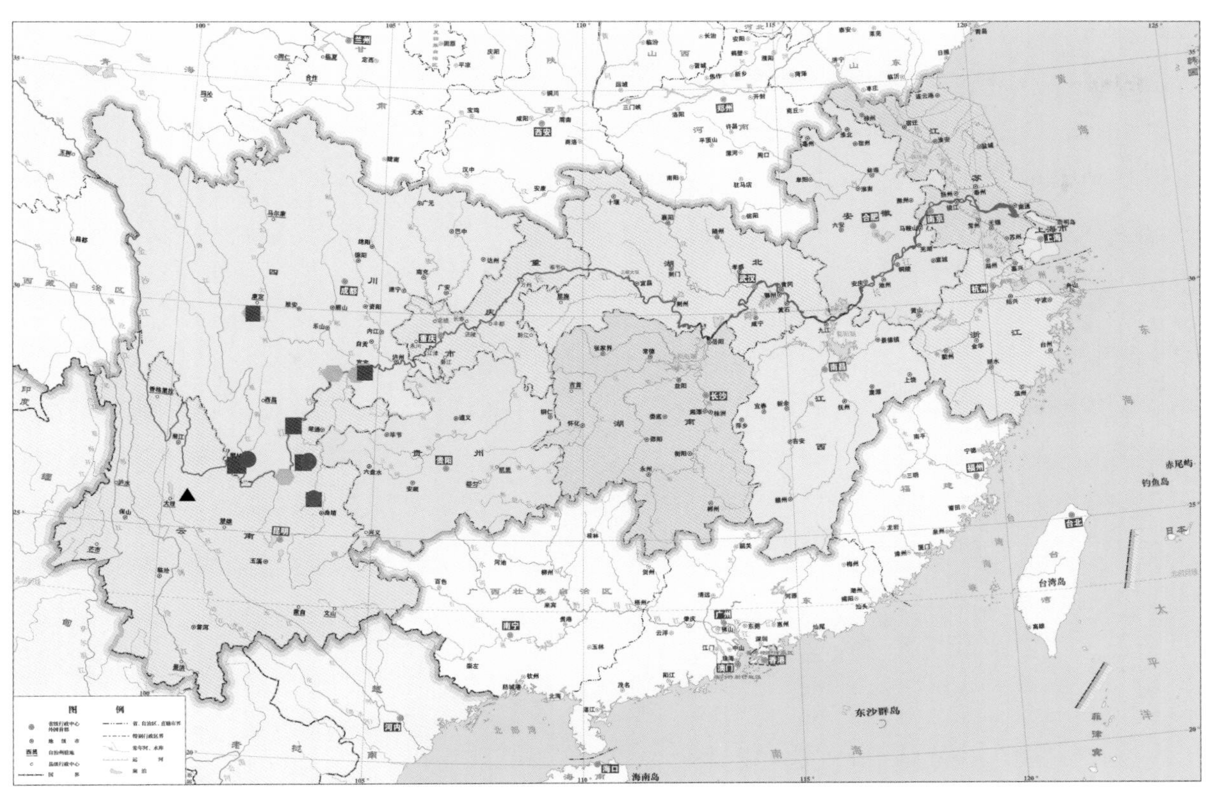

图 4-35　鮠属在金沙江流域的分布

▲ 长须鮠；● 粗唇鮠；■ 叉尾鮠；⬢ 长吻鮠

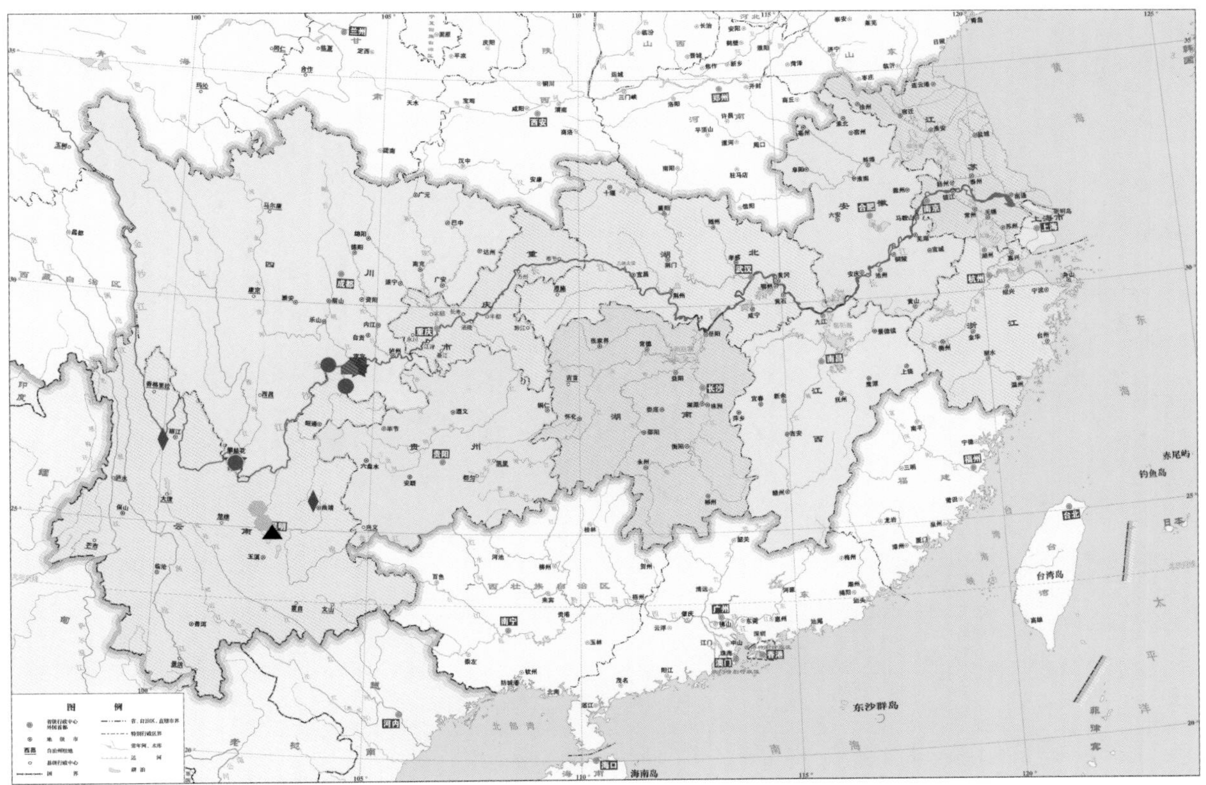

图 4-36　拟鲿属和鳠属在金沙江流域的分布

▲ 中臀拟鲿；● 乌苏拟鲿；■ 切尾拟鲿；⬢ 凹尾拟鲿；★ 细体拟鲿；♦ 短尾拟鲿；⬢ 大鳍鳠

（二）鮡科

鮡科 Sisoridae 共 3 属 6 种。

纹胸鮡属 *Glyptothorax* 仅中华纹胸鮡 *G. sinensis* 1 种，最上分布可至丽江树底（东江）村，支流中分布较广，可见于黑水河、鲹鱼河、横江、牛栏江、普渡河、龙川江和雅砻江下游及其支流安宁河（施白南，1982）。

石爬鮡属 *Chimarrichthys* 共 3 种。长须石爬鮡 *C. longibarbatus* 分布于金沙江上游云南维西和中甸（香格里拉）(Zhou et al.，2011)，支流中仅见于雅砻江上游 (Zhou et al.，2011)；青石爬鮡 *C. davidi* 仅见于雅砻江下游（刘成汉，1964；吴江和吴明森，1986）及其支流安宁河（刘成汉，1964）；黄石爬鮡 *C. kishinouyei* 仅见于虎跳峡及金沙江上游（褚新洛和陈银瑞，1990；陈宜瑜等，1998；褚新洛等，1999）。

鮡属 *Pareuchiloglanis* 共 2 种。前臀鮡 *P. anteanalis* 干流中仅见于丽江树底（东江）村、奔子栏等江段（褚新洛和陈银瑞，1990；褚新洛等，1999）；中华鮡 *P. sinensis* 仅见于金沙江下游（褚新洛和陈银瑞，1990；陈宜瑜等，1998）（图 4-37）。

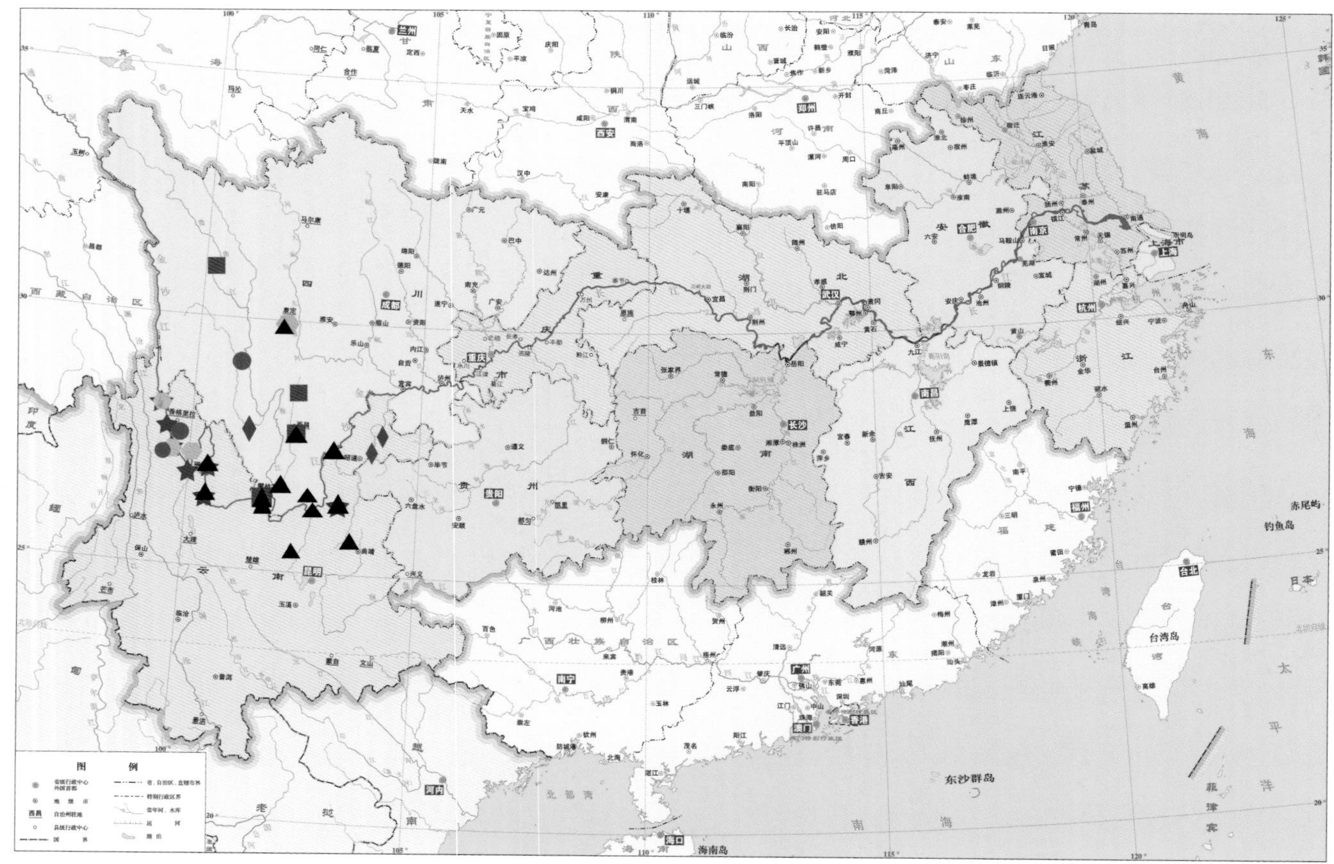

图 4-37　鮡科在金沙江流域的分布

▲ 中华纹胸鮡；● 长须石爬鮡；■ 青石爬鮡；⬢ 黄石爬鮡；★ 前臀鮡；♦ 中华鮡

（三）钝头鮠科

钝头鮠科 Amblycipitidae 仅有鉠属 *Liobagrus*，共 5 种，最上分布至鹤庆县（褚新洛和陈银瑞，1990；陈宜瑜等，1998）。

白缘鉠 *L. marginatus* 最上分布至鹤庆江段，支流中可见于横江、牛栏江、普渡河、龙川江、程海（褚新洛和陈银瑞，1990；陈宜瑜等，1998）和雅砻江下游（褚新洛等，1999）及其附属湖泊邛海（褚新洛等，1999）；程海鉠 *L. chenghaiensis* 在程海有分布记录（Sun et al.，2013）；金氏鉠 *L. kingi* 仅在普渡河（褚新洛等，1999）及其附属湖泊滇池（褚新洛和陈银瑞，1990；陈宜瑜等，1998）中有分布，野外工作中曾在攀枝花拉鲊村干流江段采集到疑似金氏鉠的标本；黑尾鉠 *L. nigricauda* 最上分布仅至水富县，另外在附属湖泊滇池（何纪昌和刘振华，1985）和泸沽湖（丁瑞华，1994）中也有分布；拟缘鉠 *L. marginatoides* 只在宜宾附近江段有分布（图 4-38）。

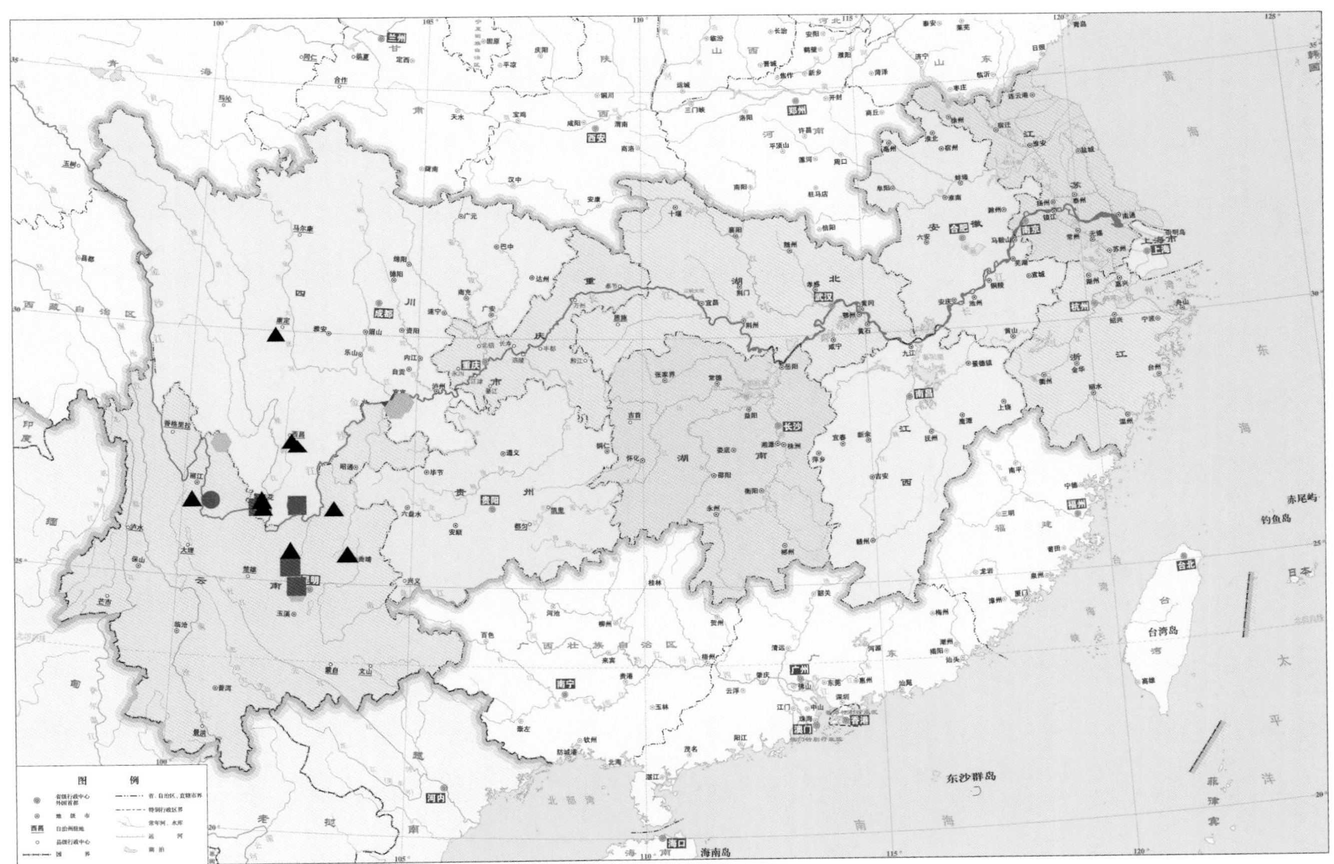

图 4-38　钝头鮠科在金沙江流域的分布

▲ 白缘鉠；● 程海鉠；■ 金氏鉠；⬢ 黑尾鉠；★ 拟缘鉠

（四）鲇科

鲇科 Siluridae 仅鲇属 *Silurus*，共 3 种。鲇 *S. asotus* 向上可分布到石鼓附近江段，支流见于牛栏江和安宁河等；昆明鲇 *S. mento* 仅分布于滇池（何纪昌和刘振华，1985；褚新洛和陈银瑞，1990；陈宜瑜等，1998；褚新洛等，1999）；大口鲇 *S. meridionalis* 分布于金沙江中下游干流江段及附属支流黑水河、牛栏江、程海和邛海等，最上可分布至香格里拉东旺河、石鼓江段等（属金沙江上游的最下游江段）（图 4-39）。

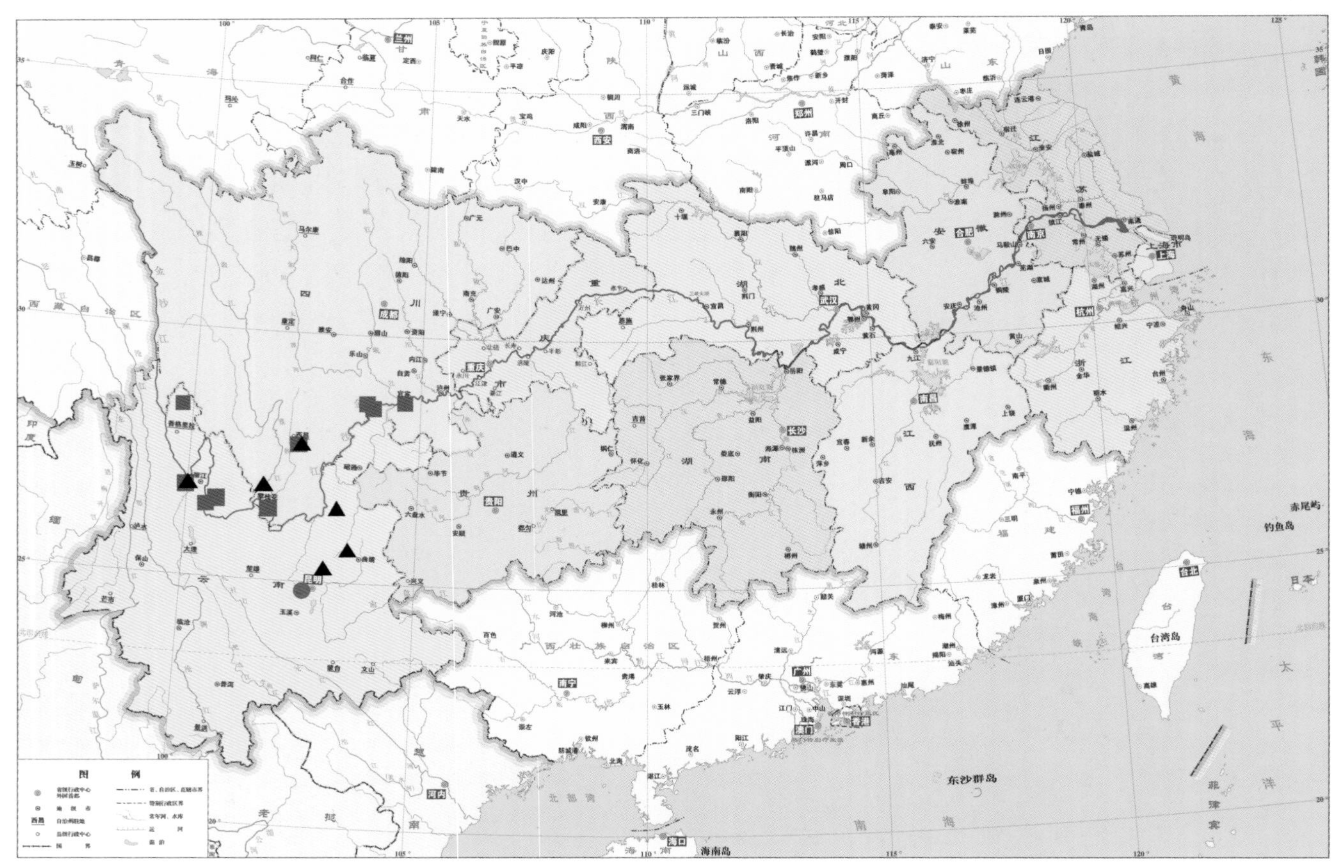

图 4-39　鲇科在金沙江流域的分布

▲鲇；● 昆明鲇；■ 大口鲇

五、鳉形目

仅中华青鳉 *Oryzias latipes sinensis* 1 种，分布于曲靖滇池和雅砻江下游（图 4-40）。

六、合鳃鱼目

仅黄鳝 *Monopterus albus* 1 种。干流最上分布出现在攀枝花江段（吴江和吴明森，1985）；支流在金沙江中游的漾弓江（下游称中江，在龙开口入金沙江，鹤庆实地采集）、西昌邛海及其支流（Chang，1944；刘成汉等，1988；实地采集）、滇池（陈自明等，2001）有分布（图 4-41）。

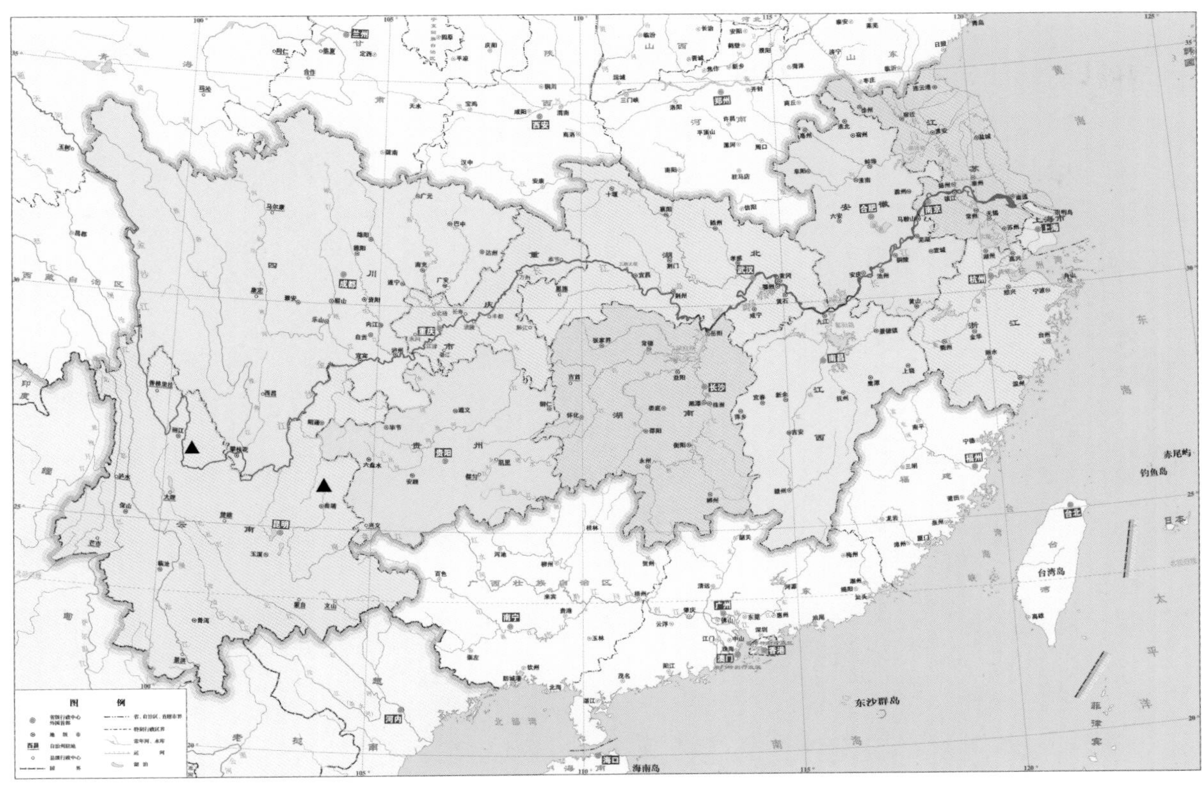

图 4-40　鲱形目在金沙江流域的分布

▲中华青鳉

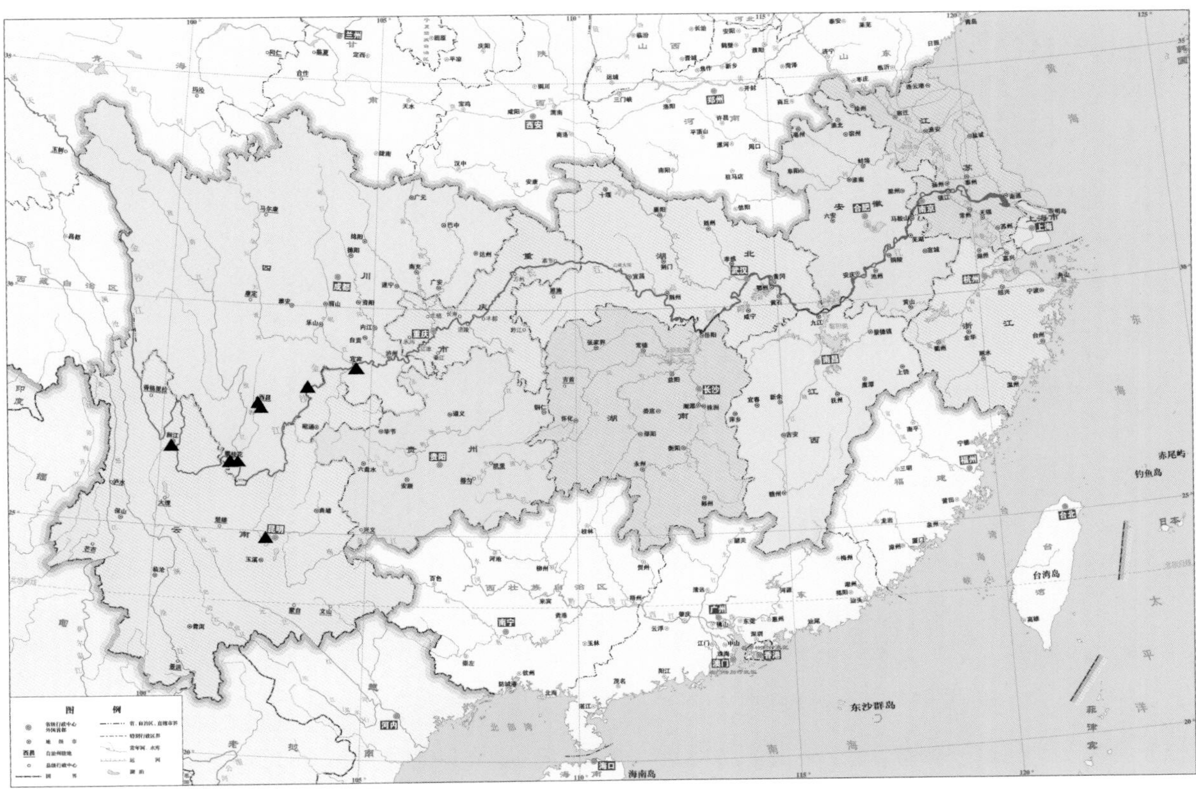

图 4-41　合鳃鱼目在金沙江流域的分布

▲黄鳝

七、鲈形目

仅有鳜 *Siniperca chuatsi*、大眼鳜 *S. kneri* 和乌鳢 *Channa argus* 为原产。流域内鳜仅自然分布于宜宾附近江段，大眼鳜见于攀枝花金江镇江段，乌鳢主要分布在金沙江中下游湖泊、水库等水体。目前数量均稀少（图 4-42）。

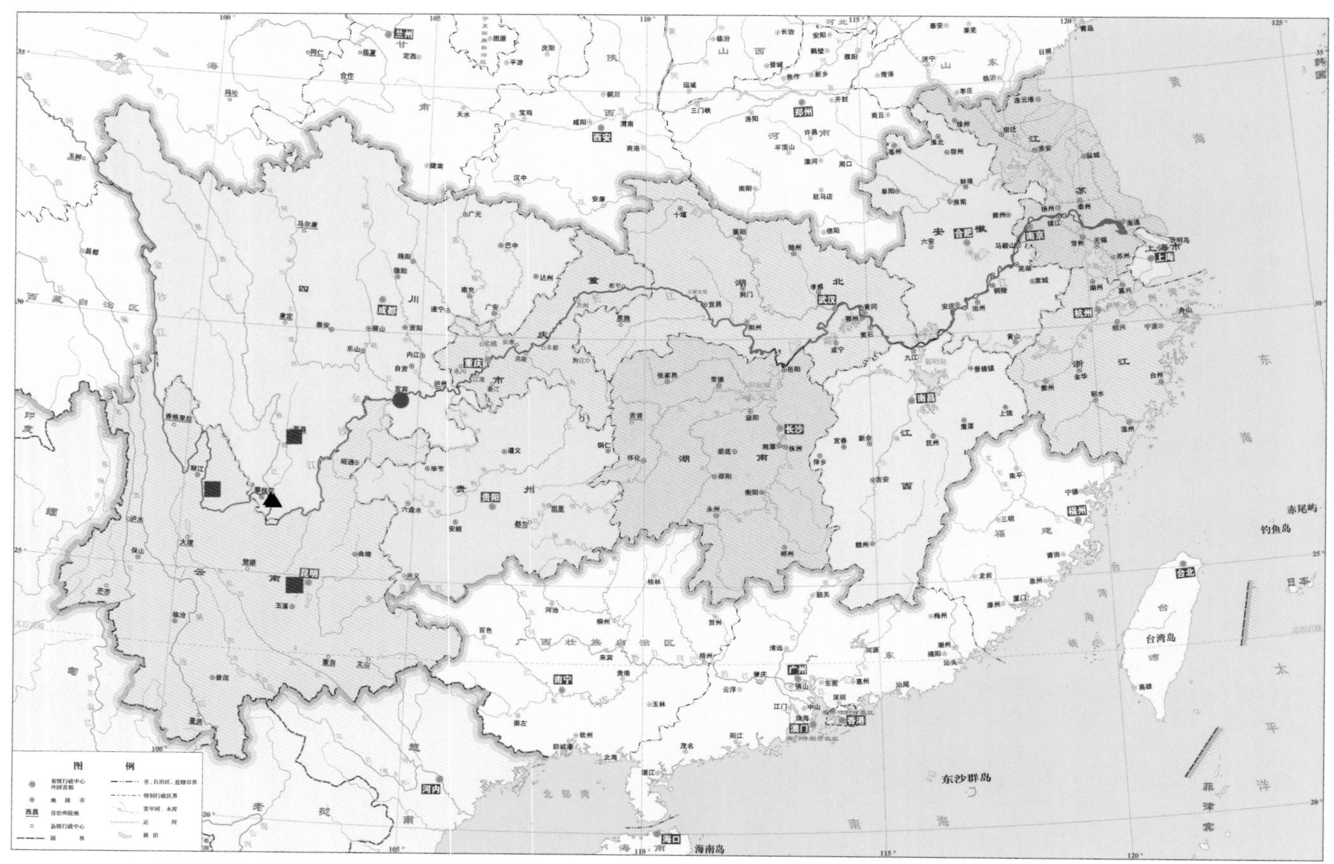

图 4-42　鲈形目在金沙江流域的分布

▲大眼鳜；●鳜；■乌鳢

第二节　分布格局分析

对 178 种（去除流域内仅见于宜宾及其以外的种）参与本流域分布格局讨论的鱼类的分布信息进行了叠加处理。

从种类组成数量分析，15% 的种以虎跳峡为分布界线，其中 7.5% 以之为上界，另有 7.5% 以之为下界；29% 的种以攀枝花为分布界线，其中 23% 以之为上界，6% 以之为下界；10% 的种以新市镇为分布上界。还有 17% 的种仅见于附属湖泊；29% 的种分布于攀枝花以下的干流和各支流中，这些种类分布点零散，无明显的分布规律。此结果多少可以提示我们，虎跳峡、攀枝花和新市镇可能是金沙江流域鱼类自然分布的几个重要节点。

从不同区段区系成分分析，在公认的青藏高原鱼类成分（裂腹鱼、高原鳅和鮡等类群）中，已知的裂腹鱼属中有 2 种，以及裸重唇鱼、叶须鱼、裸鲤、裸裂尻鱼等全部已知种，高原鳅类除去只见于雅砻江的几个种外其他一半以上的种，鮡类已知的 6 种中的 3 种，对于这些种类虎跳峡构成了它们的分布下界；典型的产漂流性卵的鱼类，如圆口铜鱼、长鳍吻鮈和圆筒吻鮈、长薄鳅等，以及鲃亚科（除鲈鲤外）、野鲮亚科、花鳅类、爬鳅类（除金沙鳅和犁头鳅外）等已知种，均不出现在虎跳峡以上。鲌亚科、雅罗鱼亚科、鲌亚科、鳑鲏亚科、鲃亚科和野鲮亚科等绝大部分种类仅出现在攀枝花以下。以新市镇为分布上界的代表性类群为鲟类。

结合金沙江流域的自然地理特点，虎跳峡本身有着很长的极狭窄的河谷、奔腾的急流、连续的跌水、犬牙交错的险滩礁石等，这些都可视为阻碍鱼类迁移的因素；向下至攀枝花，金沙江接纳了区域内最大支流雅砻江的汇入，汇口以下水量急剧增加、水流明显增大等，容纳了更多的鱼类；向下至新市镇附近，江面变得更加宽阔，同时，也接纳了西宁河和中都河等较大支流的汇入，鲟类等在金沙江流域向上的分布记录出现在这个江段。

结合金沙江干流河道发育特点及鱼类组成分析，可以以虎跳峡、攀枝花和新市镇为节点将金沙江流域分为 4 段。

对于雅砻江，同样存在以理塘河口的锦屏山为界的上、下鱼类分布格局，裂腹鱼类中的长丝裂腹鱼、裸腹叶须鱼、厚唇裸重唇鱼及软刺裸裂尻鱼，高原鳅中的短尾高原鳅、拟细尾高原鳅等，均以锦屏山为其分布下界，其他鲃亚科、野鲮亚科、花鳅类、爬鳅类，以及除去鰋鮡类的其他鲇形目鱼类的分布似均不超过锦屏山。就雅砻江锦屏山段的自然地理而言，该江段为高落差的急流河段。而在横断山区的其他河流均存在类似的高落差急流河段，这也构成了青藏高原区西南方的界线。

溪洛渡库区网箱养鱼

第五章 金沙江流域鱼类资源现状及其评价

横江下游近汇入金沙江汇口处专业渔民

第一节 资源现状

对近年来金沙江流域内野生鱼类资源实地调查和相关文献的分析结果显示，流域内仍能采集到的土著鱼类已由历史记录的超过 170 种下降至 100 种左右，很多种类已很难采集到，虽然不能就此认为这些种类已经消失，但就连续多年采集均未获得标本的结果来看，至少可以反映出它们的种群数量已很稀少，流域内物种多样性下降趋势十分明显。在野外调查中我们也发现，过去种群数量较多的如白甲鱼、中华倒刺鲃、胭脂鱼、鲈鲤等，近几年来已显著减少；鯮、鳤、赤眼鳟等已多年没有采集记录或报道。

从渔获量上看，流域内很多鱼类资源量下降也很明显。20 世纪 90 年代初以前，圆口铜鱼曾为金沙江干流下游的主要经济鱼类，现在的野外调查记录显示，虽然圆口铜鱼在渔获物中仍占一定比例，但已很少见到较大的个体（>1kg），渔获物多为幼鱼，且受水电工程的影响，性成熟个体的分布范围正在急剧缩小，曾经报道过的产卵场也逐一消失，或转移，或规模急剧缩小。裂腹鱼作为高原地区重要的渔获物，特别在金沙江中下游，由于环境的改变、过度捕捞等，同样面临资源枯竭的境地。

整体而言，金沙江上游区域多年前同样存在过度捕捞的问题，鱼类资源量下降明显。但近年来，受少数民族群众宗教信仰（不吃鱼、不捕鱼等习俗）的影响，目前基本上处于全面禁止捕鱼的状态，当地鱼类资源恢复明显。

第二节 资源变化原因

一、水电开发

金沙江和雅砻江作为国家“十三大水电基地规划”中的两大重要水电基地，金沙江水电基地计划装机总容量为 6338 万 kW，为最大的水电基地，按照规划，金沙江干流分为上、中、下三段开发。其中下游四级水电站，即乌东德水电站、白鹤滩水电站、溪洛渡水电站和向家坝水电站均已建成；中游一库八级水电站规划中，除龙盘水电站及两家人水电站外，梨园水电站、阿海水电站、金安桥水电站、龙开口水电站、鲁地拉水电站及观音岩水电站均已建成。上游川藏段规划或在建的有岗托水电站、岩比水电站、波罗水电站、叶巴滩水电站、拉哇水电站、巴塘水电站、苏洼龙水电站及昌波水电站，金沙江干流平均每 110km 就已建、在建或规划有一座水电站。雅砻江流域规划中的水电站已全部建成。

水利工程在给人类发展带来巨大利益的同时，也对区域内水生生物尤其是鱼类造成了诸多不利影响。河流作为一种生态系统，最大的特点就是连续性和流动性。而水利工程中大坝的建设特别是像金沙江干流上的高坝或超高坝的建设，首先破坏了河流的连续性，阻断了洄游性鱼类的洄游通道；其次，大坝建成后，河流的流动性亦发生相当程度的改变，由原来急流环境过渡到河道型水库环境，出现水流速度大大减缓、透明度增加、下泄水在鱼类繁殖期水温偏低、越冬期水温过高、气体过饱和等一系列变化和问题。随着水环境的急剧变化，鱼类群落和种群结构也将随之发生巨大改变，甚至威胁到一些土著种类的繁衍生息。

二、部分区域水质恶化及过度捕捞

区域内的生活垃圾尤其是一些诸如塑料、废弃衣物等固体垃圾，常沿河堆放，人畜洗涤、粪便等生活污水污物直接排入天然水体中，不仅对高原生态环境造成了污染，还破坏了自然景观，对长江源头的水质产生了严重影响；中下游地区，农、林果业化肥、农药大面积施用，氮、磷等有机或无机污染物通过地表径流和农田渗漏，对水环境造成污染。

随着渔具、渔法等技术的进步，捕捞效率大大提高。特别是中下游汉族和少数民族混居和以汉族为主的地区，酷渔滥捕现象十分普遍，一些地区电鱼甚至成为主要捕鱼手段（见书后图版），对水生生物杀伤力和破坏力极大，是严重违反渔业法律法规的行为，对当地的水生生态系统造成严重的损害。

三、水库渔业对土著鱼类的影响

目前，流域内特别是中下游干流和支流已建、在建有大量拦河水电站工程，形成了大量河流型水库，根据野外调查所见，几乎全部已建成的水库均存在水库渔业问题。水库渔业一方面提升了当地农业经济，解决了当地人吃鱼难、吃鱼贵等问题；但另一方面，养殖过程中引入了大量外来鱼种，如在金沙江上游的巨甸江段发现有革胡子鲇，雅砻江下游二滩库区及流域内各大、小附属湖泊水库等“四大家鱼”已成为主要渔获对象，雅砻江下游接近金沙江汇口江段采集到斑点叉尾鮰、丁鲹等，攀枝花金江镇江段采集到罗非鱼、白鲢等，金沙江下游干流已建库区内银鱼、鳌等已成为主要渔获物。而全部已建库区内的土著鱼类数量均急剧减少。有研究表明（乐佩琦和陈宜瑜，1998），外来鱼种与土著鱼种之间的生态位竞争，是导致本地土著鱼种群数量减少甚至处于濒危状态的重要因素。与人类对自然的破坏不同，外来物种入侵对环境的破坏及生态系统的威胁通常都是长期、持久的。

四、少数民族地区群众宗教信仰、生活习惯等对水生生物的影响

流域内少数民族众多，特别在藏族群众集中居住的地区，受宗教信仰、生活习惯等的影响，基本上是完全禁渔的，天然水体中的鱼类基本上维持自生自灭的状态，这对于维护青藏高原生物多样性、保持生态平衡有着非常积极的作用。根据我们野外调查所见，特别在金沙江流域中上游地区，多为藏族群众集中居住的地区，区域内大、小河流中野生鱼类资源十分丰富。

但同时，藏区也存在“放生”现象，大量鲤、鲫、泥鳅、麦穗鱼等被“放生”，个别区域存在比较严重的外来生物入侵的问题。

第三节　流域鱼类资源保育的意见和建议

一、水利设施的兴建应履行严格的审批程序

目前，干流已建和在建的水利设施均有比较严格的科学论证，有环境保护和渔业主管部门的环境评估。相关部门应严格落实各项环保措施，并加强对工程运行期的监测，根据监测结果，适时改进相关措施，提高实施相关措施的能力。

根据野外调查所见，区域内几乎全部支流均已在干流开发前就进行了充分开发。对支流开发河段应适时开展后评估，必要的应补报审批手续，增加必要的环保措施。对一些已建但效率较低或已废弃的水利工程设施，应进行全面的整治、拆除，以尽可能恢复水体的原始状态，或开展必要的栖息地修复工作。

二、水利工程建设过程中必要的过鱼设施建设

流域内水利工程建设所建闸坝截断河道后，阻断了鱼类的天然洄游通道，妨碍了新形成的坝上、下游鱼类不同地理种群间的基因交流，应结合工程实际，选择建造适宜本工程特点的过鱼设施，如多种类型的鱼道、集运鱼系统等。在考虑鱼类上行过坝的同时，还应注意解决坝上鱼类下行的问题。

三、栖息地保护和替代生境

就金沙江流域来说，人们对区域内绝大多数鱼类的生物学特性的了解还十分有限，结合工程建设提出的一些补救或减缓环境影响的措施还缺乏必要的验证。在此情况下，栖息地保护应该是所能采取的最好的环保措施。应结合工程建设特点，根据对区域内水生生物的影响程度，科学地划定一些河段作为“栖息地保护”区域。

结合金沙江下游水电开发背景考虑，当金沙江下游干流梯级开发全部完成以后，区域内所有水环境都将转变成受控的河道型水库环境，水流将趋向于均质化，无论是浮游动植物，还是处在食物链相对高端的鱼类，其区系组成都将发生巨大改变。原先适于水流湍急、水温较低、含沙量较高、水体较浑浊等环境的种类，将逐渐减少甚至消失；而一些原本不存在于本区域或一些喜缓流的种类将会出现或种群数量迅速增加，如我们调查所见，在已建成的库区，银鱼、鳌等均很快成为渔获物的主体。金沙江下游干流本身缺乏大型支流容纳原干流内生活的一些重要特有鱼类和经济鱼类，如圆口铜鱼、中华金沙鳅、长薄鳅、裂腹鱼类、白甲鱼、白缘鉠等。因此栖息地保护和替代生境对这些种类就显得更为重要。

关于替代生境方面的相关工作详见第六章，下面就栖息地保护问题提出一些具体意见和建议。

（一）观音岩至乌东德库尾干流江段的保护建议

在金沙江中下游干流（包括雅砻江下游）之间预留一定的栖息地，对于保护其中受水电开发影响的特有鱼类而言十分重要。依据目前的开发情况，金沙江中游最下段的银江水电站和金沙江下游最上段的乌东德水电站建成后，乌东德库区正常蓄水位将与银江坝址基本衔接。但每年 4~7 月乌东德低水位运行时，乌东德库尾与银江坝址之间约有 40km 的流水江段；乌东德大坝建成后，高水位运行时库尾与雅砻江桐子林大坝间有 15km 的天然流水江段，低水位运行时有 55km 的天然流水江段（2014 年《金沙江白鹤滩水电站水生生态影响评价专题报告》）。加上乌东德大坝建成后，库尾洄水区内应该还会有一定河段满足产漂流性卵鱼类如圆口铜鱼等 0.2m/s 的起漂流速要求。根据我们近年在金沙江干流中游鲁地拉水电站库区所做的调查（见下文第七章相关内容），在不足 100km 的区域内（鲁地拉坝址至上游龙开口之间）有圆口铜鱼的繁殖幼鱼。据此分析，乌东德大坝建成后，至少在 4~7 月低水位运行时，库尾江段有可能满足一些喜流水性的鱼类，如圆口铜鱼、长薄鳅、长鳍吻鮈、裸体异鳔鳅鮀等产漂流性卵的需求，以及为达氏鲟、鲈鲤和裂腹鱼亚科的一些种类提供栖息地。建议将该江段作为干流流水性鱼类的关键栖息地予以重点保护，并将该水域设为常年禁捕区，设立标志区界，禁止在该区域进行渔业生产。

（二）支流栖息地优先保护建议

受水电开发建设的影响，特别在金沙江中下游干流，一些重要的土著鱼类的原始生境或栖息地均已受到不利或严重影响，选择一些合适支流作为栖息地保护河段对于干流或区域内土著鱼类的资源保护是非常重要的措施。根据我们连续多年的实地野外调查和相关研究（张雄，2013），金沙江上游段的巴曲（或叫巴塘河，巴塘县）、定曲（得荣县），金沙江干流中游段的水洛河，金沙江下游段的牛栏江部分江段，雅砻江流域木里河部分江段、立曲等，目前鱼类资源状况比较好，河流也基本维持比较原始的生境，建议尽快进一步开展有针对性的研究，评估它们作为栖息地保护河段的可能性。

目前，区域大部分支流基本已先于干流进行了水电开发特别是梯级开发，尤其是金沙江下游，如美姑河、西宁河、西溪河、黑水河、鲹鱼河、龙川江、横江等已建有众多中小型水电站，且多为梯级开发，生境、鱼类区系等已发生了很大变化，土著种大量减少，基本已不具备作为优先保护支流的条件。

四、增殖放流和种质资源库建设

对于较大规模的拦河水电工程，还应考虑建设相应的渔业资源增殖放流站，结合实际选择增殖放流种类，进行科学的增殖放流。

鱼类人工种群的建立及增殖放流是目前保护鱼类物种、增加鱼类种群数量的重要措施之一，在一定程度上可以缓解水利工程对鱼类资源的不利影响（刘建康和曹文宣，1992）。张雄（2013）提出，从技术层面看，苗种繁育技术较为成熟，对于已经形成一定生产规模的种类应优先考虑；对于一些产漂流性卵的鱼类（如圆口铜鱼），还可以捕捞卵苗经培养后放流，间接达到增加种群数量的目的。根据金沙江下游特有鱼类的人工繁殖技术现状和它们的优先保护等级，近期重点放流种类按照优先保护等级排列可分为两组：第一组为达氏鲟，第二组为圆口铜鱼、胭脂鱼、长薄鳅和四川裂腹鱼。对于人工繁殖技术尚不成熟或自然种群数量有待进一步监测的种类，如四川白甲鱼、长鳍吻鮈、圆筒吻鮈、短须裂腹鱼、细鳞裂腹鱼、昆明裂腹鱼、伦氏孟加拉鲮等需提高技术和亲鱼储备水平；远期则根据监测结果，进一步调整放流对象。

另外，可考虑结合增殖放流站建设，建立金沙江流域原生野生鱼类种质资源库，建议在金沙江干流上、中和下游及雅砻江等至少各建一个增殖放流站＋种质资源库，为今后开展资源恢复工作保留后备原生鱼种。

五、制订科学的水库调度方案

流域内所建工程绝大部分为高坝或超高坝，由于水电站的调节作用，坝下流水江段水文情势和理化性质均会发生一系列变化。水位涨落频繁、洪水过程弱化、低温水下泄、气体过饱和等，这些变化都可能影响坝下鱼类生长、发育和繁殖（张雄，2013）。应采取必要的工程措施加以解决。

生态流量和模拟自然过程的水文调度问题也需要重点考虑。鱼离不开水，无水则无鱼，这是浅显直观的道理。各种类型的拦河大坝建设，均应强制下泄从而保证下游水生生物特别是鱼类存活所必需的连续的“生态流量”，还应结合水生生物生存规律，尽可能模拟自然流态过程调度下泄流量。

张雄（2013）在其研究中提出，向家坝 6~11 月的联合调度使得洪峰削弱，对下游需要洪水刺激而产漂流性卵鱼类（如长薄鳅、中华金沙鳅、四大家鱼等）的繁殖活动极为不利；水电站的调度还会使得坝下水位频繁变化，造成黏附在沿岸基质上的鱼类受精卵搁浅死亡；季度和年调节性水库水温存在明显分层，特别是在鱼类繁殖期（4~7 月）低温水下泄会迟滞鱼类的繁殖。结合水库发电、防洪等的调度，合理利用水库的调蓄库容，尽量考虑鱼类生长繁殖需求，科学制定分层取水、泄放生态基流、人造洪峰等水电梯级调度方案十分重要，对区域内土著鱼类的生存具有特别重要的意义。

六、加强渔业资源管理

考虑到流域性的水电开发现实，建议协调区域内渔业渔政主管部门建立联合的渔业渔政管理机构，联合监测、监控区域内鱼类资源变化情况，适时指导、调整相关环保措施的实施、改进等。

电站蓄水后，大量的喜急流性鱼类被迫迁移到库尾流水江段或支流，从而暴露在更强的捕捞压力之下，若不采取严格的渔业管理措施，将对这些鱼类造成毁灭性破坏（曹文宣，2008）。因此，必须健全渔政执法机构，完善渔业法规政策，制定合理的保护措施，如设定保护区、禁渔区、禁渔期、捕捞规格、渔获量等；此外，应严格禁止库区养鱼，养殖外来鱼类如逃逸到自然环境中可能会对土著物种造成严重影响。

同时，加强渔政宣传，特别在少数民族地区宣传教育生物入侵方面的知识，科学放生。

七、加强生态监测

通过对浮游生物、底栖动物、固着类生物、水生维管束植物、鱼类资源和种群动态、鱼类种质与遗传多样性、水域生态健康状况、人工增殖效果等方面的监测，及时反映水电站修建后水生生态变化趋势，为环境保护措施的制定和调整提供科学依据；同时，通过监测还能获取这些鱼类的生物学实验材料，为开展这些鱼类的生物学和生态学研究提供基础资料，进而为鱼类的保护工作提供更加科学的指导。

自然保护区三块石区域

第六章 长江上游珍稀特有鱼类国家级自然保护区在金沙江下游鱼类资源保护中的作用

目前，金沙江下游干流已建或在建的梯级水电站共有 4 座，自上而下分别是乌东德、白鹤滩、溪洛渡和向家坝水电站。4 座水电站首尾相连，向家坝坝址至乌东德库尾的距离约为 741km，占金沙江干流总长度的 32.2%，长江干流总长度 6300km（竺可桢，1981）的 11.8%。可以预计，金沙江下游梯级开发完成后，原本的湍急江流将大大减缓，水文条件如水位、流速、水温、含沙量、浑浊度等都将随之发生巨大改变，极大地影响流域内原有的鱼类区系和分布状况。

在长江大规模水电开发的背景下，为保护长江上游珍稀特有鱼类，国务院办公厅于 2000 年 4 月批准建立“长江合江—雷波段珍稀鱼类国家级自然保护区”（国办发〔2000〕30 号文），后经 2005 年 4 月（国办函〔2005〕29 号文）、2005 年 5 月（环函〔2005〕162 号文）、2011 年 12 月（国办函〔2011〕156 号文）及 2013 年 7 月（环函〔2013〕161 号文）多次调整后，发布了最终的名称、面积、范围和功能区划。保护区现名为“长江上游珍稀特有鱼类国家级自然保护区”，位于金沙江下游向家坝水电站坝中轴线下 1.8km 至地维大桥，长 362.76km，面积为 23 647.59hm^2，涉及的行政区域包括水富县、宜宾县、翠屏区、南溪区、江安县、纳溪区、江阳区、龙马潭区、泸县、合江县、永川区、江津市、九龙坡区、大渡口区等 14 个市区县。保护区岷江河段总长为 90.10km，总面积为 3361.68hm^2，涉及宜宾县、翠屏区 2 个县区；赤水河河段总长为 628.23km，总面积为 4057.10hm^2，涉及威信县、镇雄县、叙永县、毕节市、古蔺县、金沙县、仁怀市、习水县、赤水市 9 个市县；南广河、永宁河、沱江和长宁河的河口区总长为 57.22km，总面积为 647.47hm^2，涉及翠屏区、江安县、纳溪区、江阳区、龙马潭区、长宁县等 6 个区县。主要保护对象为 70 种珍稀特有鱼类，以及大鲵和水獭及其生存的重要生境。保护对象中属珍稀鱼类的有 21 种，其中国家一级重点保护野生动物 2 种、国家二级重点保护野生动物 1 种，列入 IUCN 红色目录的有 3 种，列入《濒危野生动植物种国际贸易公约》（CITES）附录Ⅱ的有 2 种，列入《中国濒危动物红皮书》的有 9 种，列入保护区相关省市保护鱼类名录的有 15 种。

保护区与金沙江下游衔接，又同为山区河流型流水生境。通过比较金沙江下游和长江上游珍稀特有鱼类国家级自然保护区之间鱼类物种多样性的异同，探讨保护区在金沙江下游鱼类物种多样性保护方面可能发挥的替代生境作用。

分析中用到的长江上游珍稀特有鱼类国家级自然保护区内鱼类区系的基础数据来源于《长江上游珍稀特有鱼类国家级自然保护区科学考察报告》（危起伟，2012）。另外，金沙江下游与长江上游珍稀特有鱼类国家级自然保护区范围内都曾有过中华鲟和日本鳗鲡 2 种河海洄游鱼类分布，但考虑到葛洲坝水利枢纽建成后它们在坝上已经绝迹，所以本文不再将其列入分析、讨论之列。

一、金沙江下游鱼类区系组成

分布于金沙江下游的鱼类共计 160 种。除去引入的 22 种，金沙江下游土著鱼类 138 种，隶属于 5 目 15 科 72 属。

从目级水平上看，以鲤形目 Cypriniformes 种类最多，共 109 种，占金沙江下游土著鱼类总种数的 78.99%；鲇形目 Siluriformes 次之，为 23 种，占 16.67%；鲈形目 Perciformes 3 种，占 2.17%；鲟形目 Acipenseriformes 2 种，占 1.45%；合鳃鱼目 Synbranchiformes 1 种，占 0.72%（图 6-1）。

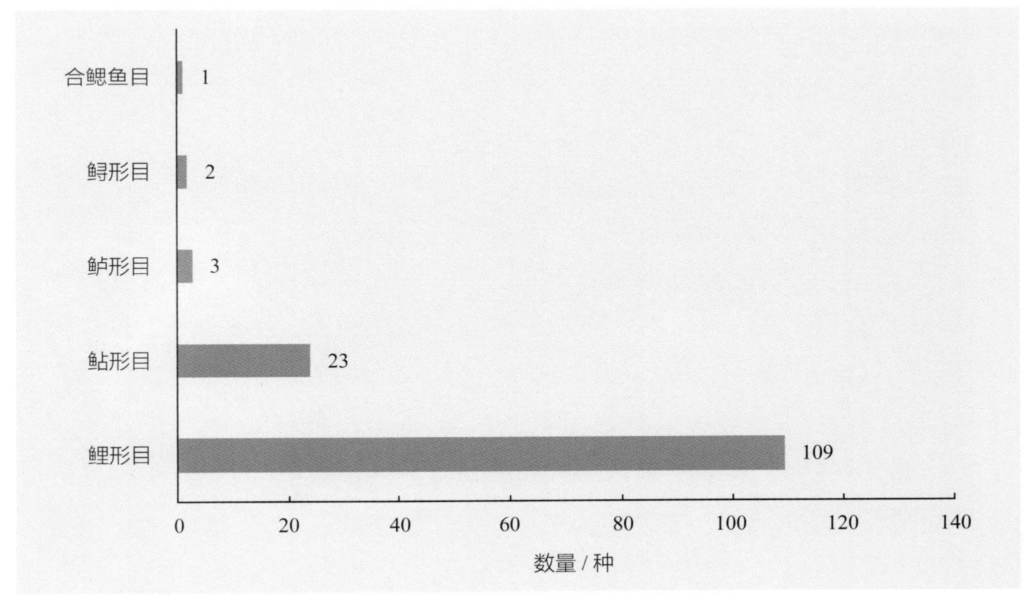

图 6-1　金沙江下游鱼类目级水平组成图示

从科级水平上看，以鲤科 Cyprinidae 种类最多，共 64 种，占金沙江下游土著鱼类总种数的 46.38%；条鳅科 Nemacheilidae 次之，为 20 种，占 14.49%；爬鳅科 Balitoridae 14 种，占 10.14%；鲿科 13 种，占 9.42%；沙鳅科 Botiidae 8 种，占 5.80%；钝头鮠科 Amblycipitidae 5 种，占 3.62%；鲇科 Siluridae 3 种，占 2.17%；花鳅科 Cobitidae、鮡科 Sisoridae 和鮨科 Serranidae（= 鮨鲈科 Percichthyidae）各 2 种，均占 1.45%；鲟科 Acipenseridae、白鲟科 Polyodontidae、胭脂鱼科 Catostomidae、合鳃鱼科 Synbranchidae 和鳢科 Channidae 各 1 种，均占 0.72%（图 6-2）。

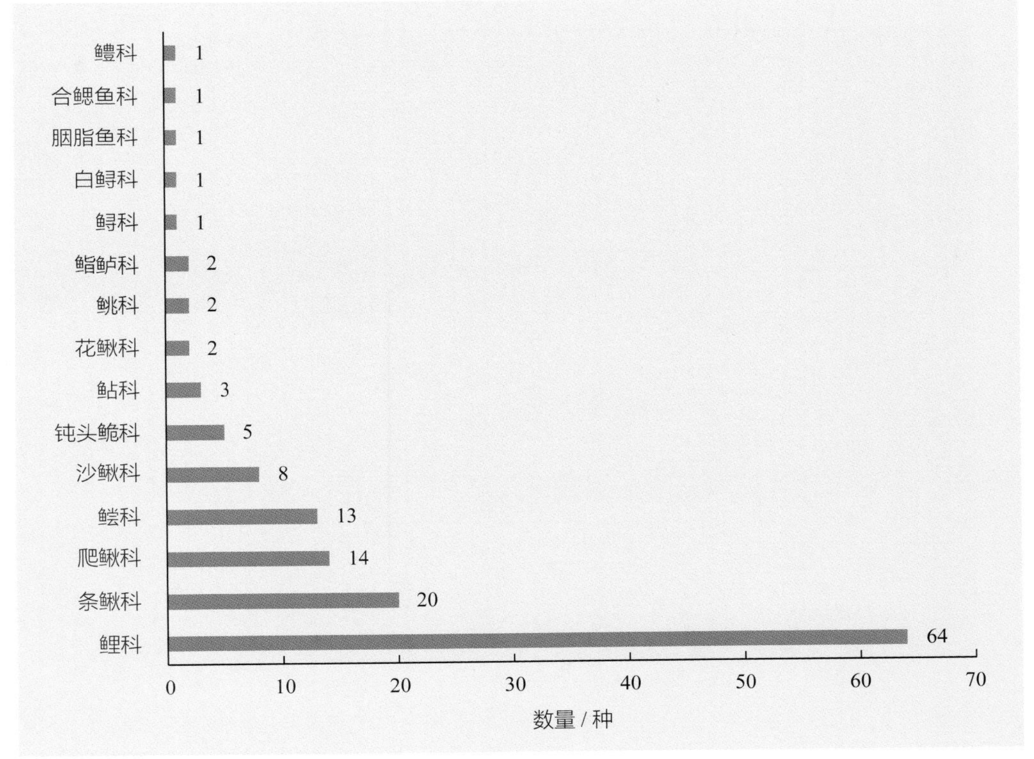

图 6-2　金沙江下游鱼类科级水平组成图示

二、长江上游珍稀特有鱼类国家级自然保护区鱼类区系组成

长江上游珍稀特有鱼类国家级自然保护区内鱼类共计 199 种；去除外来种 5 种，土著种为 194 种，隶属于 8 目 23 科 99 属。从目级水平上看，土著种中以鲤形目 Cypriniformes 种类最多，共 144 种，占保护区土著鱼类总种数的 74.23%；鲇形目 Siluriformes 次之，为 27 种，占 13.92%；鲈形目 Perciformes 13 种，占 6.70%；鲑形目 Salmoniformes 3 种，占 1.55%；鲟形目 Acipenseriformes、鳉形目 Cyprinodontiformes 和合鳃鱼目 Synbranchiformes 各 2 种，均占 1.03%；颌针鱼目 Beloniformes 1 种，占 0.52%（图 6-3）。从科级水平上看，以鲤科 Cyprinidae 种类最多，共 109 种，占保护区土著鱼类总种数的 56.19%；鲿科 Bagridae 次之，为 15 种，占 7.73%；条鳅科 Nemacheilidae 和爬鳅科 Balitoridae 各 11 种，均占 5.67%；沙鳅科 Botiidae 9 种，占 4.64%；鮡科 Sisoridae 6 种，占 3.09%；虾虎鱼科 Gobiidae 5 种，占 2.58%；钝头鮠科 Amblycipitidae 4 种，占 2.06%；花鳅科 Cobitidae、银鱼科 Salangidae 和鮨鲈科 Channidae 各 3 种，均占 1.55%；鲇科 Siluridae、沙塘鳢科 Odontobutidae 和斗鱼科 Belontiidae 各 2 种，均占 1.03%；鲟科 Acipenseridae、白鲟科 Polyodontidae、胭脂鱼科 Catostomidae、大颌鳉科 Adrianichthyidae、胎鳉科 Poeciliidae、颌针鱼科 Belonidae、合鳃鱼科 Synbranchidae、鳢科 Channidae、刺鳅科 Mastacembelidae 各 1 种，均占 0.52%（图 6-4）。

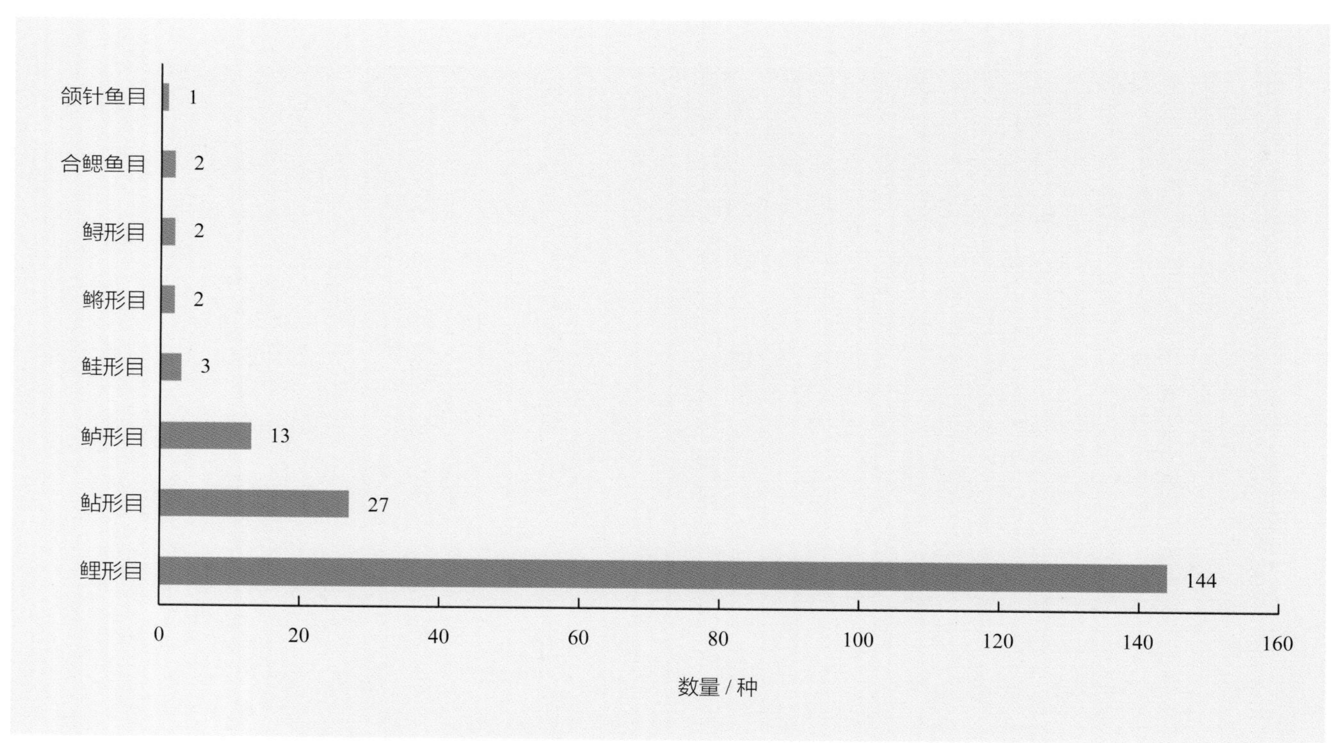

图 6-3　长江上游珍稀特有鱼类国家级自然保护区鱼类目级水平组成图示

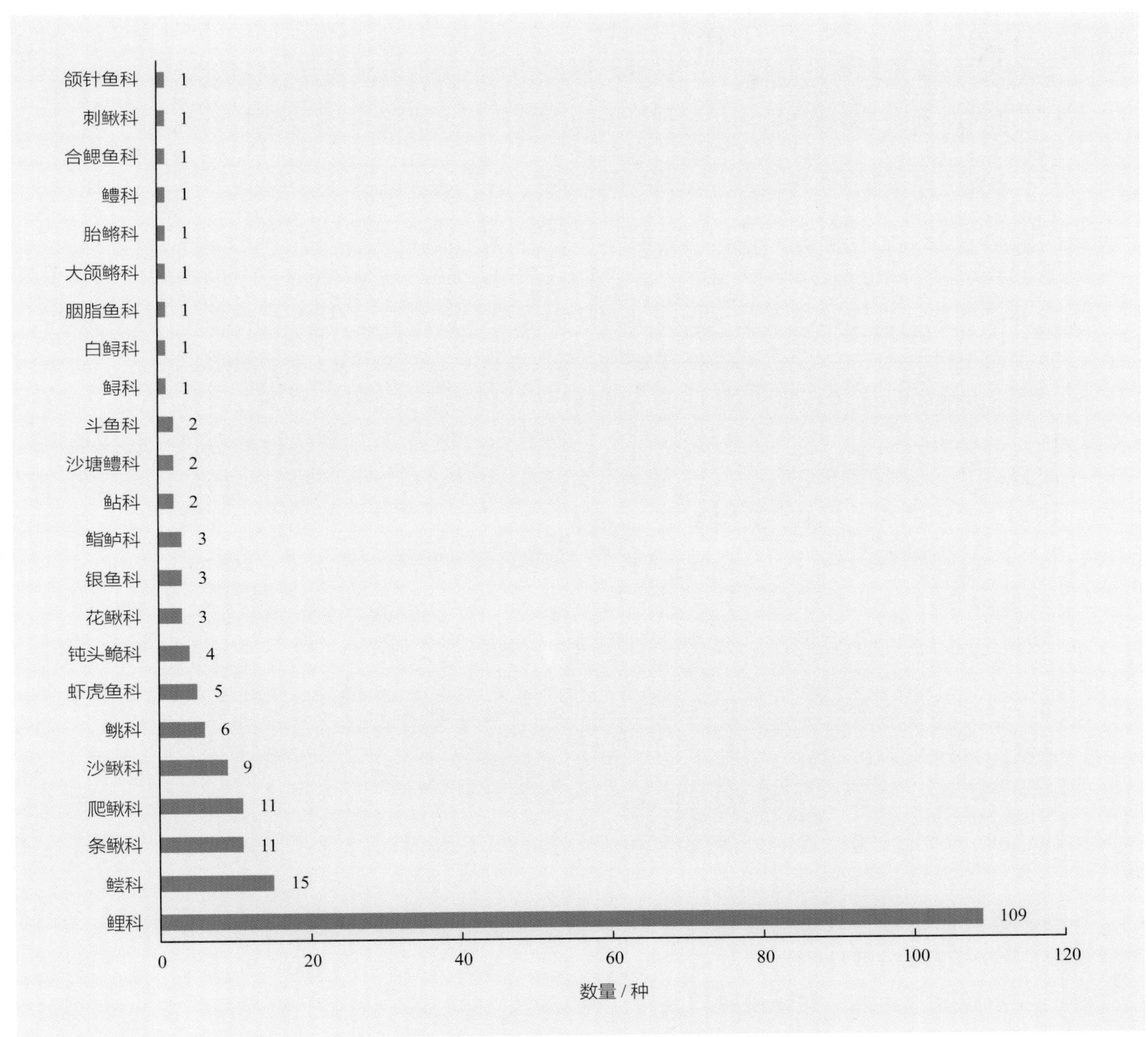

图 6-4　长江上游珍稀特有鱼类国家级自然保护区鱼类科级水平组成图示

三、鱼类组成分析

（一）金沙江下游和长江上游珍稀特有鱼类国家级自然保护区鱼类的共有种分析

通过金沙江流域鱼类名录及分布表分析可以看出，同时分布于金沙江下游和长江上游珍稀特有鱼类国家级自然保护区的土著鱼类共计 104 种，占金沙江下游土著种总数的 75.36%，占长江上游珍稀特有鱼类国家级保护区土著鱼类总种数的53.61%，金沙江下游与长江上游珍稀特有鱼类国家级自然保护区鱼类的种级相同系数为0.58。此外，金沙江下游分布的长江上游珍稀特有种几乎全部在长江上游珍稀特有鱼类国家级自然保护区中有分布，如全部鲟类、胭脂鱼 *Myxocyprinus asiaticus*、裂腹鱼类、铜鱼属 *Coreius*、长薄鳅 *Leptobotia elongata* 等。

（二）金沙江下游和长江上游珍稀特有鱼类国家级自然保护区鱼类组成差异

在金沙江下游自然分布而不见于长江上游珍稀特有鱼类国家级自然保护区的种类为33种，它们中大多数分布于金沙江下游的支流和附属高原湖泊中，且大部分分布范围较局限，如德泽华吸鳅 *Sinogastromyzon dezeensis* 只记录分布在牛栏江（李维贤等，1999）；原鲮 *Protolabeo protolabeo*，目前已知仅分布于以礼河的上游（安莉等，2010）；鲤属 *Cyprinus* 的多数种类仅见于一些附属湖泊；金线鲃属 *Sinocyclocheilus* 仅见于滇池和牛栏江（伍献文，1977；褚新洛和陈银瑞，1989；陈宜瑜等，1998；李维贤等，2003）等；仅分布于滇池的种类有6种（褚新洛和陈银瑞，1989；陈宜瑜等，1998；陈宜瑜，1998；褚新洛等，1999；乐佩琦，2000）。

（三）金沙江下游不同江段鱼类组成差异

根据实地调查并结合历史文献统计分析，金沙江下游不同江段鱼类组成亦有较大差异，大体可以现溪洛渡坝址为界，历史上分布于溪洛渡以下的很多种类未进一步再向上分布。例如，《云南鱼类志》中记载达氏鲟 *Acipenser dabryanus* 曾见于云南绥江，但似无标本实物依据，其他未见有巧家以上江段的分布记录；白鲟 *Psephurus gladius* 的分布记录仅在四川屏山以下江段，宜宾一带曾是其重要的产卵场。吴江和吴明森（1985）对金沙江鱼类的调查结果也显示，鲟类在金沙江只分布于新市镇以下江段。胭脂鱼在金沙江的分布也基本局限在雷波—永善以下江段。历史上，自宜宾向下种群数量开始增多，雷波—永善以上江段似也未曾有过确切的分布记录。目前我们在金沙江下游胭脂鱼的采集记录在巧家牛栏村（属牛栏江水系），疑为近年不科学增殖放流的结果。

（四）金沙江下游干流、支流鱼类组成差异

通过对鱼类分布信息的整理分析，我们注意到，鲟类、胭脂鱼、圆口铜鱼、长鳍吻鮈、长薄鳅、中华金沙鳅等几乎仅在或主要在干流活动，完全不在或很少在支流出现；金线鲃属、云南鳅属、虾虎鱼类、大部分爬鳅类、一些小型鮈亚科种类等则很少出现在干流。

干流、支流鱼类区系组成上存在差异，应与干流、支流水环境的不同有关。干流水量大，水流湍急，可容纳体形较大的适于急流生活的种类；支流特别是很多支流的上游，通常水量小，水质清澈，适于一些山溪鱼类的生存。

四、保护区对金沙江下游鱼类物种多样性的保护作用

从我们的研究结果可以看出，金沙江下游自然分布的土著鱼类中，80% 以上在长江上游珍稀特有鱼类国家级自然保护区中有分布；张雄（2013）在其研究中提出了“优先保护物种”的概念，认为长薄鳅、岩原鲤、厚颌鲂等一些优先保护对象可以在保护区内的赤水河中产卵繁殖，鲈鲤、裂腹鱼属的某些优先保护种类也能在赤水河上游溪流中得到一定的保护，达氏鲟作为一种重要的优先保护物种也可在保护区内川江中栖息繁殖。保护区未能包含的一些种类，如白鱼属、金线鲃类、很多鳅类等多数分布于金沙江下游的支流或其附属湖泊，干流大坝的建设会引起区域内支流下游及汇入干流的汇口处河段环境产生较明显的变化，但对支流中上游水环境的影响有限，仅 / 或主要生活在支流里的鱼类面临的由水电建设引起的环境威胁也会相对减小。因此，在金沙江下游水电开发过程中，长江上游珍稀特有鱼类国家级自然保护区可发挥重要替代生境的作用，在保护工作中应予以重点关注。

目前，金沙江下游水电开发已接近尾声，长江上游珍稀特有鱼类国家级自然保护区的建设也已基本完成，但保护区软件、硬件条件还不够完善，保护区内人类活动频繁，根据现场调查所见，保护区内还存在专业渔民捕捞作业，非法电鱼的现象时常可见，这些均影响了保护区的保护效果。曹文宣（2008）、张雄（2013）等都曾建议加强对长江上游珍稀特有鱼类国家级自然保护区的管理，实施渔民转业转产，限制保护区内的开发建设，加强巡视和管护等。因此，进一步加强保护区的建设，进一步提高管理水平，可以更好地为众多优先保护对象提供健康的生存环境。

金沙江下游干流元谋江段
（圆口铜鱼及中华金沙鳅等激流鱼类主要生活江段）

第七章 圆口铜鱼分布、资源变化及其保育问题探讨

圆口铜鱼 *Coreius guichenoti* 是一种主要分布在长江上游、金沙江中下游及支流雅砻江的长江中上游特有鱼类。20 世纪 90 年代以前，圆口铜鱼在金沙江下游是当地渔业的主要捕捞对象，约占该区域渔获量的 50% 以上；在长江上游的渔获物中也占据首位。长江三峡工程生态与环境监测系统的监测数据表明，1997 年以后，在自然河道形态保持较好的雷波和合江江段圆口铜鱼的产量通常占渔获物的 30% 以上；1997~2009 年的监测结果也表明，圆口铜鱼在宜宾—宜昌江段所采获的所有特有鱼类中，其数量占绝对优势，仍为该区域重要的特有种类。

圆口铜鱼作为长江中上游最具代表性的产漂流性卵的特有鱼类，目前其种群在该区域的维持严重依赖于金沙江中下游的补充群体。然而，随着人类对长江流域资源开发的进一步加强，圆口铜鱼也不可避免地面临由干流梯级水电站所引起的洄游通道阻隔及其生境改变、破碎化、过度捕捞、水域污染、航运干扰等诸多区域内其他水生生物所共同面临的问题。特别是拦河设施所导致的栖息地面积的日益缩小、生境的相互隔离，不仅阻隔了长江中游圆口铜鱼对金沙江繁殖群体进行补充的通道，而且对顺流而下的圆口铜鱼幼鱼产生了阻隔作用。

目前，由于金沙江中游金安桥水电站已并网发电，鲁地拉水电站也于 2009 年 1 月截流，金沙江下游向家坝、溪洛渡水电站相继蓄水发电，一系列水电站建设使得原有的激流环境被快速彻底地改变，对金沙江中下游原有的水生生态系统产生了极大影响，严重影响了原始的鱼类区系。对圆口铜鱼在金沙江分布的历史和现状，以及生境的调查研究，可为水生生境变化条件下未来圆口铜鱼资源的保护和恢复提供第一手资料，为未来制定保护措施、减免不利影响作技术准备。

为此，结合对金沙江流域鱼类资源的调查，我们还专门就圆口铜鱼的保育开展了专题研究。野外调查期间，除了广泛的资源、生境等调查外，还对圆口铜鱼部分样本进行了实地解剖（图 7-1，图 7-2），以了解其性腺发育状况等，进而对其产卵场进行初步判断。同时，还走访了大量当地渔民、鱼市场等（图 7-3），了解圆口铜鱼资源的历史状况和资源变动现状等。

除了对野外实地调查采集所获标本的分布信息进行整理外，我们还对金沙江下游目前已正式发表的、有确切分布记录的鱼类信息进行了全面收集。此外，还对国内主要研究单位保藏的圆口

图 7-1　圆口铜鱼现场解剖

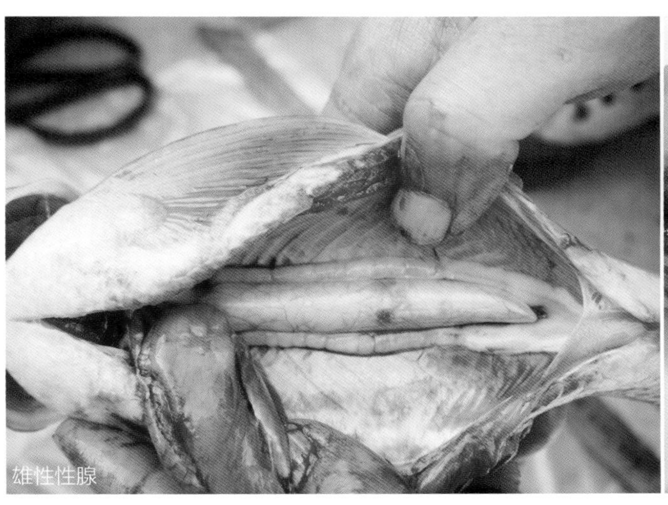

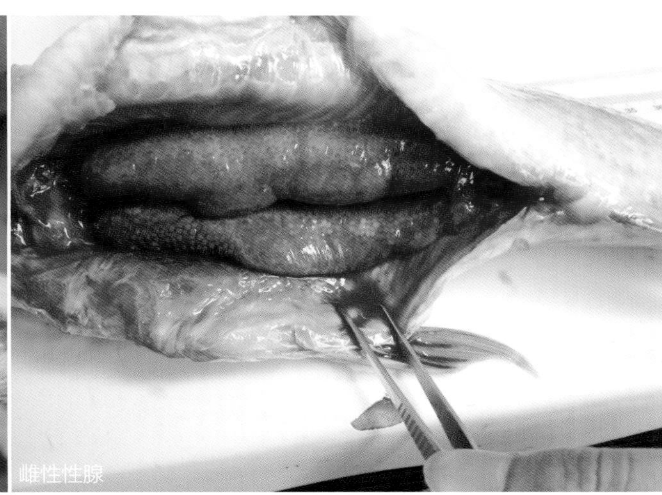

图 7-2　圆口铜鱼性腺

图 7-3　对当地渔民进行调查访问

铜鱼历史标本进行了检视和测量（标本保藏单位见表 7-1）。

表 7-1 检视过圆口铜鱼标本的单位

序号	研究单位	序号	研究单位
1	中国科学院动物研究所	8	湖南省水产科学研究所
2	中国科学院水生生物研究所	9	四川省农业科学院水产研究所
3	中国科学院昆明动物研究所	10	四川省资源环境研究所
4	水利部中国科学院水工程生态研究所	11	陕西省动物研究所
5	中国水产科学研究院长江水产研究所	12	西南大学
6	中国长江三峡集团有限公司中华鲟研究所	13	四川大学
7	湖北省水产科学研究所	14	四川农业大学

一、圆口铜鱼的分类及形态

圆口铜鱼 *Coreius guichenoti*（Sauvage *et* Dabry de Thiersant，1874）（图 7-4）隶属于鲤形目 Cypriniformes 鲤科 Cyprinidae鮈亚科 Gobioninae。铜鱼属为我国所特有，已知包括 3 种，其中圆口铜鱼为长江中上游特有种，其基本生物学特征见各论“58. 圆口铜鱼”部分。

图 7-4 圆口铜鱼 *Coreius guichenoti*

二、基本生物学特性

1. 食性

圆口铜鱼的食物种类包括贝类（淡水壳菜和螺类）、甲壳类（虾和蟹类）、鱼类、水生昆虫成虫或幼虫（石蚕、石蝇、春蜓）、寡毛类（水蚯蚓）、植物碎片（如白菜叶、辣椒片、花生壳和谷壳等）。贝类是圆口铜鱼最重要的饵料类群，淡水壳菜的出现率、数量百分比、重量百分比和相对重要性指数无论是春季、夏季还是秋季均最高，但是其相对优势度有随着季节变化逐步降低的趋势。其次蟹类的相对优势度也较高，鱼类仅在个别季节出现，石蚕和石蝇等水生昆虫在夏季和秋季明显降低，植物碎片和食糜在各季节的出现率和重量百分比均较高。总体而言，圆口铜鱼的食谱较广，其食物中既有动物性成分又有植物性成分，但以动物性成分的比例为高，故认为圆口铜鱼是以肉食性为主的杂食性鱼类，并且其食物组成随季节不同有一定的变化（刘飞等，2012）。

2. 年龄

已有研究显示，对 2006~2007 年采自宜昌江段的圆口铜鱼种群进行年龄调查，根据鳞片年轮得出的结果显示，圆口铜鱼渔获物由 1~5 个年龄段组成，其中优势年龄组为 1~2 龄，占鉴定年龄个体总数的 89.55%，3 龄以上个体数量很少，仅占总尾数的 10.45%（杨志等，2011）。其他研究则显示，圆口铜鱼渔获物种群由 2~7 龄组成，且以 2~3 龄为主，占个体总数的 76.26%，4~7 龄鱼所占比例不足 1/4（周灿等，2010）。虽然两组研究数据略有差异，但都反映出目前高龄鱼数量所占比例偏少，达到繁殖年龄段的个体不足，也反映出捕捞压力的持续增加。依据我们多年的实地调查，也很少采集到体重超过 500g 的个体。

3. 生长

根据杨志等（2011）的研究结果，圆口铜鱼体重（W）与体长（L）呈幂指数关系，$W=0.000\,02L^{2.9942}$；体长 von Bertalanfy 生长方程为 $L_t=730.15\times[1-e^{-0.12\times(t+1.01)}]$；体重生长方程为 $W_t=7493.05\times[1-e^{-0.12\times(t+1.01)}]^{2.9942}$；其生长拐点为 8.13 龄。不同研究可能在具体数据上会有所差异，但显示出来的生长趋势基本上是一致的（周灿等，2010）。圆口铜鱼体长生长 3 龄前为快速期，之后生长减缓。

4. 繁殖和早期发育

圆口铜鱼雌性性成熟时体长为 345~530mm，最小性成熟体长为 345mm，体重为 575g。雄性性成熟时体长为 330~400mm，最小性成熟个体体长为 330mm，体重为 540g（四川省长江水产资源调查组——四川大学、四川农学院小组，1979）。

圆口铜鱼性成熟的年龄是 2~3 龄，金沙江朵美地区一般性成熟较早，多为 2 龄，屏山地区则有 2 龄或 3 龄性成熟的（四川省长江水产资源调查组——四川大学、四川农学院小组，1979）。

圆口铜鱼雌鱼怀卵量为 13 000~40 300 粒，相对怀卵量为 12.2~46.0 粒，成熟卵径为 1.8~2.5mm，吸水后卵膜径为 5.1~7.8mm，卵膜较厚。水温在 22~24℃时，受精卵 50~55h 即可孵出。出膜时胚胎全长为 6.2mm，肛门未贯通，肌节 50 对，卵黄囊很大，呈圆球形，居维氏管和尾下静脉不明显。全长 7.0mm 时，出现胸鳍原基；全长 8.7mm 时，出现鳔雏形；全长 9.0mm 时，鳔 1 室，存在卵黄囊残余；全长 9.8mm 时，出现鳔前室，卵黄吸尽，可开口取食，进入仔鱼期；全长 15.1mm 时，腹鳍形成，颌须出现，进入稚鱼期；全长 47.8mm 时，进入幼鱼期（曹文宣等，2007）。

5. 习性

（1）栖居习性

圆口铜鱼喜流水，游泳能力强，常见渔民用流刺网在江心激流河道捕捞该鱼（见书后图版）。

也有报道成鱼喜生活在干流急流洄水深沱中，喜集群，平时喜在流水河滩处觅食。

（2）繁殖习性

产卵期在4月下旬至7月上旬，产卵场通常水流湍急，流态复杂（曹文宣等，2007）。产漂流性卵（其性质介于浮性卵和沉性卵之间），其受精卵密度略大于水，卵膜吸水后膨胀，在水流的外力作用下，悬浮在水层中顺水漂流，在漂流过程中，受精卵逐步发育，孵出仔鱼。孵化出的早期仔鱼，仍然要顺水漂流，直至仔鱼具有游泳能力，在浅水或缓流处停留。这种繁殖对策既可以避免被捕食者吞食的危险，也可为即将孵出的仔鱼提供更为广阔的育幼场所，提高其饵料的保障程度。

（3）洄游习性

圆口铜鱼的产卵场与仔鱼、稚鱼的索饵场距离较远，为完成生活史，需要进行较长距离的洄游。产卵场通常位于水流湍急的宽谷河段，繁殖期性成熟的亲鱼沿江上溯，到达产卵场后，遇合适的水文条件，即开始繁殖。受精卵随水向下漂流，并在漂流过程中逐渐完成胚胎发育过程。孵出的仔鱼往往散布在较为广阔、饵料相对较多的下游河段。仔鱼生长发育成熟后，再上溯完成新一轮的繁殖过程。

三、种群遗传特性

对132尾采自宜宾至忠县的圆口铜鱼线粒体DNA（mtDNA）D-loop序列的研究，共检出18个多态性位点，28种单倍型，平均单倍型多样性指数和核苷酸多样性指数分别为0.902和0.004 24。分子变异分析（AMOVA）结果提示，圆口铜鱼有99.17%的遗传变异发生于群体内部。选用的9个微卫星标记在圆口铜鱼群体中共检测到48个等位基因，群体平均观测杂合度为0.631~0.753，平均期望杂合度为0.598~0.728，平均多态信息含量为0.548~0.670，表明圆口铜鱼遗传多样性较高，但还没有种群分化（袁希平等，2008）。对宜宾江段圆口铜鱼的微卫星分析也发现该群体的遗传多样性较为丰富（徐树英等，2007）。更多圆口铜鱼种群参与的微卫星研究同样表明圆口铜鱼种群遗传多样性高，而且大坝有加速这一鱼类种群分化的趋势（Zhang and Tan，2010）。

四、基本分布信息

1. 分布范围

关于圆口铜鱼的分布问题，我们查阅了大量相关文献资料，并检视了相关大学和研究单位的圆口铜鱼标本（西南大学、四川大学、中国科学院水生生物研究所、湖南水产科学研究所、四川省农业科学院水产研究所等）。近年来，我们还对圆口铜鱼的分布进行了大量实地调查。结合上述工作，对圆口铜鱼的分布问题有以下认识。

圆口铜鱼为我国特有种，仅见于我国长江中上游干流、雅砻江下游和其他少数大的一级支流干流下游。

就干流分布的问题，圆口铜鱼主要分布区应在宜昌以上，我们于2012年在云南丽江树底江段（金安桥大坝以上）采集到1尾体长10cm左右的幼体，这应该是圆口铜鱼已知的最上分布记录（不会再上越过虎跳峡）。最下分布记录可达武昌（陈宜瑜等，1998）。就个体大小来说，宜昌以上分布的，大小个体均有；根据我们对各相关单位馆藏标本的检视和多年的实地调查，宜昌以下分布的基本上为 200~300g 甚至更小的个体。

关于支流分布的问题，如雅砻江、岷江、沱江、嘉陵江、赤水河、乌江甚至汉江等均有其分布报道。

1）依资料和实地调查，相关支流中仅雅砻江下游向上很长一段江段内有圆口铜鱼分布并有自然繁殖种群。

2）我们检视过中国科学院水生生物研究所、陕西省动物研究所等单位的馆藏标本，未见有汉江的标本记录。

3）依据我们在赤水河下游距离汇入长江汇口不远（20~30km）的合江县先市镇的实地调查采集，渔获物中未见圆口铜鱼，拿着圆口铜鱼实物标本询问当地渔民，无论年纪如何均不认识此鱼，反映出圆口铜鱼在赤水河至少不会分布到先市镇以上河段。

其他如沱江、岷江、嘉陵江等，通过分析相关研究报道也可间接看出，圆口铜鱼仅在短时间内会少量出现在这些河流下游近汇入长江的汇口河段。

上述调查分析反映出，圆口铜鱼应为典型的适应长江中上游干流并以上游干流为主的急流环境生活的鱼类（图 7-5）。

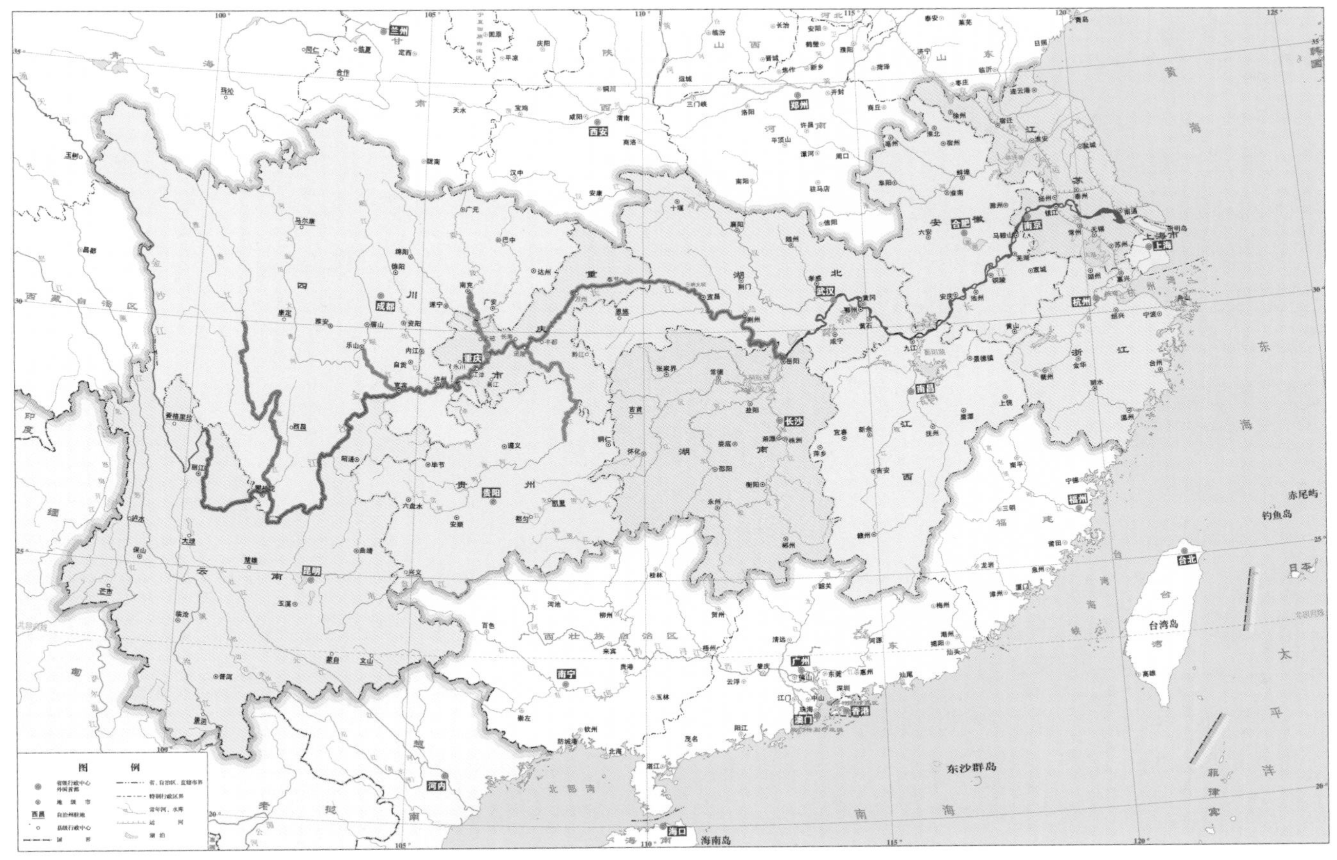

图 7-5　圆口铜鱼的分布（红色示性成熟个体主要分布区，绿色示仔稚鱼的主要分布区）

圆口铜鱼大致分布范围统计见表 7-2。

表 7-2 圆口铜鱼分布范围调查信息

江段或支流	分布范围	数据来源
金沙江及长江干流	树底（虎跳峡以下）—沙市（成熟个体主要在屏山以上）	野外实地调查及《云南鱼类志》《四川鱼类志》《四川两种铜鱼的调查报告》等
雅砻江	四川冕宁县和爱乡—攀枝花	野外实地调查及文献
岷江	乐山（极少）—宜宾	《四川鱼类志》
嘉陵江	南充（极少）—重庆	《四川鱼类志》《嘉陵江水系鱼类资源调查报告》
乌江	思南—涪陵	《四川鱼类志》《中国鲤科鱼类志（下卷）》

2. 关于圆口铜鱼分布的一些说明

《四川两种铜鱼的调查报告》（四川省长江水产资源调查组——四川大学、四川农学院小组，1979）曾经明确指出，圆口铜鱼成鱼主要分布在屏山以上，至鹤庆县朵美附近，屏山以下至宜宾柏树溪江段也有成鱼分布，但数量甚少。

圆口铜鱼幼鱼主要分布在成鱼分布区以下江段，100mm 以下的幼鱼从屏山到三峡沿江均有发现，岷江也有，屏山以上则缺少。体长 150mm（1 冬龄）以上的幼鱼分布略靠上游，但在云南朵美地区历史上没有发现过 400g 以下的未性成熟个体。湖北沙市曾经采到过圆口铜鱼的幼鱼，但幼鱼群体主要分布在宜昌以上（四川省长江水产资源调查组——四川大学、四川农学院小组，1979）。

岷江、嘉陵江、乌江等均有圆口铜鱼的分布记录（丁瑞华，1994）。岷江圆口铜鱼主要是每年小满（5 月 20~22 日）前后进入该江，通常上溯不超过乐山，7 月后则逐步由岷江下退到长江，9 月后在岷江少有发现，且在岷江从未发现过圆口铜鱼成鱼，更无产卵场（四川省长江水产资源调查组——四川大学、四川农学院小组，1979）。其他支流的情况也很类似。

依据我们于 2012 年在云南丽江树底（金安桥大坝以上）采集到的 1 尾体长 10cm 左右的幼体，这应该是目前圆口铜鱼最上的分布记录。

3. 产卵场分布

(1) 2000 年以前的历史记录

圆口铜鱼的产卵场分布在金沙江，屏山以上至朵美附近均有记录。主要产卵场如拉鲊附近老鸦滩、屏山沿江的二龙到冒水一带全长约 30km 的江段（干田坝、甘溪坝、石灰窑、邓鸡塘）（湖北省水生生物研究所鱼类研究室，1976；四川省长江水产资源调查组——四川大学、四川农学院小组，1979；刘乐河等，1990）。

(2) 近年通过早期鱼类监测显示的产卵场

2006~2007 年，水利部中国科学院水工程生态研究所、中国科学院水生生物研究所等在攀枝花、巧家和水富等多处设置了固定采样监测点，进行了鱼类早期资源监测；水利部中国科学院水工程生态研究所于 2008 年在中江街—攀枝花江段、巧家和水富等地进行连续监测，2011 年又在金阳县对坪镇观测点进行鱼类早期资源跟踪监测。根据捕获的受精卵或幼苗发育阶段进行推算，得出圆口铜鱼产卵场的推测结果（表 7-3）。

表 7-3　金沙江中下游圆口铜鱼推算产卵场（《金沙江白鹤滩水电站水生生态影响评价专题报告》，2014 年）

序号	名称	范围	江段长度 /km
1	金安桥	丽江市涛源乡—金江白族乡	30
2	朵美	朵美乡—涛源乡	15
3	观音岩	华坪县江边—观音岩	27
4	皎平渡	会理县通安镇—禄劝县皎西乡	20.5
5	会东*	会东县新田乡—龙树乡	12
6	溪洛渡	雷波县曲依乡—溪洛渡	20
7	新市镇	南岸嘴—新市镇	12
8	屏山	屏山—新滩	14
9	向家坝	向家坝—云富镇	5

* 会东产卵场 2007 年监测圆口铜鱼卵粒占白鹤滩采样断面的 2.32%，2008 年监测显示无

圆口铜鱼产卵场主要有金安桥产卵场（丽江市涛源乡至金安桥）、观音岩产卵场（华坪县江边至观音岩）、皎平渡产卵场（四川省会理县通安镇至云南省禄劝县皎西乡）等，新市镇至向家坝江段只有零星分布；2006 年的监测显示，溪洛渡以上江段产卵比例占 95.33%（《金沙江白鹤滩水电站水生生态影响评价专题报告》，2014 年）。

同历史记录相比，圆口铜鱼的产卵场有很大的变化。历史上，圆口铜鱼的产卵场主要分布在金沙江四川省屏山县以上至云南省鹤庆县朵美之间的江段，而在屏山以下的长江江段无圆口铜鱼产卵场分布。最新的监测显示，在屏山以下及溪洛渡都有规模不大的产卵场存在。另外，在溪洛渡截流前后，圆口铜鱼规模最大的产卵场向上移动了约 200km（图 7-6）（唐会元等，2012）。2007~2010 年，在鲁地拉大坝（位于皮厂与金安桥之间）上游，离鲁地拉大坝坝址较远的金安桥、朵美的圆口铜鱼产卵场位置没有发生变化，应该是比较稳定的产卵场（图 7-6）。

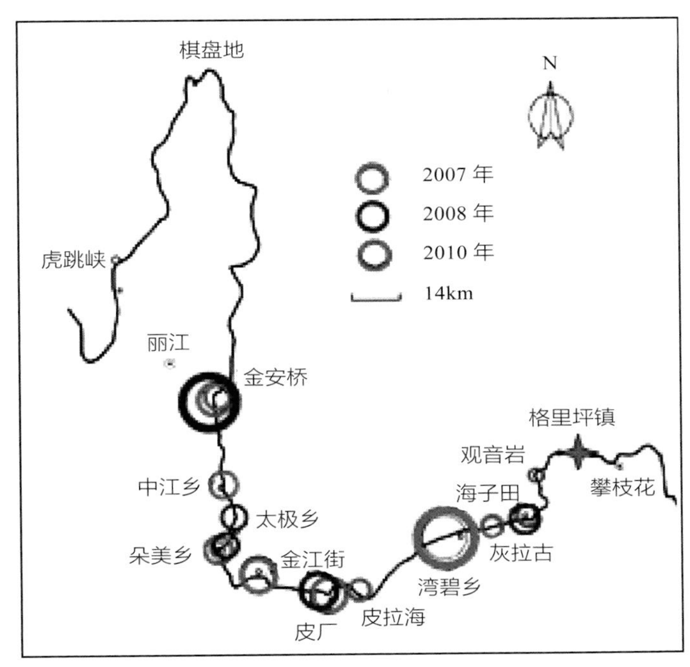

图 7-6　金沙江中游圆口铜鱼产卵场示意图（圆圈大小：适宜产卵场规模，引自唐会元等，2012）

圆口铜鱼在金沙江中游的产卵场在维系种群延续中有重要的意义。依据水富、攀

枝花鱼类早期资源监测结果，2008 年圆口铜鱼繁殖量为 2.12×10^8 粒，金沙江中游繁殖量为 13 840.90 万粒，占金沙江的 75.09%，下游繁殖量为 7337.97 万粒，占金沙江的 24.91%。

对雅砻江圆口铜鱼早期资源调查研究表明，在二滩水库形成前，雅砻江圆口铜鱼产卵场主要位于红壁滩（二滩大坝以上 15km 处）及其附近江段，二滩水库形成后，原有的产卵场被淹没，2007 年现场监测其产卵场已上移至金河乡至和爱乡之间，规模最大的产卵场位于距二滩大坝以上约 165km 处（官地水电站附近），其他产卵场分别位于二滩大坝以上 197km、221km 和 273km 处（图 7-7）。

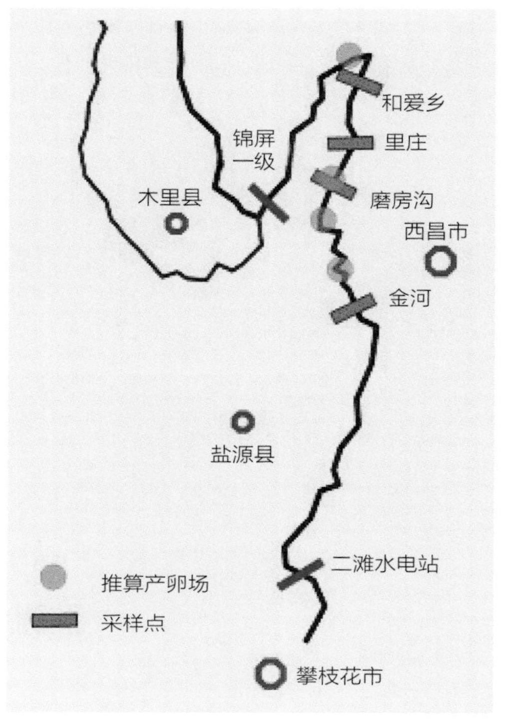

图 7-7 雅砻江下游圆口铜鱼产卵场分布

五、致危因素

1. 大型水利工程的影响

（1）原有急流生境发生迅速变化

圆口铜鱼是适应急流生活的鱼类，这是在长期演化与适应过程中逐步固定下来的生物学特性，表现在食性、运动、洄游、产卵、孵化等各个方面。金沙江中下游连续的水电梯级开发，将在短时间内大规模改变金沙江干流的河流形态，未来将形成连续的河道型水库，原始的急流水环境将逐步被缓流甚至静水所替代，适宜圆口铜鱼生活的生境将会大面积萎缩。这是威胁圆口铜鱼生存的最主要原因。

多年来的调查研究表明，圆口铜鱼在金沙江的产卵场主要以中游为主。随着金安桥、龙开口、鲁地拉、观音岩等水电站的相继建设并投入运营，已知的金沙江中游圆口铜鱼的产卵场已被或正在被淹没。可以预期，未来圆口铜鱼的种群规模将会加速萎缩。

（2）大坝的阻隔作用

大坝产生的阻隔，阻断了圆口铜鱼自然繁殖洄游的路线。一方面使得在下游育肥成长的个体难以回到金沙江中下游的产卵场；另一方面水轮机和巨大的下泄跌水也成为完成繁殖的亲鱼、受精卵及孵化后下行的幼鱼等的巨大威胁。

此外，对于梯级水电开发工程，原先生活在连续生态系统中的圆口铜鱼种群，在生境岛屿化之后会产生一系列的生态效应，种群间得不到有效的交流，种群的遗传多样性降低。对于圆口铜鱼种群遗传多样性的研究表明，圆口铜鱼表现出较高的遗传多样性水平，还没有出现种群遗传分化（袁希平等，2008），目前长江圆口铜鱼仍可视为同一种群。但是受到已建大坝的影响，已经呈现种群裂化的趋势（Zhang and Tan，2010）。

2. 酷渔滥捕

酷渔滥捕是导致圆口铜鱼种群数量急剧下降的另一原因。历史上，圆口铜鱼曾是长江上游最重要的经济鱼类，在某些地方，圆口铜鱼曾占渔获物的 30%。然而随着捕捞工具和技术的提高、机动渔船的广泛应用，圆口铜鱼资源受到不断提高的捕捞压力的严重威胁，种群数量迅速下降，在金沙江大规模水电开发开始之前的21世纪初，圆口铜鱼的种群数量已经下降到一个很低的水平，圆口铜鱼的开发率和捕捞死亡系数均远远大于圆口铜鱼最大允许的开发率和捕捞标准的基准尺度（表7-4），圆口铜鱼已经处于严重过度捕捞的情况（杨志等，2009）。

表 **7-4** 重庆、合江段圆口铜鱼 **1998~2007** 年死亡率、开发率统计（杨志等，2009）

年份	总死亡率	捕捞死亡系数	捕捞死亡率	自然死亡率	开发率	采集地点
1998	0.61	0.67	0.44	0.18	0.71	合江江段
1999	0.83	1.48	0.70	0.13	0.84	
2000	0.75	1.12	0.61	0.15	0.80	
2001	0.76	1.15	0.61	0.15	0.81	
2002	0.77	1.21	0.63	0.14	0.82	
2003	0.78	1.25	0.64	0.14	0.82	
2004	0.85	1.62	0.73	0.12	0.85	
2005	0.54	0.49	0.34	0.19	0.64	
2006	0.82	1.44	0.69	0.13	0.84	重庆江段
2007	0.92	2.28	0.82	0.10	0.89	

六、资源现状与变动

1. 圆口铜鱼历史资源情况

20世纪70年代，长江上游干流江段主要以铜鱼、圆口铜鱼、达氏鲟、鲇、南方鲇、鲤、长吻鮠、草鱼和岩原鲤等鱼类为主要渔获对象（四川省长江水产资源调查组，1975）。20世纪80年代以来，长江上游渔业资源严重衰退，特别是一些大、中型鱼类资源下降显著，随着鲇、南方鲇、鲤和岩原鲤等渔获数量的下降，圆口铜鱼在渔获物中的比例相对上升，成为长江上游干流江段的主要优势种（长江水系渔业资源调查协作组，1990）。

2. 圆口铜鱼资源现状

根据2007~2009年对江津和宜宾江段的渔业捕捞情况和渔获物组成的调查，基于单位捕捞努力量进行的宽松统计和估算显示，2007~2009年江津江段圆口铜鱼年渔获量分别约为5.7万尾、9.8万尾和10.1万尾，宜宾江段圆口铜鱼年渔获量分别约为6.6万尾、1.7万尾和3.3万尾（表7-5），反映出长江上游圆口铜鱼资源量具有明显的时空变化特征，江津江段圆口铜鱼年均资源量大于宜宾江段（熊飞等，2014）。

研究表明，长江上游圆口铜鱼资源量分布具有明显的时空变化特征。在空间上，江津江段年均资源量为 52 213 尾 /km 或 8.88t/km，宜宾江段的年均资源量为 19 129 尾 /km 或 2.63t/km，江津江段圆口铜鱼年均资源量约为宜宾江段的 3.4 倍。在时间上，2007~2009 年，宜宾江段圆口铜鱼资源量呈下降趋势，而江津江段圆口铜鱼资源量呈急剧上升趋势，这可能与三峡水库的蓄水有关。受到三峡工程影响，适应流水性环境的圆口铜鱼逐渐从三峡库区江段迁移到库尾以上的江津江段，导致江津江段圆口铜鱼资源量增加。三峡水库蓄水对圆口铜鱼资源量的影响也体现在葛洲坝下的宜昌江段，1997~2001 年葛洲坝坝下江段圆口铜鱼资源量约为 35 824 尾 /km（虞功亮等，2002），随着三峡水库的蓄水，圆口铜鱼资源量表现出下降趋势，2010 年三峡水库蓄水 175m 以后，圆口铜鱼在宜昌江段已少见（罗佳等，2013）。

表 7-5 2007~2009 年对江津和宜宾江段圆口铜鱼年渔获量和年资源量估算（熊飞等，2014）

年份	江津		宜宾	
	年渔获量 / 尾	年资源量 /t	年渔获量 / 尾	年资源量 /t
2007	56 932	25.33	66 099	60.18
2008	98 323	129.72	16 952	43.11
2009	100 620	244.48	32 812	15.14

金沙江圆口铜鱼繁殖种群目前呈现出非常严重的下降趋势。依据现有资料，体重在 0.99~1.83kg 的圆口铜鱼雌鱼的绝对怀卵量为 1.1 万 ~4.9 万粒，平均为 3 万粒 / 尾，圆口铜鱼的性比基本接近 1 ： 1。2006 年在水富进行的早期资源观察，估算在繁殖期间圆口铜鱼受精卵的规模为 118 711.17 万粒，因此当年水富以上参与繁殖的圆口铜鱼亲鱼（雌雄）规模应该在 8 万尾左右。而 2008 年同一地点的数据显示，参与繁殖的亲鱼数量已经不到 1.5 万尾，3 年间下降了 80% 以上。日均产卵规模也从估测的约 3000 万粒下降到 850 万粒左右，种群不能得到有效的补充。

其他研究也显示出相似的趋势。例如，2006~2010 年，金沙江中游圆口铜鱼早期资源量呈明显下降的趋势，2010 年的卵苗总量相比 2006 年下降了 94.1%（图 7-8）。

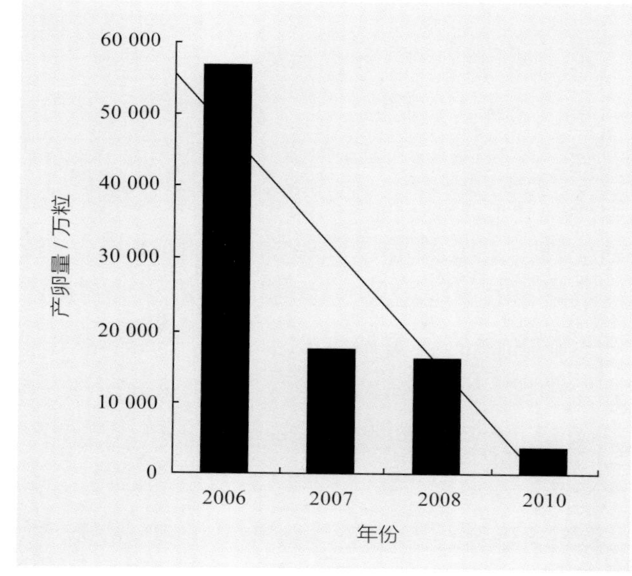

图 7-8 2006~2010 年金沙江中游圆口铜鱼早期资源量对比（唐会元等，2012）

另外，从我们 2014 年 8 月的调查来看，溪洛渡截流后，向家坝库区内的圆口铜鱼可能绝迹，溪洛渡大坝以上库区内的圆口铜鱼也可能绝迹。目前，两个库区内的主要渔获物为银鱼，其次为鳌、大口鲇、鲤、鲫、花鲢、白鲢、黄颡鱼（黄辣丁）等，我们没有采集到圆口铜鱼。在我们 2008 年前后的调查中，巧家江段还能经常见到 500g 及其以上的个体，而 2014 年的调查已极为少见，多为 100~200g 的个体。

2014 年 8 月对金沙江中游圆口铜鱼资源调查结果显示，目前在鲁地拉大坝以上约 20km 处（永胜县涛源镇太极村）可见体长 10cm 左右当年生圆口铜鱼幼鱼，渔获物统计可占到 40% 以上（图 7-9）。

图 7-9　2014 年 8 月太极村圆口铜鱼渔获物（图片大半部为圆口铜鱼）

七、栖息地保护和替代生境研究

（一）栖息地保护和替代生境方案

1. 雅砻江锦屏二级大河湾方案

2007 年对雅砻江圆口铜鱼早期资源调查研究表明，圆口铜鱼产卵场由原来的红壁滩上移至金河乡至和爱乡之间，规模最大的产卵场位于距二滩大坝以上约 165km 处（官地水电站附近），并采集到了蓄水后繁殖的 1~2 龄个体，说明二滩库区以上圆口铜鱼可以完成生活史。虽然目前还无法确定圆口铜鱼的最小栖息生境，但至少表明二滩大坝以上 190km 的江段有可能满足圆口铜鱼完成生活史的需要，并使圆口铜鱼保持一定的种群。

根据雅砻江下游河段开发规划及建设情况，锦屏二级大河湾采用引水式开发，工程建成后将形成长约 119km 的减水河段。然而 2012 年 11~12 月的调查发现，由于水库蓄水官地附近的产卵场已不存在，库尾以上的产卵场未调查到圆口铜鱼产卵。根据有关模型模拟，锦屏二级大河湾 119km 减水河段总体上维持流水状态，但仍有约 8.35km 河段（占整个大河湾的 7%）全断面流速小于圆口铜鱼卵 0.2m/s 的起漂流速要求，需要进行有效的生境修复。2012 年和 2013 年开展了 2 次人工鱼卵漂流示踪实验，模拟的鱼卵平均漂流时间为 0.68h/km，119km 大河湾江段鱼卵漂流时间可达 80.92h，可满足圆口铜鱼卵漂流至具游泳能力仔鱼的时间要求（《金沙江白鹤滩水电站水生生态影响评价专题报告》，2014 年）。

考虑到锦屏二级大河湾河道规模大、水生生境多样性丰富、大部分河道仍保持流水生境且尚有一定数量圆口铜鱼分布，可以考虑通过必要的生态修复，对圆口铜鱼栖息生境加以保护（《金沙江白鹤滩水电站水生生态影响评价专题报告》，2014 年）。

2. 乌东德水库库尾方案

金沙江中游银江水电站和下游的乌东德水电站建成后，乌东德库区正常蓄水位将与银江坝址基本衔接。但每年 4~7 月乌东德低水位运行时，乌东德库尾与银江坝址之间约有 40km 的流水江段；乌东德大坝建成后，高水位运行时库尾与雅砻江桐子林大坝间有 15km 的天然流水江段，低水位运行时有 55km 的天然流水江段（《金沙江白鹤滩水电站水生生态影响评价专题报告》，2014 年）。

根据雅砻江锦屏二级大河湾段圆口铜鱼人工漂流实验结果所提供的数据分析，乌东德大坝建成后 4~7 月低水位运行时，银江坝下库尾 40km 的流水江段可为圆口铜鱼受精卵提供超过

（0.68h/km，40km）27h 的漂流河段，桐子林坝下库尾 55km 流水河段可提供超过（0.68h/km，55km）37h 的漂流河段。加上乌东德大坝建成后，洄水区内还会有一定河段满足圆口铜鱼卵 0.2m/s 的起漂流速要求。据此分析，乌东德大坝建成后，在 4~7 月低水位运行时，库尾江段可能存在满足圆口铜鱼受精卵孵化至具备一定游泳能力仔鱼所需河段长度。

3. 赤水河方案

《金沙江白鹤滩水电站水生生态影响评价专题报告》（2014 年）认为，赤水河处在“长江上游珍稀特有鱼类国家级自然保护区”内，有 628.23km 贯通河长可以利用，汇口处也发现有一定数量的圆口铜鱼分布，可以考虑对圆口铜鱼进行迁地保护。

从我们 2014 年 8 月所进行的相关调查来看，目前赤水河仅有汇入长江干流的河口附近可能有圆口铜鱼分布，河口区域以上历来不是圆口铜鱼的自然分布区。赤水河 — 金沙江下游河段鱼类生境条件的相似性分析显示（2014 年“长江上游珍稀特有鱼类国家级自然保护区科研项目阶段成果交流及研讨会”资料），赤水河与金沙江下游在水文情势、地质地貌等方面存在较多的共同或相似之处，可以进行异地或迁地保护实验。

（二）栖息地保护方面的建议

1. 禁捕

就鱼类资源恢复和保护来说，由于大部分鱼类包括圆口铜鱼都具备产卵量大、繁殖力高等特点，只要能为它们提供适宜或比较适宜的生存环境，种群数量是可以在较短时间内得以恢复的。前已述及，圆口铜鱼面临栖息地丧失和过捕的双重威胁，而且两者的相互作用也加剧了圆口铜鱼种群的急速下降。因此在设计栖息地保护规划中，应尽可能消除过度捕捞对圆口铜鱼种群的影响。近年来，我们在金沙江流域实地调查中也常见到，在金沙江中上游藏族地区，由于宗教信仰的影响，当地藏族群众既不吃鱼也不允许随便捕鱼，自然水体中的野生鱼类资源十分丰富。据当地群众告知，5~10 年前，由于一些外来人员随意捕捞，当地野生鱼类资源曾明显减少，有些地区甚至已到了无鱼可捕的程度。仅短短数年的禁捕，加之当地人口密度相对较低，自然环境还维持着相对比较原始的水平，野生鱼类资源很快就得到明显的恢复。

2. 现有栖息地保护方案的补充

结合圆口铜鱼等产漂流性卵鱼类的生物学特性，栖息地保护应该是目前最有效的保护措施。但随着金沙江中下游和雅砻江梯级规划的建设完成，可以预见，圆口铜鱼在这些江段的原有产卵场将被淹没，梯级水库首尾衔接，绝大部分江段所形成的水文过程也很可能难以满足圆口铜鱼产卵和受精卵漂流孵化所需的条件。根据我们近年来连续开展的相关实地调查及文献资料，区域内部分江段可能还存在满足圆口铜鱼等一些产漂流性卵鱼类繁衍生息的条件，区域外也有一些江段可以作为栖息地保护加以利用。

（1）乌东德库尾保护方案

金沙江下游向家坝、溪洛渡、白鹤滩和乌东德 4 个梯级水电站建成后，已知的屏山、新市、对坪、巧家、江边、拉鲊 - 鱼鲊等产卵场已经或将被淹没。目前只有乌东德库尾江段还具备一定的栖息地保护的条件。我们于 2014 年 8 月在鲁地拉 — 龙开口对圆口铜鱼的调查显示，在保存现有流水江段的前提下，圆口铜鱼或许能够完成产卵活动。

但是目前规划中，乌东德库尾 55km 河段并非全年保留，只是在乌东德低水位运行时才可保证。结合这样的背景，我们有如下两点建议：首先要加速进行圆口铜鱼最小栖息生境的研究，利用乌东德、白鹤滩江段尚未形成水库这样一个有利的研究条件，充分积累相关数据。依现有的知识，未来 55km 的周期性流水河段将很难满足圆口铜鱼繁育和种群维持的需求，乌东德高水位运行时 15km 的流水河段也很难满足幼鱼及成鱼生活的生境需要，如果考虑到圆口铜鱼的保护问题，在目前乌东德库尾保护方案的基础上，除了要保证上游观音岩水库下泄生态流量外，我们认为银江水电站应该暂缓修建。

（2）鲁地拉 — 龙开口江段保护方案

鲁地拉水电站是金沙江中游河段梯级开发的第七级，位于云南省大理州宾川县和丽江市永胜县交界的金沙江中游干流河段上，上接龙开口水电站（相距 99km），下邻观音岩水电站（相距 98km），鲁地拉和龙开口两个水电站均于 2009 年 1 月截流，分别于 2013 年 6 月和 2012 年 11 月下闸蓄水，分别于 2013 年 6 月和 2013 年 5 月发电。

2014 年 8 月，我们在鲁地拉 — 龙开口就鱼类资源状况进行了实地调查，在太极村河段进行渔获物调查时，统计到有约占渔获物 40% 以上的体长 100~150mm 的圆口铜鱼幼鱼（图 7-9）。根据相关研究资料分析，这些幼鱼应该是 2014 年当年繁殖的，是鲁地拉和龙开口两个水电站截流、下闸、蓄水发电后留在两个大坝区间的亲鱼繁殖的后代。太极村下距鲁地拉水电站坝址 20~30km，上距龙开口大坝 70~80km。调查结果显示，两坝间现有的河段长度、水文情势等，应该可以满足圆口铜鱼生长繁殖的需求，建议可以将鲁地拉 — 龙开口两坝区间作为栖息地保护区段加以考虑。

需要注意的是鲁地拉水电站目前尚未满蓄，满蓄后两坝区间水文情势过程会发生什么样的变化，是否还能满足圆口铜鱼完成正常生活史的需求等问题，还需要进一步开展更深入的分析研究。此外，目前两坝区间内的圆口铜鱼幼鱼被大量捕捞，也急需尽快加以保护。

该项调查结果也提示，鲁地拉—龙开口两坝区间现库区缓流 + 库尾流水 99km 长的江段，可能是目前已知的整个金沙江中下游可以满足圆口铜鱼生活史的最短江段，乌东德库区 + 库尾的情况与之有一定的相似性，乌东德库尾栖息地保护方案应该具有可行性。

（3）长江上游珍稀特有鱼类国家级自然保护区干流江段保护方案

目前，金沙江下游向家坝大坝（2008 年 12 月截流，2012 年 10 月蓄水）和溪洛渡大坝（2007 年 11 月截流，2013 年 5 月蓄水）已陆续建成，圆口铜鱼的繁殖洄游通道已被阻断。根据近年来的监测资料和我们的实地调查，截至 2014 年，在向家坝坝下江段（如宜宾、泸州江段等）仍可捕到当年繁殖的幼鱼，说明向家坝坝址以下江段极有可能存在着能自然繁殖的群体。

综合研究结果表明，调整后的保护区向家坝坝下至松溉镇大致有 330km 以上的贯通河段，这个距离远大于鲁地拉 — 龙开口两坝区间 99km 的贯通河段长度；此外，向家坝大坝以下至三峡库尾也是目前圆口铜鱼仍有自然分布的区域，可以捕到不同年龄段的个体。另以中华鲟为例，葛洲坝大坝合龙前中华鲟的产卵场也位于金沙江下游干流，葛洲坝水利枢纽建成后，洄游通道被阻断，大量性成熟中华鲟滞留坝下，并在坝下寻找到新的产卵环境，建立了新的产卵场。鱼类的繁殖行为通常是比较保守的，但也有很大的可塑性。向家坝大坝合龙后，滞留坝下的圆口铜鱼也有寻找到新产卵场的可能。

因此，建议尽快开展向家坝坝下江段圆口铜鱼早期资源的监测研究，以确定产卵场的有无；如有，则可大致判断其位置。另外，目前向家坝坝下江段圆口铜鱼的捕捞压力很大，大量幼鱼被捕获，需要尽快加大对坝下圆口铜鱼的保护力度。

总之，圆口铜鱼在金沙江和雅砻江的传统分布区和产卵场环境绝大部分会因为区域内水电工程建设而发生彻底改变，产卵场被淹没，形成的新环境将很难满足圆口铜鱼的生存需求。目前，各种栖息地保护或替代生境方案基本上是在寻求可最低限度满足圆口铜鱼生存所必需的环境，而现有方案又均存在不确定因素。因此应尽快结合提出的意见和建议开展相关的监测和专题研究，不断根据监测和研究结果调整与完善现有的各项保护措施。

八、人工驯养繁殖

1. 人工驯养繁殖现状

由于在圆口铜鱼人工驯养过程中，存在着易染病、成活率低、人工养殖环境下性腺难以发育成熟等问题，人工驯养繁殖一直是圆口铜鱼物种保护的关键技术难题。根据《金沙江溪洛渡水电站环境影响报告书》和原国家环保总局（现环境保护部）的审查意见，以及环境保护部对《金沙江下游河段水电梯级开发规划环境影响评价及对策研究报告》的审批意见中“关于金沙江下游河段水电梯级开发环境影响有关问题意见的函”（环函〔2012〕69 号），圆口铜鱼人工繁殖技术研究是金沙江水电开发环境保护优先资助的科研项目。为此中国长江三峡集团有限公司自 2013 年起，分别组织了中国科学院水生生物研究所、水利部中国科学院水工程生态研究所、中国水产科学研究院长江水产研究所、宜昌三江渔业有限公司等单位对圆口铜鱼的人工繁育展开科研攻关。各研究单位目标一致，分工明确，分别以“船体网箱养殖”“人工循环水养殖”“可控生态池塘养殖”等技术路线进行圆口铜鱼的驯养及人工繁育实验工作，以实现圆口铜鱼的亲鱼保种、人工繁殖、规模化放流，使其资源量得到保护和恢复。截至 2016 年底，各研究单位均已取得重要进展。

（1）亲鱼、后备亲鱼的收集与驯养

中国科学院水生生物研究所于 2013~2015 年在长江上游和雅砻江流域等相关地点累计收集 10 批次共 699 尾圆口铜鱼亲鱼及后备亲鱼。水利部中国科学院水工程生态研究所于 2016 年收集圆口铜鱼亲鱼及后备亲鱼共计 122 尾，存活 64 尾。截至 2016 年 11 月 30 日，中国水产科学研究院长江水产研究所利用封闭循环水养殖系统和长江船体网箱设施，共蓄养亲鱼及后备亲鱼超过 1000 尾，其中 500g 以上个体达 500 尾以上。宜昌三江渔业有限公司于 2012~2016 年共收集圆口铜鱼 4052 尾，成活 2383 尾。

亲鱼采用专用运鱼车运输和充氧袋运输两种方法，比较运输效果。运鱼车装水总量为 6~8m^3，运输密度为 40~50kg/m^3。充氧袋规格为 15cm×85cm、厚 0.8mm 桶形聚乙烯袋，每袋 1 尾，袋内水和氧气体积比为 1 ： 3，水中分别加入 0、10mg/L、20mg/L 的麻醉剂 MS-222 对比观察，每 10~20 个包装袋集中放入隔热发泡塑料箱封闭，然后车载长途运输。通过比较充氧袋和运鱼车两种方法，运鱼车的运输成活率接近 100%，且易于操作。运输量大时，应优先选择运鱼车运输。

采集亲鱼及后备亲鱼后，主要以 3 种方式进行驯养：室内养殖缸循环水控温培育、室外养殖船网箱养殖培育和室外池塘培育。驯养饵料以水蚯蚓、面包虫和鲟或鲤鱼料等为主。一般情况下，保持养殖用水各项指标维持在以下范围：水温 18~25℃，溶解氧≥ 7mg/L，pH 7.5~8.5，总氨氮≤ 0.2mg/L，亚硝酸氮≤ 0.01mg/L。生态池塘圆口铜鱼的亲鱼培育采用池塘主养的方式，搭配少量其他鱼类，配制了专用饲料，亲鱼生长与发育情况良好。

（2）圆口铜鱼性腺诱导成熟技术

各研究单位对圆口铜鱼的人工催熟工作投入了大量的时间，目前主要采用两种方法进行，即人工注射激素诱导性腺发育和饲喂高蛋白饵料诱导性腺发育。目前各研究单位都已基本掌握了激素的使用类型、剂量及注射部位等技术细节。

由于通过激素诱导亲鱼性腺成熟的方法导致亲鱼死亡率较高，效果仍有待提高，部分单位主要采用饵料刺激法，通过饲喂高蛋白饵料和在饵料中添加激素来达成目标。中国科学院水生生物研究所饲喂不同饵料的对比实验结果表明：高蛋白饵料越冬强化法使鱼增重明显，鲤鱼卵拌喂法效果较明显，而肉食鱼类饲料调理法效果较差。中国水产科学研究院长江水产研究所则采用了 5 个实验组，结果显示在基础饲料中添加适宜的促性腺发育物质可以促进圆口铜鱼性腺发育成熟。

（3）圆口铜鱼亲鱼催产和人工授精

一般通过注射催产药物进行催产，雄鱼催产 12h 后采集精液，镜检合格后，避光存放于 2℃冰箱备用。雌鱼催产 20h 后每 2h 检查一次催产反应，开始排卵后，用毛巾包裹鱼体，轻压腹部，使卵从生殖孔排出，收集鱼卵，测定卵量后进行人工授精。

催产激素组合实验证明，单用 HCG 与 HCG+LRH-A+DOM 组合都有很好的催产效果。

（4）人工孵化

从 2009 年起，中国长江三峡集团有限公司中华鲟研究所开展了野生圆口铜鱼收集和驯养。截至 2013 年，已累计收集野生圆口铜鱼 500 余尾，根据其主要生物学特性及繁殖生态学习性，分别在宜昌、宜都和向家坝同步开展了多种不同方式的人工驯养试验，筛选建立了玻璃纤维缸和水泥池流水混养模式。2014 年 5 月，经人工催产获得受精卵 5500 粒，孵化仔鱼 4000 余尾，率先突破了驯养繁殖圆口铜鱼的技术难题。2015 ～ 2017 年，持续人工繁殖取得成功，同时开展了实验性放流工作。

中国科学院水生生物研究所于 2014 年成功孵化受精卵，存活鱼苗 40 尾；2015 年成功孵化出鱼苗 7 尾；2016 年受精率得到较显著的提高，孵化鱼苗 1027 尾。但上述鱼苗因各种原因未能存活至今，其中最长存活时间为 380 天。

水利部中国科学院水工程生态研究所于 2016 年孵化出鱼苗 100 余尾，但均未存活。

中国水产科学研究院长江水产研究所于 2016 年进行了 4 批次人工催产，获得鱼卵约 112 400 粒、受精卵 44 340 粒，最终获得鱼苗约 21 000 尾。亲鱼催产率为 54.55%~100%。2016 年每批受精卵均有鱼苗孵化出膜，孵化率为 5.03%~66.49%，总孵化率为 22.8%。

宜昌三江渔业有限公司在利用可控生态池塘养殖圆口铜鱼时，采用孵化桶，每尾鱼单独孵化。2015~2016 年两年共孵化圆口铜鱼受精卵 5 批共 47 730 粒，出苗 26 570 尾，总孵化率为 55.7%，单批最高孵化率为 93.7%。

（5）苗种培育

中国水产科学研究院长江水产研究所于 2016 年共获得平游仔鱼 3000 余尾。采用丰年虫作为开口饵料时，苗种开口率在 80% 以上。开口后的仔鱼可被成功驯化摄食人工配合饲料，驯化期间的成活率为 90% 以上。

宜昌三江渔业有限公司于 2015 年和 2016 年在培育车间共培育圆口铜鱼鱼苗 26 570 尾，培育至 30 日龄后成活 9772 尾（2016 年以 20 日龄计算），培育成活率仅为 36.8%，除意外灾害外，早期畸形淘汰是主要原因。统计分析圆口铜鱼鱼苗（1 龄鱼）池塘培育成活率。两年总计入塘 9772 尾，年底成活 3347 尾，总成活率为 34.3%。2015 年、2016 年的培育成活率分别为 33.2%、36.3%。2 龄鱼培育初始尾数为 2137 尾，2016 年 10 月检查成活 1139 尾，培育成活率为 53.3%。圆口铜鱼人工繁殖取得初步成功。

（6）鱼病防治技术

圆口铜鱼鱼病较多，已发现各种鱼病 11 种。其中寄生虫病 4 种，细菌性病 4 种，真菌性病 1 种，其他病害 2 种。仔幼鱼病害有 7 种，成鱼病害有 9 种。仔幼鱼鱼病主要为寄生虫病，其中小瓜虫病和车轮虫病危害最大。成鱼鱼病主要是寄生虫病和细菌性病，其中小瓜虫病和锚头鳋病危害最大。

预防小瓜虫病的主要措施是将海水透明度控制在 50~100cm，可大大降低小瓜虫病的发病率。生态治疗小瓜虫病确有明显疗效，但应早发现早治疗。针对锚头鳋病的药物治疗采用敌百虫遍洒的方法。预防烂鳃病的主要措施是用生石灰彻底清塘，定期施用有益菌，将透明度控制在 50~100cm，可大大降低烂鳃病的发病率。

2. 人工驯养繁殖方面的问题

从各个单位圆口铜鱼野生亲鱼及后备亲鱼的收集情况来看，亲鱼及后备亲鱼的成活率普遍不高，大约为 50%（表 7-6）。中国科学院水生生物研究所的亲鱼及后备亲鱼成活率为 41.6%，水利部中国科学院水工程生态研究所的成活率为 52.5%。宜昌三江渔业有限公司 2012~2016 年多年总成活率达到 58.8%，特别是 2014 年以来亲鱼成活率相对较高。

表 7-6 各研究单位亲鱼及后备亲鱼成活率

研究单位	收集尾数	成活尾数	成活率 /%
中国科学院水生生物研究所	699	291	41.6
水利部中国科学院水工程生态研究所	122	64	52.5
宜昌三江渔业有限公司	4052	2383	58.8

人工注射激素诱导性腺发育过程中亲鱼死亡率较高。例如，中国科学院水生生物研究所 2013 年进行的催熟实验中，共有 38 尾亲鱼投入实验，死亡 24 尾，死亡率为 63.2%。实验表明：催熟过程中如果激素使用剂量过大，会导致实验鱼短期内迅速死亡；相比于背部肌肉，激素注射部位选在胸腔效果较好。

各个研究单位出现的一个共同问题就是圆口铜鱼苗种培育的成活率总体不高，其中仔鱼出膜到平游这一阶段是圆口铜鱼鱼苗死亡率偏高的主要时期。成活率大多在 50% 以下。造成苗种成活率低的原因很多，有些是由于受精卵质量不高，此外开口饵料的选择及鱼病都影响圆口铜鱼苗种的成活率。

目前，圆口铜鱼人工授精、孵化和苗种培育技术等都已取得突破性进展，但还存在孵化率低、苗种死亡率高等问题，大规模孵化尚不具备条件；另外，还未能培育出可继续繁殖的子一代亲鱼。因此，圆口铜鱼人工增殖的技术问题还有待进一步解决。

3. 建议

1）梯级水电工程的建设和运行，使得圆口铜鱼的栖息地和产卵场大大减少，圆口铜鱼亲鱼资源衰退极为显著，大大增加了亲鱼收集工作的难度。因此，收集到较多的样本量的可能性小，应尽可能做到统筹规划、多途径收集。

2）尽管目前在人工驯养繁殖方面已取得了一定进展，但后备亲鱼的培育还主要依赖自然条件下的流水养殖，完全的人工池塘养殖还处于实验阶段，人工养殖条件下鱼病（如小瓜虫病）的防治仍然是亟待解决的问题；人工养殖条件下亲鱼成熟的比例还比较低，现有成熟亲鱼的繁殖力也有待提高（依据相关研究，自然界正常的绝对怀卵量为 13 000~40 300 粒 / 尾），幼鱼成活率低，还面临子一代是否能正常生长、正常性成熟等一系列未知的问题。目前圆口铜鱼人工繁殖技术还不规范，各单位都处在摸索阶段，需要进一步研究圆口铜鱼的生物学习性，总结完善亲鱼培育与人工繁殖技术。因此，在圆口铜鱼人工驯养繁殖方面今后要走的路还很长，应继续支持对人工驯养繁殖技术的研究。

3）根据我们近年来的实地调查采集，我们曾分别在金沙江中游鲁地拉 — 龙开口（太极村）、龙开口 — 金安桥（下梓里）和金安桥以上（树底）等江段采集到圆口铜鱼幼鱼，反映出这些江段可能存在产卵场及可能具备圆口铜鱼完成受精卵孵化和幼鱼发育的条件。对圆口铜鱼受精卵孵化所需的最短距离、幼鱼正常生长发育所需的条件等，我们以往的认识还十分有限，应尽快继续深入开展相关研究。

4）坦率地说，历史上的“实地”调查或近年来通过早期资源调查的方法，所圈定的圆口铜鱼产卵场位置、规模等应该均属于间接推定，尚未见有直接的现场验证证据。多年来，结合我们的野外实际工作，我们也曾试图在圆口铜鱼繁殖期于众多推定的“产卵场”采集正处于繁殖期的亲鱼。很遗憾，均未采获。迄今为止，我们也未收集到有直接证据能确切反映圆口铜鱼产卵场位置的研究报道。关于圆口铜鱼真实的产卵场位置、产卵场环境等还有待进一步深入研究，需要直接的证据或更有说服力的依据。

各　论

第八章　鱼类分类学常规形态特征及主要生物学习性术语

各论物种描述部分所涉及的相关专业术语解释如下。

一、身体部位

头部（head）：吻端至鳃盖骨后缘（图 8-2、图 8-4 和图 8-5 中 4）。
躯干部（trunk）：头部以后至肛门或尿殖孔后缘的部分。
尾部（tail）：躯干以后的部分。
吻部（snout）：上颌最前端到眼（眶骨）前缘的部分（图 8-2、图 8-4 和图 8-5 中 5）。
颊部（cheek）：眼后下方到前鳃盖骨后缘的部分。
颏部或颐部（chin）：紧接在下颌联合后方的部分。
喉部（jugular）：头部腹面两侧鳃盖下角结合处。
峡部（isthmus）：颏部与喉部之间的部分。

二、身体结构

（一）描述性状（图 8-1 和图 8-2）

口（mouth）：鱼类捕食器官，也是呼吸时的入水通道，依其位置可分为上位、亚上位、端位、亚下位和下位 5 种。

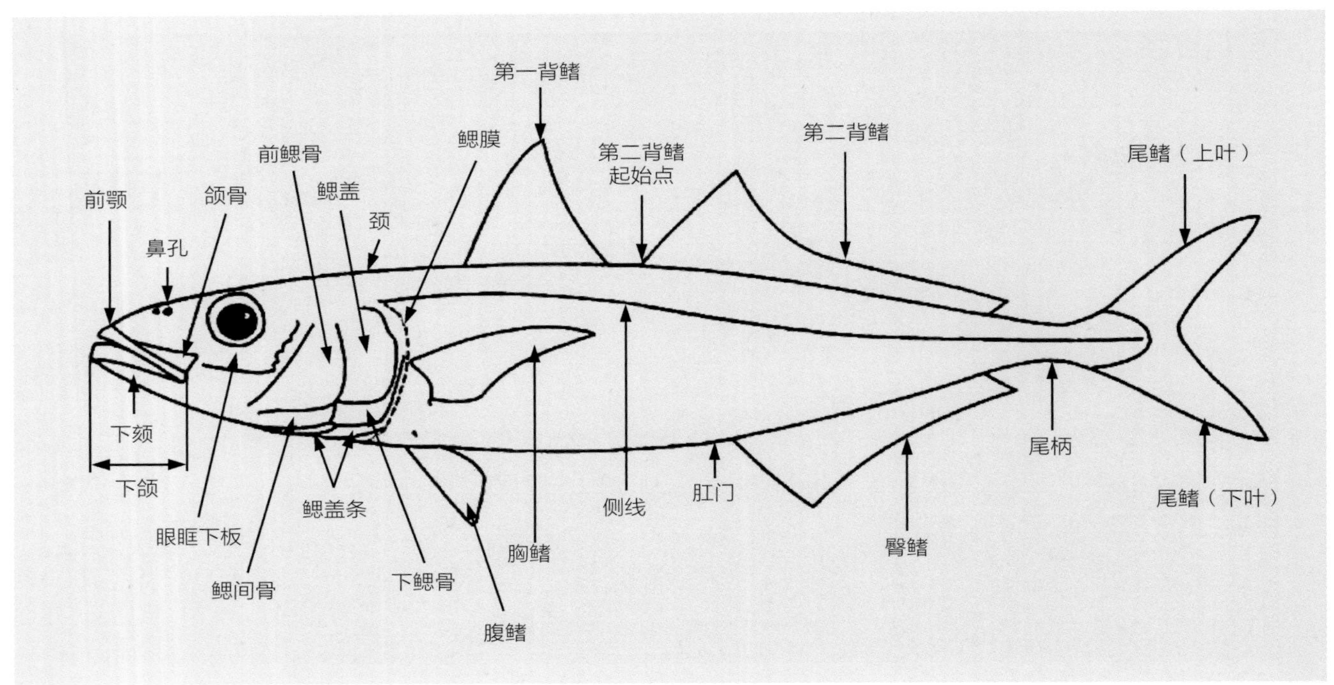

图 8-1　鲈形目鱼类外形特征（依 K. E. Carpenter 原图补充修改）

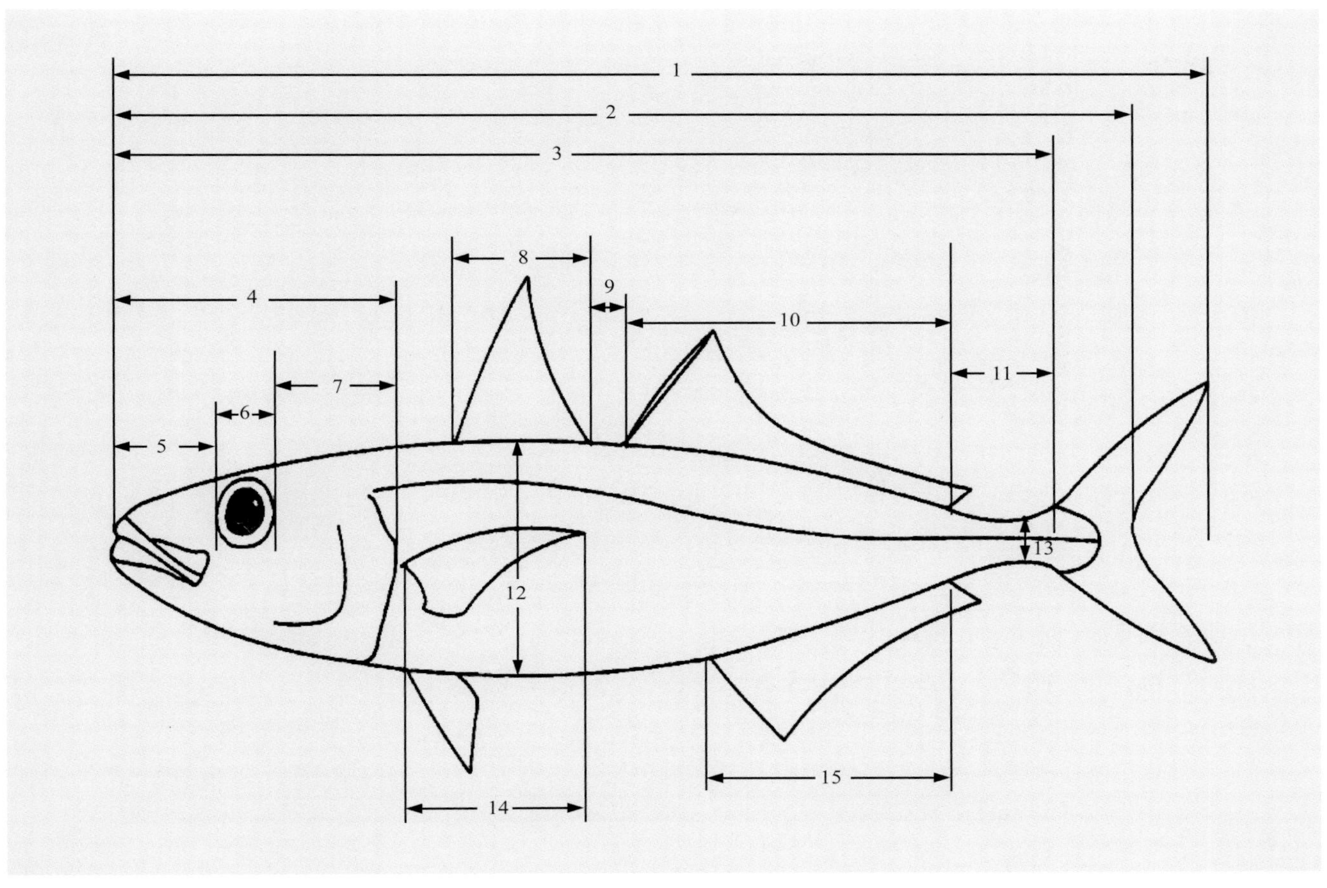

图 8-2　鲈形目鱼类外形测量（依 K. E. Carpenter 原图修改）

须 (barbel)：鱼类感觉器官之一，可辅助鱼类寻找和摄取食物；一般依其着生部位命名，如着生在吻部的为吻须，着生在鼻孔处的为鼻须，着生在颌上（近口角处）的为颌须，着生在颏（颐）部的为颏（颐）须，着生在口角处的为口角须等。

眼 (eye)：鱼类视觉器官，通常位于头部两侧；或至少幼体位于头部两侧，成体转至身体的一侧（如鲆鲽类）。

齿 (teeth)：一般鱼类的牙齿有切齿状、门齿状、臼齿状、犬齿状和绒毛状等类型，依其着生部位分为口腔齿和咽齿 (pharyngeal teeth)。着生在上、下颌上的为颌齿，着生在犁骨 (vomer) 上的为犁（骨）齿，着生在腭骨 (palatine) 上的为腭（骨）齿，着生在第五鳃弓下咽骨 (pharyngeal) 上的为下咽齿。

下咽齿：大部分鲤形目 (Cypriniformes) 鱼类最后一对鳃弓的下部扩大为下咽骨，上有牙齿，即下咽齿。通常有 1~3 行，极少数 4 行，各行齿数有所不同。

齿式 (teeth formula)：下咽齿数目有一定的记录方式，即齿式，如鲤 [*Cyprinus* (*Cyprinus*) *carpio*] 的咽齿齿式为 1·1·3—3·1·1，咽齿数从左向右依次计数，上述齿式即代表左侧外侧第 1 行有 1 枚齿，第 2 行 1 枚，第 3 行 3 枚，右侧内侧第 1 行 3 枚，第 2 行 1 枚，第 3 行 1 枚。

鼻孔 (nostril)：圆口类鼻孔一个，开口于头部背面中央；软骨鱼类 (chondrichthyes) 的鼻孔位于头部腹面，有些类群具口鼻沟；硬骨鱼类（osteichthyes）的鼻孔在吻部，通常每侧 2 个，前鼻孔为进水孔，后鼻孔为出水孔。

鳃孔或鳃裂（gill opening 或 gill cleft）：在头部后方两侧或腹面，常有由消化管通至体外的孔裂一个或多个，是呼吸时水流出的通道。

鳍条（fin ray）：可分为两种，一种是不分枝不分节的角质鳍条，为软骨鱼类所特有；另一种是鳞片衍生的骨质鳍条，又称鳞质鳍条，为硬骨鱼类所特有。骨质鳍条通常可分为两类：一类为柔软分节的鳍条，称为软鳍条；另一类为软鳍条变化而来的坚硬的不分枝不分节的刺或棘。软鳍条根据末端分枝与否可分为分枝鳍条和不分枝鳍条。

奇鳍（median fin）：不成对的鳍，包括背鳍（dorsal fin）、臀鳍（anal fin）和尾鳍（caudal fin）。

偶鳍（paired fin）：成对的鳍，位于身体两侧，包括胸鳍（pectoral fin）和腹鳍（ventral fin）。

脂（背）鳍（adipose fin）：有些鱼类，如鲇形目（Siluriformes）、鲑形目（Salmoniformes）等的大部分种类，在背鳍和尾鳍之间着生的不具鳍条而富含脂肪的小鳍。

鳍式（fin formula）：表示各鳍鳍条的组成及具体数目的一种方式。各鳍常以其英文名大写的第一个字母来表示，即 D（dorsal fin）代表背鳍，A（anal fin）代表臀鳍，C（caudal fin）代表尾鳍，P（pectoral fin）代表胸鳍，V（ventral fin）代表腹鳍。用罗马数字表示棘条数（大写表示棘，小写表示刺），用阿拉伯数字表示软鳍条数；棘和软鳍条间用“，”或“-”号隔开。

侧线（lateral line）：一般在真骨鱼身体两侧或头部各有一条或多条由鳞片或皮肤上的小孔排列成的线状构造，是呈沟状或管状的高度分化的皮肤感觉器。

侧线鳞（lateral-line scale）：鱼体体侧具侧线孔的鳞片。在分类学中通常是指鱼体任何一侧的侧线鳞的具体数目，若一种鱼从鳃孔上角附近开始到尾鳍基部有一行连续的侧线鳞排列，则称为侧线完全；反之，为侧线不完全或侧线中断。

鳞式（scale formula）：表示鱼体鳞片数目在体侧的一种排列方式。在分类学上，经常计数侧线本身和侧线上、下方的鳞片数目，按一定的格式记录下来，这种表示方法称为鳞式（图 8-3）。

侧线上鳞（scale above lateral line）：指位于背鳍基部起点到侧线鳞之间的斜行鳞片。

侧线下鳞（scale below lateral line）：指位于侧线鳞到腹部正中线上或腹鳍起点处的斜行鳞片。

纵列鳞（longitudinal scale）：指沿体侧中轴从鳃孔上角开始到尾鳍基部最后一枚鳞片为止的鳞片数目，通常在没有侧线或侧线不完全的鱼类中使用。

横列鳞（horizontal scale）：指从背鳍起点开始向下斜行到腹部正中线或腹鳍起点处的鳞片。

背鳍前鳞（pre-dorsal scale）：指背鳍起点至头后的位于鱼体背部中线上的鳞片。

围尾柄鳞（scale around caudal peduncle）：指环绕尾柄最低处一周的鳞片。

鳞鞘（scale vagina）：指包裹在背鳍或臀鳍基部两侧的近长形或菱形的鳞片。

腋鳞（axillary scale）：指位于胸鳍或腹鳍基部与体侧交合处的狭长鳞片。

臀鳞（anal scale）：银鱼科（Salangidae）、裂腹鱼亚科（Schizothoracinae）等鱼类的肛门和臀鳍两侧特化的相对大型的鳞片，通常包围着肛门和臀鳍基部，有时可达腹鳍基部。

腹棱（ventral keel）：指肛门前的腹部或整个腹部中线隆起的棱突。其中由胸部向后延伸至肛门前缘的棱脊称为全棱或腹棱完全；由腹鳍基部及之后开始后延至肛门前缘的棱脊称为半棱或腹

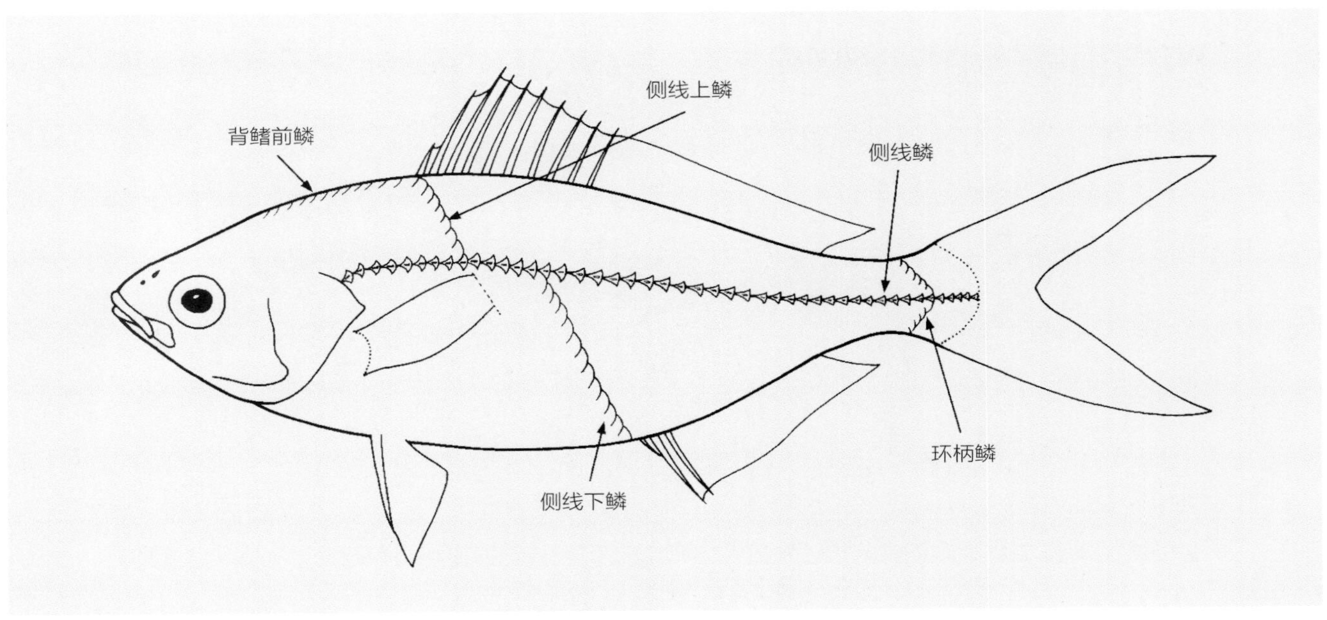

图 8-3　鱼类鳞片计数特征（依 K. E. Carpenter 原图修改）

棱不完全。

幽门盲囊（pyloric caeca）：一些鱼类在胃和肠交界处有许多盲囊状突出物称为幽门盲囊。

韦伯氏器（Weber's organ）：骨鳔类鱼类前若干枚椎骨经过变异，形成一组具有特定功能的骨片，从前向后依次为带状骨（claustrum）、舶状骨（scaphium）、间插骨（intercalarium）和三脚骨（tripus），为鳔中气体压力的变动、内耳感觉等的中间传递器官。

第一鳃弓外侧鳃耙（gill raker）：着生于咽部鳃弓内侧前缘的刺状突起，通常排列成内外两列，为鱼类的滤食器官。

第一鳃弓外侧鳃耙数（gill-raker number）：通常指第一鳃弓外侧鳃耙的数目，有时亦具体指明第一鳃弓外侧鳃耙数或第一鳃弓内侧鳃耙数。

鳃盖条（branchiostegal ray）：支持鳃膜的条状骨。

（二）测量性状

全长（total length）：由吻端至尾鳍最末端的长度（图 8-2 和图 8-4 中 1）。

叉长（fork length）：由吻端至尾叉最深点的长度（图 8-2 中 2）。

体长或标准长（standard length）：由吻端至尾鳍基部最后一椎骨后缘为止的长度（图 8-2、图 8-4 和图 8-5 中 3）。

体高（body depth）：躯干部的最大高度（图 8-2 中 12 和图 8-5 中 16）。

头长（head length）：由吻端至鳃盖骨后缘的长度（图 8-2、图 8-4 和图 8-5 中 4）。

头高（head depth）：指头部的最大高度（图 8-5 中 34）。

头宽（head width）：两鳃盖骨间最宽处的距离（图 8-5 中 35）。

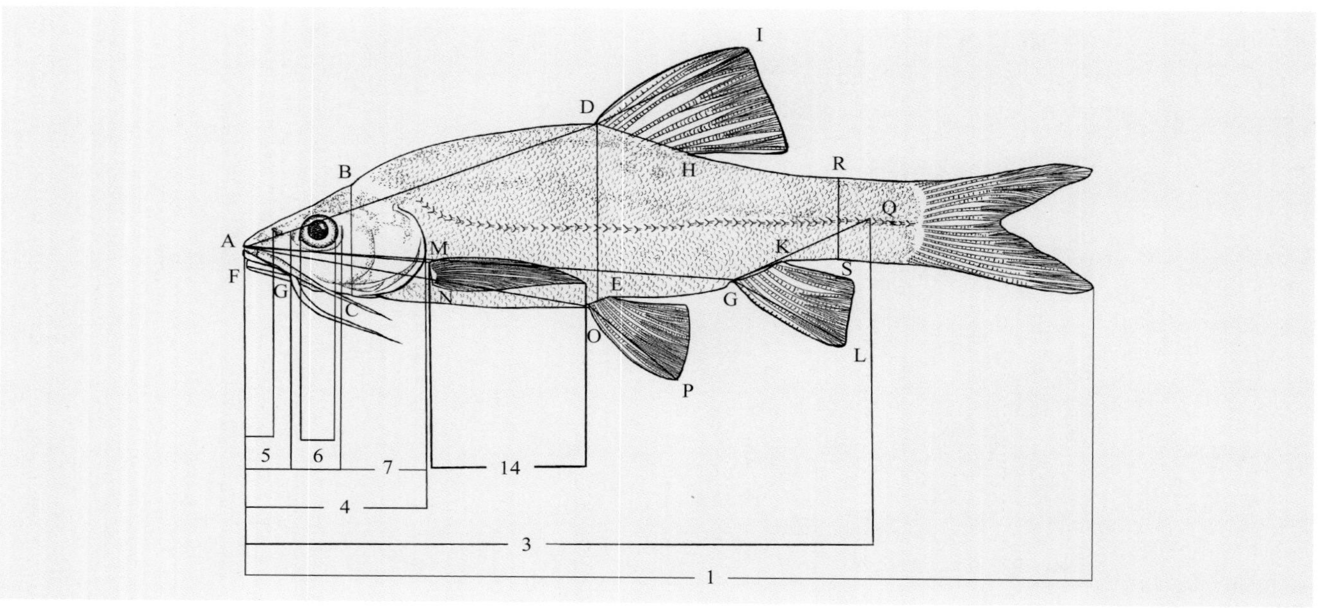

图 8-4 鲤科鱼类可量性状（米雪绘）

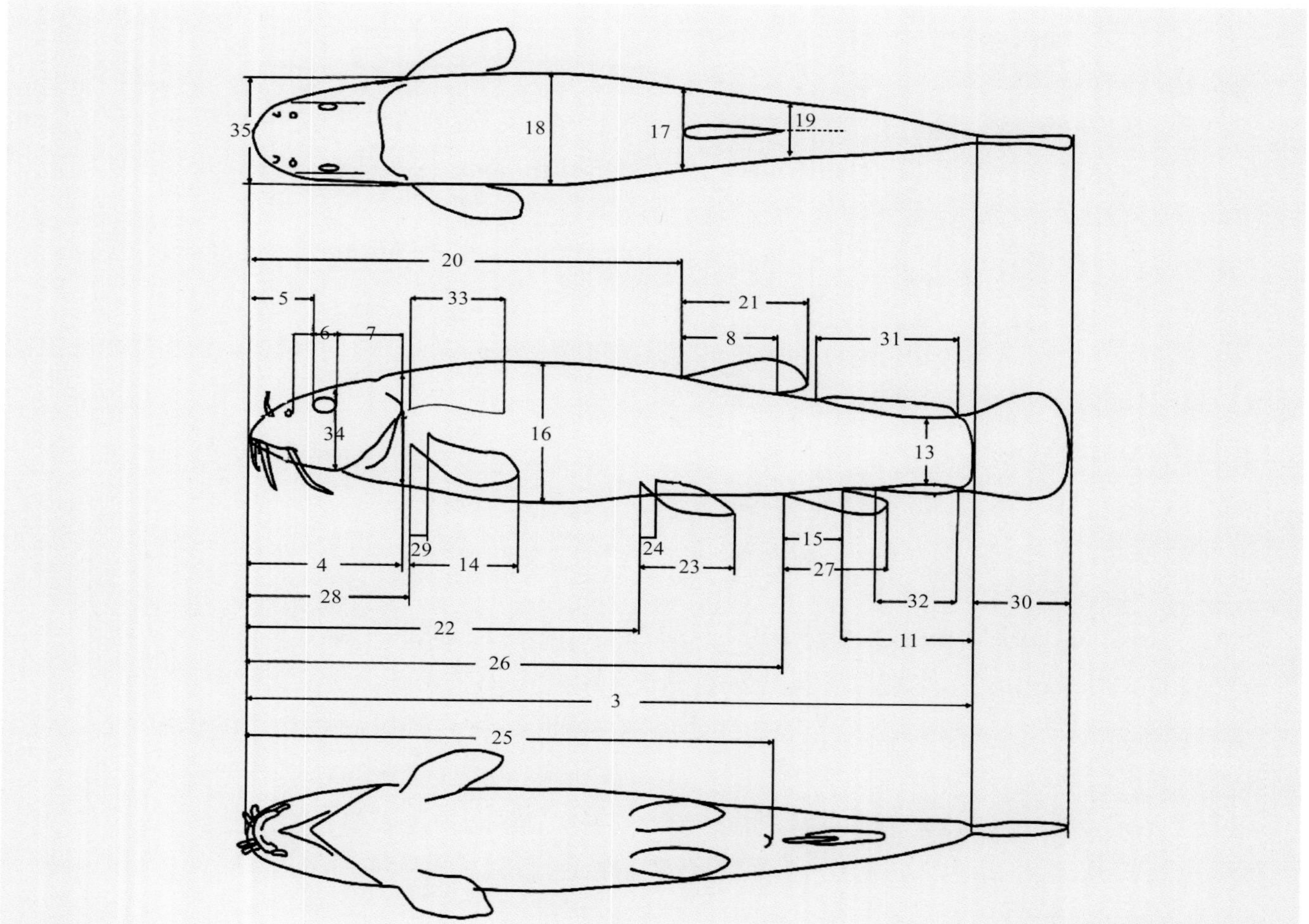

图 8-5 鳅类计量性状

吻长（snout length）：由上颌前端至眼（眶骨）前缘的距离（图 8-2、图 8-4 和图 8-5 中 5）。

眼径（eye diameter）：沿体纵轴量出的眼的直径，即眼眶前缘至后缘的直线距离（图 8-2、图 8-4 和图 8-5 中 6）。

眼间距或眼间距宽（interorbital width）：自鱼体一侧眼眶背缘正中至另一侧眼眶背缘正中的距离。

眼后头长（postorbital length）：由眼眶后缘至鳃盖骨后缘的距离（图 8-2、图 8-4 和图 8-5 中 7）。

体宽（背鳍起点处）(body width at dorsal origin)：背鳍起点处的躯干宽度（图 8-5 中 17）。

最大体宽（maximum body width）：躯干部的最大宽度（图 8-5 中 18）。

体宽（肛门处）(body width at anal origin)：肛门处的躯干宽度（图 8-5 中 19）。

侧线长（lateral line length）：侧线的长度（特指鳅类）（图 8-5 中 33）。

尾柄长（caudal peduncle length）：由臀鳍后缘基底到最后一椎骨后缘为止的长度（图 8-2 和图 8-5 中 11，图 8-4 中 G-Q）。

尾柄高（caudal peduncle depth）：尾柄最低部分的垂直高度（图 8-2 和图 8-5 中 13，图 8-4 中 R-S）。

背鳍前距（pre-dorsal length）：上颌最前端至背鳍起点的距离（图 8-4 中 A-D，图 8-5 中 20）。

背鳍基长（dorsal fin base length）：由背鳍起点至背鳍基部末端的长度（图 8-2 中 8 和 10，图 8-5 中 8，图 8-4 中 D-H）。

背鳍长（dorsal fin length）：背鳍起点处至背鳍最高点的距离（图 8-4 中 D-I，图 8-5 中 21）。

臀鳍前距（pre-anal fin length）：上颌最前端至臀鳍起点处的距离（图 8-4 中 A-G，图 8-5 中 26）。

臀鳍基长（anal fin base length）：由臀鳍起点至臀鳍基部末端的长度（图 8-4 中 G-K，图 8-2 中 15）。

臀鳍长（anal fin length）：臀鳍起点处至臀鳍最长距离处（图 8-4 中 G-L，图 8-5 中 27）。

胸鳍前距（pre-pectoral length）：上颌最前端至胸鳍前部起点的距离（图 8-4 中 A-M，图 8-5 中 28）。

胸鳍基长（pectoral-fin base length）：胸鳍基部上角至下角的距离（图 8-4 中 M-N，图 8-5 中 29）。

胸鳍长（pectoral fin length）：胸鳍基部上角至胸鳍鳍条最长处的距离（图 8-4 和图 8-5 中 14）。

腹鳍前距（pre-pelvic length）：上颌最前端至腹鳍基部起点的距离（图 8-4 中 A-Q，图 8-5 中 22）。

腹鳍基长（pelvic-fin base length）：腹鳍基部外侧起点至内侧起点间的距离（图 8-4 中 O-E，图 8-5 中 24）。

腹鳍长（pelvic fin length）：腹鳍基部外侧起点至腹鳍鳍条最长处的距离（图 8-4 中 E-P，图 8-5 中 23）。

尾柄上脂质软褶长（length of back crest）：背鳍基部后端和尾鳍基部之间的脂质软褶（图 8-5 中 31）。

尾柄下脂质软褶长（length of ventral crest）：臀鳍基部后端和尾鳍基部之间的脂质软褶（图 8-5 中 32）。

尾鳍长（caudal fin length）：尾鳍起点至末端的距离（图 8-5 中 30）。

肛门前距（pre-anus length）：上颌最前端至肛门的距离（图 8-5 中 25）。

三、一些生物学习性术语

浮性卵（pelagic egg）：密度小于水，一经产出即漂浮在水中或在水面上孵化，颜色透明，卵黄间隙大，多数具油球，卵膜无黏性。

沉 - 黏性卵（demersal-adhesive egg）：密度大于水，产出后即沉于水中或水底黏附于一定的固着物（如水草、岩礁）上孵化，卵黄间隙小，卵膜具黏性或微黏性。

漂流性卵（drifting egg）：密度略大于水，卵膜吸水后膨胀，在水流的外力作用下，悬浮在水

岗托跨江大桥江段（西藏和四川分界）

层中顺水漂流，漂流过程中受精卵逐步发育，孵出仔鱼。

珠星或追星（nuptial organ）：特别在一些鲤形目种类中，雄鱼在生殖季节身体上出现的若干白色坚硬锥状体，为表皮细胞特别肥厚并角质化的产物。

婚姻色（nuptial color）：很多鱼类在生殖期来临时，体表颜色发生变化，或颜色变深，或出现鲜艳的色彩，即婚姻色，为第二性征，通常生殖活动结束即逐渐恢复原来的体色。

草食性鱼类（herbivores）：以植物性饵料如浮游植物、周丛生物、高等水生维管束植物、腐殖质和碎屑等为食的鱼类。

肉食性鱼类（carnivores）：以动物性饵料如浮游动物、底栖动物、水生昆虫、鱼虾类，甚或在水中活动的两栖爬行动物、小型水生哺乳动物、水鸟等为食的鱼类。

杂食性鱼类（omnivores）：兼以植物性和动物性饵料为食的鱼类。

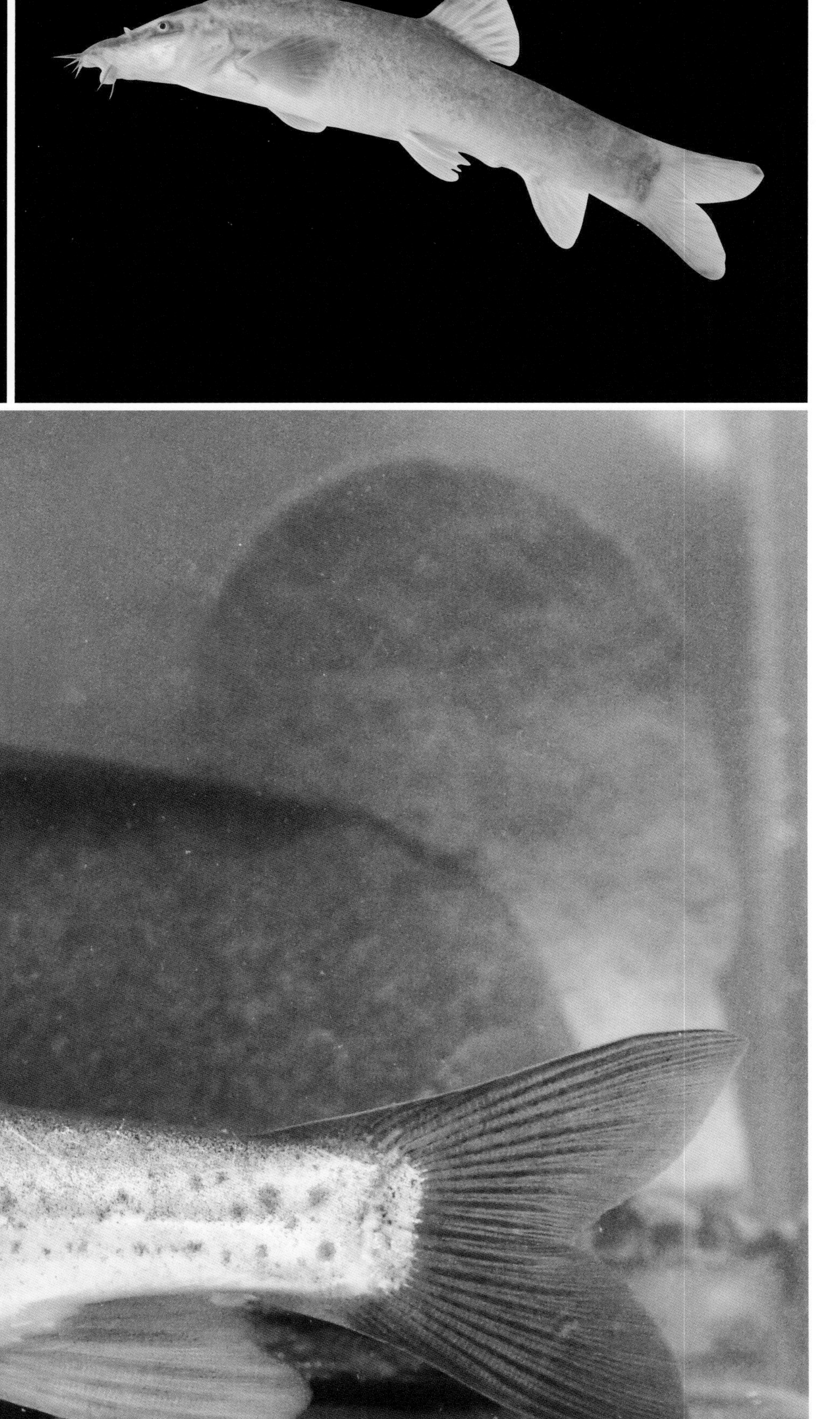

第九章　金沙江流域鱼类分类检索及分类记述

为了便于对金沙江流域分布的鱼类进行物种分类鉴定，主要依据鱼体的外部形态特征列检索表。

目级分类阶元检索表

1(2) 体被硬鳞或裸露；歪型尾……**鲟形目 Acipenseriformes**

2(1) 体被圆鳞、栉鳞或裸露；正型尾

3(10) 鳔存在时有鳔管

4(7) 前部数枚脊椎骨不形成韦伯氏器

5(6) 个体较小，不呈圆柱状，身体透明；具脂鳍和腹鳍……**胡瓜鱼目 Osmeriformes**

6(5) 体圆柱状，细长如蛇；无脂鳍和腹鳍……**鳗鲡目 Anguilliformes**

7(4) 前部数枚脊椎骨形成韦伯氏器

8(9) 体表通常被鳞或少数裸露；上、下颌无齿，具咽喉齿……**鲤形目 Cypriniformes**

9(8) 体表裸露无鳞；上、下颌具齿……**鲇形目 Siluriformes**

10(3) 鳔存在时无鳔管

11(16) 背鳍1个或退化；背鳍存在时后位，与臀鳍位置大致相对，或至少与臀鳍后部相对；无发达的鳍棘

12(15) 体延长；梭形；左、右鳃孔分离，开口在头后两侧；胸鳍存在；具鳞

13(14) 无侧线，头甚短，下颌前端短钝……**鳉形目 Cyprinodontiformes**

14(13) 有侧线，完全；头甚长，下颌前端延长成针状……**颌针鱼目 Beloniformes**

15(12) 体细长，鳗形；左、右鳃孔相连为一，开口在头部腹面；成鱼胸鳍缺如；无鳞……**合鳃鱼目 Synbranchiformes**

16(11) 背鳍2个，第一背鳍完全由鳍棘组成；腹鳍胸位……**鲈形目 Perciformes**

目以下各分类阶元检索表及描述

一、鲟形目 Acipenseriformes

体延长，梭形，躯干部横断面近五角形。头长，吻尖长或延长呈扁铲状。口下位。眼小。内骨骼多为软骨，仅部分骨化；左、右腭方骨与颌骨固连，与筛骨区或蝶骨区不相连；无鳃条骨、前鳃盖骨和间鳃盖骨；有锁骨；无椎体。鳔大，壁厚，鳔管与消化道背面相连。食道短；胃部膨大，有幽门盲囊；肠短，具发达的螺旋瓣。背鳍和臀鳍后位；胸鳍位低；腹鳍在背鳍前方；歪型尾，上叶发达。鳍条不骨化。体被5行骨板，或裸露；头上骨板或有或无；尾鳍上缘有1列纵行棘状鳞。

在我国，本目现生类群曾自然分布于东部的黑龙江、黄河、长江、闽江、珠江等及其沿海地区，以及西北地区的额尔齐斯河和伊犁河；目前，尚可见于黑龙江、长江、珠江等及东海近海区域。在国外，自然分布于北回归线以北的海水、淡水水域。

我国有2科，金沙江流域干流下游均曾有其分布记录。

科检索表

1（2）吻部相对较短；体被 5 列纵行骨板……………………………………………………………**鲟科 Acipenseridae**

2（1）吻延长；体表裸露无鳞，仅在尾鳍上缘有 1 列棘状鳞……………………………**白鲟（匙吻鲟）科 Polyodontidae**

（一）鲟科 Acipenseridae

体延长，腹部略圆，尾柄细。头长，头部腹面平坦。吻突出，前端尖。口下位，横列或略呈弧形。上、下颌无齿。口前须 2 对。眼小，侧位。鼻孔较大，位于眼前稍下方。喷水孔有或无。无鳃盖骨，下鳃盖骨发达。鳃膜与峡部相连。背鳍和臀鳍后位；歪型尾，上叶发达，一些种类尾梢或延长呈丝状。体被 5 列纵行骨板：体背正中 1 行，每侧体侧和腹缘各 1 行。具假鳃。第一鳃弓外侧鳃耙短小。

分布同目。我国有 2 属 7 种，见于东部黑龙江至珠江通海河流及相关沿海，以及新疆额尔齐斯河和伊犁河等。金沙江流域有 1 属。

（1）鲟属 *Acipenser*

属的特征同科。本属在金沙江流域有 2 种。

种的检索表

1（2）第一鳃弓外侧鳃耙 13~28，短柱状，排列稀疏；吻短；幼鱼皮肤光滑……………………………**中华鲟 *A. sinensis***

2（1）第一鳃弓外侧鳃耙 20~36，三角形，薄片状，排列较紧密；吻较尖长；幼鱼皮肤粗糙……………………………………………………………………………………………**达氏鲟 *A. dabryanus***

中华鲟 *Acipenser sinensis* Gray，1834

地方俗名 鲟鱼、腊子、大腊子

Acipenser sinensis Gray，1834，Proc Zool Soc London：122（中国）；刘成汉，1964，四川大学学报，（2）：99（长江、金沙江、嘉陵江）；湖北省水生生物研究所鱼类研究室，1976，长江鱼类：18；丁瑞华，1994，四川鱼类志：30。

未采集到标本，综合《长江鱼类》《四川鱼类志》和《横断山区鱼类》等文献中的相关信息整理描述。

主要形态特征 背鳍 54~66；臀鳍 32~41；胸鳍 48~54；腹鳍 32~43。背鳍前骨板 9~14，多数 12~14；背鳍后骨板 1 或 2；背侧骨板，左侧 27~29，右侧 28~38，多数 33~36/33~35；腹侧骨板，左侧 8~15，右侧 9~15，多数 10~13/10~14；臀鳍前骨板 1 或 2，多数 2；臀鳍后骨板 1 或 2，多

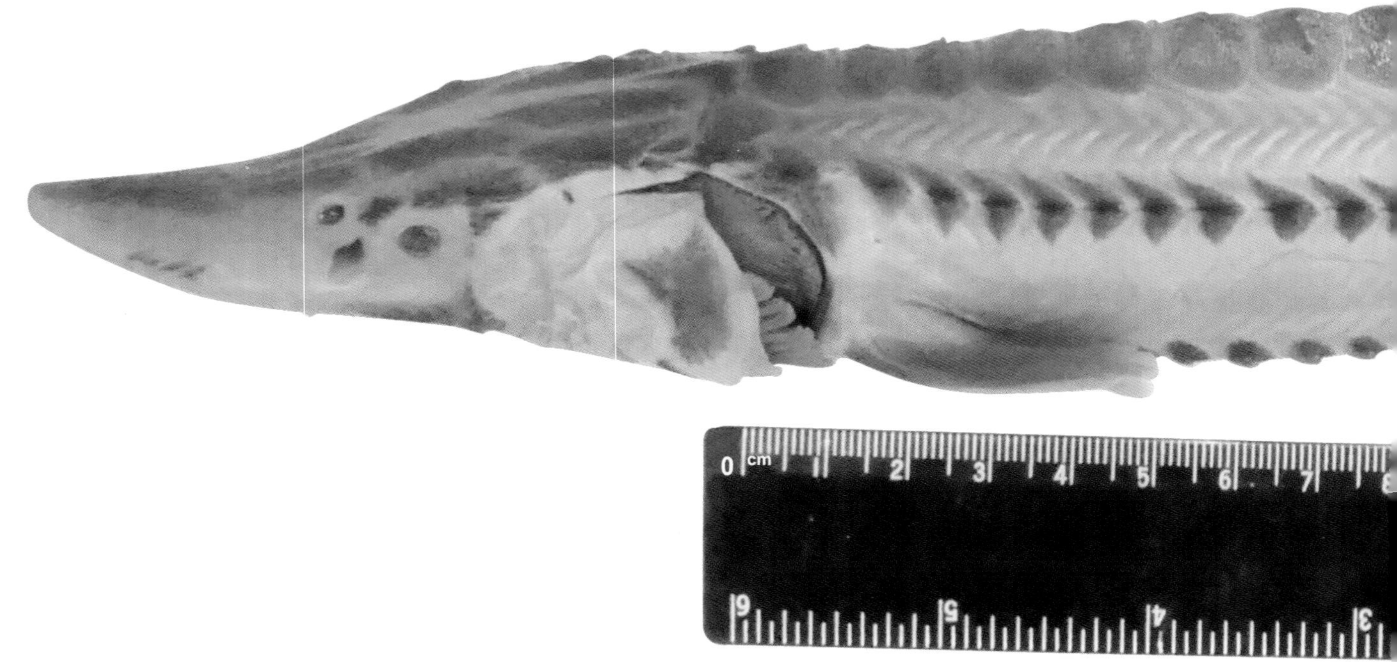

^ 中国科学院动物研究所馆藏标本，20 世纪 60 年代采自洞庭湖，幼鱼

数 2。第一鳃弓外侧鳃耙 13~28，多数 16~20。

体长为体高的 5.9~9.8 倍，为头长的 3.1~4.4 倍，为尾柄长的 8.0~14.0 倍，为尾柄高的 20.0~24.5 倍。头长为吻长的 1.7~2.5 倍，为眼径的 13.3~15.0 倍，为眼间距的 2.5~3.7 倍，为眼后头长的 2.2~2.5 倍。身体各部分比例随个体大小不同变幅较大。

体长梭形，前躯略呈圆筒状，后部渐细，尾部细长；背部轮廓略呈弧形，腹面略平。头大，长三角形。吻部犁形，基部宽，吻端尖，略向上翘。鼻孔大，位于眼前方。眼小，侧上位。须 2 对，位于口前方，排成 1 列。口大，下位，横裂状，能自由伸缩。唇发达，上具许多细小乳突。鳃孔大，鳃膜与峡部相连。假鳃发达，第一鳃弓外侧鳃耙粗短，呈短柱状，排列稀疏。

背鳍位于身体后部，稍小，外缘内凹，其起点约在腹鳍和臀鳍起点之间的上方。胸鳍发达，稍宽，末端圆。腹鳍稍小，略呈长方形，末端后伸达肛门。臀鳍较短小，外缘内凹，其起点位于背鳍中部下方。尾鳍歪形，后缘下部内凹；上叶长，末端尖，上缘有 1 列纵行棘状鳞；下叶短小，末端稍尖。肛门近腹鳍基部。

体侧具 5 列纵行骨板。背部正中 1 列，较大；体两侧中部各 1 列；腹部各 1 列。各列骨板间皮肤光滑。

鳔大，1 室，前部钝圆，后部尖细。肠内具 7 或 8 个螺旋瓣。

身体侧上部灰褐色，腹侧向下渐灰白，各鳍青灰色。

生活习性及经济价值　中华鲟为大型降海洄游性底栖鱼类，也是我国传统的重要野生经济种类，历史上在一些主要分布区有一定产量。据报道，20 世纪 70 年代，仅长江上游川江段产量

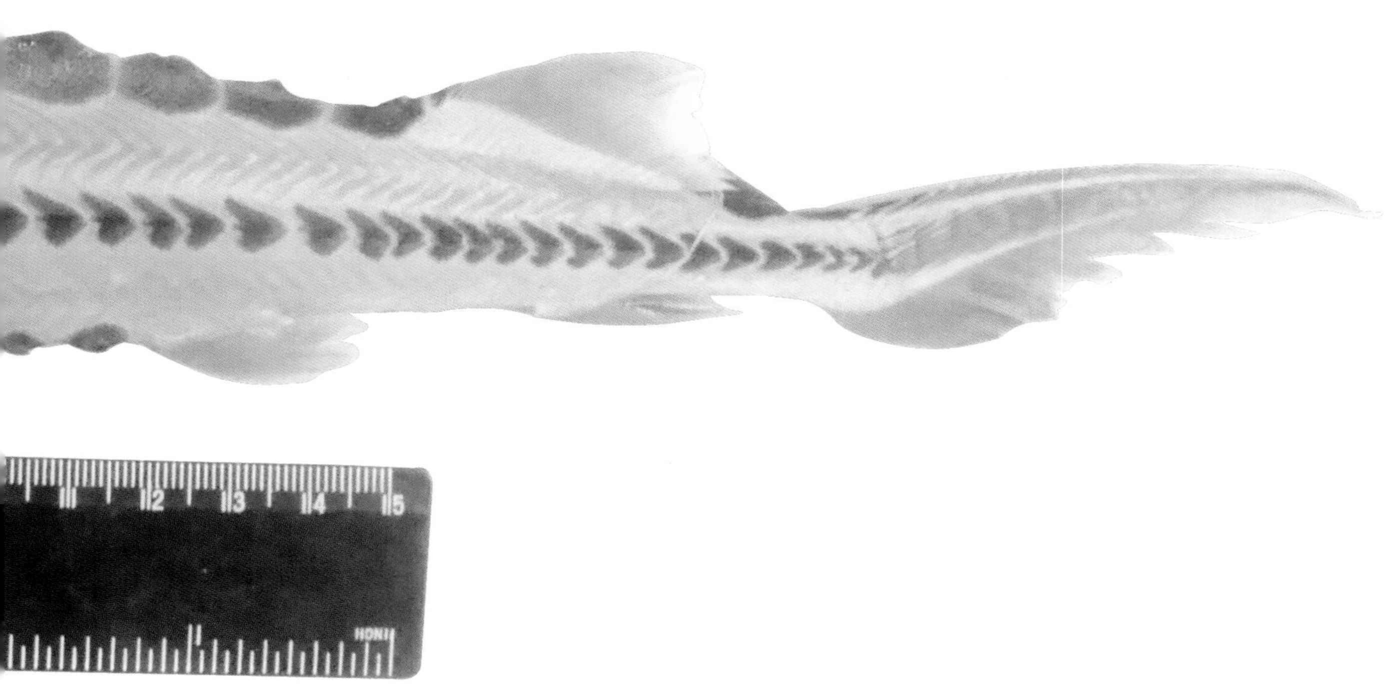

就可达 1.8 万 ~4.3 万 kg/ 年（四川省长江水产资源调查组，1975）。记录到的最大个体体重可达 600kg；一般繁殖群体，雌性体重为 130~250kg，年龄在 14~18 龄，雄性体重为 68~106kg，年龄在 12~16 龄（湖北省水生生物研究所鱼类研究室，1976）。性成熟后溯河洄游至江河上游产卵繁殖。在长江流域，历史上的产卵场仅知分布在金沙江下游和川江上段，产卵场多激流险滩（见书后图版）；产卵期为 10 月中旬至 11 月中旬；产沉 - 黏性卵，受精卵黏着在砾石上孵化；成熟卵椭圆形，绿褐色。繁殖后的亲鱼和孵出的幼鱼顺流而下，至河口和近海区育肥。

中华鲟属于以动物性食物为主的杂食性鱼类，主要食物为摇蚊幼虫、蜻蜓幼虫等水生昆虫及软体动物、虾、蟹和小鱼等，也包括一些植物碎屑。

流域内资源现状　1981 年长江宜昌江段葛洲坝水利枢纽建成，阻断了长江中下游中华鲟上溯长江上游产卵场的通道。目前，葛洲坝水利枢纽以上江段已无中华鲟的自然分布。葛洲坝水利枢纽以下江段形成新的产卵场，但产卵场规模较小，对天然群体的补充作用有限，导致天然群体资源量下降十分明显。另据 2013 年和 2014 年两年监测，葛洲坝水利枢纽以下江段的天然产卵场已连续两年没有采集到幼鱼。中华鲟人工繁育已经成功，通过增殖放流以补充自然资源。目前，中华鲟已被列为国家一级重点保护野生动物。

分布　东亚特有种，历史上黄海北部至海南万宁县（现万宁市）的南海近海及黄河、长江、钱塘江、闽江和珠江流域的西江等均有分布记录。在长江流域，历史上最上分布记录为金沙江屏山江段。葛洲坝水利枢纽建成后，截流在坝上水域的个体逐渐消失，目前，仅在葛洲坝大坝以下有自然分布（图 4-1）。

达氏鲟 *Acipenser dabryanus* Duméril，1868

曾用名　长江鲟

地方俗名　鲟鱼、沙腊子、小腊子

Acipenser dabryanus Duméril，1868，Nouv Arch Mus Hist Nat Paris，IV：98（长江）；刘成汉，1964，四川大学学报，(2)：99（长江、金沙江、嘉陵江、渠江）；湖北省水生生物研究所鱼类研究室，1976，长江鱼类：16；褚新洛和陈银瑞，1990，云南鱼类志：2；丁瑞华，1994，四川鱼类志：29；危起伟，2012，长江上游珍稀特有鱼类国家级自然保护区科学考察报告：86。

未采集到标本，综合《长江鱼类》《四川鱼类志》《云南鱼类志》和《横断山区鱼类》等文献中的相关信息整理描述。

主要形态特征　背鳍 47~59；臀鳍 27~39；胸鳍 48~51；腹鳍 36~39。背鳍前骨板 8~13，多为 9~12；背鳍后骨板 1 或 2；背侧骨板，左侧 26~39，右侧 26~38，多数 28~39/29~34；腹侧骨板，左侧 8~15，右侧 8~13，多数 9~13/10~12；臀鳍前骨板 1 或 2，多数 2；臀鳍后骨板 1 或 2，多数 2。第一鳃弓外侧鳃耙 20~36。

体长为体高的 5.0~8.5 倍，为头长的 2.3~4.8 倍，为尾柄长的 8.0~12.9 倍，为尾柄高的 17.5~27.9 倍。头长为吻长的 1.9~2.7 倍，为眼径的 10.1~20.5 倍，为眼间距的 2.7~3.8 倍，为眼后头长的 1.7~2.3 倍。尾柄长为尾柄高的 1.5~2.2 倍。身体各部分比例随个体大小变化而有较大变幅。

体长梭形，胸部平直，尾端尖细。头长楔形，吻端尖细，略向上翘。头部背面密布细小乳突，略显粗糙。鼻孔大，位于眼前方。眼小，侧上位。须 2 对，约等长，平行排列于口前方。口下位，横裂状，能自由伸缩。上、下唇表面具许多细小乳突。鳃孔大，鳃膜与峡部相连；鳃弓肥厚；第一鳃弓外侧鳃耙细小，呈薄片状，三角形，排列较紧密。

背鳍位于身体后部，稍高，基部较长，外缘稍内凹，其起点约在腹鳍和臀鳍起点之间的上方。胸鳍平展，位于胸部侧下方，外角钝圆弧形。腹鳍位置较后。臀鳍较短小，位于背鳍后下方。尾鳍歪形，后缘下部内凹；上叶长，末端尖；下叶短小，末端稍尖。肛门近腹鳍基部。尾柄细，较短。

体表具 5 列纵行骨板。背部正中 1 列最大；体两侧中部各 1 列，腹部各 1 列。各列骨板间皮肤表面密布细小突起，触摸粗糙，幼鱼尤为显著。

鳔大，1 室。肠内具 7 或 8 个螺旋瓣。

身体侧上部青灰色，腹侧向下渐灰白，其间界线分明。各鳍青灰色，边缘灰白色。

生活习性及经济价值　达氏鲟为较大型的淡水底栖鱼类，多在长江中上游深水区生活，常见个体重 4~10kg，最大个体可达 30kg。主要以底栖无脊椎动物为食，包括摇蚊幼虫、蜻蜓幼虫、浮游幼虫、寡毛类和虾类等；也摄食植物碎屑、藻类等；食物中也出现一些小型鱼类，如𬶋、虾虎鱼类、吻𬶋等。春季繁殖；性成熟较晚，雌鱼为 6~8 龄，雄鱼一般为 4~5 龄；产卵场主要在长江上游合江至金沙江下游的屏山一带，常在水流湍急、卵石底质的河滩处产卵；产黏性卵，受精卵黏附在石砾上孵化。

流域内资源现状　达氏鲟原为产地重要野生经济鱼类，在渔业生产中占有一定比例，20 世纪 70 年代，曾占合江渔业总产量的 4%~10%。目前，资源量下降明显，近年我们连续多次在长江上游（包括金沙江）野外调查中都未曾见到过标本。人工繁育已经成功。目前，达氏鲟被列为国家一级重点保护野生动物。

分布　主要分布在长江中上游，尤以宜昌至宜宾之间为主要分布区域，最上分布记录为金沙江屏山江段（图 4-1）。

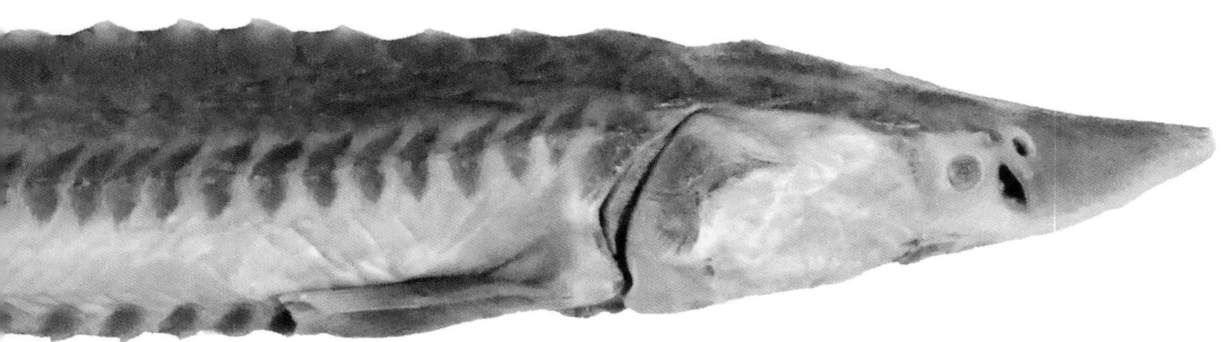

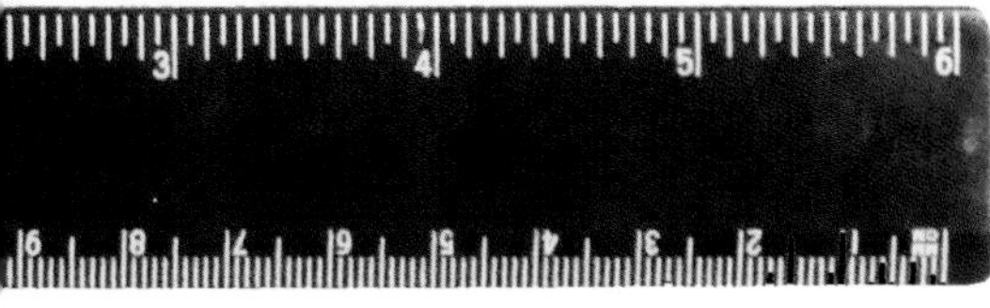

^ 中国科学院动物研究所馆藏标本

（二）白鲟（匙吻鲟）科 Polyodontidae

体长，呈梭形。头部长，吻延长呈桨状或剑状。口大，下位，弧形。上、下颌具细齿。须 1 对，细小，位于口前方。尾柄细。鳃盖仅由下鳃盖骨组成。背鳍后位；歪尾型，上叶发达。体表裸露无鳞，仅在尾鳍背缘有 1 列纵行棘状鳞。

自然分布于我国东部的海河、黄河、淮河、长江、钱塘江及其所属黄渤海和东海近岸海域；国外见于美国密西西比河等。

本科现生类群仅有 2 个单型属，分别见于我国东部和北美洲。

（2）白鲟属 *Psephurus*

头长，吻部延长呈剑状，两侧具柔软的皮膜。口浅弧形。鳃孔大，左、右鳃膜在峡部直接相连，鳃膜后缘延伸至胸鳍起点。其他主要特征同科。

我国有 1 种，分布信息同科。本流域有分布。

未采集到标本，综合《长江鱼类》《四川鱼类志》和《横断山区鱼类》等文献中的相关信息整理描述。

白鲟 *Psephurus gladius*（Martens，1862）

地方俗名　象鱼、剑（箭）鱼、琴鱼

Polyodon gladius Martens，1862，Monatsber Akad Wiss Berlin：476（长江）。

Psephurus gladius：Tchang，1928，Contr Biol Lab Sci Soc China，4(4)：1-2，fig. 1（南京）；张春霖和刘成汉，1957，四川大学学报，(2)：222（宜宾）；吴江和吴明森，1985，西南师范大学学报，(1)：81（宜宾）；湖北省水生生物研究所鱼类研究室，1976，长江鱼类：20；丁瑞华，1994，四川鱼类志：30；危起伟，2012，长江上游珍稀特有鱼类国家级自然保护区科学考察报告：85。

主要形态特征　背鳍 46~64；臀鳍 50~57；胸鳍 36~37；腹鳍 40~42。尾鳍背缘棘状鳞 8~10。第一鳃弓外侧鳃耙 42 或 43。

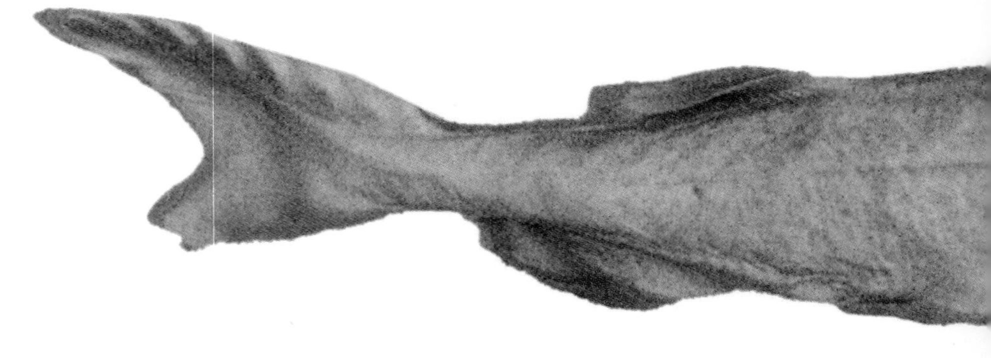

体长为体高的 6.5~12.0 倍，为头长的 1.5~2.2 倍，为尾柄长的 10.0~20.0 倍，

为尾柄高的 20.0~32.6 倍。头长为吻长的 1.3~1.5 倍，为眼间距的 6.2~8.8 倍，为眼后头长的 2.2~2.5 倍。尾柄长为尾柄高的 1.5~2.2 倍。身体各部分比例随个体大小不同变幅较大。

体延长，前躯略平扁，后部渐侧扁，尾柄短细，尾上翘。头极度延长，呈剑状，其长度占体全长的 1/3~1/2，基部宽厚。吻部尖长，两侧具柔软的皮膜。鼻孔小，位于眼前方，每侧 1 对。眼极小，圆形，侧上位。须 1 对，位于口前方。口裂大，下位，弧形，两颌具尖细小齿。鳃孔大，鳃膜不与峡部相连，鳃膜呈三角形，后端向后延伸超过胸鳍起点。第一鳃弓外侧鳃耙较粗壮，排列紧密。

背鳍较高，后位，基部长，外缘稍内凹，其起点约在腹鳍基部末端的上方。胸鳍平展，短宽，紧位于鳃孔之后。腹鳍稍小。臀鳍稍长，外缘微凹，其起点位于背鳍后部的前下方。尾鳍歪型尾，后缘下部内凹；上叶长，末端尖；下叶短小，末端尖。肛门近臀鳍起点。

体表裸露光滑，仅在尾鳍上叶背缘有 1 纵行 6~9 棘状鳞。侧线完全，较平直。

鳔大，1 室。肠管短，约为体长的 1/2，肠内具 7 或 8 个螺旋瓣。

身体侧上部暗灰色或蓝灰色，腹侧及各鳍灰白色。

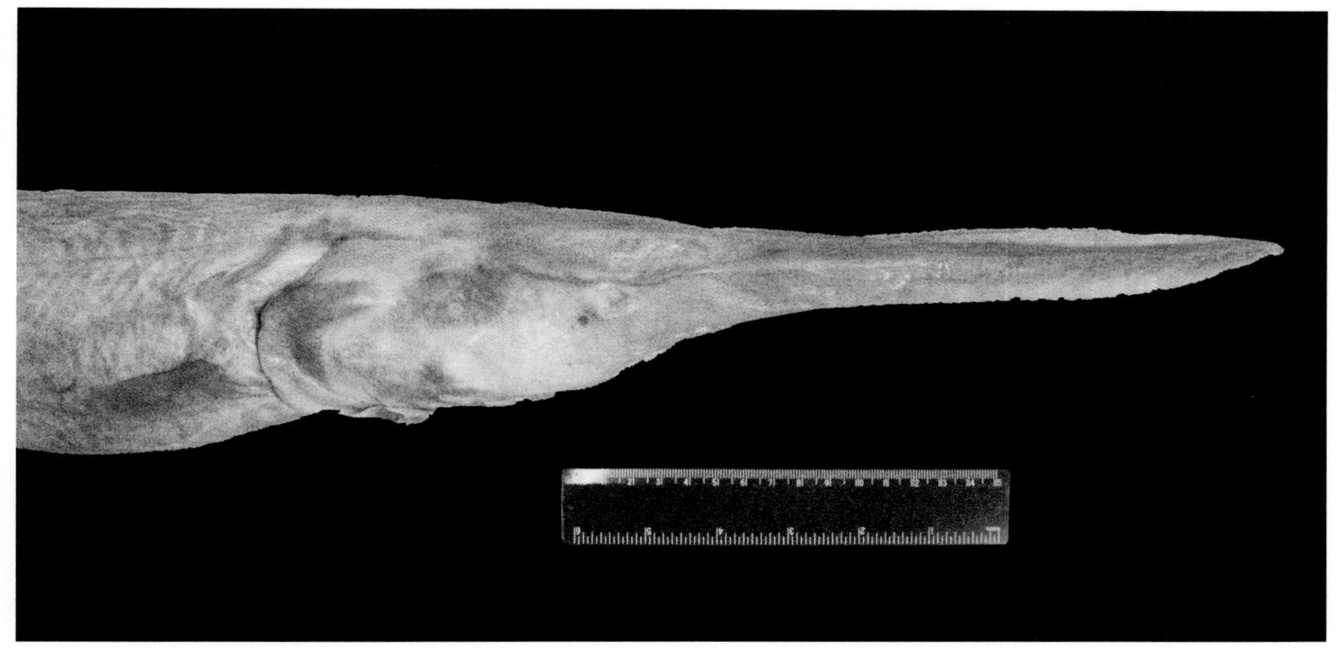

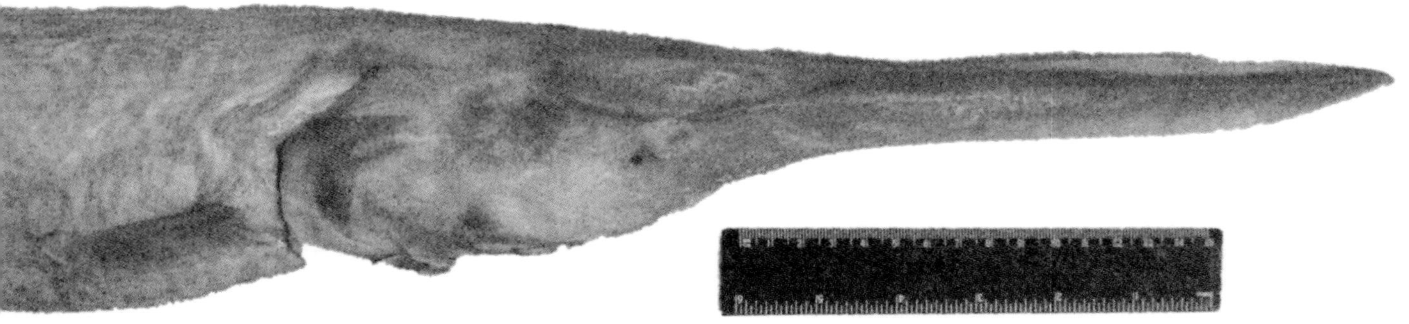

^ 中国科学院动物研究所馆藏标本，20 世纪 80 年代万县地区水产所赠送

生活习性及经济价值　白鲟为大型鱼类，喜栖息于中下层水体，也进入大型通江湖泊，是我国重要的野生珍稀鱼类，特别在川江更是当地重要的大型野生经济鱼类之一，当地渔谚中有“千斤腊子，万斤象”的说法，前者是指中华鲟，后者为白鲟。游泳迅速，性凶猛，肉食性，主要捕食其他鱼类，兼食虾、蟹等，消化道中也见有桡足类、端足类等。性成熟较迟，雌性一般为 7~8 龄、体重为 25kg 以上，雄性稍早。据报道，繁殖期为 3~4 月，现知产卵场仅在宜宾市所属的宜宾县柏溪镇上游 8km 处的金沙江下游河段和江安县川江上游河段（危起伟，2012），在卵石底质河段产卵；产沉性卵，受精卵黏着在砾石上孵化。

流域内资源现状　主要产于长江，资源量一直不大，历史上四川以下沿长江各省均有捕获。葛洲坝水利枢纽建成后，其下江段资源量明显减少，至 1995 年后基本绝迹，仅 2002 年在南京市下关区附近发现 1 尾雌鱼，后再无发现报道。葛洲坝水利枢纽以上江段，曾于 2003 年在宜宾南溪镇江段误捕 1 尾成体，至今再无误捕记录（危起伟，2012）。目前，白鲟已被列为国家一级重点保护野生动物。

分布　为东亚所特有。历史上，黄渤海、东海，以及海河、黄河、淮河、长江、钱塘江等均有分布记录，但以长江为主要分布区。在长江流域，最上分布记录为宜宾县柏溪镇上的三块石附近江段（产卵场）（图 4-1）。

二、鳗鲡目 Anguilliformes

体细长如蛇状，通称“鳗型”。现生种全部没有腹鳍（化石种古鳗属 *Anguillavus* 和尾鳗属 *Enchelurus* 显示存在腹鳍），背鳍和臀鳍通常延长，有些种类无尾鳍，甚或无肩带和胸鳍；眼通常较小，鼻孔发达或较特化，鳃孔小，口中具齿；鳞片缺如或少数种类有退化的细小鳞片；上颌骨组成口裂前缘，前颌骨、犁骨和筛骨常愈合成 1 块完整的骨骼，无后颞骨、中乌喙骨和后匙骨。

中国有 12 科 55 属 135 种。本流域分布有 1 科。

（三）鳗鲡科 Anguillidae

体延长，较粗壮；前部圆筒状，向后渐侧扁。鳞细小，埋于皮下，呈席纹状排列；体表黏液腺发达。眼小。鼻孔每侧 1 对；前鼻孔具短管，后鼻孔呈裂缝状。口裂微斜或近水平状，向后达眼后缘；唇厚。两颌及犁骨齿呈带状排列。鳃孔位于胸鳍前下方。具侧线。胸鳍发达；背鳍始于头部远后方，与肛门前方或后方相对；背鳍和臀鳍与尾鳍相连。肛门位于体前半部。

本科仅鳗鲡属 1 属，有 15~18 种，分布于除太平洋东部和大西洋南部以外的热带和温带海域。中国至少有 4 种，分布于东部和南部各海区及各通海河流。

(3) 鳗鲡属 *Anguilla*

属的特征同科。本流域有 1 种。

未采集到标本，依据《长江鱼类》《四川鱼类志》和《横断山区鱼类》等记载整理描述。

鳗鲡 *Anguilla japonica* Temminck *et* Schlegel，1846

地方俗名　白鳝、日本鳗鲡

Anguilla japonica Temminck *et* Schlegel, 1846, Fauna Japonica, Pisces: 258（日本）；刘成汉，1964，四川大学学报，(2)：116（长江干流、渠江、沱江、岷江、金沙江）；吴江和吴明森，1986，四川动物，5(1)：3（雅砻江下游）；湖北省水生生物研究所鱼类研究室，1976，长江鱼类：35（金沙江）；丁瑞华，1994，四川鱼类志：41（宜宾）；陈宜瑜，1998，横断山区鱼类：40（金沙江）。

主要形态特征　背鳍 46~64；臀鳍 50~57；胸鳍 36 或 37；腹鳍 40~42。尾鳍背缘棘状鳞 8~10。第一鳃弓外侧鳃耙 42 或 43。

体长为体高的 15.0~21.7 倍，为头长的 6.9~11.0 倍，为躯干长的 3.4~3.5 倍。头长为体高的 2.0~2.5 倍，为吻长的 4.0~5.5 倍，为眼径的 10.0~17.8 倍，为眼间距的 4.8~6.2 倍，为胸鳍长的 2.7~3.4 倍。脊椎骨 108~110。身体各部分比例随个体大小不同变幅较大。

体细长如蛇形，前部圆柱形，自肛门后渐侧扁，尾部细小，体长最长可达 1.3m。头呈圆锥形，稍平扁。吻钝圆，稍扁平。鼻孔每侧 1 对，前、后鼻孔相距远：前鼻孔近吻端，短管状；后鼻孔位于眼前方，不呈管状。眼较小，侧位。口端位，口裂宽大，口角可达或超过眼后缘。唇厚，肉质。上、下颌及犁骨均具细尖齿。鳃孔小，位于胸鳍基部下方，左、右分离。

背鳍、臀鳍低长，后端与尾鳍相连；背鳍起点距肛门较距鳃孔的距离为小；臀鳍起点距背鳍起点的距离稍小于头长。胸鳍小，宽圆形，其起点位于鳃孔稍前处上方。无腹鳍。尾鳍后端圆形。体背灰黑色，腹部灰白或浅黄，无斑点。肛门位于臀鳍起点之前。

鳞隐于表皮内，细长，呈席状排列。侧线发达，完全。

鳔小，1 室，壁厚，有鳔管沿腹面通至食道。胃具盲囊。

身体侧上部暗绿褐色或铅灰色，腹部白或淡黄色，无斑点。背鳍、臀鳍后部及尾部边缘黑色。

生活习性及经济价值 鳗鲡为降海洄游性鱼类，每年春季，大批幼鳗（也称白仔、鳗线）成群自大海进入江河口。雄鳗通常在江河口成长，雌鳗逆水上溯至江河干流、支流及与江河相通的湖泊，有的甚至上溯数千千米到达江河上游生长、发育。性成熟后，秋季又大批降河，游至江河口与雄鳗会合，之后继续游至海洋深处繁殖。常在夜间活动，肉食性，主要捕食小鱼、蟹、虾、甲壳动物、水生昆虫等。

流域内资源现状 20 世纪五六十年代，由于大力兴修水利，区域内通海河流的下游普遍修建闸坝，阻断了此类鱼沿河上溯的通道，造成此类鱼在区域内绝迹。今后在对区域内水利设施改造过程中，可考虑为这些鱼类修建或留出通道，使这部分资源有可能在本地区恢复。

分布 我国西太平洋沿岸，从黑龙江到珠江各大通海河流及其支流均有分布记录。在长江流域，可采信的（有实物标本依据）（丁瑞华，1994）最上分布记录似不会超过宜宾江段（图 4-2）。

三、鲤形目 Cypriniformes

口常能伸缩，上、下颌无齿；下咽骨有齿（咽喉齿）1~4 行。须有或无。鳃盖条 3~5。各鳍均无鳍棘，仅有些种类背鳍或臀鳍最后一枚不分枝鳍条骨化为硬刺。腹鳍腹位。体被圆鳞，少数裸露无鳞。前 4 枚脊椎骨部分变形，形成韦伯氏器，以连接内耳和鳔。鳔有鳔管。有肌隔骨刺即肌间骨。

鲤形目为硬骨鱼纲辐鳍亚纲中物种数量仅次于鲈形目的第二大类群，也是现生淡水鱼类中最大的一目，主要分布于亚洲东南部，其次为北美洲、非洲及欧洲。我国现知有 6 科 16 亚科 1000 种以上。

科检索表

1（2） 背鳍分枝鳍条 50 以上……………………………………………………………………**胭脂鱼科 Catostomidae**
2（1） 背鳍分枝鳍条远少于 50
3（4） 口前吻部无须或仅有 1 对吻须………………………………………………………………**鲤科 Cyprinidae**
4（3） 口前吻部具 2 对或 2 对以上吻须
5（9） 头和身体前部侧扁或圆筒形；胸鳍不扩大，位置正常
6（7） 无眼下刺；须 3 对，其中吻须 2 对，口角须 1 对……………………………………**条鳅科 Nemacheilidae**
7（6） 有眼下刺；须 3~5 对，其中吻须 2 对，口角须 1 对，颏须 1 或 2 对或缺如
8（9） 2 对吻须聚生于吻端；尾鳍深分叉；侧线完全……………………………………………**沙鳅科 Botiidae**
9（8） 2 对吻须分生于吻端；尾鳍内凹、截形或圆形；侧线完全、不完全或缺如………………**花鳅科 Cobitidae**
9（5） 头和身体前部平扁；偶鳍扩大，并向腹面两侧平展……………………………………**爬鳅科 Balitoridae**

（四）胭脂鱼科 Catostomidae

体延长，侧扁，背部在背鳍起点处特别隆起。头短，吻圆钝。口下位，马蹄形。吻褶下卷掩盖上唇前部，上唇与吻褶形成 1 深沟。下唇翻出呈肉褶，唇上密布细小乳状突起。无须。背鳍无硬刺，基底长。体被圆鳞。侧线完全。下咽骨呈镰刀状，下咽齿 1 行，齿数多，排列呈梳状。鳔分 2 或 3 室。

胭脂鱼科也称为亚口鱼科，北美洲是现生属种的主要分布区，现存约为 14 属，近 80 种。我国仅 1 属 1 种，即胭脂鱼，自然分布于闽江和长江，闽江流域数量较少，长江流域上至金沙江、下到河口均有分布。在金沙江流域见于攀枝花以下江段。

（4）胭脂鱼属 *Myxocyprinus*

属的特征同科。

胭脂鱼 *Myxocyprinus asiaticus*（Bleeker，1864）

地方俗名 黄排、粉排、血排

Carpiodes asiaticus Bleeker，1864，Ned Tijdschr Dierk，2：19（华北）。
Myxocyprinus asiaticus：刘成汉，1964，四川大学学报，（2）：99（金沙江等）；丁瑞华，1994，四川鱼类志：45（宜宾）；陈宜瑜，1998，横断山区鱼类：43（金沙江）。

主要形态特征 测量标本 1 尾，幼体。全长为 317.59mm，标准长为 236.98mm。采自云南省昭通市巧家县东坪乡牛栏村（牛栏江）。形态特征结合《长江鱼类》《四川鱼类志》和《横断

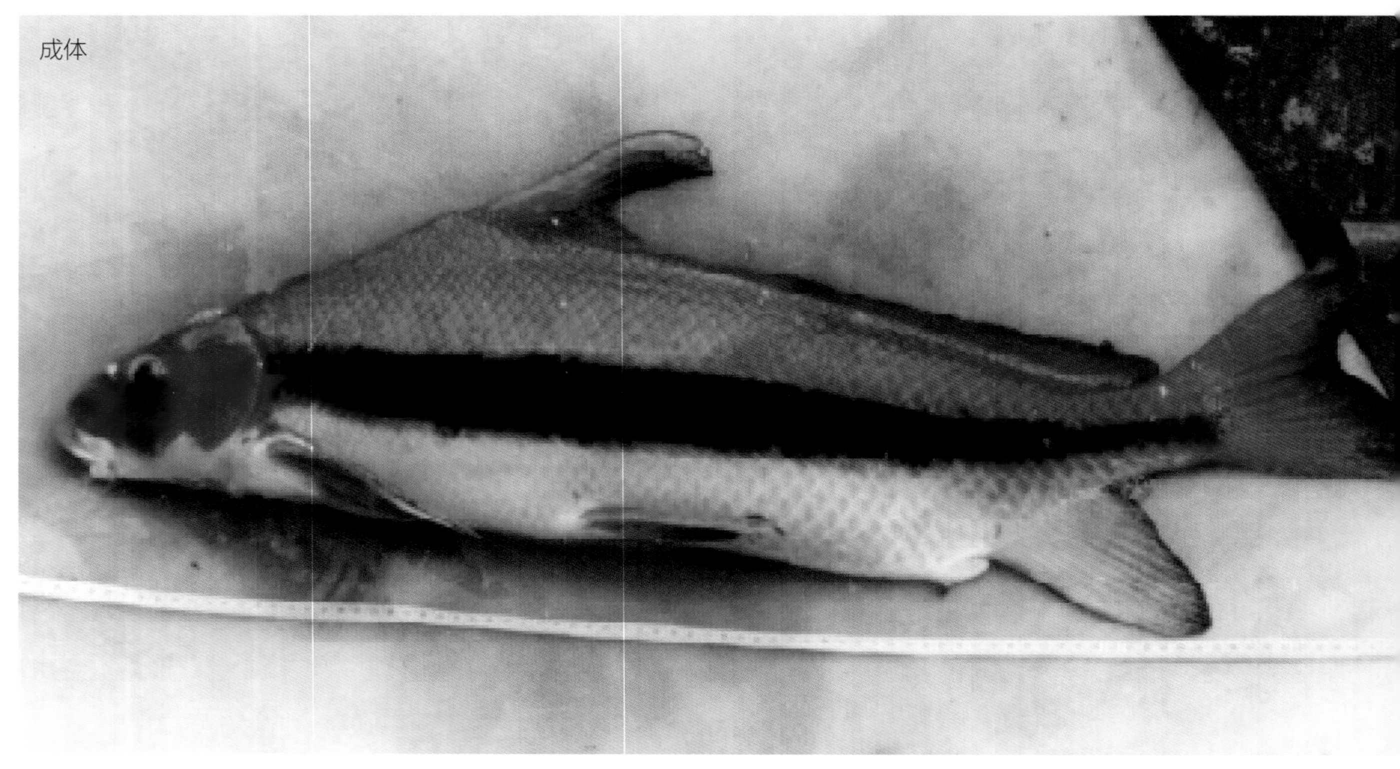

山区鱼类》等文献记载综合整理描述。

背鳍 iv-50；臀鳍 iii-11；胸鳍 i-9；腹鳍 i-10。侧线鳞 48~53。下咽齿 1 行，54~102。第一鳃弓外侧鳃耙 30~40。脊椎骨 39~41。

体长为体高的 3.1 倍，为头长的 5.8 倍，为背鳍基长的 15.5 倍，为尾柄长的 7.9 倍，为尾柄高的 14.4 倍。头长为吻长的 2.1 倍，为眼径的 4.1 倍，为眼间距的 1.9 倍。尾柄长为尾柄高的 0.9 倍。

体延长，侧扁；体背隆起，背鳍起点为身体最高点，侧面观幼鱼体呈三角形船帆状，成鱼体逐渐延长；体腹面平坦。头短小，锥形，头后隆起。吻钝圆，略突出。眼稍小，侧上位，稍向外突出。鼻孔紧邻眼前方。口小，下位，呈马蹄形。唇厚，肉质，吻皮与上唇形成 1 深沟，下唇外翻形成 1 肉褶，上、下唇具众多排列规则的小乳突。第一鳃弓外侧鳃耙较长，最长的第一鳃弓外侧鳃耙约为最短的第一鳃弓外侧鳃耙的 1 倍，呈三角形，排列紧密；内侧第一鳃弓外侧鳃耙较短。下咽齿较细，稍侧扁，末端钝，略弯曲呈钩状，排列呈栉状，齿常见有脱落断裂。鳔 2 室，后室细长。

背鳍较高，鳍基长，无硬刺；第一和第二根鳍条最长，之后剧降，后部鳍条长度相近，其长度不及最长鳍条的 1/2；背鳍起点靠前，与胸鳍基部之后相对。胸鳍略长，末端钝，后伸接近或超过腹鳍起点。腹鳍起点约与背鳍第 12 或 13 分枝鳍条基部相对，末端不伸达肛门。肛门紧靠臀鳍之前。臀鳍长，末端后伸一般可超过尾鳍基部。尾鳍叉形，下叶稍长于上叶，叶端尖。

体被鳞，鳞片较大，排列较整齐。侧线完全，自鳃孔上角沿体侧近平直，向后伸入尾柄正中至尾鳍基部。

生活时身体颜色随个体发育阶段的不同而有明显变化。幼鱼阶段，体呈灰褐色，体侧有 3 条黑色斜宽带；性成熟个体，体呈黄褐色、粉红或青紫色，体侧从吻端至尾鳍基部有 1 条宽阔的纵

幼体

近年来重庆鱼市场常见售卖的个体

带，雄鱼多呈胭脂红色，雌鱼青紫色。各鳍向边缘渐呈黑色。

生活习性及经济价值　胭脂鱼是中下层生活的较大型淡水鱼类，性成熟个体体长最长可超过 1m。成鱼游泳能力强，喜欢在干流水流较急的环境中生活；幼鱼行动迟缓，多在缓流处活动。主要摄食底栖无脊椎动物，包括摇蚊科、浮游目、蜻蜓目、襀翅目、毛翅目等昆虫的幼虫，端足类，蚬、淡水壳菜等软体动物，食物团中也混有大量泥沙、腐屑、高等植物碎片、硅藻及丝状藻类等。一般 6 龄达到性成熟，3~4 月繁殖，产卵场主要在长江上游合江一宜宾江段，以及嘉陵江和岷江等。生长较快，长江中捕到的最大个体可达 30kg。历史上曾为产地重要经济鱼类。

流域内资源现状　资料显示，胭脂鱼曾经是长江上游重要经济鱼类。据四川省宜宾市渔业社于 1958 年对渔获物的统计，胭脂鱼在岷江占当时渔获总量的 13% 以上；20 世纪 60 年代，在宜宾偏窗子库区也占渔获总量的 13%。但从 20 世纪 70 年代开始，资源量明显减少，20 世纪 70 年代中期（1973~1974 年）在宜宾产量已降至 2%（四川省长江水产资源调查组，1975）。过度捕捞繁殖期的亲鱼、环境污染和胭脂鱼自身的生物学特性（如胚胎发育时间过长、孵化期死亡率高等）可能是造成胭脂鱼资源量下降的主要原因（张春光和赵亚辉，2000）。此外，结合有关研究报道（邓中粦等，1987；余志堂等，1988）和我们的调查结果，目前胭脂鱼在葛洲坝下游宜昌江段已形成繁殖种群，并可自然繁殖。目前，葛洲坝上游和下游都可能存在各自独立繁殖的群体。野外实地调查期间，在重庆鱼市场发现胭脂鱼已成为当地常见野生经济鱼类。

依据相关研究，三峡水利枢纽建成后，库区回水可到达重庆，不会对合江一宜宾江段的水文环境产生大的影响，反而随着库区水位的升高，水面的开阔和水流的减缓，特别是在一些宽谷河段和库汊，会形成透明度相对较高的缓流区；另外，水库淹没区又多为农田、果园和居民点，淹没后底质肥沃，胭脂鱼所喜食的寡毛类等底栖无脊椎动物的数量可能会明显增加。这些都会为胭脂鱼成鱼、幼鱼提供较为适宜的生存环境，对上游分布的胭脂鱼资源恢复与增殖也会起到积极作用。在 2015 年夏季的调查中，我们在重庆市区农贸市场见到有不少亚成体胭脂鱼售卖，通过询问当地鱼贩，得知均为在长江重庆江段捕获的，这也反映出目前胭脂鱼资源量有一定恢复。

现为国家二级重点保护野生动物。

分布 自然分布于长江和闽江水系，闽江流域除历史记录外已长期没有胭脂鱼再被捕获的报道。在长江流域，历史记录显示上、中、下游均有分布，但主要分布区在长江上游（张春光和赵亚辉，2001）。文献中确切的最上分布记录应在宜宾江段（丁瑞华，1994）。调查期间，我们曾在金沙江下游南侧一级支流牛栏江采集到 1 尾幼鱼，应该是近年增殖放流的结果（图 4-3）。

（五）鲤科 Cyprinidae

体近纺锤形，多侧扁。口由上部的前颌骨和下部的齿骨组成，多可自由伸缩。通常具触须 1 或 2 对（或如鳅鮀亚科 4 对）或缺如。背鳍 1 个，其前部有 2~4 根不分枝鳍条，最后 1 根柔软或为硬刺。臀鳍末根不分枝鳍条通常柔软，少数为硬刺。腹鳍腹位。尾鳍一般叉形。鳔通常较大，2 或 3 室。侧线完全或不完全甚或缺如。绝大部分种类体被圆鳞，少数鳞片退化或无。上、下颌均无齿，最后 1 对鳃弓下部形成下咽骨，其上有 1~3 行极少 4 行下咽齿，与头骨后部腹面角质垫（咽垫）相互配合来切磨摄入的食物。

广泛分布于欧亚大陆、非洲和北美洲，除少数种类生活在咸淡水区域或内陆咸水湖外，绝大部分生活在淡水水域。在我国为内陆鱼类中最主要的组成成分，分布广泛，包括 12 亚科。

亚科检索表

1(12) 臀鳍分枝鳍条 7 或 7 以上

2(11) 体延长，略宽厚或侧扁，或呈高菱形，侧扁；繁殖期雌鱼不具发达的产卵管

3(4) 围眶骨系发达，下眶骨较大，第五下眶骨一般与发达的上眶骨接触；下颌前端多数具 1 瘤状突，与上颌前端凹陷相嵌（细鲫属例外）……**鱼丹亚科 Danioninae**

4(3) 围眶骨系不发达，上眶骨小，不与第五下眶骨接触；下颌前端通常无瘤状突（鳡属例外）

5(6) 腹部通常浑圆，无腹棱……**雅罗鱼亚科 Leuciscinae**

6(5) 腹部通常侧扁或较侧扁，胸鳍基部下方或腹鳍基部至肛门前具无鳞片覆盖的全棱或半棱（个别鲴亚科种类腹棱不存在）

7(10) 眼侧上位，位于头中轴上方；左、右两侧鳃膜与峡部相连；鳃上方无螺旋形鳃上器

8(9) 下颌前缘无角质；背鳍有或无硬刺……**鲌亚科 Cultrinae**

9(8) 下颌前缘具锋利的角质；背鳍具硬刺……**鲴亚科 Xenocyprinae**

10(7)　眼侧下位，稍偏于头中轴的下方；左、右鳃膜彼此连接而不与峡部相连；鳃上方具螺旋形鳃上器……………………………………………………………………………………………………**鲢亚科 Hypophthalmichthyinae**

11(2)　体呈卵圆形或长圆形，极侧扁；雌鱼生殖期具发达的产卵管……………………**鳑鲏亚科 Acheilognathinae**

12(1)　臀鳍分枝鳍条5或6

13(16)　臀鳍分枝鳍条6(棒花鱼属例外，臀鳍分枝鳍条5或6)

14(15)　口部具口角须1对……………………………………………………………………**鮈亚科 Gobioninae**

15(14)　口部具须4对：口角须1对，颏须3对……………………………………**鳅鮀亚科 Gobiobotinae**

16(13)　臀鳍分枝鳍条5

17(22)　臀鳍一般无硬刺，如有，则背鳍硬刺后缘光滑无锯齿

18(21)　臀鳍基部和肛门两侧无1列特化扩大的臀鳞

19(20)　无口前室；背鳍多数具硬刺…………………………………………………………**鲃亚科 Barbinae**

20(19)　一般有口前室；背鳍无硬刺……………………………………………………**野鲮亚科 Labeoninae**

21(3)　臀鳍基部和肛门两侧各具1列特化的较大型的臀鳞，使肛门前一段无鳞部分夹在两列鳞片之中……………………………………………………………………………………………………**裂腹鱼亚科 Schizothoracinae**

22(18)　臀鳍和背鳍皆具后缘带锯齿的硬刺…………………………………………………**鲤亚科 Cyprininae**

鿕亚科 Danioninae

体长，侧扁。口端位、亚上位或亚下位，多数种类下颌前端正中有1突起，口闭合时嵌入上颌相对位置的凹陷处。须1或2对或无。鳃膜连于峡部。腹部无腹棱或具半棱。侧线完全或不完全。背鳍和臀鳍均无硬刺。背鳍分枝鳍条一般6~8，少数可多至16。臀鳍分枝鳍条一般10~17，少数5或6。围眶骨系发达，下眶骨大，且与最后一块下眶骨接触。下咽齿2或3行。

多为小型鱼类，广泛分布于我国及东南亚地区。本流域包括3属3种。

属检索表

1(4) 下颌前端正中有1突起，与上颌凹陷相吻合

2(3) 口裂较小，上、下颌侧缘较平直……………………………………………**鱲属 *Zacco***

3(2) 口裂较大，上、下颌侧缘凹凸镶嵌…………………………………………**马口鱼属 *Opsariichthys***

4(1) 上、下颌前端无相吻合的突起和凹陷……………………………………**细鲫属 *Aphyocypris***

(5) 鱲属 *Zacco*

体延长，侧扁。腹部圆，无腹棱。口略小，端位，下颌前端正中具1小突起，与上颌凹陷处相吻合，两侧无明显缺刻。无须。背鳍、臀鳍均无硬刺。背鳍iii-7，起点约与腹鳍起点相对。臀鳍iii-9~10，雄鱼臀鳍第1~4分枝鳍条特别延长。体被鳞，鳞片排列较整齐。侧线完全，前段下弯。下咽齿2或3行，末端钩状。第一鳃弓外侧鳃耙短小，稀疏。

本属鱼类分布于亚洲东部、东北部等，包括我国东部、朝鲜、日本等。

宽鳍鱲 *Zacco platypus* (Temminck *et* Schlegel，1846)

地方俗名 桃花鱼

Leuciscus platypus Temminck *et* Schlegel，1846，207（日本长崎）。

Zacco platypus Jordan *et* Fowler，1903，Proc US Nat Mus，26：851（日本）；Tchang，1930，Thèse Univ Paris，91（四川）；杨干荣和黄宏金，1981，中国鲤科鱼类志（见伍献文等）：49（四川等）；陈宜瑜，1982，海洋与湖沼，13(3)：295（中国东部各江河）；褚新洛和陈银瑞，1989，云南鱼类志：30（程海、绥江等）；丁瑞华，1994，四川鱼类志，125（宜宾、渡口等）；陈宜瑜等，1998，中国动物志 硬骨鱼纲 鲤形目（中卷）：41（黑龙江至澜沧江）。

Zacco temminckii Tchang，1933，Zool Sinica，2(1)：133（四川）。

雄鱼

主要形态特征 采集标本多尾，测量7尾。全长为61.7~139.0mm，标准长为47.4~113.2mm。采自四川省攀枝花市金江镇，会理县彰冠乡，普格县花山乡；云南省水富县，元谋县江边乡，盐津县庙坝乡、普洱镇、豆沙镇，彝良县洛旺乡，武定县东坡和永胜县程海、仁和镇等。

背鳍 iii-7；臀鳍 iii-9~10；胸鳍 i-12~14；腹鳍 i-8。侧线鳞 $40\frac{7\sim9}{2\sim3}49$，围尾柄鳞18。下咽齿2或3行。

体长为体高的3.8~6.7倍，为头长的4.5~5.3倍，为尾柄长的6.7~9.0倍，为尾柄高的10.8~13.2倍。头长为吻长的2.7~3.9倍，为眼径的2.8~3.8倍，为眼间距的2.5~2.9倍。尾柄长为尾柄高的1.4~1.7倍。

体延长，侧扁；体背微隆起，腹部圆。吻钝。眼稍小，

侧上位。眼后头长大于吻长。眼间距约等于或稍大于吻长。鼻孔位于眼前上方。口端位，口裂向下倾斜。上颌骨后延达眼前缘的下方；下颌前端有不太明显的突起与上颌中部凹窝相吻合。无口须。雄性成熟个体繁殖期在吻部两侧分布有珠星。

背鳍起点约与腹鳍起点相对或稍前，至吻端与至尾鳍基部的距离约相等。胸鳍基部紧邻鳃盖后下方，末端尖，后伸不达腹鳍起点，部分个体特别是雄性可超过腹鳍基部。腹鳍后缘稍钝，末端后伸可达肛门。肛门紧邻臀鳍之前。臀鳍鳍条延长，成熟个体最长臀鳍鳍条后伸可超过尾鳍基部，性成熟雄鱼更为发达。尾鳍叉形，末端尖，下叶稍长于上叶。

体被圆鳞，稍大，排列较整齐。侧线完全，在胸鳍下方显著弧形向下弯曲。沿体侧向下后方延伸，入尾柄后回升到体侧中部至尾鳍基部。

生活时体色鲜艳，背部灰黑色，向腹部渐银白色，体侧具 10~13 条蓝色垂直斑条，条纹间杂有粉红色斑点，生殖期更鲜艳。眼上部有红色斑；腹鳍淡红色，其他各鳍色浅，鳍膜微黑。固定标本体色鲜艳程度不明显，体侧后方有 1 条不太明显的纵行黑条纹。

鲻鱼

雄鱼 / 雌鱼标本照

生活习性及经济价值　宽鳍鱲为产区重要经济鱼类，常见个体重 0.05~0.10kg，多生活在水流清澈的山区河流，较常见。通常以藻类、有机碎屑、甲壳类等为食，有时也捕食小鱼。生长较慢，1 冬龄即可达性成熟，繁殖期为 4~6 月，常见在河流的流水滩头逆流追逐嬉戏、产卵。

流域内资源现状　见于金沙江流域中下游，多生活在支流和湖泊中，干流也可见到。有一定的资源量，尽管个体不大，但数量较多，有一定的经济价值，为当地小型野杂鱼。

分布　我国东部、南部、西南部包括台湾山区河流广泛分布。国外分布于日本、朝鲜和越南等。在金沙江流域，多见于中游永胜（包括程海）以下特别是攀枝花以下各支流（图 4-4）。

（6）马口鱼属 *Opsariichthys*

体延长，侧扁。腹部圆，无腹棱。口亚上位，口裂大，向下倾斜，下颌稍长于上颌；下颌前端具 1 显著突起，与上颌中部凹陷相吻合，上、下颌两侧有明显凹凸缺刻镶嵌。口部无须。背鳍、臀鳍均无硬刺。背鳍 iii-7，起点约与腹鳍起点相对或稍前。臀鳍 iii-9~10，性成熟个体最长臀鳍鳍条向后延伸可达尾鳍基部。鳞片稍大，排列较整齐。侧线完全，在胸鳍上方显著下弯，近体侧下部向后延伸，入尾柄后回升至体侧中部。下咽齿 3 行（极个别 2 行），末端钩状。第一鳃弓外侧鳃耙短小，稀疏。

本属鱼类分布于亚洲东部、东北部及东南部，包括中国、俄罗斯、朝鲜、日本、越南等，仅 1 种。在我国，广泛分布于黑龙江至元江各水系。

马口鱼 *Opsariichthys bidens* Günther，1873

地方俗名　桃花鱼、马口

Opsariichthys bidens Günther，1873，Ann Mag Nat Hist，4(12)：249（上海）；Tchang，1930，Sinensia，1(7)：91（宜宾等）；刘成汉，1964，四川大学学报，(2)：100（安宁河、金沙江等）；陈宜瑜，1982，海洋与湖沼，13(3)：298（中国东部各江河）；丁瑞华，1994，四川鱼类志：128（宜宾等）；陈宜瑜等，1998，中国动物志　硬骨鱼纲　鲤形目（中卷）：47（中国东部）。

Opsariichthys uncirostris bidens：杨干荣和黄宏金（见伍献文等），1981，中国鲤科鱼类志：40（长江流域以南）。

主要形态特征　采集到标本多尾，测量 7 尾。全长为 89.2~168.6mm，标准长为 69.1~130.9mm。采自四川省雷波县马湖；云南省沾益县德泽乡，会泽县黄梨村、江底村和梨园乡等。

背鳍 iii-7~8；臀鳍 iii-8~9；胸鳍 i-13~15；腹鳍 i-8。侧线鳞 $39\frac{8\sim10}{2\sim3}47$，围尾柄鳞 16~18。下咽齿 3 行（个别 2 行）。

体长为体高的 4.4~5.0 倍，为头长的 4.0~4.8 倍，为尾柄长的 7.7~11.2 倍，为尾柄高的 9.6~12.5 倍。头长为吻长的 3.2~3.5 倍，为眼径的 3.0~4.4 倍，为眼间距的 2.9~3.4 倍。尾柄长为尾柄高的 1.1~1.5 倍。

体延长，侧扁；体背微隆起，腹部圆。吻钝。口亚上位，口裂向下斜。上颌骨后延可达眼中部下方；下颌稍长于上颌，前端有 1 显著突起与上颌中部凹窝相吻合；上、下颌侧缘凹凸镶嵌。无口须。雄性成熟个体在两侧吻和颊部有排列较规则的珠星，特别在繁殖期更显发达。眼稍小，侧上位。眼后头长大于吻长。眼间距约等于或稍小于吻长。鼻孔位于眼前上方。

背鳍起点约与腹鳍起点相对或稍前，至吻端的距离稍远于至尾鳍基部的距离。胸鳍基部紧邻鳃盖后下方，末端稍尖，后伸不达腹鳍起点。腹鳍后缘较钝，末端后伸不达肛门。肛门紧挨于臀

雄鱼

雌鱼

头部“马口”

马湖地方特色美食——油炸马口鱼

鳍之前。臀鳍鳍条延长，成熟个体最长臀鳍鳍条后伸可达尾鳍基部。尾鳍叉形，末端尖，下叶稍长于上叶。

体表被圆鳞，稍大，排列较整齐。侧线完全，在胸鳍下方显著弧形向下弯曲。沿体侧下方向后延伸，入尾柄后回升到体侧中部至尾鳍基部。

生活时，身体背部青灰黑色，向腹下部渐呈银白色，颊部、偶鳍和尾鳍下叶等处橙色，背鳍鳍膜具黑色斑点，体侧具 10~14 条浅蓝色垂直斑条，生殖期更加鲜艳。固定标本体色鲜艳程度不明显，体侧后方有 1 条不太明显的纵行黑条纹。

生活习性及经济价值 马口鱼常为产区重要经济鱼类之一，多生活在水流清澈的山区河段，也可见于临山水库、湖泊中，水库或湖泊中生活的个体常比山区河段的个体大很多，最大体重可达 0.5kg。喜集群活动，性凶猛，以小鱼虾等为食。繁殖期南、北方有差异，多为 5~7 月。

流域内资源现状 多见于金沙江下游支流和个别附属湖泊。在马湖，为当地较重要的经济种类，个体也稍大，湖周宾馆、饭店多有售卖。

分布 我国中东部、西南部很多江河特别是山区河流广泛分布。国外分布于朝鲜、老挝、俄罗斯、越南等。在金沙江流域，分布于下游一些支流和湖泊。其他地区较少见，邛海的记录似不太可信［依刘成汉等（1988）报道，1937~1960 年的记录没有此鱼］（图 4-4）。

（7）细鲫属 *Aphyocypris*

体延长，侧扁，腹部圆，无腹棱。口略小，端位，两侧无明显缺刻。无须。背鳍、臀鳍均无硬刺。背鳍 iii-7，起点约与腹鳍起点相对。臀鳍 iii-9~10，雄鱼臀鳍第 1~4 分枝鳍条特别延长。体被鳞，鳞片排列较整齐。侧线完全，前段下弯。下咽齿 2 或 3 行，末端钩状。第一鳃弓外侧鳃耙短小，稀疏。

本属鱼类分布于亚洲东部、东北部等，包括我国东部、俄罗斯、朝鲜、日本等。

中华细鲫 *Aphyocypris chinensis* Günther，1868

Aphyocypris chinensis Günther，1868，Cat Fish Br Mus，7：201（浙江）；刘成汉，1964，四川大学学报，(2)：100（金沙江等）；杨干荣和黄宏金，1981，中国鲤科鱼类志（见伍献文等）：15（四川）；丁瑞华，1994，四川鱼类志：131（金沙江）；陈宜瑜等，1998，中国动物志　硬骨鱼纲　鲤形目（中卷）：59（中国东部）。

主要形态特征　采集标本 2 尾，测量标本 2 尾。标准长为 29.9~31.6mm。采自云南省武定县东坡镇勐果河桥头（勐果河）和东川区碧谷镇西北约 2km 处（均属金沙江水系）。

背鳍 iii-7；臀鳍 iii-7~8；胸鳍 i-12；腹鳍 i-6~7。沿体侧正中纵列鳞 37 或 38，背鳍前鳞 13，围尾柄鳞 13 或 14。

体长为体高的 3.1~3.9 倍，为头长的 3.2~5.8 倍，为尾柄长的 5.1~6.3 倍，为尾柄高的 5.8~7.5 倍。头长为吻长的 3.2~3.3 倍，为眼径的 3.3~3.6 倍，为眼间距的 2.5~2.6 倍。尾柄长为尾柄高的 0.9~1.4 倍。

体延长，稍侧扁，体高略小于头长；体背部稍隆起，前腹部圆，腹鳍基部至肛门有较发达的腹棱。头锥形。吻稍钝圆。眼中等大，较圆，眼径稍小于吻长；侧上位；眼间稍宽平，眼间距显著大于吻长。鼻孔位于眼前缘上方。口亚上位，下颌稍突出于上颌之前，上颌末端后延可达眼前缘下方，上、下颌前端不具相吻合的凸起和凹窝；口裂中等大，向下倾斜。无口角须。

背鳍短，外缘微凸，其起点显著位于腹鳍起点之后，距尾鳍基部的距离约等于至眼后缘的距离。胸鳍末端尖，后伸接近或达腹鳍起点。腹鳍末端接近肛门。肛门紧挨于臀鳍起点之前。臀鳍

起点稍后于背鳍基部后段，鳍条不特别延长。尾鳍叉形，叶端稍尖。

体被圆鳞，中等大小。侧线不完全或缺如。

固定标本身体背部颜色呈暗灰色，腹侧部向下渐色淡。沿体侧中部有一道深色条纹，向后略明显。各鳍无明显斑纹。

生活习性及经济价值　中华细鲫为小型鱼类，常见个体体长为 30~50mm，多生活在水流较缓或静水、水较清澈的沟渠、小河等处，数量不多，经济价值不高。

流域内资源现状　零散分布，偶见于金沙江下游个别支流，数量稀少。

分布　中国东部黑龙江至珠江各水系。在金沙江流域仅见于下游个别支流，除采集记录的水体外，还见于安宁河（武云飞和吴翠珍，1990）（图 4-4）。

雅罗鱼亚科 Leuciscinae

体长，侧扁或近圆筒形，腹部圆，无腹棱。头中等大，稍侧扁。口端位或亚下位，唇薄，简单，无乳突。无须或具 1 对短须。眼中等大，位于头前半部两侧。鳃膜连于峡部。侧线完全。背鳍和臀鳍均无硬刺。背鳍分枝鳍条 7~10。臀鳍分枝鳍条一般为 6~14。下咽齿 2 或 3 行。

本亚科鱼类多为我国淡水鱼类中的大、中型鱼类，广泛分布于欧亚大陆及北美。我国有 16 属 30 种以上，除青藏高原及周边地区外均有分布。

属检索表

1（2）　臀鳍近于腹鳍，起点至腹鳍起点较至尾鳍基部为近或相等……………………………………**丁鲅属 *Tinca***

2（1）　臀鳍近于尾鳍，起点至尾鳍基部较至腹鳍起点为近或相等

3（10）　侧线鳞 100 以下

4(9) 背鳍分枝鳍条 7；侧线鳞 50 以下

5(8) 无须；鲜活时眼上无红斑

6(7) 下咽齿 1 行；鳍深黑色…………………………………………………………**青鱼属** ***Mylopharyngodon***

7(6) 下咽齿 2 行，侧扁；鳍灰黄色……………………………………………………**草鱼属** ***Ctenopharyngodon***

8(5) 短须 2 对；鲜活时眼上缘有红斑…………………………………………………**赤眼鳟属** ***Squaliobarbus***

9(4) 背鳍分枝鳍条 9 或 10；侧线鳞不超过 80 ……………………………………………**鳡属** ***Ochetobius***

10(3) 侧线鳞 100 以上

11(12) 头呈“鸭”嘴形；口裂小，伸达眼前缘 ……………………………………………**鯮属** ***Luciobrama***

12(11) 头呈锥形；口裂大，伸越眼前缘……………………………………………………**鳡属** ***Elopichthys***

（8）丁鲅属 *Tinca*

体侧扁，较高，腹部无腹棱。头短，侧扁。口端位，口角具 1 对小须。眼较小，侧上位。背鳍无硬刺，不分枝鳍条 3，分枝鳍条 7~9。臀鳍较短，不分枝鳍条 3，分枝鳍条 6~8。尾鳍浅凹或近截形。鳞片细小；侧线鳞多，87~120。侧线完全，约位于体侧中央，较平直，后延至尾鳍基部。第一鳃弓外侧鳃耙短，第一鳃弓外侧鳃耙 12~15。下咽齿 1 行。

在我国，自然分布于新疆额尔齐斯河流域中下游干流及其一些附属水体，如河汊坑塘等。目前，国内有比较广泛的人工移植。

丁鲅 *Tinca tinca*（Linnaeus，1758）

Cyprinus tinca Linnaeus，1758，Syst Nat ed，10：321（欧洲）。

Tinca tinca：Berg，1949，614；杨干荣和黄宏金（见伍献文等），1981，中国鲤科鱼类志：11（新疆布尔津）；马桂珍（见李思忠等），1979，新疆鱼类志：22（额尔齐斯河和乌伦古河）；陈宜瑜等，1998，中国动物志 硬骨鱼纲 鲤形目（中卷）：93（新疆额尔齐斯河和乌伦古河）。

主要形态特征 测量标本 2 尾。全长为 170.5~206.9mm，标准长为 130.2~163.2mm。采自四川省攀枝花市金江镇、云南省丽江树底（东江）村和鹤庆县龙开口镇中江乡等，均属金沙江水系中游干流及下游干流上段。

背鳍 iii-8；臀鳍 iii-7~8；胸鳍 i-16；腹鳍 i-8~9。

体长为体高的 3.6~4.0 倍，为头长的 4.5~5.0 倍，为尾柄长的 6.6~7.4 倍，为尾柄高的 7.5~7.6 倍。头长为吻长的 3.0~3.2 倍，为眼径的 3.4~3.6 倍，为眼间距的 2.3~2.5 倍。尾柄长为尾柄高的 1.0~1.1 倍。

体延长，稍侧扁；体背隆起，腹部圆。头锥形。吻钝圆。口中等大，端位，口裂稍斜，上、

^ 采自攀枝花附近河段的标本

下颌约等长，上颌骨末端可伸达鼻孔前缘下方。口角须 1 对，须长短于眼径。鼻孔位于眼前上方，距吻端与距眼前缘的距离约相等。眼较大，侧上位。眼间距较宽阔，圆凸。鳃膜连于峡部，峡部较宽。

背鳍位于腹鳍起点的后上方，起点约与腹鳍基部相对，外缘微凸，无硬刺，至尾鳍基部的距离较至吻端为近。胸鳍短，末端圆，后伸接近或达腹鳍起点。腹鳍末端钝圆，后伸不达肛门。肛门紧邻臀鳍之前。臀鳍位于背鳍后下方，外缘圆凸。尾鳍外缘微凹或近平截，上、下叶尖稍钝圆。

体表被细小的圆鳞，鳞片排列紧密。侧线完全，较平直，约位于体侧中央，近平直，后延至尾鳍基部。

生活时，体背侧部呈金黄色，近腹部以下包括头部腹面色淡；眼环绕眼球呈橘红色；各鳍橘黄色。固定保存的标本，体呈浅棕褐色。

生活习性及经济价值　丁鲹为原产区重要经济鱼类，常见个体体重可达 0.5kg 左右，多生活在水流清澈的宽谷河段回水湾或近河湿地坑池中，在引入的金沙江干流水流平缓的河段偶可捕到。

根据任慕莲等（2002）对额尔齐斯河分布的丁鲹的研究，丁鲹属于以摄食底栖无脊椎动物为主的杂食性鱼，食物中也含有大量的有机碎屑、浮游植物等。繁殖期从 6 月上中旬开始，最小性成熟年龄：雌性 4~5 龄，体长 16.3cm，体重为 108g，绝大部分 4 龄性成熟；雄性最小性成熟年龄 3~4 龄，体长 12.4cm，体重为 56g，绝大多数 3 龄性成熟。丁鲹对环境适应力很强，可以在低溶氧、气候寒冷的环境中生存，冬季可以钻入底泥中越冬。

流域内资源现状 目前，天然水域较少见，标本仅采自金沙江中游干流丽江树底村江段。流域内一些餐馆、饭店有售，较常见。

分布 新疆额尔齐斯河及乌伦古河。国外分布于欧洲。在金沙江流域为引入种，目前多见于金沙江中游干流及下游上段干流河段。

（9）青鱼属 *Mylopharyngodon*

体长形，前部近圆筒形，尾部渐侧扁；腹部圆，无腹棱。头稍侧扁，吻钝。口端位，上颌稍突出于下颌。无须。眼中等，侧上位。背鳍短，无硬刺，分枝鳍条 7 或 8。臀鳍中等长，分枝鳍条 8 或 9。尾鳍分叉。第一鳃弓外侧鳃耙短小。鳞片中等大，排列较整齐。侧线完全。下咽齿 1 行，短而粗，臼状，齿面光滑。体呈青灰色。

本属仅 1 种，我国东部、东南部广泛分布。流域内见于金沙江下游。

青鱼 *Mylopharyngodon piceus*（Richardson，1846）

地方俗名　青棒、螺蛳青、钢青

Leuciscus piceus Richardson，1846，Meeting Brit Assoc Adv Sci，Cambridge：298（广东）。

Mylopharyngodon piceus Lin，1935，Lingnan Sci J，14（3）：412（广东）；刘成汉，1964，四川大学学报，（2）：100（长江等）；湖北省水生生物研究所鱼类研究室，1976，长江鱼类：93（金沙江等）；吴江和吴明森，1985，西南师范大学学报，（1）：81（宜宾—雷波）；褚新洛和陈银瑞，1989，云南鱼类志：37（滇池等）；丁瑞华，1994，四川鱼类志：137（宜宾等）；陈宜瑜，1998，横断山区鱼类：100；陈宜瑜等，1998，中国动物志　硬骨鱼纲　鲤形目（中卷）：100。

未采集到标本，参考《横断山区鱼类》《云南鱼类志》《四川鱼类志》《长江鱼类》等文献整理描述。

主要形态特征　背鳍 iii-7；臀鳍 iii-8~9；胸鳍 i-16；腹鳍 i-8。第一鳃弓外侧鳃耙 18~20，下咽齿 1 行。侧线鳞 $40\frac{6\sim7}{4\sim5\text{-v}}44$；背鳍前鳞 16 或 17；围尾柄鳞 16~18。

体长为体高的 4.0~4.1 倍，为头长的 3.8~4.1 倍，为尾柄长的 7.0~7.6 倍，为尾柄高的 8.1~8.5 倍。头长为吻长的 3.9~4.2 倍，为眼径的 6.5~7.0 倍，为眼间距的 2.3~2.4 倍。尾柄长为尾柄高的 1.1~1.2 倍。

体延长，前部近圆筒形，后部略侧扁；腹部圆，无腹棱。头中等大，吻短，前端圆钝。口端位，口裂稍斜，上颌略长于下颌。无须。鼻孔离眼较离吻端为近。眼中等大，侧上位，眼间距宽平。鳃孔宽，鳃膜连于峡部。

2017 年 8 月攀枝花江段渔获物

背鳍稍显短小，最末 1 根不分枝鳍条柔软，其起点位于腹鳍起点前上方，至吻端的距离约等于至尾鳍基部的距离。胸鳍短，后端钝，后伸至胸鳍至腹鳍起点间距离的 2/3 处。腹鳍后伸至腹鳍至臀鳍起点间距离的 2/3 处，其起点约在胸鳍起点至臀鳍起点的中点或略后。肛门紧位于臀鳍之前。臀鳍短，其起点约在腹鳍起点至尾鳍基部的中点。尾鳍叉形，上、下叶约等长，叶尖较钝。

体被中等大小的鳞，鳞片排列较整齐，腹鳍基部具 1 发达的腋鳞。侧线完全，弧形。

第一鳃弓外侧鳃耙短小，排列稀疏。下咽齿短粗，左、右对称或不对称，臼齿状，齿面光滑。鳔 2 室，后室较长。腹膜灰黑色。

生活时体呈青灰色，尤以背侧部为甚，腹部灰色；各鳍青黑色。

生活习性及经济价值 青鱼为产区重要经济鱼类，为我国“四大家鱼”之一，也属于中国内陆鱼类中体形较大的种类，常可见数十千克以上的个体，喜在水体中下层生活。鱼苗阶段主要摄食浮游动物；体长 15cm 以上开始摄食小螺蛳或蚬；随着个体增大，下咽齿逐渐发育，下咽齿压碎能力逐渐加强，开始摄食蚌、蚬、螺蛳等水生软体动物；此外，也摄食虾、蟹、昆虫幼虫等。一般体长 100cm，体重 15kg 时才达到性成熟，多数个体 4~5 龄性成熟；繁殖期为 5~7 月，在大江大河干流流水环境中产卵，产漂流性卵。

流域内资源现状 天然水域中非常少见，我们在连续多年实地调查期间没有见到过标本。流域内滇池可能有分布（褚新洛和陈银瑞，1989），干流中记录在宜宾以下。

分布 我国东部黑龙江至珠江各大水系均有分布。国外自然分布于俄罗斯（黑龙江流域），已被引入欧洲等地。

在长江流域，自然分布最上应只达宜宾江段（李思忠和方芳，1990）。金沙江流域已知在滇池、宜宾 — 雷波江段等有分布记录。滇池应不具备其自然繁殖的条件，应为人为放养的结果；如果宜宾 — 雷波江段记录准确，则也应为人工放养逃逸的个体。

（10）草鱼属 *Ctenopharyngodon*

体长，近圆筒形；腹部圆，无腹棱。头宽，吻钝。口端位，上颌稍突出于下颌。无须。眼中等，侧上位。背鳍短，末根不分枝鳍条柔软，分枝鳍条 7。臀鳍分枝鳍条 8 或 9。尾鳍浅分叉。鳞片中等大，排列较整齐。侧线完全。第一鳃弓外侧鳃耙短小。下咽齿 2 行，侧扁，排列呈梳状。体呈草灰色。

本属仅 1 种，在我国东部、东南部广泛分布。现流域内最上见于金沙江上游（岗托）。

草鱼 *Ctenopharyngodon idellus*（Cuvier *et* Valenciennes，1844）

地方俗名　草棒

Leuciscus idellus Cuvier *et* Valenciennes，1844，Hist Nat Poiss，17：270（中国）。

Ctenopharyngodon idellus：刘成汉，1964，四川大学学报，(2)：100（长江、金沙江等）；湖北省水生生物研究所鱼类研究室，1976，长江鱼类：93（金沙江等）；吴江和吴明森，1985，西南师范大学学报，(1)：83（宜宾—雷波、攀枝花）；褚新洛和陈银瑞，1989，云南鱼类志：37（滇池、程海等）；丁瑞华，1994，四川鱼类志：137（宜宾等）；陈宜瑜，1998，横断山区鱼类：100（滇池、程海等）；陈宜瑜等，1998，中国动物志　硬骨鱼纲　鲤形目（中卷）：102（黑龙江至红河上游元江）。

未测量标本，参考《横断山区鱼类》《云南鱼类志》《四川鱼类志》《长江鱼类》等文献整理描述。

主要形态特征　背鳍 iii-7；臀鳍 iii-8；胸鳍 i-16；腹鳍 i-8。第一鳃弓外侧鳃耙 15~18，下咽齿 2 行，2·5—4·2 或 2·3—5·2。侧线鳞$39\frac{6\sim7}{4\sim5}44$；背鳍前鳞 16~18；围尾柄鳞 16~18。

体长为体高的 3.7~4.4 倍，为头长的 3.9~4.1 倍，为尾柄长的 6.8~7.8 倍，为尾柄高的 7.2~8.4 倍。头长为吻长的 4.1~4.3 倍，为眼径的 5.5~6.9 倍，为眼间距的 1.6~2.0 倍，为尾柄长的 1.7~2.0 倍，为尾柄高的 1.8~2.2 倍。

金沙江上游岗托江段采集，现场放生

体延长，前部近圆筒形，后部略侧扁；背部较平直，腹部圆，无腹棱。头中等大，吻短钝，宽而平扁。口端位，口裂弧形，后端在鼻孔前缘的下方；上颌略长于下颌。无须。鼻孔离眼较离吻端为近。眼中等大，侧上位，眼间距宽。鳃孔宽，鳃膜连于峡部。

背鳍最末一根不分枝鳍条柔软；背鳍起点位于腹鳍起点前上方或与之相对，至吻端的距离大于至尾鳍基部的距离。胸鳍后伸至胸鳍与腹鳍起点间距离的 2/3 处。腹鳍后伸至腹鳍与臀鳍起点间距离的 2/3 处，其起点至臀鳍起点略近于至胸鳍起点。肛门紧位于臀鳍之前。臀鳍短，其起点至尾鳍基部的距离小于至腹鳍起点的距离。尾鳍叉形，上、下叶约等长，叶尖较钝。

体被中等大小的鳞片，排列较整齐，腹鳍基部具 1 发达的腋鳞。侧线完全，前部弧形向下，向后渐升入尾柄正中至尾鳍基部。

第一鳃弓外侧鳃耙短小，排列稀疏。下咽齿 2 行，左、右数目不对称，主行齿侧扁，梳状，内行齿面光滑。鳔 2 室，后室大且长。腹膜灰黑色。

生活时体呈草灰色，尤以背侧部为甚，腹部灰白色；各鳍色淡。

生活习性及经济价值 草鱼为产区较大型的重要经济鱼类，最大个体可达 40~50kg 或以上，常见个体重 1~2kg，也是我国目前重要的养殖鱼类，具有重要的经济价值。但目前天然河流中较少见。

草鱼通常栖息于水体的中下层，适宜生长的水温为 22~28℃，在“四大家鱼”中对低氧的耐受力较差，主要以高等水生植物为食。产漂流性卵。

流域内资源现状 目前干流中较少见。在流域内一些天然湖泊如滇池、程海、邛海等常可见到，且个体较大，常可见到 3~5kg 或以上的个体，售价较高，疑多为增殖放流或养殖等的结果。

分布 我国东部黑龙江至元江各大水系均有分布。国外自然分布于俄罗斯（黑龙江流域）、越南等，已被引入欧洲等地。

在长江流域，自然分布最上应与青鱼相似，也只达宜宾江段（李思忠和方芳，1990）。金沙江流域滇池、程海、邛海等的记录应为人工放养；在宜宾—雷波、攀枝花江段等，如果记录准确，可能为人工放养逃逸的个体。

野外调查期间，我们曾在四川省德格县德格河入金沙江汇口大河湾（对面是四川岗托）处采集到 1 尾标本，在邛海也见到当地渔民捕到大个体草鱼于路边贩卖，均可能为放生或人工放养的个体。

(11) 赤眼鳟属 *Squaliobarbus*

体长，稍侧扁；背缘较平直，腹部弧形，略圆，无腹棱。口端位，口裂稍斜。具 2 对极短小的须。眼中等大，侧上位。背鳍短，无硬刺，分枝鳍条 7 或 8，起点与腹鳍起点相对。臀鳍分枝鳍条 7 或 8。尾鳍分叉较深。鳞片中等大，排列较整齐。侧线完全。第一鳃弓外侧鳃耙短小，排列稀疏。下咽齿 3 行。

本属仅 1 种，在我国中东部、东南部广泛分布。流域内自然分布于金沙江下游。

赤眼鳟 *Squaliobarbus curriculus* (Richardson, 1846)

地方俗名　赤眼棒

Leuciscus curriculus Richardson, 1846, Rep Br Ass Advmt Sci, 15 Meet: 299（广东）。

Squaliobarbus curriculus: 刘成汉，1964，四川大学学报，(2): 100（安宁河、金沙江等）；丁瑞华，1994，四川鱼类志: 137（邛海等）；陈宜瑜，1998，横断山区鱼类: 103（金沙江等）；陈宜瑜等，1998，中国动物志　硬骨鱼纲　鲤形目（中卷）: 105（黑龙江至红河上游元江）。

未采集到标本，参考《横断山区鱼类》《云南鱼类志》《四川鱼类志》《长江鱼类》等文献整理描述。

主要形态特征　背鳍 iii-7~8；臀鳍 iii-7~8；胸鳍 i-14；腹鳍 i-8。侧线鳞 $43\frac{6\sim7}{3}46$，背鳍前鳞 14~16，围尾柄鳞 15 或 16。第一鳃弓外侧鳃耙 10~13，下咽齿 3 行，2·4·5—5·4·2 或 2·4·4—4·4·2。

体长为体高的 4.1~5.2 倍，为头长的 4.0~4.4 倍，为尾柄长的 6.0~7.2 倍，为尾柄高的 8.5~10.0 倍。头长为吻长的 3.0~4.0 倍，为眼径的 3.8~5.5 倍，为眼间距的 2.1~3.0 倍。尾柄长为尾柄高的 1.3~1.6 倍。

体延长，前躯略呈圆筒状，向后渐侧扁；腹部圆，无腹棱；尾柄较高。头锥形。吻短钝。口端位，口裂稍宽，略呈弧形。上、下唇均较厚。上颌须 2 对，极短小。鼻孔距眼前缘较距吻端为近。眼侧上位，眼间距较宽。第一鳃弓外侧鳃耙短尖，排列稀疏；鳃丝长。下咽齿较长，基部较粗壮，齿端稍呈钩状。鳔 2 室，后室长，末端尖。腹膜黑色。

背鳍外缘较平直，无硬刺，起点与腹鳍起点相对，至吻端的距离较至尾鳍基部为近。胸鳍末

端后伸不达腹鳍起点。腹鳍较短，其起点约在胸鳍起点至臀鳍起点之间，末端后伸达胸鳍至臀鳍起点之间距离的 1/2 或更前。肛门紧邻臀鳍起点之前。臀鳍基部较长，外缘较平直。尾鳍深分叉，上、下叶约等长，叶尖稍钝。

体被中等大小的鳞片，腹鳍基部有 1 狭长的腋鳞。侧线完全，略呈弧形下弯。

生活时，眼上缘具 1 红斑。体呈银白色，背部淡黑色，侧线以上各鳞片基部具 1 黑斑，构成体侧纵行条纹。背鳍、尾鳍灰色，尾鳍边缘浅黑色，其他各鳍为灰色。

生活习性及经济价值　喜栖息于江河水流较缓的水域或湖泊开敞水域，多在水体中层活动。生长速度较慢，为杂食性鱼类，主要以藻类和水生高等植物为食，兼食水生昆虫、小鱼、鱼卵、淡水壳菜等。2 龄性成熟；繁殖期多为 6~8 月，7 月为盛期；一般在支流沿岸长有水草的流水区域或浅滩处产卵，卵沉性。

以往为分布区较常见的经济鱼类，有一定的天然产量。

流域内资源现状　我们在近年连续多次野外调查期间没有见到过此鱼。

分布　我国除青藏高原、西北地区等外，其他地区各大水系均有分布。国外分布于俄罗斯、朝鲜、越南等。在金沙江流域，仅在金沙江宜宾江段及其以下和安宁河、邛海等有确切分布记录（刘成汉等，1988；丁瑞华，1994）（图 4-5）。

（12）鳤属 *Ochetobius*

体细长，吻端稍尖，前端近圆筒形，后躯稍侧扁。头小而尖。口小，端位，口裂斜；上颌末端向后可达鼻孔后缘和眼前缘之间。无须。鼻孔小，位于眼前方，几与眼上缘平行。眼侧上位。

背鳍较短小，无硬刺，分枝鳍条 8 或 9，位于背部中点，其起点与腹鳍起点相对。臀鳍小，分枝鳍条 9 或 10。尾鳍分叉较深，上、下叶尖长。鳞片小。侧线完全。第一鳃弓外侧鳃耙长而密。下咽齿 3，末端稍呈钩状。鳔 2 室。肠管短。腹膜银白色。

本属仅 1 种，分布于我国长江以南各水系。

鳡 *Ochetobius elongatus*（Kner，1867）

Opsarius elongatus Kner，1867，Zool Theil Fische，1：358（上海）。

Ochetobius elongatus：刘成汉，1964，四川大学学报，(2)：101（金沙江等）；吴江和吴明森，1985，西南师范大学学报，(1)：81（宜宾—雷波）；褚新洛和陈银瑞，1989，云南鱼类志：44（滇池等）；丁瑞华，1994，四川鱼类志：137（金沙江等）；陈宜瑜，1998，横断山区鱼类：103（金沙江等）；陈宜瑜等，1998，中国动物志　硬骨鱼纲　鲤形目（中卷）：107（长江及其以南）。

未采集到标本，参考《横断山区鱼类》《云南鱼类志》《四川鱼类志》《长江鱼类》等文献整理描述。

主要形态特征　背鳍 iii-9~10；臀鳍 iii-9~10；胸鳍 i-16；腹鳍 i-9~10。侧线鳞$66\frac{10\sim11}{4\sim5}70$，背鳍前鳞 28~30，围尾柄鳞 21~23。第一鳃弓外侧鳃耙 29~32，下咽齿 3 行，2·4·5—5·4·2 或 2·4·4—4·4·2。

体长为体高的 6.0~7.2 倍，为头长的 4.5~5.4 倍，为尾柄长的 5.0~7.0 倍，为尾柄高的 10.0~12.5 倍。头长为吻长的 3.0~4.0 倍，为眼径的 5.3~7.0 倍，为眼间距的 2.8~3.7 倍。尾柄长为尾柄高的 1.7~2.2 倍。

体细长，前躯略呈圆筒状，向后渐侧扁；腹部圆，无腹棱。头短，稍尖。吻稍长，圆锥形。口端位，口裂较长，口裂后端约在鼻孔至眼前缘之间的下方。无须。鼻孔距眼前缘很近。眼小，侧上位，距吻端较近；眼间距微凸，稍宽。鳃孔宽大，第一鳃弓外侧鳃耙细长而尖，排列紧密。下咽齿较粗壮，光滑，齿端稍呈钩状。鳔 2 室，后室长于前室。腹膜灰白色。

背鳍较短，外缘微凹，无硬刺，起点与腹鳍起点相对，至吻端的距离较至尾鳍基部为近。胸鳍较短小，末端尖，后伸远不达腹鳍起点。腹鳍小，其起点约在胸鳍起点至臀鳍起点之间，末端后伸达腹鳍起点至臀鳍起点之间距离的 1/2 或更前。肛门紧邻臀鳍之前。臀鳍短，距腹鳍甚远。尾鳍深分叉，上、下叶约等长，叶端尖。

鳞片较小，排列较整齐，腹鳍基部具发达的腋鳞。侧线完全，位于体侧中央，较平直。

生活时，体侧上部呈深灰黑色，腹部银白色。背鳍、臀鳍和尾鳍浅灰色，基部橘黄色；胸鳍、腹鳍橙黄色。

生活习性及经济价值　鳡为体形中等的经济鱼类，喜栖息于江河湖泊开敞水域。有江湖洄游习性，每年 7~9 月进入沿江湖泊中育肥；生殖季节在 5~6 月，进入江河顺流而上繁殖，长江流域的产卵场主要在上游的宜昌 — 宜宾的激流江段，产漂流性卵。生长速度第一年较快，之后较缓慢。为肉食性鱼类，主要以无脊椎动物，如水生昆虫幼虫、枝角类等为食，也摄食小型鱼类。性成熟最小年龄为 3 龄，一般为 4 龄。

在长江流域分布较广，但产量不大，有一定的经济意义。

流域内资源现状　我们在连续多年实地调查期间未见到标本。

分布　长江及其以南各大水系。在金沙江流域，除宜宾以下江段外，仅见有在滇池的移植记载（褚新洛和陈银瑞，1989）。

（13）鯮属 *Luciobrama*

体细长，吻端稍尖，前端近圆筒形，后躯稍侧扁。头前部向前延伸，稍平扁，呈鸭嘴状。口亚上位，稍向上倾斜；下颌突出，略长于上颌。无须。鼻孔位于眼前方。眼侧上位，明显近吻端，眼间距平坦。背鳍无硬刺，分枝鳍条 7 或 8，位于体后半部，其起点在腹鳍基部末端之后。臀鳍位于背鳍后下方，分枝鳍条 9~11。尾鳍叉形。鳞片小，腹鳍基部有腋鳞。侧线完全，呈弧形弯曲。第一鳃弓外侧鳃耙短，排列稀疏。下咽齿 1 行，长，末端稍弯。鳔 2 室。肠管短。腹膜银白色。

本属仅 1 种，分布于我国黑龙江至珠江各水系。

鯮 *Luciobrama macrocephalus*（Lacépède，1803）

地方俗名　尖头鱤

Synodus macrocephalus Lacépède，1803，Hist Nat Poiss，5：322（中国）。

Luciobrama macrocephalus：Bleeker，1873，Ned Tijdschr Dierk，4：89（长江）；刘成汉，1964，四川大学学报，(2)：101（金沙江等）；吴江和吴明森，1985，西南师范大学学报，(1)：81（宜宾—雷波）；褚新洛和陈银瑞，1989，云南鱼类志：44（滇池等）；丁瑞华，1994，四川鱼类志：137（金沙江等）；陈宜瑜，1998，横断山区鱼类：103（滇池）；陈宜瑜等，1998，中国动物志　硬骨鱼纲　鲤形目（中卷）：108（长江、闽江、珠江等）。

未采集到标本，参考《云南鱼类志》《横断山区鱼类》《四川鱼类志》《长江鱼类》等文献整理描述。

主要形态特征　背鳍 iii-7~8；臀鳍 iii-9~11；胸鳍 i-15；腹鳍 i-8。侧线鳞 $140\frac{10\sim11}{4\sim5}169$，背鳍前鳞 91~98，围尾柄鳞 36~40。第一鳃弓外侧鳃耙 7~12，下咽齿 1 行，5—5。

体长为体高的 5.9~7.1 倍，为头长的 3.1~3.8 倍，为尾柄长的 6.5~9.5 倍，为尾柄高的 10.0~17.0 倍。头长为吻长的 4.1~5.8 倍，为眼径的 9.1~12.7 倍，为眼间距的 6.0~6.8 倍。尾柄长为尾柄高的 1.5~2.0 倍。

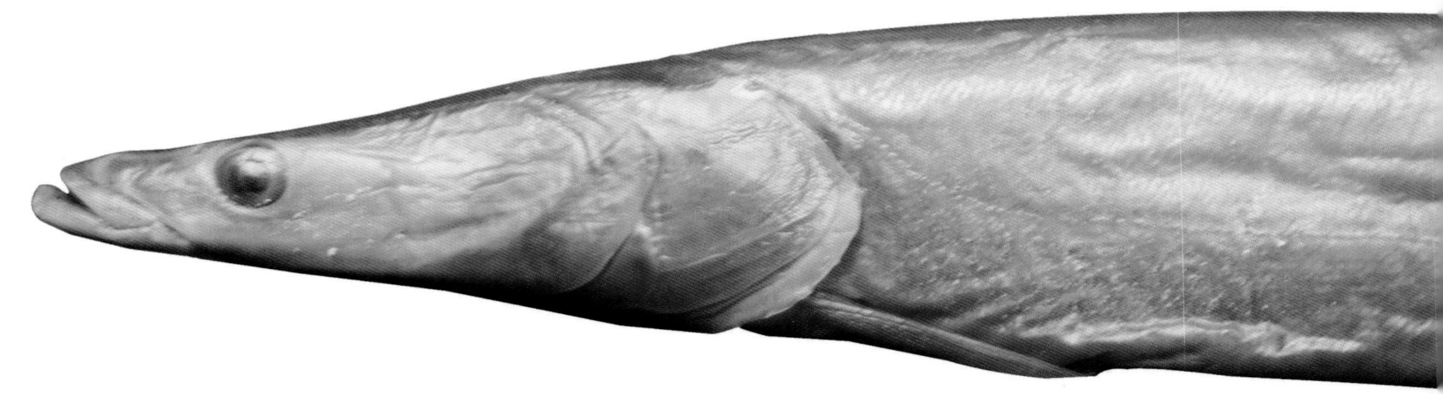

体延长，略呈圆筒状，后部略侧扁；头后背部平直，腹部圆，无腹棱。头前部向前延伸，平扁，呈鸭嘴状；眼后头部侧扁。口亚上位，下颌稍长于上颌，口裂稍向上倾斜。无须。鼻孔较小，距眼前缘很近。眼圆，位于头侧前上方，明显距吻端近；眼间距宽平。第一鳃弓外侧鳃耙粗短，排列稀疏。下咽齿细长，呈圆柱状，齿端稍有弯曲。鳔 2 室，后室大于前室。腹膜白色。

背鳍较短，外缘平截，无硬刺，位于身体后部，至吻端较至尾鳍基部明显为远，其起点与腹鳍基部后方相对。胸鳍短小，末端尖，后伸远不达腹鳍起点。腹鳍短，外缘较圆，后伸远不达肛门。肛门紧邻臀鳍之前。臀鳍稍长，其起点在背鳍基部后下方。尾鳍分叉较深，上、下叶等长，叶端尖。

鳞片小。侧线完全，略呈弧形下弯。

生活时，体背部呈深灰色，体侧及腹部银白色。背鳍和尾鳍灰色，胸鳍淡红色，腹鳍和臀鳍灰白色，尾鳍后缘黑色。

生活习性及经济价值 鯮为较大型肉食性凶猛经济鱼类，最大可长到 50kg 以上，生长迅速。喜在江河湖泊、水库等开敞水域活动，游泳能力强，迅速敏捷。常从幼鱼时期即可摄食枝角类、其他鱼类的鱼苗、小鱼等，成鱼主要摄食鲤、鲫、鳑鲏、餐、鲌类，以及青鱼、草鱼、鲢、鳙的幼鱼等。有江湖洄游习性，4~5 龄性成熟，4~7 月为繁殖期，生殖季节进入江河顺流而上繁殖，产漂流性卵，幼鱼至湖中育肥。

以往在产区有一定的资源量，近年已少有捕获报道。因其主要以其他鱼类为食，以往在养殖水域常被作为害鱼清除。

流域内资源现状 我们在多年实地调查期间未采集到标本。

分布 自然分布于长江、闽江和珠江等，后引种带入国内其他一些水系，如北京的密云水库（海河流域）、云南滇池（金沙江流域）等。在金沙江流域，宜宾及其以下江段有自然分布，滇池分布记录应为引入的结果（褚新洛和陈银瑞，1989）。

（14）鳡属 *Elopichthys*

体延长，呈圆筒状，稍侧扁，腹部圆，无腹棱。头尖长，圆锥状，似鸟喙。口端位，口裂较大，后部在眼前缘的下方；下颌前端有 1 凸起，与上颌凹刻处相吻合。无须。鼻孔小，位于眼前方。眼稍小，侧上位，近吻端，眼间距平坦。背鳍无硬刺，分枝鳍条 9 或 10，其起点在腹鳍基部末端之后。臀鳍小，外缘略凹入，分枝鳍条 10~12。尾鳍深分叉。鳞片小，腹鳍基部有腋鳞。侧线完全，略呈弧形下弯。第一鳃弓外侧鳃耙短而尖，排列稀疏。下咽齿 3 行，侧扁，齿端钩状。鳔 2 室。肠管短。腹膜银白色。

本属仅 1 种，分布于我国黑龙江至珠江各水系。

015 鳡 *Elopichthys bambusa*（Richardson，1845）

地方俗名　竿鱼、鳡棒

Leuciscus bambusa Richardson，1845，Zool Voy“Sulphus”Ichthyol：141（广东）。

Elopichthys bambusa：张春霖和刘成汉，1957，四川大学学报，(2)：224（宜宾等）；刘成汉，1964，四川大学学报，(2)：100（金沙江等）；吴江和吴明森，1985，西南师范大学学报，(1)：81（宜宾—雷波、渡口）；褚新洛和陈银瑞，1989，云南鱼类志：37（滇池）；丁瑞华，1994，四川鱼类志：150（宜宾等）；陈宜瑜，1998，横断山区鱼类：106（滇池）；陈宜瑜等，1998，中国动物志　硬骨鱼纲　鲤形目（中卷）：111（中国东部黑龙江至珠江）。

未采集到标本，参考《云南鱼类志》《横断山区鱼类》《四川鱼类志》《长江鱼类》等文献整理描述。

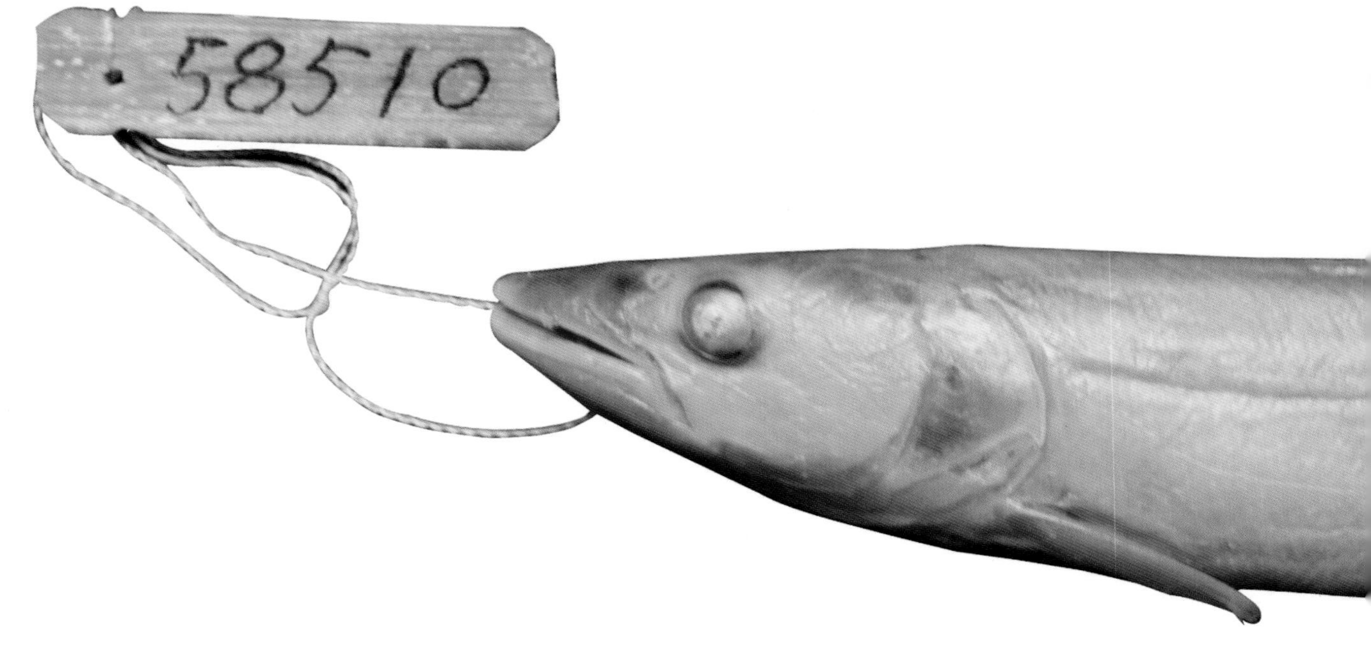

主要形态特征 背鳍 iii-9~10；臀鳍 iii-10~11；胸鳍 i-10~11；腹鳍 i-8。侧线鳞$108\frac{18\sim20}{6\sim7}115$，背鳍前鳞 54~58，围尾柄鳞 29~33。第一鳃弓外侧鳃耙 20~39，下咽齿 3 行，通常为 2·3·4—4·3·2。

体长为体高的 5.2~5.7 倍，为头长的 3.5~4.2 倍，为尾柄长的 5.9~6.9 倍，为尾柄高的 10.0~13.8 倍。头长为吻长的 3.0~3.5 倍，为眼径的 6.6~8.5 倍，为眼间距的 3.5~4.0 倍。尾柄长为尾柄高的 3.0~3.5 倍。

体延长，略呈圆筒状，略侧扁；头后背部平直，无腹棱。头尖长，呈锥形。吻尖，似鸟喙。口端位，口裂大；下颌前端有 1 凸起，与上颌前端凹入处相吻合；口裂后方可达眼前缘下方。无须。鼻孔位于眼前上方，距眼前缘很近。眼圆，位于头侧前上方，明显距吻端近；眼间距宽。第一鳃弓外侧鳃耙尖细，排列稀疏。下咽齿稍侧扁，齿端略弯曲，钩状。鳔 2 室，前室短而粗，后室长，圆棒状，末端尖细。腹膜白色。

背鳍较短，无硬刺，至吻端较至尾鳍基部为远，其起点与腹鳍基部之后相对。胸鳍短，末端尖，后伸远不达腹鳍起点。腹鳍外缘平截，其起点在胸鳍起点至臀鳍起点之间的中点，后伸远不达肛门。肛门紧邻臀鳍起点。臀鳍外缘稍内凹，其起点约在腹鳍起点至尾鳍基部之间的中点。尾鳍深分叉，上、下叶等长，叶端尖。

鳞片小，腹鳍基部具 1 发达的腋鳞。侧线完全，略呈弧形下弯。

生活时，体背部呈灰黑色，腹部银白色。背鳍和尾鳍深灰色，其他各鳍及鳃峡部淡黄色。

生活习性及经济价值 鳡为较大型肉食性凶猛经济鱼类，在长江流域可捕到 40~50kg 的个

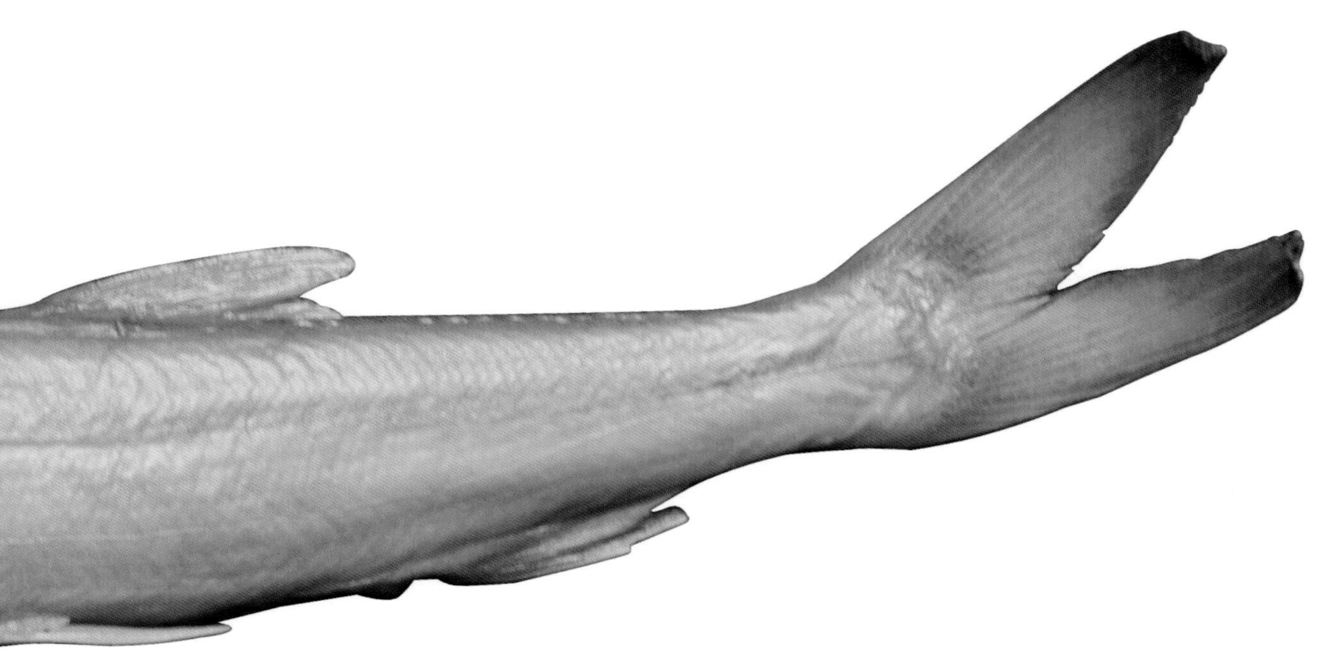

体（湖北省水生生物研究所鱼类研究室，1976），生长迅速。喜在江河湖泊等开敞水域中上层活动，游泳能力强，迅速敏捷，常追食其他鱼类。主要摄食对象包括鲌类、鲴类、鮈亚科、鲫、䱗、虾虎鱼、“四大家鱼”的幼鱼等。有江湖洄游习性，在长江流域，3~4 龄性成熟，4~6 月为繁殖期，生殖季节进入江河逆流而上繁殖，产卵场主要分布在黄石—宜宾江段，产漂流性卵，幼鱼进入通江湖泊育肥。

在产区有一定的资源量，近年的野外工作中，在长江流域特别在宜昌以下江段常可捕到，唯个体较小。因其主要以其他鱼类为食，在养殖水域常被作为害鱼清除。

流域内资源现状　我们在野外调查中没有采集到标本。

分布　我国东部黑龙江至珠江沿海各水系。在金沙江流域，仅在宜宾江段有确切分布记录（丁瑞华，1994），滇池分布（褚新洛和陈银瑞，1989）的应为引入种。

近年长江中游鱼市场

鲌亚科 Cultrinae

体长，侧扁；腹棱发达，自胸鳍下方或腹鳍基部延至肛门。头侧扁。口端位、亚上位或上位。通常无须。眼大或中等大，侧位，常位于头的前部。背鳍末根不分枝鳍条柔软或为硬刺，分枝鳍条7；臀鳍分枝鳍条 8 以上；尾鳍深分叉。鳞片通常薄，易脱落。侧线完全，较平直，或在胸鳍下方弧形下弯，或急剧向下弯折。鳃膜连于峡部。下咽齿 2 或 3 行。鳔 2 或 3 室。

本流域分布有 9 属。

属检索表

1(10) 鳔 2 室

2(3) 第三围眶骨不扩大，其宽度与第四围眶骨宽度约等大；鳔后室末端圆形…………………………………………………………………………………………**白鱼属 *Anabarilius***

3(2) 第三围眶骨扩大，其宽度显著大于第四围眶骨；鳔后室末端一般具小突

4(5) 胸鳍基部内侧肉质瓣甚发达，其长等于或大于眼径……………………………**飘鱼属 *Pseudolaubuca***

5(4) 胸鳍基部内侧肉质瓣甚短小，其长远小于眼径

6(9) 腹棱自胸鳍基部下方至肛门

7(8) 背鳍硬刺后缘具锯齿……………………………………………………………**似鱎属 *Toxabramis***

8(7) 背鳍硬刺后缘光滑 ………………………………………………………………**䱗属 *Hemiculter***

9(6) 腹棱自腹鳍基部至肛门…………………………………………………………**半䱗属 *Hemiculterella***

10(1) 鳔 3 室

11(14) 体长形，体长为体高的 3.5 倍以上；肠短，其长等于或稍大于体长

12(13) 腹棱位于胸鳍基部下方与肛门之间……………………………………………**原鲌属 *Cultrichthys***

13(12) 腹棱位于腹鳍基部与肛门之间……………………………………………………**鲌属 *Culter***

14(11) 体高，呈棱形，体长为体高的 3.5 倍以下；肠长，其长为体长的 2 倍以上

15(16) 腹棱位于胸鳍基部下方与肛门之间………………………………………………**鳊属 *Parabramis***

16(15) 腹棱位于腹鳍基部与肛门之间……………………………………………………**鲂属 *Megalobrama***

（15）白鱼属 *Anabarilius*

体长，侧扁；腹棱自腹鳍基部延至肛门。头较短，略呈圆锥形。吻短。口端位或亚上位，下颌前端通常有 1 凸起，与上颌前端凹陷处相吻合。无须。眼稍大，位于头侧近前端。背鳍末根不分枝鳍条柔软或为光滑的硬刺，分枝鳍条 7，其起点多位于腹鳍起点稍后，个别与之相对或稍前；臀鳍分枝鳍条 8 以上；腹鳍分枝鳍条多为 8；尾鳍深分叉。侧线完全，多数种类在胸鳍下方急剧向下弯折。第三和第四眶下骨宽度约相等。下咽齿 3 行，左、右常不对称，末端钩状。鳔 2 室，后室长，末端钝圆。腹膜黑色。

为我国特有属，主要分布于长江、珠江、元江等流域上游云贵高原区域内的湖泊、河流之中。

金沙江流域为其主要分布区，分布有 8 种（图 4-6）。

种检索表

1(10)　第一鳃弓外侧鳃耙 20 以下

2(7)　口端位；第一鳃弓外侧鳃耙 7~14

3(4)　臀鳍分枝鳍条数少，8 或 9……………………**短臀白鱼 *A. brevianalis***

4(3)　臀鳍分枝鳍条数较多，10 以上

5(6)　臀鳍分枝鳍条通常为 13；背鳍硬刺较强……………………**西昌白鱼 *A. liui liui***

6(5)　臀鳍分枝鳍条通常为 10；背鳍硬刺软或无刺……………………**程海白鱼 *A. liui chenghaiensis***

7(2)　口亚上位或端位；第一鳃弓外侧鳃耙 15~19

8(9)　体侧具柳叶形黑色条斑……………………**嵩明白鱼 *A. songmingensis***

9(8)　体侧无黑色条斑……………………**邛海白鱼 *A. qionghaiensis***

10(1)　第一鳃弓外侧鳃耙 20 以上

11(12)　背鳍无硬刺……………………**寻甸白鱼 *A. xundianensis***

12(11)　背鳍具硬刺

13(14)　第一鳃弓外侧鳃耙 20~39……………………**多鳞白鱼 *A. polylepis***

14(13)　第一鳃弓外侧鳃耙 40 以上……………………**银白鱼 *A. alburnops***

短臀白鱼 *Anabarilius brevianalis* Zhou *et* Cui，1992

Anabarilius brevianalis Zhou *et* Cui（周伟和崔桂华），1992，49。

本次调查未采集到标本，测量中国科学院昆明动物研究所馆藏模式标本 11 尾。全长为 92.7~142.7mm，标准长为 74.0~11.6mm。采自四川会东。

主要形态特征　背鳍 i-7~8；臀鳍 i-8~9；胸鳍 i-11；腹鳍 i-6~9。侧线鳞 $59\frac{7\sim10}{3\sim4}69$。第一鳃弓外侧鳃耙 7~9，下咽齿 3 行，通常为 2·4·5(4)—4·4·2。

体长为体高的 4.0~5.3 倍，为头长的 4.1~6.3 倍，为尾柄长的 4.5~5.5 倍，为尾柄高的 9.3~10.4 倍。头长为吻长的 2.5~3.3 倍，为眼径的 2.9~5.6 倍，为眼间距的 2.2~3.6 倍。尾柄长为尾柄高的 1.7~2.1 倍。

体延长，侧扁，背部和腹部浅弧形。头小且侧扁，有突出的眼间区域。吻短而尖，吻长小于眼间距。口端位，口裂略斜，口角伸达鼻孔后缘正下方；唇薄，下颌前端有 1 凸起，与上颌前端凹入处相吻合。无须。眼大，眼径小于眼间距。

背鳍起点位于腹鳍起点后上方，约为身体正中，部分距尾鳍基部较距吻端为近，末根不分枝鳍条柔软。胸鳍末端尖，后伸达腹鳍起点的一半。腹鳍外缘平截，其起点至胸鳍起点较距臀鳍起点为远，后伸远不达肛门。肛门紧邻臀鳍之前。臀鳍起点距腹鳍起点较距尾鳍基部为近，稍大，外缘微内凹，其起点在背鳍后下方。尾鳍深叉形，叶端尖。

鳞片中等大，腹鳍基部具 1 细长的腋鳞。侧线完全，在胸鳍上方显著向下弯折。

第一鳃弓外侧鳃耙 7~9，短小，排列稀疏。下咽齿稍侧扁，3 行，齿端钩状。鳔 2 室，后室长为前室的 1.8~3.0 倍，末端钝圆。腹膜黑色。肠长为体长的 83.3%~95.9%。

全身淡黄色，腹部灰白色，背部褐色。眼到尾鳍基部的后缘有黑色的纵向条纹，条纹的前半部分在一些个体中不明显，一些黑点分散在条纹的上面或下面。胸鳍橙黄色，其余鳍条淡黄色。尾鳍基部黑色。

生活习性及经济价值 模式标本采自四川会东（属金沙江下游左侧支流鲹鱼河）。依据原始文献描述，该种喜流水缓慢、底质为砾石或沙质的环境。产卵期在 2~4 月，产卵量为 900~1200 粒。

流域内资源现状 我们在近几年多次野外实地调查中均未采集到标本。

分布 四川省会东县金沙江支流鲹鱼河（图 4-6）。

017 西昌白鱼 *Anabarilius liui liui*（Chang，1944）

Hemiculter liui Chang（张孝威），1944，39。
Pseudohemiculter liui：易伯鲁和吴清江（见伍献文），1964，80。
Anabarilius liui：陈银瑞和褚新洛，1980，418；陈银瑞，1986，432；褚新洛和陈银瑞，1989，60；陈宜瑜等，1998，125-126。
Anabarilius liui luquanensis：何纪昌和刘振华，1983，102。
Anabarilius liui liui：何纪昌和王重光，1984，101。

未采集到标本，参考《云南鱼类志》《横断山区鱼类》《四川鱼类志》《中国动物志　硬骨鱼纲　鲤形目（中卷）》等文献整理描述。

主要形态特征　背鳍 iii-7；臀鳍 iii-12~15；胸鳍 i-15~16；腹鳍 i-8。侧线鳞$65\frac{11\sim12}{3\sim4\text{-v}}74$，背鳍前鳞 30，围尾柄鳞 20~22。第一鳃弓外侧鳃耙 12~14，下咽齿 3 行，通常为 2·4·4—5·4·2。

体长为体高的 4.2~5.7 倍，为头长的 4.3~5.1 倍，为尾柄长的 5.5~6.5 倍，为尾柄高的 11.1~14.4 倍。头长为吻长的 3.1~3.9 倍，为眼径的 3.8~4.4 倍，为眼间距的 2.7~3.7 倍。尾柄长为尾柄高的 1.8~2.5 倍。

体延长，侧扁，背缘较平直，腹部浅弧形，腹前部圆，腹鳍基部至肛门有腹棱。吻短而尖。口端位，口裂略斜，口角伸达鼻孔后缘正下方；下颌前端有 1 凸起，与上颌前端凹入处相吻合。无须。鼻孔位于眼前上方，距眼前缘很近。眼大，侧上位。

背鳍较短，后缘平截，末根不分枝鳍条较硬，其起点位于腹鳍起点后上方，约在吻端至尾鳍基部之间的中点。胸鳍短，末端尖，后伸远不达腹鳍起点。腹鳍外缘平截，其起点至胸鳍起点较

∧ 刘淑伟提供

距臀鳍起点为远，后伸远不达肛门。肛门紧邻臀鳍之前。臀鳍稍大，外缘微内凹，其起点在背鳍后下方。尾鳍分叉较深，叶端尖。

鳞片中等大，腹鳍基部具 1 细长的腋鳞。侧线完全，在胸鳍上方显著向下弯折。

第一鳃弓外侧鳃耙短小，排列稀疏。下咽齿稍侧扁，齿端钩状。鳔 2 室，后室长为前室的 1.8 倍，末端钝圆。腹膜黑色。

福尔马林保存的标本，背部灰黑色，腹部灰白色，体侧一些鳞片后缘为黑色。背鳍和尾鳍灰黑色，胸鳍和腹鳍白色。

生活习性及经济价值 西昌白鱼是生活于河川水体中上层的小型鱼。原为云南螳螂川（普渡河上游）主产鱼类，后由于该河段污染严重，致鱼虾不生，20 世纪七八十年代曾有学者进行多次实地调查，但均未见（褚新洛和陈银瑞，1989）。模式标本采自四川西昌太和镇（属雅砻江支流安宁河），依记载（丁瑞华，1994），在该河也已很难采到标本。

流域内资源现状 我们在近几年多次野外实地调查中均未采集到标本。

分布 金沙江下游支流（普渡河上游和安宁河）（图 4-6）。

018 程海白鱼 *Anabarilius liui chenghaiensis* He，1984

Anabarilius liui：陈银瑞和褚新洛，1980，418。
Anabarilius liui chenghaiensis 何纪昌和王重光，1984，105。

未采集到标本，参考《云南鱼类志》《横断山区鱼类》《中国动物志 硬骨鱼纲 鲤形目（中卷）》等文献相关信息整理描述。

主要形态特征　背鳍 iii-7；臀鳍 iii-10；胸鳍 i-14~15；腹鳍 i-8。侧线鳞 $70\frac{11\sim12}{3\sim4}75$，围尾柄鳞 20。第一鳃弓外侧鳃耙 13~16，下咽齿 3 行，通常为 2·4·4—5·4·2 或 5·3·2。

体长为体高的 4.9~5.9 倍，为头长的 4.7~5.2 倍，为尾柄长的 4.8~5.8 倍，为尾柄高的 11.0~12.4 倍。头长为吻长的 3.2~3.8 倍，为眼径的 3.9~4.5 倍，为眼间距的 2.9~3.2 倍。尾柄长为尾柄高的 2.1~2.5 倍。

体延长，侧扁，背缘较平直，腹部浅弧形，腹前部圆，腹鳍基部至肛门间有腹棱。吻短而尖。口端位，口裂略斜，后角伸达鼻孔后缘正下方；上、下颌等长，下颌前端有 1 小凸起，与上颌前端凹入处相吻合。无须。鼻孔位于眼前上方，距眼前缘很近。眼大，侧上位，眼径小于吻长和眼间距。

背鳍后缘平截，末根不分枝鳍条为光滑的硬刺，其起点位于腹鳍起点后上方，距吻端较至尾鳍基部为近。胸鳍末端尖，后伸远不达腹鳍起点。腹鳍外缘平截，其起点至胸鳍起点与距臀鳍起点的距离约相等或略小，后伸远不达肛门。肛门紧邻臀鳍之前。臀鳍稍大，外缘平截或微内凹，其起点在背鳍后下方。尾鳍分叉较深，叶端尖。

鳞片小而薄，腹鳍基部具腋鳞。侧线完全，在胸鳍上方显著向下弯折。

第一鳃弓外侧鳃耙短小，排列稀疏。下咽齿侧扁，齿端钩状。鳔 2 室，后室长为前室的 2.0~2.5 倍，末端钝圆。腹膜黑色。

生活时，体呈银白色，背部渐暗淡，眼上缘具红斑。福尔马林浸泡的标本，体色失去银色光泽，背部灰黑色，腹部灰白色，尾鳍灰黑色，各鳍淡黄色。

生活习性及经济价值　喜流水环境，为水体中上层活动的小型鱼，体长多为 10~20cm。以枝角类和桡足类为食，兼食水生植物。繁殖期为 5~6 月，产卵场多在入湖河溪口的沙滩上；产黏性卵，受精卵附着在卵砾石上孵化。

曾为程海重要经济鱼类，产量可占总鱼产量的 1/5（褚新洛和陈银瑞，1989）。

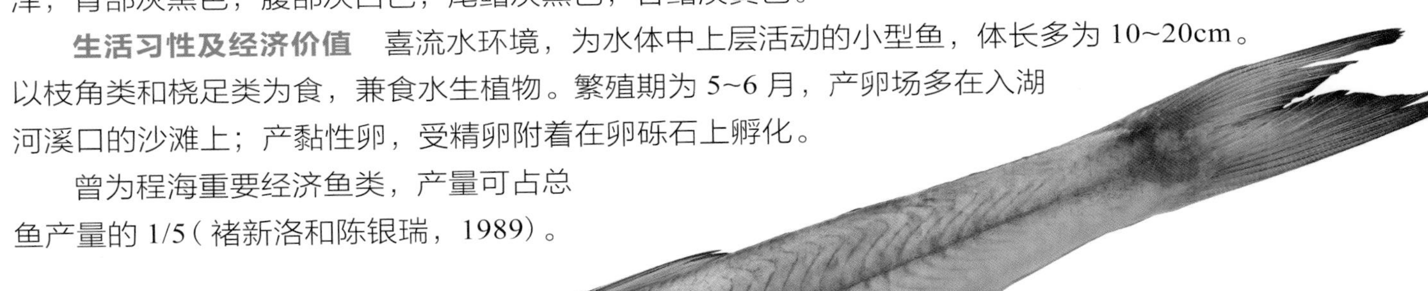

流域内资源现状　我们在近几年多次野外实地调查中未采集到标本。目前，程海的主产鱼为银鱼，其他鱼类都不多见。

分布　现知仅见于云南程海（图 4-6）。

^ 刘淑伟提供

019 嵩明白鱼 *Anabarilius songmingensis* Chen *et* Chu，1980

Anabarilius songmingensis Chen *et* Chu（陈银瑞和褚新洛），1980，动物学研究，1(3)：419（云南嵩明）；何纪昌和王重光，1984，动物分类学报，9(1)：100（云南嵩明上游水库）；陈银瑞，1986，动物分类学报，11(4)：433（云南嵩明上游水库）；陈银瑞，1989，见褚新洛等，云南鱼类志：66-67（云南嵩明上游水库）；杨君兴和陈银瑞，1995，147；陈宜瑜等，1998，横断山区鱼类，111-112（云南嵩明）。

主要形态特征 测量标本 8 尾。全长为 48.3~68.6mm，标准长为 36.9~52.0mm。采自云南省绥江县板栗乡关键坝。

背鳍 iii-7；臀鳍 iii-9~10；胸鳍 i-14~15；腹鳍 i-8。侧线鳞$82\frac{11\sim12}{3\sim4}96$，围尾柄鳞 24~26。第一鳃弓外侧鳃耙 16~18，下咽齿 3 行，通常为 2·4·4—5·4·2。

体长为体高的 4.9~6.3 倍，为头长的 4.3~5.0 倍，为尾柄长的 8.9~13.0 倍，为尾柄高的 12.2~15.8 倍。头长为吻长的 2.8~3.5 倍，为眼径的 2.8~3.6 倍，为眼间距的 2.5~2.8 倍。尾柄长为尾柄高的 1.0~1.8 倍。

体细长，前部略呈圆筒形，后部稍侧扁。背缘和腹缘呈浅弧形，体高小于头长。腹鳍基部至肛门具腹棱，前段隐约可见，后段明显隆起。吻尖。口亚上位，斜裂，后端伸达鼻孔中点下方，下颌略长于上颌。眼侧上位，眼间距宽而平，大于眼径而与吻长相等。

背鳍无硬刺，末根不分枝鳍条柔软，起点与腹鳍起点略相对，约在吻端至尾鳍基部的中点。胸鳍后伸近腹鳍。腹鳍后伸接近或达肛门。肛门紧靠臀鳍基部，起点距臀鳍起点较近于距胸鳍起点。臀鳍起点位于背鳍鳍条末端之后下方，离腹鳍起点较距尾鳍基部为近。尾鳍叉形，上、下叶约等长。

鳞小，在腹鳍具有 1 小的腋鳞。侧线完全，在胸鳍上方较和缓向下弯折，最后入尾柄中轴。

第一鳃弓外侧鳃耙稍发达，排列较规则。下咽齿侧扁，齿端钩状。鳔 2 室，后室长为前室的 1.7 倍，末端钝圆。腹膜浅黑色。

生活时，体色银白，背部浅褐色，体侧自头后至尾鳍基部具 1 由黑点组成的柳叶形条带，经福尔马林固定后，条带尤为明显。

生活习性及经济价值　嵩明白鱼栖息于水库或河流支流流水环境。3 年性成熟，产卵期在 5~6 月，产黏性卵，在水库中，受精卵通常附着在近岸石块上发育（褚新洛和陈银瑞，1989）。

个体较小，经济价值不高。

流域内资源现状　个体小，数量少，野外实地采集期间很难捕获。

分布　历史记录仅分布在云南牛栏江上游嵩明县水库。我们在 2013~2014 年野外实地采集调查中，也在云南绥江县板栗乡关键坝（板栗河）和永胜县仁和镇新村马过河采集到标本（图 4-6）。

邛海白鱼 *Anabarilius qionghaiensis* Chen，1986

地方俗名　青脊梁

Anabarilius liui：刘成汉等，1988，46。

Anabarilius qionghaiensis Chen（陈银瑞），1986，436；丁瑞华，1994，209；杨君兴和陈银瑞，1995，147；朱松泉，1995，37；陈宜瑜等，1998，133。

未采集到标本，参考《四川鱼类志》《横断山区鱼类》和《中国动物志　硬骨鱼纲　鲤形目（中卷）》等文献相关信息整理描述。

^ 刘淑伟提供

主要形态特征 背鳍 iii-7；臀鳍 iii-11~14；胸鳍 i-14~15；腹鳍 i-8。侧线鳞$80\frac{11\sim12}{3\sim4\text{-v}}86$，背鳍前鳞 34~38，围尾柄鳞 18~20。第一鳃弓外侧鳃耙 15~19，下咽齿 3 行，2·4·4—4·4·2。

体长为体高的 4.7~6.0 倍，为头长的 4.7~5.3 倍，为尾柄长的 4.7~5.9 倍，为尾柄高的 11.8~14.2 倍。头长为吻长的 3.2~4.4 倍，为眼径的 3.4~4.5 倍，为眼间距的 2.8~3.4 倍。尾柄长为尾柄高的 2.3~2.7 倍。

体延长，侧扁，背缘较平直，腹部浅弧形，腹前部圆，腹鳍基部至肛门有腹棱。吻尖。口端位，口裂略斜，后角在鼻孔正下方；上、下颌等长，下颌前端凸起小，与上颌前端凹入处相吻合。无须。鼻孔位于眼前上方，距眼前缘很近。眼稍大，侧上位，接近吻端。

背鳍稍小，后缘平截，末根不分枝鳍条较细，基部稍硬，其起点位于腹鳍起点后上方，距吻端与至尾鳍基部的距离约相等。胸鳍末端尖，后伸远不达腹鳍起点。腹鳍外缘平截，其起点距臀鳍起点的距离较至胸鳍起点为近，后伸远不达肛门。肛门紧邻臀鳍之前。臀鳍外缘微内凹，其起点在背鳍后下方。尾鳍分叉，叶端尖。

鳞片小而薄，腹鳍基部具 1 发达的窄长腋鳞。侧线完全，在胸鳍上方显著向下弯折。

第一鳃弓外侧鳃耙长约为鳃丝长的 1/2。下咽齿略侧扁，齿端钩状。鳔 2 室，后室较长，末端稍细或钝圆。腹膜浅黑色。

生活时，体呈银白色，背部青灰色（故当地俗称“青脊梁”）。背鳍和尾鳍浅灰色，胸鳍和腹鳍白色，臀鳍灰白色。

生活习性及经济价值 体中等大，20 世纪 50 年代在邛海渔获物中占有一定比例。

流域内资源现状 我们在近几年多次野外实地调查中未采集到标本。1960 年前后，邛海开始引入“四大家鱼”、鲤、白鲫、鳊、鲂等，随之带入了中华细鲫、鳑鲏、麦穗鱼、虾虎鱼等小型鱼类，原有鱼类区系已发生了急剧变化，目前包括邛海白鱼在内的土著种已很难见到。

分布 现知仅见于四川西昌邛海（图 4-6）。

寻甸白鱼 *Anabarilius xundianensis* He，1984

Anabarilius xundianensis He（何纪昌），1984，106；陈银瑞，1986，434；褚新洛和陈银瑞，1989，71；杨君兴和陈银瑞，1995，147；朱松泉，1995，37；陈宜瑜等，1998，138。

未采集到标本，参考《云南鱼类志》《横断山区鱼类》和《中国动物志　硬骨鱼纲　鲤形目（中卷）》等文献整理描述。

主要形态特征　背鳍 iii-7；臀鳍 iii-11~12；胸鳍 i-15~16；腹鳍 i-7~8。侧线鳞$75\frac{11\sim12}{3\sim4}85$，围尾柄鳞 24。第一鳃弓外侧鳃耙 31~35，下咽齿 3 行，1·4·4—5·3·1。

体长为体高的 4.1~4.6 倍，为头长的 4.6~5.0 倍，为尾柄长的 5.4~6.3 倍，为尾柄高的 11.5~13.4 倍。头长为吻长的 3.7~4.0 倍，为眼径的 4.8~5.6 倍，为眼间距的 3.0~3.3 倍。尾柄长为尾柄高的 2.0~2.4 倍。

体延长，略侧扁；侧面观，体背缘和腹缘均呈浅弧形；腹鳍基部至肛门有腹棱。吻尖。口端位，上、下颌约等长，口裂斜，口角在鼻孔后缘正下方；下颌前端小凸起与上颌前端凹入处相吻合。无须。鼻孔位于眼前上方，距眼前缘近。眼侧上位；眼间距宽。

背鳍后缘平截，末根不分枝鳍条基部较硬，向上渐软，背鳍起点位于腹鳍起点后上方，距吻端近于距尾鳍基部的距离。胸鳍末端尖，后伸远不达腹鳍起点。腹鳍后伸不达肛门。肛门紧邻臀鳍之前。臀鳍外缘近平截，其起点在背鳍后下方。尾鳍分叉，叶端尖。

鳞片小，腹鳍基部具 1 狭长腋鳞。侧线完全，在胸鳍上方和缓向下弯曲。

第一鳃弓外侧鳃耙长，其长度超过鳃丝长的 2/3，排列紧密。下咽齿略侧扁，齿端钩状。鳔 2 室，后室长为前室的 2.0~2.5 倍，末端钝圆。腹膜灰黑色。

∧ 刘淑伟提供

生活时，体呈银白色，背部稍暗，体侧呈蓝色反光；各鳍灰白色。

生活习性及经济价值 寻甸白鱼为中小型鱼类，喜在水体中上层活动，是湖区重要经济鱼类之一。

流域内资源现状 连续多年野外调查期间未采集到标本。

分布 现知仅分布于云南寻甸清水海（图 4-6）。

多鳞白鱼 *Anabarilius polylepis*（Regan，1904）

地方俗名 大白鱼、桃花白鱼

Barilius polylepis Regan，1904，191。

Anabarilius polylepis：Chu，1935，4；易伯鲁和吴清江（见伍献文），1964，73；陈银瑞，1986，434；褚新洛和陈银瑞，1989，71；陈宜瑜等，1998，139-140。

未采集到标本，参考《云南鱼类志》《横断山区鱼类》和《中国动物志 硬骨鱼纲 鲤形目（中卷）》等文献整理描述。

主要形态特征 背鳍 iii-7；臀鳍 iii-12~15；胸鳍 i-14~15；腹鳍 i-8。侧线鳞$66\frac{11\sim12}{3}78$，围尾柄鳞 20~22。第一鳃弓外侧鳃耙 22~24，下咽齿 3 行，2·4·4—5·4·2 或 1·4·4—5·3·2。

体长为体高的 4.7~5.6 倍，为头长的 3.9~4.4 倍，为尾柄长的 5.3~6.8 倍，为尾柄高的 12.0~13.5 倍。头长为吻长的 3.4~3.9 倍，为眼径的 3.9~4.8 倍，为眼间距的 3.4~3.9 倍。尾柄长为尾柄高的 1.9~2.3 倍。

体延长，侧扁；头后背部稍隆起，之后背缘较平直，腹部浅弧形；腹前部略圆，腹鳍基部至肛门有较发达的腹棱。吻尖。口端位，口裂斜，后角在鼻孔后缘正下方；上、下颌等长或下颌略突出，下颌前端具 1 小凸起，与上颌前端凹入处相吻合。无须。鼻孔位于眼前上方，距眼前缘近。眼稍大，侧上位；眼间距宽。

^ 刘淑伟提供

背鳍后缘平截，末根不分枝鳍条为光滑的硬刺，其起点位于腹鳍起点后上方，至尾鳍基部的距离小于或等于距吻端的距离。胸鳍末端后伸远不达腹鳍起点。腹鳍后伸远不达肛门。肛门紧邻臀鳍之前。臀鳍外缘微内凹，其起点在背鳍后下方。尾鳍分叉，叶端尖。

鳞片小，腹鳍基部具 1 狭长腋鳞。侧线完全，在胸鳍上方显著向下弯曲。

第一鳃弓外侧鳃耙长，约为鳃丝长的 2/3，排列紧密。下咽齿略侧扁，齿端钩状。鳔 2 室，后室长为前室的 2.0 倍，末端钝圆。腹膜黑色。

生活时，体呈银白色，背部灰褐色，体侧呈现淡蓝色闪光，固定保存的标本体色消退，背部颜色变深。

生活习性及经济价值　中等大，因其比同域分布的另一种白鱼 —— 银白鱼长得快，故称“大白鱼”。喜栖息于水体中上层，常在湖内水草繁茂处活动觅食。主要以水草为食，也食小鱼、小虾等。1 冬龄可达性成熟，初春产卵，繁殖旺季在 3 月，此时也正值湖区周边桃花盛开期，故又名“桃花白鱼”；产卵场多在近岸砾石滩处。

曾是湖区重要经济鱼类。

流域内资源现状　自 20 世纪 70 年代，产量锐减，现已濒临绝迹。可能与环境污染，特别是产卵场的破坏、外来小杂鱼大量吞食其卵等因素有关（褚新洛和陈银瑞，1989）。

分布　仅见于云南滇池（图 4-6）。

023 银白鱼 *Anabarilius alburnops*（Regan，1914）

地方俗名　小白鱼

Barilius alburnops Regan，1914，260。

Ischikauia grahami：Nichols，1943，140。

Anabarilius alburnops：Chu，1935，4；易伯鲁和吴清江（见伍献文），1964，73；陈银瑞，1986，434；褚新洛和陈银瑞，1989，74；陈宜瑜等，1998，140-141。

未采集到标本，参考《云南鱼类志》《横断山区鱼类》《中国动物志　硬骨鱼纲　鲤形目（中卷）》等文献整理描述。

主要形态特征　背鳍 iii-7；臀鳍 iii-11~15；胸鳍 i-14~15；腹鳍 i-8。侧线鳞$76\frac{11\sim12}{3}81$，围尾柄鳞 22。第一鳃弓外侧鳃耙 43~50，下咽齿 3 行，2·4·4—5·4·2。

体长为体高的 4.3~5.3 倍，为头长的 3.6~4.5 倍，为尾柄长的 5.5~6.4 倍，为尾柄高的 11.0~13.4 倍。头长为吻长的 3.4~4.0 倍，为眼径的 4.1~5.3 倍，为眼间距的 3.2~4.1 倍。尾柄长为尾柄高的 1.9~2.3 倍。

体延长，侧扁；头后背部稍隆起，之后背缘较平直，腹缘浅弧形；腹前部略圆，腹鳍基部至肛

^ 刘淑伟提供

门有腹棱。吻尖。口端位或近亚上位，下颌略突出，口裂斜，后角在鼻孔前缘下方；下颌前端小凸起与上颌前端凹入处相吻合。无须。鼻孔位于眼前上方，距眼前缘近。眼稍大，侧上位；眼间距宽。

背鳍后缘平截，末根不分枝鳍条为光滑的硬刺，其起点位于腹鳍起点后上方，至尾鳍基部的距离小于或等于距吻端的距离。胸鳍末端尖，后伸远不达腹鳍起点。腹鳍后伸远不达肛门。肛门紧邻臀鳍之前。臀鳍外缘微内凹，其起点在背鳍后下方。尾鳍分叉深，下叶稍长于上叶，叶端尖。

鳞片小，腹鳍基部具 1 狭长腋鳞。侧线完全，在胸鳍上方显著向下弯曲。

第一鳃弓外侧鳃耙长，约与鳃丝长相等，排列紧密。下咽齿略侧扁，齿端钩状。鳔 2 室，后室长为前室的 1.7 倍，末端钝圆。腹膜黑色。

生活时，体呈银白色，尤以体侧更明显，背部稍暗；各鳍灰白色。固定保存的标本背部呈淡黑色。

生活习性及经济价值 银白鱼为滇池湖区中小型鱼类，因其比同域分布的另一种白鱼——多鳞白鱼长得慢，故称“小白鱼”。喜栖息于水体中上层，常在湖内水草繁茂处活动觅食。食性杂，小一点的个体主要摄食枝角类，其次为丝状藻、小鱼虾等，大一点的个体主要摄食小鱼虾，枝角类很少。1 冬龄可达性成熟，繁殖期与多鳞白鱼相近，唯产卵盛期在 4 月。

曾是湖区重要经济鱼类，与多鳞白鱼合计占全湖渔获物的 30%。

流域内资源现状 自 20 世纪 70 年代，产量锐减，现已濒临绝迹。可能与导致多鳞白鱼资源变化的因素相似。

分布 仅见于云南滇池（图 4-6）。

（16）飘鱼属 *Pseudolaubuca*

体长，极侧扁，背部较平直，腹缘弧形；峡部至肛门具腹棱。头部侧扁。口端位，下颌缝合部具 1 凸起，与上颌中央缺刻相吻合；口裂斜。背鳍短小，位于体后半部，末根不分枝鳍条柔软或稍硬，分枝鳍条 7；臀鳍分枝鳍条多，17~28；尾鳍深分叉。鳞中等大，薄，易脱落；胸鳍基部具狭长腋鳞。侧线完全，在胸鳍上方急剧向下弯折，或和缓弧形下弯，至臀鳍基部后向上弯折伸至尾柄正中。第一鳃弓外侧鳃耙短小。下咽齿 3 行。鳔 2 室，后室长。

本属鱼类分布广，国外见于朝鲜和越南。我国东部、东南部和西南部从辽河至元江均有分布。金沙江流域分布有 2 种（图 4-7）。

种检索表

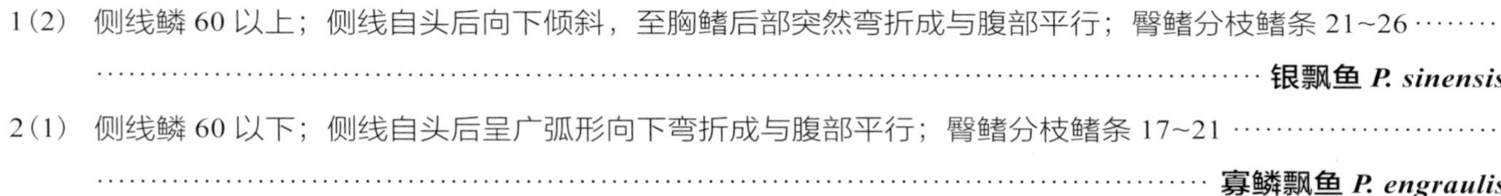
1（2） 侧线鳞 60 以上；侧线自头后向下倾斜，至胸鳍后部突然弯折成与腹部平行；臀鳍分枝鳍条 21~26……………………………………………… **银飘鱼 *P. sinensis***

2（1） 侧线鳞 60 以下；侧线自头后呈广弧形向下弯折成与腹部平行；臀鳍分枝鳍条 17~21……………………………………………… **寡鳞飘鱼 *P. engraulis***

银飘鱼 *Pseudolaubuca sinensis* Bleeker，1864

地方俗名　毛叶刀、扬白刀、羊麦刀、飘鱼

Pseudolaubuca sinensis Bleeker，1864，Ned Tijdschr Dierk，2：29（中国）；丁瑞华，1994，四川鱼类志：192（泸州、宜宾、万县、九支）；陈宜瑜等，1998，中国动物志　硬骨鱼纲　鲤形目（中卷）：156（江西鄱阳湖、湖北宜昌、湖南城陵矶、湖南岳阳、四川木洞、四川泸州等）。

Parapelecus argenteus Günther，1889，Ann Mag Nat Hist，4（6）：227（九江）；Tchang，1930，Thèse Univ Paris，（A）（209）：144（四川）；易伯鲁和吴清江，1964，中国鲤科鱼类志：82（四川、长江干流各地、梁子湖、鄱阳湖、湖南、广西、福建）。

Parapelecus machaerius Abbott，1901，Proc US Natn Mus，23：488（天津）；Tchang，1930，Thèse Univ Paris，（A）（209）：144（四川）。

Parapelecus nicholsi：Tchang，1930，Thèse Univ Paris，（A）（209）：145。

主要形态特征　测量标本 2 尾，采自云南省昭通市水富县城鱼市场，全长为 114.1~240.0mm，标准长为 92.9~220.0mm。部分数据参考《四川鱼类志》和《中国动物志　硬骨鱼纲　鲤形目（中卷）》等文献。

背鳍 iii-7；臀鳍 iii-20~25；胸鳍 i-12~14；腹鳍 i-8。侧线鳞 $60\frac{9\sim10}{2}72$，围尾柄鳞 18~22。第一鳃弓外侧鳃耙 10~15。下咽齿 3 行，2·4·4（5）—5（4）·4·2。

体长为体高的 3.5~6.5 倍，为头长的 4.5~6.0 倍，为尾柄长的 6.5~12.1 倍，为尾柄高的 10.0~16.1 倍。头长为吻长的 3.1~4.3 倍，为眼径的 3.0~4.8 倍，为眼间距的 3.0~4.4 倍。尾柄长为尾柄高的 1.0~2.0 倍。

体长形，甚侧扁，背部较平直，自峡部至肛门具明显的腹棱。头侧扁，小而较尖，头长小于体高。吻稍尖，吻长大于眼径。口端位，口裂斜；上、下颌约等长，下颌前端中央具 1 凸起，与上颌前端中央缺刻相嵌合。眼中等大，位于头侧上方，眼前缘至吻端的距离小于眼后头长；眼缘周围常具透明脂膜；眼间距窄而隆起，眼间距大于或等于眼径。鳃孔向前伸至前鳃盖骨后缘的下方；鳃膜与峡部相连；峡部窄。

背鳍较短小，外缘平截，末根不分枝鳍条柔软或稍硬，位于体后半部，起点至鳃盖后缘与至尾鳍基部的距离约相等。胸鳍尖，基部具 1 发达的肉质瓣，其长大于眼径，末端距腹鳍起点颇远。腹鳍短小，起点至臀鳍起点较至胸鳍基部为近，末端不伸达肛门。臀鳍鳍条较短，基部较长，外缘稍内凹，起点与背鳍基部末端约相对，距腹鳍基部较至尾鳍基部为近。尾鳍深分叉，下叶长于上叶，叶端尖。肛门紧靠臀鳍起点。

鳞片较小，排列紧密，薄而易脱落。侧线完全，自头后胸鳍上方急剧向下倾斜，至胸鳍后部弯折成 1 明显角度，行于体下半部，至臀鳍基部末端又折而向上，伸入尾柄正中至尾鳍基部。

第一鳃弓外侧鳃耙短小，排列稀疏。下咽齿侧扁，齿端钩状。鳔 2 室，后室长，其长约为前室的 2 倍，末端尖细。腹膜银灰或灰黑色。

生活时，体背部和上侧部灰褐色，下侧部和腹部银白色。胸鳍、腹鳍淡黄色，背鳍、臀鳍和尾鳍灰黑色。

生活习性及经济价值 银飘鱼属于生活在水体上层的小型鱼，喜集群在近水面处飘游，瞬间游速较快，故有飘鱼之称。生长较慢。2 冬龄性成熟，产卵期在 5~6 月。杂食性，摄食 餐、吻鉤、鲚等的幼鱼，虾、枝角类、桡足类等甲壳动物，高等植物碎屑，丝状藻类等。

可食用，数量不大，在产地有一定的经济价值。

流域内资源现状　野外调查期间曾在水富、雷波、巧家县牛栏村等金沙江干流下游采集到标本，但数量不大。

分布　辽河、海河、长江、钱塘江、韩江、珠江、闽江和元江等水系均有分布；国外分布于朝鲜、越南等。金沙江流域见于下游干流、支流（图 4-7）。

025 寡鳞飘鱼 *Pseudolaubuca engraulis*（Nichols，1925）

Hemiculterella engraulis Nichols，1925，7。
Pseudolaubuca shawi Tchang，1930，147（四川）。
Pseudolaubuca setchuanensis Tchang，1930，147（四川）。
Parapelecus oligolepis Wu *et* Wang，1931，222（四川）。
Pseudolaubuca engraulis：褚新洛和陈银瑞，1989，50（绥江）。
Parapelecus engraulis：张春霖和刘成汉，1957，229；丁瑞华，1994，194；陈宜瑜等，1998，157-158。

未采集到标本，参考《云南鱼类志》《四川鱼类志》和《中国动物志　硬骨鱼纲　鲤形目（中卷）》等文献整理描述。

主要形态特征　背鳍 iii-7；臀鳍 iii-17~21；胸鳍 i-13~14；腹鳍 i-7~8。侧线鳞$45\frac{9\sim11}{2\sim3}54$，围尾柄鳞 16~18。第一鳃弓外侧鳃耙 10~14，下咽齿 3 行，2·4·5(4)—4(5)·4·2。

体长为体高的 4.0~5.1 倍，为头长的 3.9~5.0 倍，为尾柄长的 5.8~10.3 倍，为尾柄高的 8.0~12.7 倍。头长为吻长的 3.3~4.1 倍，为眼径的 3.2~4.9 倍，为眼间距的 3.0~4.1 倍。尾柄长为尾柄高的 1.1~1.9 倍。

体长形，侧扁，背缘较平直，自胸鳍基部下方至肛门具腹棱。头稍长，侧扁。吻稍尖，吻长大于眼径。口端位，口裂斜；上、下颌约等长，下颌前端中央具 1 凸起，与上颌前端中央缺刻相嵌合。眼中等大，位于头侧上方，眼前缘至吻端的距离小于眼后头长；眼间距宽，隆起，眼间距大于眼径。鳃孔宽，鳃膜与峡部相连；峡部窄。

背鳍较短小，外缘平截，末根不分枝鳍条柔软或稍硬，位于体后半部，起点至鳃盖后缘与至尾鳍基部的距离约相等。胸鳍末端尖，基部具 1 肉质瓣，其长大于或等于眼径，末端不达腹鳍起点。腹鳍短于胸鳍，起点至臀鳍起点较至胸鳍基部为近，末端不伸达肛门。臀鳍基部较长，外缘稍内凹，起点与背鳍基部末端约相对，距腹鳍基部较至尾鳍基部为近。尾鳍深分叉，下叶长于上叶，叶端尖。肛门紧靠臀鳍起点。

鳞片小，易脱落。侧线完全，自头后胸鳍上方和缓向下弯曲，至尾柄处折而向上伸入尾柄正中至尾鳍基部。

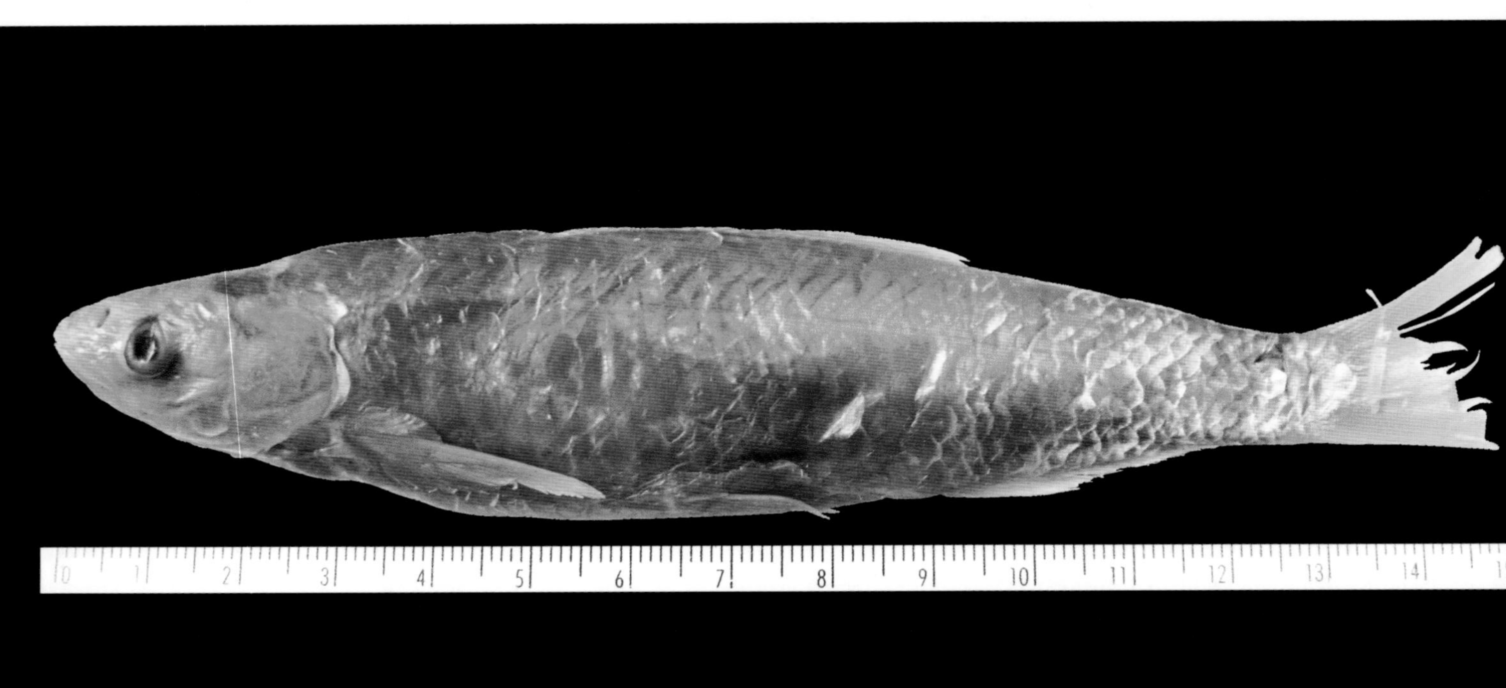

第一鳃弓外侧鳃耙短小，排列稀疏。下咽齿侧扁，齿端钩状。鳔 2 室，后室长，末端尖。腹膜银白或灰白色。

生活时，体背部和上侧部青灰色，下侧部和腹部银白色。各鳍色浅。

生活习性及经济价值 寡鳞飘鱼属于生活在水体上层的小型鱼。生长较慢。2 冬龄性成熟，产卵期在 4~6 月，在缓流浅水区产卵。杂食性，主要以水生昆虫、枝角类、桡足类、藻类等为食。可食用，数量不大，在产地有一定的经济价值。

流域内资源现状 连续多年野外调查期间未采集到标本。

分布 黄河、长江、九龙江、珠江等水系有分布。金沙江流域见于绥江以下干流（《云南鱼类志》和《四川鱼类志》）。

（17）似鱎属 *Toxabramis*

体长，极侧扁；背部较平直，腹缘弧形；峡部至肛门具腹棱。头部侧扁。口端位，口裂斜，上、下颌约等长。背鳍位于体中部，末根不分枝鳍条为后缘带锯齿的硬刺，分枝鳍条 7；臀鳍基底稍宽，分枝鳍条 14~19；尾鳍深分叉。鳞中等大。侧线完全，在胸鳍上方急剧向下弯折，至臀鳍基部后向上弯折伸至尾柄正中。第一鳃弓外侧鳃耙长，多，排列紧密。下咽齿 2 行。鳔 2 室，后室末端尖。

本属鱼类广泛分布于中国东部及东南部，国外见于越南。本流域在滇池有分布报道，认为是引入种（《云南鱼类志》），其他水体分布的是否为原生种有待进一步考证。

似鱎 *Toxabramis swinhonis* Günther，1873

Toxabramis swinhonis Günther，1873，250（上海）；褚新洛和陈银瑞，1989，84（滇池）；陈宜瑜等，1998，159（四川西昌）。

主要形态特征　测量标本 8 尾，体长为 32.98~83.83mm；采自雷波县（溪洛渡坝上库区）。部分特征描述参考《云南鱼类志》和《中国动物志　硬骨鱼纲　鲤形目（中卷）》等。

背鳍 iii-7；臀鳍 iii-16~18；胸鳍 i-11~13；腹鳍 i-7。侧线鳞 $54\frac{8\sim10}{2\sim3}57$，围尾柄鳞 16~18，第一鳃弓外侧鳃耙 19~23，下咽齿 2 行，2(3)·4—5·3(2)。

体长为体高的 3.6~4.8 倍，为头长的 4.2~4.9 倍，为尾柄长的 7.4~8.9 倍，为尾柄高的 9.3~11.2 倍。头长为吻长的 4.2~5.6 倍，为眼径的 2.6~3.2 倍，为眼间距的 3.5~3.9 倍。尾柄长为尾柄高的 1.1~1.3 倍。

采自溪洛渡库区的标本

体延长，极侧扁；背缘较平直，自胸鳍基部下方至肛门具腹棱。头短，头长显著小于体高。吻短，稍尖，吻长小于眼径。口小，端位，上、下颌约等长，口角不达眼前缘下方。眼中等大，位于头侧上方；眼间距隆起，眼间距一般大于眼径。鳃孔宽，鳃膜与峡部相连；峡部窄。

背鳍位于体中部，外缘平截，末根不分枝鳍条为后缘具强锯齿的硬刺，其起点至尾鳍基部的距离较至吻端为近。胸鳍末端尖，末端不达腹鳍起点。腹鳍短，起点明显在背鳍起点之前，末端不伸达肛门。臀鳍基部较长，外缘内凹，起点在背鳍基部末端之后。尾鳍深分叉，下叶略长于上叶，叶端尖。肛门紧靠臀鳍起点。

鳞片小，腹鳍基后具 1 发达的窄长腋鳞。侧线完全，自头后胸鳍上方急剧向下弯折，沿体侧下部向后延展，至尾鳍基部后端折而向上，伸入尾柄正中至尾鳍基部。

第一鳃弓外侧鳃耙细长，排列紧密。下咽齿侧扁，齿端钩状。鳔 2 室，后室长，末端尖。腹膜银白色，散布黑色小点。

生活时，体银白色，并有银色反光。各鳍灰白色。固定保存的标本，体侧自头后至尾鳍基部常见 1 条明显的暗色纵带。

生活习性及经济价值　生活于水体中上层。主要摄食水生昆虫、枝角类等。1 冬龄可达性成熟，产卵期在 6~7 月（褚新洛和陈银瑞，1989）。

可食用，数量不大，在产地有一定的经济价值。

流域内资源现状　我们曾在溪洛渡库区采集到标本，资源量较小。

分布　分布于我国黄河、长江、钱塘江等，以及其间的其他沿海河流。在金沙江流域，以往仅在滇池有确切分布记录，且认为是引入种（褚新洛和陈银瑞，1989）。《中国动物志　硬骨鱼纲　鲤形目（中卷）》记载在西昌也有分布记录。我们也在雷波溪洛渡库区采集到标本。是否为原生土著种有待进一步考证（图 4-7）。

（18）䱗属 *Hemiculter*

体长，侧扁；自峡部至肛门具腹棱。口端位，口裂斜，上、下颌约等长；下颌前端具 1 凸起，与上颌前端凹陷处相嵌合。背鳍位于体中部，末根不分枝鳍条为光滑的硬刺，分枝鳍条 7；臀鳍基底稍宽，分枝鳍条 10~19；尾鳍深分叉。鳞中等大，薄，易脱落。侧线完全，在胸鳍上方急剧向下弯折，向后行于体侧下半部，至臀鳍基部后向上弯折伸至尾柄正中，或在胸鳍上方和缓向下呈弧形下弯，向后延至尾柄正中。第一鳃弓外侧鳃耙短小。下咽齿 3 行。鳔 2 室，后室长，末端常具 1 尖状突起。

本属鱼类在我国除西北地区外广泛分布，国外见于俄罗斯、朝鲜半岛和越南等。本流域分布有 2 种（图 4-7）。

种检索表

1（2）第一鳃弓外侧鳃耙不超过 20；尾鳍边缘灰黑色；体薄……………………………………**䱗 *H. leucisculus***

2（1）第一鳃弓外侧鳃耙 20 以上；尾鳍末端黑色；体厚……………………………………**张氏䱗 *H. tchangi***

𩷶 *Hemiculter leucisculus*（Basilewsky，1855）

地方俗名　餐子、白条

Culter leucisculus Basilewsky，1855，Nouv Mem Soc Nat Mosc，10：238（华北）。

Chanodichthys leucisculus：Günther，1868，Cat Fish Br Mus，7：327（中国）。

Hemiculter leucisculus：Bleeker，1871，Verh K Akad，12：76（长江）；易伯鲁和吴清江，1964，见伍献文等，中国鲤科鱼类志：90（黑龙江、长江及西江流域）；褚新洛和陈银瑞，1989，云南鱼类志（上册），80（河口、沾益、曲靖）；丁瑞华，1994，四川鱼类志，215（乐山、泸州、重庆、合川等）；陈宜瑜等，1998，横断山区鱼类，117（四川邛海）；陈宜瑜等，1998，中国动物志　硬骨鱼纲　鲤形目（中卷），164-166（云南滇池、河口、四川泸州）。

Hemiculter clupeoides：Tchang，1930，Thèse Univ Paris，(A)(219)：133（四川）。

Hemiculter serracanthus：Tchang，1931，Bull Fan Mem Inst Biol，2(11)：239（四川）。

Hemiculter warpachowskii：Tchang，1931，Bull Fan Mem Inst Biol，2(11)：289（四川）。

主要形态特征　测量标本 9 尾。全长为 76.7~188.0mm，标准长为 59.2~145.2mm。采自四川省攀枝花市金江镇农贸市场和屏山县新市镇、云南省昭通市绥江县。

背鳍 iii-7；臀鳍 iii-12~13；胸鳍 i-13~14；腹鳍 i-8~9。侧线鳞 $48\frac{8\sim9}{2}52$，围尾柄鳞 16~18。第一鳃弓外侧鳃耙 16~20。下咽齿 3 行，2·4·5—4·4·2。

体长为体高的 4.5~6.8 倍，为头长的 4.5~6.0 倍，为尾柄长的 7.9~15.1 倍，为尾柄高的 8.3~16.7 倍。头长为吻长的 2.5~4.3 倍，为眼径的 2.6~4.3 倍，为眼间距的 2.4~4.3 倍。尾柄长为尾柄高的 0.8~1.6 倍。

∧ 新鲜标本

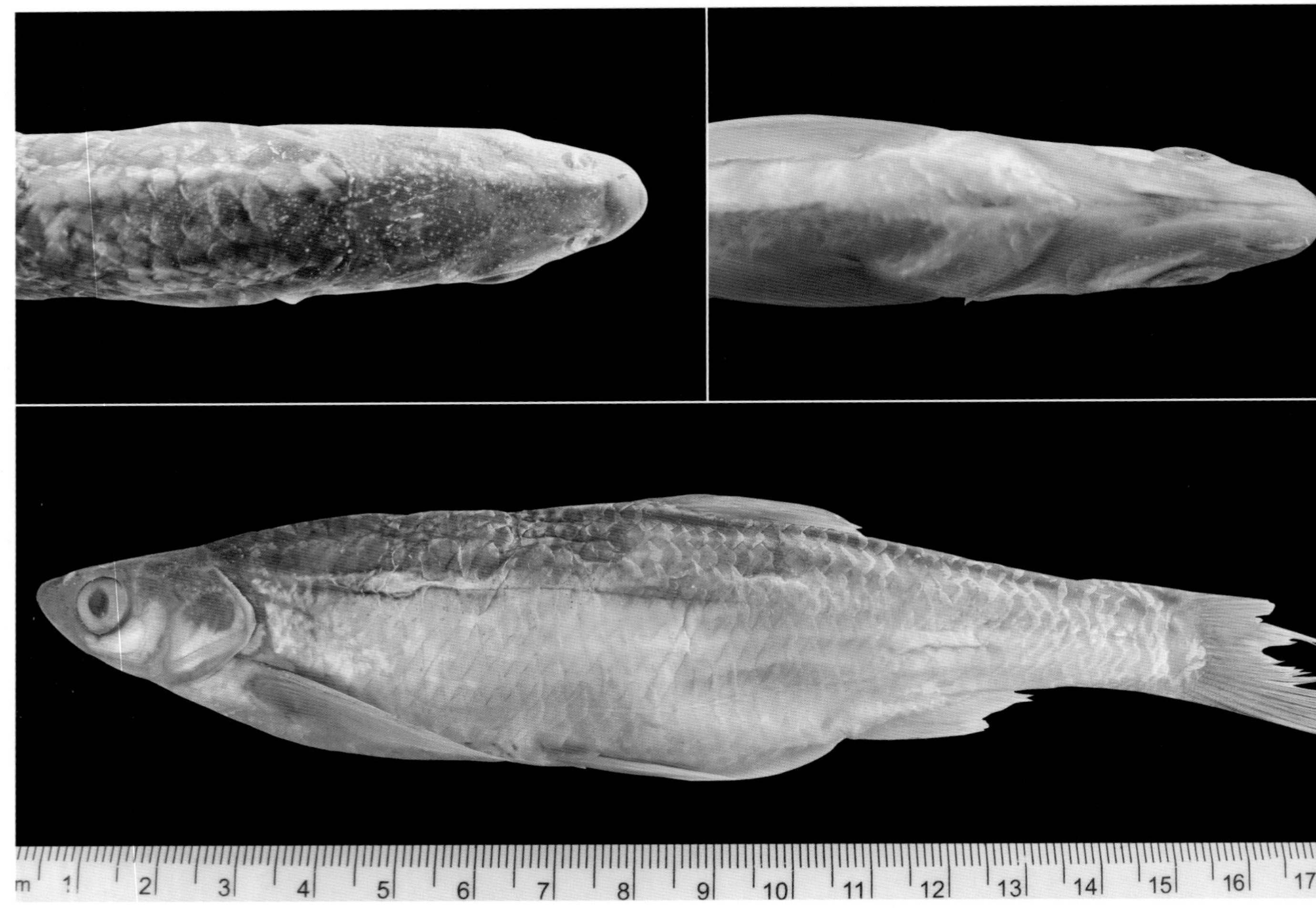

体长，侧扁；腹缘呈弱弧形，自胸鳍基部下方至肛门具腹棱。头略尖。吻短，其长大于眼径。口端位，口裂斜，上、下颌等长，下颌前端中央凸起与上颌前端凹陷相嵌合。眼中等大，侧上位；眼间距宽，微隆起，眼间距大于眼径。鳃孔较宽，鳃膜在前鳃盖骨后缘下方与峡部相连。

背鳍位于腹鳍后上方，外缘略平截；其起点与腹鳍起点之后相对，距尾鳍基部较距吻端为近；最后一不分枝鳍条为光滑的硬刺。胸鳍较长，末端尖，后伸一般不达腹鳍起点。腹鳍长短于胸鳍，末端距肛门颇远。臀鳍起点位于背鳍分枝鳍条末端的正下方，基部较长，外缘稍凹入。尾鳍分叉深，下叶稍长于上叶，叶端尖。

鳞中等大，薄，易脱落；腹鳍基部具 1 发达的狭长腋鳞，其长约为腹鳍长的 1/3。侧线完全，自头后向下倾斜至胸鳍后部，而后急剧弯折成与腹部平行，至臀鳍基部末端又转而向上，延伸至尾柄正中。

第一鳃弓外侧鳃耙短小，排列较密。下咽齿稍侧扁，顶端钩状。鳔 2 室，后室长于前室，末端尖状，常具 1 小突。腹膜灰黑色。

生活时，身体背部青灰色，或呈现草绿色光泽；体侧下部和腹部银白色。尾鳍边缘灰黑色，其余各鳍白色。

生活习性及经济价值　鳘为一种小型鱼，分布广泛，游泳迅速，在我国各大江河湖泊、水库等适宜鱼类生活的环境，均可见其踪迹，尤喜在湖泊、水库等静水或缓流水体中生活，在如金沙江等大江大河已建水库坝下近岸流水环境上层也常可大量捕获。为杂食性鱼类，幼鱼主要摄食浮游动物，成鱼主要以藻类、植物碎屑、水生昆虫及甲壳类等为食。1 冬龄性成熟，繁殖期为 5~7 月，常在沿岸浅水区产卵，卵黏性，受精卵附着在水草或石块上孵化。

适应能力强，在许多水体中都能形成较大的种群，为流域内中下游常见种，资源较丰富，是区域内重要的经济鱼类之一。

流域内资源现状　野外调查期间在多地采集到标本，如盐边、武定东坡镇勐果河桥头、元谋元马农贸市场、元谋江边乡、东川区舍块乡大朵村、攀枝花金江镇、绥江、新市镇，以及金沙江中下游已建成的各水利枢纽库区内，常形成优势种群，有一定的资源量。

分布　我国内陆除青藏高原、西北地区无自然分布外，中东部、东南部、西南部等广泛分布。国外分布于越南、朝鲜半岛、日本、蒙古国和俄罗斯等。

流域内中下游广泛分布，但在滇池、邛海等湖泊内分布的似应为引入种（褚新洛和陈银瑞，1989）（图 4-7）。

028 张氏鳘 *Hemiculter tchangi* Fang，1942

曾用名　黑尾鳘

地方俗名　黑尾

Hemiculter tchangi Fang，1942，110；丁瑞华，1994，217；陈宜瑜等，1998，166-167。
Hemiculter nigromarginis 易伯鲁和吴清江（见伍献文），1964，91；长江鱼类，1976，113。

主要形态特征　测量标本 1 尾，标本采自云南元谋鱼市场。另参考《长江鱼类》《四川鱼类志》和《中国动物志　硬骨鱼纲　鲤形目（中卷）》等文献整理描述。

背鳍 iii-7；臀鳍 iii-11~12；胸鳍 i-12；腹鳍 i-8。侧线鳞$49\frac{9}{2}53$，围尾柄鳞 17 或 18。第一鳃弓外侧鳃耙 22~26。下咽齿 3 行，2（1）·3（4）·5（4）—5（4）·3（4）·2（1）。

体长为体高的 4.1~5.0 倍，为头长的 4.0~4.8 倍，为尾柄长的 5.3~7.1 倍，为尾柄高的

10.3~11.7 倍。头长为吻长的 3.0~3.5 倍，为眼径的 3.5~5.4 倍，为眼间距的 3.0~3.4 倍。尾柄长为尾柄高的 1.5~2.2 倍。

体长，侧扁，较肥厚；背部较平直，腹缘弧形，自胸鳍基部下方至肛门具腹棱。头尖。吻稍尖，其长大于眼径。口端位，口裂斜，上、下颌等长，下颌前端中央凸起与上颌前端凹陷相嵌合。眼中等大，侧上位；眼间距宽，微隆起，眼间距大于眼径。鳃孔较宽，鳃膜连于峡部，峡部窄。

背鳍位于腹鳍后上方，外缘微突；其起点与腹鳍起点之后相对，距吻端较距尾鳍基部为远；末根不分枝鳍条为光滑的硬刺。胸鳍较长，末端尖，后伸不达腹鳍起点。腹鳍后伸远不达肛门。臀鳍位于背鳍后下方，基部较长，外缘稍内凹。尾鳍分叉深，下叶略长于上叶，叶端尖。

鳞中等大，薄，易脱落；腹鳍基部具 1 狭长腋鳞。侧线完全，自头后向下倾斜至胸鳍后部，而后弯折成与腹部平行向后延伸，至臀鳍基部末端又转而向上，延伸至尾柄正中。

第一鳃弓外侧鳃耙短小，排列较密。下咽齿稍侧扁，顶端尖钩状。鳔 2 室，后室长于前室，末端尖状。腹膜银灰至灰色。

体背部青灰色，腹部银白色。尾鳍边缘黑色，其余各鳍灰白色。

生活习性及经济价值 张氏䱗为䱗属中个体最大的种类，最大个体可达 0.25kg，主要分布于长江上游四川。食性杂，似䱗。1 冬龄性成熟，繁殖期为 5~7 月，卵黏性，受精卵附着在水草或其他杂物上孵化。

流域内资源现状 我们在连续多年的野外调查期间仅采集到 1 尾标本。

分布 为长江上游特有种，主要分布在四川，我们在云南元谋也采集到标本（图 4-7）。

（19）半䱗属 *Hemiculterella*

体长，侧扁；腹鳍至肛门具腹棱。口端位，口裂斜；下颌前端中央具 1 凸起，与上颌前端中央凹陷处相嵌合。背鳍位于体中部，末根不分枝鳍条光滑，下部稍硬，分枝鳍条 7；臀鳍分枝鳍条 11~14；尾鳍分叉深。鳞中等大，稍薄。侧线完全，在胸鳍上方显著向下弯折，向后行于体侧下半部，至臀鳍基部后向上弯折，伸至尾柄正中。第一鳃弓外侧鳃耙少，短小。下咽齿 3 行。鳔 2 室，后室长，末端常具 1 尖状突。

本属仅分布在我国长江中上游支流、钱塘江、珠江和澜沧江支流，现知有 3 种，本流域有 1 种。

半䱗 *Hemiculterella sauvagei* Warpachowsky，1887

曾用名　四川半䱗

地方俗名　蓝片子、蓝刀皮

Hemiculterella sauvagei Warpachowsky，1887，23（四川西部）；丁瑞华，1994，211；陈宜瑜等，1998，172-173。
Nicholsiculter rendahli Wu，1930，74（乐山）。

主要形态特征　测量标本 1 尾，采自四川省攀枝花市金江镇。某些性状描述参考《长江鱼类》《横断山区鱼类》《四川鱼类志》和《中国动物志　硬骨鱼纲　鲤形目（中卷）》等相关信息。

背鳍 iii-7；臀鳍 iii-12；胸鳍 i-12；腹鳍 i-8。侧线鳞$48\frac{8}{2}$，围尾柄鳞 17 或 18。第一鳃弓外侧鳃耙 7~11。下咽齿 3 行，2（1）·4（3）·5（4）—4（5）·4（3）·1（2）。

体长为体高的 5.0 倍，为头长的 4.0 倍，为尾柄长的 5.3 倍，为尾柄高的 10.3 倍。头长为吻长的 3.5 倍，为眼径的 3.5 倍，为眼间距的 3.0 倍。尾柄长为尾柄高的 2.2 倍。

体长，侧扁，较肥厚；背、腹缘浅弧形，自胸鳍基部下方至肛门具腹棱。吻部稍尖，吻长略大于眼径。口端位，口裂斜，上、下颌等长，下颌中央具 1 小凸起，与上颌中央凹陷处相嵌合。眼中等大，侧上位；眼间距宽，微隆起，眼间距稍大于眼径。鳃孔较宽，鳃膜连于峡部，峡部窄。

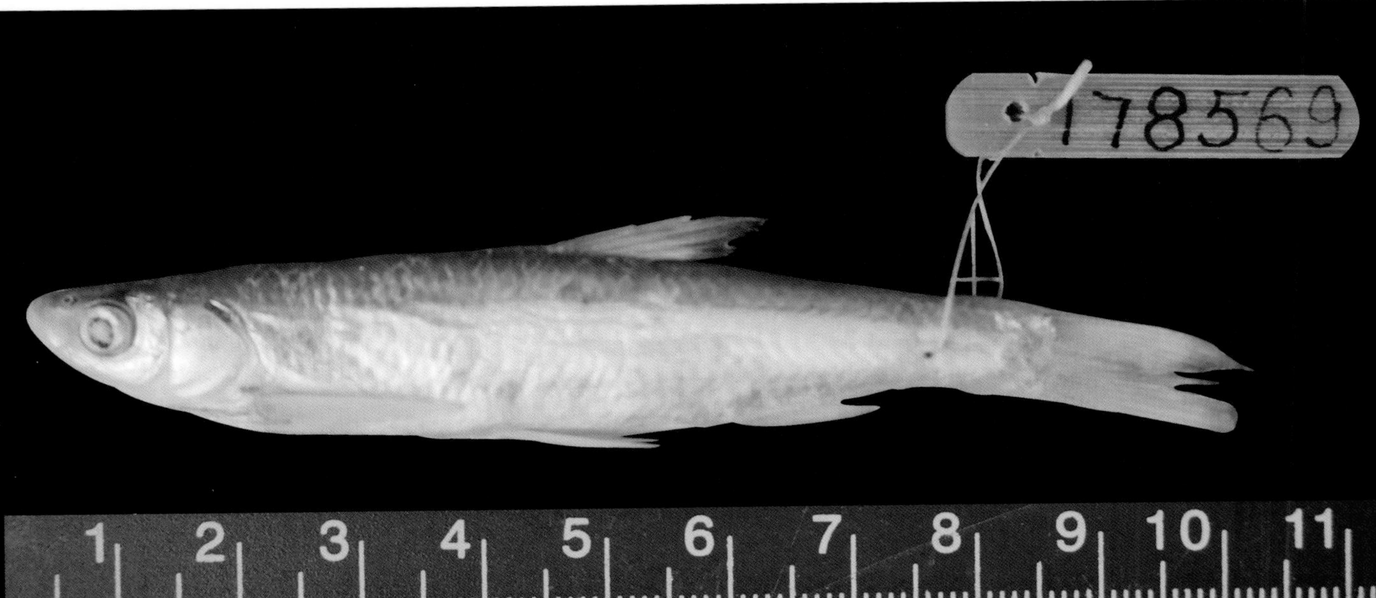

背鳍位于腹鳍后上方，外缘近截形；其起点距吻端较至尾鳍基部为远；末根不分枝鳍条柔软。胸鳍略长，尖形，后伸接近腹鳍起点。腹鳍后伸不达肛门。臀鳍位于背鳍后下方，基部稍长，外缘微内凹。尾鳍分叉深，下叶略长于上叶，叶端尖。

鳞中等大，较薄，腹鳍基部具 1 狭长腋鳞。侧线完全，自头后向下倾斜，至胸鳍后部弯折，与腹部平行向后延伸，至臀鳍基部末端又转而向上，延伸至尾柄正中。

第一鳃弓外侧鳃耙短小，排列较密。下咽齿稍侧扁，顶端尖钩状。鳔 2 室，后室长于前室，末端呈乳突状。腹膜灰黑色。

生活时，体背部青灰色，体侧和下腹部银白色。背鳍和尾鳍灰黑色，其余各鳍灰白色。

生活习性及经济价值 生活习性不祥。

个体较小，可食用，有一定的经济价值。

流域内资源现状 分布比较广泛，较常见。

分布 为长江上游特有种。流域下游有分布，依据我们的实地调查，最上可见于攀枝花江段（图 4-7）。

（20）原鲌属 *Cultrichthys*

曾用名：鲌属 *Culter*。

体长，侧扁，尾柄较短；自胸鳍基部下方至肛门具腹棱。吻短钝。口上位，口裂近垂直。背鳍位于体中部，末根不分枝鳍条为光滑的硬刺，分枝鳍条 7；臀鳍基宽，分枝鳍条 24~28；尾鳍分叉。鳞较小，排列较密。侧线完全，约在体侧中央，前部略呈弧形，后部较平直。第一鳃弓外侧鳃耙较长，排列较紧密。下咽齿 3 行。鳔 3 室，后室甚小。

本属现知有 2 种，分布于我国中东部、南部；国外分布于俄罗斯、朝鲜、越南等。本流域有 1 种。

红鳍原鲌 *Cultrichthys erythropterus*（Basilewsky，1855）

曾用名　红鳍鲌

Culter erythropterus Basilewsky，1855，236（华北）；易伯鲁和吴清江（见伍献文），1964，113（黑龙江、辽河、长江、梁子湖、东湖、五里湖）；刘成汉，1964，109（长江、渠江、嘉陵江、涪江、沱江、岷江、青衣江、大渡河、安宁河、金沙江）；吴江和吴明森，1986，1-5（雅砻江下游）；陈宜瑜，1998，118（四川邛海）。

Cultrichthys erythropterus：罗云林，1994，47（海南岛、台湾、闽江、长江、钱塘江、淮河、黄河、辽河、黑龙江等）；陈宜瑜等，1998，182-183（四川宜宾、西昌等）。

主要形态特征 测量标本 3 尾，全长为 90.4~223.0mm，标准长为 67.7~184.0mm。采自云南省昭通市绥江县。部分性状描述参考《长江鱼类》《横断山区鱼类》《四川鱼类志》和《中国动

物志　硬骨鱼纲　鲤形目（中卷）》等相关信息。

背鳍 iii-7；臀鳍 iii-25~29；胸鳍 i-14~16；腹鳍 i-8。侧线鳞 $62\frac{10\sim11}{5\sim6}66$，围尾柄鳞 16~18。第一鳃弓外侧鳃耙 24~29。下咽齿 3 行，2·4·4—4(5)·4·2。

体长为体高的 3.6~3.9 倍，为头长的 4.0~4.1 倍，为尾柄长的 7.3~8.0 倍，为尾柄高的 10.6~10.8 倍。头长为吻长的 3.7~3.8 倍，为眼径的 4.4~4.8 倍，为眼间距的 5.2~5.3 倍。尾柄长为尾柄高的 1.4~1.5 倍。

体长，侧扁，头部背面较平直，头后背部显著隆起，背鳍起点处为体最高点；腹部在腹鳍基部处常略显凹入，腹棱完全，自胸鳍基部下方至肛门。头较短，侧扁，头长小于体高。吻短钝，吻长小于眼径。口上位，口裂近垂直，下颌肥厚，突出于上颌之前，上颌骨末端伸达鼻孔前缘的下方。鼻孔位于眼的前上方，其下缘与眼上缘在同一水平线或在眼上缘之下。眼中等大，侧上位；

眼间距较宽，微凸，眼间距大于眼径。鳃孔向前延伸至眼后缘下方。鳃膜与峡部相连，峡部窄。

背鳍位于腹鳍后上方，外缘平截，最末根不分枝鳍条为光滑的硬刺，其起点至尾鳍基部的距离较至吻端为近。胸鳍尖，后伸接近或超过腹鳍起点。腹鳍短于胸鳍，末端不达肛门。臀鳍位于背鳍基部后下方，基部宽，外缘平直或微内凹，起点至腹鳍起点的距离小于或等于其基部宽。尾鳍深分叉，下叶长于上叶，叶端尖。

鳞片稍小，腹鳍基具 1 三角形腋鳞。侧线完全，前部略呈弧形，后部较平直，伸达尾柄正中。

第一鳃弓外侧鳃耙长，排列较紧密。下咽齿稍侧扁，末端尖钩状。鳔 3 室，中室最长，后室甚小。腹膜白或淡灰色。

生活时，背部青灰色，体侧和下腹部白色。背鳍、尾鳍上叶青灰色，腹鳍、臀鳍和尾鳍下叶为橙红色，臀鳍最显著。繁殖季节，雄鱼头部和鳍条上均布有珠星。

生活习性及经济价值 红鳍原鲌属于中小型鱼，喜在湖泊、水库等大水面缓流或静水水草茂密的开敞水域上层活动，也可在江河的缓流中见到。幼鱼常群集在沿岸带觅食，冬季在深水处过冬。肉食性鱼类，幼鱼主要摄食枝角类、桡足类和水生昆虫，成鱼则主要捕食小型鱼类，亦食少量水生昆虫、虾和枝角类。一般在静水中繁殖，产卵期为 5~7 月，产黏性卵，受精卵黏附在水草的茎、叶上发育。

流域内为常见野杂鱼，是鱼市常见种。可食用，有一定的经济价值。

流域内资源现状 野外调查期间曾在云南省昆明市富民县农贸市场、昭通市绥江县和四川省宜宾市屏山县新市镇等采集到标本，较常见。

分布 我国东部黑龙江至海南岛各水系及台湾和香港等均有分布。国外分布于俄罗斯、朝鲜半岛、越南等。本流域主要分布在下游干流、支流及其附属湖泊，分布在邛海的种群应为外来种（彭徐，2007）（图 4-8）。

（21）鲌属 *Culter*

曾用名：红鲌属 *Erythroculter*。

体长，侧扁；腹鳍基部至肛门具腹棱。头较长。口端位、亚上位或上位，口裂斜或近垂直。背鳍位于体背中部，末根不分枝鳍条为光滑粗壮的硬刺，分枝鳍条 7；臀鳍基较宽，分枝鳍条 18~30；尾鳍深分叉。鳞较小，数量较多，侧线鳞 60 以上。侧线完全，约在体侧中央，较平直。第一鳃弓外侧鳃耙较少。下咽齿 3 行。鳔 3 室，后室最长，常深入体腔后肌肉中。

该属是本亚科中种类较多的类群，现知至少有 9 种和亚种，广泛分布于我国除青藏高原以外的区域。国外见于俄罗斯、朝鲜和越南等。本流域有 4 种（图 4-8）。

种检索表

1（2）口上位，口裂几乎与体轴垂直……………………………………………………**翘嘴鲌 *C. alburnus***

2（1）口端位或亚上位，口裂斜

3（6）头后背部不显著隆起；第一鳃弓外侧鳃耙不多于 25

4（5）第一鳃弓外侧鳃耙 17~19；尾柄较短，体长为尾柄长的 7.4~9.5 倍（平均 8.1 倍）……………………………………………………………………………**蒙古鲌 *C. mongolicus mongolicus***

5(4) 第一鳃弓外侧鳃耙 20~23；尾柄较长，体长为尾柄长的 6.3~7.8 倍（平均 7.0 倍）……………………………………………………………………………………… **程海鲌 *C. mongolicus elongatus***

6(3) 头后背部显著隆起；第一鳃弓外侧鳃耙 25~28 ……………………………… **邛海鲌 *C. mongolicus qionghaiensis***

翘嘴鲌 *Culter alburnus* Basilewsky，1855

曾用名　翘嘴红鲌

地方俗名　翘嘴巴、翘壳

Culter alburnus Basilewsky，1855，236（华北）；陈宜瑜等，1998，186（四川宜宾、南溪等）。

Culter ilishaeformis：Bleeker，1871，67（长江）；丁瑞华，1994，224（乐山等）。

Culter erythropterus：Tchang，1933，169（四川）。

Erythroculter ilishaeformis：伍献文等，1964，98（长江等）；陈宜瑜等，1998，186（宜宾、南溪等）；陈宜瑜，1998，119（四川大渡河）。

主要形态特征　测量标本 1 尾，全长为 68.3mm，标准长为 51.0mm（幼体）。采自云南省昆明市东川区舍块乡大朵村普渡河。部分性状描述信息参考《长江鱼类》《横断山区鱼类》《四川鱼类志》和《中国动物志　硬骨鱼纲　鲤形目（中卷）》等。

背鳍 iii-7；臀鳍 iii-24~28；胸鳍 i-15~16；腹鳍 i-8。侧线鳞 $80\frac{16\sim21}{6\sim7}92$，围尾柄鳞 24~26。第一鳃弓外侧鳃耙 23~29，下咽齿 3 行，2(1)·4·4(5)—5(4)·4·2。

体长为体高的 4.0~5.0 倍，为头长的 4.0~4.5 倍，为尾柄长的 5.4~6.1 倍，为尾柄高的 10.1~12.8 倍。头长为吻长的 3.2~4.2 倍，为眼径的 3.6~5.3 倍，为眼间距的 4.5~6.8 倍。尾柄长为尾柄高的 1.5~2.0 倍。

体延长，侧扁；头后背部稍隆起，背缘较平直；腹缘弧形，腹鳍至肛门具腹棱；尾柄较长。头较长。吻部较短。口上位，口裂斜，口裂几乎与体轴垂直，下颌稍厚并上翘，突出于上颌之前，形成吻部最前端。鼻孔位于眼前缘前上方。眼稍大，侧上位；眼间距稍窄，略凸，眼间距大于眼径。鳃孔大，鳃膜与峡部相连，峡部窄。

背鳍位于体背中部，外缘略平截，末根不分枝鳍条为粗壮光滑的硬刺，其起点位于腹鳍基部后上方，至吻端较至尾鳍基部为近或相等。胸鳍后端尖，后伸不达腹鳍起点。腹鳍小于胸鳍，末端后伸不达肛门。肛门紧挨于臀鳍之前。臀鳍基底较宽，外缘略凹入。尾鳍深分叉，下叶稍长于上叶，叶端尖。

鳞片小，腹鳍基部具腋鳞。侧线完全，前段呈弧形下弯，后段较平直向后延至尾鳍基部。

第一鳃弓外侧鳃耙细长，排列较密。下咽齿顶端尖钩状。鳔 3 室，中室最大，后室细长，后部渐尖，伸入体腔后延部分。腹膜银白色。

体背部浅灰色，体侧及腹部渐为银白色。各鳍青灰色，尾鳍后缘略黑。

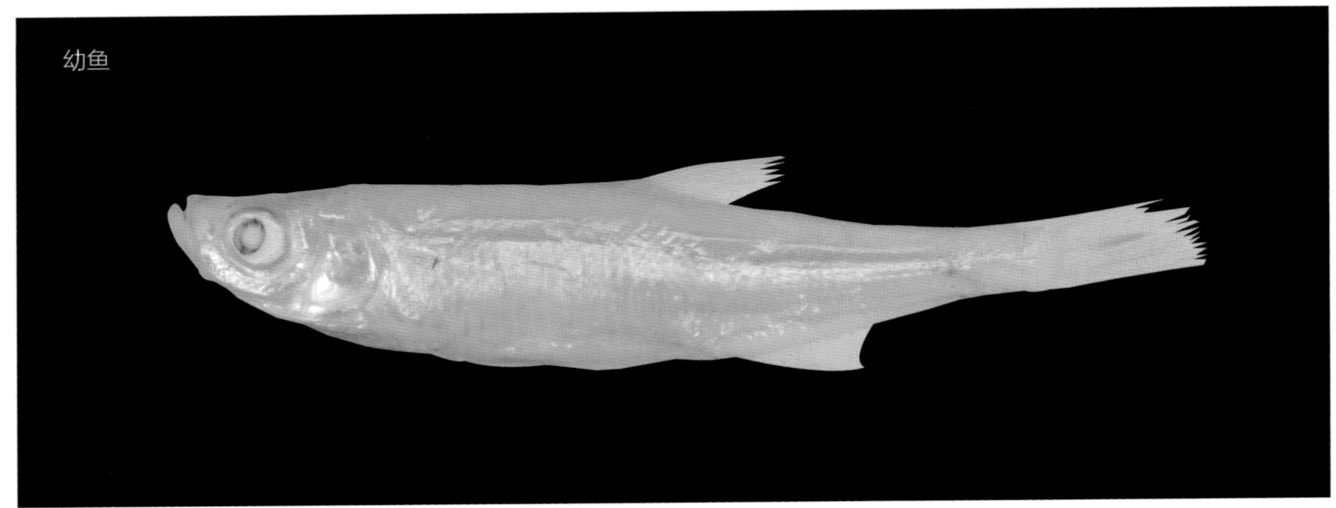

生活习性及经济价值 翘嘴鲌为较大型的经济鱼类，喜在河流特别是湖泊、水库等大水面流水、缓流或静水开敞水域中上层活动，游动迅速，常跃出水面。为凶猛肉食性鱼类，成鱼主要摄食其他鱼、虾等，幼鱼以枝角类、桡足类和昆虫等为食。2龄性成熟，长江中游6月中旬开始繁殖，卵微黏性，受精卵附着在漂浮于水面的水生植物茎、叶上孵化。幼鱼喜栖息于湖泊近岸水域和江河水流较缓的沿岸，以及支流、河道和港湾等处。冬季，集群在河床或湖槽中越冬。

在很多分布区尚有一定产量或产量较大，肉质细嫩，味道鲜美，为产地经济价值较高的鱼类。

流域内资源现状 金沙江流域资源量不大，多年连续野外调查中，仅在云南省昆明市东川区舍块乡大朵村金沙江干流河段采到极少标本。

分布 我国东部黑龙江至元江（《云南鱼类志》）及台湾广泛分布。国外见于俄罗斯、越南等。本流域确切分布记录仅见于下游东川区舍块乡大朵村金沙江干流以下河段（图 4-8）。

032 蒙古鲌 *Culter mongolicus mongolicus*（Basilewsky，1855）

曾用名 蒙古红鲌

地方俗名 红稍、红尾

Leptocephalus mongolicus Basilewsky，1855，234（内蒙古、东北）。
Culter rutilus：Wu，1930，72（四川宜宾）。
Culter mongolicus：Tchang，1933，171（四川）。
Erythroculter mongolicus：Chang，1944，39（峨眉、西昌）；刘成汉，1964，109（金沙江等）；施白南，1982，163（岷江、金沙江、安宁河等）。
Culter mongolicus mongolicus：丁瑞华，1994，226（宜宾等）。

未采集到标本，参考《长江鱼类》《四川鱼类志》和《中国动物志　硬骨鱼纲　鲤形目（中卷）》等整理描述。

主要形态特征 背鳍 iii-7；臀鳍 iii-19~22；胸鳍 i-15~18；腹鳍 i-8。侧线鳞$72\frac{13\sim15}{6}80$。第一鳃弓外侧鳃耙 17~19。下咽齿 3 行，2·4·4(5)—5(4)·4·2。

体长为体高的 3.8~4.3 倍，为头长的 3.6~4.5 倍，为尾柄长的 5.6~6.5 倍，为尾柄高的 9.0~10.8 倍。头长为吻长的 3.0~4.0 倍，为眼径的 5.4~6.5 倍，为眼间距的 2.9~3.9 倍。尾柄长为尾柄高的 1.2~2.0 倍。

体延长，侧扁，头后背部隆起，前腹部略圆；腹鳍至肛门具腹棱；尾柄长。头稍长，头背面较平。吻突出，较钝。口裂斜向上，下颌长于上颌。鼻孔位于眼前缘前上方。眼中等大，侧上位。鳃孔较大，鳃膜与峡部相连，峡部窄。

背鳍位于体背中部，外缘平截，末根不分枝鳍条为光滑的硬刺，其起点位于腹鳍起点之后，至吻端较距尾鳍基部为近。胸鳍后端略尖，后伸不达腹鳍起点。腹鳍小于胸鳍，末端后伸不达肛门。肛门紧挨臀鳍之前。臀鳍位于背鳍基部之后，基底较宽。尾鳍叉形，上、下叶约等长，叶端尖。

鳞片较小，腹鳍基部具 1 狭长的腋鳞。侧线完全，前段略下弯，向后渐平直，伸达尾鳍基部。

第一鳃弓外侧鳃耙较细长，排列紧密。下咽齿稍细，顶端尖钩状。鳔 3 室，前室较短，中室最大，后室细长，末端尖，向后伸达体腔后延部分。腹膜银白色。

生活时，体背部灰褐色，向下渐银白色。背鳍、胸鳍、腹鳍和臀鳍上中或前中部浅橘红色，中后部颜色渐淡；尾鳍上叶橘红或橘黄色，下叶浅红至红色，后缘具黑边。固定保存的标本，体背部浅灰褐色，体侧及下部灰白色，尾鳍后缘灰黑色，其他各鳍灰白色。

生活习性及经济价值 通常在河湾特别是湖泊、水库等水流稍缓的环境中生活，多在水体中上层活动。冬季多集中在河湖等深水处越冬。为凶猛肉食性鱼类，幼鱼以枝角类、水生昆虫等为食，成鱼主要捕食其他鱼、虾等。记载的梁子湖蒙古鲌产卵期为 5~7 月，1 龄即达性成熟，产弱黏性卵，受精卵黏附在石块等物体上孵化。

个体中等大，通常在分布区内为较重要的经济鱼类。

流域内资源现状 区域内数量稀少，野外实地调查期间未采集到标本。

分布 分布广泛，我国中东部黑龙江到珠江包括海南岛均有分布记录。国外分布于俄罗斯。流域内确切分布记录见于宜宾（丁瑞华，1994）（图 4-8）。

^ 丹江口水库

程海鲌 *Culter mongolicus elongatus*(He *et* Liu，1980)

曾用名　长身蒙古鲌、程海红鲌

地方俗名　压条鱼

Erythroculter mongolicus elongatus He *et* Liu（何纪昌和刘振华），1980，483（程海）。
Culter mongolicus elongatus：罗云林，1994，47；陈宜瑜，1988，121（程海）；陈宜瑜等，1998，191（程海）。
Chanodichthys mongolicus：Kottelat，2006，87（程海）。

未采集到标本，参考《云南鱼类志》《横断山区鱼类》和《中国动物志　硬骨鱼纲　鲤形目（中卷）》等整理描述。

主要形态特征　背鳍 iii-7；臀鳍 iii-19~22；胸鳍 i-14~15；腹鳍 i-8。侧线鳞$72\frac{13\sim15}{6\text{-v}}80$，围尾柄鳞 20。第一鳃弓外侧鳃耙 20~23，下咽齿 3 行，2·4·4(5)—5·4·2。

体长为体高的 4.5~5.2 倍，为头长的 4.0~4.7 倍，为尾柄长的 6.3~7.8 倍，为尾柄高的 11.3~14.0 倍。头长为吻长的 3.5~4.0 倍，为眼径的 4.4~6.4 倍，为眼间距的 3.9~4.5 倍。尾柄长为尾柄高的 1.5~2.0 倍。

体较细长，稍侧扁；头后背部隆起，稍大个体尤为明显；前腹部略圆，腹鳍至肛门具不太发达的腹棱。头背面较平。吻略突出，下颌长于上颌，口裂斜向上。鼻孔位于眼前缘上方。眼侧上位，眼径小于吻长和眼间距。鳃孔稍大，鳃膜与峡部相连。

背鳍位于体背中部，外缘略平截，末根不分枝鳍条为光滑粗壮的硬刺，其起点位于腹鳍起点后上方，至吻端较距尾鳍基部为近。胸鳍后伸远不达腹鳍起点。腹鳍末端后伸不达肛门。肛门紧挨臀鳍之前。臀鳍起点约与背鳍鳍条压倒后的后端相对，基底宽。尾鳍深分叉，叶端尖。

鳞中等大小，腹鳍基部具 1 腋鳞。侧线完全，在胸鳍上方下弯，向后纵贯体轴中部下方，渐平直伸达尾鳍基部。

第一鳃弓外侧鳃耙细长，排列紧密。下咽齿略呈圆柱状，顶端钩状。鳔 3 室，前室粗短，中室大，后室细长，末端尖，伸达体腔后延部分。腹膜灰黑色。

生活时，体背部灰褐色，向下至腹部渐呈银白色。背鳍灰色，胸鳍、腹鳍和臀鳍橘黄色，尾鳍橘红色。福尔马林固定保存的标本，体背灰黑色，体侧和腹部灰白色，背鳍后缘和尾鳍后缘灰黑色，其他各鳍灰白色。

生活习性及经济价值　程海鲌为水体中上层鱼类，喜在水面开阔的水域活动。为肉食性鱼类，幼鱼主要摄食浮游动物，成鱼逐渐转以小鱼、虾等为食。产卵期为 6~8 月，产黏性卵，受精卵黏附在石块等物体上孵化。

最大个体可达 4kg，曾为湖区重要捕捞对象，曾是程海的主要经济鱼类之一，之后产量下降。

流域内资源现状　我们在近几年多次野外实地调查中未见到标本。

分布　仅见于云南程海（陈宜瑜等，1998）（图 4-8）。

邛海鲌 *Culter mongolicus qionghaiensis*（Ding，1990）

曾用名　蒙古红鲌、邛海红鲌

地方俗名　白鱼、大白条

Erythroculter mongolicus qionghaiensis Ding（丁瑞华），1990，246（邛海湖）。
Culter mongolicus qionghaiensis：罗云林，1994，47；陈宜瑜，1998，120（邛海）；陈宜瑜等，1998，120（邛海）。
Chanodichthys mongolicus：Kottelat，2006，87（邛海）。

未测量标本，参考《四川鱼类志》《横断山区鱼类》和《中国动物志　硬骨鱼纲　鲤形目（中卷）》等综合描述。

主要形态特征　背鳍 iii-7；臀鳍 iii-19~21；胸鳍 i-12~15；腹鳍 i-7~8。侧线鳞$66\frac{11\sim13}{5\sim6}73$。第一鳃弓外侧鳃耙 25~28，下咽齿 3 行，2·3·4(5)—5(4)·3·2。

体长为体高的 4.3~4.9 倍，为头长的 4.3~4.7 倍，为尾柄长的 6.6~8.5 倍，为尾柄高的 10.6~12.1 倍。头长为吻长的 3.1~3.8 倍，为眼径的 5.1~6.2 倍，为眼间距的 3.0~3.5 倍。尾柄长为尾柄高的 1.2~1.7 倍。

体延长，侧扁，头后背部隆起明显，前腹部圆，腹鳍至肛门腹棱明显。头长与体高相等或略短，头背面中部稍下凹。吻突出，口裂斜，下颌长于上颌。鼻孔位于眼前缘上方。眼稍大，侧上位。

背鳍位于体背中部，外缘平截，末根不分枝鳍条为较粗壮光滑的硬刺，其起点与腹鳍起点之后相对，至吻端较距尾鳍基部为近。胸鳍末端尖，后伸不达腹鳍起点。腹鳍小于胸鳍，末端后伸不达肛门。肛门紧挨臀鳍之前。臀鳍位于背鳍基部之后，基底较宽。尾鳍叉形，上、下叶约等长，叶端尖。

鳞稍大，较薄，易脱落，腹鳍基部具腋鳞。侧线完全，略呈弧形下弯，向后渐平直，伸达尾鳍基部。

第一鳃弓外侧鳃耙细长，排列较紧密。下咽齿较细，顶端尖钩状。鳔 3 室，前室短，中室最长，后室细。腹膜白色。

生活时，体背部浅灰褐色，向下至腹部渐银白色，多数鳞片前缘具黑斑。背鳍和尾鳍灰褐色，尾鳍后缘颜

2013 年，邛海鱼市

色更暗，胸鳍、腹鳍和臀鳍浅橘红或橘红色，福尔马林固定保存的标本体色消退。

生活习性及经济价值 生长速度较快。主要以浮游动物、小虾等为食。6~7 月为繁殖期，产黏性卵，常在有水草的近岸区域产卵，受精卵黏附在水槽上孵化。

为邛海重要经济鱼类之一，肉质细嫩，当地群众喜食。

流域内资源现状 根据我们的市场调查，尚有一定产量。

分布 仅分布于四川邛海（图 4-8）。

（22）鳊属 *Parabramis*

体略延长而高，侧扁，背部窄，身体呈长菱形；腹棱完全，胸鳍下方至肛门具腹棱。头小，吻短钝。口端位，口裂斜。眼中等大，侧位。背鳍末根不分枝鳍条为光滑粗壮的硬刺，分枝鳍条 7；臀鳍基宽，分枝鳍条 27~35；尾鳍深分叉。鳞较大。侧线完全，约纵贯体侧中央，中段略下弯。第一鳃弓外侧鳃耙较短小，呈三角形。下咽齿 3 行。鳔 3 室，中室最大，后室小，末端渐尖。

现知本属仅 1 种，广泛分布于我国东部黑龙江至珠江各水系，海南岛也有分布。

鳊 *Parabramis pekinensis* (Basilewsky，1855)

曾用名　长春鳊

Abramis pekinensis Basilewsky，1855，239（长春、北京）。

Parabramis pekinensis：易伯鲁和吴清江（见伍献文），1964，116（长江、四川等）；褚新洛和陈银瑞，1984，86（滇池）；陈宜瑜等，1998（长江等）。

未采集到标本，参考《四川鱼类志》《云南鱼类志》和《中国动物志　硬骨鱼纲　鲤形目（中卷）》等综合描述。

主要形态特征 背鳍 iii-7；臀鳍 iii-27~32；胸鳍 i-14~16；腹鳍 i-8。侧线鳞$52\frac{11\sim13}{7\text{-v}}61$，围尾柄鳞 17 或 18。第一鳃弓外侧鳃耙 13~20，下咽齿 3 行，2(1)·3·4(5)—5(4)·3·2。

体长为体高的 2.3~3.0 倍，为头长的 4.4~5.7 倍，为尾柄长的 9.6~12.2 倍，为尾柄高的 7.7~9.9 倍。头长为吻长的 3.7~4.9 倍，为眼径的 3.6~4.8 倍，为眼间距的 2.2~2.8 倍，为尾柄长的 1.4~2.3 倍。尾柄长为尾柄高的 0.6~1.0 倍。

体高，侧扁，呈长菱形；背部隆起，背部最高点在背鳍起点；背缘隆起，腹缘呈向下的弧形，腹棱完全，位于胸鳍和肛门之间；尾柄较短。头小，略尖，头长远较体高为小。吻短，口端位，口裂小而斜，上、下颌约等长。鼻孔位于眼前上缘。眼中等大，侧位；眼间距宽，圆凸。

背鳍位于体背中部，外缘平截，末根不分枝鳍条为粗壮光滑的硬刺，其起点在腹鳍起点后上方，至吻端与距尾鳍基部的距离相等或略前后。胸鳍末端尖，后伸接近腹鳍起点。腹鳍小于胸鳍，

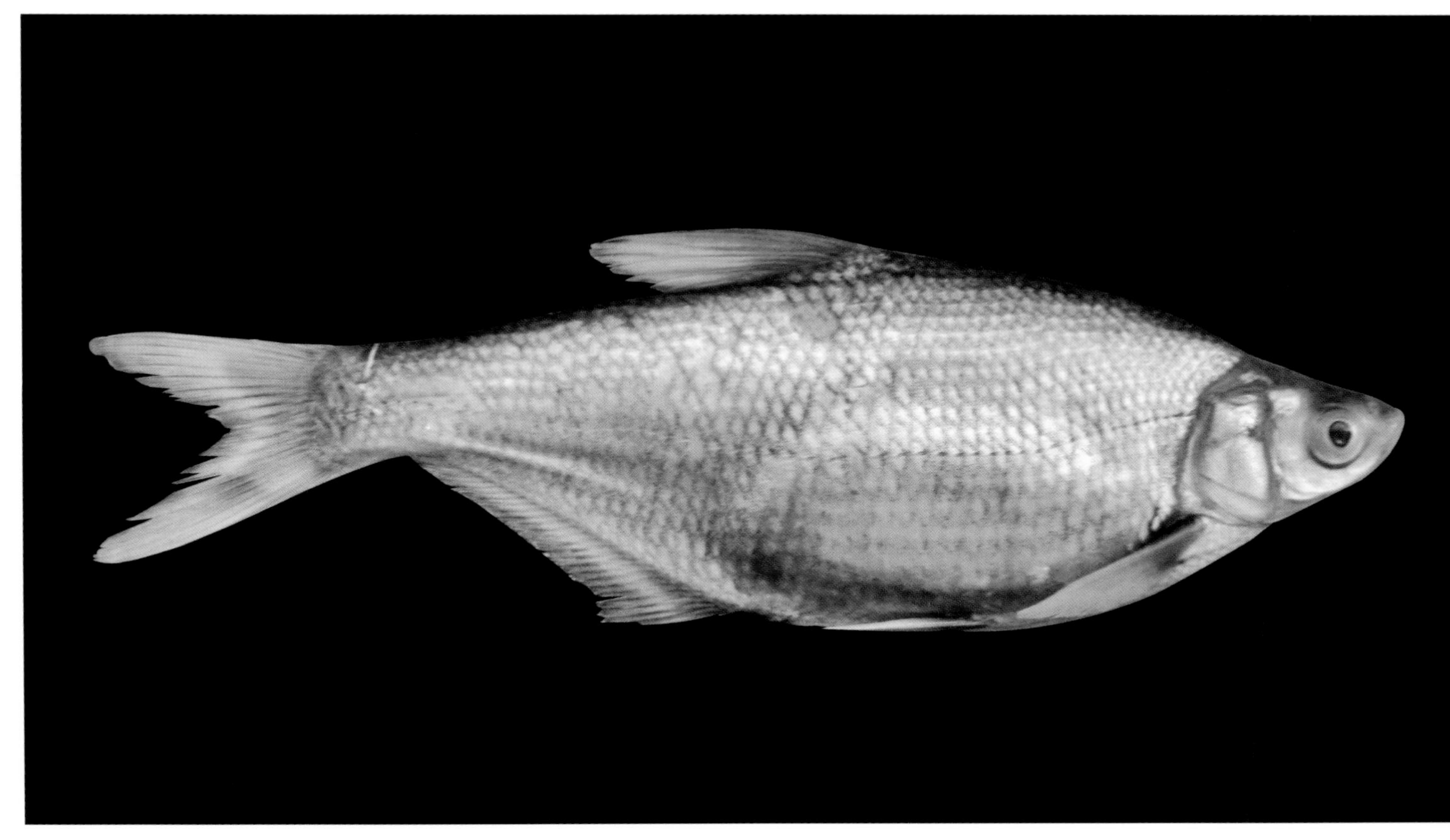

末端后伸不达肛门。肛门紧挨臀鳍之前。臀鳍位于背鳍基部之后，基底宽。尾鳍深分叉，上、下叶约等长，叶端尖。

鳞稍大，背腹侧鳞片稍较中部鳞片为小，腹鳍基部具腋鳞。侧线完全，中段略呈弧形下弯，向后伸至尾鳍基部。

第一鳃弓外侧鳃耙较短小，呈三角形，排列稀疏。下咽齿侧扁，顶端微弯。鳔 3 室，中室最大，后室最小，末端尖。腹膜灰黑色。

背部青灰色，向下至腹部渐白色，鳞片边缘黑色。各鳍灰白色，背鳍、臀鳍和尾鳍外缘呈灰黑色。

生活习性及经济价值　常见于江河湖泊静水或缓流水的中下层，冬季在深水沱湾处越冬。生长速度稍慢。幼鱼主要以枝角类、桡足类、轮虫等为食，成鱼主要摄食水生高等植物。在长江中游，2 龄性成熟，4~8 月为繁殖期，6~7 月为产卵盛期，产漂流性卵，一般在河道中产卵，产卵场需要有一定的流水条件，受精卵随流水漂流孵化发育。

流域内资源现状　依《云南鱼类志》记载，在滇池等湖泊中有分布，是 20 世纪 60 年代自长江引入的，偶见。我们在近几年多次野外实地调查中未见到。

分布　国内在黑龙江至珠江各水系包括海南岛均有分布。流域内确切自然分布记录应在宜宾江段（《四川鱼类志》），滇池等湖泊中的分布是 20 世纪 60 年代自长江引入的（《云南鱼类志》）。

（23）鲂属 *Megalobrama*

体高，侧扁，侧面观体呈菱形；腹鳍至肛门具腹棱。头小。吻短钝。口端位，上、下颌具角质。眼中等大，侧位。背鳍末根不分枝鳍条为粗壮的硬刺，分枝鳍条 7；臀鳍基宽，鳍条数多；尾鳍深分叉。鳞片较大。侧线完全，纵贯体侧中央。第一鳃弓外侧鳃耙短小，排列稀疏。下咽齿 3 行，侧扁，齿面斜平。鳔 3 室。

现知本属有 5 种，广泛分布于我国中、东部黑龙江至珠江各水系，海南岛也有分布；国外见于俄罗斯、越南等。长江流域是其主要分布区，共有 4 种，依现有记录及我们多年的实地调查，大部分均应自然分布于宜宾及其以下的长江流域，金沙江流域有 2 种，其中团头鲂明确为引入种。

种检索表

1(2) 上颌角质长且狭，呈新月形；上眶骨呈长方形；鳔前室长于中室 …………………… **鲂 *M. skolkovii***

2(1) 上颌角质短且宽，呈三角形；上眶骨略呈三角形；鳔前室短于中室 ……………… **团头鲂 *M. amblycephala***

鲂 *Megalobrama skolkovii* Dybowsky，1872

地方俗名　三角鳊、三角鲂

Megalobrama skolkovii Dybowsky，1872，213（黑龙江）。

Chanodichthys terminalis：Günther，1868，Cat Fish Br Mus，7：326（中国）。

Parabramisbramula：Bleeker，1871，Verh Akad Amst，12：78（长江）。

主要形态特征　测量标本 4 尾，体长为 51.6~102.5mm；分别采自云南牛栏江和四川攀枝花市金江镇。部分性状描述参考《中国动物志　硬骨鱼纲　鲤形目（中卷）》。

背鳍 iii-7；臀鳍 iii-26~28；胸鳍 i-16；腹鳍 ii-8。侧线鳞$53\frac{11\sim12}{6\sim8}55$，围尾柄鳞 20~22。第一鳃弓外侧鳃耙 14~20。下咽齿 3 行。

体长为体高的 2.3~2.5 倍，为头长的 3.8~3.9 倍，为尾柄长的 9.4~10.3 倍，为尾柄高的 7.6~8.9 倍。头长为吻长的 3.8~4.2 倍，为眼径的 3.0~3.7 倍，为眼间距的 2.1~2.6 倍。尾柄长为尾柄高的 0.7~0.9 倍。

侧面观，体显著高，侧扁，呈长菱形。背缘较窄。自头后显著隆起，至背鳍起点呈圆弧形；腹缘亦呈圆弧形，腹鳍基部至肛门具腹棱；尾柄宽短。头短小，侧扁，头长小于体高。吻短，圆钝，吻长稍小于眼径。口端位，口小，口裂略斜。上、下颌约等长，角质发达，上颌角质发

达，长，呈新月形，边缘较锐利。眼中等大，侧上位。眼间距宽，略凸出，眼间距大于眼径。上眶骨发达，略呈长方形。鳃孔向前伸至前鳃盖骨后缘的下方，鳃膜连于峡部，峡部较窄。鳞中等大，背、腹部鳞较体侧部为小。侧线约位于体侧中央，前段略呈弧形，后段平直，伸达尾鳍基部。

背鳍起点位于腹鳍基部后上方，外缘平截，上角尖形，末根不分枝鳍条为粗壮的硬刺，其长一般长于头长，起点至吻端的距离小于至尾鳍基部的距离或相等。胸鳍略尖，后伸接近或达腹鳍起点。腹鳍长短于胸鳍，末端圆钝，不伸达肛门。肛门紧邻臀鳍起点。臀鳍基长，外缘凹入，起点与背鳍基部末端相对，至腹鳍起点的距离大于其基部长的 1/2。尾鳍深分叉，下叶稍长于上叶，叶端尖形。

第一鳃弓外侧鳃耙短小，呈片状，排列紧密。下咽齿宽短，呈“弓”形。鳔 3 室，前室长于中室，后室甚小，末端尖形，约与眼径等长。肠长，约为体长的 2.5 倍。腹膜银灰色。

体呈灰黑色，腹侧银灰色。体侧鳞片中间色浅，两侧灰黑色。各鳍呈灰黑色。

生活习性及经济价值 适应于流水、缓流或静水环境，尤喜栖息于底质为泥沙或石砾且有沉水植物和淡水壳菜的敞水区。杂食性鱼类，初春游至江河港汊和附属水体的沿岸觅食；幼鱼以淡水壳菜为食，也食昆虫和其他软体动物的幼体；成鱼以高等水生生物为食，其次是淡水壳菜等。一般 3 龄性成熟，体重约为 1kg 左右；生殖季节，成熟亲鱼聚集于有流水的环境繁殖；卵浅黄微带绿色，呈黏性，受精卵附着在水草上孵化。

生长速度较快，个体较大，肉质较好。

流域内资源现状 野外调查期间为鱼市场较常见的野生种类，在四川省攀枝花市金江镇、云南省昭通市绥江县等地的鱼市场均可见到。另据《云南鱼类志》记载，在滇池等早有引入放养。

分布 依《中国动物志 硬骨鱼纲 鲤形目（中卷）》记载，我国东部黑龙江到闽江有分布；在长江流域，记载洞庭湖以下的中下游及一些沿江湖泊有分布（“分布”中记载的“长江中上游”应为笔误）。我们在本流域调查中，分别在攀枝花市金江镇、昭通市绥江县等地的鱼市场野杂鱼摊见到捕获的野生样品，是否为土著野生种群尚待开展相关研究。

团头鲂 *Megalobrama amblycephala* Yih，1955

地方俗名 武昌鱼

Megalobrama amblycephala Yih（易伯鲁），1955，水生生物学集刊，(2)：115（梁子湖）；褚新洛和陈银瑞，1989，88（星云湖、滇池、洱海、绥江等）。

主要形态特征 测量标本 5 尾。全长为 70.2~134.5mm，标准长为 52.0~103.5mm。采自四川省攀枝花市金江镇农贸市场。生活习性等主要参考《长江鱼类》。

背鳍 iii-7；臀鳍 iii-27~28；胸鳍 i-16~17；腹鳍 i-8。侧线鳞 $52\frac{11\sim12}{8\sim9}61$，围尾柄鳞 22。第一鳃弓外侧鳃耙 13~16。下咽齿 3 行，2·4·4—4·4·2。

体长为体高的 2.8~3.4 倍，为头长的 4.6~5.2 倍，为尾柄长的 9.0~11.3 倍，为尾柄高的 10.8~12.5 倍。头长为吻长的 3.2~4.0 倍，为眼径的 3.4~3.7 倍，为眼间距的 2.4~2.8 倍。尾柄长为尾柄高的 0.3~0.5 倍。

体显著高而侧扁，侧面观呈长棱形。背部较厚。自头后显著隆起，至背鳍起点呈圆弧形；腹缘亦呈圆弧形，腹鳍基部至肛门具腹棱；尾柄宽短。头较短小，侧扁，头长远小于体高。吻稍圆钝。口端位，口裂较宽，略斜。上、下颌约等长，具窄而薄的角质，上颌角质呈三角形。眼较大，侧上位。眼间宽，略凸出，眼间距大于眼径。上眶骨大，略呈三角形。鳃孔向前伸至前鳃盖骨后缘稍前的下方，鳃膜连于峡部，峡部较宽。鳞中等大，背、腹部鳞较体侧为小，腹鳍基部具腋鳞。侧线约位于体侧中央，前部略呈弧形，后部平直，伸达尾鳍基部。

背鳍位于身体最高处，外缘平截，上角略钝，末根不分枝鳍条为粗壮的硬刺，其长一般短于头长，起点至尾鳍基部的距离较至吻端为近。胸鳍末端略钝，后伸接近或达腹鳍起点。腹鳍短于胸鳍，末端圆钝，不伸达肛门。肛门紧邻臀鳍起点。臀鳍基长，外缘稍凹。尾鳍深分叉，上、下叶约等长，叶端稍钝。

第一鳃弓外侧鳃耙短小，呈片状。下咽齿稍侧扁，末端尖而弯。鳔 3 室，中室长于前室，后室细小。腹膜灰黑色。

体呈灰褐色，背部颜色更深。体侧鳞片基部黑色素含量少，色浅，两侧灰黑色，故在体侧形成数行深浅相交的纵纹。各鳍灰白色，固定保存的标本背鳍后缘色深。

生活习性及经济价值 适应于湖泊等静水或缓流水体生活，常在生长有沉水植物的敞水区中下层活动，冬季在深水处的泥坑中过冬。草食性鱼类，幼鱼主要摄食枝角类和甲壳动物，也摄食少量植物嫩叶，成鱼主要以高等水生植物，特别是苦草、轮叶黑藻等为食，也摄食菹草、聚草、水绵及湖底的植物碎屑等。一般 2 龄性成熟，繁殖季节为 5~6 月，产卵场底质一般为软泥，并生长有茂密的水生维管束植物。卵呈黏性，浅黄微带绿色，受精卵附着在水草上孵化。

生长速度较快，肉质较好，有广泛养殖，多为当地较名贵的经济鱼类。

流域内资源现状 野外调查期间为鱼市场较常见的种类，在四川省攀枝花市金江镇、云南省昭通市绥江县等地的鱼市场均可见到。另据《云南鱼类志》记载，在滇池等早有引入放养。

分布 原产自我国长江中下游湖泊，金沙江流域有广泛养殖。

鲴亚科 Xenocyprinae

体长形，侧扁；腹鳍基延至肛门具发达或不太发达的腹棱。口下位或亚下位，横列，下颌前缘具锐利的角质缘。无须。背鳍末根不分枝鳍条多为光滑的硬刺，分枝鳍条 7；臀鳍末根不分枝鳍条柔软，分枝鳍条 7~13；尾鳍分叉。具鳞，腹鳍基部有腋鳞。侧线完全（极个别种除外）。下咽齿 1~3 行，主行 6 枚或以上。

本亚科为中小型鱼类，我国黑龙江至珠江各水系均有分布。现知有 4 属，10 种；本流域分布有 3 属。

属检索表

1(2) 下咽齿 3 行……………………………………………………………………**鲴属 *Xenocypris***

2(1) 下咽齿 2 行……………………………………………………………**圆吻鲴属 *Distoechodon***

(24) 鲴属 *Xenocypris*

体延长，略侧扁，腹鳍至肛门具腹棱。口小，下位，横列或略呈弧形，下颌前缘具锐利的角质缘。无须。背鳍末根不分枝鳍条为光滑的硬刺，分枝鳍条 7 或 8；臀鳍基稍宽，鳍条 8 以上；尾鳍分叉。鳞中等大。侧线完全，前段略向下弯。第一鳃弓外侧鳃耙细密。下咽齿 3 行。鳔 2 室。

现知本属有 5 种，广泛分布于我国中东部黑龙江至元江各水系，台湾和海南岛也有分布；国外见于俄罗斯、越南等。依现有确切或比较确切的采集记录的文献记载，长江流域（包括金沙江）5 种均有，其中方氏鲴（宜宾鲴、四川鲴）*X. fangi* (=*X. sechuanensis*) 和云南鲴 *X. yunnanensis* 为长江流域所特有的，且仅分布于长江上游（图 4-9）。

种检索表

1(4) 侧线鳞少于 70

2(3) 侧线鳞 53~64；体长为体高的 3.7~4.2 倍；新鲜标本鳃膜上有橘黄色斑块，尾鳍灰黑色……………………………………………………………………………**银鲴 *X. argentea***

3（2）侧线鳞 63~68；体长为体高的 3.0~3.7 倍；新鲜标本鳃盖后缘有 1 浅黄色斑块，尾鳍黄色……………………………………………………………………………………………………**黄尾鲴 *X. davidi***

4（1）侧线鳞多于 70

5（8）腹棱弱，其长度不达腹鳍基部至肛门距离的一半

6（7）头长为尾柄高的 2 倍以下……………………………………………………**方氏鲴 *X. fangi***

7（6）头长为尾柄高的 2 倍以上……………………………………………**云南鲴 *X. yunnanensis***

8（5）腹棱发达，其长度为腹鳍基部至肛门距离的 3/4 以上……………………**细鳞鲴 *X. microlepis***

银鲴 *Xenocypris argentea* Günther，1868

地方俗名　密鲴、菜包子

Xenocypris argentea Günther，1868，205（中国）；Tchang，1930，101（四川）；刘成汉，1964，101（四川安宁河）；杨干荣，1964，122（四川、云南等）；丁瑞华，1994，153（乐山、屏山等）；邓其祥，1996，5-12（四川安宁河）。

Xenocypris katinensis Tchang，1930，104（嘉定）。

未采集到标本，参考《四川鱼类志》和《中国动物志　硬骨鱼纲　鲤形目（中卷）》等综合描述。生活习性等主要参考《长江鱼类》。

主要形态特征　背鳍 iii-7；臀鳍 iii-8~10；胸鳍 i-15~16；腹鳍 i-8~9。侧线鳞$52\frac{9\sim11}{5\sim6\text{-v}}64$，围尾柄鳞 20~23。第一鳃弓外侧鳃耙 39~53，下咽齿 3 行，2·4（3）·6—6·4（3）·2。

体长为体高的 3.7~4.2 倍，为头长的 4.5~5.1 倍，为尾柄长的 7.0~8.5 倍，为尾柄高的 9.2~11.2 倍。头长为吻长的 3.2~3.7 倍，为眼径的 3.4~3.9 倍，为眼间距的 2.6~3.0 倍。尾柄长为尾柄高的 1.1~1.4 倍。

体延长，侧扁，头后背部略隆起，腹部圆，腹棱不明显，或在肛门前有短的腹棱。头小，尖。吻短钝。口下位，横裂，下颌前缘具较薄的角质缘。眼侧上位；眼间距宽。鼻孔位于眼前上方，距眼前缘较近。鳞较大，胸部鳞较小，腹鳍基部通常具 1 或 2 枚较长的腋鳞。侧线完全，约位于

体侧下部，前部略呈弧形，向后伸至尾鳍基部。

背鳍位于体背中部，外缘微内凹，末根不分枝鳍条为光滑的硬刺，起点约与腹鳍起点相对，或略前后，至吻端的距离较至尾鳍基部为近。胸鳍末端尖，后伸远不达腹鳍起点。腹鳍后伸不达肛门。肛门紧邻臀鳍起点。臀鳍基稍长，外缘稍凹。尾鳍深分叉，上、下叶约等长，叶端尖。

第一鳃弓外侧鳃耙短小，扁平状，呈三角形，排列紧密。主行下咽齿侧扁，末端稍尖；外侧2行纤细。鳔2室，后室长，约为前室长的2倍。腹膜黑色。

生活时，体背呈灰褐色，腹部银白色，鳃膜上有1橘黄色斑块。胸鳍、腹鳍和臀鳍基部浅黄色，背鳍灰色，尾鳍灰黑色。固定保存的标本体色消退。

生活习性及经济价值 银鲴为底层生活的鱼类，冬季集群在深水处越冬，春季水温升高以后分散活动、觅食等。植食性鱼类，主要以硅藻、高等植物碎屑等为食。一般2龄性成熟，在流水环境中产卵。

个体中等大，肉质较好，分布较广泛，为产地经济鱼类之一。

流域内资源现状 我们在近几年野外实地调查中未采集到标本。

分布 黑龙江至珠江及海南岛均有分布。国外分布于俄罗斯和越南等。流域内确切的最上分布记录为金沙江下游的屏山（《四川鱼类志》；吴江和吴明森，1990），以及雅砻江支流安宁河和邛海（刘成汉，1964；丁瑞华和黄艳群，1992；邓其祥，1996；彭徐，2007）（图4-9）。

黄尾鲴 *Xenocypris davidi* Bleeker，1871

地方俗名 黄片

Xenocypris davidi Bleeker，1871，56；杨干荣（见伍献文），1964，124（四川等）；吴江和吴明森，1990，23（宜宾安边）；丁瑞华，1992，24（冕宁泸沽）；陈宜瑜等，1998，214。

未采集到标本，参考《四川鱼类志》《中国动物志　硬骨鱼纲　鲤形目（中卷）》和《长江鱼类》等综合描述。

主要形态特征 背鳍 iii-7；臀鳍 iii-9~11；胸鳍 i-15~16；腹鳍 i-8。侧线鳞$63\frac{10\sim11}{5\sim6}70$，围尾柄鳞22~25。第一鳃弓外侧鳃耙40~56，下咽齿3行，2·4(3)·6—6·4(3)·2。

体长为体高的3.0~3.7倍，为头长的4.2~5.6倍，为尾柄长的6.8~8.9倍，为尾柄高的7.0~9.8倍。头长为吻长的2.7~3.7倍，为眼径的3.6~4.5倍，为眼间距的2.3~2.7倍，为尾柄长的1.5~1.8倍，为尾柄高的1.5~2.4倍。尾柄长为尾柄高的1.0~1.2倍。

体延长，侧扁，略厚；腹部圆，腹棱不完全，仅在肛门前有1短的不太明显的腹棱。头短小，吻钝。口下位，略呈弧形或近横裂，下颌前缘具薄角质缘。眼侧上位。鼻孔位于眼前上方。鳞小，腹鳍基部具1或2个长腋鳞。侧线完全，在胸鳍上方弧形向下弯曲，延后较平直伸至尾鳍基部。

背鳍起点约与腹鳍起点相对或略前，外缘微内凹，末根不分枝鳍条为光滑的硬刺，至吻端的距离较距尾鳍基部为近。胸鳍末端尖，后伸远不达腹鳍起点。腹鳍后伸不达肛门。肛门紧邻臀鳍起点。臀鳍基外缘稍凹。尾鳍深分叉，上、下叶约等长，叶端尖。

第一鳃弓外侧鳃耙短，呈三角形，排列紧密。主行下咽齿侧扁，末端稍尖；外侧 2 行细长。鳔 2 室，后室长，为前室的 2 倍以上。腹膜黑色。

生活时，体背呈灰褐色，体侧及腹部银白色，鳃盖后缘有 1 浅黄色斑块。各鳍前部浅橘黄色，向后渐色淡，固定保存的标本橘黄色消退。

生活习性及经济价值　适应于湖泊、河流等较开阔水体的中下层活动，冬季集群在敞水区的深水处过冬。主要以高等水生植物碎屑、硅藻、丝状藻类等为食，也摄食少量甲壳动物、水生昆虫等。依据《长江鱼类》，一般 2 龄性成熟，繁殖季节在 4 月下旬至 6 月中旬，5 月为盛产期，每年洪水涨水期，生殖群体逆流到急流浅滩处产卵繁殖，受精卵随水漂流发育。

生长速度较快，也是养殖鱼类之一。

流域内资源现状　野外调查期间未采集到标本。

分布　我国中、东部海河至海南岛各水系。依据比较确切的文献记录，流域内见于金沙江下游四川宜宾安边（吴江和吴明森，1990）和安宁河、邛海等（丁瑞华和黄艳群，1992；邓其祥，1996），安宁河和邛海分布的应为引入种。

040 方氏鲴 *Xenocypris fangi* Tchang，1930

曾用名　四川鲴、宜宾鲴

Xenocypris fangi Tchang，1930，92（四川）；吴江和吴明森，1990，23（宜宾柏溪）；陈宜瑜等，1998，216。
Xenocypris sechuanensis Tchang，1930，105（四川）。

未采集到标本，参考《四川鱼类志》和《中国动物志　硬骨鱼纲　鲤形目（中卷）》等综合描述。

主要形态特征　背鳍 iii-7；臀鳍 iii-9~12；胸鳍 i-13~17；腹鳍 i-8。侧线鳞 $70\frac{11\sim13}{5\sim6}79$，围尾柄鳞 22~26。第一鳃弓外侧鳃耙 42~50，下咽齿 3 行，2·3（4）·6（7）—6·3（4）·2。

体长为体高的 3.8~4.5 倍，为头长的 4.5~5.5 倍，为尾柄长的 6.2~8.7 倍，为尾柄高的 9.0~10.0 倍。头长为吻长的 3.1~4.0 倍，为眼径的 4.0~4.5 倍，为眼间距的 2.0~2.8 倍，为尾柄长的 1.0~1.5 倍，为尾柄高的 2 倍以下。尾柄长为尾柄高的 1.1~1.3 倍。

体延长，侧扁，腹部圆，肛门前有不完全的腹棱。头短小，略尖。吻短。口下位，略呈弧形或近横裂，下颌前缘具较发达的角质缘。眼侧上位，眼间距稍突出。鼻孔位于眼前上方。鳞较小，腹鳍基部具 1 或 2 个长腋鳞。侧线完全，在胸鳍上方略下弯，后较平直延伸至尾鳍基部。

背鳍起点约与腹鳍起点相对或略有前后，外缘微内凹，末根不分枝鳍条为较粗壮光滑的硬刺，

∧ 刘淑伟提供

至吻端的距离较距尾鳍基部为近。胸鳍末端尖，后伸不达腹鳍起点。腹鳍后伸不达肛门。肛门紧邻臀鳍起点。臀鳍外缘稍凹。尾鳍深分叉，上、下叶约等长，叶端尖。

第一鳃弓外侧鳃耙呈扁而薄的三角形，排列紧密。主行下咽齿侧扁，末端稍呈尖钩状；外侧2行细长。鳔2室，后室长，为前室的2倍以上。腹膜黑色。

生活时，体背呈灰褐色，体侧及腹部银白色。背鳍灰黑色；尾鳍上叶灰黑色，下叶红色；其余各鳍灰白色。固定保存的标本体色消退。

生活习性及经济价值　依据《四川鱼类志》，多分布于江河的中上游，喜在水体中下层活动。主要以硅藻、丝状藻类、植物碎屑等为食。1龄即可达性成熟，繁殖季节为4~6月，5月为盛产期，常在流水环境中产卵，产黏性卵，受精卵黏附在砾石、树枝、水草等上孵化。

为四川省重要经济鱼类之一，生长速度较快。

流域内资源现状　野外调查期间未采集到标本。依据《四川鱼类志》，在四川省内应有较广泛的分布。

分布　为长江上游特有鱼类。金沙江流域确切采集记录最上仅至宜宾柏溪（吴江和吴明森，1990）；《横断山区鱼类》中记录的安宁河产四川鲴（= 方氏鲴），因未说明确切的采集记录信息，故该分布点存疑（图4-9）。

041 云南鲴 *Xenocypris yunnanensis* Nichols，1925

地方俗名　油鱼

Xenocypris yunnanensis Nichols，1925，6；Tchang-Si，1948，18；成庆泰，1958，158；杨干荣，1964，126；褚新洛和陈银瑞，1989，95；丁瑞华，1994，158；陈宜瑜等，1998，217。

未采集到标本，参考《四川鱼类志》《云南鱼类志》《横断山区鱼类》和《中国动物志　硬骨鱼纲　鲤形目（中卷）》等综合描述。

主要形态特征　背鳍 iii-7；臀鳍 iii-10~12；胸鳍 i-13~15；腹鳍 i-8。侧线鳞$72\frac{12\sim13}{5\sim6}77$，围尾柄鳞 26~28。第一鳃弓外侧鳃耙 50~57，下咽齿 3 行，2·4·6(7)—6(7)·4(3)·2。

体长为体高的 3.8~4.3 倍，为头长的 3.8~4.4 倍，为尾柄长的 6.9~7.8 倍，为尾柄高的 10.1~11.2 倍。头长为吻长的 4.3~4.6 倍，为眼径的 4.3~4.9 倍，为眼间距的 2.9~3.1 倍，为尾柄长的 1.7~1.9 倍，为尾柄高的 2.4~3.0 倍。尾柄长为尾柄高的 1.3~1.6 倍。

体延长，侧扁，腹部圆，肛门前有不完全的腹棱。头稍长。吻短钝。口下位，略呈弧形，下颌前缘具发达的角质缘。眼侧上位。鼻孔位于眼前上方。鳞小，排列紧密，腹鳍基部具 1 窄长腋鳞。侧线完全，在胸鳍上方弧形向下弯曲，后较平直延伸至尾鳍基部。

背鳍位于体背中部，外缘微内凹，末根不分枝鳍条为光滑的硬刺，起点约与腹鳍起点相对，至尾鳍基部的距离较距吻端为近。胸鳍末端尖，后伸不达腹鳍起点。腹鳍后伸不达肛门。肛门紧邻臀鳍起点。臀鳍外缘稍凹。尾鳍深分叉，上、下叶约等长，叶端尖。

第一鳃弓外侧鳃耙侧扁，呈三角形，排列紧密。主行下咽齿侧扁，末端稍尖；外侧 2 行纤细。鳔 2 室，后室长，约为前室的 2 倍。腹膜黑色。

生活时，体背呈灰褐色，体侧及腹部银白色。背鳍灰黑色，臀鳍浅红色，尾鳍橘红色。固定保存的标本，通体黄褐色。

生活习性及经济价值　云南鲴为水体中下层生活的鱼类。杂食性，摄食枝角类、桡足类、藻类和有机碎屑等。繁殖期为 5~6 月，在沿岸砾石滩处产卵，产黏性卵，受精卵附着在砾石上孵化。

个体不大，肉质细嫩，在云南滇池为当地名贵鱼类之一。

流域内资源现状　由于生存环境的改变，资源量下降明显，我们在近几年野外实地调查中未采集到标本，现被《中国濒危动物红皮书 · 鱼类》列为“濒危（E）”级。

分布　长江上游特有种，分布于长江上游四川省内一些干流、支流（《四川鱼类志》）。金沙江流域内仅确切记录于滇池（《云南鱼类志》）(图 4-9)。

^ 刘淑伟提供

细鳞鲴 *Xenocypris microlepis* Bleeker，1871

曾用名　细鳞斜颌鲴

Xenocypris microlepis Bleeker，1871，58（长江）；吴江和吴明森，1990，23（西昌）；丁瑞华，1994，161（乐山等）；陈宜瑜等，1998，218。

Plagiognathops microlepis：Berg，1914，416；刘成汉，1964，101（长江干流、岷江等）；杨干荣（见伍献文），1964，127（四川等）。

未采集到标本，参考《四川鱼类志》《中国动物志　硬骨鱼纲　鲤形目（中卷）》和《长江鱼类》等综合描述。

主要形态特征　背鳍 iii-7；臀鳍 iii-10~14；胸鳍 i-15~16；腹鳍 i-8。侧线鳞$72\frac{11\sim16}{6\sim8}84$，围尾柄鳞 26~32。第一鳃弓外侧鳃耙 36~48，下咽齿 3 行，2·4(3)·6—7(6)·4(3)·2。

体长为体高的 3.3~4.2 倍，为头长的 4.2~5.3 倍，为尾柄长的 6.3~8.5 倍，为尾柄高的 8.4~10.4 倍。头长为吻长的 3.0~4.2 倍，为眼径的 3.0~4.5 倍，为眼间距的 2.2~3.0 倍。尾柄长为尾柄高的 1.0~1.5 倍。

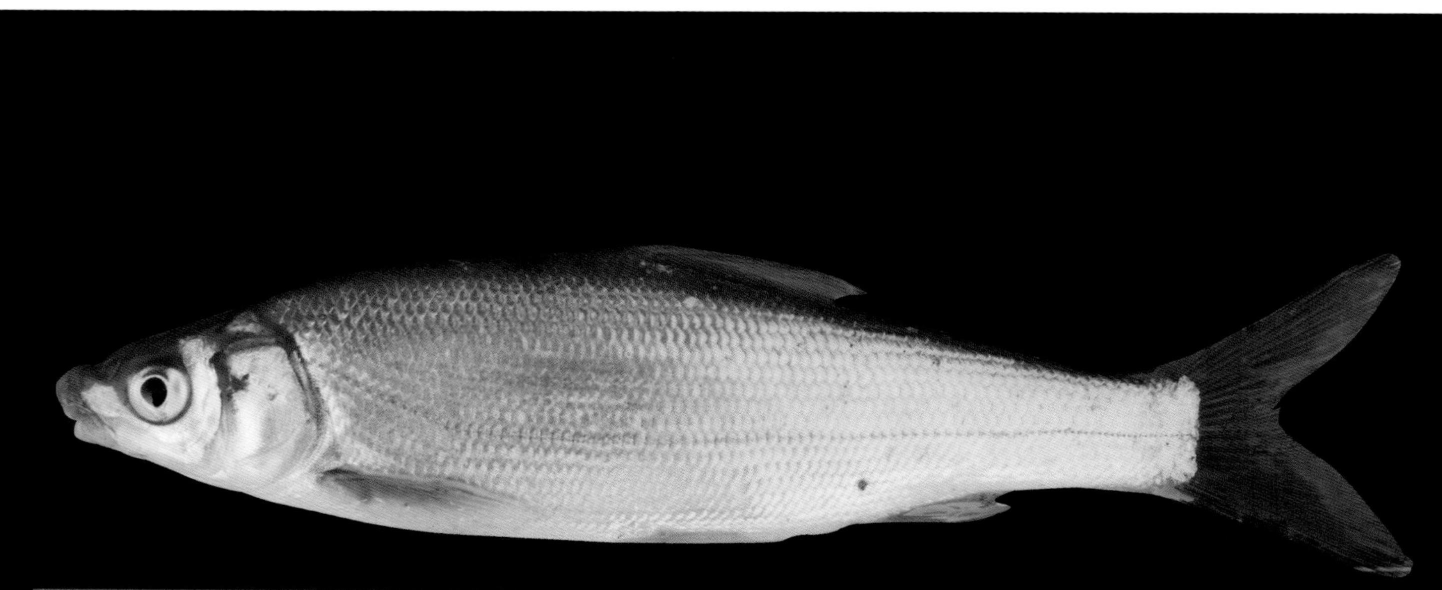

体延长，略显高，侧扁，腹部圆，腹鳍基部至肛门腹棱发达。头小。吻短钝。口小，下位，略呈弧形，下颌前缘具角质缘。眼小，侧上位，眼间距稍突出。鼻孔位于眼前上方。鳞小，腹鳍基部具 2 个长腋鳞。侧线完全，略向下弯曲，后延至尾鳍基部。

背鳍起点约与腹鳍起点相对或略前后，外缘微内凹，末根不分枝鳍条为光滑的硬刺，至吻端与距尾鳍基部的距离相等或略近。胸鳍小，末端尖，后伸远不达腹鳍起点。腹鳍后伸不达肛门。肛门紧邻臀鳍起点。臀鳍基略长，外缘稍内凹。尾鳍深分叉，上、下叶约等长，叶端尖。

第一鳃弓外侧鳃耙较薄，三角形，排列紧密。主行下咽齿侧扁，末端尖钩状；外侧 2 行细长。鳔 2 室，前室较短，圆柱状，后室显著延长，末端尖细，其长约为前室的近 3 倍或以上。腹膜黑色。

生活时，体背呈灰褐色，向下至腹部渐银白色。背鳍灰褐色，尾鳍橘黄色，胸鳍、腹鳍和臀鳍呈橘黄或灰白色。固定保存的标本体色消退或呈灰褐色，尾鳍后缘渐灰褐色。

生活习性及经济价值　冬季集群在开阔水域深水处越冬，繁殖期亦喜集群繁殖，其他时间多分散活动。主要以硅藻、丝状藻类、水生高等植物碎屑等为食，食物中也有少量摇蚊幼虫、水生昆虫等。在长江流域，2 龄性成熟，繁殖季节在 4 月下旬至 6 月底，5 月为产卵盛期，常在流水环境中产卵，产黏性卵，受精卵黏附在砾石、树枝、水草等上孵化。

生长速度较快，分布很广，我国中、东部黑龙江至珠江均有分布，且在各分布区均有一定产量，常为产地重要经济鱼类，也是很多地方增殖放流、养殖的对象。

流域内资源现状　野外调查期间未采集到标本。

分布　分布广泛，我国中、东部黑龙江至珠江各水系均有分布报道。金沙江流域仅见有吴江和吴明森（1990）在西昌的分布报道。宜宾江段也应有分布（刘成汉，1964；丁瑞华，1994）。

（25）圆吻鲴属 *Distoechodon*

体延长，侧扁，肛门前腹棱短小甚或不明显。口下位，横列或弧形，下颌前缘具锐利的角质缘。无须。背鳍起点与腹鳍起点相对或稍有前后，背鳍末根不分枝鳍条为光滑的硬刺，分枝鳍条 7；臀鳍基稍窄，分枝鳍条 8~10；尾鳍分叉。侧线完全。第一鳃弓外侧鳃耙排列细密。下咽齿 2 行，主行 6 或 7 枚。鳔 2 室。

现知本属有 3 种，圆吻鲴 *D. tumirostris*、扁吻鲴 *D. compressus* 和大眼圆吻鲴 *D. macrophthalmus*，自然分布于我国中、东部黄河至珠江各水系，台湾岛也有分布。长江流域有 2 种，即圆吻鲴和大眼圆吻鲴，金沙江流域中下游均有分布（图 4-9）。

种检索表

1（2）侧线鳞 78~85 …… **大眼圆吻鲴 *D. macrophthalmus***

2（1）侧线鳞 68~77 …… **圆吻鲴 *D. tumirostris***

大眼圆吻鲴

Distoechodon macrophthalmus Zhao，Kullander，Kullander *et* Zhang，2009

地方俗名　红翅鱼

Distoechodon tumirostris：陈银瑞、李再云和陈宜瑜，1983，227；褚新洛和陈银瑞，1989，96（程海）；陈宜瑜，1998，125（程海、金沙江）。

Distoechodon macrophthalmus Zhao，Kullander，Kullander *et* Zhang（赵亚辉、方芳、Kullander 和张春光），2009，31；张春光和赵亚辉，2016，64。

主要形态特征　测量标本 5 尾，采自程海；部分信息参考《云南鱼类志》描述。

背鳍 iii-7；臀鳍 iii-9；胸鳍 i-14~15；腹鳍 i-8。侧线鳞 $78\frac{12\sim13}{7\sim8}85$，背鳍前鳞 34~39，围尾柄鳞 24~26。第一鳃弓外侧鳃耙 78~90，下咽齿 2 行，2·7（6）—7（6）·2。

体长为体高的 4.0~4.7 倍，为头长的 4.3~4.5 倍，为尾柄长的 6.2~7.1 倍，为尾柄高的 9.9~10.9 倍。头长为吻长的 3.5~3.8 倍，为眼径的 4.3~5.0 倍，为眼间距的 2.4~2.6 倍。

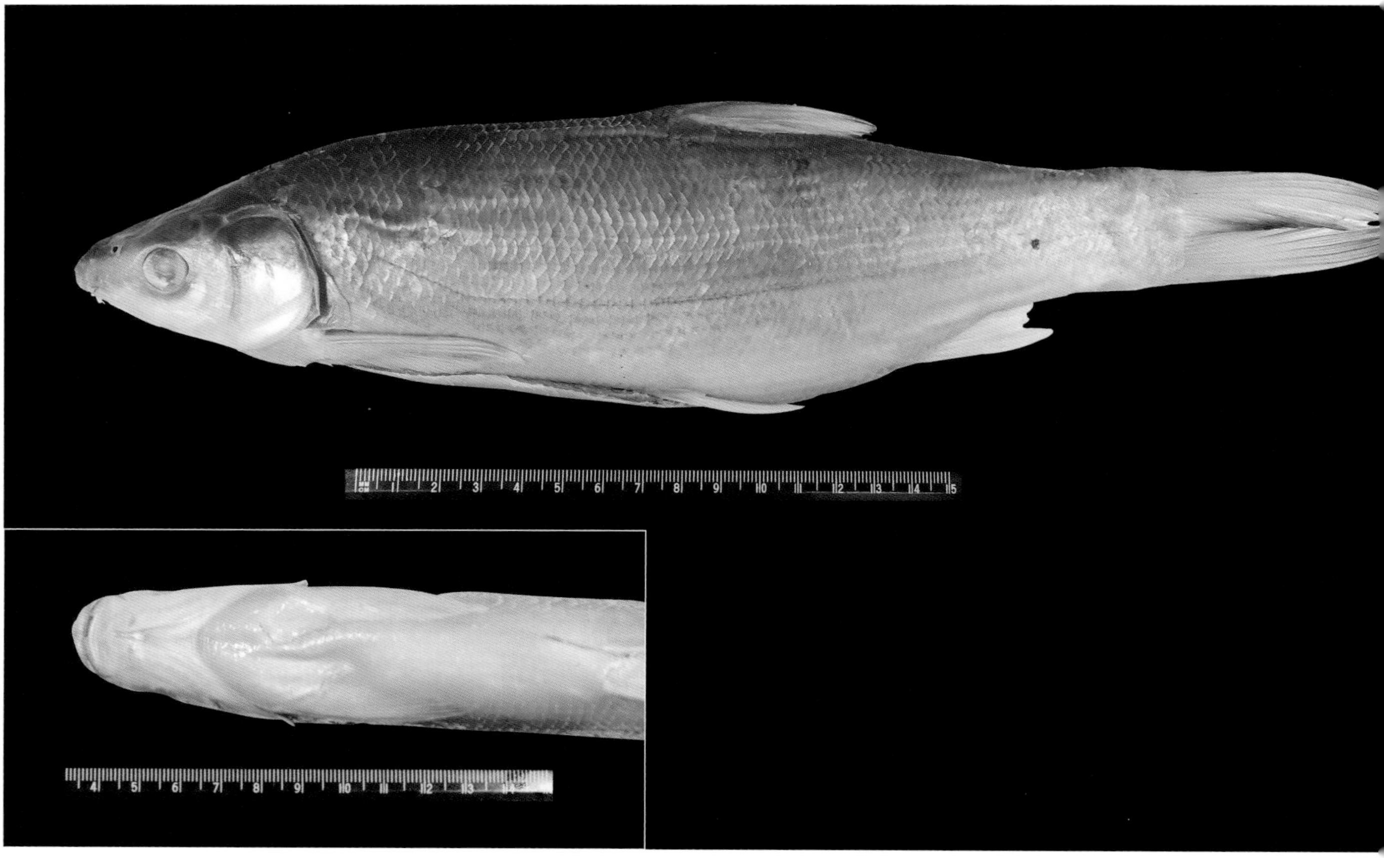

体延长，侧扁，头后背部向上略隆起，腹部圆，无腹棱。吻钝，略显突出。口下位，横裂，下颌前缘具发达的角质缘。鼻孔位于眼前上方。眼稍大，侧位，眼间距宽，略突出。鳞小，排列细密，腹鳍基部具1窄长腋鳞。侧线完全，在胸鳍上方略向下弯曲，沿体侧较平直延至尾鳍基部。

背鳍起点约与腹鳍起点相对，外缘平截，末根不分枝鳍条为光滑的硬刺，至吻端与距尾鳍基部的距离约相等。胸鳍末端尖，后伸远不达腹鳍起点。腹鳍后伸不达肛门。肛门近臀鳍起点。臀鳍基稍宽，外缘稍内凹。尾鳍深分叉，上、下叶约等长，叶端尖。

第一鳃弓外侧鳃耙纤细，排列紧密。主行下咽齿侧扁，末端尖钩状；外侧咽齿细小。鳔2室。腹膜灰黑色。

生活时，体背呈灰褐色，向下至腹部渐银白色。背鳍和尾鳍淡黄色，胸鳍、腹鳍和臀鳍淡橘黄色。固定保存的标本体色消退。

生活习性及经济价值 底层鱼类，历史上在湖区有一定产量（陈银瑞等，1983），现偶尔在鱼市、湖区餐馆等仍可见到。

流域内资源现状 野外调查期间曾在环湖餐馆中见到过标本。

分布 仅见于云南程海（图4-9）。

圆吻鲴 *Distoechodon tumirostris* Peters，1881

地方俗名 青片

Distoechodon tumirostris Peters，1881，926（宁波）；Wu *et* Wang，1931，225（乐山）；Tchang，1933，109（四川等）；刘成汉，1964，101；丁瑞华，1994，163（乐山、宜宾等）；邓其祥，1996，6；陈宜瑜，1998，125（程海、金沙江）。

Xenocypris (*Distoechodon*) *tumirostris multispinnis* Bănărescu，1970，401（宜宾）。

未采集到标本，参考《四川鱼类志》《中国动物志 硬骨鱼纲 鲤形目（中卷）》和《长江鱼类》等综合描述。

主要形态特征 背鳍 iii-7；臀鳍 iii-9~10；胸鳍 i-14~16；腹鳍 i-8。侧线鳞$69\frac{11\sim14}{5\sim7}85$，围尾柄鳞20~28。第一鳃弓外侧鳃耙75~86，下咽齿2行，2（4）·7（6）—7（6）·2（4）。

体长为体高的3.5~4.5倍，为头长的4.0~4.9倍，为尾柄长的5.2~7.8倍，为尾柄高的8.5~9.6倍。头长为吻长的2.5~3.0倍，为眼径的4.5~5.2倍，为眼间距的2.3~2.7倍。尾柄长为尾柄高的1.2~1.7倍。

体延长，侧扁，腹部圆，腹鳍基部至肛门无腹棱或腹棱极弱。头小。吻端稍向前突出。口下位，横裂，口裂宽，下颌前缘角质发达。鼻孔位于眼前上方。眼侧上位，眼后头长大于吻长。鳞小，腹鳍基部具1窄长的腋鳞。侧线完全，在胸鳍上方略向下弯曲，向后延至尾鳍基部。

背鳍起点约与腹鳍起点相对，外缘微内凹，末根不分枝鳍条为光滑的硬刺，至吻端较距尾鳍基部为近。胸鳍末端尖，后伸不达腹鳍起点。腹鳍后伸不达肛门。肛门紧邻臀鳍起点。臀鳍基略短，外缘稍内凹。尾鳍深分叉，上、下叶约等长，叶端尖。

第一鳃弓外侧鳃耙纤细，排列紧密。主行下咽齿侧扁，末端尖钩状；外侧 1 行纤细。鳔 2 室，后室长为前室的 2 倍以上。腹膜黑色。

生活时，体背深灰褐色，向下至腹部渐为银白色，体侧有若干由黑色斑点组成的纵向条纹，成体眼后缘常有 1 浅黄色斑块。背鳍和尾鳍灰褐色，胸鳍、腹鳍下部橘黄色，胸鳍、腹鳍外缘及臀鳍灰白色。固定保存的标本体色消退。

生活习性及经济价值　2 龄性成熟，繁殖期为 4~5 月。主要以低等藻类和植物碎屑等为食，也摄取一些甲壳类、水生昆虫等。

在分布区属于体形稍大的鱼类，肉质较好，具有一定的经济价值。

流域内资源现状　野外调查期间未采集到标本。

分布　分布于我国东部长江至珠江各水系。金沙江干流下游及雅砻江下游安宁河的邛海及以下河段有分布记录（刘成汉，1964；丁瑞华，1994；邓其祥，1996）（图 4-9）。

鲢亚科 Hypophthalmichthyinae

体长形，侧扁，较高；具完全或不完全的腹棱。头大。口端位，口裂大。无须。下颌向上倾斜。眼小，位于头侧中轴线下方；眼间距宽。背鳍短，其起点在腹鳍基之后，无硬刺，分枝鳍条 7；臀鳍无硬刺，分枝鳍条 10~15；尾鳍分叉。鳞细小。侧线完全，前段显著向下弯曲。第一鳃弓外侧鳃耙细长，排列密集或相互连成多孔的膜质片状。具螺旋形鳃上器。两侧鳃膜彼此相连而不连于峡部。下咽齿 1 行。

本亚科为我国内陆鱼类中体形较大的种类，种类少，仅 2 属 3 种，主要分布在我国东部江河平原区黑龙江至珠江包括海南岛各水系。金沙江流域应无自然分布，目前流域内有广泛的养殖，一些天然江河湖泊所见（褚新洛和陈银瑞，1989；彭徐，2007）均应为增殖放流或养殖逃逸的结果。

属检索表

1（2）腹棱存在于腹鳍基部与肛门之间……………………………………**鳙属 *Aristichthys***

2（1）腹棱存在于胸鳍基部与肛门之间……………………………**鲢属 *Hypophthalmichthys***

（26）鳙属 *Aristichthys*

体长形，侧扁，较高；腹棱不完全，仅存在于腹鳍基部至肛门。头大，背部宽，吻短钝。口端位，口裂甚大，下颌向上倾斜。眼小，位于头侧中轴线下方；眼间距宽。背鳍起点在腹鳍基后上方，无硬刺；臀鳍无硬刺；尾鳍分叉。鳞细小。侧线完全，前段显著向下弯曲，向后延至尾柄正中。第一鳃弓外侧鳃耙细长，排列密集；鳃上器发达。鳃膜彼此相连而不连于峡部。下咽齿 1 行。

本属仅 1 种，广泛分布于我国东部辽河以南至珠江各水系。长江流域，历史上的分布记录应在江苏至湖南（李思忠和方芳，1990），长江上游应无自然分布记录（刘成汉，1964）。金沙江流域中下游特别是区域内水库、湖泊、坑塘等有广泛的养殖或增殖放流，天然水体偶见。

鳙 *Aristichthys nobilis*（Richardson，1845）

地方俗名　花鲢、胖头

Leuciscus nobilis Richardson，1845，140（广东）。
Aristichthys nobilis：丁瑞华和黄艳群，1992，23（安宁河）；邓其祥，1992，7（安宁河）。

未采集到标本，参考《中国动物志　硬骨鱼纲　鲤形目（中卷）》和《长江鱼类》等综合描述。

主要形态特征　背鳍 iii-7；臀鳍 iii-10~13；胸鳍 i-16~19；腹鳍 i-7~8。侧线鳞 $91\frac{11\sim14}{5\sim7}108$，

围尾柄鳞 43~48。第一鳃弓外侧鳃耙 400 以上，下咽齿 1 行，4—4。

体长为体高的 2.7~3.7 倍，为头长的 2.5~3.9 倍，为尾柄长的 5.2~7.6 倍，为尾柄高的 7.7~11.6 倍。头长为吻长的 3.0~4.2 倍，为眼径的 3.6~7.7 倍，为眼间距的 1.8~3.0 倍。尾柄长为尾柄高的 1.3~1.9 倍。

体延长，侧扁，较高，腹部在腹鳍基部之前较圆，腹鳍基部至肛门有较窄的腹棱。头大，前部宽阔。吻短钝。口端位，口裂宽大，向上倾斜，下颌稍突出，口角可达眼前缘垂直线之下，上唇中间部分肥厚。无须。鼻孔近眼前缘上方。眼小，位于头侧中轴线下方；眼间距宽阔，隆起。鳞小。侧线完全，在胸鳍上方向下弯曲，向后延至尾柄正中，至尾鳍基部。

背鳍无硬刺，基部短；其起点位于体后半部，腹鳍起点后上方；外缘近平截。胸鳍长，末端后伸远超过腹鳍起点。腹鳍后伸可达或超过肛门。肛门紧邻臀鳍起点。臀鳍基略长，外缘内凹。尾鳍分叉，上、下叶约等长，叶端稍尖。

第一鳃弓外侧鳃耙数目多，彼此分离，排列极为紧密。下咽齿平扁，表面光滑。鳔 2 室，较大，后室更大，为前室的 1.8 倍左右。腹膜黑色。

生活时，体背微黑，体侧布满大小不等的黑色杂斑，体腹面白色。各鳍以黑色为主，其上或夹杂一些斑点。

生活习性及经济价值 生活于江河干流、平缓的河湾、通江湖泊等，属中上层鱼。摄食浮游生物，以浮游动物为主。4~5 龄性成熟，产漂流性卵，繁殖期通常为 4~7 月，在干流洪水期河水陡涨时产卵，受精卵随水漂流孵化，幼鱼进入沿江湖泊发育。

为我国著名的“四大淡水鱼”之一，生长速度快，个体较大，最大个体可达 30~40kg。适应性强，易养殖，为重要的淡水养殖鱼类。

流域内资源现状 为区域内鱼市场常见种，野外调查期间在天然水体中未采集到标本。

分布 分布信息同属征。

（27）鲢属 *Hypophthalmichthys*

体长，较鳙侧扁，较高；腹棱完全，存在于胸鳍基部与肛门之间。头大，但明显较鳙为小，头背宽，吻短钝。口端位，口裂大，下颌略向上倾斜。眼小，位于头侧中轴线下方；眼间距宽。背鳍起点在腹鳍基部后上方，无硬刺；臀鳍无硬刺；尾鳍分叉。鳞细小。侧线完全，前段显著向下弯曲，向后延至尾柄正中。第一鳃弓外侧鳃耙细密，交织成多孔的膜质片；存在鳃上器。鳃膜彼此相连而不连于峡部。下咽齿 1 行。

本属有 2 种，鲢 *Hypophthalmichthys molitrix* 和大鳞白鲢 *H. harmandi*。鲢广泛分布于我国东部黑龙江至珠江各水系，包括海南岛；大鳞白鲢仅见于海南岛南渡河和越南红河水系。长江流域，历史上的分布记录最上应可到达重庆（李思忠和方芳，1990）。金沙江流域中下游特别是区域内水库、湖泊、坑塘等有广泛的养殖或增殖放流，天然水体偶见。

鲢 *Hypophthalmichthys molitrix*（Valenciennes，1844）

地方俗名　白鲢

Leuciscus molitrix Valenciennes，1844，360（中国）。
Hypophthalmichthys molitrix Bleeker，1860，283（中国）；褚新洛和陈银瑞，1989，100；丁瑞华，1994，170（四川）；陈宜瑜等，1998，128。

未测量标本，参考《云南鱼类志》《中国动物志　硬骨鱼纲　鲤形目（中卷）》和《长江鱼类》等综合描述。

主要形态特征　背鳍 iii-7；臀鳍 iii-12~13；胸鳍 i-17；腹鳍 i-8。侧线鳞 $110\frac{11\sim14}{5\sim7}108$，围尾柄鳞 42。第一鳃弓外侧鳃耙彼此相连，下咽齿 1 行，4—4。

体长为体高的 2.2~3.5 倍，为头长的 3.6~3.9 倍，为尾柄长的 7.0~7.2 倍，为尾柄高的 8.9~9.4 倍。头长为吻长的 4.1~4.5 倍，为眼径的 5.5~6.5 倍，为眼间距的 2.2~2.3 倍。

体长，侧扁，体较高，腹部扁薄；腹棱完全，自峡部至肛门有明显的腹棱。头略大。吻短，圆钝。口端位，口裂较宽大，斜向上，下颌稍突出，口角可达眼前缘垂直线之下。无须。鼻孔近眼前缘上方。眼小，位于头侧中轴线下方；眼间距宽阔，隆起。鳞小。侧线完全，在胸鳍上方向下弯曲，向后延至尾柄正中，至尾鳍基部。

背鳍基部短，无硬刺，其起点位于腹鳍起点后上方，外缘近平截或微内凹。胸鳍较长，末端后伸到达或略过腹鳍起点。腹鳍后伸不达肛门。肛门紧邻臀鳍起点。臀鳍基略长，外缘内凹。尾鳍分叉，上、下叶约等长，叶端稍尖。

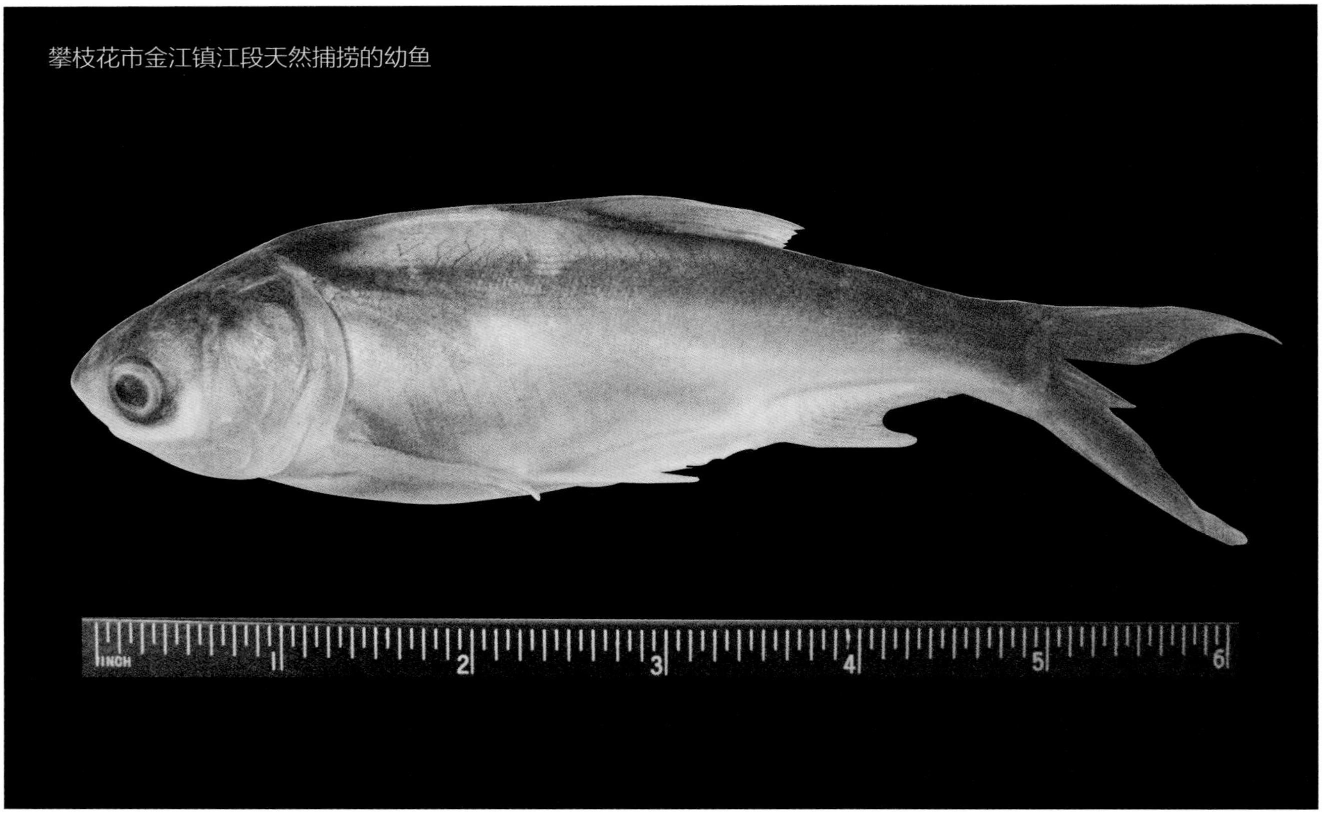

攀枝花市金江镇江段天然捕捞的幼鱼

第一鳃弓外侧鳃耙彼此连合成多孔的膜片，呈海绵状，鳃上器较发达。下咽齿平扁，呈杓形。鳔 2 室，发达，后室大于前室。腹膜黑色。

生活时，头背侧部灰黑色，向后体背部浅灰黑色，腹侧下部白色。各鳍以黑色为主，近下部血红色。

生活习性及经济价值 生活于江河干流、平缓的河湾、通江湖泊等，属中上层鱼。摄食浮游生物，以浮游动物为主。4~5 龄性成熟，产漂流性卵，繁殖期通常为 4~7 月，在干流洪水期河水陡涨时产卵，受精卵随水漂流孵化，幼鱼进入沿江湖泊发育。

为我国著名的“四大淡水鱼”之一，生长速度快，个体较大，最大个体可达 40kg 以上。适应性强，易养殖，为重要的淡水养殖鱼类。

流域内资源现状 为区域内鱼市场常见种，野外调查期间在攀枝花金江镇江段采集到野生幼鱼，应为增殖放流的苗种。

分布 分布信息同属征。

邛海鱼市场

鳑鲏（鱊）亚科 Acheilognathinae

小型鱼类。体高，极侧扁，薄，多呈菱形或椭圆形。头部短小。吻短钝。口端位、亚上位或亚下位，口裂很浅。口角须 1 对或无。鼻孔近眼前上方。眼较大，位于头侧偏上部；眼间距稍宽，突出。背鳍基宽，其起点通常位于体背中部，分枝鳍条 8 以上；臀鳍基底较宽，分枝鳍条 7 以上；尾鳍分叉。鳞较大，排列较整齐。侧线完全或不完全，较为平直。第一鳃弓外侧鳃耙短而少。鳃膜连于峡部。下咽齿 1 行。鳔 2 室，后室大于前室。繁殖期婚姻色、珠星等副性征明显，雌鱼具产卵管，受精卵在瓣鳃类鳃水管中随水的流动孵化。

本亚科鱼类主要分布于中国、朝鲜半岛、越南等，欧洲里海和黑海地区仅有 1 种。金沙江流域仅中下游有分布，数量少。

属检索表

1(2) 侧线不完全……………………………………………………………………………………**鳑鲏属 *Rhodeus***

2(1) 侧线完全……………………………………………………………………………………**鱊属 *Acheilognathus***

(28) 鳑鲏属 *Rhodeus*

体短小，侧面观，高而侧扁，卵圆形。口小，端位或亚下位，口角无须。眼侧上位。背鳍位于体背中部，无硬刺，其起点位于腹鳍起点后上方，鳍基宽。臀鳍基底较宽，其起点约位于背鳍基中点，末根不分枝鳍条与第一根分枝鳍条粗细约相等。胸鳍、腹鳍均较小。尾鳍分叉。鳞稍大，排列较整齐。侧线不完全。第一鳃弓外侧鳃耙短小。下咽齿 1 行，齿面平滑。鳔 2 室，后室大于前室。

本属鱼类在我国广泛分布于黑龙江至珠江各水系，海南岛也有分布。金沙江流域中下游分布有 1 种。

高体鳑鲏 *Rhodeus ocellatus*（Kner，1867）

地方俗名　鳑鲏、菜板鱼

Pseudoperilampus ocellatus Kner，1867，365（上海）；Nichols，1928，31（安徽、福建、四川）；张春霖，1959，22（上海、南京、江苏、福州、四川）。

Rhodeus sinensis Günther，1868，280（中国）；Wu，1930，77（宜宾）；吴清江，1964，202（江苏、浙江、四川、湖北等）；褚新洛和陈银瑞，1989，126（南盘江、金沙江）。

Rhodeus ocellatus：Günther，1868，280（中国）；Bleeker，1871，34（长江）；吴清江，1964，203（江苏、浙江、四川、湖北等）；褚新洛和陈银瑞，1989，126（南盘江、金沙江）；陈宜瑜等，1998，445（四川成都、峨眉、宜宾等）。

Rhodeus wankinfui Wu，1930，77（四川泸州）。

主要形态特征　测量标本 9 尾。全长为 42.7~68.2mm，标准长为 32.3~53.4mm。采自云南省丽江市永胜县农贸市场。

背鳍 iii-10~12；臀鳍 iii-10~12；胸鳍 i-9~11；腹鳍 i-5~6。侧线鳞 5~7。第一鳃弓外侧鳃耙 9~11。下咽齿 1 行，5—5。

体长为体高的 2.0~2.4 倍，为头长的 4.2~5.1 倍，为尾柄长的 4.9~5.4 倍，为尾柄高的 8.4~9.9 倍。头长为吻长的 2.9~4.0 倍，为眼径的 3.2~3.6 倍，为眼间距的 2.4~3.2 倍。尾柄长为尾柄高的 1.6~1.9 倍。

体极侧扁而高，头后背缘向上显著隆起，体背和腹部各自呈向上和向下的深弧形，尾柄短而高，侧面观体呈长卵圆形。头小。吻短而钝。口小，端位，口裂短；口角位于眼下缘水平线之上，约与鼻孔前缘垂直线相对。口角无须。鼻孔近眼前缘。眼稍大，位于头侧偏上方；眼间距突起。鳃膜连于峡部。鳞稍大，排列较规则。侧线不完全，仅见于头后稍短一段。

背鳍基部长，末根不分枝鳍条下部较硬，其起点位于腹鳍起点后上方；外缘平截（雌），或略向外凸而呈浅弧形（雄）。胸鳍较小，后端稍尖，后伸不达腹鳍起点。腹鳍小，后伸可达到甚或超过肛门近臀鳍起点。肛门稍在臀鳍起点之前。臀鳍基长，外缘平截，最后一根不分枝鳍条较硬。尾鳍分叉浅。

第一鳃弓外侧鳃耙短，排列较紧密。下咽齿侧缘光滑。鳔 2 室，后室较长。腹膜银白色布有黑点。

生活时，体侧中、上半部各鳞片后部呈浅灰褐色，带有蓝绿色光泽；腹部呈现浅蓝及浅红的色泽，体侧闪耀浅蓝色的光泽。鳃盖后上方有虹彩斑块，尾柄中央有 1 纵行浅蓝黑色条纹，可向前伸至背鳍基部中点的下方。雄鱼在生殖季节有鲜艳的“婚装”，吻端两侧各有 1 簇隆起较高的白色珠星，眼上部呈朱红色，同时在眼眶上部亦有 1 或 2 列珠星。背鳍前几根分枝鳍条和尾鳍中间均为朱红色。臀鳍具有黑色饰边。雌鱼的腹鳍和臀鳍为浅黄色，产卵管很长，上部黄色，下部微黑色。

固定标本的尾柄部分黑色纵条明显，雄鱼粗于雌鱼，向前不超过背鳍起点，雄鱼在鳃盖上角之后有 2 个横裂黑斑。背鳍、臀鳍外缘为狭黑边。雌鱼产卵管呈灰色。

生活习性及经济价值 小型鱼类，喜在江河、湖泊等浅水区水流平缓或静流水草繁茂处活动，干流激流处很少见到。主要以藻类和植物碎屑为食。1 龄性成熟，繁殖季节在 3~5 月，卵产于瓣鳃类的鳃水管中，受精卵固着在鳃瓣之间，随鳃水管中水的流动孵化。

尽管在流域中下游较常见，但因个体小，很少有被食用的。因繁殖期体色鲜艳，又较易养殖，被当作土著观赏鱼。

流域内资源现状　流域中下游很多支流及其附属沟渠、坑塘等有较广泛的分布，特别在一些近村镇及其周边人口较稠密地区较常见。

分布　黄河、长江、韩江、珠江、澜沧江及海南岛等水系广泛分布。流域内见于石鼓以下中下游（图 4-10）。

（29）鱊属 *Acheilognathus*

本属为亚科内个体最大的类群，有些种类最大个体体长可达 15cm 以上。体侧扁而高，侧面观，呈长椭圆形。头锥形，吻短钝。口端位、亚上位或下位。口角须 1 对或无。鼻孔近眼前缘，少数近吻端。眼较大，侧上位。背鳍起点约位于体背中点，与腹鳍起点相对或略后，鳍基稍宽。臀鳍在背鳍的下方，基底较宽。背鳍、臀鳍末根不分枝鳍条粗壮，显著粗于各自首根分枝鳍条。胸鳍、腹鳍均较小。尾鳍分叉。鳞稍大，排列较规则。侧线完全，行于体侧中线。第一鳃弓外侧鳃耙较多，排列疏密不等。下咽齿 1 行，5—5。鳔 2 室，后室长于前室。

本属鱼类在我国广泛分布于从黑龙江到澜沧江各水系，多在江河低海拔缓流段或附属湖泊、水库和坑塘等水体中出现。金沙江流域中下游分布有 3 种。

种检索表

1（2）口角具小须 1 对 ………………………………………… **大鳍鱊 *A. macropterus***

2（1）口角无须

3（4）侧线鳞 36~38；体长为体高的 3.0~3.8 倍 ………………………… **长身鱊 *A. elongatus***

4（3）侧线鳞 32~35；体长为体高的 2.2~3.3 倍 ………………………… **兴凯鱊 *A. chankaensis***

大鳍鱊 *Acheilognathus macropterus*（Bleeker，1871）

地方俗名　鳑鲏

Acanthorhodeus macropterus Bleeker，1871，39（长江）。

Acheilognathus macropterus：褚新洛和陈银瑞，1989，129（滇池）；丁瑞华，1994，179（泸州等）；陈宜瑜等，1998，420（滇池等）。

Acanthorhodeus taenianalis：褚新洛和陈银瑞，1989，132（滇池）。

未采集到标本，参考《云南鱼类志》《四川鱼类志》和《中国动物志　硬骨鱼纲　鲤形目（中卷）》等文献整理描述。

主要形态特征　背鳍 iii-16~18；臀鳍 iii-12~14；胸鳍 i-12~13；腹鳍 i-7。侧线鳞$36\frac{5\sim6}{4.5\sim5}38$；围尾柄鳞 14。第一鳃弓外侧鳃耙 7 或 8。下咽齿 1 行，5—5。

体长为体高的 2.3~2.5 倍，为头长的 4.1~4.7 倍，为尾柄长的 5.5~6.7 倍，为尾柄高的 7.5~9.0 倍。头长为吻长的 3.3~4.3 倍，为眼径的 3.1~3.6 倍，为眼间距的 2.2~2.5 倍。尾柄长为尾柄高的 1.3~1.6 倍。

体高而侧扁，头背部和头腹面峡部之后显著向外突，体背缘和腹缘各呈向外的深弧形，侧面

观，体呈长椭圆形；尾柄短而高。吻短钝。口亚下位，腹面观口裂呈马蹄形，口角位于鼻孔前缘垂直线的下方。口角须 1 对，较短小，其长度不到眼径的 1/2。鼻孔位于眼前上方。眼大，位于头部纵轴线之上，眼间距微隆起。鳃膜连于峡部。鳞稍大，排列较规则。侧线完全，较平直，沿体侧伸至尾鳍基部。

背鳍基部长，其起点约位于体背缘中点，腹鳍起点的略后上方；外缘外凸。臀鳍与背鳍中后部相对，鳍基较长，外缘平截或微内凹。背鳍、臀鳍最后一根不分枝鳍条均为较粗壮的硬刺，明显宽于各自首根分枝鳍条。胸鳍较小，后端较尖，后伸近腹鳍起点。腹鳍小，后伸可达甚或超过肛门而近臀鳍起点。肛门稍在臀鳍起点之前。尾鳍分叉深，上、下叶约等长，叶端稍尖。

第一鳃弓外侧鳃耙短小，排列较稀疏。下咽齿齿面锯纹明显。鳔 2 室，后室长于前室。腹膜黑色。

繁殖期，雄鱼吻部及眼眶上缘有珠星，雌鱼具产卵管。

鲜活时，体背部颜色深，向下体色渐浅至银白色，成体鳃盖呈淡粉色，鳃盖后的侧线稍上方有 1 暗色斑纹，尾柄中央有 1 纵行浅蓝黑色条带，向前可伸至背鳍基部中点下方，整体闪耀浅蓝色的光泽。背鳍、臀鳍上具 2 或 3 列亮色斑带。固定保存的标本头部、尾柄部分银白色，雄鱼背鳍、臀鳍具黑边，其他各鳍淡灰色。

生活习性及经济价值 个体较大，最大个体体长可达 15cm 以上。喜在江河、湖泊等浅水区水流较平缓或静流水草繁茂处活动，干流激流处很少见到。主要以藻类、水生植物嫩叶、碎屑和浮游甲壳类等为食。1 龄以后性成熟，繁殖季节为 4~6 月，卵产于瓣鳃类的鳃水管中，受精卵固着在鳃瓣之间，随鳃水管中水的流动孵化。

很少有被食用的，但因繁殖期体色鲜艳，又较易养殖，被当作土著观赏鱼。

流域内资源现状 我们在近几年多次野外实地调查中未采集到标本。依据文献，滇池有分布记录且数量较多，应为引入种（《云南鱼类志》《中国动物志 硬骨鱼纲 鲤形目（中卷）》等）；其他文献记载流域内可能仅宜宾江段有分布（《四川鱼类志》）。

分布 黑龙江至珠江及海南岛各水系广泛分布。流域内宜宾江段应有自然分布（图 4-10）。

长身鱊 *Acheilognathus elongatus* (Regan, 1908)

地方俗名 鳑鲏、糠片鱼

Acanthorhodeus elongatus Regan，1908，356（昆明湖）；Nichols，1943，160（云南）；吴清江（见伍献文等），1964，217（云南）。

Acheilognathus elongatus brevicaudatus 陈银瑞和李再云，1987，62（滇池）。

Acheilognathus elongatus：褚新洛和陈银瑞，1989，134（滇池）。

Acheilognathus elongatus elongatus：陈宜瑜等，1998，435（滇池、金沙江）。

主要形态特征 测量标本 4 尾，体长为 36~62mm，采自云南省禄劝县撒营盘镇南 10km 处（属普渡河，出滇池河流）。

背鳍 iii-11~12；臀鳍 iii-10；胸鳍 i-13；腹鳍 i-7。侧线鳞$36\frac{5\sim6}{4\sim5}38$；围尾柄鳞 14。第一鳃弓外侧鳃耙 11~13。下咽齿 1 行，5—5。

体长为体高的 2.9~3.5 倍，为头长的 4.0~4.5 倍，为尾柄长的 4.5~4.7 倍，为尾柄高的 8.5~10.0 倍。头长为吻长的 3.3~4.3 倍，为眼径的 3.0~3.3 倍，为眼间距的 2.8~3.1 倍。尾柄长为尾柄高的 2.2~2.3 倍。

体侧扁，略延长，头背和峡部之后显著向上下突出，体背缘和腹缘各呈弧状，侧面观，体呈长卵圆形；尾柄稍长。头稍大。吻短钝。口亚上位，下颌略向上斜，口裂短，口角位于眼前缘垂

雌鱼

雄鱼

新鲜标本

固定保存的标本 - 雌鱼

直线的下方。口角无须。鼻孔近眼前上方。眼位于头部纵轴线偏上，中等大，眼间距微隆起。鳃膜连于峡部。鳞稍大，排列较规则。侧线完全，较平直，沿体侧伸至尾鳍基部。

背鳍基部长，其起点约位于体背缘中点，腹鳍起点的略后上方；外缘略外凸。臀鳍与背鳍中后部相对，鳍基较长，外缘平截或微内凹。背鳍、臀鳍最后一根不分枝鳍条较粗壮。胸鳍较小，后伸不达腹鳍起点。腹鳍后伸可达肛门。肛门距臀鳍起点有 1 短距。尾鳍分叉深。

第一鳃弓外侧鳃耙短小，略呈三角形，排列较密。下咽齿侧扁，侧面锯纹明显。鳔 2 室，后室大于前室。腹膜淡褐色。

繁殖期，雌鱼具产卵管。

雌鱼新鲜标本，体侧背部颜色深，闪耀浅蓝色光泽，向下渐浅至银白色。背鳍、尾鳍颜色略暗，其他各鳍浅色。固定保存的标本尾柄中部有 1 黑色条纹，背鳍具黑边，其他各鳍淡灰色。

生活习性及经济价值 个体小，喜在湖泊沿岸及支流水流较平缓处活动。很少有被食用的。

流域内资源现状 野外实地调查期间曾采集到标本，但数量不多。依据报道，早在 20 世纪 90 年代末长身鱊在滇池就已成为濒危种（褚新洛和陈银瑞，1998）。

分布 为金沙江下游特有种，现知仅分布于金沙江下游滇池及附属的普渡河；此外，阳宗海、抚仙湖等也有分布（褚新洛和陈银瑞，1998）（图 4-10）。

兴凯鱊 *Acheilognathus chankaensis* (Dybowski，1872)

地方俗名 鳑鲏、糠片鱼

Devario chankaensis Dybowski，1872，212（兴凯湖）。

Acanthorhodeus wangi Tchang，1930，115（长江）。

Acheilognathus chankaensis：褚新洛和陈银瑞，1989，133（滇池）；丁瑞华，1994，187（西昌等）；陈宜瑜等，1998，433（滇池、乐山等）。

未采集到标本，参考《云南鱼类志》《四川鱼类志》和《中国动物志 硬骨鱼纲 鲤形目（中卷）》等文献整理描述。

主要形态特征 背鳍 iii-13~14；臀鳍 iii-10~11；胸鳍 i-14~15；腹鳍 i-7。侧线鳞$32\frac{5\sim6}{5}35$；围尾柄鳞 14。第一鳃弓外侧鳃耙 15~18。下咽齿 1 行，5—5。

体长为体高的 2.4~2.6 倍，为头长的 4.8~5.1 倍，为尾柄长的 5.4~6.5 倍，为尾柄高的 7.3~7.5 倍。头长为吻长的 3.7~4.1 倍，为眼径的 3.1~3.5 倍，为眼间距的 2.4~2.6 倍。尾柄长为尾柄高的 1.3~1.6 倍。

体高而侧扁，头背部和头腹侧峡部之后显著向外突，体背缘和腹缘各呈向外的深弧形，侧面观，体呈长卵圆形；尾柄短而高。吻短钝。口端位，口裂很小，口角位于眼前缘垂直线的下方或略超

过。口角无须。鼻孔位于眼前上方，近眼前缘。眼稍大，位于头部纵轴线略上，眼间距微隆起。鳃膜连于峡部。鳞稍大，排列较规则，腹鳍基部有腋鳞。侧线完全，较平直，沿体侧伸至尾鳍基部。

背鳍基部长，其起点约位于体背缘中点，腹鳍起点的略后上方，外缘平截。臀鳍与背鳍中后部相对，鳍基较长，外缘平截或微内凹。背鳍、臀鳍最后一根不分枝鳍条均为较粗壮的硬刺。胸鳍较小，后伸距腹鳍起点较远。腹鳍小，后伸近肛门。肛门稍在臀鳍起点之前。尾鳍分叉。

第一鳃弓外侧鳃耙短，排列较密。下咽齿侧扁，一侧光滑，另一侧齿面有锯纹，齿端钩状。鳔 2 室，后室长于前室。腹膜黑色。

繁殖期，雄鱼吻部有珠星，雌鱼具产卵管。

固定保存的标本，头、体背侧部棕灰褐色，侧腹部渐浅灰褐色，尾柄中央有 1 纵行黑色条带，向前可伸至背鳍基部中点下方或更前。背鳍外缘及雄鱼臀鳍具黑边，胸、腹和尾鳍浅灰白色。

生活习性及经济价值 个体小，喜在湖泊沿岸浅水区域活动，以藻类、植物碎屑等为食，1 龄性成熟，繁殖期为 5~6 月。

很少有被食用的，但因繁殖期体色鲜艳，又较易养殖，可作为观赏鱼。

流域内资源现状 我们在近几年多次野外实地调查中未采集到标本。依据文献，滇池有分布记录且数量较多，应为引入种（《云南鱼类志》）；其他文献记载，雅砻江下游、邛海、安宁河等可能也有分布（丁瑞华和黄艳群，1992；邓其祥，1996；《四川鱼类志》等），均应为人为引入。现在流域内特别在一些湖泊、水库中应属较常见种。

分布 黑龙江至珠江广泛分布。国外分布于朝鲜半岛和俄罗斯。金沙江流域分布的应为外来种（褚新洛和陈银瑞，1998）。

鮈亚科 Gobioninae

体延长，多近圆筒状，腹部通常圆或平坦。头部通常呈圆锥状，腹面较平坦；吻短钝，或稍长而突出。口多下位，弧形或马蹄形；个别亚上位。唇通常较发达，可分为两种类型：一类唇较薄而简单，其上无乳突状结构，下唇不分叶；另一类唇厚，具乳突状结构，下唇分叶。口角须 1 对或个别种缺如。眼多位于头侧上部。背鳍位于体背中部，或稍前后，末根不分枝鳍条或为光滑的硬刺或柔软分节；臀鳍分枝鳍条 6，个别为 5；尾鳍分叉。鳞较小或中等大，胸腹部裸露或鳞片较细小。侧线完全，或个别不完全。鳃膜连于峡部，第一鳃弓外侧鳃耙一般短而少，有些仅为乳突状；排列稀疏。下咽齿 1 或 2 行，个别为 3 行。鳔 2 室，后室大于前室。

本亚科鱼类分布于欧亚大陆，东亚地区类群和物种尤为丰富。在我国，从黑龙江至澜沧江各水系均有分布，以黑龙江至南岭为最多。金沙江流域中下游有分布。

属检索表

1(2) 背鳍末根不分枝鳍条为光滑的硬刺，下咽齿 3 行 ………………………… **䱻属 *Hemibarbus***

2(1) 背鳍末根不分枝鳍条柔软分节，下咽齿 1 或 2 行

3(12) 唇薄，简单，无乳突，下唇不分叶；鳔大，前室不包被于膜质或骨质囊内（个别例外）

4(5) 口小，上位；无须 ………………………… **麦穗鱼属 *Pseudorasbora***

5(4) 口中等大，端位或下位；口角具须 1 对

6(9)　体中等长，略侧扁；背鳍起点距吻端较其基部后端距尾鳍基部为大

7(8)　口端位；体略粗壮，尾柄高，体长为尾柄高的 9 倍以下；肛门紧靠臀鳍起点；体侧具多数与侧线平行的细暗纹……………………………………………………………………**颌须𬶋属 *Gnathopogon***

8(7)　口亚下位；体较细长，尾柄细，体长为尾柄高的 9 倍以上；肛门略前，约位于腹鳍与臀鳍间的后 1/3 处；体侧中轴仅具 1 银色条纹……………………………………………………**银𬶋属 *Squalidus***

9(6)　体长，前段近圆筒形，后段侧扁，背鳍起点距吻端较其基部后端至尾鳍基部为小

10(11)　吻部不特别突出；须长，其末端可达到或超过前鳃盖骨后缘；侧线鳞 54 以上……………**铜鱼属 *Coreius***

11(10)　吻尖长，显著突出；须短，其末端绝不超过眼后缘的下方；侧线鳞 51 以下…………**吻𬶋属 *Rhinogobio***

12(3)　唇厚，发达，多数具乳突，下唇分叶（片唇𬶋属例外）；鳔小，前室包被膜质或骨质囊内

13(18)　背鳍起点距吻端与其基部后端距尾鳍基部相等或前者距离略大；鳔前室包于韧质膜囊内

14(15)　下唇不分叶，向后伸展连成一片，后缘游离，分裂呈流苏状缺刻，中央部分略内凹……………………………………………………………………………………**片唇𬶋属 *Platysmacheilus***

15(14)　下唇明显分成 3 叶，侧叶发达，中叶为 1 对椭圆形或心形的肉质突起

16(17)　上、下唇乳突不发达甚或没有；鳔大，前室包于薄膜质囊内，后室大于前室………**棒花鱼属 *Abbottina***

17(16)　上、下唇乳突发达；鳔小，前室包于厚韧质膜囊内，后室极小，露于囊外……………………………………………………………………………………**小鳔𬶋属 *Microphysogobio***

18(13)　背鳍起点距吻端较其基部后端距尾鳍基部显著为小；鳔前室包于骨质囊内……………**蛇𬶋属 *Saurogobio***

(30) 䱻属 *Hemibarbus*

体延长，略侧扁，头后背部向背鳍起点前略隆起，腹部略圆。头稍大，吻较长，尖而突出，腹面平扁。口下位，口裂呈马蹄形。唇稍厚，光滑，下唇具两侧叶，颏部中央具 1 小三角形肉质突起。口角须 1 对。眼稍大，侧上位。背鳍末根不分枝鳍条为光滑的硬刺，分枝鳍条 7；臀鳍无硬刺，分枝鳍条 6；尾鳍分叉较深。肛门紧靠臀鳍起点。侧线完全，自头后较平直伸向尾鳍基部。第一鳃弓外侧鳃耙长，较发达。下咽齿 3 行。鳔大，2 室，后室粗长。腹膜灰白色。

本属鱼类是本亚科种体形较大的类群，种类较多，分布广泛，我国中、东部自黑龙江至海南岛各水系均有分布；国外分布于俄罗斯、朝鲜、日本、越南等。金沙江流域中下游分布有 2 种（图 4-11）。

种检索表

1(2)　吻长显著大于眼后头长；下唇发达，两侧叶宽阔；体侧及背鳍、尾鳍无明显斑点…………**唇䱻 *H. labeo***

2(1)　吻长小于或略等于眼后头长；下唇不发达，两侧叶狭窄；体侧及背鳍、尾鳍具黑斑……**花䱻 *H. maculatus***

051 唇䱻 *Hemibarbus labeo*（Pallas，1776）

Cyprinus labeo Pallas，1776，Reise Russ Reiches，3：207，703（黑龙江上游）。

Hemibarbus labeo：Tchang，1930，87（四川泸州）；Wu，1930，76（四川宜宾）；湖北省水生生物研究所鱼类研究室，1976，80（嘉陵江、重庆、宜昌等）；丁瑞华，1994，243（长江、金沙江等）；陈宜瑜等，1998，132（岷江、金沙江及其支流）；陈宜瑜等，1998，237（湖北宜昌，四川遂宁、合川、木洞、雅安等）。

Hemibarbus longianalis Kimura，1934，123（四川遂宁、合川）。

主要形态特征 测量标本 9 尾。全长为 76.7~188.0mm，标准长为 59.2~145.2mm。采自四川省攀枝花市金江镇农贸市场和屏山县新市镇、云南省昭通市绥江县。

背鳍 iii-7；臀鳍 iii-6；胸鳍 i-17~19；腹鳍 i-8~9。侧线鳞 $48\frac{7}{4\sim5}50$，围尾柄鳞 17~20。第一鳃弓外侧鳃耙 15~20。下咽齿 3 行，1·3·5—5·3·1。

采自攀枝花

体长为体高的 3.6~4.4 倍，为头长的 3.6~3.8 倍，为尾柄长的 6.2~7.1 倍，为尾柄高的 9.4~11.4 倍。头长为吻长的 2.3~2.5 倍，为眼径的 4.3~5.3 倍，为眼间距的 3.1~4.5 倍。尾柄长为尾柄高的 1.6~2.0 倍。

体长，略侧扁，头后背部显著隆起，胸腹部稍圆；随着体长的增加，大个体身体逐渐呈长梭形，头后背部渐趋平直（不同产地唇鲳体形表现出较大差异）。头长，其长大于体高。吻长，稍尖而向前突出，长度显著大于眼后头长。口大，下位，呈半圆形。唇厚，肉质；下唇随体长增加程度发生明显变化，越大个体下唇两侧叶越宽厚，边缘游离，常具发达的皱褶，唇后沟中断，间距甚窄，中央有 1 极小的三角形突起。口角须 1 对，其长度略小于或等于眼径，后伸可达眼前缘的下方。眼大，侧上位，眼间距较宽，微隆起。前眶骨、下眶骨及前鳃盖骨边缘具 1 排黏液腔，前眶骨扩大。体被圆鳞，较小。侧线完全，前段略弯，后段较平直。

背鳍外缘稍内凹，末根不分枝鳍条为粗壮光滑的硬刺，较头长为短。背鳍起点距吻端较距尾鳍基部为近。胸鳍末端略尖，后伸不达腹鳍起点。腹鳍较短小，起点位于背鳍起点后的下方。肛门紧靠臀鳍起点。臀鳍较长，有的雄性个体其末端可达尾鳍基，其起点距尾鳍基与距腹鳍起点的距离相等。尾鳍分叉，上、下叶等长或下叶略长，叶端微圆。腹膜银灰色。

第一鳃弓外侧鳃耙发达，较长。下咽齿主行略粗长，齿端钩状，外侧 2 行纤细。鳔大，2 室，前室卵圆形，后室长锥形，末端尖细，长于前室。腹膜银灰色。

固定保存的标本，背部青灰色，腹部白色。成鱼体侧无斑点或斑纹极不明显，小个体具不明显的黑斑。背鳍、尾鳍灰黑色，其他各鳍灰白色。

生活习性及经济价值 喜在流水环境中生活。以动物性饵料为食，主要摄食水生昆虫（如蜉蝣目、毛翅目、蜻蜓目等）、摇蚊幼虫及虾类，也摄食小型软体动物。其食物种类随环境条件的不同有差异，江河中的唇䱻主要以水生昆虫为食，湖泊中的唇䱻则以软体动物为主。2 龄性成熟，繁殖期为 4~5 月，需在流水环境中产卵，卵黏性，附着于水草上。

唇䱻为本亚科中个体较大的种。肉质细嫩，野外较常见。但生长较慢，在渔获物中所占比例不大。

流域内资源现状 野外调查期间，在云南曲靖市、昭通市，四川攀枝花市金江镇农贸市场、屏山县新市镇等地均采集或收集到标本，尚有一定资源量。

分布 我国中、东部黑龙江、黄河、长江、钱塘江、闽江及台湾等均有分布，国外分布于日本、朝鲜半岛、蒙古国、俄罗斯、越南、老挝等。根据我们的实地调查及结合文献资料分析，金沙江流域最上可能到安宁河，主要分布在新市镇以下（图 4-11）。

花䱻 *Hemibarbus maculatus* Bleeker，1871

地方俗名 麻叉、竹蒿嘴

Hemibarbus maculatus Bleeker，1871，19（长江）；Shih *et* Tchang，1934，6（四川乐山、峨眉）；湖北省水生生物研究所鱼类研究室，1976，79（嘉陵江、重庆、木洞等）；褚新洛和陈银瑞，1989，102（云南昭通盐津县等）；丁瑞华，1994，245（四川宜宾、雅安、新津、乐山等）；陈宜瑜等，1998，133（岷江）；陈宜瑜等，1988，242（四川木洞、雅安、宜宾等）。

Hemibarbus barbus：Tchang，1930，72（四川）。

Hemibarbus labeo maculatus：Chang，1944，37（四川、西康东部）。

主要形态特征 测量标本 9 尾。全长为 39.6~138.5mm，标准长为 28.8~103.8mm。采自云南省昭通市盐津县庙坝乡、云南省昭通市水富县两碗乡。

背鳍 iii-7~8；臀鳍 iii-6；胸鳍 i-16~17；腹鳍 i-6~9。侧线鳞$45\frac{6\sim7}{4\sim5}46$，围尾柄鳞 16~18。第一鳃弓外侧鳃耙 8~12。下咽齿 3 行，1·3·5—5·3·1。

体长为体高的 3.6~4.5 倍，为头长的 3.5~4.0 倍，为尾柄长的 6.0~6.5 倍，为尾柄高的 9.9~12.5 倍。头长为吻长的 2.3~2.7 倍，为眼径的 4.3~4.7 倍，为眼间距的 3.3~3.5 倍。尾柄长为尾柄高的 1.7~2.1 倍。

体长，略侧扁，头后背部向上隆起，体背缘呈弧形，胸腹部略圆。头中等大，头长略小于体高。吻向前突出，稍尖，前段略显平扁，吻长小于或略等于眼后头长。口略小，下位，呈半圆形。下唇两侧叶狭窄，唇后沟中断，中间颏部有 1 稍宽的三角形突起。口角须 1 对，较短小。眼较大，侧上位，眼间距宽，微隆起。前眶骨、下眶骨及前鳃盖骨边缘具 1 排黏液腔，前眶骨扩大。体鳞较小。侧线完全，较平直。腹膜灰色。

背鳍长，外缘稍内凹，末根不分枝鳍条为粗壮光滑的硬刺，其长几与头长相等；背鳍起点距吻端较距尾鳍基部为近。胸鳍末端略尖，后伸不达腹鳍起点。腹鳍较短小，起点位于背鳍起点后下方，末端后伸不达肛门。肛门紧靠臀鳍起点。臀鳍较短，其末端不达尾鳍基部。尾鳍分叉，上、下叶等长，末端微圆。

第一鳃弓外侧鳃耙发达，较粗长。下咽齿主行齿端钩状，外侧 2 行纤细。鳔大，2 室，前室卵圆形，后室长锥形，末端尖细，长于前室。腹膜银灰色。

固定保存的标本，体呈灰黄色，腹部略淡。沿体侧中央具 7~11 个或更多稍大的圆形黑色斑点。背鳍、尾鳍具多数黑色小点，其他各鳍浅灰色。

生活习性及经济价值　主要生活在江河、湖泊、水库等水体中下层沙底河段。肉食性鱼类，主要以底栖无脊椎动物如虾、昆虫幼虫等为食，兼食螺、蚬、淡水壳菜、水蚯蚓和小鱼等。最小

2龄性成熟，生殖季节为4~5月，有明显的副性征，雄性头部具有珠星，身体出现鲜艳的色彩；在江河湖泊等缓流漫滩处产卵，卵黏性，附着于水草上孵化。

体形中等，生长速度较慢，分布较广，为产地较常见杂鱼。

流域内资源现状　金沙江下游如四川省攀枝花、云南省昭通等一些地区较常见。

分布　我国黑龙江至澜沧江各水系广泛分布，国外分布于日本、朝鲜半岛、蒙古国、俄罗斯、越南等。流域内最上见于攀枝花（图4-11）。

(31) 麦穗鱼属 *Pseudorasbora*

本亚科中属于个体较小的鱼类。体延长，稍侧扁，腹部圆。头略短小，吻短，稍平扁。口小，上位，下颌突出，口裂几乎与体轴垂直。唇薄，简单。无须。眼较大，位于头侧中轴之上；眼间距宽平。背鳍、臀鳍末根不分枝鳍条柔软，尾鳍分叉。肛门仅靠臀鳍之前。鳞稍大，排列较整齐。侧线完全或不完全。第一鳃弓外侧鳃耙不发达。下咽齿 1 行，末端钩状。鳔 2 室，前室无骨质囊包被，后室长于前室。

现知本属鱼类至少有 5 种，其中仅麦穗鱼 *Pseudorasbora parva* 分布广泛，我国中、东部自黑龙江至海南岛各水系有分布，现已被移植至全国其他水域甚至包括中亚和欧洲很多有鱼类生存的水域。金沙江流域中下游特别是一些湖泊、水库、坑塘、沟渠等均可见其踪迹，应多为人工带入。

麦穗鱼 *Pseudorasbora parva* (Temminck *et* Schlegel，1846)

地方俗名　罗汉鱼、麦穗

Leuciscus parvus Temminck *et* Schlegel，1846，in Sieboidi：Fauna Jap，Pisces：215（日本）。
Pseudorasbora parva Bleeker，1860，435（日本）；罗云林等（见伍献文等），1977，462（四川、贵州等）；褚新洛和陈银瑞，1989，104（宣威、沾益、永胜、绥江等）；武云飞和吴翠珍，1992，275（云南宁蒗县拉马地小河）；丁瑞华，1994，251（宜宾、西昌等）；陈宜瑜等，1998，134 [四川灌县（现都江堰市）]；陈宜瑜等，1998，263（云南、四川等）。
Pseudorasbora altipinna Nichols，1925，5（四川）。
Pseudorasbora depressirostris：Tchang，1930，91（四川宜宾）；Tchang，1930，86（四川等）。

主要形态特征　测量标本 9 尾。全长为 56.0~98.8mm，标准长为 44.0~78.7mm。采自云南省丽江市永胜县松坪村。

根据相关文献及我们的现场调查，本种随栖息环境、季节、个体大小及性别不同，其性状、体色等差异均较大。

背鳍 iii-7；臀鳍 iii-6；胸鳍 i-12~13；腹鳍 i-7。侧线鳞$34\frac{5}{3}37$，围尾柄鳞 12~14。第一鳃弓外侧鳃耙 7~9。下咽齿 1 行，(4) 5—5 (4)。

体长为体高的 3.2~4.5 倍，为头长的 3.9~4.5 倍，为尾柄长的 4.3~5.5 倍，为尾柄高的 7.5~10.9 倍。头长为吻长的 2.5~3.5 倍，为眼径的 3.4~5.0 倍，为眼间距的 2.1~3.1 倍。尾柄长为尾柄高的 1.6~1.9 倍。

体延长，侧扁，背部自吻端渐向后隆起，至背鳍起点为身体的最高点，腹部圆，尾柄较宽。头稍短小，前端尖，前段略平扁。吻短且突出，吻长远小于眼后头长。口小，上位，下颌长于上

颌，口裂甚短，几呈垂直。唇薄，简单，唇后沟中断。口角无须。鼻孔位于眼前缘。眼较大，位置较前；眼间距宽且平坦。体被鳞，鳞较大。侧线完全，较平直后伸至尾鳍基部，部分个体侧线不明显。

背鳍末根不分枝鳍条柔软（繁殖期雄性末根不分枝鳍条基部常变硬），外缘稍突出呈圆弧形，起点距吻端与至尾鳍基部的距离相等或略近前者。胸鳍较短，后伸不达腹鳍起点。腹鳍后伸不达肛门。背鳍、腹鳍起点相对或背鳍略前。肛门紧靠臀鳍起点。臀鳍短，无硬刺，外缘稍凸显，其起点距腹鳍起点较至尾鳍基部为近。尾鳍较宽阔，分叉较深，上、下叶等长，叶端圆。

第一鳃弓外侧鳃耙近退化，排列稀疏。下咽齿纤细，末端钩曲。鳔大，2 室，前室长卵形，后室长于前室。腹膜银灰色或白色，上具多数小黑点。

生活时体色变化较大。体背部及体侧上半部银灰微带黑色，腹部白色。体侧背多数鳞片后缘具 1 新月形黑纹。背鳍和尾鳍呈灰黑色，胸鳍、腹鳍和臀鳍灰白色。生殖期雄鱼个体较大，体呈灰黑色，体侧鳞片后部为黑色，各鳍黑灰色。吻部、颊部等处具白色珠星；雌鱼个体较小，颜色相对浅，体背部和上半部黄绿色，体侧下部和腹部黄白色，产卵管稍外突。幼鱼体侧正中自吻端至尾鳍基部通常具有 1 黑纵带，后部渐清晰，体侧鳞后缘亦有半月形暗斑，鳍稍呈淡黄色。

生活习性及经济价值　个体较小，环境适应能力强，繁殖、生长速度较快，在短时间内可形成较大种群。多生活在池塘、沟渠、稻田、湖泊和水库等近岸水草丛生的水域。主要以浮游生物，如枝角类、桡足类和轮虫等为食，也摄食藻类、水草和有机碎屑等。1 龄性成熟，繁殖期为 4~5 月，卵椭圆形，具黏性，产在石壁或杂草上且排列整齐。

分布甚广，少有直接食用的，可作为凶猛性鱼类的饵料。

流域内资源现状　金沙江流域中下游河流、湖泊、水库、池塘和沟渠等常见。

分布　自然分布于我国中、东部，国外分布于俄罗斯、蒙古国、日本和朝鲜半岛等。原为东亚土著种，现在很多国家和地区被广泛引入。流域内中下游广布，大部分地区应为引入种（图 4-11）。

（32）颌须鮈属 *Gnathopogon*

体延长，稍侧扁，腹部圆，尾柄较高。头中等大。吻短，稍钝。口端位，弧形，上、下颌无角质缘。唇薄，简单，无突起状结构。口通常具口角须 1 对，较短。鼻孔 2 对，位于眼前缘之前。眼中等大，侧上位。背鳍末根不分枝鳍条不为硬刺，分枝鳍条 7，其起点位于腹鳍起点稍前；臀鳍无硬刺，分枝鳍条 6；尾鳍分叉稍浅，上、下叶端稍圆。鳞稍大，胸腹部具鳞。侧线完全，较平直。第一鳃弓外侧鳃耙短小，或呈突起状，排列稀疏。下咽齿 2 行，2(3)·5—5·(3)2。鳔 2 室，较大，后室长。腹膜灰白色。

分布于我国中、东部，国外见于日本。金沙江流域有 1 种，分布于中下游。

054 短须颌须鮈 *Gnathopogon imberbis*（Dabry de Thiersant，1874）

地方俗名　黑线鱼（四川）

Gobio imberbis Dabry de Thiersant，1874，8（陕西南部）。
Leucogobio taeniatus Günther，1986，214（长江）。
Gobio（*Leucogobio*）*taeniatus*：Wu，1930，69（四川乐山）。
Gnathopogon imberbis：丁瑞华，1994，265（四川雅安、乐山、合川等）。

主要形态特征　测量标本 2 尾，全长为 83.0~102.0mm，标准长为 69.0~83.0mm；采自云南省巧家县牛栏村。另参考《四川鱼类志》和《中国动物志　硬骨鱼纲　鲤形目（中卷）》等整理描述。

背鳍 iii-7；臀鳍 iii-6；胸鳍 i-13~15；腹鳍 i-7~9。侧线鳞$34\frac{4.5}{3.5}37$，围尾柄鳞 16。第一

鳃弓外侧鳃耙 7~9。下咽齿 1 行，(4) 5—5 (4)。

体长为体高的3.5~4.5倍，为头长的3.0~4.2倍，为尾柄长的4.9~5.9倍，为尾柄高的7.0~8.9倍。头长为吻长的 2.9~4.0 倍，为眼径的 3.5~5.1 倍，为眼间距的 2.5~3.4 倍。尾柄长为尾柄高的 1.2~1.6 倍。

体延长，稍侧扁，体背自吻端之后向上隆起，呈弧形弯曲至背鳍起点前为体最高点，腹部略圆，尾柄侧扁，较高。头中等大，略呈圆锥形。吻部略短钝，吻长明显小于眼后头长。口端位，口裂稍倾斜，后端在鼻孔后缘垂直线下方。唇薄，简单，唇后沟中断。口角须 1 对，极短小。眼中等大，侧上位；眼间距宽，微凸起。鳞较大，胸腹部鳞片发达。侧线完全，较平直，后伸至尾鳍基部。

背鳍外缘平截或稍内凹，无硬刺，其起点距吻端较至尾鳍基部略远或相等。胸鳍末端圆钝，后伸距腹鳍基部较近。腹鳍起点与背鳍起点相对，末端近肛门。肛门位置紧靠臀鳍起点。臀鳍无硬刺，外缘较平截或稍内凹，其起点至腹鳍基部与至尾鳍基部相等或稍小。尾鳍分叉较深，上、下叶等长，叶端稍圆。

第一鳃弓外侧鳃耙短小，排列稀疏。下咽齿主行侧扁，末端稍钩曲；外侧行纤细且短。鳔大，2 室，后室较粗大，长于前室。腹膜灰白色。

体背侧部灰黑色，向腹部渐土黄色，沿体侧中部有 1 隐约可见的黑色纵带，向前可一直伸达眼后，背鳍之后更明显，向前渐不明显。背鳍中部有 1 条黑纹，尾鳍浅黑色，其余各鳍土灰色。

生活习性及经济价值　短须颌须鮈为一种小型鱼类，多分布于江河支流或小溪，在水体下层活动。多以水生昆虫及幼虫为食，也兼食一些藻类。1 龄性成熟，繁殖期为 4~6 月。卵呈淡黄色。

个体较小，生长较缓慢，种群数量不大，零散分布，很少有被食用的。

流域内资源现状　数量不大，流域内偶见。

分布　为我国特有种，仅见于长江中上游，以上游为主。流域内干流最上见于攀枝花江段，向下龙川江、牛栏江等支流也有分布（图 4-11）。

（33）银鮈属 *Squalidus*

体延长，略侧扁，腹部圆，尾柄稍细长。头中等大。吻短钝。口亚下位，弧形，上、下颌无角质缘。唇薄，简单，无突起状结构。口通常具口角须 1 对，一般稍长。鼻孔 2 对，较大，位于眼前缘之前。眼大，侧上位。背鳍、臀鳍无硬刺，背鳍起点位于腹鳍起点稍前；尾鳍分叉。鳞稍大，胸腹部具鳞。侧线完全，较平直。第一鳃弓外侧鳃耙短小，排列稀疏。下咽齿 2 行，2(3)·5—5·(3)2。鳔较大，2 室。腹膜灰白色。

本属为东亚地区所特有，区域内分布广泛，我国中、东部黑龙江至海南岛、云南元江等均有分布，国外见于日本、朝鲜半岛、越南等。金沙江流域有 2 种，见于中下游（图 4-11）。

种检索表

1(2) 侧线鳞 38 以上 ………………………………………………………… **银鮈 *S. argentatus***

2(1) 侧线鳞 38 以下 ………………………………………………… **点纹银鮈 *S. wolterstorffi***

银鮈 *Squalidus argentatus* (Dabry de Thiersant，1874)

地方俗名　亮壳、亮幌子

Gobio argentatus Dabry de Thiersant，1874，9（长江）；Wu *et* Wang，1931，226（四川乐山）。
Gobio (*Leucogobio*) *hsüi* Wu *et* Wang，1931，227（四川乐山）。
Squalidus chankaensis argentatus：Bănărescu *et* Nalbant，1973，89（长江等）。
Squalidus argentatus：丁瑞华，1994，268（四川雅安、乐山、合川等）。

主要形态特征　测量标本 3 尾。全长为 58.2~75.6mm，标准长为 43.8~58.8mm。采自云南省盐津县庙坝乡、云南省水富县两碗乡。

背鳍 iii-7；臀鳍 iii-6；胸鳍 i-14~15；腹鳍 i-7。侧线鳞$39\frac{5}{3}44$，围尾柄鳞 12 或 13。第一鳃弓外侧鳃耙 5~11。下咽齿 2 行，3·5—5·3。

体长为体高的 4.0~5.4 倍，为头长的 3.9~4.5 倍，为尾柄长的 5.0~6.3 倍，为尾柄高的 10.1~12.9 倍。头长为吻长的 2.5~3.6 倍，为眼径的 3.0~3.4 倍，为眼间距的 3.2~4.5 倍。尾柄长为尾柄高的 2.0~2.3 倍。

体延长，略侧扁；背部自鼻孔上方向后渐隆起，侧面观，背缘呈弧状，腹部略圆，尾柄侧扁。头中等大，近圆锥形，一般其长大于体高。吻短钝。口亚下位，近马蹄形，上颌稍长于下颌，上、下颌均无角质缘。唇薄，简单，下唇侧叶较狭窄，唇后沟中断。口角须 1 对，较长，约与眼径相等，或略超过，末端后伸达眼正中的垂直下方或更后。鼻孔 2 对，位于眼前缘稍前。眼大，眼径约等于甚或略大于吻长。体被鳞，中等大小，胸、腹部具鳞片。侧线完全，较平直，后伸至尾鳍基部。

新鲜标本

背鳍外缘稍内凹，无硬刺，起点距吻端较至尾鳍基部为近。胸鳍末端较尖，后伸近腹鳍起点。腹鳍后缘平截，起点位于背鳍起点之后，末端后伸近或达肛门。肛门近臀鳍起点。臀鳍较短，起点位于腹鳍基部与尾鳍基部的中点。尾鳍分叉，上、下叶等长。

第一鳃弓外侧鳃耙短小，排列稀疏。下咽齿主行侧扁，末端稍钩曲；外行齿细小。鳔大，2 室，前室卵圆形，后室长于前室。腹膜灰白色。

生活时，全身银白色。固定保存的标本，背部灰色，体侧及腹面浅，体侧正中自头后至尾鳍基部会有 1 条棕黑色纵行条纹；背鳍和尾鳍略带灰黑色，其他各鳍为灰白色。

生活习性及经济价值 常栖息于江河、湖泊、水库等的中下层。主要以水生昆虫和藻类及水生植物为食。繁殖季节为 5~6 月。

常见小型鱼类，很少食用。

流域内资源现状 流域内资源量不大，实地调查中在金沙江下游攀枝花江段金江、下游元谋江边、支流横江（如盐津县庙坝乡、水富县两碗乡）等均有采集，渔获物中所占比例很小。

分布 自然分布极广，在我国，除西部、西北部一些地区外，其他区域均有分布。国外分布于俄罗斯和越南。金沙江流域见于攀枝花以下江段（图 4-11）。

点纹银鮈 *Squalidus wolterstorffi* (Regan，1908)

曾用名 点纹颌须鮈、华坪点纹颌须鮈

Gobio wolterstorffi Regan，1908，110（山西定襄）；Wu，1930，69（四川宜宾、泸州）。
Gnathopogon wolterstorffi：Tchang，1930，94（四川乐山）。
Squalidus wolterstorffi：丁瑞华，1994，272（四川乐山等）。
Gnathopogon wolterstorffi huapingensis Wu *et* Wu，1989，63（云南华坪）；武云飞和吴翠珍，1991，278（云南华坪）。

未采集到标本，参考《青藏高原鱼类》《四川鱼类志》和《中国动物志 硬骨鱼纲 鲤形目（中卷）》等整理描述。

主要形态特征 背鳍 iii-7；臀鳍 iii-6；胸鳍 i-12~15；腹鳍 i-7。侧线鳞$33\frac{4.5}{3}36$，围尾柄鳞 11 或 12。第一鳃弓外侧鳃耙 5~7。下咽齿 2 行，3·5—5·3。

体长为体高的 3.4~4.3 倍，为头长的 3.8~4.3 倍，为尾柄长的 5.4~6.9 倍，为尾柄高的 9.2~11.6 倍。头长为吻长的 1.5~3.1 倍，为眼径的 2.8~3.5 倍，为眼间距的 3.3~3.9 倍。尾柄长为尾柄高的 1.5~1.9 倍。

体延长，略侧扁；背部自鼻孔上方向后略隆起，侧面观，背缘呈弧形，腹部略圆，尾柄侧扁。头大，近圆锥形。吻短钝。口亚下位，近马蹄形，上颌稍长于下颌，上、下颌均无角质缘。唇薄，简单，下唇侧叶较狭窄，唇后沟中断。口角须 1 对，较长，约与眼径相等，或稍长，末端后伸超过眼垂直线下方。鼻孔每侧 1 对，位于眼前缘稍前。眼大，眼径约等于甚或略大于吻长。体被鳞，中等大小，胸、腹部具鳞片。侧线完全，前段稍向下弯曲，后段较平直，后伸至尾鳍基部。

背鳍外缘稍内凹，无硬刺，起点距吻端较至尾鳍基部为近。胸鳍末端较尖，后伸不达腹鳍起点。腹鳍后缘平截，起点位于背鳍起点后下方，末端后伸近肛门。肛门近臀鳍起点。臀鳍较短，起点位于腹鳍基部与尾鳍基部的中点。尾鳍分叉，上、下叶等长。

第一鳃弓外侧鳃耙短小，排列稀疏。下咽齿主行稍侧扁，末端稍钩曲；外行齿细小。鳔 2 室，较大，前室略圆，后室长圆形，长于前室。腹膜灰白色。

固定保存的标本，背部灰色，向下至腹部浅灰色，体侧正中自头后至尾鳍基部有 1 条棕黑色纵行条纹，由前向后颜色渐深，沿侧线各侧线鳞均具 1 黑斑，被侧线管分隔成横“八”字形，上、下各半；背鳍和尾鳍略带灰黑色，其他各鳍灰白色。

生活习性及经济价值　个体较小，常栖息于江河、湖泊、水库等近岸中下层水体。主要以水生昆虫、藻类、水生植物碎屑等为食。繁殖季节为 4~5 月。

属小型鱼类，区域内数量不大。

流域内资源现状　我们在近几年多次野外实地调查中均未采集到标本。

分布　自然分布较广泛，我国中、东部海河流域至珠江流域均有分布记录。金沙江流域仅中游的云南省华坪县新庄河上游有确切分布记录（攀枝花稍上的金沙江中游）（武云飞和吴翠珍，1989）（图 4-11）。

（34）铜鱼属 *Coreius*

体延长，较粗壮，前躯近圆筒形，后部稍侧扁；背部隆起，头、胸、腹部较平。头小。吻尖，吻部近圆锥形或较宽圆。口下位，呈马蹄形或弧形。唇较厚，结构简单，光滑，无乳突状结构。须 1 对，发达粗壮，后伸超过前鳃盖骨后端甚至达胸鳍基部。眼小，侧上位。鼻孔较大，大于眼径，位于眼前缘。背鳍末根不分枝鳍条不为硬刺，分枝鳍条 7；臀鳍无硬刺；尾鳍深分叉。鳞较小，胸、腹部鳞片变小。侧线完全，平直。鳃膜在峡部相连。第一鳃弓外侧鳃耙短小，排列稀疏。下咽齿 1 行，5—5。鳔 2 室，较大，前室包于膜质囊内，后室大。

现知本属有 3 种，均为我国特有，分布区在黄河和长江。北方铜鱼仅见于黄河。长江流域有 2 种，金沙江流域中下游有分布（图 4-12）。

种检索表

1（2）口呈马蹄形；须略短，其末端达到或略超过前鳃盖骨后缘；胸鳍后伸不达腹鳍起点……… **铜鱼 *C. heterodon***

2（1）口宽阔，呈弧形；须长，其末端可达胸鳍基部；胸鳍后伸远超过腹鳍基部……………**圆口铜鱼 *C. guichenoti***

057 铜鱼 *Coreius heterodon*（Bleeker，1864）

地方俗名　尖头、金鳅、竹鱼、水密子、阿喵鱼、麻花鱼、猪鼻鱼

Gobio heterodon Bleeker，1864，26（中国）。

Coripareius cetopsis：Garman，1912，120（泸州等）。

Coreius styani：Tchang，1930，89（重庆）。

Corius cetopsis：Kimura，1934，69（重庆等）。

Coreius heterodon：湖北省水生生物研究所鱼类研究室，1976，73（屏山、宜宾等）；罗云林等，1977，503（四川等）；丁瑞华，1994，274（宜宾、合江、重庆、乐山、南充、合川等）；陈宜瑜等，1998，326（合川、江津、重庆等）。

主要形态特征　测量标本 3 尾。全长为 106.7~198.2mm，标准长为 79.4~148.0mm。采自云南省昭通市绥江县、四川省宜宾市。

背鳍 iii-7~8；臀鳍 iii-6；胸鳍 i-18~19；腹鳍 i-7。侧线鳞 $33\frac{6.5\sim7.5}{6\sim7}36$，围尾柄鳞 20。第一鳃弓外侧鳃耙 5~7。下咽齿 1 行，5—5。

体长为体高的 4.1~5.1 倍，为头长的 4.6~5.8 倍，为尾柄长的 3.8~5.5 倍，为尾柄高的 7.8~9.3 倍。头长为吻长的 2.2~2.8 倍，为眼径的 7.3~11.8 倍，为眼间距的 2.1~3.9 倍。尾柄长为尾柄高的 1.2~2.5 倍。

体延长，前段粗壮，近圆筒形，后段稍侧扁，尾柄较高且长。头腹面及胸部略平，腹部圆。头小，略呈锥形。吻尖，吻长略小于眼间距或等长。口小，下位，狭窄，呈马蹄形。唇厚，上唇较发达，下唇薄而光滑，两侧向前伸，唇后沟中断，间距较狭窄。口角须 1 对，稍粗短，后伸几达前鳃盖骨后缘。眼小。鼻孔大，鼻孔径大于眼径。体被鳞，较小，鳞后游离部分略尖长；胸鳍基部区集聚多数小而排列不规则的鳞片，腹鳍基部具若干小鳞；背鳍、臀鳍基部两侧具有鳞鞘，腹部鳞片细小，尾鳍基部处覆盖有多数细小鳞片。侧线完全，平直，横贯体中轴几成一直线。

背鳍外缘稍内凹，无硬刺，起点至吻端的距离远小于至尾鳍基部，约与至臀鳍基部后端的距离相等。胸鳍长等于或稍短于头长，末端较尖，后伸不达或接近腹鳍起点。腹鳍略圆，其起点位于背鳍起点后下方，至胸鳍基部与至臀鳍起点相等或稍近于胸鳍基部，末端后伸不达肛门。肛门近臀鳍，位于腹鳍、臀鳍间的后 1/4 处。臀鳍位置较前。尾鳍深分叉，上、下叶端尖，上叶稍长。

鳃耙短小，排列较稀疏。下咽齿第一、第二枚稍侧扁，末端稍钩曲；其余齿较粗壮，末端光滑。鳔大，2 室，前室椭圆形，包于厚膜质囊内，后室粗长，长于前室。腹膜浅黄色。

生活时，体近浅铜色，略带金黄色光泽，背部颜色略深，腹部淡黄色；各鳍浅灰色，边缘浅黄色。固定保存的标本，背部灰色，向下至腹部浅黄色，背鳍、尾鳍略带灰黑色，其他各鳍浅灰色。

生活习性及经济价值 多栖息于干流、支流主河道流水环境，为底层鱼类。冬季常成群生活于江中深沱或有岩石的深水区。一般 2~3 龄性成熟，繁殖季节在 4 月中旬至 6 月下旬，产卵盛期常在谷雨与小满期间。多在水流湍急的河滩上产卵，卵为漂流性卵，产出后，随水漂流，吸水膨胀，50~60h 可孵化。春季，成熟亲鱼上溯产卵，在长江流域，鱼苗可顺水漂流至长江中下游和一些附属湖泊如洞庭湖等。孵化出的幼鱼口裂甚大，可摄食摇蚊幼虫、鱼苗等。成鱼以摄食底栖生物为主，食物组成主要有淡水壳菜、蚬、螺蛳及软体动物，也包括高等植物碎屑和硅藻。每年 4~10 月为摄食的集中时段，肠管常常充满食物。

肉质细嫩、味道鲜美，但肌间刺较多，为长江中上游重要经济鱼类，为产区主要渔业捕捞对象。

流域内资源现状 在金沙江流域主要出现在下游四川省宜宾市屏山县新市镇、云南省昭通市绥江县、云南省昭通市水富县等江段以下，为偶见。

分布 黄河和长江水系。在金沙江流域，最上分布至四川省宜宾市屏山县新市镇（图 4-12）。

圆口铜鱼 *Coreius guichenoti*（Dabry de Thiersant，1874）

地方俗名　方头、圆口、水密子、水鼻子、麻花鱼

Saurogobio guichenoti Sauvage *et* Dabry de Thiersant，1874，10（长江）。

Coreius zeni Tchang，1930，49（四川）；Rendahl，1932，30（重庆）；Chang，1944，35（乐山、宜宾）；褚新洛，1955，83（湖北宜昌）。

Coreius guichenoti：湖北省水生生物研究所鱼类研究室，1976，76（新市镇、屏山、宜宾等）；罗云林等（见伍献文等），1977，505（四川江津、贵州沿河、湖北宜昌等）；褚新洛和陈银瑞，1989，109（绥江）；丁瑞华，1994，276（宜宾、乐山、屏山、合江、重庆、巫山等）；陈宜瑜等，1998，135（四川大渡河）；陈宜瑜等，1998，329（湖北、贵州、四川屏山等）。

主要形态特征　测量标本 9 尾。全长为 98.5~191.0mm，标准长为 72.9~154.0mm。采自云南省丽江市永胜县树底村、云南省鹤庆县太极村 - 龙旦村、云南省鹤庆县龙开口镇中江村。

背鳍 iii-7；臀鳍 iii-6；胸鳍 i-18~19；腹鳍 i-7。侧线鳞$33\frac{6.5\sim7.5}{6\sim7}36$，围尾柄鳞 20。第一鳃弓外侧鳃耙 5~7。下咽齿 1 行，5—5。

体长为体高的 3.8~5.5 倍，为头长的 3.6~5.7 倍，为尾柄长的 4.3~5.1 倍，为尾柄高的 8.0~10.8 倍。头长为吻长的 2.2~2.6 倍，为眼径的 7.3~11.1 倍，为眼间距的 2.2~2.7 倍。尾柄长为尾柄高的 1.7~2.5 倍。

体延长，前部圆筒状，后部稍侧扁，头后背部显著隆起，身体最高点在背鳍起点处，尾柄宽长，头腹面及胸部略平，腹部圆。头小，较宽，略呈锥形。吻圆钝，吻长略小于眼间距或相等。口下位，口裂稍大，圆弧形。唇厚，较粗糙。口角具较长的游离膜质片。唇后沟间距较宽。口角须 1 对，粗长，后延达胸鳍基部。鼻孔大，孔径大于眼径，位置靠近眼前缘。眼小，距吻端较至

鳃盖后缘为近。体被鳞，鳞较小，鳞后游离部分略尖长；胸鳍、腹鳍和尾鳍基部覆盖多数不规则排列的小鳞片，背鳍基部、臀鳍基部具鳞鞘。侧线完全，平直。

背鳍基底较短，无硬刺，外缘内凹；其起点至吻端较至尾鳍基部明显为近，与至臀鳍基部中点距离相等；第一和第二根分枝鳍条显著延长。胸鳍宽大，尤以前两根鳍条特别延长，末端通常超过腹鳍起点。腹鳍起点与背鳍起点后相对，至胸鳍基部的距离较至臀鳍起点为小。臀鳍无硬刺，其起点距腹鳍基部较距尾鳍基部为近。肛门靠近臀鳍。尾鳍宽阔，分叉深，上、下叶末端尖，上叶稍长。

鳃耙短小，呈乳突状，排列稀疏。下咽齿发达，稍侧扁，第一枚末端尖钩状。鳔 2 室：前室包于厚膜质囊内，长圆形，略平扁；后室长，为前室的 2.5~4.0 倍。腹膜银白色。

生活时，全身呈古铜或青铜色，泛金属光泽，体侧有时呈肉红色，腹部白色泛黄。背鳍灰黑色亦略带黄色，胸鳍肉红色，基部黄色，腹鳍、臀鳍黄色，微带肉红，尾鳍金黄，边缘黑色。固定保存的标本，背部灰色，向下至腹部浅黄色，背鳍、尾鳍略带灰黑色，其他各鳍浅灰色。

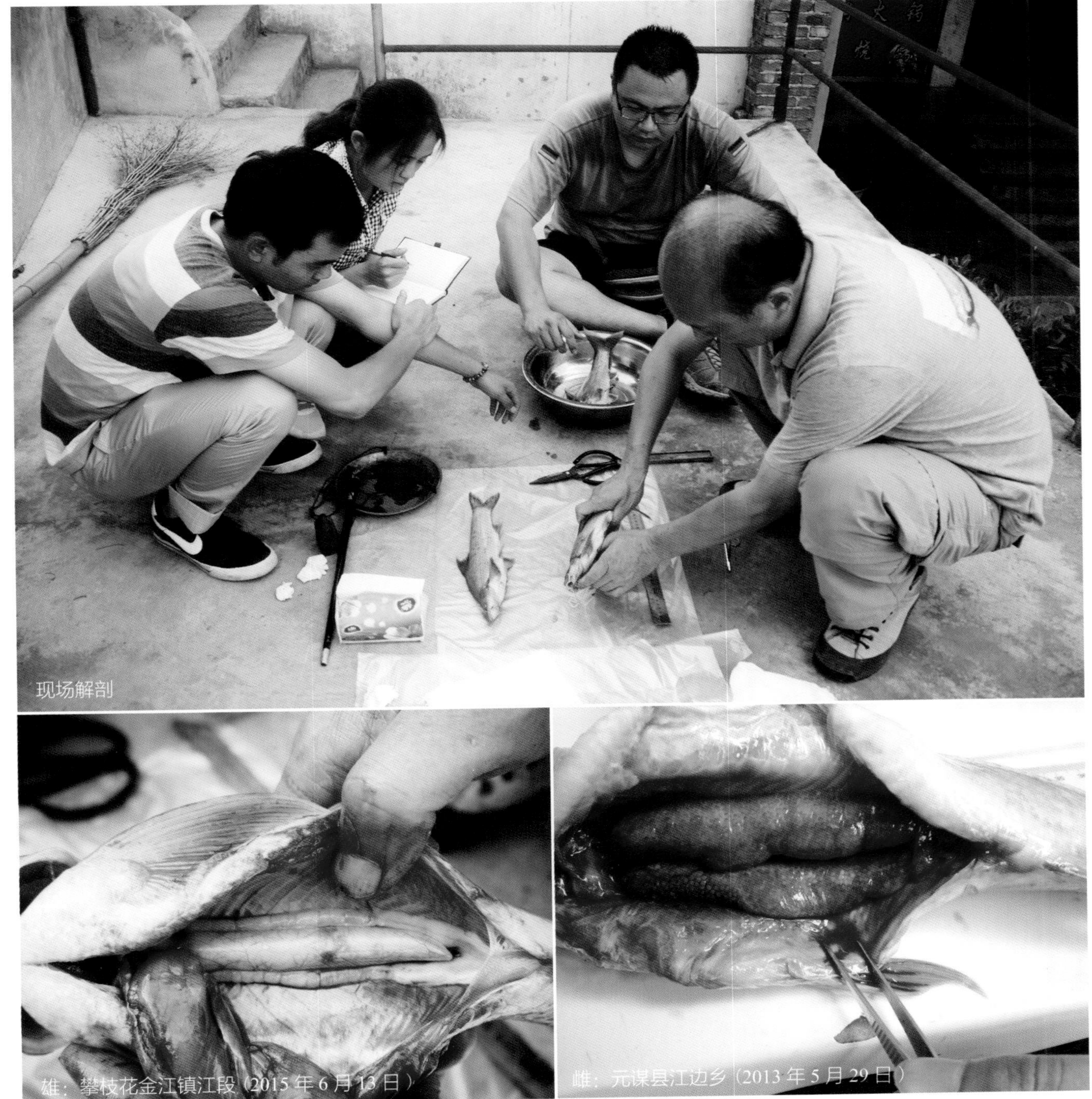

现场解剖

雄：攀枝花金江镇江段（2015 年 6 月 13 日）

雌：元谋县江边乡（2013 年 5 月 29 日）

生活习性及经济价值 喜成群栖息在水流湍急的江河主河槽激流处，属于底栖性鱼类。生长速度较快。食性较广，食物组成随栖息环境、季节和年龄的不同有差异，主要以软体动物（淡水壳菜、蚬、螺、蚌）、水生昆虫（蜉蝣目、毛翅目、鳞翅目、鞘翅目）、高等植物碎屑、虾、蟹、小鱼等为食，体长 2cm 左右的仔鱼，几乎全部摄食其他鱼类特别是鲟类等的卵，有时也摄食摇蚊幼虫和水蚯蚓。2~3 龄性成熟；繁殖期在 4 月下旬至 7 月上旬，5~6 月为高峰期；产卵场在卵石河底的急流浅滩处，产漂流性卵，受精卵随水漂流孵化，水温 22~24℃时，经 50~55h 孵化。根据实地调查，推测目前在雅砻江下游二滩水电站以上，金沙江中游干流龙开口水电站 — 鲁地拉水电站、鲁地拉水电站 — 金安桥水电站、金安桥水电站以上等可能都存在该鱼的产卵场。

圆口铜鱼富含脂肪，肉质细嫩，味道鲜美，生长速度较快（尤其 2 龄阶段），被人们列为上等鱼，但肌间刺较多，是长江上游包括金沙江中下游重要的经济鱼类，产区渔业的主要捕捞对象，曾经约占渔业产量的 50% 以上。

流域内资源现状 在近年来实地调查中，我们在四川新龙县沙堆乡、攀枝花市大龙潭乡拉鲊村，云南永胜县树底村、下梓里，鹤庆县龙开口镇中江村、太极村、龙丹村，元谋县江边乡、水富县等江段均采集到标本，尚有一定资源量。

金沙江流域中下游梯级开发、水电工程中拦河水坝建设直接阻断了圆口铜鱼的洄游通道，大坝建设形成的水库库区水流速度减慢，流水环境范围骤减，能满足圆口铜鱼完成孵化过程的流水江段急剧减少，曾经的产卵场已逐渐消失。根据我们多年来的实地调查，资源量下降明显。

分布 为我国长江流域中上游特有种，有记录向下至中游的武汉附近江段可能也有分布，该江段以下及汉江流域没有确切的分布记录。历史资料记载，金沙江流域内向上可分布到四川屏山至云南朵美江段，依据我们近年的调查，最上可分布到云南永胜县树底村江段。金沙江流域内主要在干流分布，支流中仅雅砻江下游有分布（图 4-12）。

（35）吻鮈属 *Rhinogobio*

体延长，近圆筒形，尾部稍侧扁；背鳍前背部轮廓稍呈弧形，头、胸、腹部较平坦。头长，近圆锥形，吻部突出。口下位，深弧形。唇厚，光滑，无乳突状结构；上唇有 1 深沟与吻皮分开，下唇仅限于口角处，唇后沟中断。口角须 1 对，较粗壮。眼侧上位，眼间距较宽。鼻孔稍大，位于眼前缘之前。背鳍无硬刺，其起点至吻端较至尾鳍基部为近；尾鳍分叉较深。肛门约位于腹鳍和臀鳍的中点。体被鳞，鳞片较小，胸、腹部鳞片显著变小，甚至埋于皮下。侧线完全，平直。鳃膜在峡部相连。第一鳃弓外侧鳃耙短小。下咽齿 2 行，2·5—5·2。鳔 2 室，前室包于膜质囊或前 2/3 骨质囊内和后 1/3 膜质囊内，后室长圆形。

为我国特有属，现知共 5 种，分布于黄河、长江和闽江等水系。长江流域有 4 种，为主要分布区，另一种见于黄河。金沙江流域中下游有 3 种（图 4-12）。

种检索表

1（4）背鳍第一根分枝鳍条不延长，其长较头长为小；体细长，体长为体高的 5.0 倍以上

2（3）眼大，头长为眼径的 5.5 倍以下；鳔前室包被于膜质囊内……………………**吻𬶋 *R. typus***

3（2）眼小，头长为眼径的 6.5 倍以上；鳔前室前 2/3 包被于骨质囊内，后 1/3 包被于膜质囊内……………………**圆筒吻𬶋 *R. cylindricus***

4（1）背鳍第一根分枝鳍条延长，其长较头长为大；体较高，体长小于体高的 5.0 倍…………**长鳍吻𬶋 *R. ventralis***

吻𬶋 *Rhinogobio typus* Bleeker，1871

地方俗名　耗子鱼、秋子、麻秆、鳅儿棒

Rhinogobio typus Bleeker，1871，29（长江）；Tchang，1930，89（宜宾）；Wu *et* Wang，1931，228（重庆）；Shih *et* Tchang，1934，7（乐山）；湖北省水生生物研究所鱼类研究室，1976，73（木洞、合川）；丁瑞华，1994，279（长寿、乐山、泸州、忠县）；陈宜瑜等，1998，136（岷江）；陈宜瑜等，1998，332（四川木洞、合川、北碚等）。

Rhinogobio dereimsi Tchang，1930，90（重庆）；张春霖，1959，65（四川）。

主要形态特征　测量标本 2 尾，全长为 120.0~315.0mm，标准长为 98~291mm。采自云南省水富县（横江—金沙江汇口处）。另参考《长江鱼类》《横断山区鱼类》《四川鱼类志》和《中国动物志　硬骨鱼纲　鲤形目（中卷）》等整理描述。

背鳍 iii-7；臀鳍 iii-6；胸鳍 i-15~17；腹鳍 i-7。侧线鳞 $49\frac{6.5\sim7.5}{6\sim7}51$，围尾柄鳞 16。第一鳃弓外侧鳃耙 10~16。下咽齿 2 行，2·5—5·2。

体长为体高的 6.0~7.0 倍，为头长的 4.0~5.5 倍，为尾柄长的 4.0~5.2 倍，为尾柄高的 13.0~16.0 倍。头长为吻长的 1.5~2.0 倍，为眼径的 4.0~5.5 倍，为眼间距的 3.0~4.0 倍。尾柄长为尾柄高的 2.3~2.6 倍。

体细长，前部圆筒形，后部略侧扁，头后背部至背鳍起点渐隆起，身体最高点在背鳍起点处，背鳍之后平直；头腹面及胸腹部稍平；尾柄稍宽长。头稍小，锥形。吻长，前端较尖，显著突出，鼻孔前方明显下凹。口下位，马蹄形。唇厚，光滑，无乳突；上唇具深沟，与吻皮分离；下唇限于口角处，唇后沟中断，其间距宽。下颌厚，肉质。口角须 1 对，短粗，其长与眼径相等或稍大。鼻孔稍大，距眼前缘远较距吻端为近。眼大，位于头侧上方，眼间距宽平。鳃膜连于峡部。体被鳞，鳞片较小，胸部鳞片特别细小，常隐埋于皮下。侧线完全，平直。

背鳍较短小，外缘内凹，无硬刺，其起点距吻端较其基部后端至尾鳍基部明显为近。胸鳍小，末端较尖，位置低，几近腹面，后伸不达腹鳍。腹鳍末端截形，远不达臀鳍，其起点位于背鳍起点后下方。臀鳍短，其起点距腹鳍基部较至尾鳍基部稍近。尾柄细长。尾鳍分叉，两叶末端尖，几等长。肛门约在腹鳍与臀鳍之间的前 2/5 处。

鳃耙短小，呈锥状，排列较稀疏。下咽齿主行侧扁，末端钩状。鳔小，2 室：前室小，卵圆形，包于厚膜质囊内；后室细长，约为前室长的 1.2 倍。腹膜灰白色。

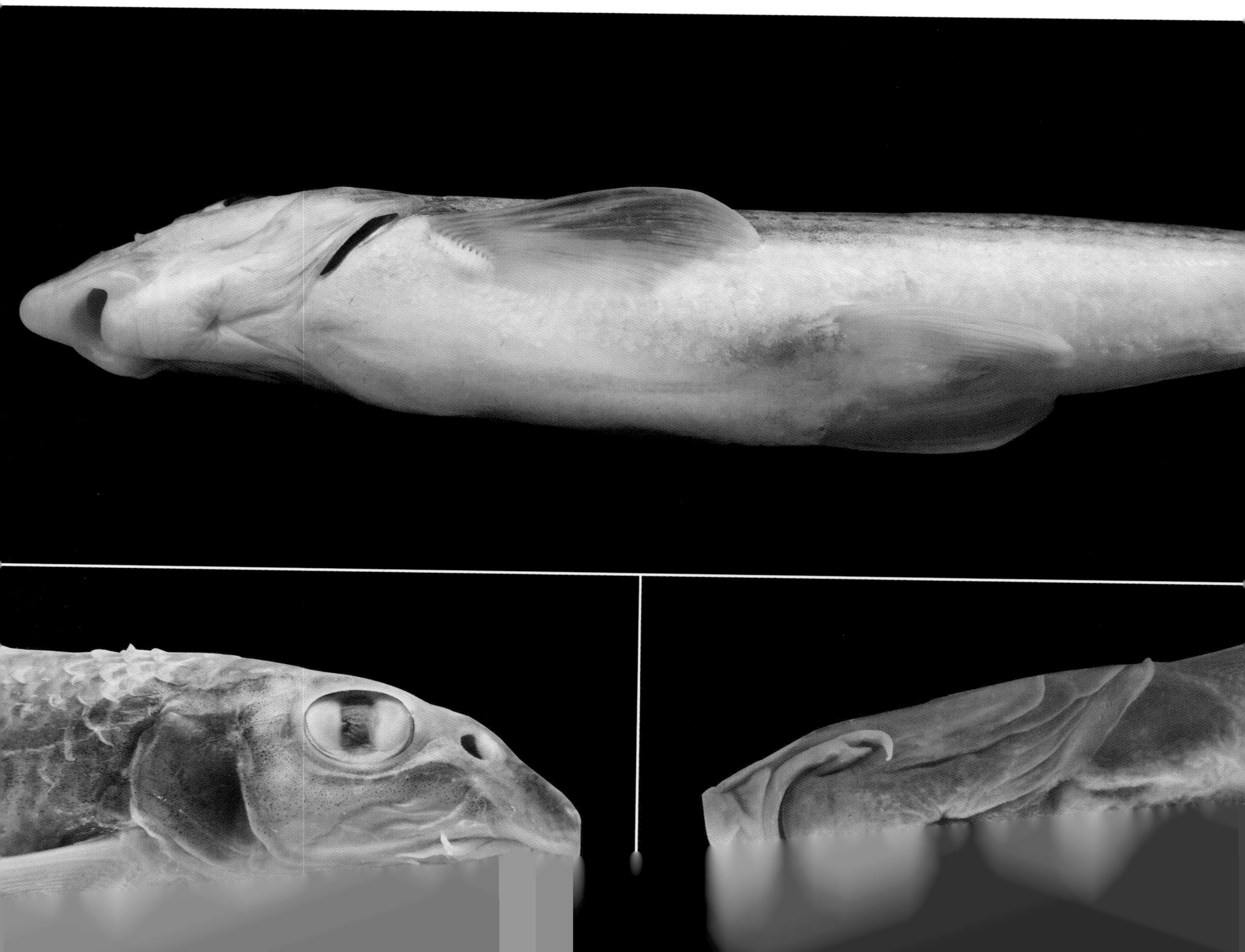

体色深，背部蓝黑色或青黑色，向下至腹部白色，背鳍、尾鳍灰黑色，其他各鳍浅灰，不分枝鳍条略带淡红色。

生活习性及经济价值　为底层鱼类。生长速度较慢。肉食性，主要摄食水生昆虫、摇蚊幼虫、软体动物如壳菜及丝状藻类等。2~3 龄性成熟，繁殖季节为 3~5 月；产漂流性卵，随水流孵化。

流域内资源现状　调查期间我们在水富县和宜宾市江段采集到标本，数量不多。

分布　长江中上游、闽江水系。本流域最上见于横江汇口以下江段（图 4-12）。

060 圆筒吻鮈 *Rhinogobio cylindricus* Günther，1888

Rhinogobio cylindricus Günther，1888（长江）；吴江等，1986（金沙江下游）。

主要形态特征　测量标本 1 尾，野外调查期间采自长江宜昌以下枝江江段；体长 185.72mm。同时参考《中国动物志　硬骨鱼纲　鲤形目（中卷）》等整理描述。

横江下游

背鳍 iii-7；臀鳍 iii-6；胸鳍 i-16；腹鳍 i-7。侧线鳞$49\frac{6.5}{5}$，围尾柄鳞 17。第一鳃弓外侧鳃耙 8 或 9。下咽齿 2 行，2·5—5·2。

体长为体高的 4.65 倍，为头长的 4.04 倍，为尾柄长的 5.18 倍，为尾柄高的 11.09 倍。头长为吻长的 2.54 倍，为眼径的 6.17 倍，为眼间距的 3.67 倍。尾柄长为尾柄高的 2.14 倍。

体细长，前中躯呈圆筒形，后部略侧扁，头后背部至背鳍起点渐隆起，身体最高点在背鳍起点处，背鳍之后平直斜向尾鳍基部；腹部稍圆。头稍尖，锥形。吻长中等，吻端突出，较尖，鼻孔前方明显下凹。口下位，马蹄形。唇厚，肉质，无乳突；上唇宽厚，具 1 深沟与吻皮分离；下唇限于口角处，略向前伸，但不达口前端，唇后沟中断，间距宽。下颌前缘厚，肉质。口角须 1 对，较粗壮，长度与眼径相等或稍大。鼻孔稍大。眼稍大，侧上位，眼间距宽。体被鳞，排列较整齐，胸部鳞片细小，常隐埋于皮下。侧线完全，较平直。

背鳍无硬刺，外缘内凹，其起点距吻端较其基部后端至尾鳍基部稍近或相等。胸鳍长，末端较尖，位置略低，后伸不达腹鳍基部。腹鳍末端截形，远不达臀鳍，其起点位于背鳍起点后下方。臀鳍短。尾柄较细长。尾鳍分叉较深，两叶末端尖，几等长。肛门约在腹鳍与臀鳍之间的中点。

鳃耙较短，末端尖，排列紧密。下咽齿主行侧扁，末端稍钩曲。鳔小，2 室：前室较大，椭圆形，包于前 2/3 为骨质、后 1/3 为膜质的囊内；后室长圆形。腹膜浅灰黑色。

新鲜标本体背蓝黑色或青黑色，向下至腹部色渐至灰白色，背、胸、尾鳍灰黑色，腹、臀鳍浅灰肉色。固定保存的标本全身一致土黄色。

生活习性及经济价值　不详。

流域内资源现状　调查期间我们在宜昌以下、川江段、水富向家坝以下等江段均采集到标本，数量不多。

分布　长江中上游及其支流，流域内最上见于水富横江汇入金沙江汇口及其以下江段（图 4-12）。

061 长鳍吻鮈 *Rhinogobio ventralis* Dabry de Thiersant，1874

地方俗名　洋鱼、耗子鱼、土耗儿

Rhinogobio ventralis Dabry de Thiersant，1874，11（长江）；湖北省水生生物研究所鱼类研究室，1976，长江鱼类：72（江津、木洞、万县、宜昌）；褚新洛和陈银瑞，1989，108（云南省昭通市绥江县）；丁瑞华，1994，284（乐山、峨边、马边等）；陈宜瑜等，1988，139（大渡河）；陈宜瑜等，1998，337（四川重庆、木洞、宜宾、万县、乐山、江津）。

Megagobio roulei Tchang，1930，48（四川）；Tchang，1933，89（四川）；张春霖，1959，67（四川等）。

主要形态特征　测量标本 8 尾；全长为 100.3~205.4mm，标准长为 75.0~167.8mm；采自云南省丽江市树底（东江）村、大理市鹤庆县龙开口镇中江乡、楚雄州元谋县江边乡。

背鳍 iii-7；臀鳍 iii-6；胸鳍 i-15~17；腹鳍 i-7。侧线鳞$48\frac{7}{6}49$，围尾柄鳞 16。第一鳃弓外侧鳃耙 16~21。下咽齿 2 行，2·5—5·2。

体长为体高的 4.7~4.9 倍，为头长的 4.9~5.2 倍，为尾柄长的 5.2~6.2 倍，为尾柄高的 10.4~12.9 倍。头长为吻长的 2.1~2.5 倍，为眼径的 5.1~6.8 倍，为眼间距的 3.1~3.6 倍。尾柄长为尾柄高的 1.8~2.4 倍。

体延长，稍侧扁，头后背部至背鳍起点渐隆起，胸、腹部圆，尾柄宽，侧扁。头较短，略呈圆锥形。吻略长，向前突出。吻端稍尖。口下位，呈马蹄形。唇较厚，光滑，无乳突。上唇有深沟与吻皮分离；下唇狭窄，自口角向前伸，不达口前缘，唇后沟中断，间距宽。下颌厚，肉质。口角须 1 对，短小，其长度略大于眼径。眼小，位于头侧上方，距吻端较至鳃盖后缘的距离为近

或相等。眼间距较宽，略隆起。体被鳞，鳞片较小，胸、腹部鳞片显著变小，近峡部鳞片埋于皮下。侧线完全，平直。

背鳍无硬刺，第一根分枝鳍条显著延长，其长度大于头长，外缘显著内凹，背鳍起点距吻端较其后端至尾鳍基部的距离约相等。胸鳍宽长，长度超过头长，外缘明显内凹，呈镰刀状，末端可达到或超过腹鳍起点。腹鳍长，末端远超过肛门，接近或达到臀鳍起点，其起点在背鳍起点略后下方，约与背鳍第二根分枝鳍条相对。臀鳍长，外缘深凹，其起点距腹鳍较距尾鳍基部为近。尾鳍深分叉，上、下叶等长，末端尖。肛门位于腹鳍基部与臀鳍起点间的后 1/3 处。

鳃耙短小，排列稍密。下咽齿主行前 3 枚齿面匙形，末端钩状；后 2 枚近圆柱状。鳔小，2 室：前室大，圆筒状，包于较厚的膜质囊内；后室细长。腹膜灰白色。

体背深灰色，略带浅棕色，腹部灰白。背鳍、尾鳍灰黑色，边缘色稍浅；其余各鳍淡黄色或灰白色。

生活习性及经济价值　喜栖息于江河底层流水环境，生长较慢，是一种中等偏小型鱼类。以肉食性为主，主要摄食水生昆虫、摇蚊幼虫、软体动物的壳菜及丝状藻类。产漂流性卵，受精卵随水漂流孵化。

流域内有一定渔获量，肉质肥嫩、味道鲜美，具有较高的经济价值。

流域内资源现状　野外调查期间，在云南永胜县树底（东江）村、鹤庆县龙开口镇、元谋县江边乡、禄劝县皎平渡镇、水富县，四川省攀枝花市金江镇、攀枝花市大龙潭乡、拉鲊村和宜宾江段等均采集到标本，较常见。

分布　长江中上游。金沙江流域主要分布在丽江市树底村及其以下的干流江段，支流非常少见（图 4-12）。

（36）片唇鮈属 *Platysmacheilus*

体延长，近圆筒形，尾部侧扁。头中等大，吻部突出或稍钝，鼻孔前方微凹陷。口下位，弧形，上、下颌角质缘发达。唇厚，肉质；上唇中部乳突发达，向两侧渐小，上唇有 1 深沟与吻皮分开；下唇向侧后方扩展，后缘游离，甚或稍呈流苏状。口角须 1 对。眼较大，侧上位，眼间距较宽。鼻孔稍大，位于眼前缘正前方。背鳍、臀鳍无硬刺，尾鳍分叉。肛门靠近腹鳍基部。体鳞较大，胸部或自腹部基部之前的胸腹部裸露无鳞。侧线完全，较平直。鳃膜在峡部相连。下咽齿 1 行。鳔小，2 室，前室包于厚韧质膜囊内，后室小，露于囊外。腹膜灰白色。

为我国特有属，现知共 3 种，长江流域有 2 种，见于中上游。金沙江流域有 1 种。

062 裸腹片唇鮈 *Platysmacheilus nudiventris* Lo，Yao *et* Chen，1977

Platysmacheilus nudiventris Lo，Yao *et* Chen（罗云林、乐佩琦和陈宜瑜），1977，536（四川木洞等）；褚新洛和陈银瑞，1989，114（盐津）；丁瑞华，1994，288（雅安等）；陈宜瑜等，1998，342（湖北宜昌，四川木洞等）。

主要形态特征　测量标本 9 尾，全长为 66.8~76.2mm，标准长为 51.0~57.4mm。采自云南水富县。

背鳍 iii-7~8；臀鳍 iii-6；胸鳍 i-12~13；腹鳍 i-7。侧线鳞$38\frac{4\sim5}{2\sim3}40$，围尾柄鳞 13。第一鳃弓外侧鳃耙 4 或 5。下咽齿 1 行，5—5。

体长为体高的 4.7~4.9 倍，为头长的 4.9~5.2 倍，为尾柄长的 6.2~6.5 倍，为尾柄高的 10.4~12.9 倍。头长为吻长的 2.1~2.5 倍，为眼径的 3.1~4.8 倍，为眼间距的 3.1~3.6 倍。尾柄长为尾柄高的 2.4~2.8 倍。

体细长，前段近圆筒形，后段侧扁，背鳍起点前稍隆起，至背鳍起点为身体最高点。头较短。吻短，稍向前突出，略钝圆，鼻孔前方略下陷。口下位，口裂宽，上、下颌具发达的角质缘。唇发达，较厚，上唇具有较大乳突，单行，排列整齐；下唇较狭窄，向侧向后扩展，呈横置的长方形或后缘弯曲成弧形的肉质薄片，其上具多数小乳突，后缘游离；上、下唇在口角处相连。口角须 1 对，较短，其长小于眼径。眼较小，侧上位。眼间距平坦或微隆起，眼间距窄，约与眼径相等。体鳞稍大，自腹鳍基以前的胸、腹部裸露无鳞。侧线完全，较平直。

背鳍无硬刺，外缘平截或凹形，起点距吻端较其基部后端至尾鳍基部的距离略大。胸鳍稍宽阔，末端稍圆，后伸不达腹鳍起点。腹鳍略短，末端稍圆钝，其起点位于背鳍起点之后，约与背鳍第二、第三根分枝鳍条相对。臀鳍短，外缘平截，其起点位于腹鳍至尾鳍基部的中点。尾鳍分叉，上、下叶等长，叶端稍尖。肛门位置靠近腹鳍，约位于腹鳍至臀鳍的前1/3处。

鳃耙不发达。下咽齿纤细，末端钩曲。鳔极小，2室：前室横宽，呈横置椭圆形，包于韧质膜囊内；后室长形，略大于眼径，露于囊外。腹膜灰白色。

固定保存的标本，体呈暗灰黑色，向腹部颜色渐淡。体侧中轴沿侧线有10~12个大小不等的黑斑，向后渐似连接成黑带。背鳍和尾鳍上布有许多不规则的小黑点，其余各鳍为灰白色。

生活习性及经济价值　栖息于水体的底层。1龄性成熟，繁殖季节为4~5月。

流域内资源现状　为产地较常见的小型鱼类。

分布　长江上游干流、支流。在金沙江流域，我们仅在水富江段采集到标本，这应该是流域内最上的分布记录（图4-13）。

（37）棒花鱼属 *Abbottina*

体延长，近棒状，前躯较粗壮，后部侧扁。头大，吻钝圆或稍尖，鼻孔前方常凹陷。口下位，马蹄形或深弧形。唇发达，上唇光滑或具不明显褶皱，有些具1排较大乳突；下唇分3叶：中叶为1对较大的肉质突起，侧叶较发达，表面光滑或具小乳突。有些上、下颌具角质缘。口角须1对。眼侧上位，眼间距稍宽，微隆起。鼻孔发达，位于眼正前方。背鳍、臀鳍无硬刺，臀鳍分枝鳍条5或6，尾鳍分叉稍浅。肛门较近腹鳍基部。体被鳞，胸部或胸、腹部裸露无鳞。侧线完全，较平直。鳃耙一般退化。下咽齿1行。鳔大，2室，均较粗大：前室卵圆形，包于薄膜质囊内；后室长圆形，大于前室。

本属现知有3种，分布广泛。金沙江流域有1种。

063 棒花鱼 *Abbottina rivularis* (Basilewsky，1855)

地方俗名　爬虎鱼、棒花

Gobio rivularis Basilewsky，1855，Nouv Mem Soc Nat Mosc，10：231（中国北部）。
Pseudogobio rivularis：Shih *et* Tchang，1934，Contr Boil Dep Sci Inst W China，(2)：7（四川乐山）。
Abbottina rivularis：褚新洛，1955，水生生物学集刊，(2)：83（湖北宜昌）；褚新洛和陈银瑞，1989，云南鱼类志（上册）：111（沾益县等）；丁瑞华，1994，四川鱼类志：290（彭县、成都、乐山、万县）。

主要形态特征　测量标本9尾，全长为68.1~95.4mm，标准长为52.7~77.1mm。采自云南省丽江市石鼓镇、永胜县树底村、鹤庆县龙开口镇等江段。

背鳍 iii-7；臀鳍 iii-5；胸鳍 i-11~12；腹鳍 i-7。侧线鳞$35\frac{5}{3}37$，围尾柄鳞 10 或 11。第一鳃弓外侧鳃耙 4 或 5。下咽齿 1 行，5—5。

体长为体高的 4.7~4.9 倍，为头长的 4.9~5.2 倍，为尾柄长的 6.2~6.5 倍，为尾柄高的 10.4~12.9 倍。头长为吻长的 2.1~2.5 倍，为眼径的 3.1~4.8 倍，为眼间距的 3.1~3.6 倍。尾柄长为尾柄高的 1.2~1.5 倍。

体近棒状，前躯略短粗，后部略侧扁，背部自鼻孔处上方向后渐隆起，背鳍起点处为身体最高点，胸、腹部略显平坦。头稍大。吻长，向前突出，吻端稍圆，鼻孔前方明显凹陷。口下位，近马蹄形。唇厚，较发达：上唇通常具不明显的褶皱；下唇中叶为 1 对较发达的卵圆形肉质突起，两侧叶宽厚，表面光滑，向前在中叶前端相连，与中叶间有浅沟相隔，在口角处与上唇相连。上、下颌无角质缘。口角须 1 对，短粗，其长度与眼径约相等。眼圆，侧上位，眼间距稍宽，平坦或微隆起。鼻孔明显，位于眼正前方。鳃膜连于鳃峡。体被圆鳞，胸鳍基部前方裸露无鳞。侧线完全，较平直。

背鳍发达（雄性成体鳍条明显延长），无硬刺，外缘向外凸出呈弧形，其起点距吻端较至尾鳍基部的距离为近。胸鳍较大，后缘呈圆形，后伸远不达腹鳍起点。腹鳍后缘稍圆，其起点位于背鳍起点之后，约与背鳍第三、第四根分枝鳍条相对，后伸可达肛门。肛门较近腹鳍基部，约位于腹鳍基部与臀鳍起点的前 1/3 处。臀鳍较短，起点距尾鳍基部较至腹鳍基部为近。尾鳍分叉较浅，上叶略长于下叶，两叶末端稍钝。

雄鱼

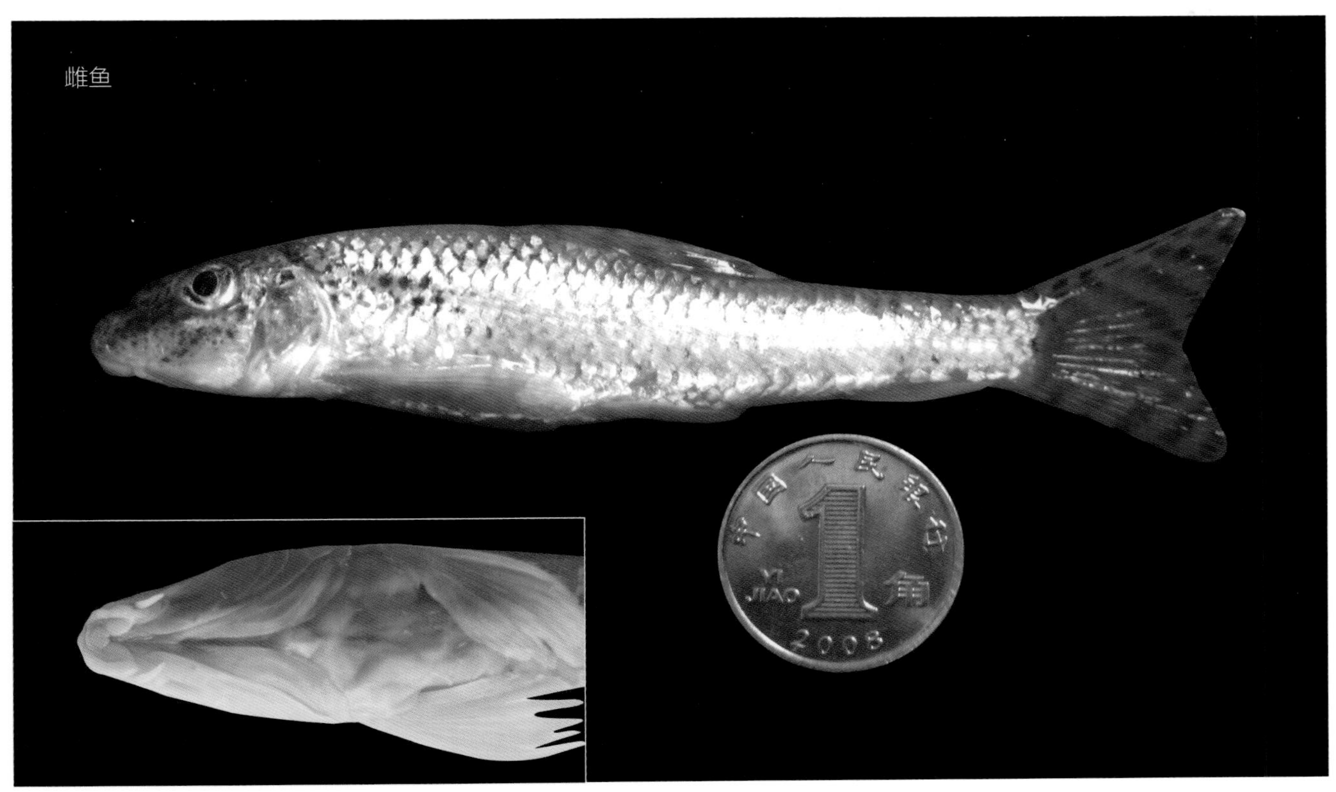

鳃耙不发达，呈瘤状突起。下咽齿呈扁圆形，末端稍钩曲。鳔大，2 室：前室近圆形；后室长圆形，长于前室，后段略细，末端圆。腹膜银白色。

雌、雄鱼体色差异很大。雄性体色鲜艳，雌性体色较深暗，雄鱼背部及体侧呈棕黄色，腹部银白色。雌、雄鱼体侧自侧线之下 2 行鳞片向上至背中线的体鳞，边缘均具黑色斑点，横跨背部有 5 个黑色斑块，体侧中轴有 7 或 8 个黑斑；各鳍为浅黄色，兼有多数黑点组成的条纹，背鳍、尾鳍尤其明显。

生活习性及经济价值　常栖息于江河近岸缓流或湖泊、水库静水环境的底层，常匍匐于水底。食性杂，以枝角类、桡足类和端足类为主要食物，兼食水生昆虫和植物碎屑。繁殖期为 4~5 月；雌、雄体形和体色等差异较大，繁殖期雄鱼副性征如胸鳍前缘珠星等明显，有筑巢、护巢习性。

为产地常见小型鱼类，分布很广，流域内中上游结合处的石鼓以下均有采集。适应性强，生活环境多样，江河、湖泊、水库、沟塘等水体均有分布，甚至可以在水质较差的缓流和静水中捕获。由于个体较小、食用价值不大。

流域内资源现状　石鼓以下均有采集。较常见。

分布　广泛分布于全国多数水系。刘成汉（1964）报道，金沙江流域没有棒花鱼的分布记录；对于天然湖泊，如程海、邛海、泸沽湖、滇池等鱼类区系的相关研究，历史上也没有棒花鱼的分布记录。目前流域内中下游的分布应均为人工引入的结果（图 4-13）。

（38）小鳔鮈属 *Microphysogobio*

体延长，长棒状，前躯圆，后部侧扁。头短钝，吻钝圆或稍尖，鼻孔前方常形成凹陷。口下位，马蹄形或深弧形。唇发达，上唇具 1 排较大的乳突；下唇分 3 叶：中叶为 1 对肉质突起，两侧叶一般较发达，表面具显著乳突。上、下颌常具角质缘。口角须 1 对。眼稍大，侧上位，眼间距稍宽，平或微隆起。鼻孔发达，位于眼正前方。背鳍、臀鳍无硬刺，腹鳍起点位置较后，臀鳍分枝鳍条 5 或 6，尾鳍分叉稍浅。肛门较近腹鳍基部。体被鳞，胸鳍基部之前裸露无鳞。侧线完全，较平直。鳃耙退化，常呈瘤状突起。下咽齿 1 行。鳔小，2 室，均较粗大：前室呈横置扁圆形，包于厚韧质膜囊内；后室发达或不发达，一般小于眼径，少数略大于眼径。

本属种类较多，东亚地区分布较广，在我国辽河至海南岛包括台湾均有分布。金沙江流域现知有 1 种。

乐山小鳔鮈 *Microphysogobio kiatingensis*（Wu，1930）

地方俗名　宜宾棒鱼、乐山棒花鱼、棒花

Pseudogobio kiatingensis Wu，1930，70（四川乐山）。

Pseudogobio suifuensis Wu，1930，71（四川宜宾）。

Abbottina kiatingensis：湖北省水生生物研究所鱼类研究室，1976，69（雅安）；罗云林等，1977，525（四川峨眉、雅安等）。

Microphysogobio brevirostris kiatingensis：Bănărescu *et* Nalbant，1966，195，198（四川乐山）。

Microphysogobio kiatingensis kiatingensis：Bănărescu *et* Nalbant，1973，250（四川）。

Microphysogobio kiatingensis：丁瑞华，1994，294（乐山、峨眉、雅安、宜宾等）；陈宜瑜等，1998，358（乐山、峨眉、雅安、成都等）。

主要形态特征　测量标本 9 尾，全长为 74.4~99.0mm，标准长为 59.6~82.1mm。采自云南省彝良县洛旺乡、盐津县庙坝乡。

背鳍 iii-7；臀鳍 iii-6；胸鳍 i-11~12；腹鳍 i-7。侧线鳞$35\frac{4}{2\sim3}37$，围尾柄鳞 12。第一鳃弓外侧鳃耙 4 或 5。下咽齿 1 行，5—5。

体长为体高的 4.7~4.9 倍，为头长的 4.9~5.2 倍，为尾柄长的 6.2~6.5 倍，为尾柄高的 10.4~12.9 倍。头长为吻长的 2.1~2.5 倍，为眼径的 3.1~4.8 倍，为眼间距的 3.1~3.6 倍。尾柄长为尾柄高的 1.2~1.5 倍。

体延长，前段稍粗壮，向后渐侧扁；头腹面较平，背部在背鳍起点处稍高，腹部较圆，尾柄高。头短，粗锥形。吻钝，鼻孔前方下陷。口下位，马蹄形。唇厚，发达，上唇有 1 排乳突，中央几枚乳突较大，向两侧渐分成 2 或 3 行，近口角处形成多行；下唇分 3 叶，中央有 1 对较大的

椭圆形肉质突起，两侧叶宽，后伸至口角处与上唇相连。上、下颌具角质缘。口角须 1 对，长度小于眼径。眼稍大，侧上位，眼间距较宽平。鼻孔在眼正前方，距眼前缘较距吻端为近。体被鳞，胸鳍基部之前裸露。侧线完全，前部略下弯，向后渐平直。

背鳍无硬刺，外缘近平截，其起点至吻端与其基部后端至尾鳍基部为近或近相等。胸鳍较短，后缘略圆钝，末端远不达腹鳍起点。腹鳍起点位于背鳍起点之后下方，约与背鳍第三、第四根分枝鳍条相对，或更后。臀鳍较短，起点至尾鳍基部的距离约等于至腹鳍基部的距离。尾鳍分叉，上、下叶近等长。肛门位置较近腹鳍基部，位于腹鳍基部与臀鳍起点间的前 1/4~1/3 处。

鳃耙不发达，多呈瘤状突起。下咽齿稍侧扁，纤细，末端尖钩状。鳔小，2 室：前室横置，扁圆形，包于韧质膜囊内；后室极细小，约为眼径的 1/2，呈短指突状，露于囊外。腹膜灰白，上布有多数黑色素点。

固定保存的标本，体呈棕灰色，背部稍暗，腹部灰色。背部正中有 5 或 6 个较大的黑色斑块，体侧中轴有 1 较宽的暗灰色纵纹，向后颜色更重，其上通常有 8~11 个黑斑。背鳍、尾鳍具多数小黑点，胸鳍和腹鳍上亦有，但较少。臀鳍灰白色。

生活习性及经济价值 多在山区河流洄水湾处底层活动。

乐山小鳔鮈为小型鱼类，数量不多，经济价值不大。

流域内资源现状 依我们的实地采集，仅出现在金沙江下游的横江，散见。

分布 长江中上游、灵江、钱塘江、珠江等。金沙江流域仅见于横江水系及其以下的宜宾江段（图 4-13）。

（39）蛇鮈属 *Saurogobio*

体较细长，近长棒状，前躯圆筒形，尾柄部稍侧扁，腹部圆。头通常较短，略呈锥状。吻部突出，鼻孔前方下陷。口下位，马蹄形或深弧形。唇厚，发达，一般具多数乳突。上、下颌无角质缘。口角须 1 对，常较发达，长于眼径。眼较大，侧上位，眼间距稍宽平。鼻孔发达，位于眼正前方。背鳍、臀鳍无硬刺，背鳍起点至吻端的距离远小于其基部后端至尾鳍基部的距离，偶鳍平展。臀鳍短。尾鳍分叉。肛门较近腹鳍基部。体鳞稍小，胸部多数裸露无鳞。侧线完全，平直。鳃耙不发达。下咽齿 1 行。鳔极小，2 室：前室包被于圆形的骨质囊内；后室细小，露于囊外。腹膜一般银白色。

本属现知有 6 种，分布于东亚。在我国分布于黑龙江至元江各水系；流域内有 1 种。

065 蛇鮈 *Saurogobio dabryi* Bleeker，1871

地方俗名 船钉子、船丁、钉钩鱼

Saurogobio dabryi Bleeker, 1871, 27（长江）；湖北省水生生物研究所鱼类研究室，1976, 69（木洞、合川、宜昌等）；罗云林等（见伍献文等），1977，539（四川木洞、合川等）；褚新洛和陈银瑞，1989，116（盐津、绥江、程海）；丁瑞华，1994，301（乐山、雅安等）；陈宜瑜等，1998，141（程海）；陈宜瑜等，1998，382（云南程海、四川木洞等）。

Saurogobio longirostris Wu *et* Wang，1931，229（四川）。

Saurogobio drakei：Tchang，1931，235（四川）。

Saurogobio dabryi drakei：Tchang，1933，78（四川）。

主要形态特征 测量标本 8 尾，全长为 71.7~199.3mm，标准长为 54.8~159.9mm。采自鹤庆县龙开口镇、水富县县城和两碗乡。

背鳍 iii-7；臀鳍 iii-6；胸鳍 i-13~15；腹鳍 i-7。侧线鳞$48\frac{5.5}{3}50$，背鳍前鳞 11~13，围尾柄鳞 12。第一鳃弓外侧鳃耙 4 或 5。下咽齿 1 行，5—5。

体长为体高的 4.7~4.9 倍，为头长的 4.9~5.2 倍，为尾柄长的 6.2~6.5 倍，为尾柄高的 14.0~15.9 倍。头长为吻长的 2.1~2.5 倍，为眼径的 3.1~4.8 倍，为眼间距的 3.1~3.6 倍。尾柄长为尾柄高的 2.0~2.8 倍。

体细长，前段近圆筒形，后段渐细，尾柄细长，略侧扁；背部稍隆起，头部腹面较平坦，腹部圆。头稍大，呈锥形，两鼻孔间隔处下凹。吻略长，其长大于眼后头长，吻端稍圆钝，突出。口下位，弧形。唇厚，具细密的小乳突，上、下唇在口角处相连；下唇发达，中部有 1 横向长圆形肉质中叶，其上具显著的细小乳突，后缘部分游离，唇后沟中断，间距较宽。口角须 1 对，其长小于眼径。鼻孔大，位于眼正前方，距眼前缘较近，鼻瓣发达。眼稍大，略呈圆形，位于头侧上方，近头部上轮廓线，眼间距较窄，略下凹。体被鳞，较细小，胸鳍基部之前裸露无鳞。侧线完全，较平直。

背鳍无硬刺，外缘稍内凹，其起点距吻端的距离较其基部后端至尾鳍基部为近，约与至臀鳍起点的垂直距相等。胸鳍、腹鳍宽展；胸鳍末端后伸远不达腹鳍起点；腹鳍起点位于背鳍基部中央下方偏后，约与背鳍第五、第六根分枝鳍条相对，距胸鳍基部较至臀鳍起点为近或几相等。臀鳍稍短小，后缘平截，其起点距尾鳍基部小于至腹鳍基部。尾鳍分叉，上、下叶等长，末端尖。肛门位置靠近腹鳍基部，约位于腹鳍基部与臀鳍起点间的前 1/5 处。

鳃耙不发达，呈瘤状突起。下咽齿稍侧扁，末端钩曲。鳔小，2 室：前室包被于圆形骨质囊内；后室细小，长圆形，露于囊外。腹膜浅灰色。

新鲜标本体背及体侧上半部黄绿色，腹部银白色。吻背部两侧眼前下方各有 1 黑色条纹。体上半部鳞片边缘黑色，沿体侧有 1 条浅黑色纵行条纹，其上布有 10~12 个深黑色长方形斑块或不明显。鳃盖边缘和偶鳍呈黄色，其他各鳍灰白色。固定保存的标本体上半部浅灰色，腹部灰白色，各鳍色淡。

生活习性及经济价值　多在江河等近岸或洄水湾沱缓流处活动，喜栖息于水体底层。主要摄食水生昆虫、水蚯蚓、桡足类、端足类等，食物中也出现植物碎屑、藻类等。长江流域繁殖期为 4~5 月，产漂流性卵，受精卵随水漂流孵化发育。

蛇鮈为小型鱼类，但在产地多形成一定种群，有一定产量，肉质较好，有一定的经济价值。

流域内资源现状　流域中下游常见种，尤其在程海和金沙江中下游一些江段常成为主要的捕捞对象，多用地笼捕获。根据调查所见，特别在水富县两碗乡、鹤庆县龙开口下太极村等地，常占当地渔获物的 50%~80% 甚至以上。

分布　除西部高原和西北少数地区外，全国其他地区均有分布记录。国外分布于俄罗斯、朝鲜半岛、蒙古国、越南北部等。

金沙江流域中下游干流和支流均有分布，从我们的采集信息看，最上分布至鹤庆县龙开口镇（图 4-13）。

鳅鮀亚科 Gobiobotinae

体延长，前躯稍粗壮，后部侧扁；背部隆起，头胸部腹面稍圆或略平坦。头部常呈圆锥状。吻短钝。口下位，马蹄形。唇发达，吻皮止于上唇基部，唇后沟仅限于口角处。须 4 对：口角须 1 对，颏须 3 对。眼侧上位。背鳍位于体背中部，或稍前后，无硬刺；臀鳍分枝鳍条 6；胸鳍、腹鳍位低，平展；尾鳍分叉。身体被鳞，或退化仅保留侧线鳞，胸腹部鳞片退化。侧线完全，较平直。鳃耙细小。下咽齿 2 行。鳔小，2 室：前室横宽，包被于骨质或膜质囊内；后室细小，游离。

本亚科为小型底栖鱼类，包括 2 属，分布于我国和朝鲜。在我国，从黑龙江至元江包括台湾和海南岛均有分布。金沙江流域中下游有分布。

属检索表

1（2）鳔后室较长，其长度约等于前室侧泡长，具鳔管，鳞片小或退化，侧线上鳞 9 以上……………………………………………………………………………………………… **异鳔鳅鮀属** ***Xenophysogobio***

2（1）鳔后室很小，无鳔管，鳞片较大，侧线上鳞 5 或 6………………………………… **鳅鮀属** ***Gobiobotia***

（40）异鳔鳅鮀属 *Xenophysogobio*

体较细长，前躯较粗壮，向后至尾柄处渐侧扁，头部腹面和胸部平坦。鼻孔大，孔径大于眼径。眼小，侧上位。体鳞稍小，胸腹部裸露区较大；或鳞片退化，仅侧线处保留一些侧线鳞。侧线完全。鳃耙退化。下咽齿 1 行。鳔 2 室：前室横宽，中部稍狭隘，左、右侧泡分化不明显，包被在 1 厚实的膜质囊内；后室较发达，与前室中部相连，具鳔管，露于囊外。腹膜灰白色。

本属现知有 2 种，均分布于长江中上游，流域内均有分布（图 4-14）。

种检索表

1（2）体表除胸腹部裸露外，其他大部分被鳞……………………………………**异鳔鳅鮀 *X. boulengeri***

2（1）鳞片退化，只有侧线鳞……………………………………………**裸体异鳔鳅鮀 *X. nudicorpa***

066 异鳔鳅鮀 *Xenophysogobio boulengeri*（Tchang，1929）

地方俗名 燕尾鱼、沙胡子

Gobiobotia boulengeri Tchang（张春霖），1929，307（四川）；Fang *et* Wang，1931，289（四川乐山）；Tchang，1933，94（四川）；褚新洛和陈银瑞，1989，122（绥江）；丁瑞华，1994，311（宜宾、乐山等）；陈宜瑜，1998，144（绥江）。

Xenophysogobio boulengeri：陈宜瑜等，1998，390（泸州、宜宾等）。

主要形态特征 测量标本 5 尾，采自水富县。

背鳍 iii-7；臀鳍 iii-6；胸鳍 i-12~14；腹鳍 i-7~8。侧线鳞 $41\frac{9\sim12}{6\sim7}46$，背鳍前鳞 18~20，围尾柄鳞 22~24。下咽齿 2 行，3·5—5·3。

体长为体高的 3.7~3.9 倍，为头长的 3.1~5.2 倍，为尾柄长的 7.9~10.4 倍，为尾柄高的 8.1~9.1 倍。头长为吻长的 1.2~2.1 倍，为眼径的 4.1~7.0 倍，为眼间距的 3.4~4.0 倍。尾柄长为尾柄高的 0.8~1.0 倍。

体延长，稍侧扁，背部稍隆起，腹部较平直，胸部平坦。头略扁。吻圆钝。口下位，弧形。上唇在口角处较发达，下唇光滑。口部有须 4 对：口角须 1 对，长，末端可达眼后缘的下方；3 对颏须，前 2 对特别是中间 1 对较弱，第 3 对发达，有时第 1 对会有 1 个缺失。颏须基部之间具发达的小乳突或褶皱。眼小，侧上位，眼径明显小于眼间距和鼻孔；眼间距稍宽，稍隆起。体被鳞，排列较密集，局部侧线鳞较之上、下体鳞为大，臀鳍之前的胸腹面及胸鳍和腹鳍之间裸露无鳞，腹鳍基部具 1 狭长腋鳞。侧线完全，沿体侧中部较平直伸至尾鳍基部。

背鳍无硬刺，外缘稍内凹，其起点距吻端的距离较其基部后端至尾鳍基部为近。胸鳍较发达，末端后伸一般不达腹鳍起点；腹鳍起点位于背鳍起点之后下方，距胸鳍基部较至臀鳍起点为远。臀鳍较长，外缘微内凹，其起点距尾鳍基部大于至腹鳍基部的距离。尾鳍宽大，分叉较深，上、下叶末端尖长。肛门约位于腹鳍基部与臀鳍起点之间或略近于臀鳍。

鳃耙退化，第一鳃弓外侧鳃耙仅保留几个小突起。下咽齿细长，匙状。鳔较大，2 室：前室横宽，中部稍狭隘，左、右侧泡分化不明显，包被于厚膜质囊内；后室为亚科中比较大的，约为前室宽度的 1/2，游离，有鳔管。腹膜灰白色。

固定保存的标本，背部灰褐色，腹部浅灰褐色，横跨背部有 6 或 7 个斑块，沿体侧正中有 6~8 个黑色斑块。背鳍和尾鳍灰黑色，其余各鳍灰白色。

生活习性及经济价值 底栖鱼类，常在流水环境的底层砾石上活动，以底栖无脊椎动物为主要食物。

流域内资源现状 依我们的实地调查采集，在产地较常见，有一定资源量。

分布 长江中上游特有种，流域内见于绥江以下（图 4-14）。

裸体异鳔鳅鮀 *Xenophysogobio nudicorpa*(Huang *et* Zhang，1986)

曾用名 裸体鳅鮀、裸体新鳅鮀

Gobiobotia nudicorpa Huang *et* Zhang（黄宏金和张卫），1986，99（四川乐山）；丁瑞华，1994，312（雅砻江、泸州、江津）。

Neogobiotia nudicorpa：武云飞和吴翠珍，1988，15（长江上游）；武云飞和吴翠珍，1990，65（金沙江攀枝花格里坪）。

Xenophysogobio nudicorpa：陈宜瑜等，1998，392（四川乐山）。

主要形态特征 测量标本 2 尾，全长为 77~93mm，标准长为 54~63mm。采自云南省昭通市绥江县。另参考《四川鱼类志》和《中国动物志 硬骨鱼纲 鲤形目（中卷）》等整理描述。

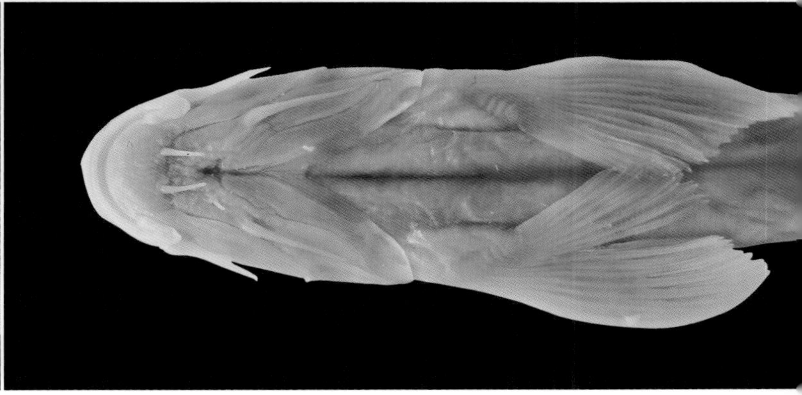

背鳍 iii-7；臀鳍 iii-6；胸鳍 i-12；腹鳍 i-7。侧线鳞 39————41。下咽齿 2 行，3·5—5·3。

体长为体高的 4.3~5.6 倍，为头长的 3.6~4.7 倍，为尾柄长的 5.6~7.0 倍，为尾柄高的 7.3~10.8 倍。头长为吻长的 2.1~2.5 倍，为眼径的 6.0~8.0 倍，为眼间距的 3.6~5.0 倍。尾柄长为尾柄高的 1.3~1.6 倍。

体延长，稍侧扁，背部自鼻孔上方显著隆起，至背鳍起点处为身体最高点，尾柄部较高，胸腹部较平坦。头略扁，鼻孔前明显下陷。吻圆钝。口下位，弧形。上唇在口角处较发达，下唇较光滑。口部有须 4 对：口角须 1 对，较长，其长度大于眼径，末端接近或达到眼后缘的下方；3 对颏须，中间 1 对短小或退化。颏部各须基部之间具小乳突或褶皱。鼻孔较大，几与眼径相等，位于眼正前稍下方。眼侧上位，眼径明显小于眼间距；眼间距宽，稍隆起。体鳞退化，仅侧线前部可散见数枚鳞片。侧线完全，平直。

背鳍外缘稍内凹，其起点距吻端的距离较距尾鳍基部为远。胸鳍较发达，末端后伸一般不达腹鳍起点。腹鳍起点与背鳍起点相对或略后，距胸鳍基部较至臀鳍起点为远。臀鳍稍小，外缘微凹。尾鳍分叉较深，上、下叶末端尖长。肛门约位于腹鳍基部与臀鳍起点之间的中点。

鳃耙退化，第一鳃弓外侧无鳃耙。下咽齿匙状。鳔较小，2 室：前室横宽，中部稍狭隘，左、右侧泡分化不明显，包被于厚膜质囊内；后室较大，有鳔管。腹膜灰白色。

固定保存的标本背部灰黑色，腹部灰色，背部具数个黑斑。背鳍、尾鳍黑色，其余各鳍灰白色。

生活习性及经济价值　不详。

流域内资源现状　偶见。

分布　资料记载其分布区为岷江中游、雅砻江下游、长江干流及金沙江下段。我们的实地调查显示，流域内中下游干流和支流均有分布，最上分布至云南省鹤庆县龙开口镇江段，下游见于水富县横江汇口（图 4-14）。

（41）鳅鮀属 *Gobiobotia*

体较细长，前躯较粗壮，向后至尾柄处渐侧扁，头部腹面和胸部平坦。背鳍、臀鳍无硬刺；胸鳍、腹鳍位置较低，平展；尾鳍分叉。鼻孔稍小，孔径小于眼径。眼稍大，侧上位。体鳞稍大，胸腹部特别是胸部一般裸露无鳞。侧线完全。鳃耙退化。鳔 2 室：前室横宽，包被在骨质或膜质囊内；后室细小，游离，无鳔管，露于囊外。腹膜灰白色。

本属现知有 10 种，分布于东亚地区。在我国，从海河至元江均有分布，包括台湾、海南等；国外见于朝鲜半岛。流域内分布有 1 种。

宜昌鳅鮀 *Gobiobotia filifer*（Garman，1912）

地方俗名　沙婆子

Pseudogobio filifer Garman，1912，111（湖北崇阳）。

Gobiobotia ichangensis Fang，1930，58（湖北宜昌）；Tchang，1933，94（四川乐山）；张春霖，1959，76；湖北省水生生物学研究所鱼类研究室，1976，82；陈宜瑜和曹文宣，1977，565（四川等）。

Gobiobotia kiatingensis Fang，1930，60（四川乐山）；Fang *et* Wang，1931，298（四川巫山峡等）；Tchang，1933，100（四川乐山）。

Gobiobotia（*Gobiobotia*）*filifer*：陈宜瑜等，1998，407（四川木洞、泸州等）。

主要形态特征　测量标本 9 尾，全长为 92.3~121.2mm，标准长为 72.2~96.4mm。采自云南省水富县县城。

背鳍 iii-7；臀鳍 iii-6；胸鳍 i-12；腹鳍 i-7。侧线鳞$41\frac{5.5}{3}42$，背鳍前鳞 12~14，围尾柄鳞 12 或 13。第一鳃弓外侧鳃耙 4 或 5。下咽齿 2 行，3·5—5·3。

体长为体高的 6.0~7.2 倍，为头长的 4.2~5.2 倍，为尾柄长的 6.1~6.9 倍，为尾柄高的 15.3~17.3 倍。头长为吻长的 2.4~2.6 倍，为眼径的 4.7~5.8 倍，为眼间距的 3.8~4.6 倍。尾柄长为尾柄高的 2.4~3.1 倍。

体延长，稍侧扁，尾柄细长，头部腹面及胸部平坦。头较长，略侧扁，头宽小于或约等于头高，头背面和颊部具细小的纵行皮质条纹。吻端略尖，具细小的白色颗粒状突起，吻长小于眼后头长。眼较小，侧上位，瞳孔圆，眼径小于眼间距，眼间距下凹成 1 较宽的浅沟。口下位，呈马蹄形，口宽约等于口长，小于吻长。上唇边缘具皱褶，下唇光滑。须 4 对，较短：口角须 1 对，末端后伸可达眼中部或接近眼后缘下方；第一对颏须起点位置在口角须起点之前，末端稍过第二对颏须起点；第二对颏须末端后伸可达前鳃盖骨后缘下方；第三对颏须较长，末端后伸可达鳃盖骨中部下方。颏部各须基部之间具许多发达的小乳突或褶皱。鳞较大，圆形；侧线以上鳞片具棱脊；胸鳍基部至腹鳍基部裸露无鳞，腹鳍基部具腋鳞。侧线完全，较平直伸达尾鳍基部。

背鳍略短，外缘稍内凹，起点位置稍前于腹鳍起点或与腹鳍起点相对，距吻端较距尾鳍基部为近。胸鳍发达，平展，第二根分枝鳍条最长，延长呈丝状，稍大个体到达或超过腹鳍起点。腹鳍起点约位于胸鳍起点与尾鳍基部的中点，第一根分枝鳍条亦延长呈丝状，远超过肛门。臀鳍略短，外缘稍内凹。尾鳍深分叉，下叶稍长。肛门位于腹鳍起点与臀鳍起点间的前 1/3 处。

外侧鳃耙退化，内侧鳃耙甚小。下咽齿匙形，末端钩曲。鳔 2 室：前室横宽，中部极狭隘，两侧泡明显，包被于坚硬的骨质囊内；后室细小，泡状，无鳔管。腹膜灰白色。

固定保存的标本，体背呈棕褐色，具有不规则的黑色斑点，腹面浅灰色。体侧正中有 10~12 个黑色斑块。背鳍和尾鳍具有 2~4 条由黑色斑点所组成的纵行条纹，其他各鳍浅灰褐色。

生活习性及经济价值　多在江河等近岸或洄水湾沱缓流处活动，细沙石底质，喜栖息于水体底层。为小型底栖鱼类，可食用。

流域内资源现状　产地有一定数量。

分布　长江中上游特有种，干流及支流沱江、岷江、嘉陵江、涪江、大渡河、赤水河、金沙江、大宁河和青衣江等水系均有分布。

应为金沙江流域下游分布的种类，从调查采集结果来看，在下游右侧支流横江及入金沙江汇口附近江段有采集（图 4-14）。

鲃亚科 Barbinae

体延长，多呈纺锤形或长纺锤形，侧扁，腹部圆。口端位、亚下位或下位。吻向前突出，吻皮一般止于上唇基部，也有的部分盖住上唇或上颌，但不形成口前室。上唇包于上颌；下唇包于下颌，有些下颌外露，但下唇与下颌不完全分离。口须 2 对，1 对或无。眼通常较大，也有退化或完全没有眼睛的。背鳍末根不分枝鳍条柔软或为硬刺，有些背鳍起点前具 1 平卧的倒刺；臀鳍分枝鳍条 5，少数为 6，甚至 8 或 9（长臀鲃），无硬刺；尾鳍分叉。体通常被鳞，有些鳞片退化。侧线完全。下咽齿 3 行。鳔 2 室，后室大于前室。

本亚科种类较多，现生种在我国自然分布于长江及其以南，仅多鳞白甲鱼可向北分布至海河水系。金沙江流域种类少，有 5 属 7 种。

属检索表

1（2）鳞较大，侧线鳞少于 40，背鳍前有 1 平卧的倒刺……………………**倒刺鲃属 *Spinibarbus***

2（1）鳞较小，侧线鳞 40 以上，背鳍前无平卧的倒刺

3（4）下颌稍突出，口亚上位；下唇紧包在下颌的外表……………………**鲈鲤属 *Percocypris***

4（3）下颌不突出，口端位或亚下位甚或下位；或下唇后移，下颌前部外露

5（6）体鳞小或退化，有的身体有裸露区或全身裸露无鳞，侧线鳞比侧线上、下的鳞片大……………………**金线鲃属 *Sinocyclocheilus***

6（5）全身被覆鳞片，鳞片较大，侧线鳞与侧线上、下鳞片的大小一致；眼正常……………………

7（8）口下位，呈弧形或马蹄形；下颌弧形，前缘有或无角质鞘；下唇瓣在头腹面占显著位置……………………**光唇鱼属 *Acrossocheilus***

8（7）口下位，呈 1 横裂或略呈弧形，下颌前缘平直，有角质鞘；下唇瓣不显著，仅限于口角处……………………**白甲鱼属 *Onychostoma***

（42）倒刺鲃属 *Spinibarbus*

体延长，稍高，侧扁，腹部圆。口亚下位或下位，口裂较大，呈弧形。吻皮止于上唇基部，与上唇分离；上、下唇简单，紧包于上、下颌外表，唇颌不分离；上、下唇在口角处相连，唇后沟至颏部中断。鳃膜在前鳃盖骨后缘下方连于峡部。须 2 对。侧线完全。鼻孔位于眼正前方，约在眼前缘与吻端之间。眼侧上位，眼间距隆起。背鳍末根不分枝鳍条为后缘带锯齿的硬刺，或为光滑的软条；尾鳍分叉。体被鳞。侧线完全。鳃耙短小，稀疏。下咽齿 3 行，末端钩状。鳔 2 室。腹膜灰黑或棕黑色。

本属现知有 5 种或亚种，分布于长江及其以南至元江水系。长江流域有 2 种，金沙江流域有 1 种。

中华倒刺鲃 *Spinibarbus sinensis* (Bleeker，1871)

地方俗名　青波

Puntius (*Barbodes*) *sinensis* Bleeker，1871：17（长江）；Dabry de Thiersant，1874：8（长江）。
Barbus (*Spinibarbichthys*) *pingi*：Tchang，1931：229（四川）。
Mystacoleucus (*Spinibarbus*) *sinensis*：Wu *et* Wang，1931：233（四川乐山）。
Spinibarbus sinensis：Lin，1933：208（长江）；褚新洛和陈银瑞，1989：152（富民、程海、盐津）；丁瑞华，1994：317（四川乐山、合川等）；乐佩琦，2000：41（云南富民，四川合川、江津等）。
Spinibarbus pingi：Tchang，1933：47（四川）。
Matsya sinensis：Chang，1944，43（四川）；褚新洛，1955：84（湖北宜昌）。
Barbodes (*Spinibarbus*) *sinensis*：伍献文，1977：257（湖北宜昌等）。

主要形态特征　测量标本 8 尾，全长为 88.7~176.1mm，标准长为 66.4~138.5mm。采自云南省昭通市盐津县豆沙关镇。

背鳍 iv-9；臀鳍 iii-5；胸鳍 i-15~17；腹鳍 ii-9。侧线鳞$30\frac{6}{3\sim4}34$，围尾柄鳞 14。第一鳃弓外侧鳃耙 10~12。下咽齿 3 行，2·3·5—5·3·2。

体长为体高的 2.7~3.5 倍，为头长的 4.4~5.1 倍，为尾柄长的 6.2~8.5 倍，为尾柄高的 7.2~9.0 倍。头长为吻长的 2.6~3.1 倍，为眼径的 3.3~4.6 倍，为眼间距的 2.4~3.0 倍。尾柄长为尾柄高的 1.2~1.5 倍。

体延长，较高，侧扁，腹部圆，头后背部和腹部外缘弧形。吻圆钝，稍向前突出，吻皮止于上唇基部，与上唇分离。上、下唇稍肥厚，包于上、下颌外表，在口角处相连，下唇与下颌之间有浅缢痕，唇后沟向前延伸至颏部，但不相连。口亚下位，呈马蹄形，口裂止于鼻孔的垂直线。鼻孔近眼前缘。眼中等大，侧上位，眼间距较宽。须 2 对，较发达，吻须较短，后伸可达眼前缘，

口角须略长于吻须，后伸达眼后缘。鳃膜于眼后缘的垂线下方与峡部相连。鳞较大，背鳍及臀鳍基部具鳞鞘，腹鳍基部外侧具 1 狭长的腋鳞。侧线完全，前段略下弯，后段较平直。

背鳍外缘平截或微凹，起点之前有 1 平卧的倒刺，幼鱼尤为明显，末根不分枝鳍条为粗壮的硬刺，后缘有细锯齿，其起点距吻端较距尾鳍基部为近。胸鳍末端尖，后伸远不达腹鳍起点，间隔 3 或 4 枚鳞片。腹鳍位于背鳍起点的后下方，末端后伸不达臀鳍起点。臀鳍稍长，外缘微凹，末端后伸接近尾鳍基部，起点至尾鳍基部较至腹鳍起点为近。尾鳍深分叉，上、下叶等长，叶端尖。

鳃耙短小，排列稀疏。下咽齿稍侧扁，末端钩状。鳔 2 室。腹膜灰黑色。

生活时鱼背部青黑色，腹部灰白色，体侧泛银色光泽，绝大多数鳞片具黑色边缘，在近尾鳍基部具 1 黑色斑块，幼鱼尤为明显。各鳍黑色。

生活习性及经济价值　中华倒刺鲃为杂食性鱼类，食物随栖息环境不同而变化。主要以植物碎屑、藻类、水生昆虫及淡水壳菜为主。3 龄性成熟，繁殖期为 4~6 月，“清明”和“立夏”期间为主要的繁殖季节，卵微黏性，极易从附着物上脱落。

生长较快，肉质细嫩鲜美，肌间刺少，经济价值高。

流域内资源现状　金沙江流域有较广泛的人工养殖，野外工作中在流域中下游沿途饭店、餐馆较常见，在盐津县庙坝乡、盐津县豆沙关镇和水富县两碗乡等地均有采集；另外，我们在邛海调查期间，也见到沿湖饭店、餐馆等有售。

分布　长江中上游特有种。金沙江流域主要分布在中下游，如横江汇入金沙江附近江段、牛栏江、邛海、程海（《云南鱼类志》）等（图 4-15）。

0 cm 1 2 3 4 5 6 7 8 9 11 12

（43）鲈鲤属 *Percocypris*

体延长，侧扁，腹部圆。口端位或亚上位，口裂大，上颌后端达鼻孔前缘的下方，或更后。上、下唇较肥厚，紧包于上、下颌外表，唇颌不分离；上、下唇在口角处相连，唇后沟至颏部中断。须 2 对，较发达。鼻孔位于眼正前方，距眼前缘比距吻端明显为近。眼侧上位，眼间距较平坦。鳞中等大，胸腹部鳞片变小，并埋于皮下。侧线完全，较平直。背鳍末根不分枝鳍条为后缘带锯齿的硬刺，腹鳍起点略位于背鳍起点之后，尾鳍分叉。鳃耙短小，排列稀疏。下咽齿 3 行。鳔 2 室。

本属现知仅有 1 种包括 2 亚种，分布于长江上游、南盘江、抚仙湖等，金沙江流域有 1 种。

鲈鲤 *Percocypris pingi*（Tchang，1930）

曾用名　秉氏鲈鲤、金沙鲈鲤

地方俗名　花鱼

Leptobarbus pingi Tchang（张春霖），1930：84（四川）。
Percocypris pingi：Chu（朱元鼎），1935，12；Chang（张孝威），1944：42（四川乐山、屏山、西昌）。
Barbus pingi：成庆泰，1958：156（云南）。
Percocypris pingi pingi：伍献文，1977：266（四川雅安、乐山、木洞，云南富民）；褚新洛和陈银瑞，1989：177（富民）；武云飞和吴翠珍，1990：63（石鼓）；丁瑞华，1994：319（宜宾、雅安等）；乐佩琦，2000：47（四川雅安等）。

主要形态特征　测量标本 8 尾，全长为 139.5~243.0mm，标准长为 113.2~199.4mm。采自云南省丽江市石鼓镇、树底（东江）村，鹤庆县龙开口镇等江段。

背鳍 iv-8~9；臀鳍 iii-5；胸鳍 i-16~18；腹鳍 i-9。侧线鳞$53\frac{8\sim10}{5\sim6}55$，围尾柄鳞 16~18。第一鳃弓外侧鳃耙 10 或 11。下咽齿 3 行，2·3·5—5·3·2。

体长为体高的 4.4~4.9 倍，为头长的 3.8~4.3 倍，为尾柄长的 5.1~5.4 倍，为尾柄高的 8.4~9.2 倍。头长为吻长的 3.0~3.6 倍，为眼径的 3.9~4.9 倍，为眼间距的 3.2~3.7 倍。尾柄长为尾柄高的 1.5~1.8 倍。

体长，侧扁。头背面轮廓斜向上，至头后向上隆起，身体最高点在背鳍起点之前。头稍长。吻圆钝，吻皮止于上唇基部，与上唇分离。上、下唇较肥厚，在口角处相连，唇后沟在颏部中断。口亚上位，稍倾斜向上，下颌稍突出于上颌，口裂前端与眼下缘在同一水平线或前者稍上。下颌内缘革质，与下唇之间有明显缢痕。须 2 对，发达，吻须达眼下缘，口角须等于或稍长于吻须。鼻孔距眼前缘较距吻端为近。眼略小，侧上位，偏于头的前部；眼间距较宽，平坦。鳞较小，胸腹部及背部鳞片更小，且浅埋于皮下，无裸露区；背鳍及臀鳍基部具鳞鞘，腹鳍基部外侧具狭长的腋鳞。侧线完全，略下弯，向后平直伸入尾柄正中。

背鳍基部较短，外缘稍内凹，末根不分枝鳍条基部粗壮，后缘具锯齿，末端柔软分节；其起点至尾鳍基部的距离大于至眼中心的距离。胸鳍末端尖，后伸远不达腹鳍起点，距 6 或 7 枚鳞片。腹

鳍约与胸鳍等长，起点稍前于背鳍起点，其末端至臀鳍起点的距离等于或略超过吻长。臀鳍外缘平截，起点距腹鳍起点稍近于距尾鳍基部。尾鳍深分叉，上、下叶等长，末端尖。肛门紧靠臀鳍起点。

鳃耙短小，排列稀疏。下咽齿稍尖，末端钩状。鳔 2 室，后室长于前室。腹膜灰黑色。

体背青黑色，体侧上半部鳞片大多在基部有 1 黑色斑点。头背部有分散的斑点，靠近头部的黑点变大且稀少。福尔马林浸制后的标本呈棕灰色，腹部较淡。各鳍灰色，背鳍和尾鳍有黑缘。

生活习性及经济价值 喜生活于开阔水面，为凶猛肉食性鱼类。幼鱼以甲壳类和昆虫幼虫为食，成鱼则主要以其他鱼类为食。3 龄性成熟，繁殖季节为 5~6 月，卵产于急流中。

属产地个体较大的鱼类，肉质细嫩，价格较贵，是产区重要的经济鱼类。

流域内资源现状 根据我们的实地调查，目前在金沙江流域尚有一定资源量，沿江渔民、餐馆等偶有捕获和出售。

根据历史记录，以往个体一般为 1~3kg，最大可捕获 9kg 的个体。近年野外调查期间常见个体为 0.5kg 或以下，没有见到较大个体，较历史记录个体明显偏小。

分布 长江上游特有鱼类，最下记录于湖北长阳（清江）。依据我们近年在金沙江流域的实地调查，最上可分布至云南丽江石鼓江段（图 4-15）。

(44) 金线鲃属 *Sinocyclocheilus*

体延长或较高，侧扁；头后背部稍隆起或急剧隆起，有时形成前突的角或角状结构。吻较尖，向前突出，或钝圆；吻皮盖于上唇基部。口亚下位、端位或亚上位；口斜裂，呈马蹄形。上、下唇稍肥厚，包于上、下颌外表，在口角处相连；唇后沟在颏部中断。须 2 对，发达，约等长或口角须略长于吻须。眼上缘与头背轮廓线几平齐。头部感觉管发达，眶上管与眶下管相连，眼下缘下方感觉管呈放射状分布。背鳍末根不分枝鳍条柔软光滑；或为硬刺，后缘具锯齿，末端分节。背鳍与腹鳍起点相对，或背鳍起点略后。全身被鳞，或局部裸露，或全身裸露；具鳞时，多数种类侧线上、下鳞比侧线鳞小。侧线完全，个别种类侧线不完全。下咽齿 3 行，2·3·4—4·3·2 或 1·3·4—4·3·1；咽齿细长，顶端钩状。鳔 2 室。腹膜灰黑或灰白色。本属鱼类营完全或不完全穴居生活，自然状态下不能离开洞穴而正常完成其生活史。

金线鲃属为我国特有属，现知仅分布于珠江流域西江上游的红水河及其以上的南北盘江和长江上游右侧支流乌江、牛栏江、滇池等；种类较多，已记录超过 50 种。金沙江流域有 3 种，仅见于牛栏江、滇池等（图 4-15）。

种检索表

1(2) 胸鳍较长，后伸接近或达到腹鳍起点 ………………………… **乌蒙山金线鲃 *S. wumengshanensis***

2(1) 胸鳍较短，后伸不达腹鳍起点

3(4) 上颌须较短，后伸不达前鳃盖骨后缘；仅分布于云南滇池及其附属水体（属普渡河上游）…………………………………………………………………… **滇池金线鲃 *S. grahami***

4(3) 上颌须较长，后伸达到或超过前鳃盖骨后缘；分布于云南会泽（属牛栏江支流）…………………………………………………………………… **会泽金线鲃 *S. huizeensis***

071 乌蒙山金线鲃 *Sinocyclocheilus wumengshanensis* Li，Mao *et* Lu，2003

Sinocyclocheilus wumengshanensis Li，Mao *et* Lu（李维贤、卯卫宁和卢宗民），2003：63（云南寻甸、沾益、宣威）；赵亚辉和张春光，2009：174（云南沾益、宣威等）。

Sinocyclocheilus multipunctatus：褚新洛和崔桂华，1989：170（云南宣威）；李维贤等，1994：8（云南宣威、曲靖、寻甸、禄丰）。

Sinocyclocheilus maltipunctatus：李维贤等，1996：60（云南宣威、曲靖、寻甸、禄丰）。

主要形态特征　测量标本 16 尾，标准长为 60.3~101.3mm。采自云南沾益德泽镇、宣威西泽乡西泽村等。

^ 依赵亚辉和张春光，2009

背鳍 iii-7；臀鳍 iii-5；胸鳍 i-15~18；腹鳍 i-8~10。侧线鳞 $71\frac{30\sim36}{24\sim28}81$，围尾柄鳞 64~72。第一鳃弓外侧鳃耙 5。下咽齿 3 行，2·3·4—4·3·2。

体长为体高的 3.5~4.5 倍，为头长的 3.7~4.3 倍，为尾柄长的 4.3~5.4 倍，为尾柄高的 8.0~9.6 倍。头长为吻长的 3.0~3.3 倍，为眼径的 3.8~5.6 倍，为眼间距的 3.2~3.9 倍。尾柄长为尾柄高的 2.0~2.1 倍。

体延长，侧扁；头、背交界处显著向上隆起，背部轮廓自头部弧形向后延伸，身体最高点紧靠背鳍起点，之后至尾鳍基部高度明显下降；腹部轮廓呈弧形下弯，从吻端至腹鳍起点下弯，之后逐渐向上，至臀鳍止点后平直延伸至尾鳍基部。头侧扁。吻端钝圆，吻端背部正中有 1 小突起。鼻孔位于吻端至眼前缘的 1/2 处；前鼻孔圆，短管状；后鼻孔长椭圆形。口亚下位，口裂呈弧形，上颌长于下颌。口唇结构简单，唇薄；吻皮包于上唇基部，上唇边缘出露；上、下唇在口角处相连；唇后沟向前延伸至颏部，左、右不相连。口须 2 对，上颌须较长，起点位于前鼻孔之前，后伸超过眼后缘；口角须较长，后伸超过前鳃盖骨后缘。眼圆，中等大。鳃孔大，鳃孔上角位于眼上缘的水平线下；鳃膜在峡部相连。

背鳍起点约位于吻端至尾鳍基部的中点；最后一根不分枝鳍条下部较硬，向尖部逐渐柔软，后缘具锯齿。胸鳍较长，其起点位于鳃盖骨后缘的垂直下方，后伸接近或达到腹鳍起点。腹鳍中等长，其起点位于背鳍起点相对位置的前方，在胸鳍和臀鳍起点的中间，后伸达到腹鳍起点到臀鳍起点的 2/3 处，不超过肛门。臀鳍起点大致位于腹鳍起点和尾鳍基部的中间。尾鳍叉形。肛门紧邻臀鳍之前。

体被鳞，多数隐于皮下，有腋鳞。侧线完全，自鳃孔上角和缓后延至尾鳍基部，中段向下稍弯曲。

鳃耙短小，三角形，排列稀疏。下咽齿细长，末端弯曲。鳔 2 室。

生活时，体背部黄褐色，散布大、小不同的近圆形黑斑，腹部略白，各鳍浅黄色。固定保存的标本，体黄褐色，背部稍深，腹部稍浅；自体中线以上的背部散布褐色斑点；各鳍浅黄色。

生活习性及经济价值　不详。

流域内资源现状　不详。

分布　云南省寻甸三起三落龙潭、沾益德泽、宣威西泽，均属金沙江下游右侧支流牛栏江水系的上游。

滇池金线鲃 *Sinocyclocheilus grahami*（Regan，1904）

地方俗名　金线鱼、洞鱼、波罗鱼

Barbus grahami Regan，1904：190（云南滇池）；张春霖，1959：54（云南）。
Percocypris grahami：伍献文，1961：89（云南滇池）。
Sinocyclocheilus grahami grahami：伍献文，1977，263（云南滇池）；伍献文，1979，73（云南昆明湖）；褚新洛和崔桂华，1989：175（滇池）。
Sinocyclocheilus grahami：李维贤等，1994：7（云南滇池）；李维贤等，1996：60（云南滇池）.
Sinocyclocheilus（*S.*）*grahami*：单乡红（见乐佩琦），2000：66（云南滇池）。
Sinocyclocheilus guanduensis Li *et* Xiao：肖蘅等，2004：522。
Sinocyclocheilus huanglongdongensis Li *et* Xiao：肖蘅等，2004：23。
Sinocyclocheilus hei Li *et* Xiao：肖蘅等，2004：523。

主要形态特征　测量标本 71 尾，标准长为 79.0~130.0mm。采自云南滇池及其流域内河流。

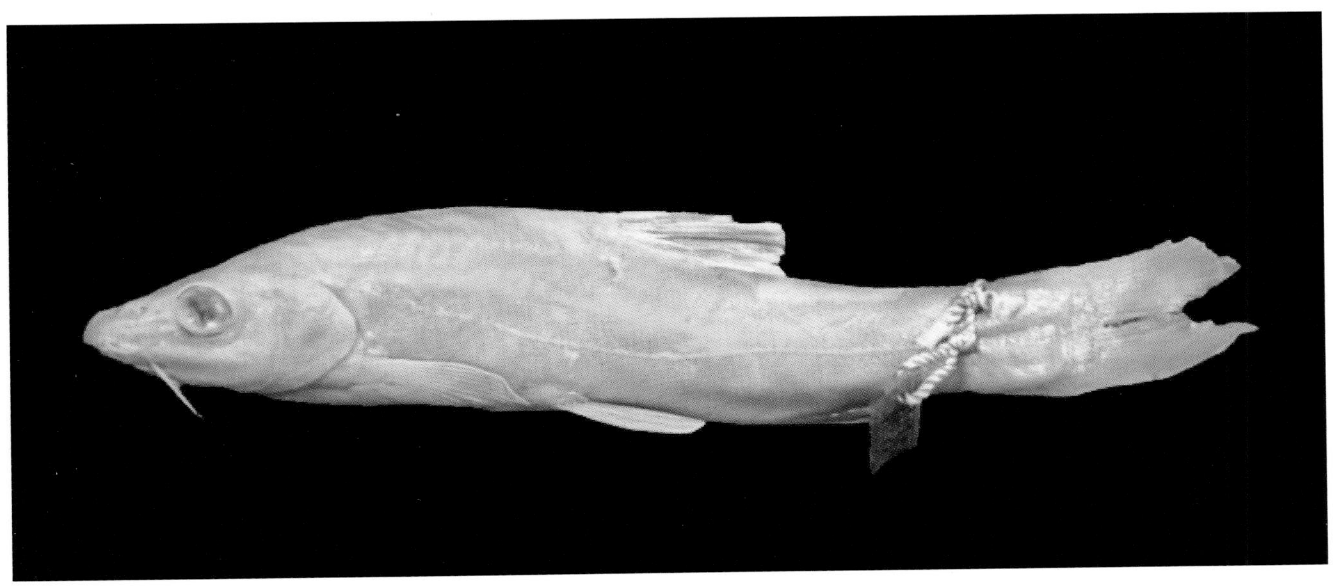

依赵亚辉和张春光，2009

背鳍 iii-7；臀鳍 iii-5；胸鳍 i-15~17；腹鳍 i-8~9。侧线鳞$60\frac{21\sim30}{10\sim13}74$，围尾柄鳞 44~52。第一鳃弓外侧鳃耙 5~8。下咽齿 3 行，2·3·4—4·3·2。

体长为体高的3.7~4.2倍，为头长的3.4~3.7倍，为尾柄长的4.1~4.4倍，为尾柄高的8.0~9.1倍。头长为吻长的 3.0~3.3 倍，为眼径的 3.8~5.6 倍，为眼间距的 3.2~3.9 倍。尾柄长为尾柄高的 2.0 倍。

体延长，侧扁；头、背交界处显著向上隆起，背部轮廓自头部弧形向后延伸，身体最高点在背鳍起点之前，之后至尾鳍基部背部高度逐渐下降，腹部轮廓略平直。头侧扁。吻端钝圆，吻端背部正中有 1 小突起。鼻孔位于吻端至眼前缘的 1/2 处；前鼻孔圆，短管状；后鼻孔长椭圆形。口亚下位，口裂呈弧形，上颌长于下颌。口唇结构简单，唇薄；吻皮包于上唇基部，上唇边缘出露；上、下唇在口角处相连；唇后沟向前延伸至颏部，左、右不相连。口须 2 对，上颌须中等长，起点位于前鼻孔之前，后伸超过眼前缘；口角须中等长，后伸超过眼后缘。眼圆，中等大。鳃孔大，鳃孔上角位于眼上缘的水平线下；鳃膜在峡部相连。

背鳍起点约位于吻端至尾鳍基部的中点；最后一根不分枝鳍条下部较硬，向尖部逐渐柔软，后缘具锯齿。胸鳍起点位于鳃盖骨后缘的垂直下方，较短，后伸不达腹鳍起点。腹鳍中等长，其起点位于背鳍起点相对位置的前方，在胸鳍和臀鳍起点的中间，后伸达到腹鳍起点到臀鳍起点的 2/3 处，不超过肛门。臀鳍起点大致位于腹鳍起点和尾鳍基部的中间。尾鳍叉形。肛门紧邻臀鳍之前。

体被鳞，多数隐于皮下，有腋鳞。侧线完全，自鳃孔上角和缓后延至尾鳍基部，中段向下稍弯曲。

鳃耙短小，三角形，排列稀疏。下咽齿细长，末端弯曲。鳔 2 室，前室略呈圆筒形，后室长椭圆形，后室长约为前室的 2 倍。腹膜灰白色。

固定保存的标本体呈黄褐色，背部稍深，腹部稍浅；背部散布斑点。各鳍浅褐色。

生活习性及经济价值　散居于湖泊深水处。喜清泉流水，营半穴居生活。通常夜间到洞外觅食，主食浮游动物、小鱼、小虾和水生昆虫等，兼食少量丝状藻和高等植物碎屑。随鱼体增长，逐渐转为捕食小虾，甚至部分小鱼。

肉质细嫩，肉味鲜美，为当地人喜食鱼种之一。

流域内资源现状　为滇池特有鱼类。20 世纪六七十年代曾为当地主要经济鱼类之一。近几十年来，由于环境污染、盲目引种、过度捕捞、水质恶化等，仅少量残存于滇池周边未受污染的溪流、龙潭中。在局部地区已非常少见。需大力保护。

经过中国科学院昆明动物研究所科研人员多年不懈的努力研究，现已成功人工繁殖。

分布　目前，仅知分布于云南滇池及其附近水体，属于金沙江右侧支流普渡河上游。

会泽金线鲃

Sinocyclocheilus huizeensis Cheng，Pan，Chen，Li，Ma *et* Yang，2003

Sinocyclocheilus heizeensis Cheng，Pan，Chen，Li，Ma *et* Yang（程城、潘晓赋、陈小勇、李建友、马琳、杨君兴），2015：1（云南会泽）。

没有采集到标本，依程城、潘晓赋、陈小勇、马琳、杨君兴 2015 年的报道描述。

主要形态特征　背鳍 iii-7；臀鳍 iii-5；胸鳍 i-15~16；腹鳍 i-10。侧线鳞 $70\frac{25\sim33}{10\sim12}73$，围尾柄鳞 40~46。第一鳃弓外侧鳃耙 5 或 6。下咽齿 3 行，2·3·4—4·3·2。

体高为体长的 17.5%~27.0%，头长为体长的 22.3%~29.3%，尾柄长为体长的 19.8%~25.4%，尾柄高为体长的 12.4%~14.1%。吻长为头长的 8.3%~10.3%，眼径为头长的 5.4%~7.2%，眼间距为头长的 3.6%~9.7%。

体延长，侧扁；头、背交界处显著向上隆起，背部轮廓自头部弧形向后延伸，身体最高点在背鳍起点之前，之后至尾鳍基部背部高度逐渐下降；腹部轮廓较平直，吻端至峡部下弯，之后平直，至肛门处逐渐向上，至臀鳍止点后平直延伸至尾鳍基部。头侧扁。吻端钝圆。鼻孔位于吻端至眼前缘的 1/2 处。口亚下位，上颌稍长于下颌。口唇结构简单，唇薄；唇后沟向前延伸至颏部，左、右不相连。口须 2 对，口角须较长，后伸超过前鳃盖骨后缘。眼圆，中等大。鳃孔大。

潘晓赋提供

背鳍起点约位于吻端至尾鳍基部的中点偏前；最后一根不分枝鳍条硬，后缘具锯齿。胸鳍较短，其起点位于鳃盖骨后缘的垂直下方，后伸不超过腹鳍起点。腹鳍中等长，其起点约位于背鳍起点相对位置的稍前方，在胸鳍和臀鳍起点的中间，后伸不超过肛门。臀鳍起点大致位于腹鳍起点和尾鳍基部的中间。尾鳍叉形。肛门紧邻臀鳍之前。

体被细鳞，多数隐于皮下，有腋鳞。侧线完全，自鳃孔上角和缓后延至尾鳍基部，中段向下稍弯曲。

固定保存的标本，体背部颜色稍深，腹部浅灰白色；体中线以上散布两排褐色斑点。胸鳍颜色较黑，其他鳍色淡。

生活习性及经济价值 不详。

流域内资源现状 不详。

分布 现知仅分布于云南省会泽大龙潭，属于金沙江下游右侧支流牛栏江水系。

（45）光唇鱼属 *Acrossocheilus*

体延长，侧扁。口下位，呈马蹄形。吻皮一般止于上唇基部，有的向前突出，超过上唇，侧面在前眶骨前缘有斜沟。唇肉质；上唇与上颌不分离；下唇一般后缩露出下颌前端，分为左、右两侧瓣，有些前端相互接触或仅留一缝隙，有些两侧瓣中央相距较宽，露出下颌外表。上、下唇在口角处相连，唇后沟在颏部中断，间距有宽有窄。须 2 对，有些吻须退化。背鳍末根不分枝鳍条或细弱，或后缘光滑或有带锯齿的粗壮硬刺，分枝鳍条 8；尾鳍分叉。侧线完全。体被鳞，鳞中等大。鳃耙排列稀疏。下咽齿 3 行。鳔 2 室。

本属种类较多，均分布在我国长江及其以南。金沙江流域有 1 种，见于流域下游。

云南光唇鱼 *Acrossocheilus yunnanensis* (Regan，1904)

地方俗名 马鱼

Barbus yunnanensis Regan，1904：191（云南）。
Lissochilus yunnanensis：Chang，1944：44（西昌、雅安）。
Acrossocheilus yunnanensis：乐佩琦（见伍献文），1964：16（滇池、富民等）；褚新洛和崔桂华，云南鱼类志，1989：209（绥江、富民等）；丁瑞华，1994：325（西昌、盐边、雅安、乐山等）；乐佩琦，2000：112（富民等）。
Acrossocheilus (*Acrossocheilus*) *yunnanensis*：伍献文，1977：287（滇池）。

主要形态特征 测量标本 8 尾，全长为 135.0~215.0mm，标准长为 102.3~163.0mm。采自云南省彝良县洛旺乡、会泽县梨园乡、盐津县庙坝乡。

背鳍 iv-8；臀鳍 iii-5；胸鳍 i-15~17；腹鳍 ii-8。侧线鳞$45\frac{7\sim8}{3.5\sim5}47$，围尾柄鳞 16。第一鳃弓外侧鳃耙 18~21。下咽齿 3 行，2·3·4—4·3·2。

体长为体高的 3.3~4.3 倍，为头长的 3.9~5.7 倍，为尾柄长的 5.6~7.3 倍，为尾柄高的 8.3~12.4 倍。头长为吻长的 2.6~3.8 倍，为眼径的 3.4~4.2 倍，为眼间距的 2.7~3.3 倍。尾柄长为尾柄高的 1.5~1.9 倍。

体较细长，侧扁。头后背部隆起，腹部圆。头略小，呈锥形。吻钝圆，向前突出。吻长小于眼后头长。吻皮下垂，止于上唇基部，在前眶骨的前缘有 1 裂纹。口较小，下位，略呈马蹄形。两口角间距成鱼大于眼径，幼鱼则小于眼径。上颌伸至鼻孔前缘的下方，上唇紧贴于上颌外表，两侧较厚，与上颌之间有 1 明显缢纹。下唇分左、右两瓣，两侧叶较长，唇后沟前伸至颏部中断，间距为眼径的 1/2~2/3；上、下唇在口角处相连。下颌前缘露出唇外，具不太发达的角质。须 2 对，较细长，口角须后伸可达眼中点的下方或稍后，吻须为口角须长的 1/2~2/3。鼻孔近眼前缘。眼稍大，侧上位。鳃膜在前鳃盖骨后缘的下方连于峡部，其间距略小于眼径。体被鳞，鳞中等大，胸部鳞稍小，腹鳍基部具狭长的腋鳞，背鳍、臀鳍鳞鞘低。侧线完全，较平直，延伸至尾鳍基部中央。

背鳍基短，外缘内凹，末根不分枝鳍条为长而粗壮的硬刺，后缘具锐利锯齿，顶端稍柔软，其起点位于吻端至尾鳍基部的中点或略偏后。胸鳍较长，末端后伸不达腹鳍起点，相差 4 或 5 枚鳞片。腹鳍起点与背鳍起点相对，末端后伸不达肛门。臀鳍紧接肛门之后，外缘斜截形，起点在腹鳍起点至尾鳍基部的中点，末端后伸不达尾鳍基部。尾鳍深分叉，上、下叶约等长，末端尖。

鳃耙短而粗，排列稀疏。下咽齿 3 行，主行第一枚齿细小，第二枚粗大，其余齿细长。鳔 2 室：前室椭圆形；后室圆筒形，末端尖。腹膜黑色。

固定保存的标本，体呈棕黄色，背部体色略深，腹部灰白略带浅棕黄色。背鳍、尾鳍深灰色，鳍间膜黑灰色，其余各鳍浅黄色略带灰色。有些个体尾鳍基有 1 模糊的黑斑。幼鱼有时沿体侧有一系列小黑点。

生活习性及经济价值　喜在干流、支流流水环境生活，食性杂，主要以丝状藻和水草为食，兼食小鱼、小虾等。2~3 龄性成熟，繁殖期为 5~6 月，集群产卵。

分布较广泛，在产地可形成一定种群，个体稍大，具有一定的经济价值。

流域内资源现状　流域下游干流、支流较常见，在渔获物中有一定比例。

分布　长江上游干流、支流及珠江水系。流域内常见于下游支流，如雅砻江、横江、牛栏江、普渡河、安宁河等（图 4-15）。

（46）白甲鱼属 *Onychostoma*

体延长，侧扁，多呈纺锤形，也有体较高的。口下位，口裂宽，多呈 1 横裂，或两侧稍向后弯。吻皮盖于上唇基部，与前眶骨分界处有 1 侧沟，向后走向口角。上唇紧贴于上颌外表，与吻皮分离，之间具 1 较深的裂沟。下唇侧瓣较肥厚，在口角处与上唇相连，下颌外露，具锐利的角质缘。须 2 对、1 对或无。眼正常，侧上位。侧线完全。背鳍末根不分枝鳍条为硬刺，后缘具锯齿，或为软条，后缘光滑；尾鳍分叉。鳃耙短小，排列较密。下咽齿 3 行。鳔 2 室。

本属现生种较多，在我国广泛分布于长江流域及其以南，仅多鳞白甲鱼向北可分布至海河流域。金沙江流域有 1 种，见于下游干流。

白甲鱼 *Onychostoma sima*（Dabry de Thiersant，1874）

地方俗名　白甲

Barbus（*Systomus*）*simus* Dabry de Thiersant，1874：8（长江）。
Onychostoma laticeps var. *fontouensis*：Tchang，1930：85（四川）。
Capoeta fundula：Tchang，1930：69（四川）。
Varicorhinus（*Onychostoma*）*simus*：伍献文，1977：308（云南富民）；褚新洛和陈银瑞，1989：215（云南富民、威信、绥江、盐津等）；陈宜瑜，1998：160（云南富民）。
Onychostoma sima：丁瑞华，1994：332（宜宾等）；乐佩琦，2000：135（乐山等）。

没有采到标本，依据《云南鱼类志》《横断山区鱼类》《四川鱼类志》和《中国动物志　硬骨鱼纲　鲤形目（中卷）》等综合整理描述。

主要形态特征　背鳍 iv-8；臀鳍 iii-5；胸鳍 i-15~17；腹鳍 ii-8。侧线鳞$46\frac{7\sim9}{4\sim5}49$，围尾柄鳞 18。第一鳃弓外侧鳃耙 25~34。下咽齿 3 行，1·3·4(5)—(5)4·3·1。

刘淑伟提供

体长为体高的2.9~3.8倍，为头长的4.0~5.2倍，为尾柄长的4.7~6.4倍，为尾柄高的7.4~10.5倍。头长为吻长的2.4~3.7倍，为眼径的3.2~5.1倍，为眼间距的1.6~2.4倍。尾柄长为尾柄高的1.3~2.0倍。

体长，侧扁。头后背部隆起，腹部圆。头较短。吻钝，向前突出，繁殖期吻端具稀疏珠星。口下位，横裂。吻皮下垂包于上颌中部边缘，仅露出上唇侧端基部，与上唇间有深沟。下颌裸露，前缘具锐利的角质；下唇仅限于口角处，唇后沟很短，不及眼径的1/2。幼鱼具1对口角须，很短，成鱼逐渐退化消失。鼻孔近眼前缘。眼中等大，侧上位。鳃膜在前鳃盖骨后缘或略前的下方连于峡部。体被鳞，鳞中等大，前胸鳞小甚或隐埋于皮下；背鳍基部具鳞鞘，腹鳍基部具腋鳞。侧线完全，仅中部略下弯，向后较平直延伸至尾鳍基部中央。

背鳍外缘内凹，末根不分枝鳍条为粗壮的硬刺，后缘具锯齿，幼鱼硬刺顶端稍弱，其起点距吻端较至尾鳍基部为近。胸鳍末端后伸不达腹鳍起点，相差3~5枚鳞片。腹鳍起点在背鳍起点之后下方，末端后伸距臀鳍基部2或3枚鳞片。臀鳍紧接肛门之后，末端后伸不达尾鳍基部，外缘斜截形。尾鳍深分叉，上、下叶约等长，末端尖。

鳃耙侧扁，三角形，内缘有浅锯齿，排列紧密。下咽齿具斜凹面，顶端稍尖。鳔2室，后室细长。腹膜黑色。

体背部青灰色，腹部乳白色，体侧鳞片有暗色边缘。背鳍、尾鳍微黑，其他各鳍灰白色。

生活习性及经济价值 喜在干流、支流以砾石为底质的流水河段生活，以具锐利角质的下颌铲砾石表面附着的藻类为食，兼食小型底栖无脊椎动物。生长速度较快，常见0.25~2.0kg的个体。3冬龄性成熟，繁殖期为2~4月，产卵场多在河道内流水浅滩处，卵具黏沉性。

以往曾为产地较常见名贵野生经济鱼类，经济价值较高。

流域内资源现状 在四川省为重要经济鱼类，目前已很难见到。金沙江流域，在我们多年野外实地调查期间曾在牛栏江见到过样品，资源量已十分稀少。

分布 为我国特有种，分布于长江中上游和珠江的北江及西江等。金沙江流域见于雅砻江下游安宁河以下到攀枝花及以下（图4-15）。

野鲮亚科 Labeoninae

体延长，前躯较圆，后段侧扁，腹部圆或略平坦。吻较圆钝，稍突出。口下位，口裂呈弧形。吻皮向腹面向后延展，口闭合时在上、下颌之间形成口前室。有些种类上唇消失；存在时，包于上颌外表或与上唇分离；下唇一般与下颌分离，有些下唇向颏部扩张，形成吸盘状结构；唇后沟中断或相通。口须2对、1对或缺如。背鳍外缘平截或内凹，末根不分枝鳍条不为硬刺，较软；臀鳍分枝鳍条一般为5；尾鳍分叉。体被鳞。侧线完全。下咽齿2或3行。鳃耙短小，排列紧密。鳔2室，前室短，后室较长。腹膜灰黑色或黑色。

本亚科主要是一些适应南方山区河流流水环境生活的鱼类，形态特别是口部形态分化较严重，种类较多，分类学上尚存在很大的争论，属种分类系统变动频繁，同物异名现象十分普遍。金沙江流域现知有4属4种，多分布于下游干流和支流，少数可分布至中游。

属检索表

1 (2) 唇后沟短小，仅限于口角处……原鲮属 *Protolabeo*
2 (1) 唇后沟较大，远超过口角处
3 (4) 头腹面颏部不形成吸盘状结构……泉水鱼属 *Pseudogyrinocheilus*
4 (3) 头腹面颏部形成吸盘状结构
5 (6) 下咽齿 3 行……墨头鱼属 *Garra*
6 (5) 下咽齿 2 行……盘鮈属 *Discogobio*

（47）原鲮属 *Protolabeo*

体延长，侧扁。吻端钝圆。口下位，浅弧形，口裂宽。吻侧有斜沟斜向口角；吻皮下垂，在上唇和上颌中央部分略盖住上唇和上颌，内有深沟与上唇分离。上唇中央大部与上颌有 1 明显分离的印痕，近两侧口角处与下唇相连。下唇在近两侧口角处与下颌明显不分离，延向中央逐渐与下颌分离出 1 浅沟；左、右唇后沟短，仅限于口角处。下颌外露，前缘形成薄锋。须 2 对，约等长，长度小于眼径。背鳍无硬刺，起点在腹鳍起点之前；尾鳍叉形。侧线完全。鳞中等大，排列规则，胸部鳞片埋于皮下。下咽齿 3 行。鳔 2 室。

本属现知仅 1 种，为金沙江下游所特有。

原鲮 *Protolabeo protolabeo* Zhang *et* Zhao，2010

Protolabeo protolabeo Zhang *et* Zhao（张春光和赵亚辉），2010：661-665（云南会泽以礼河）。

主要形态特征　测量标本 5 尾。标准长为 135.3~172.7mm。采自云南省会泽县以礼河。

背鳍 iii-12；胸鳍 i-17；腹鳍 i-8；臀鳍 iii-5。侧线鳞$42\frac{7}{5\sim6}44$，背鳍前鳞 14，围尾柄鳞 18~21。第一鳃弓外侧鳃耙 40~47。下咽齿 3 行，1·4·5—5·4·1。

头长为标准长的 22.3%，体高为标准长的 26.2%，尾柄长为标准长的 11.6%，尾柄高为标准长的 11.6%。头高为头长的 75.5%，头宽为头长的 64.9%，吻长为头长的 22.6%，眼径为头长的 24.0%，眼球径为头长的 13.4%，眼间距为头长的 48.4%。尾柄长为尾柄高的 100.0%。

体延长，前躯略显粗壮，向后至尾鳍基部渐侧扁。吻钝圆，或有不甚明显的珠星；吻侧有斜沟斜向口角。口下位，口裂宽，弧形。吻皮下垂，在上唇和上颌中部略盖住上唇和上颌，向两口角方向上唇和上颌渐完全暴露，不为吻皮所覆盖；吻皮边缘光滑，内有深沟与上唇分离。上唇中

^ 依张春光和赵亚辉，2010

央大部与上颌有 1 明显分离的印痕或近分离，近两侧口角处分离不明显，在口角处直接与下唇相连。下唇在近两侧口角处与下颌明显不分离，延向中央逐渐与下颌分离出 1 浅沟，沟内或具大小不规则的乳突。下颌外露，前缘形成薄锋，但角质化不甚明显；左、右唇后沟短，仅限于口角处。须 2 对，约等长，长度小于眼径。鼻孔 2 对，发达。眼大，位于头部两侧。鳃膜直接连于峡部。体被鳞，鳞中等大，排列规则，胸部鳞片埋于皮下；腹鳍腋鳞发达。侧线完全，自鳃盖上角向下和缓弯曲，向后行于体侧中轴伸至尾鳍基部。

背鳍外缘略内凹，其起点在腹鳍起点之前；末根不分枝鳍条最长，较软，后缘无锯齿；分枝鳍条 12。胸鳍稍短，其长短于头长。腹鳍起点距胸鳍起点较距尾鳍基部为近，其起点约与背鳍第四或第五根分枝鳍条相对；外缘弧形外凸，后伸远不达肛门。肛门位于臀鳍起点略前。臀鳍外缘微凹，其起点距尾鳍基部比距腹鳍起点为近，末端不达尾鳍基部。尾鳍叉形，上、下叶约等长。

鳃耙片状，排列紧密。鳔 2 室，发达，纵贯体腔；前室长椭圆形，后室长于前室，末端尖。肠管细长，多次盘曲。

福尔马林固定后转乙醇保存的标本，身体基本以侧线为界，侧线以上的部分体色较深，灰黑色，侧线以下为灰白色。背鳍、尾鳍和胸鳍呈浅灰黑色，腹鳍和臀鳍灰白色。

生活习性及经济价值 不详。

流域内资源现状 不详。

分布 现知该种仅分布于云南省东部会泽县以礼河，属于金沙江下游右岸支流（图 4-16）。

（48）泉水鱼属 *Pseudogyrinocheilus*

体长，近圆筒形，尾部侧扁。吻钝圆，向前突出。口下位。吻皮下垂，向腹面伸展至上颌之前，形成口前室的前壁，其边缘呈“<”斜向口角，在口角处与下唇相连，上唇消失，口前室的外缘和下唇在颏部处布满排列整齐的角质乳突。吻腹侧在吻须基部有 1 斜行沟直达口角。须 2 对，吻须较长，口角须甚短小。眼侧上位。背鳍无硬刺，尾鳍叉形。鳞中等大，排列规则。侧线完全，较平直。下咽齿 3 行。鳔 2 室。

本属为我国长江上游所特有，现知仅 1 种，分布于长江上游干流和支流。金沙江流域见于下游干流和支流。

泉水鱼 *Pseudogyrinocheilus prochilus*（Dabry de Thiersant，1874）

地方俗名 泉水鱼、油鱼

Discognathus prochilus Dabry de Thiersant，1874：8（四川）。
Gyrinocheilus roulei Tchang，1929：339（四川乐山）。
Gyrinocheilus pellegrini Tchang，1929：240（四川丰都）。
Semilabeo prochilus：伍献文，1977：370（乐山、雅安等）；丁瑞华，1994：354（宜宾、雅安等）。
Pseudogyrinocheilus procheilus：乐佩琦，2000：227（乐山、雅安等）。

主要形态特征 测量标本 9 尾，全长为 85.7~164.1mm，标准长为 65.2~128.4mm。采自云南省会泽县大井乡黄梨村和梨园乡。

背鳍 iii-8；臀鳍 iii-5；胸鳍 i-14~15；腹鳍 i-9。侧线鳞 $45\frac{6\sim6.5}{4\sim4.5}48$，背鳍前鳞 15~19，围尾柄鳞 16~18。第一鳃弓外侧鳃耙 17~28。下咽齿 3 行，2·4·5—5·4·2。

体长为体高的 4.7~5.9 倍，为头长的 5.1~5.4 倍，为尾柄长的 4.8~5.6 倍，为尾柄高的 7.7~8.9 倍。头长为吻长的 1.8~2.1 倍，为眼径的 4.2~6.2 倍，为眼间距的 2.0~2.3 倍。尾柄长为尾柄高的 1.3~1.8 倍。

体长，前躯近圆筒形，后部侧扁；头部两侧鼻孔连线处开始略显隆起，之后和缓向上弧形弯曲，至背鳍起点处为身体最高点，腹部较平坦。头略大，吻圆钝，向前突出。口下位，略呈三角形。吻皮下垂，盖在上颌之前，为口前室的前壁，后缘游离呈“<”形斜向口角，在口角处与下唇相连，吻皮表面有许多排列整齐的小乳突。吻皮和下唇向外翻出，呈喇叭形。吻须基部上方有 1 斜行沟裂，直达口角。唇后沟不完全，仅限于口角处。鼻孔距眼较距吻端略近。眼略小，位于头侧稍上方，眼间距宽。须 2 对，吻须较长，颌须细小，位于口角附近。鳃膜在眼后缘垂直线之后连于鳃峡，其间距较眼后头长为大。鳞中等大，胸、腹部鳞片稍小，前部的鳞片隐埋于皮下。背鳍、臀

鳍无鳞鞘，腹鳍基部具较长的腋鳞。侧线完全，较平直，向后伸入尾柄正中。

背鳍无硬刺，外缘内凹，起点稍前于腹鳍起点，至吻端的距离与至臀鳍后端的距离相等或稍大。胸鳍位置较低，近腹面，后伸不达腹鳍基部。腹鳍起点至尾鳍基部较距吻端稍近，后伸达到肛门前缘。肛门紧邻臀鳍起点。臀鳍外缘内凹，后伸远不达尾鳍基部。尾鳍叉形，最短鳍条仅及最长鳍条一半，尾柄大小随个体大小不同而有颇大差异。

鳃耙细弱，排列较密。下咽齿较小，齿端呈斜面。鳔 2 室，前室圆筒形，后室细长，长度约为前室的 2 倍。腹膜黑色。

生活时，体呈淡黄褐色，背部颜色略深，侧线以下渐浅，体侧散见淡黄色鳞片；背鳍、尾鳍浅黄色，胸鳍、腹鳍和臀鳍浅橘黄色。固定保存的标本，体呈棕褐色，腹部颜色稍淡，背鳍、尾鳍颜色稍深，其他各鳍土黄色。

生活习性及经济价值　喜生活在干流、支流流水河段，属于底栖鱼类，常以藻类和有机碎屑为食，兼食水生昆虫幼虫。生长较为缓慢，少见稍大的个体。繁殖季节通常为 3~4 月，多在石头缝隙中产卵。卵大，呈黄白色。

泉水鱼富含脂肪，肉质细嫩，味道鲜美，为人们所喜食，是产区重要经济鱼类。

流域内资源现状　流域内一些河段较为常见，在渔获物中占一定比例。

分布　长江上游及其支流。金沙江流域内主要分布在中下游，干流、支流均有分布。实地调查结果显示，最上分布可至中游干流云南省鹤庆县龙开口镇江段，最下分布至金沙江支流横江、牛栏江等（图 4-16）。

（49）墨头鱼属 *Garra*

体长，略呈圆筒形，尾部稍侧扁。吻钝圆，向前突出，有些种类在鼻孔之前有横沟或向下陷，使鼻孔前面形成 1 发达程度不同的吻突。口下位，口裂宽阔。吻皮向下并向腹面扩展，盖在上颌之外，在口角处与下唇相连，吻皮边缘分裂成流苏状，近边缘区域密布细小乳突状结构。上唇消失，吻皮与上唇分离。下唇宽阔，形成 1 椭圆形吸盘，吸盘中央为 1 光滑的圆形肉质垫，周边部分较薄，游离；下唇与下颌分离。须 2 对、1 对或完全消失。眼稍小，侧上位。背鳍无硬刺，尾鳍叉形，胸鳍、腹鳍平展。鳞中等大，排列规则。侧线完全，较平直。下咽齿 3 行。鳔 2 室。

本属鱼类在我国主要分布于西南地区，适应山区激流环境生活，分类学方面变动较大。金沙江流域有 1 种。

078 缺须墨头鱼 *Garra imberba* Garman，1912

曾用名　墨头鱼、东坡鱼

地方俗名　墨鱼、乌棒、黑鱼、木钻子、飞机鱼

Garra (*Ageneiogarra*) *imberba* Garman，1912：114（四川乐山）。

Discognathus pingi Tchang（张春霖），1929：241（四川乐山）。

Garra pingi Tchang，1933：35（四川乐山）。

Discognathus imberbis：Chang（张孝威），1944：40（四川乐山）。

Garra pingi pingi：伍献文，1977：373（四川乐山、会东、新市，云南富民等）；褚新洛和陈银瑞，1989：270（富民、宣威、盐津、绥江、屏边等）；丁瑞华，1994：357（乐山、宜宾、新市）；乐佩琦，2000：247（四川乐山、会东，云南富民、勐海等）。

Garra alticorpora Chu *et* Cui（褚新洛和崔桂华），1987：96（云南屏边）；乐佩琦，2000：251（云南屏边）。

主要形态特征　测量标本 8 尾，全长为 61.9~276.0mm，标准长为 45.7~213.0mm。采自云南省鹤庆县龙开口镇、攀枝花市金江镇、会泽县江底村和梨园乡等干流、支流江段。

背鳍 ii-9；臀鳍 ii-5；胸鳍 i-16~17；腹鳍 i-8。侧线鳞45$\frac{6\sim6.5}{4\sim4.5}$48，背鳍前鳞 15~19，围

^ 不同产地样品体形、口部结构等会存在一定差异

尾柄鳞 16~18。第一鳃弓外侧鳃耙 36~44。下咽齿 3 行，2·4·5—5·4·2。

体长为体高的 5.4~7.9 倍，为头长的 4.7~6.1 倍，为尾柄长的 6.5~10.3 倍，为尾柄高的 10.7~13.5 倍。头长为吻长的 1.6~2.0 倍，为眼径的 4.3~6.4 倍，为眼间距的 1.9~2.2 倍。尾柄长为尾柄高的 1.2~1.8 倍。

体长，前躯较粗壮，略呈圆筒形，胸腹部较平坦，尾部侧扁。头部宽阔，稍扁平。吻圆钝，背面较平，无明显凹陷，不形成吻突，前端有多数细小角质突起。口大，下位，横裂，呈新月形。吻皮向腹面延伸，盖于上颌外侧，外表具小乳突，边缘分裂呈不太发育的流苏状，在口角处与下唇相连。下唇为 1 宽大的椭圆形吸盘，其宽度与头腹面宽度近相等，吸盘中央为 1 马蹄形肉质垫，周缘游离，表面具细小乳突，有沟与肉质垫相隔，两侧及后面宽。成鱼无须。鼻孔稍大，位于眼前略斜下方。眼稍小，侧上位，眼间距较宽平，略突出。鳞中等大，胸鳍基部内面裸露，腹鳍前部的鳞片退化变小并隐于皮下，腹部中线裸露无鳞；背鳍基部、臀鳍基部均有鳞鞘，腹鳍基部具较长的腋鳞。侧线完全，较平直，自鳃孔上方延伸至尾柄正中。

背鳍无硬刺，外缘深凹，其起点位于腹鳍起点之前。胸鳍、腹鳍平展。胸鳍后伸不达腹鳍起点，相距 6 或 7 枚鳞片。腹鳍起点约位于吻端至尾鳍基部的中点，背鳍起点的后下方，后伸超过肛门，但不及臀鳍起点。臀鳍外缘稍内凹，后伸不达尾鳍基部。尾鳍深分叉，上、下叶约等长。肛门至腹鳍基部较距臀鳍起点为近。

鳃耙短小，排列紧密。下咽齿近退化，齿面光滑，齿端尖细。鳔小，2 室：前室卵圆形，约与眼径等长；后室细小，长度小于眼径。腹膜微黑。

生活时，体近墨黑色，腹部白；体侧多数鳞片基部具黑斑，互相连成不连续的黑褐色纵条纹。背鳍、尾鳍黑色，胸鳍、腹鳍和臀鳍加有殷红。固定保存的标本，体呈浅棕褐色，背鳍、尾鳍微黑，其他各鳍灰黄色。

生活习性及经济价值　底栖鱼类。喜栖息于多乱石底质、水流较急河段，常用吸盘吸附在石头上。主要刮食着生藻类，兼食植物碎屑和水生昆虫的幼虫。生长较慢，3 龄性成熟，繁殖期为 3~4 月，集群在流水石滩上产卵，有时产出的卵能堆积数层，厚度可达 300~600mm，受精卵具黏性，黏附在石头上或石缝中孵化发育。

肉质肥厚，味道鲜美，是当地重要经济鱼类。

流域内资源现状　金沙江中下游干流和支流均有分布，尤以下游为多，尚有一定资源量。从我们近年野外调查结果看，四川攀枝花附近江段数量较多，牛栏江、横江等也有一定资源量，是产区主要捕捞对象之一。

分布　分布于长江上游、澜沧江、元江等，国外见于越南。金沙江流域中下游较常见，干流、支流均有分布，最上可分布至云南省鹤庆县龙开口镇江段（图 4-16）。

（50）盘鮈属 *Discogobio*

体长，略呈圆筒形，尾部稍侧扁。吻钝圆，向前突出，有些种类在鼻孔之前有 1 向下的凹陷，形成吻突。口下位。吻皮向下并向腹面扩展，盖在上颌之外，在口角处与下唇相连，吻皮边缘分裂成流苏状，近边缘区域密布细小乳突状结构。上唇消失，吻皮与上唇分离，上、下颌具角质缘。

下唇宽阔，形成 1 椭圆形吸盘，吸盘中央为 1 光滑的圆形肉质垫，周边部分较薄，游离；下唇与下颌分离。须 2 对。眼中等大，侧上位。背鳍无硬刺，尾鳍叉形，胸鳍、腹鳍平展。鳞中等大，排列整齐。侧线完全，较平直。下咽齿 2 行。鳔 2 室。腹膜灰黑色或黑色。

本属鱼类在我国主要分布于西南地区，适应山区激流环境生活。金沙江流域有 1 种。

079 云南盘𬶋 *Discogobio yunnanensis* (Regan，1907)

地方俗名　石头鱼、油桐子、油桐鱼

Discognathus yunnanensis Regan，1907：63（云南昆明湖）。
Garra yunnanensis：成庆泰，1958：154（云南昆明）。
Discogobio yunnanensis：伍献文，1977，386（云南宜良）；褚新洛和陈银瑞，1989：284（云南宜良、建水、开远）；丁瑞华，1994：360（盐边等）；陈宜瑜，1998：182（滇池、丽江、会理）；乐佩琦，2000：257（云南宜良等）。
Discogobio brachyphysallidos Huang（黄顺友），1989：358（云南罗平）；乐佩琦，2000：259（云南绥江等）。

主要形态特征　测量标本 9 尾，全长为 48.3~109.7mm，标准长为 36.5~86.0mm。采自云南会泽江底村、云南宁蒗马家坪。

背鳍 ii-8；臀鳍 ii-5；胸鳍 i-14~15；腹鳍 i-7~8。侧线鳞 $39\frac{5\sim5.5}{3\sim3.5}41$，围尾柄鳞 16。第一鳃弓外侧鳃耙 18~24。下咽齿 2 行，3·5—5·3。

体长为体高的 4.0~5.9 倍，为头长的 4.8~6.1 倍，为尾柄长的 5.5~6.3 倍，为尾柄高的 8.7~9.5 倍。头长为吻长的 1.9~2.3 倍，为眼径的 3.6~5.4 倍，为眼间距的 1.6~2.7 倍。尾柄长为尾柄高的 1.2~1.9 倍。

体长，前躯较粗壮，略呈圆筒形，胸腹部较平坦，尾部侧扁。头部稍扁平。吻圆钝，较肥厚，常具细小颗粒状珠星；背面较平，无明显凹陷。口下位，略呈弧形。吻皮向腹面延伸，盖于上颌外侧，外表具小乳突，边缘分裂呈不太发育的流苏状，在口角处与下唇相连。下唇特化成 1 椭圆

形吸盘，其宽明显小于该处的头宽，吸盘后缘游离，中央为小而光滑的肉质垫，表面光滑，周缘前面及两侧有隆起的皮褶，呈马蹄形，两侧肉垫与皮褶之间由 1 深沟隔开，其后缘与肉质垫之间的界线不明显。上、下颌角质不发达，不外露。须 2 对，较短小，短于眼径。鼻孔稍大，位于眼前略斜下方。眼稍小，侧上位，眼间距较宽平，微隆起。眼后头长稍短于吻长。鳞中等大，胸鳍基部之前裸露无鳞，腹鳍前部的鳞片退化变小并隐于皮下；腹鳍基部具较长的腋鳞。侧线完全，较平直。

背鳍无硬刺，外缘深凹，其起点位于腹鳍起点之前，至吻端与至尾鳍基部的距离相等或稍长。胸鳍、腹鳍位于近身体腹部，平展。胸鳍后伸远不达腹鳍起点。腹鳍后伸超过肛门，但不及臀鳍起点。臀鳍较短，外缘平截，其起点至腹鳍基部较至尾鳍基部为小，后伸不达尾鳍基部。尾鳍分叉，上、下叶约等长。肛门位于臀鳍起点之前，距 2 或 3 枚鳞片。

鳃耙短小，排列紧密。下咽齿齿面微凹，齿端稍钩曲。鳔 2 室：前室卵圆形，后室粗长，约为前室的 2.0 倍。腹膜灰黑色。

生活时，体背侧部黑灰色，散见灰黄色鳞斑，胸、腹部白色；背鳍、尾鳍灰黑色，胸鳍、腹鳍和臀鳍颜色略淡。固定保存的标本，通体土黄色，尾鳍略黑。

生活习性及经济价值 个体较小，生长缓慢。属于杂食性鱼类，主要摄食低等藻类，兼食植物碎屑等。3 冬龄性成熟，繁殖期为 4~5 月，卵浅黄色。历史记录其数量少，经济价值小。但在我们的野外工作中，发现其资源量较大，当地渔民均认识该鱼种，应为当地常见经济鱼种。

流域内资源现状 金沙江中下游均有分布，尤其是下游牛栏江江段，为常见渔获物。

分布 为我国特有种，分布于长江中上游、南盘江、元江等水系。在金沙江流域主要分布在下游支流，最上可分布至宁蒗县马家坪（雅砻江水系）（图 4-16）。

裂腹鱼亚科 Schizothoracinae

体延长，略侧扁或近于圆筒形，腹部圆。口端位、亚下位、下位，或亚上位；口裂呈马蹄形、弧形或横裂。下颌正常，或具锐利的角质缘；唇发达或狭细，下唇单叶或为 2 或 3 叶。口须 2 对、1 对或缺如。体鳞细小，侧线鳞明显大于侧线上、下鳞；或体鳞趋于退化，仅残留肩带部分少数鳞片，个别类群甚至体鳞完全消失；全部种类均保留有肛门和臀鳍两侧各 1 排的臀鳞。背鳍末根不分枝鳍条或为软条，或为后缘光滑或带锯齿的硬刺；臀鳍分枝鳍条绝大部分为 5 根，也有极个别为 6 根的；尾鳍分叉。侧线完全。下咽齿常为 3 行或 2 行，个别属种有 4 行或 1 行的。鳔 2 室，游离。腹膜常为黑色。多为植食性或杂食性，极少为凶猛肉食性的；生长速度慢；生殖腺具毒性，误食未经煮熟的鱼卵会出现呕吐、腹泻、晕眩等中毒症状。

本亚科主要是一些适应中亚高山及其邻近地区江河湖泊水温较低环境下生活的鱼类，已报道的种类较多，其中有不少同物异名或同名异物，分类上存在一定争议。金沙江流域现知有 5 属。

属检索表

1(6) 有须，1 或 2 对

2(3) 须 2 对……………………………………………………………………………… **裂腹鱼属 *Schizothorax***

3(2) 须 1 对

4(5) 体被细鳞……………………………………………………………………………… **叶须鱼属 *Ptychobarbus***

5(4) 裸露无鳞…………………………………………………………………………… **裸重唇鱼属 *Gymnodiptychus***

6(1) 无须

7(8) 口端位或亚下位；下颌前缘无锐利角质缘；颏部和颊部每侧具 1 列较明显的黏液腔……………………………………………………………………………………………… **裸鲤属 *Gymnocypris***

8(7) 口下位；下颌前缘具锐利角质缘；颏部和颊部的黏液腔不明显……………… **裸裂尻鱼属 *Schizopygopsis***

（51）裂腹鱼属 *Schizothorax*

体长，略侧扁，腹部圆。口下位、亚下位或端位；对应的，口裂横直、弧形或马蹄形；下颌前缘有或无锐利的角质。下唇发达或不发达，完整不分叶，或分为 3 叶或 2 叶；下唇表面在不分叶的种类中一般具乳突，唇后沟连续或中断。须 2 对。体被细鳞，或仅胸腹部裸露无鳞，肛门两侧臀鳞发达。侧线完全，较平直。背鳍无硬刺，末根不分枝鳍条软弱或为硬刺，后缘多具发达或不太发达的锯齿。下咽齿 3 或 4 行。腹膜黑色。

亚属及种检索表

1（8）　口下位，横裂或呈弧形；下颌前缘有锐利角质缘；下唇后缘中央内凹，呈半月形，表面一般具乳突（裂腹鱼亚属 *Schizothorax*）

2（7）　整个胸部具细鳞，或紧靠峡部的极小区域无鳞

3（6）　侧线上鳞 33 以下，侧线下鳞 25 以下

4（5）　须较短，其长度小于或约等于眼径……………………**短须裂腹鱼 *S.*（*S.*）*wangchiachii***（金沙江和雅砻江）

5（4）　须较长，其长度约为眼径的 1.5 倍……………………………………………………**长丝裂腹鱼 *S.*（*S.*）*dolichonema***（澜沧江、金沙江和雅砻江）

6（3）　侧线上鳞 33 以上，侧线下鳞 25 以上……………………**细鳞裂腹鱼 *S.*（*S.*）*chongi***（长江上游至金沙江下游）

7（2）　自峡部后的胸部及前腹部裸露无鳞，或仅有个别鳞片隐藏于皮下……………………………………………………**昆明裂腹鱼 *S.*（*S.*）*grahami***（金沙江中下游）

8（1）　口端位、亚下位或下位，口裂呈弧形；下颌前缘无锐利角质缘，或仅在下颌内侧覆有薄角质层；下唇发达，分左、右两叶，中间叶有或无，表面光滑（仅个别种具乳突）；唇后沟中断或连续（裂尻鱼亚属 *Racoma*）

9（16）　下唇狭窄，分为左、右两侧叶，无中间叶；唇后沟中断

10（13）　口亚下位

11（12）　眼径较小，为头长的 4.0 倍以上；眼较小，头长为眼径的 4.7~6.3 倍……………………………………**小裂腹鱼 *S.*（*R.*）*parvus***（金沙江中游右侧一级支流中江上游漾弓江）

12（11）　眼径较大，为头长的 4.0 倍以下；眼较大，头长为眼径的 3.3~3.7 倍……………………………………**花斑裂腹鱼，新种 *S.*（*R.*）*puncticulatus* sp. nov.**（雅砻江上游）

13（10）　口端位；须长显著小于眼径

14（15）　第一鳃弓外侧鳃耙 16~18，内侧 20~24……………………**宁蒗裂腹鱼 *S.*（*R.*）*ninglangensis***（泸沽湖）

15（14）　第一鳃弓外侧鳃耙 19~23，内侧 30~35……………………**小口裂腹鱼 *S.*（*R.*）*microstomus***（泸沽湖）

16（9）　下唇分 3 叶，具中间叶；唇后沟连续

17（18）　须较短，其长度小于或等于眼径，吻须末端后伸多达鼻孔后缘……………………………………**厚唇裂腹鱼 *S.*（*R.*）*labrosus***（泸沽湖）

18（17）　须较长，其长度约为眼径的 1.5 倍以上，吻须末端后伸达眼前缘……………………………………**四川裂腹鱼 *S.*（*R.*）*kozlovi***（金沙江和雅砻江）

短须裂腹鱼 *Schizothorax* (*Schizothorax*) *wangchiachii* (Fang，1936)

地方俗名　缅鱼、沙肚

Oreinus wangchiachii Fang（方炳文），1936：444（贵州遵义）。

Schizothorax molesworthi：Tchang（张春霖），1933：39（云南永善、四川）；张春霖，1959：82（云南永善、四川）。

Schizothorax wangchiachii：曹文宣和邓中粦，1962：35（云南中甸；四川巴塘、岗托、乡城）。

Schizothorax (*Schizothorax*) *wangchiachii*：曹文宣，1964，见伍献文等，144（四川岗托、巴塘、乡城；云南桥头、下桥头）；褚新洛和陈银瑞，1989：300（丽江、宁蒗、会泽、禄劝、富民、宣威、盐津）；丁瑞华，1994：365（巴塘、甘孜、盐源等）；陈宜瑜，1998：195（云南富民、中甸、宁蒗、石鼓，四川巴塘、岗托、乡城、德格、屏山、甘孜等，西藏芒康、贡觉）；乐佩琦，2000：291（云南富民、中甸、宁蒗、石鼓，四川巴塘、岗托、乡城、德格、屏山、甘孜等，西藏芒康、贡觉）。

Schizothorax prenanti scleracanthus Wu *et* Chen（武云飞和陈瑗），1979：288（青海玉树县直门达）。

主要形态特征　测量标本 9 尾。全长为 147.7~332.0mm，标准长为 119.4~274.0mm。采自云南省香格里拉市五境乡泽通村，四川省甘孜州岗托、白玉、巴塘、奔子栏。

背鳍 iii-8；臀鳍 iii-5；胸鳍 i-18~20；腹鳍 i-9~10。侧线鳞$39\frac{20\sim26}{16\sim20}41$。第一鳃弓外侧鳃耙 18~24。下咽齿 3 行，2·3·5—5·3·2。

体长为体高的 3.5~4.3 倍，为头长的 4.2~5.3 倍，为尾柄长的 5.0~7.4 倍，为尾柄高的 8.9~10.0 倍。头长为吻长的 2.6~3.3 倍，为眼径的 4.7~5.8 倍，为眼间距的 2.2~3.0 倍。尾柄长为尾柄高的 1.4~1.7 倍。

体延长，侧扁或略侧扁，背、腹缘均隆起，腹部圆。头锥形，背面略宽。吻部圆钝。口下位，成熟个体呈横裂状，幼小个体略呈弧形；下颌具锐利角质缘，其内侧角质亦较发达。下唇完整，

巴塘县江段

其游离缘略内凹，呈弧形；表面具发达乳突，唇后沟连续。须 2 对，约等长，或口角须稍长，吻须末端后伸约达鼻孔后缘的垂直下方，口角须末端后伸达眼中部的垂直下方，个别有仅保留口角 1 对须的，须长略短于眼径。鼻孔稍大，位于眼正前方。眼中等大，侧上位，眼间距微隆起。眼后头长稍大于吻长。全身被细鳞，峡部之后的胸腹部具明显鳞片，或在胸鳍基部起点之前有 1 狭小区域裸露无鳞。侧线完全，前方略弯曲，向后渐平直，沿尾柄正中后延至尾鳍基部。

背鳍末根不分枝鳍条为较强的硬刺，后缘具强锯齿，其起点距吻端与距尾鳍基部的距离约相等或略大。腹鳍起点与背鳍末根不分枝鳍条或第一根分枝鳍条的基部相对，末端后伸达腹鳍起点至臀鳍起点的 2/3 处，不达肛门。臀鳍末端后伸不达尾鳍基部。尾鳍叉形，叶端略钝。肛门紧位于臀鳍起点之前。

鳃耙中等发育，排列较密。下咽齿细圆，顶端尖，稍钩曲，咀嚼面匙状。鳔 2 室，后室长于前室的 2 倍以上。腹膜黑色。

生活时，体背侧部暗灰色，向腹部渐白至银白色；背鳍、臀鳍灰黑色，兼有暗红色，其他各鳍浅橘红色。固定保存的标本背部呈蓝灰色或灰褐色，体侧或具黑褐色斑点，腹侧灰白；背鳍、尾鳍浅褐色，其余各鳍呈浅黄色。

生活习性及经济价值 常见于干流、支流急流江段，底质为岩石粗砂，水流稍缓的浅滩或洄水湾处，冬季聚集于深潭、水下岩隙洞穴中越冬。植食性，以锐利的角质化下颌铲食水下砾石上的着生藻类。生长速度较慢。产卵期为 3~4 月，产卵于流水环境中。

野外调查期间，上至四川德格县的岗托，下至云南会泽均有采集，且各产地尚有一定资源量，为区域内重要经济鱼类之一。

流域内资源现状 为流域内较常见土著种，尚有一定资源量。

分布 为长江上游特有种，主要见于金沙江流域，乌江也有分布记载（图 9-1）。

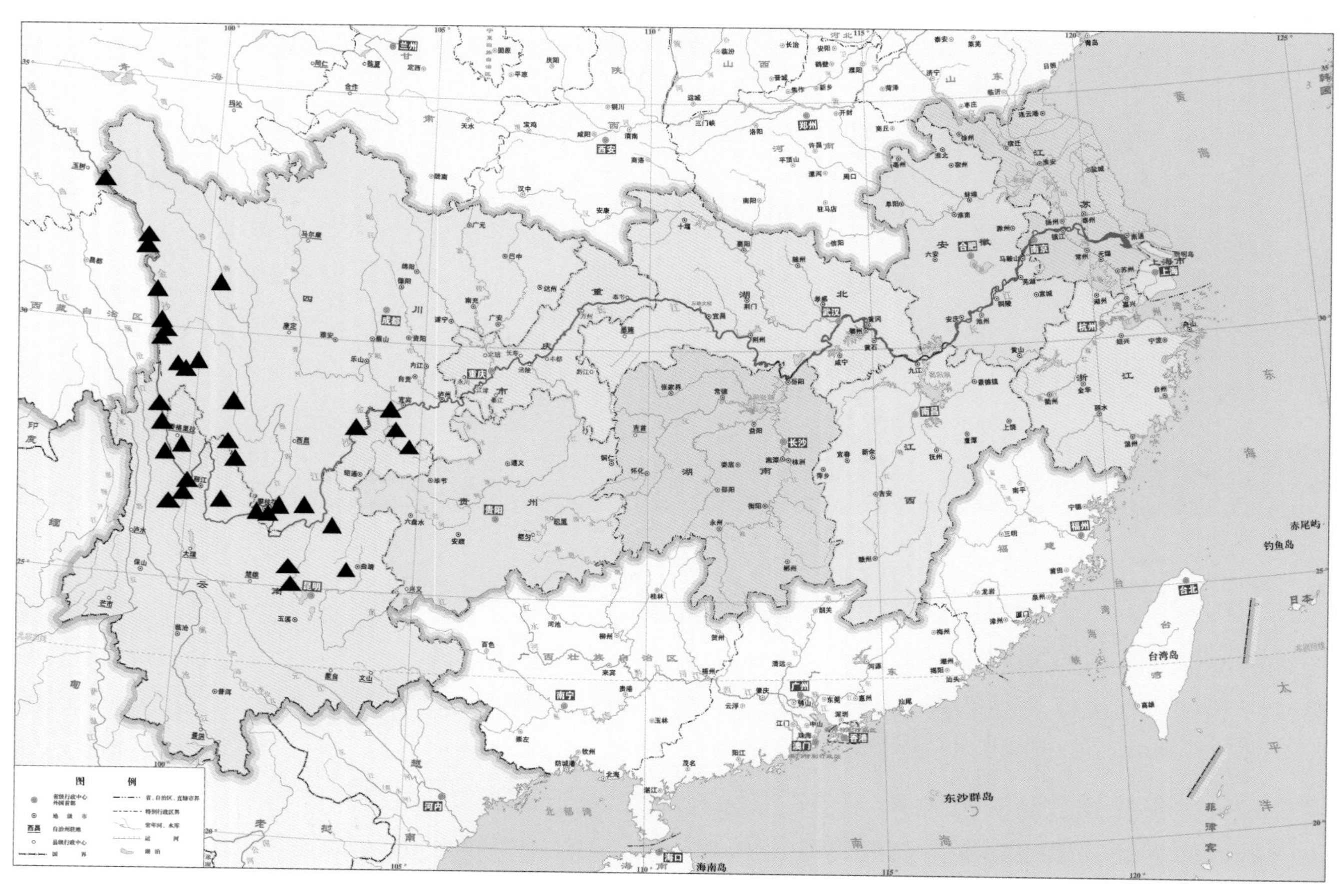

图 9-1 短须裂腹鱼 *Schizothorax* (*S.*) *wangchiachii* 分布示意图

长丝裂腹鱼 *Schizothorax*（*Schizothorax*）*dolichonema* Herzenstein，1889

曾用名 长丝弓鱼

地方俗名 缅鱼、甲鱼

Schizothorax dolichonema Herzenstein，1889：178（金沙江）；曹文宣和邓中粦，1962：37（金沙江、雅砻江）。

Schizothorax（*Schizothorax*）*dolichonema*：曹文宣，1964（见伍献文，1964）：141（四川岗托、巴塘、乡城、甘孜、雅江、道孚、新都桥，云南奔子栏）；丁瑞华，1994：366（雅砻江、甘孜、巴塘、道孚、分羽水河、奔子营）；陈宜瑜，1998：198（云南维西、奔子栏，四川巴塘、道孚、岗托）；乐佩琦，2000：294（云南维西、奔子栏，四川巴塘、道孚、岗托）。

Racoma（*Schizopyge*）*dolichonema*：武云飞和吴翠珍，1992：371（青海玉树直门达，巴塘、江达等金沙江上游）。

主要形态特征 测量标本 6 尾，全长为 72.6~292.7mm，标准长为 51.7~212.5mm。采自西藏江达金沙江支流，四川省石渠县洛须镇、巴塘县苏洼龙乡和美姑河等。

背鳍 iii-8；臀鳍 iii-5；胸鳍 i-19~20；腹鳍 i-9~10。侧线鳞 $97\frac{23\sim30}{17\sim21}103$。第一鳃弓外侧鳃耙 19~23。下咽齿 3 行，2·3·5—5·3·2。

体长为体高的 3.2~4.1 倍，为头长的 3.6~4.6 倍，为尾柄长的 5.8~7.0 倍，为尾柄高的 7.3~9.2 倍。头长为吻长的 2.5~3.1 倍，为眼径的 3.4~5.4 倍，为眼间距的 2.2~2.8 倍。尾柄长为尾柄高的 1.5~1.6 倍。

体延长，稍侧扁；背缘明显隆起，腹缘略显平坦。头锥形，眼后头长明显大于吻长，吻略钝圆。口下位，近横裂；下颌前缘具锐利的角质；下唇完整，呈弧形或新月形，表面密布乳突；唇后沟连续。须 2 对，均较发达，约等长，明显大于眼径，约为眼径的 1.5 倍以上，颌须末端达眼球中部或后缘的下方，口角须末端达眼球后缘或延至前鳃盖骨下方。鼻孔稍大，位于眼前方，距眼前缘较距吻端为近；两鼻孔之间的瓣膜发达。眼中等大，侧中位略上，眼间距宽。全身被细鳞，峡部之后的胸、腹部鳞片明显。侧线完全，较平直，沿体侧正中后延至尾鳍基鳍。

背鳍外缘内凹，末根不分枝鳍条为较强的硬刺，后缘具强锯齿，其起点至吻端稍大于至尾鳍基部的距离。胸鳍后伸达胸鳍起点与腹鳍起点间距离的 2/3 处。腹鳍起点与背鳍末根不分枝鳍条或第一根分枝鳍条的基部相对，末端后伸达腹鳍起点至臀鳍起点的 2/3 处或略后，不达肛门。臀鳍末端后伸不达尾鳍基部。尾鳍叉形，叶端略尖。肛门紧位于臀鳍起点之前。

下咽齿细圆，顶端尖，稍钩曲，咀嚼面匙状。鳔 2 室，后室长为前室的 2 倍左右。腹膜黑色。

固定保存的标本，背部青灰色，侧腹部灰白色，各鳍浅黄色。生殖季节雄鱼吻端具珠星。

生活习性及经济价值 多生活在水流较缓的宽谷河段，河底多砾石，水清澈。生长缓慢。植食性，以具锐利角质缘的上颌铲食附在砾石上的着生藻类，如硅藻、蓝藻等，也摄食绿藻和一些底栖无脊椎动物。雌鱼一般 4 龄可达性成熟，产卵期可能为 4~5 月，繁殖期集群，有短距离的干流、支流或深水至浅水滩的洄游。

肉质细嫩，富含脂肪，最大个体重达 3~4kg，为产区重要经济鱼类之一。

流域内资源现状 主要分布在金沙江流域上游，尚有一定资源量。

分布 金沙江和雅砻江上游特有鱼类，主要出现在干流，支流中下游也可见到。《中国动物志 硬骨鱼纲 鲤形目（下卷）》记载的澜沧江分布记录似缺少标本依据（《云南鱼类志》《四川鱼类志》等似均无记载）（图 9-2）。

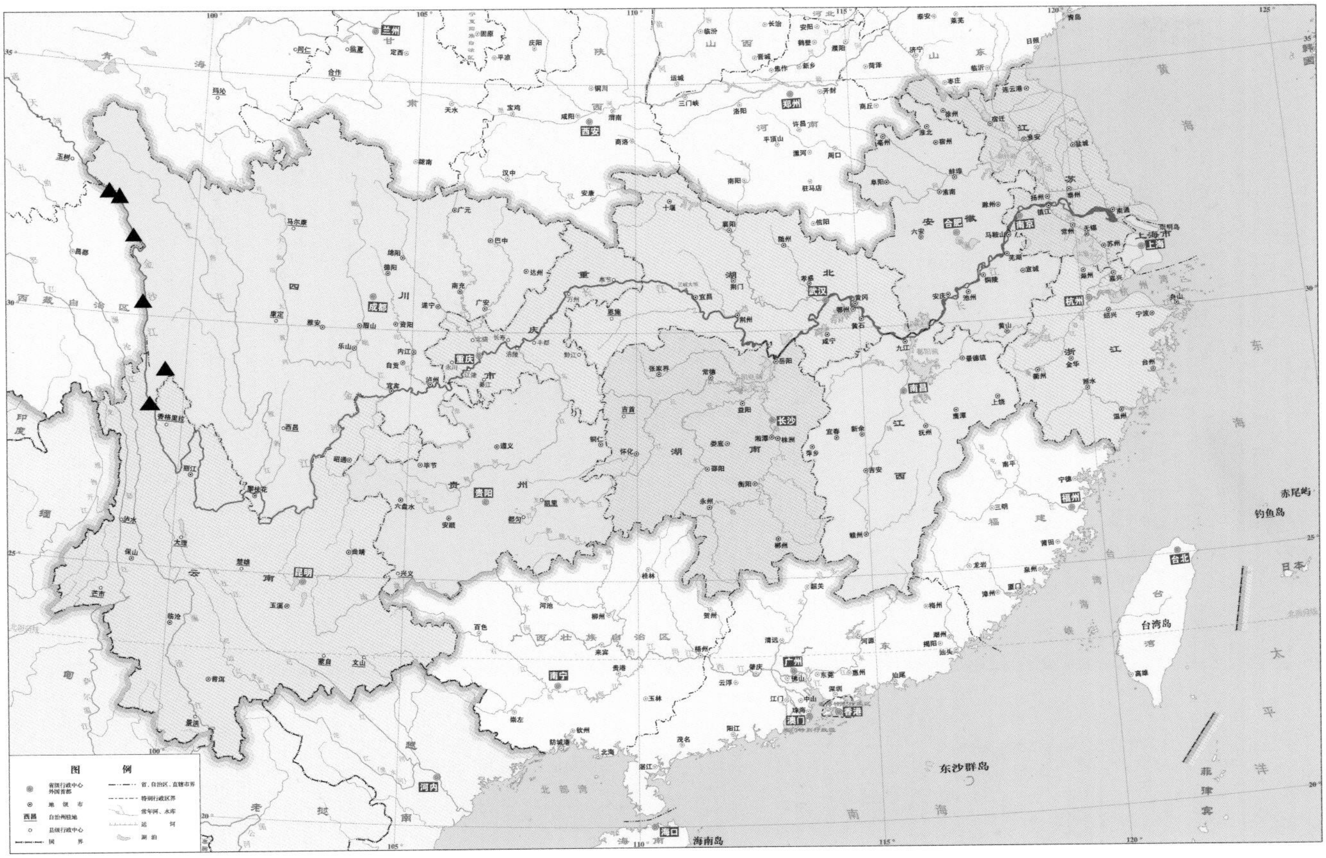

图 9-2　长丝裂腹鱼 *Schizothorax* (*S.*) *dolichonema* 分布示意图

细鳞裂腹鱼 *Schizothorax* (*Schizothorax*) *chongi* (Fang，1936)

Oreinus chongi Fang，1936：448（重庆）。

Oreinus molesworthi Tchang，1931：233（四川）。

Schizothorax sinensis：Tchang，1933：40（四川）；张春霖，1959：82（四川）。

Schizothorax (*Schizothorax*) *chongi*：曹文宣，1964（见伍献文，1964）：145（四川巴县木洞、会理县鱼鲊）；丁瑞华，1994：372（泸州、宜宾等）；陈宜瑜，1998：200（乐山、宜宾、泸州等）；乐佩琦，2000：296（乐山、宜宾、泸州等）。

Racoma (*Schizopyge*) *chongi*：武云飞和吴翠珍，1991：375（四川巴县木洞）。

主要形态特征　测量 5 尾，全长为 121.2~239.0mm，标准长为 93.1~190.2mm。采自云南丽江树底（东江）村和鹤庆县龙开口镇江段。

背鳍 iii-8；臀鳍 iii-5；胸鳍 i-17~20；腹鳍 i-9~10。侧线鳞94 $\frac{35\sim43}{28\sim33}$ 104。第一鳃弓外侧鳃耙 19~25。下咽齿 3 行，2·3·(4)5—5(4)·3·2。

体长为体高的3.6~4.6倍，为头长的4.0~4.8倍，为尾柄长的5.5~7.1倍，为尾柄高的7.5~8.5倍。头长为吻长的 2.7~3.2 倍，为眼径的 3.7~5.4 倍，为眼间距的 2.4~2.7 倍。尾柄长为尾柄高的 1.3~1.7 倍。

体延长，侧扁；背缘明显隆起，胸、腹缘略显平直。头部锥形。吻端稍钝，向前突出。口下位，口裂呈弧形或横裂。吻皮下垂，未盖住上颌，在吻须基部有 1 向前斜行的浅沟裂，沟裂末端距口角较远。下颌前缘具锐利角质缘。下唇完整，呈弧形或新月形，表面具明显或不太明显的乳突；唇后沟连续，中央部分唇后沟较浅。须 2 对，约等长，或口角须稍长，长度约等于或稍长于眼径；吻须末端达眼球中部垂直下方，口角须末端达眼球后缘垂直下方。鼻孔位于眼前方，距眼前缘较距吻端略近；鼻孔间瓣膜发达。眼稍大，侧中位略上，眼间距宽平。

背鳍外缘内凹，末根不分枝鳍条为较强的硬刺，其后缘每侧有 18~31 枚深的锯齿，背鳍起点至吻端稍大于至尾鳍基部的距离。胸鳍末端较尖，后伸不达腹鳍起点。腹鳍外缘平截，后伸不达肛门。臀鳍起点靠近肛门，末端近尾鳍基部。尾鳍分叉较深，上、下叶约等长，叶端尖。

全身被覆细鳞，鳃峡以后的胸、腹部鳞片明显，腹鳍基部具 1 稍长腋鳞，侧线鳞明显大于侧线上、下鳞。侧线完全，较平直，沿体侧正中后延至尾鳍基部。

下咽齿细圆，顶端尖，钩曲，咀嚼面匙状。鳔 2 室，后室长为前室的 2 倍以上。腹膜黑色。

生活时，体背侧部青灰色，向腹部渐白至银白色；背鳍、臀鳍灰黑色，兼有暗红色，其他各鳍暗橘红色。固定保存的标本，背部灰褐色，侧腹部灰白或浅黄色，各鳍浅黄色。生殖季节雄鱼

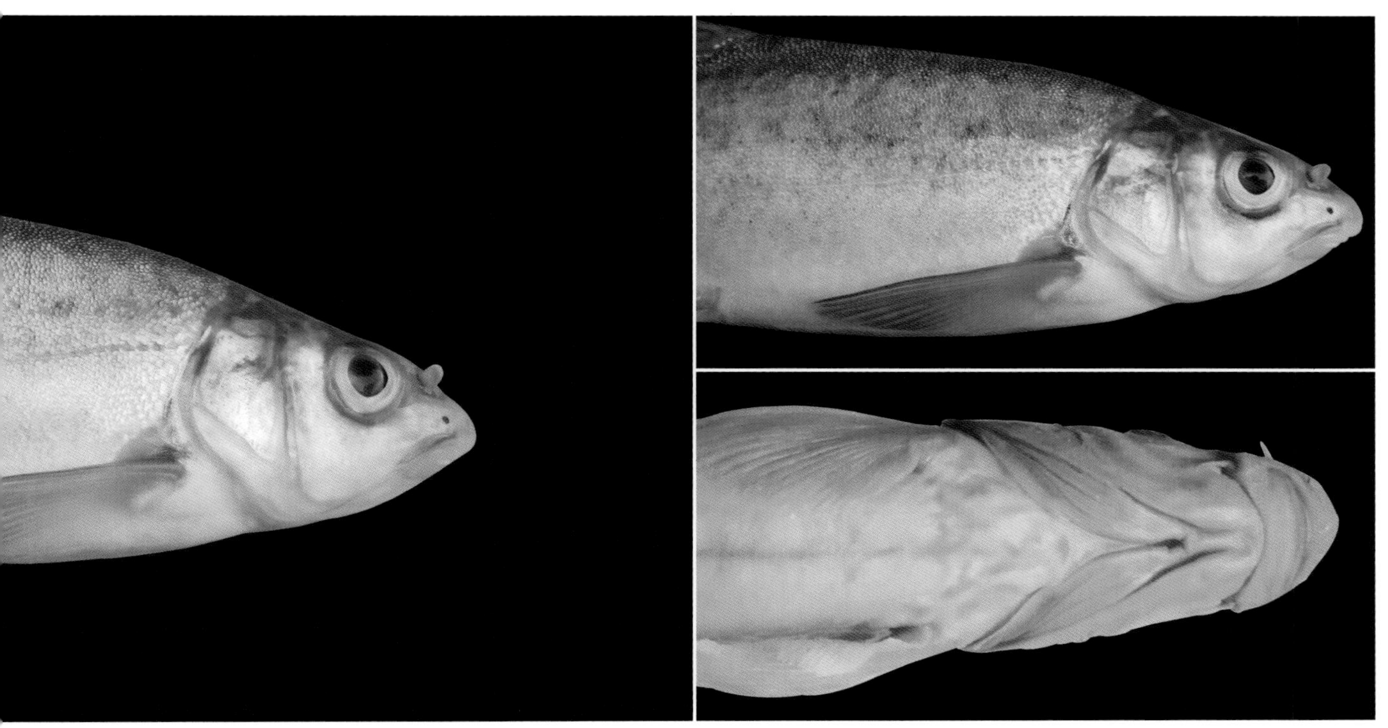

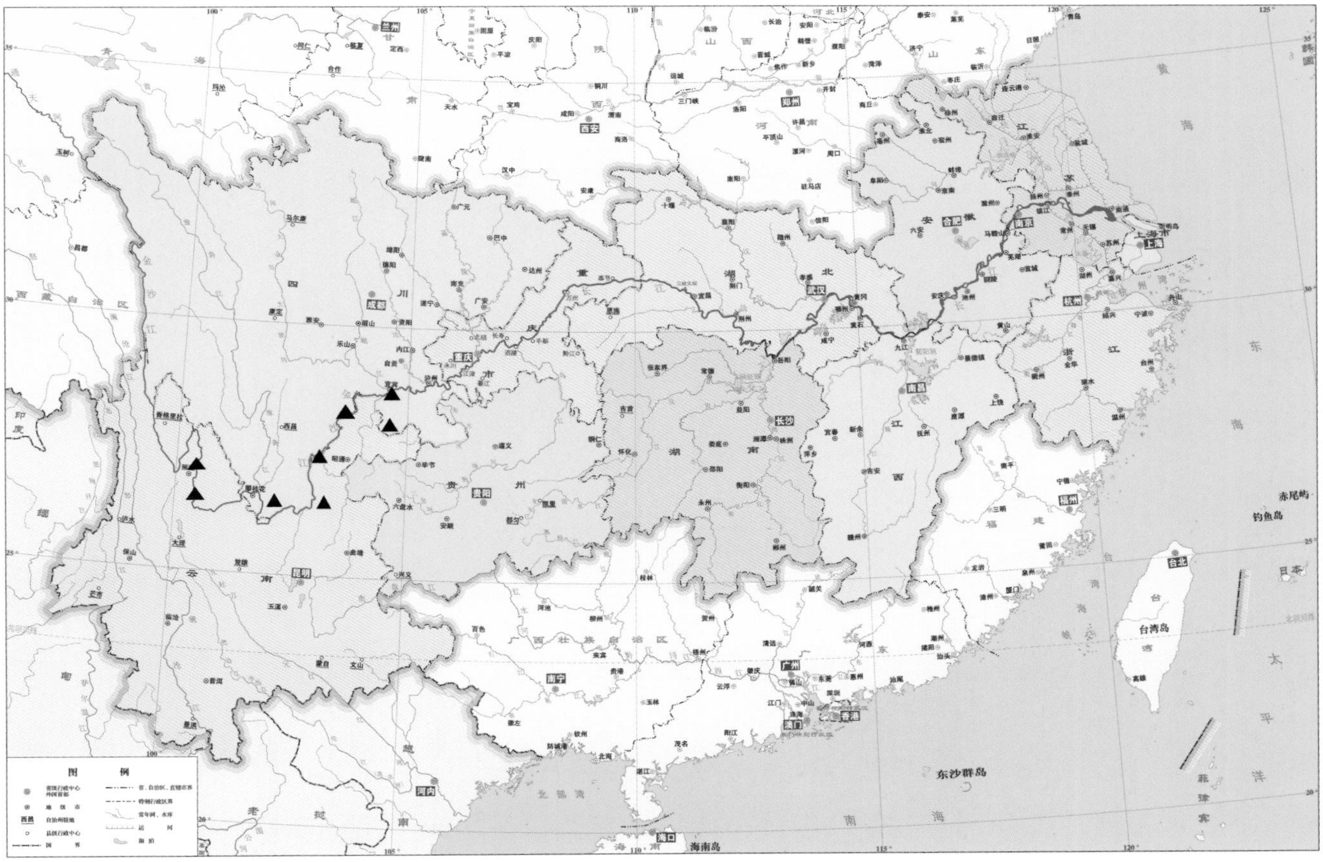

图 9-3　细鳞裂腹鱼 *Schizothorax*(*S.*) *chongi* 分布示意图

吻端具珠星。

生活习性及经济价值　不详。

流域内资源现状　流域内有一定的资源量。

分布　为长江上游特有鱼类，金沙江流域最上见于上游下段巴塘县的巴塘河，向下在中游的永胜县、鹤庆县等江段均有采集，主要分布在干流，一些大支流的下游也有分布。此外，岷江下游也有分布报道（图 9-3）。

昆明裂腹鱼 *Schizothorax* (*Schizothorax*) *grahami* (Regan，1904)

地方俗名　细鳞鱼

Oreinus grahami Regan，1904：416（昆明）。

Schizothorax grahami：Chu，1935：64（云南）；成庆泰，1958：155（昆明湖）。

Schizothorax (*Schizothorax*) *grahami*：曹文宣，1964（见伍献文，1964）：146（四川会东）；褚新洛和陈银瑞，1989：290（宣威、威信）；乐佩琦，2000：298（四川会东、会理）。

Racoma (*Schizopyge*) *grahami*：武云飞和吴翠珍，1992：365（宁南、丽江、富民、永善、雷波、冕宁、芒康、巴塘等金沙江、雅砻江流域）。

主要形态特征　测量 9 尾，全长为 62.9~189.7mm，标准长为 47.5~151.1mm。采自会泽县江底村、元谋县江边乡、稻城县桑堆乡、巴塘县巴塘兵站、得荣县松麦乡、理塘县君坝乡、木里县马场镇和西秋乡等。

背鳍 iii-8；臀鳍 iii-5；胸鳍 i-18~20；腹鳍 i-9~10。侧线鳞$103\frac{27\sim31}{24\sim26}110$。第一鳃弓外侧鳃耙 17~20。下咽齿 3 行，2·3·(4) 5—5 (4) ·3·2。

体长为体高的 3.6~4.0 倍，为头长的 4.3~5.0 倍，为尾柄长的 5.0~6.8 倍，为尾柄高的 8.5~9.4 倍。头长为吻长的 2.7~2.9 倍，为眼径的 4.5~5.0 倍，为眼间距的 2.5~3.3 倍。尾柄长为尾柄高的 1.2~1.6 倍。

体延长，稍侧扁；背缘隆起，腹部圆或稍呈向下的弧形。头锥形。吻略尖，吻长明显小于眼后头长。口下位，横裂或略呈弧形；下颌前缘有锐利角质。下唇完整，不分叶，后缘弧形，表面有乳突；唇后沟连续。须 2 对，约等长，其长度均小于或约等于眼径；吻须末端后伸达鼻孔后缘垂直下方或稍后，口角须末端后伸达眼球中部的垂直下方或更后。鼻孔位于眼前方，距眼前缘较距吻端略近；鼻孔间瓣膜发达。眼中等大，侧中位偏上。

背鳍外缘略内凹，末根不分枝鳍条较弱，其后缘具细小锯齿或仅有锯齿痕迹，背鳍起点至吻端稍大于或等于其至尾鳍基部的距离。胸鳍末端尖，后伸达胸鳍起点至腹鳍起点之间的 1/2~2/3 处。腹鳍起点与背鳍末根不分枝鳍条或第一根分枝鳍条基部相对；末端后伸达腹鳍起点至臀鳍起点之间距离的 2/3 处，不达肛门。肛门位于臀鳍起点之前。臀鳍末端后伸不达尾鳍基部。尾鳍叉形，上、

下叶末端尖。

体被细鳞，排列不整齐；鳃峡以后的胸、腹部裸露无鳞或有个别细鳞隐埋于皮下。侧线完全，较平直，沿体侧正中后延至尾鳍基部。

鳃耙较长。下咽齿下部柱状，顶端钩曲，咀嚼面匙状；主行第一枚齿细小。鳔 2 室，后室长约为前室的 2 倍以上。腹膜黑色。

生活习性及经济价值　野生环境下，栖息于峡谷或流速较高的河流中，喜水体底层生活。冬季潜于河道石缝或通江洞穴越冬，夏季常在砾石滩处摄食，以发达的下颌角质铲食着生藻类，食物以硅藻为主，亦食少量水生昆虫。人工培育条件下，能在池塘内正常生长发育；初次性成熟年龄为 4 龄，雌鱼以 5~6 龄最佳。

其肉质肥厚，富含脂肪，味鲜美，是产区主要经济鱼类之一。

流域内资源现状　流域内尚有一定资源量。

分布　为长江上游特有鱼类。根据我们的实地采集情况，流域内最上分布至巴塘，最下见于牛栏江，支流中见于鲹鱼河、城河、普渡河（滇池）、雅砻江等（图 9-4）。

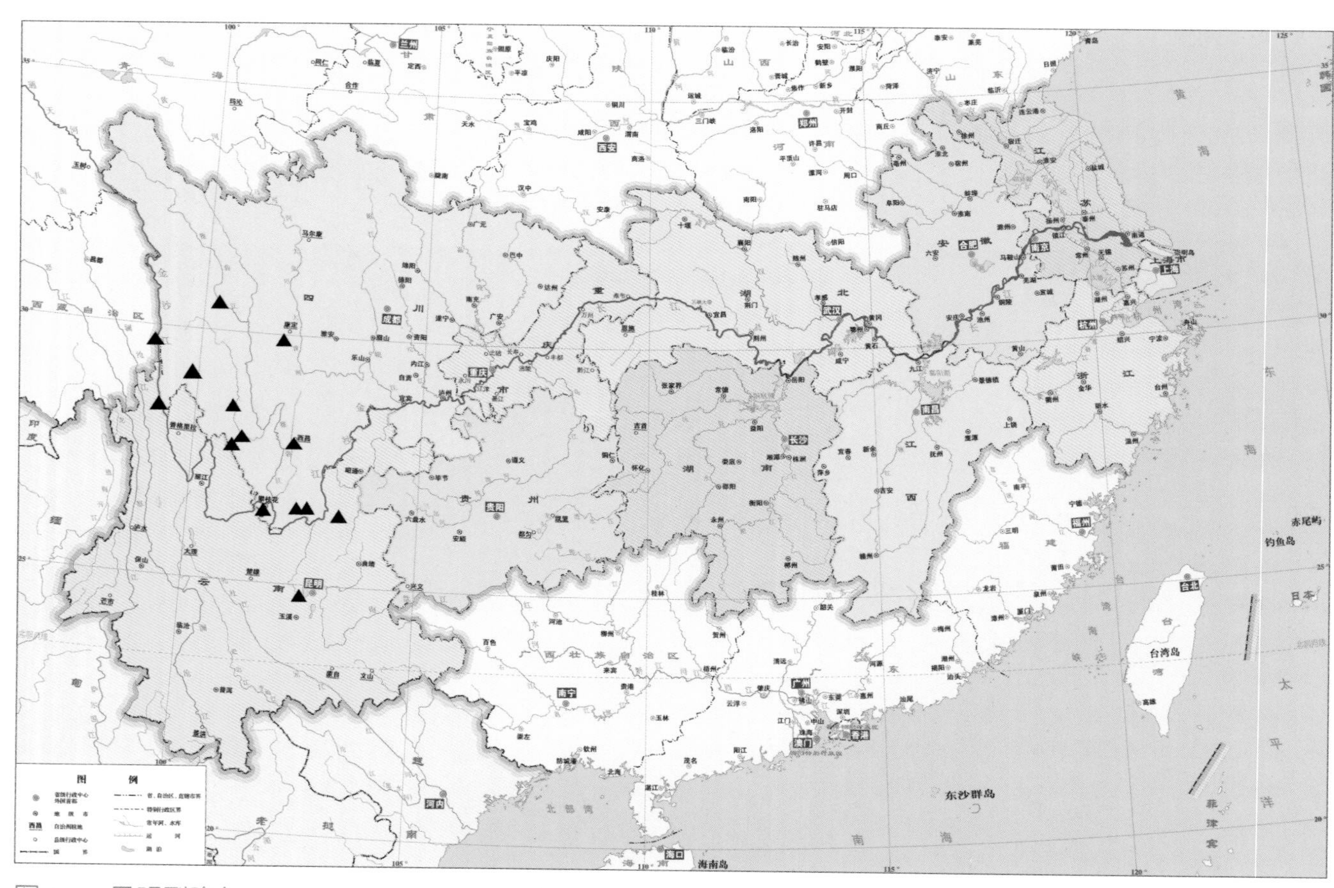

图 9-4　昆明裂腹鱼 *Schizothorax*（*S.*）*grahami* 分布示意图

小裂腹鱼 *Schizothorax* (*Racoma*) *parvus* Tsao，1964

地方俗名　面鱼

Schizothorax (*Schizopyge*) *parvus* Tsao（曹文宣），1964：158（云南丽江漾弓江）。
Schizothorax (*Racoma*) *parvus*：褚新洛和陈银瑞，1989：304（丽江）；乐佩琦，2000：310（云南丽江漾弓江、白龙潭）。
Racoma (*Rocoma*) *parva*：武云飞和吴翠珍，1991：304（云南丽江漾弓江）。

未采到标本，主要依据《云南鱼类志》描述。

主要形态特征　测量标本 10 尾，采自丽江，全长为 230.0~350.0mm，体长为 190.0~293.0mm。

背鳍 iii-8；臀鳍 ii-5；胸鳍 i-18~20；腹鳍 i-9~10。侧线鳞$85\frac{16\sim20}{10\sim15}96$。第一鳃弓外侧鳃耙 11~14。下咽齿 3 行，2·3·5—5·3·2。

体长为体高的 3.8~4.5 倍，为头长的 4.1~4.5 倍，为尾柄长的 5.9~6.9 倍，为尾柄高的 8.6~10.1 倍。头长为吻长的 2.9~4.0 倍，为眼径的 4.7~6.3 倍，为眼间距的 2.7~3.4 倍。尾柄长为尾柄高的 1.3~1.6 倍。

体延长，侧扁；背、腹缘均分别向上、下隆起，呈弧形；腹部圆。吻略尖或钝。口下位至亚下位，弧形或马蹄形，口裂前端在眼下缘水平线之下，前颌骨向后在后鼻孔或后鼻孔与眼前缘之间的下

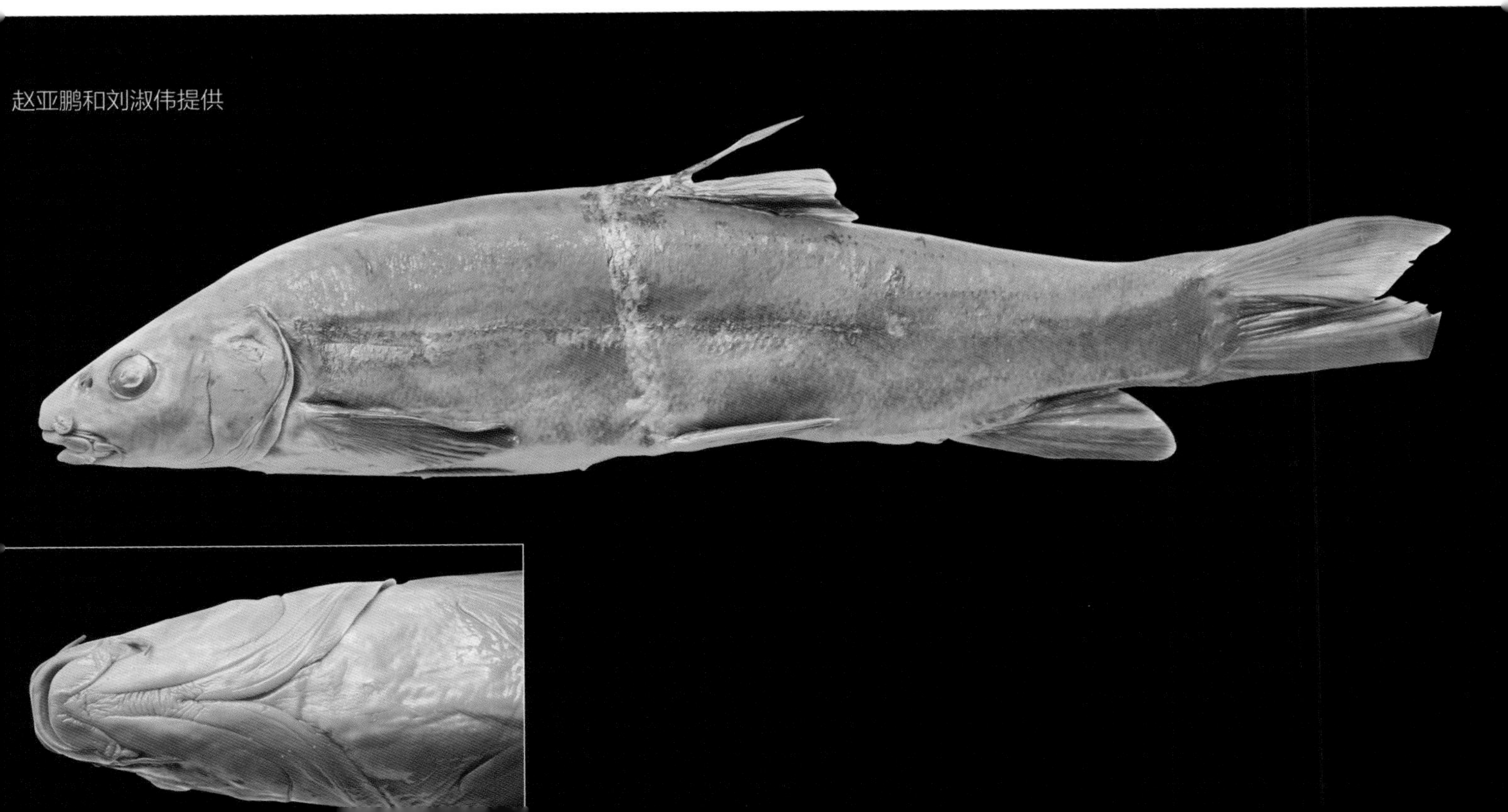

赵亚鹏和刘淑伟提供

方；下颌角质缘不发达，或个别个体下颌前缘有较狭窄的角质，下颌内侧有薄角质，其前缘不锐利（下颌前缘具狭窄角质者其前缘较锐利）。下唇不发达，窄细，分左、右两叶，两叶前面不联会，表面无乳突；唇后沟中断。须 2 对，约等长或口角须稍长，其长度均小于或约等于眼径；吻须后伸达后鼻孔下方，口角须末端后伸达眼中部下方。眼稍小，侧上位，眼间距宽。

背鳍末根不分枝鳍条在较小个体为硬刺，并且后缘有锯齿，较大个体渐软弱，且其后缘渐光滑；背鳍起点至吻端稍大于或等于其至尾鳍基部的距离。胸鳍后伸超过胸鳍起点与腹鳍起点之间距离的 1/2 处。腹鳍起点与背鳍第二根分枝鳍条基部相对，个别与第一或第三根分枝鳍条基部相对；末端后伸达腹鳍起点与臀鳍起点之间距离的 1/2 或 2/3 处，远不达肛门。肛门位于臀鳍起点之前。臀鳍稍长，一些个体末端后伸可达尾鳍基部。尾鳍叉形，上、下叶约等长，叶端尖。

体被细鳞，排列较整齐，鳃峡以后的胸、腹部明显被鳞。侧线完全，较平直，沿体侧正中后延至尾鳍基部。

鳃耙短小，排列稀疏。下咽齿下部柱状，顶端尖，钩曲，咀嚼面匙状。鳔 2 室，前室近椭圆形，后室长，其长度约为前室的 1.5 倍以上。腹膜黑色。

固定保存的标本体背侧部蓝灰或灰褐色，腹部银白色；背鳍及尾鳍灰褐色，胸鳍灰色，腹鳍浅灰黄色，臀鳍浅黄色。繁殖季节性成熟雄鱼吻部有细小的白色珠星。

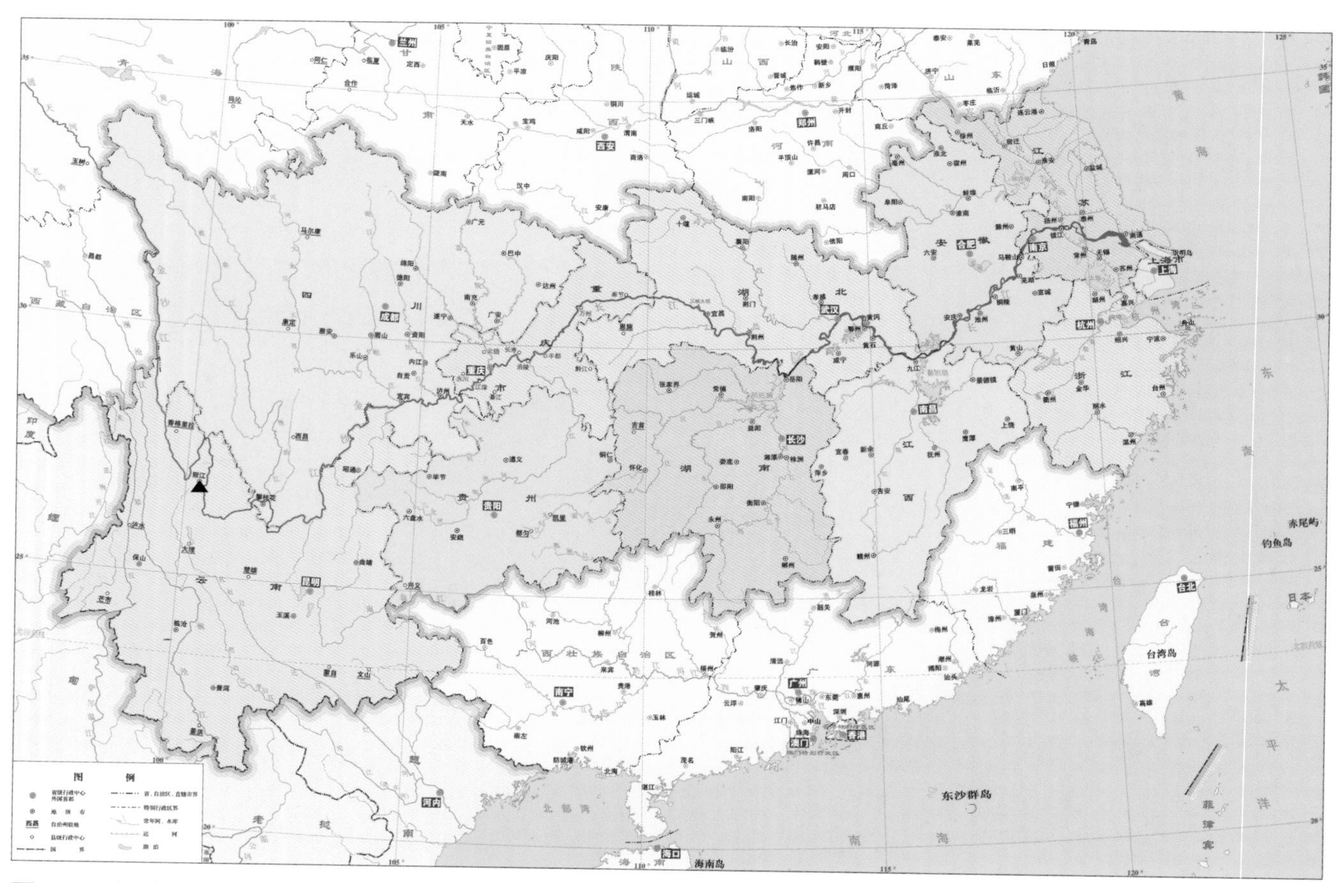

图 9-5 小裂腹鱼 *Schizothorax* (*R.*) *parvus* 分布示意图

生活习性及经济价值　不详。

当地认为其肉质细嫩，肉味鲜美，曾卖到 160 元 /kg，应是产区重要经济鱼类。

流域内资源现状　分布区狭小，野生资源量有限。依武云飞和吴翠珍（1990）报道，1978 年在产地就已很难见到了。我们在近年多次实地野外调查中也未采集到标本。

据报道（冷云等，2006），云南省鹤庆县水产技术推广站曾有养殖，并开展过人工繁殖。

分布　云南丽江漾弓江（中江河）上游，属于金沙江水系（图 9-5）。

085 花斑裂腹鱼，新种

Schizothorax (*Racoma*) *puncticulatus* Zhang，Zhao *et* Niu sp. nov.*

正模标本　ASIZB-204714，体长为 149.7mm；张春光、刘海波、牛诚祎等于 2017 年 4 月采自四川省甘孜州康定沙德乡，采集地点属于雅砻江上游一级支流立曲。副模标本：2 尾，ASIZB-204715 和 204716，体长分别为 140.24mm 和 142.6mm，采集信息同正模。模式标本均保存在中国科学院动物研究所鱼类标本馆。

测量标本 3 尾，体长为 140.2~149.7mm，2017 年 4 月采自四川省甘孜州康定沙德乡（雅砻江上游左侧一级支流立曲）。

背鳍 iii-8，胸鳍 i-18~19，腹鳍 i-8，臀鳍 iii-5；侧线鳞$93\frac{19\sim21}{14\sim16}98$。

体长为体高的 4.2~4.3 倍，为头长的 3.8~4.1 倍，为尾柄长的 5.6~6.0 倍，为尾柄高的 8.3~8.7 倍。头长为吻长的 2.9~3.0 倍，为眼径的 3.3~3.7 倍，为眼间距的 2.1~2.3 倍，为上颌须长的 4.4~4.8 倍，为口角须长的 3.8~4.2 倍。尾柄长为尾柄高的 1.5 倍。

体延长，侧扁；体背自吻部后向上明显隆起，至胸鳍上方始稍平缓至背鳍起点，之后和缓向下至尾鳍基部；整个腹侧自吻端至尾鳍基部呈和缓向下弯曲的浅弧形，且腹部略圆。头钝，锥形，稍侧扁。吻钝。口亚下位，腹视呈弧形。下颌前缘无明显角质。下唇分两叶：左、右两侧叶较发达，稍显宽厚；两侧叶在前方不联会，相距较宽；表面较光滑，无乳突；唇后沟中断。须 2 对，较发达：吻须短于口角须，后伸达到眼前缘垂直下方；口角须稍短于或约等于眼径，后伸接近或达到眼后缘垂直下方。眼中等大，侧上位；眼间距稍宽，略凸出。鼻孔位于眼前方，距眼前缘较近。

背鳍起点至吻端距离约等于至尾鳍基部的距离，末根不分枝鳍条下段较硬，向上渐软，下段较硬处后缘具细小弱锯齿，上段渐软部分后缘无锯齿。胸鳍后伸可达胸鳍、腹鳍起点间距的 1/2 处。腹鳍起点与背鳍第一根分枝鳍条基部或略后相对，末端后伸不达臀鳍起点。肛门紧邻臀鳍。臀鳍后伸距尾鳍基部较远。尾鳍分叉深，上、下叶约等长，叶端略钝。

* 本新种由张春光、赵亚辉和牛诚祎描述
* The new species is described by Zhang Chunguang，Zhao Yahui and Niu Chengyi

花斑裂腹鱼，新种 *Schizothorax*（*Racoma*）*puncticulatus* sp. nov.（正模标本）

小裂腹鱼 *S.*（*Racoma*）*parvus*（漾弓江）

四川裂腹鱼 *S.*（*Racoma*）*kozlovi*（金沙江石鼓江段）

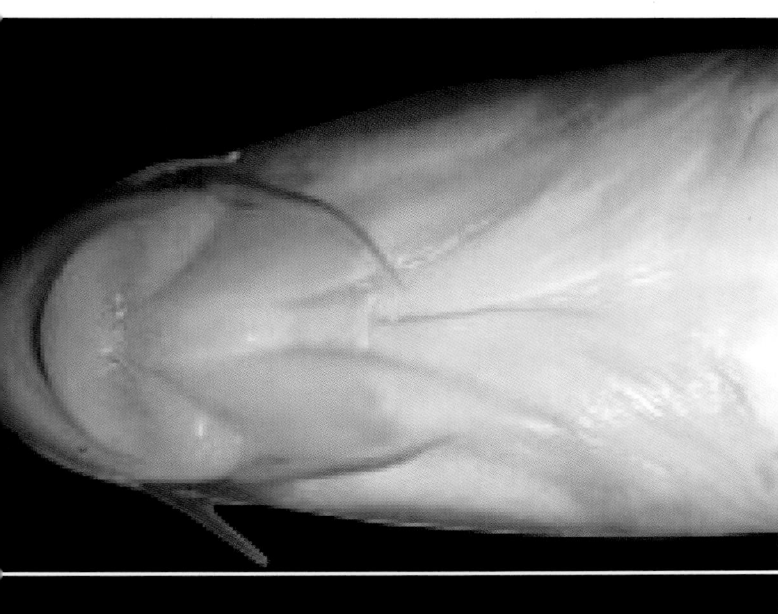

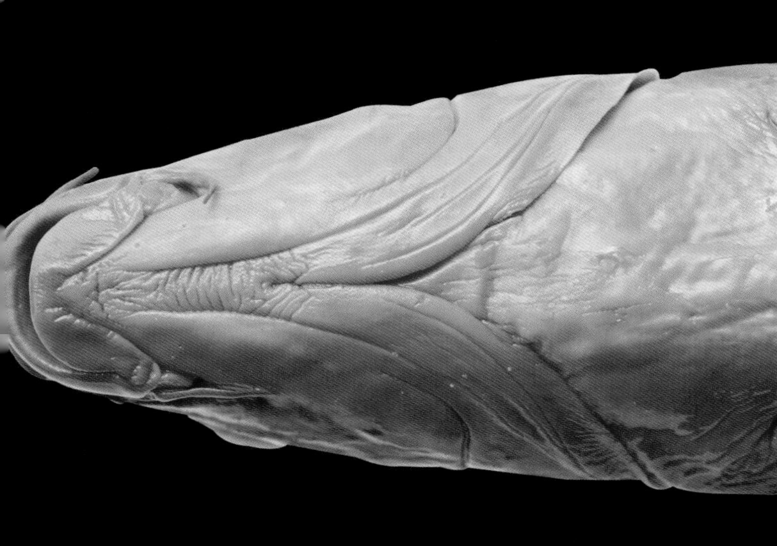

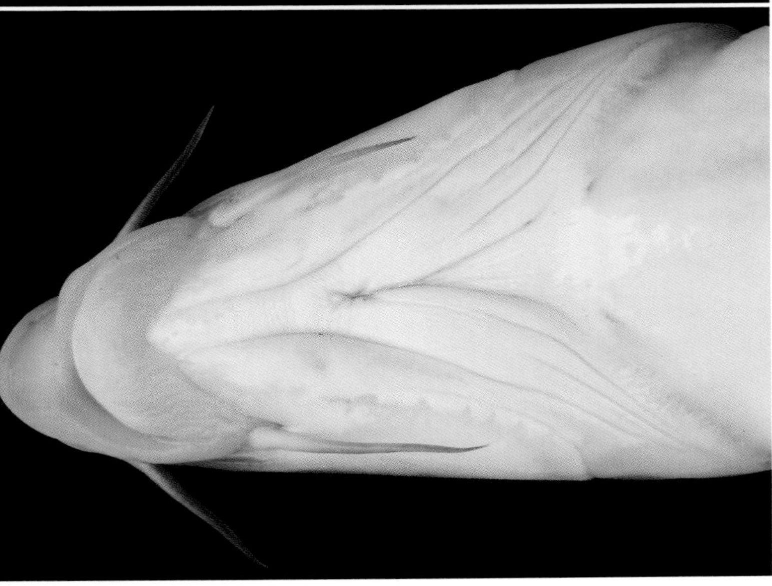

^ 头部腹面观：下唇宽窄和分叶的形态差异等

身体自峡部后被鳞片，鳞片较细密，排列较整齐。侧线完全，较平直或略向下弯曲，向后延伸至尾柄正中。

福尔马林固定转乙醇保存的标本，体背侧部呈蓝灰色，向下颜色渐淡，至腹部呈浅乳黄色，体侧散布较密的黑斑；各鳍条浅黑灰色，边缘蓝黑色。

新种学名取自其体表散布的黑色斑纹，命名为花斑裂腹鱼。

鉴别特征　本种臀鳍分枝鳍条 5，且末根不分枝鳍条软（不为硬刺）；体被细鳞，臀鳍基部至肛门或更前两侧各具 1 列大型臀鳞；须 2 对，较发达；口亚下位，下颌前缘无锐利角质。上述特征反映出新种应属于鲤形目 Cypriniformes 鲤科 Cyprinidae 裂腹鱼亚科 Schizothoracinae 裂腹鱼属 *Schizothorax* 裂尻鱼亚属 *Racoma*（陈毅峰和曹文宣，见乐佩琦等，2000）。

裂尻鱼亚属已知至少有 20 种，通过下唇分 2 或 3 叶（包括有无中间叶）、胸腹部是否具鳞、口的位置（端位或亚下位甚或下位）等特征，可分为 4 个类群：下唇分 2 叶（无中间叶）+ 胸腹部具鳞（类群 Ⅰ）和下唇分 2 叶（无中间叶）+ 胸腹部不具鳞（类群 Ⅱ）；下唇分 3 叶（具中间叶）+ 胸腹部具鳞（类群Ⅲ）和下唇分 3 叶（具中间叶）+ 胸腹部不具鳞（类群Ⅳ）。本新种下唇分 2 叶 + 胸腹部具鳞，明显应属于类群 Ⅰ 的成分。

在类群 Ⅰ 已知种中，就它们的分布区域分析，巨须裂腹鱼 *S.*（*R.*）*macropogon* 仅分布于雅鲁藏布江，银色裂腹鱼 *S.*（*R.*）*argentatus* 和伊犁裂腹鱼 *S.*（*R.*）*pseudoksaiensis* 仅分布于新疆伊犁河，本新种与它们相距甚远；宁蒗裂腹鱼 *S.*（*R.*）*ninglangensis* 和小口裂腹鱼 *S.*（*R.*）*microstomus* 仅分布于泸沽湖，属于典型湖泊型分布区狭窄的种类；小裂腹鱼 *S.*(*R.*)*parvus* 分布于金沙江中游右侧支流中江上游的漾弓江，属于河流型鱼类，且与本新种形态上相似性最大。另外，同域分布形态上有一定相似度的还有四川裂腹鱼 *S.*（*R.*）*kozlovi*。我们将后 2 种与新种进行讨论分析，相关性状比较见表 9-1。

表 9-1　新种与相近种的主要形态特征比较表

Tab. 9-1　Morphological comparison of *Schizothorax*（*Racoma*）*puncticulatus* sp. nov. with similar species

特征 characters ＼ 种类 species	花斑裂腹鱼 (3) *Schizothorax* (*R.*) *puncticulatus* sp. nov.	小裂腹鱼 (10)* *S.*（*R.*）*parvus*	四川裂腹鱼 (9) *S.*（*R.*）*kozlovi*
鳞式 scale formula	$93\frac{19\sim21}{14\sim16}98$	$85\frac{16\sim20}{10\sim15}96$	$97\frac{21\sim26}{18\sim22}106$
体长 / 体高 body depth in SL	4.2~4.3	3.8~4.5	3.9~5.1
体长 / 头长 head length in SL	3.8~4.1	4.1~4.5	4.1~4.7
体长 / 尾柄长 caudal peduncle length in SL	5.6~6.0	5.9~6.9	5.7~7.3
体长 / 尾柄高 caudal peduncle depth in SL	8.3~8.7	8.6~10.1	8.9~11.7
头长 / 吻长 snout length in HL	2.9~3.0	2.9~4.0	2.4~2.9
头长 / 眼径 eye diameter in HL	3.3~3.7	4.7~6.3	5.1~6.9
头长 / 眼间距 interorbital length in HL	2.1~2.3	2.7~3.4	2.5~3.2
头长 / 吻须长 maxilla barbell length in HL	4.4~4.8	5.7~7.3	2.6~3.9
头长 / 口角须长 rectal barbell length in HL	3.8~4.2	4.9~6.1	2.6~3.4
尾柄长 / 尾柄高 caudal peduncle depth in caudal peduncle length	1.5	1.3~1.6	1.4~1.8
下唇 lower lip	2 叶，较发达，两侧叶前面相距较宽，唇后沟中断	2 叶，相对不发达，较窄细，两侧叶前面相距较远，唇后沟不连续	3 叶，发达；稍大个体左、右两侧叶前部联会，将中间叶掩盖；唇后沟连续
背鳍末根不分枝鳍条 last unbranched ray of dorsal fin	下部较硬，向上渐软，后缘锯齿较弱小	较小个体为硬刺，后缘有锯齿；较大个体渐软弱，后缘渐光滑	强壮硬刺，后缘具锯齿
体色 coloration	固定保存的标本体背侧部呈蓝灰色，向下颜色渐淡，至腹部呈浅乳黄白色，体侧散布有较密的黑斑；各鳍条浅黑灰色，边缘蓝黑色	固定保存的标本体背侧部蓝灰或灰褐色，腹部白色；背鳍、尾鳍灰褐色，胸鳍灰色，腹鳍浅灰黄色，臀鳍浅黄色	固定保存的标本体背灰褐色或蓝灰色，背侧部分布较密集的黑褐色斑点（集中分布于侧线之上），侧腹部浅白色；背鳍及尾鳍黄褐色，其他各鳍浅黄色
分布 distribution	雅砻江上游左侧一级支流立曲	金沙江中游右侧一级支流中江河上游漾弓江	金沙江流域广布，最上至岗托，最下至横江

注：SL- 标准长（standard length）；HL- 头长（head length）；*：小裂腹鱼的数据来自《云南鱼类志》《中国动物志　硬骨鱼纲　鲤形目（下卷）》

新种眼略大，头长为眼径的 3.3~3.7 倍（小裂腹鱼为 4.7~6.3 倍；四川裂腹鱼为 5.1~6.9 倍）；下唇分 2 叶，发达且宽厚，两叶前面不联会（小裂腹鱼没有本新种发达，较窄细；四川裂腹鱼发达，分 3 叶，且宽厚并明显联会）；侧线鳞数量与小裂腹鱼相近，小于四川裂腹鱼；背鳍末根不分枝鳍条下段稍硬，向上渐细弱，仅硬的部分具细小弱锯齿（小裂腹鱼和四川裂腹鱼都为硬刺，后缘具明显的锯齿）；现知分布于雅砻江上游左侧一级支流立曲（小裂腹鱼仅分布于金沙江中游右侧一级支流中江上游的漾弓江，四川裂腹鱼广泛分布于金沙江流域，最上至岗托，最下至横江）（图 9-6）。

***Schizothorax*（*Racoma*）*puncticulatus* Zhang，Zhao *et* Niu sp. nov.**

Holotype. ASIZB-204714，149.7mm standard length（SL），from Shade town（29°37′24″N，101°22′10″E），Kangding County，Ganzi Tibetan Autonomous Prefecture，Sichuan，China，belonging to the Yalong Jiang Basin，collected in April 2017 by C. G. Zhang，H. B. Liu and C. Y. Niu.

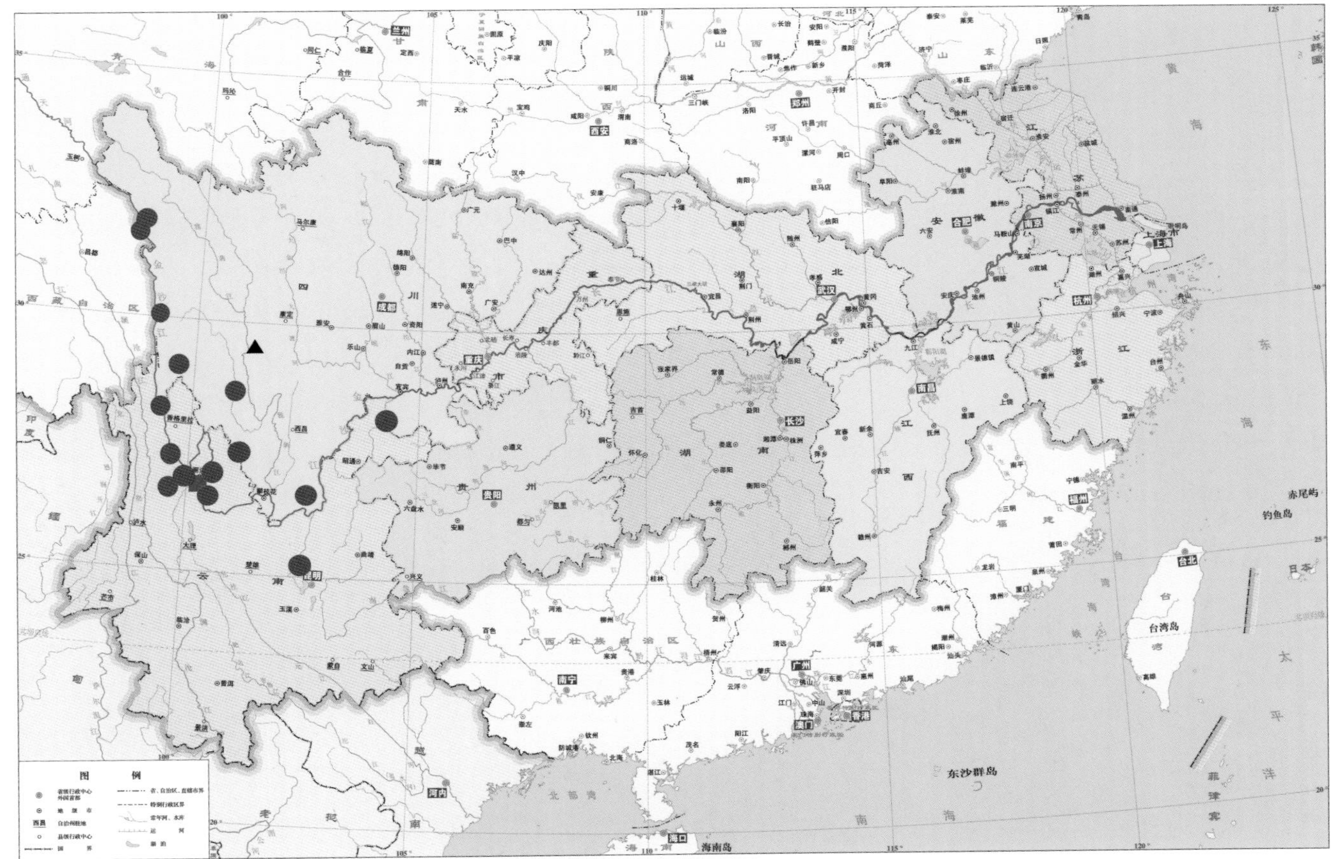

图 9-6　花斑裂腹鱼，新种 *Schizothorax*（*Racoma*）*puncticulatus* sp. nov. 分布示意图
The distribution of *Schizothorax*（*Racoma*）*puncticulatus* sp. nov.

▲ 花斑裂腹鱼；● 四川裂腹鱼；■ 小裂腹鱼

Paratypes. ASIZB 204715-204716, 140.2mm SL and 142.6mm SL, data as for holotype. All the specimens are deposited in the National Zoological Museum of the Institute of Zoology, Chinese Academy of Sciences (ASIZB), Beijing, China.

D. iii-8; P. i-18-19; V. i-8; A. iii-5. Later line scale counts: 93-98; scale row counts above lateral line: 19-21; scale row counts below lateral line: 14-16.

Depth of body 4.2-4.3, length of head 3.8-4.1, length of caudal peduncle 5.6-6.0, Depth of caudal peduncle 8.3-8.7 in standard length. Length of snout 2.9-3.0, diameter of eye 3.3-3.7, interorbital length 2.1-2.3, maxilla barbell length 4.4-4.8, rectal barbell length 3.8-4.2 in head length. Depth of caudal peduncle 1.5 in length of caudal peduncle.

Schizothorax (*Racoma*) *puncticulatus* sp. nov. is morphologically most similar to *S.* (*R.*) *parvus* and *S.* (*R.*) *kozlovi*, but still has some characteristics can be distinguished.

1. *S.* (*R.*) *parvus*, described from the Yanggong Jiang, belongs to the Jinsha Jiang River Basin (see distribution map). The major differences between the new species and *S.* (*R.*) *parvus* are as followings. The new species has larger eyes [3.3-3.7 in head length (HL) for *S.* (*R.*) *puncticulatus* sp. nov. vs. 4.7-6.3 for *S.* (*R.*) *parvus*]; lower lip developed and wide [*S.* (*R.*) *parvus* is opposite]; last unbranched ray of dorsal fin hard at base, softening toward tip, with serrations along posterior edge (the whole fin ray hard with serrations).

2. *S.* (*R.*) *kozlovi*, a dominant species in the Jinsha Jiang River basin (see distribution map). Comparing to *S.* (*R.*) *kozlovi*, the new species has larger eyes [3.3-3.7 in HL for *S.* (*R.*) *puncticulatus* sp. nov. vs. 5.1-6.9 for *S.* (*R.*) *kozlovi*]; bigger scales (lateral-line scale count: 93-98 vs. 97-106; scale rows above and below lateral line: 19-21 vs. 21-26, 14-16 vs.18-22, respectively); lower lip developed and wide [lower lip of *S.* (*R.*) *kozlovi* developed and divided into 3 parts]; last unbranched ray of dorsal fin hard at base, softening toward tip, with serrations along posterior edge (the whole fin ray hard with serrations).

Key Words: New species, *Schizothorax* (*Racoma*), Cyprinidae, Yalong Jiang, Sichuan

宁蒗裂腹鱼 *Schizothorax* (*Racoma*) *ninglangensis* Wang，Zhang *et* Zhuang，1981

地方俗名　白咂嘴

Schizothorax ninglangensis Wang，Zhang *et* Zhuang（王幼槐、张开翔和庄大栋），1981：329（泸沽湖）；陈宜瑜等，1982：219（泸沽湖）。

Schizothorax (*Racoma*) *ninglangensis*：褚新洛和陈银瑞，1989：306（泸沽湖）；陈宜瑜，1998：208（云南宁蒗泸沽湖）；丁瑞华，1994：386（泸沽湖）；乐佩琦，2000：312（云南宁蒗泸沽湖）。

Racoma (*Racoma*) *ninglangensis*：武云飞和吴翠珍，1992：309（云南宁蒗永宁落水附近的泸沽湖区）。

主要形态特征　未采到标本，主要依据《云南鱼类志》描述。

测量标本 14 尾，采自泸沽湖，全长为 215.0~520.0mm，体长为 174.0~430.0mm。

背鳍 iii-7~8；臀鳍 ii-5；胸鳍 i-17~18；腹鳍 i-7~9。侧线鳞$96\frac{16\sim20}{10\sim15}110$。第一鳃弓外侧鳃耙 14~19。下咽齿 3 行，2·3·(4) 5—5 (4)·3·2。

赵亚鹏和刘淑伟提供

体长为体高的 3.8~4.6 倍，为头长的 3.5~4.2 倍，为尾柄长的 5.5~6.3 倍，为尾柄高的 10.7~12.4 倍。头长为吻长的 2.8~3.2 倍，为眼径的 5.7~8.5 倍，为眼间距的 2.9~4.0 倍。尾柄长为尾柄高的 1.8~2.1 倍。

体延长，侧扁；背、腹缘均分别向上、下隆起，呈弧形；腹部圆。头较大，锥形。吻尖，微上翘。口端位，口裂斜，口裂较深，口裂前端在眼下缘水平线之下或与眼中部水平线平行，前颌骨后缘可达鼻孔下方；下颌前缘无角质，内侧有薄角质，前缘不锐利。下唇不发达，窄细，分左、右两叶，两叶前面不联会，表面光滑无乳突；唇后沟中断。须 2 对，细小，约等长或口角须稍长，其长度均小于或约等于眼径；吻须后伸不达前鼻孔下方，口角须后伸达鼻孔至眼后缘之间的下方。鼻孔距眼前缘较距吻端为近。眼大。

背鳍末根不分枝鳍条在较小个体中为硬刺，较大个体中渐软弱，后缘具锯齿；背鳍起点至吻端稍大于至尾鳍基部的距离。胸鳍后伸接近或达到其起点至腹鳍起点之间距离的 1/2 处。腹鳍起点与背鳍起点相对，后伸达到或略超过其起点与臀鳍起点之间距离的 1/2 处，远不达肛门。肛门

泸沽湖

胡区目前售卖的主要渔获物

位于臀鳍起点之前。臀鳍后伸远不达尾鳍基部。尾鳍叉形，叶端尖。

体被细鳞，胸、腹部鳞片较稀疏，多埋于皮下。侧线完全，较平直，沿体侧正中后延至尾鳍基部。

鳃耙短小，排列稀疏。下咽齿下部柱状，顶端尖，钩曲，咀嚼面匙状。鳔 2 室，后室长约为前室的 3.0 倍。腹膜黑色。

新固定的标本体背侧部黑灰或深褐色，间有多数不规则的黑色星形斑点，腹部银白色；背鳍及尾鳍灰色，胸鳍灰褐色，腹鳍和臀鳍浅黄褐色。

生活习性及经济价值　杂食性，偏食浮游生物。6~8 月为繁殖期，性成熟亲鱼游至泸沽湖周边山溪滩泉附近产卵。

个体较大，数量多，曾与小口裂腹鱼和厚唇裂腹鱼一起为湖区主要经济鱼类之一。

流域内资源现状　分布区狭小，仅限于泸沽湖区。曾为泸沽湖区主要土著经济鱼类，产量较大。目前已很少捕到，在我们近年来多次野外实地调查中，均未曾采集到标本，有报道甚至认为已“商业灭绝”（彭徐等，2015）。

目前调查所见，湖区主要渔获物为鲫、麦穗鱼、鳑鲏、小黄黝、虾虎鱼和银鱼等外来小型野杂鱼种。过度捕捞、外来种等影响可能是造成原有土著鱼类濒危的主要原因。

分布　仅见于云南和四川交界处的泸沽湖区（图 9-7）。

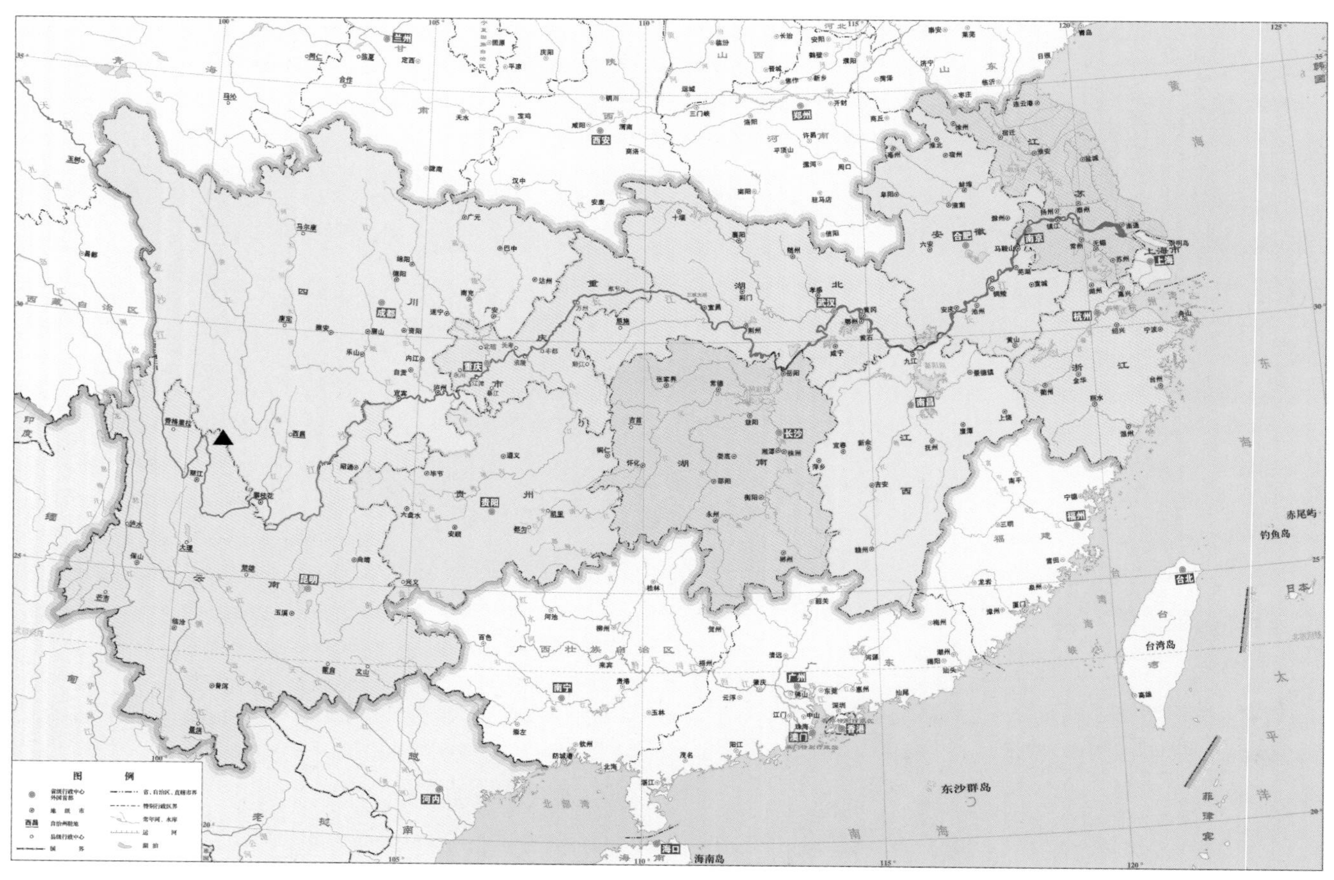

图 9-7　宁蒗裂腹鱼 *Schizothorax* (*Racoma*) *ninglangensis* 分布示意图

小口裂腹鱼 *Schizothorax (Racoma) microstomus* Huang，1982

Schizothorax microstomus Huang（黄顺友），1982：219（云南泸沽湖）；陈宜瑜，1998：210（泸沽湖）。
Schziothorax luguhuensis Wang，Gao *et* Zhang（王幼槐、高礼存和张开翔），1981：330（泸沽湖）。
Schizothorax (Racoma) microstomus：褚新洛和陈银瑞，1989：308（泸沽湖）；丁瑞华，1994：387（泸沽湖）。
Racoma (Racoma) microstoma：武云飞和吴翠珍，1992：311；乐佩琦，2000：303（云南宁蒗泸沽湖）。

未采到标本，主要依据《云南鱼类志》描述。

主要形态特征　测量标本 17 尾，采自泸沽湖，全长为 230.0~340.0mm，体长为 189.0~282.0mm。

背鳍 iii-7~8；臀鳍 ii-5；胸鳍 i-16~20；腹鳍 i-8~9。侧线鳞 $95\frac{24\sim30}{15\sim24}111$。第一鳃弓外侧鳃耙 19~24。下咽齿 3 行，2·3·5—5·3·2。

体长为体高的 4.3~5.7 倍，为头长的 4.5~5.2 倍，为尾柄长的 4.8~6.6 倍，为尾柄高的 10.5~12.6 倍。头长为吻长的 2.9~3.5 倍，为眼径的 4.6~6.3 倍，为眼间距的 2.4~2.8 倍。尾柄长为尾柄高的 1.9~2.3 倍。

体延长，侧扁或略侧扁；背、腹缘均分别向上、下隆起，呈弧形；腹部圆。头锥形。吻尖。口端位，口裂前端与眼下缘或眼中部在同一水平线，前颌骨后端在鼻孔或后鼻孔至眼前缘的下方；下颌外侧无角质，内侧有薄角质，前缘不锐利。下唇不发达，窄细，分左、右两叶，两叶前面不

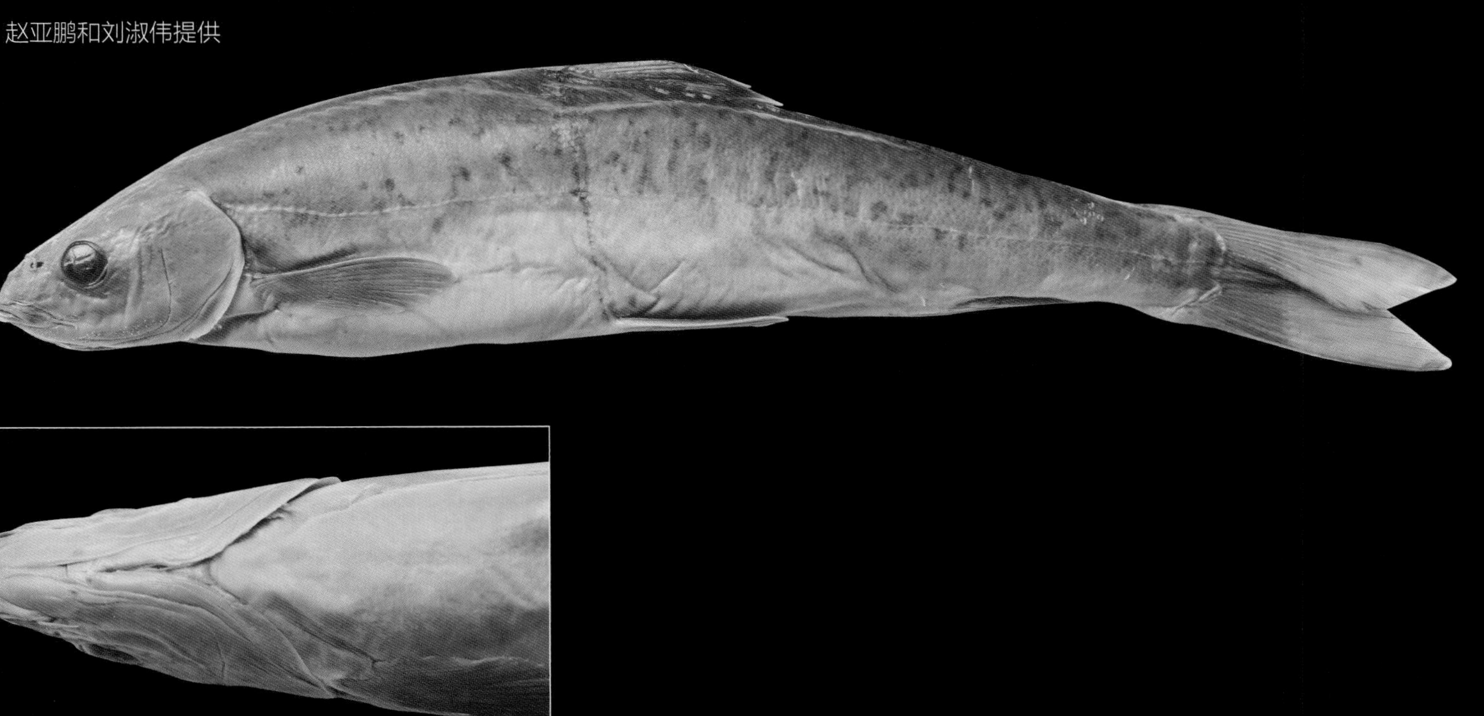
赵亚鹏和刘淑伟提供

联会，表面光滑无乳突；唇后沟中断。须 2 对，细小，约等长或口角须稍长，其长度小于眼径；吻须后伸达鼻孔瓣的下方，口角须后伸达眼中部的下方。

背鳍末根不分枝鳍条在较小个体中为较强壮的硬刺，较大个体中渐软弱，后缘具锯齿；其起点约位于体中点，至吻端较至尾鳍基部为近。胸鳍后伸达其起点至腹鳍起点的约 1/2 处。腹鳍起点与背鳍起点稍后相对，后伸达其起点至臀鳍起点的 1/2 处。臀鳍后伸不达尾鳍基部。尾鳍叉形，叶端尖。

体被细鳞，胸、腹部鳞片明显，腹鳍基具 1 较大的腋鳞。侧线完全，较平直，或在中部略弯，沿体侧正中后延至尾鳍基部。

鳃耙较短小，排列较密。下咽齿下部柱状，顶端尖，钩曲，咀嚼面匙状；主行前第一枚齿细小。鳔 2 室，后室长约为前室的 3.0 倍。腹膜黑色。

体背侧部黑灰或深褐色，散布有多数不规则的黑色星形斑点，腹部银白色。

生活习性及经济价值 多栖息于水体中上层，杂食性，偏食浮游生物。6~8 月为繁殖期，性成熟亲鱼游至泸沽湖周边山溪滩泉附近产卵。

本种个体较湖区其他 2 种裂腹鱼为小，但产量大，为湖区主要经济鱼类之一。

流域内资源现状 同宁蒗裂腹鱼。

分布 仅见于泸沽湖区（与图 9-7 同）。

厚唇裂腹鱼 *Schizothorax* (*Racoma*) *labrosus* Wang，Zhuang *et* Gao，1981

Schizothorax labrosus Wang，Zhuang *et* Gao（王幼槐、庄大栋和高礼存），1981：328（宁蒗永宁）；陈宜瑜等，1982，217（泸沽湖）。

Schizothorax luguhuensis Wang，Gao *et* Zhang（王幼槐、高礼存和张天翔），1981：330（宁蒗永宁）。

Schizothorax (*Racoma*) *labrosus*：褚新洛和陈银瑞，1989（泸沽湖）：305；丁瑞华，1994：385（泸沽湖）；陈宜瑜，1998：217（泸沽湖）；乐佩琦，2000：324（泸沽湖）。

Racoma (*Racoma*) *labrosa*：武云飞和吴翠珍，1992：315（泸沽湖）。

未采到标本，主要依据《云南鱼类志》描述。

主要形态特征 测量标本 15 尾，采自泸沽湖，全长为 240~515mm，体长为 200~435mm。

背鳍 iii-7~8；臀鳍 ii-5；胸鳍 i-17~19；腹鳍 i-9~10。侧线鳞 $90\frac{26\sim29}{16\sim22}103$。第一鳃弓外侧鳃耙 17~19。下咽齿 3 行，2·3·5—5·3·2。

体长为体高的 4.1~4.9 倍，为头长的 4.1~5.2 倍，为尾柄长的 5.1~6.7 倍，为尾柄高的 10.1~11.8 倍。头长为吻长的 2.7~3.2 倍，为眼径的 6.0~7.9 倍，为眼间距的 2.1~2.7 倍。尾柄长为尾柄高的 1.6~2.2 倍。

体延长，侧扁或略侧扁；背、腹缘均分别向上、下隆起，呈弧形；腹部圆。口下位，口裂稍上斜，前端与眼下缘在同一水平线或更下，前颌骨后端在鼻孔下方；下颌外侧无角质，内侧有薄角质，前缘不锐利。下唇较发达或不甚发达，分左、右两叶，两叶前面不联会，表面光滑无乳突；唇后沟不连续。须 2 对，细小，约等长或口角须稍长，其长度小于或等于眼径；吻须后伸达鼻孔下方，口角须后伸达眼中部的下方。

背鳍末根不分枝鳍条在较小个体中为较强壮的硬刺，较大个体中渐软弱或仅基部略硬，后缘具锯齿；其起点至吻端较至尾鳍基部为远。胸鳍后伸达或略过其起点与腹鳍起点之间距离的约 1/2 处。腹鳍起点与背鳍起点稍后相对，后伸达其起点与臀鳍起点之间距离的 1/2 或 2/3 处。臀鳍后伸不达尾鳍基部。尾鳍叉形，叶端尖。肛门紧靠臀鳍起点。

体被细鳞，胸、腹部鳞片埋于皮下或胸鳍基前的胸部裸露无鳞，腹鳍基具 1 小腋鳞。侧线完全，较平直，或在中部略弯，沿体侧正中后延至尾鳍基部。

鳃耙较粗壮，排列较稀疏。下咽齿下部柱状，顶端尖，钩曲，咀嚼面匙状；主行前第一枚齿细小。鳔 2 室，前室椭圆形，后室管状，后室长约为前室的 2.0 倍。腹膜黑色。

固定保存的标本体背侧部暗黑色，散布有多数不规则黑色星斑，向腹部渐色淡。

生活习性及经济价值　多栖息于水体中下层，主要摄食水草和着生藻类。6~8 月为繁殖期，性成熟亲鱼在沙砾质湖滩处掘坑产卵，故在当地有“窝子鱼”之称。

本种个体较大，产量也很大，为湖区主要经济鱼类之一，与宁蒗裂腹鱼和小口裂腹鱼共同构成泸沽湖重要土著鱼类资源。

流域内资源现状　同宁蒗裂腹鱼和小口裂腹鱼。

分布　仅见于泸沽湖区（与图 9-7 同）。

四川裂腹鱼 *Schizothorax* (*Racoma*) *kozlovi* Nikolsky，1903

地方俗名　细甲鱼

Schizothorax kozlovi Nikolsky，1903：90（金沙江）；曹文宣和邓中粦，1962：32（金沙江和雅砻江）。

Oreinus tungchuanensis：Fang，1936：442（云南东川以礼河）。

Schizothorax (*Schizopyge*) *kozlovi*：曹文宣，1964（见伍献文，1964）：154（四川岗托、乡城、会东、道孚、雅江，云南下桥头）。

Schizothorax davidifumingensis Huang（黄顺友），1985：209（云南富民）。

Schizothorax (*Racoma*) *kozlovi*：湖北省水生生物学研究所鱼类研究室，1976：59；褚新洛和陈银瑞，1989，302（盐津、宁蒗、富民）；丁瑞华，1994：381（雅江、会东、甘孜）；陈宜瑜，1998：219（云南宁蒗、富民，四川雅江、冕宁、道孚、雅安、甘孜、下桥头、会东、岗托）；乐佩琦，2000：327（云南宁蒗、富民，四川雅江、冕宁、道孚、雅安、甘孜、下桥头、会东、岗托）。

主要形态特征　测量标本 9 尾，全长为 75.8~282.0mm，标准长为 56.8~235.0mm。采自沙湾水电站大坝下、丽江石鼓、丽江树底（东江）村、丽江巨甸、鹤庆县龙开口镇中江乡、德格 317 国道、巴塘兵站、巴塘县竹巴龙乡和得荣县子庚乡等。

背鳍 iii-8；臀鳍 iii-5；胸鳍 i-17~20；腹鳍 i-9~10。侧线鳞 $97\frac{21\sim26}{18\sim22}106$。第一鳃弓外侧鳃耙 14~16。下咽齿 3 行，2·3·5—5·3·2。

体长为体高的 3.9~5.1 倍，为头长的 4.1~4.7 倍，为尾柄长的 5.7~7.3 倍，为尾柄高的

8.9~11.7 倍。头长为吻长的 2.4~2.9 倍，为眼径的 5.1~6.9 倍，为眼间距的 2.5~3.2 倍。尾柄长为尾柄高的 1.4~1.8 倍。

体延长，侧扁或略侧扁；背、腹缘均分别向上、下隆起，呈弧形；腹部圆。吻端圆钝或略尖。口下位，弧形，口裂前端远在眼下缘水平线之下，前颌骨后端在后鼻孔与眼前缘之间的下方。下颌外侧无角质，内侧有薄角质，前缘不锐利。下唇发达，分 3 叶，稍大个体左、右两叶前部联会，将中间叶掩盖；下唇表面无乳突，具褶皱；唇后沟连续。须 2 对，约等长或口角须稍长，其长度为眼径的 1.5 倍以上；吻须后伸达眼前缘垂直下方或更后，口角须后伸达眼后缘的垂直下方或更后。眼中等大，侧上位，眼间距略宽，圆凸。

背鳍末根不分枝鳍条为强壮的硬刺，后缘具锯齿；其起点至吻端稍大于或等于至尾鳍基部的

距离。胸鳍后伸达其起点与腹鳍起点之间距离的约 1/2 或 2/3 处。腹鳍起点与背鳍末根不分枝鳍条基部相对或个别与背鳍起点相对，向后伸达其起点至臀鳍起点的 2/3 处，不达肛门。臀鳍后伸不达尾鳍基部。尾鳍叉形，上、下叶约等长，叶端尖。肛门位于臀鳍起点。

体被细鳞，排列较整齐，胸、腹部具明显的鳞片，腹鳍基部具明显的腋鳞。侧线完全，较平直，沿体侧正中后延至尾鳍基部。

鳃耙较粗短，排列较稀疏。下咽齿细圆，顶端尖，钩曲，咀嚼面匙状。鳔 2 室，后室长约为前室的 1.5 倍以上。腹膜黑色。

新鲜标本，侧线以上的体背侧部浅黄褐色，侧线以下向腹部渐乳白色；背鳍和胸鳍灰黑色，腹鳍、臀鳍和尾鳍淡黄加浅橘红色。固定保存的标本，体背灰褐色或蓝灰色，具黑褐色斑点，腹侧浅黄色；背鳍及尾鳍黄褐色，其他各鳍浅黄色。

生活习性及经济价值　多在干流急流河段采集，目前在一些水电大坝库区也有采集。主要摄食底栖无脊椎动物。生长缓慢。

尚较常见，为产区重要经济鱼类之一。

流域内资源现状　流域内尚较常见，有一定的资源量。

分布　金沙江流域特有种，最上可分布至岗托，最下可至横江，金沙江支流中还可见于鲹鱼河、普渡河和许曲河等，雅砻江流域也较常见（图 9-8）。

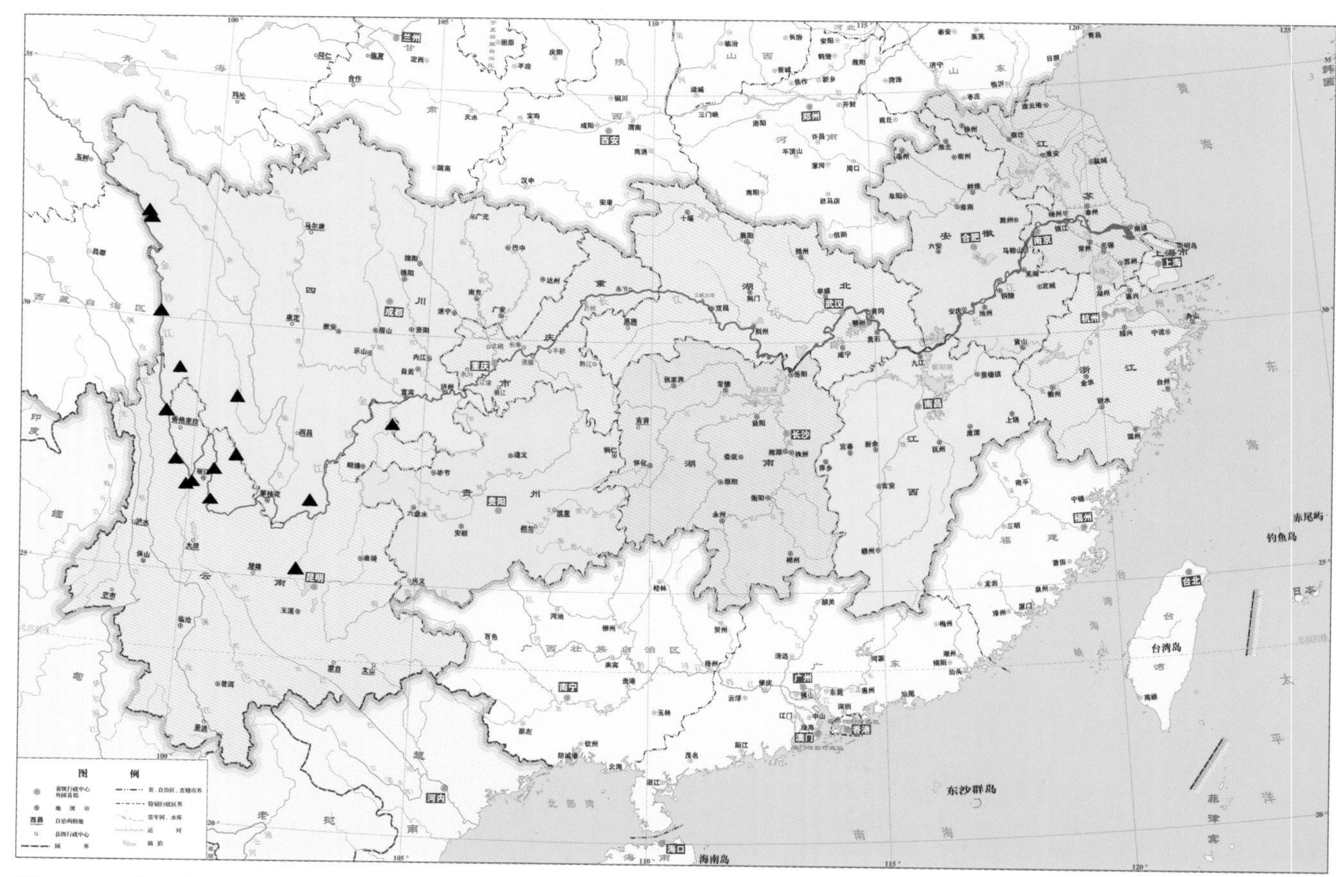

图 9-8　四川裂腹鱼 *Schizothorax* (*Racoma*) *kozlovi* 分布示意图

（52）叶须鱼属 *Ptychobarbus*

体长，呈圆筒形，略侧扁。头锥形。吻突出。口下位或亚下位，口裂呈弧形或马蹄形；下颌前缘无锐利的角质；下唇发达，分为左、右2叶；唇后沟连续或中断。须1对。体全部或大部被鳞，仅胸腹部裸露无鳞。背鳍无硬刺，末根不分枝鳍条软弱，后缘无锯齿。侧线完全。下咽齿2行，3·4—4·3。腹膜黑色。

本属在金沙江流域有2单型种和1具2亚种的多型种。

种或亚种检索表

1（2）下唇左、右两侧叶在前部接触，唇后沟连续；第一鳃弓鳃耙较多，外侧14以上，内侧18以上……………………………………………………………………**裸腹叶须鱼 *P. kaznakovi***

2（1）下唇左、右两侧叶在前部不相接触，唇后沟中断；第一鳃弓鳃耙较少，外侧14以下，内侧18以下

3（6）口角止于眼前缘之前，体长为体高的5倍以下，为尾柄高的12倍以上

4（5）下唇两侧叶较窄细，第一鳃弓外侧鳃耙8~13，内侧鳃耙11~18……………………………………**中甸叶须鱼指名亚种 *P. chungtienensis chungtienensis***

5（4）下唇两侧叶稍发达，相互接近；第一鳃弓外侧鳃耙13~14，内侧鳃耙17~19……………………………………**中甸叶须鱼格咱亚种 *P. chungtienensis gezaensis***

6（3）口角明显在眼前缘之后，体长为体高的5倍以上，为尾柄高的12倍以下……………………………………**修长叶须鱼，新种 *Ptychobarbus leptosomus* Zhang，Zhao *et* Niu sp. nov.**

裸腹叶须鱼 *Ptychobarbus kaznakovi* Nikolsky，1903

地方俗名　花鱼

Ptychobarbus kaznakovi Nikolsky，1903：91（金沙江）；武云飞和吴翠珍，1992：416；乐佩琦，2000：344。

Diptychus kaznakovi：曹文宣和邓中粦，1962：38（四川德格、岗托）。

Diptychus（*Ptychobarbus*）*kaznakovi*：曹文宣，1964（见伍献文，1964）：173（四川德格、岗托）；丁瑞华，1994：389（德格）；陈宜瑜，1998：226（四川德格、岗托，青海直门达，西藏江达、左贡）。

主要形态特征　测量标本9尾，全长为62.9~210.0mm，标准长为48.1~170.8mm。采自青海省通天河大桥上游1km和四川省甘孜州石渠县洛须镇。

背鳍iii-8；臀鳍iii-5；胸鳍i-17~19；腹鳍i-8~10。侧线鳞$96\frac{27\sim32}{22\sim24}112$。第一鳃弓外侧鳃耙14~17，内侧19~21。下咽齿2行，3·4—4·3。

体长为体高的 4.2~5.9 倍，为头长的 3.6~4.0 倍，为尾柄长的 6.0~7.5 倍，为尾柄高的 11.2~14.9 倍。头长为吻长的 2.6~3.0 倍，为眼径的 4.0~6.3 倍，为眼间距的 3.4~4.4 倍。尾柄长为尾柄高的 2.0~2.6 倍。

体延长，略呈圆筒形，体背稍隆起，腹部圆；尾柄浑圆或稍侧扁。头锥形。吻突出。口下位，口裂马蹄形。下颌前缘无角质，内侧微具角质。下唇发达，分 2 叶，无中叶，两侧叶前部相连，后缘微内卷；下唇表面光滑或有褶皱。须 1 对，位于口角，粗壮而长，其末端达前鳃盖骨。鼻孔位于眼前方，较近眼前缘。眼中等大，侧上位；眼间距宽，略凸出。

背鳍末根不分枝鳍条软弱，后缘无锯齿，其起点至吻端略小于至尾鳍基部的距离。胸鳍后伸可达胸鳍、腹鳍起点间距的 2/3 处。腹鳍起点与背鳍第四至第六根分枝鳍条相对，末端后伸不达肛门，距臀鳍起点较远。臀鳍略发达，末端接近或达到尾鳍基部。肛门靠近臀鳍起点。

体密被细小鳞片，排列不整齐，向腹部处鳞片渐退化，整个胸、腹部裸露无鳞，少部分有隐埋于皮下的细鳞；侧线鳞较侧线上、下鳞为大。侧线完全，在胸鳍起点上方略下弯，后较平直向后延伸至尾鳍基部。

下咽齿细圆，顶端尖，钩曲。鳔 2 室，后室长约为前室的 2.0 倍以上。腹膜黑色。

固定保存的标本，体背侧部黑褐色，分布有密集不规则的小斑纹，体腹部灰白色。各鳍灰黄色，背鳍、尾鳍具有多数斑点，其他各鳍斑点较稀少。

生活习性及经济价值 多在干流流水环境生活。沿江一些餐馆常见有售卖，商品价值较高。

流域内资源现状 近年野外调查中多有采集，应尚有一定资源量，只是数量不大，《中国濒危动物红皮书 · 鱼类》将其列为易危种。

分布 为我国特有种。依据《中国动物志 硬骨鱼纲 鲤形目（下卷）》记载，分布于怒江、澜沧江和金沙江水系。金沙江流域主要见于金沙江和雅砻江干流，金沙江最上可到直门达附近，向下可分布至许曲河，支流中还可见于定曲河（图 4-19）。

中甸叶须鱼指名亚种

Ptychobarbus chungtienensis chungtienensis（Tsao，1964）

Diptychus（*Ptychobarbus*）*chungtienensis* Tsao（曹文宣），1964：174（云南中甸）；陈宜瑜，1998：227（云南中甸）。
Ptychobarbus chungtienensis：褚新洛和陈银瑞，1989：317（中甸县碧塔海、纳帕海及小中甸）。
Ptychobarbus chungtienensis chungtienensis 乐佩琦，2000：345（云南中甸）。

主要形态特征 测量标本 3 尾，全长为 83.5~148.5mm，标准长为 63.4~114.0mm。采自云南省香格里拉市基吕村。

背鳍 iii-7~8；臀鳍 iii-5；胸鳍 i-16；腹鳍 i-8~9。侧线鳞$99\frac{27\sim29}{21\sim23}102$。第一鳃弓外侧鳃耙 8~13，内侧 11~18。下咽齿 2 行，3·4—4·3。

体长为体高的 4.2~5.9 倍，为头长的 3.6~4.5 倍，为尾柄长的 5.0~7.0 倍，为尾柄高的 11.0~12.9 倍。头长为吻长的 2.6~3.0 倍，为眼径的 5.0~7.3 倍，为眼间距的 2.4~3.4 倍。尾柄长为尾柄高的 2.0~2.5 倍。

体延长，近圆筒形或略侧扁，体背稍隆起，腹稍平直；尾柄浑圆。头锥形。吻稍钝。口下位，口裂弧形。下颌前缘无角质。下唇稍发达，分左、右两侧叶，无中叶；下唇表面光滑，无乳突。须 1 对，位于口角，稍长，发达程度变化较大，一般末端后伸可达眼球中部下方或之后。鼻孔位于眼前方，距眼前缘较近。眼中等大，侧上位；眼间距宽，略凸出。

背鳍末根不分枝鳍条软弱，后缘无锯齿，其起点至吻端远小于至尾鳍基部的距离。胸鳍端后伸可达胸鳍、腹鳍起点间距的 1/2 处。腹鳍起点与背鳍第五至第七根分枝鳍条相对，末端后伸达其起点至臀鳍起点的 2/3~4/5 处，或接近肛门。臀鳍略发达，末端接近或达到尾鳍基部。尾鳍分叉，叶端略圆。肛门靠近臀鳍起点。

身体大部分密被细小鳞片，排列不整齐；自峡部之后的胸、腹部裸露无鳞。侧线完全，近平直，向后延伸至尾鳍基部。

下咽齿细圆，顶端尖，钩曲，咀嚼面匙状。鳔 2 室，后室长约为前室的 2.0 倍以上。腹膜黑色。

固定保存的标本，体背侧部黑褐色，分布有多数形态不规则的小黑斑，腹部灰白色。背鳍、尾鳍散布黑斑点，其他各鳍灰黄色。

生活习性及经济价值　不详。

流域内资源现状　我们在野外调查中采集到标本，在小中甸河上、中、下游均没有采集到标本，但在上游源头区域尚有一定数量。

分布　现知仅见于小中甸河及其上游源头区所属的碧塔海、纳帕海、属都海等湖泊（图 4-19）。

中甸叶须鱼格咱亚种

Ptychobarbus chungtienensis gezaensis（Huang *et* Chen，1986）

Diptychus（*Ptychobarbus*）*chungtienensis gezaensis* Huang *et* Chen（黄顺友和陈宜瑜），1986：103（云南中甸县格咱）；陈宜瑜，1998：229。

Ptychobarbus chungtienensis gezaensis 乐佩琦，2000：346（云南中甸格咱河）。

主要形态特征 测量标本 1 尾。全长为 200.0mm，标准长为 150.0mm。采自云南省香格里拉（中甸）格咱乡，并参考《横断山区鱼类》描述。

背鳍 iii-7；臀鳍 iii-5；胸鳍 i-18；腹鳍 i-8。侧线鳞95$\frac{27}{21}$。第一鳃弓外侧鳃耙 13 或 14。下咽齿 2 行，3·4—4·3。

该亚种与指名亚种比较　下唇更为发达；口角须更长，后伸超过眼球后缘垂直下方比仅达眼球中部垂直下方；鳃耙数目更多，鳃耙 13 或 14 比 8~13，内侧 17~19 比 11~18；分布区为相对独立的水系。

生活习性　从我们现场采集情况来看，该亚种较指名亚种分布的海拔更高，仅分布在水流较急的山溪中。

流域内资源现状　数量较少，野外调查期间，连续数天采集仅获得 1 尾标本（手撒网）。

分布　现知仅分布在云南中甸格咱河（属且冈河，经香格里拉上桥头汇入金沙江的一条支流的上游，与小中甸河为不同水系，两河流向相反，源头相邻），属金沙江上游段支流（图 4-19）。

093 修长叶须鱼，新种 *Ptychobarbus leptosomus* Zhang，Zhao *et* Niu sp. nov.*

正模标本 ASIZB-204713，体长为 179.38mm。张春光、李浩林等于 2013 年 8 月采自四川省甘孜州新龙县皮擦乡（赠送，获得时已被解剖，内脏被取出，从待被食用的冰箱中拿出），采集地点属于雅砻江水系。模式标本 1 尾，保存在中国科学院动物研究所鱼类标本馆。

测量标本 1 尾，体长为 179.38mm，2013 年 8 月采自四川省甘孜州新龙县皮擦乡（雅砻江干流）。此外，还在木里河（无量河中游段）路边参观见到过售卖此鱼。

背鳍 iii-8，胸鳍 i-16，腹鳍 i-8，臀鳍 iii-5；侧线鳞$101\frac{26}{19}$。

体长为体高的 5.94 倍，为头长的 3.54 倍，为背鳍前距的 2.02 倍。头长为吻长的 3.36 倍，为眼径的 4.06 倍，为眼间距的 3.75 倍，为头宽的 2.22 倍，为下颌长的 2.92 倍。尾柄长为尾柄高的 1.56 倍。

体较显著延长，略侧扁，体背稍隆起。尾柄较宽。头部延长。吻稍钝。口下位，口裂窄弧形。下颌前缘无角质。口角向后明显超过眼前缘。下唇分左、右两侧叶，中等发达，无中间叶；下唇表面光滑，无乳突。口角须较长，后伸超过眼球后缘垂直下方。鼻孔位于眼前方，距眼前缘较近。眼中等大，侧上位；眼间距宽，略凸出。

背鳍起点至吻端距离远小于至尾鳍基部的距离，末根不分枝鳍条软弱，后缘无锯齿。胸鳍后伸可达胸鳍、腹鳍起点间距的 1/2 处。腹鳍起点与背鳍后部相对，末端后伸远不达臀鳍起点。臀鳍紧邻肛门，后伸不达尾鳍基部。尾鳍分叉，叶端略圆。

身体大部分密被细小鳞片，排列不整齐；自峡部之后的胸、腹部裸露无鳞。侧线完全，近平直，向后延伸至尾鳍基部。

福尔马林固定保存的标本，体背部灰褐色，其余部分为白色。背鳍、尾鳍灰白色，其他各鳍白色。

新种学名取自其重要形态特征体修长的拉丁语 *-leptosoma*。

鉴别特征 本种体被细鳞，肛门和臀鳍前后具臀鳞；具 1 对口角须，下颌前缘无角质，属于鲤形目鲤科裂腹鱼亚科叶须鱼属。叶须鱼属已知有 5 种及亚种，通过下唇左、右两侧叶在前部是否相接触、唇后沟是否连续等特征可分为两个类群。其中金沙江流域已知有 3 种及亚种：裸腹叶须鱼 *P. kaznakovi*、中甸叶须鱼指名亚种 *P. chungtienensis chungtienensis* 和中甸叶须鱼格咱亚种 *P. chungtienensis gezaensis*。本种下唇分叶程度远不及裸腹叶须鱼发达，可明显区分；而与中甸叶须鱼两个亚种相近。但与后两者又有明显的区别（表 9-2，图 9-9）：新种体修长，体长为体高的 5.94 倍（中甸亚种 4.75 倍，格咱亚种 4.84 倍）；下唇中等发达（介于中甸和格咱两亚种之间），口角明显超过眼前缘（中甸和格咱两亚种口角都在眼前缘之前）；尾柄较高，体长为尾柄高的 11.11 倍（中甸亚种为 12.58~12.59 倍，格咱亚种为 12.71 倍）；分布区域不同：中甸亚种

---

* 本新种由张春光、赵亚辉和牛诚祎描述

* The new species is described by Zhang Chunguang，Zhao Yahui and Niu Chengyi

修长叶须鱼，新种 *Ptychobarbus leptosomus* sp. nov.（正模标本）

中甸叶须鱼指名亚种 *P. chungtienensis chungtienensis*

中甸叶须鱼格咱亚种 *P. chungtienensis gezaensis*

^ 侧面观：体形、特色等特征比较

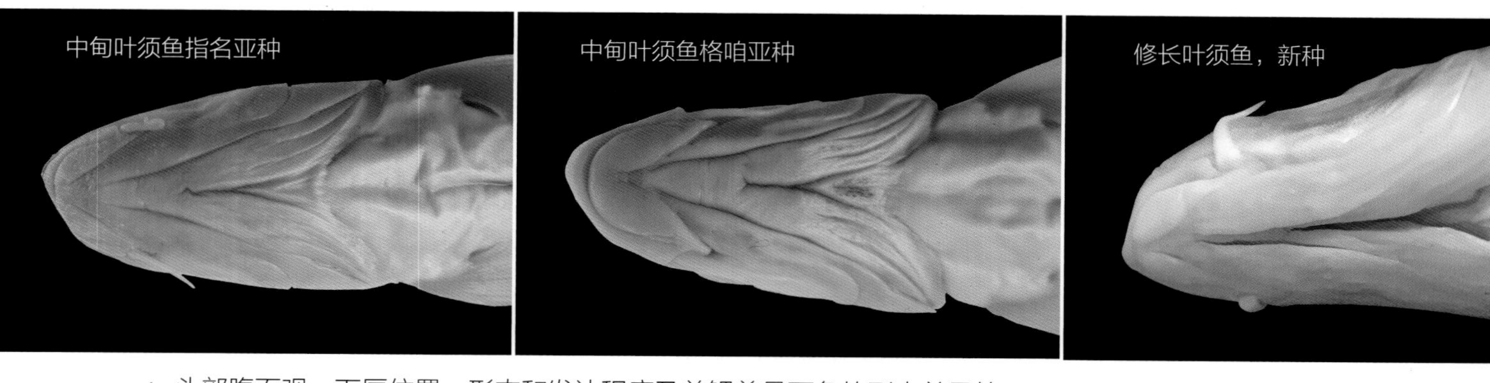

^ 头部腹面观：下唇位置、形态和发达程度及前鳃盖骨下角的形态差异等

表 **9-2** 新种与相近种的主要形态特征比较表

Tab. 9-2 Morphological comparison of *Ptychobarbus leptosomus* sp. nov. with similar species

特征 characters \ 种类 species	修长叶须鱼（1）*P. leptosomus* sp. nov.	中甸叶须鱼指名亚种（2）*P. chungtienensis chungtienensis*	中甸叶须鱼格咱亚种（1）*P. chungtienensis gezaensis*
体长 / 体高 body depth in SL	5.94	4.50~5.00	4.84
体长 / 头长 head length in SL	3.54	3.43~3.78	3.86
体长 / 背鳍前距 predorsal length in SL	2.02	1.94~2.04	2.12
体长 / 尾柄长 caudal peduncle length in SL	7.12	6.70~7.20	7.76
体长 / 尾柄高 caudal peduncle depth in SL	11.11	12.58~12.59	12.71
头长 / 吻长 snout length in HL	3.36	3.83~3.89	3.11
头长 / 眼径 eye diameter in HL	4.06	3.36~3.39	4.06
头长 / 眼间距 interorbital length in HL	3.75	3.24~3.25	3.97
头长 / 口角须长 rectal barbell length in HL	4.24	5.13~6.08	4.64
头长 / 下颌长 lower jaw length in HL	2.92	3.40~3.69	3.33
头长 / 头宽 head width in HL	2.22	1.80~1.87	1.79
尾柄长 / 尾柄高 caudal peduncle depth in caudal peduncle length	1.56	1.75~1.88	1.64
体色 coloration	体背部灰褐色，其余部分白色；背鳍、尾鳍灰白色，其他各鳍白色	头背及体背部灰褐色，密集许多黑褐色斑点或斑纹；背鳍及尾鳍灰褐色，具黑褐色斑点，胸鳍浅黄色，腹鳍及臀鳍浅黄色	体背褐色，间有黑色小斑点，腹部灰白色；背鳍、胸鳍、尾鳍散布褐色小斑点，腹鳍及臀鳍浅灰色
分布 distribution	四川省新龙县（雅砻江干流）	小中甸河（金沙江中游支流）	中甸格咱河（且冈河，香格里拉上桥头汇入金沙江的一条支流的上游）

注：SL 为标准长（standard length）；HL 为头长（head length）

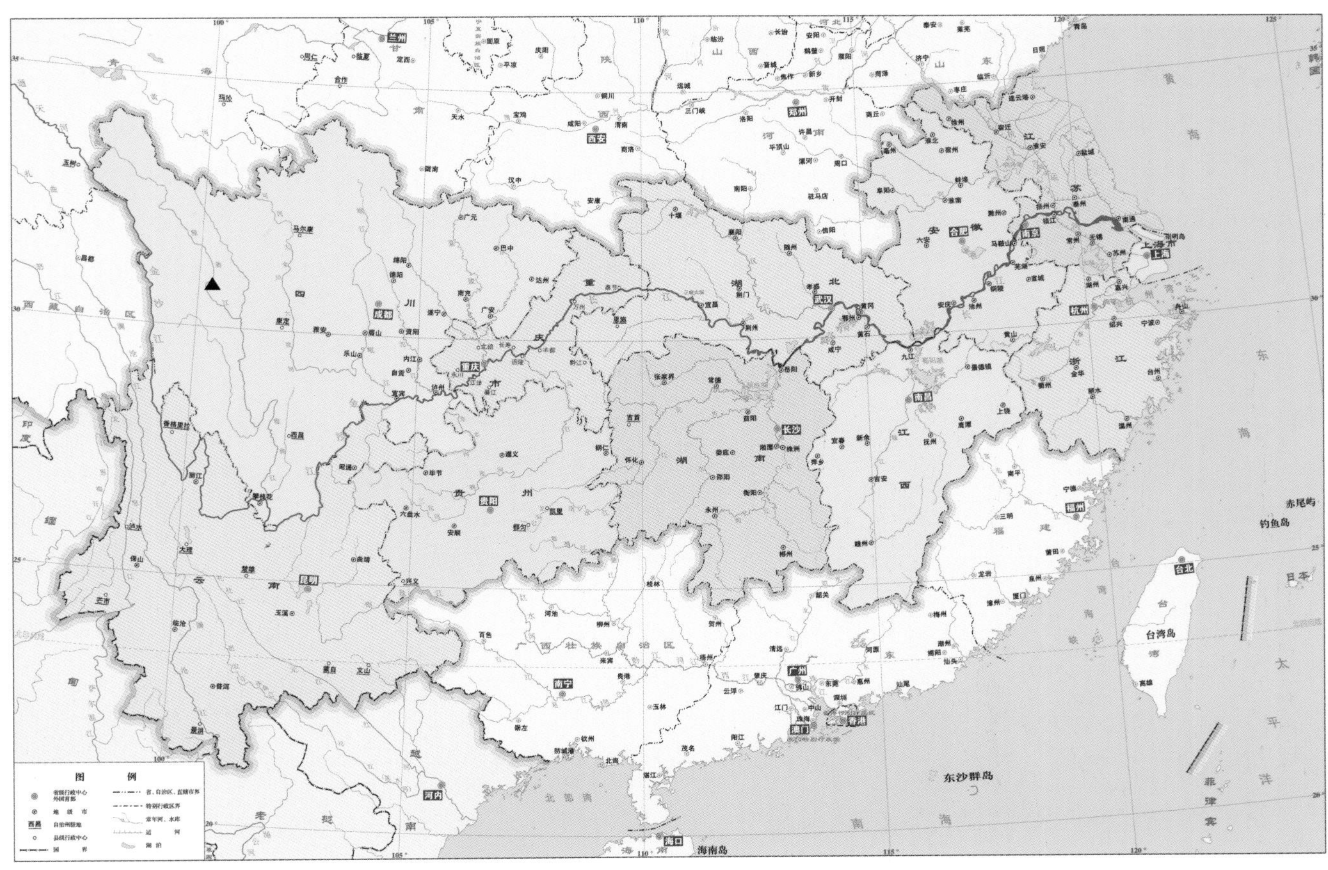

图 9-9　修长叶须鱼 *Ptychobarbus leptosomus* sp. nov. 分布示意图

现知仅分布于小中甸河（金沙江中游支流），格咱亚种仅分布在中甸格咱河（属且冈河，经得荣县和香格里拉市之间汇入金沙江，属于金沙江上游），本新种现知仅分布于雅砻江上游干流、支流。

Ptychobarbus leptosomus Zhang，Zhao _et_ Niu sp. nov.

Holotype：ASIZB-204713，standard length 179.38mm，collected from the Xinlong county，Ganzi Tibetan Autonomous Prefecture，Sichuan，China，which belongs to the Yalong Jiang River Basin，by C. G. Zhang and H. L. Li in August 2013. The type specimen is preserved in the National Zoological Museum of the Institute of Zoology，Chinese Academy of Sciences，Beijing.

D. iii-8；P. i-16；V. i-8；A. iii-5. Later line scale counts：101；scale row counts above lateral line：26；scale row counts below lateral line：19.

Depth of body 5.94，length of head 3.54，length of predorsal 2.02 in standard length. Length of snout 3.36，diameter of eye 4.06，interorbital length 3.75，width of head 2.22，lower jaw length 2.92 in head length. Depth of caudal peduncle 1.56 in length of caudal peduncle.

Ptychobarbus leptosomus sp. nov. is morphologically most similar to *P. chungtienensis chungtienensis* and *P. chungtienensis gezaensis*，but has some characteristics can be distinguished.

1. *P. chungtienensis chungtienensis*, described from the Xiaozhongdian River, belongs to the Jinsha Jiang River Basin (see below distribution map). The major differentiator are the body length and head length are not extended (see above Table); shorter snout length (29.8% HL for *P. leptosomus* vs. 25.7%-26.1% HL for *P. chungtienensis chungtienensis*); lower jawbone is not connected; rostralis is not beyond the leading edge of eye obviously; shorter rectal barbell (6.66% vs. 4.36%-5.51% SL); shorter caudal peduncle depth (9.00% vs. 7.94%-7.95% SL); body and back generally grey brown with serried spot.

2. *P.chungtienensis gezaensis*, from the Gezan River in Yunnan, belongs to the Jinsha Jiang River Basin (see below distribution map). The different for these two species are the body length and head length are not extended (see above Table); lower jawbone is not connected; rostralis is not beyond the leading edge of eye obviously; shorter rectal barbell (6.66% vs. 5.58% SL); lower lip developed than *P. leptosomus*; shorter caudal peduncle depth (9.00% vs. 7.87% SL); body brown with little spot and back grey white.

Key Words: new species, *Ptychobarbus*, Cyprinidae, Yalong Jiang River, Sichuan

(53) 裸重唇鱼属 *Gymnodiptychus*

体长，略侧扁或呈圆筒形。口端位或下位，口裂弧形或呈马蹄形。下颌前缘无角质。下唇发达或不发达，分为左、右两叶，两叶在前部相连或不相连，表面光滑无乳突；唇后沟连续或中断。须 1 对。体表除臀鳞和肩带处有鳞外，其他部分裸露无鳞。背鳍末根不分枝鳍条软弱，后缘无锯齿。侧线完全。下咽齿 2 行。鳔 2 室。腹膜黑色。

本属在金沙江流域有 1 种，见于上游江段。

厚唇裸重唇鱼 *Gymnodiptychus pachycheilus* Herzenstein, 1892

地方俗名　花鱼、麻鱼

Gymnodiptychus pachycheilus Herzenstein, 1892: 226（黄河上游）；陈宜瑜，1998: 230（四川甘孜、德格、道孚、炉霍、红原等）乐佩琦，2000: 351（四川甘孜、德格、道孚、炉霍、红原等）。

Diptychus pachycheilus: 曹文宣和邓中粦，1962: 39（黄河、长江）；曹文宣和伍献文，1962: 80（黄河、岷江、雅砻江等）。

Gymnodiptychus dybowskii: Fang, 1936: 451（四川松潘）。

Diptychus (*Gymnodiptychus*) *pachycheilus*: 曹文宣，1964（见伍献文，1964）: 176（四川甘孜、雅江、道孚、龙日坝、红原、唐克、索藏寺、若尔盖等）。

主要形态特征　测量 7 尾，全长为 106.0~426.0mm，标准长为 82.0~350.0mm。采自四川省

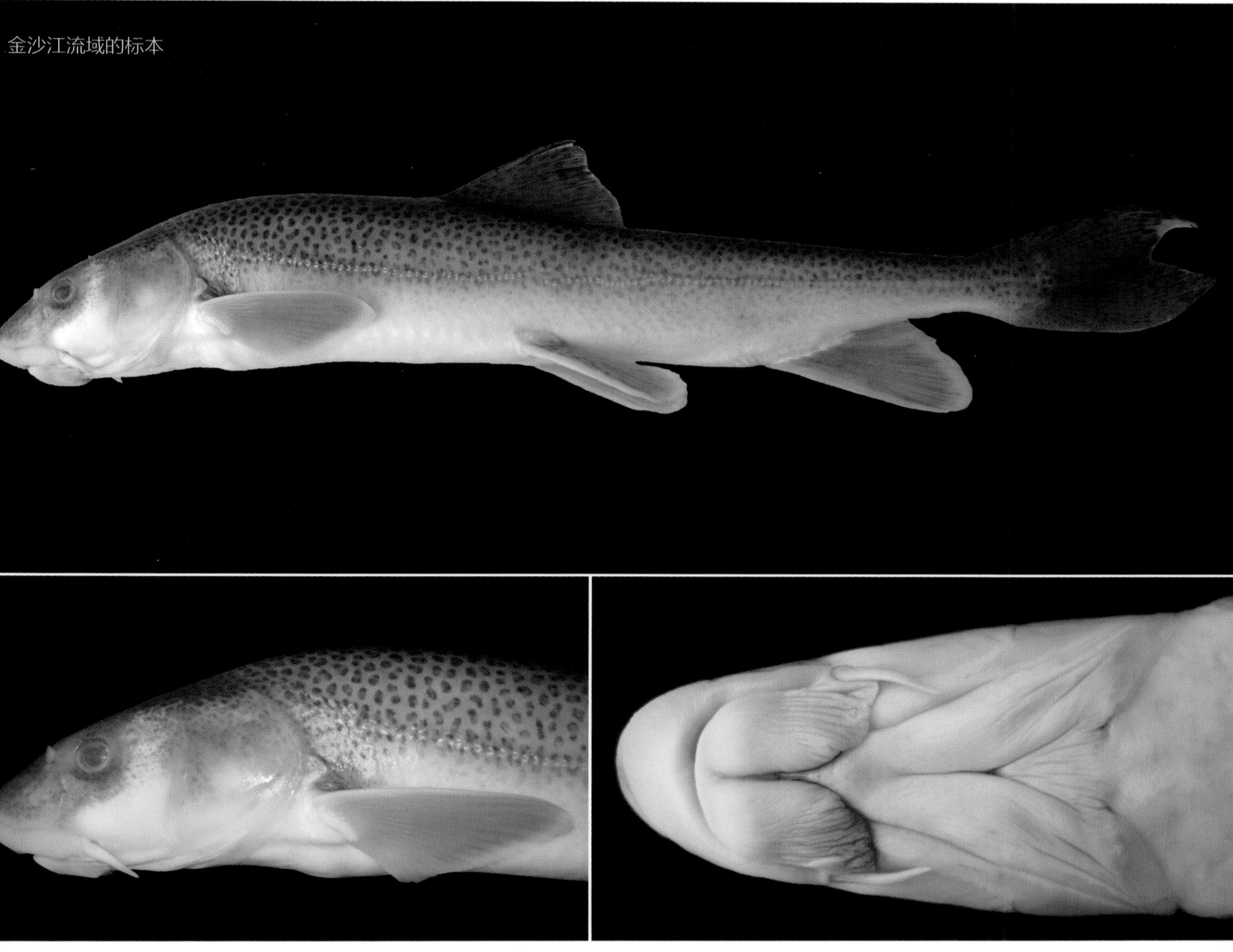

甘孜州新龙县，理塘县君坝乡和石渠县起坞乡等。

背鳍 iii-8；臀鳍 iii-5；胸鳍 i-19~20；腹鳍 i-9~10。第一鳃弓外侧鳃耙 16~19。下咽齿 2 行，3·4—4·3。

体长为体高的 4.2~5.3 倍，为头长的 3.8~4.2 倍，为尾柄长的 5.7~7.9 倍，为尾柄高的 15.4~20.6 倍。头长为吻长的 2.6~3.0 倍，为眼径的 4.0~5.1（8.5）倍，为眼间距的 2.6~3.7 倍。尾柄长为尾柄高的 2.4~3.1 倍。

体呈长筒形，稍侧扁；体背自吻端开始向上隆起，至胸鳍相对位置为身体最高点，之后平直向下倾斜至尾柄后端；腹部略平直；尾柄细圆。头锥形，腹面稍平坦。吻突出，吻长明显小于眼后头长；口下位，呈马蹄形；吻皮止于上唇中部；下颌无锐利的角质缘；唇发达，下唇左、右叶

在前方互相接近，侧后缘未连接部分向内翻卷，表面光滑无乳突，或在较大个体下唇中后部表面有纵行皱褶；无中叶。口角须 1 对，较粗短，末端超过眼后缘垂直下方之后。鼻孔较小，位于眼前缘上方，距眼前缘较距吻端显著为近。眼略小，侧上位，眼间距宽，隆起。

背鳍外缘略显平截，最后一根不分枝鳍条柔软，后缘无锯齿；其起点至吻端远小于至尾鳍基部的距离。胸鳍长度约等于胸鳍、腹鳍起点之间距离的一半，后伸远不达腹鳍起点。腹鳍起点约与背鳍第七根分枝鳍条相对，末端近肛门。臀鳍长，外缘微凸，末端接近或达到尾鳍基部。肛门紧靠臀鳍起点。

体表除臀鳞和胸鳍基部上方肩带处有不规则排列的鳞片外，绝大部分裸露无鳞。侧线完全，较平直纵贯体侧。

下咽齿细圆，顶端尖，钩曲，咀嚼面匙状。鳔 2 室，后室长约为前室的 2.0 倍以上。腹膜黑色。

经福尔马林固定的新鲜标本，头和体背侧部黄褐色或灰褐色，较均匀散布有较密集的黑褐色斑点，侧线以下也有少数斑点，颜色渐淡；向腹面渐呈乳白色。背鳍和尾鳍黑褐色，间有较密集的黑褐色斑点，胸鳍、腹鳍和臀鳍浅灰黄色，有少量散布的黑褐色斑点；边缘色浅。

生活习性及经济价值　在金沙江流域，依我们野外实地观察，多栖息在高原宽谷河流水流湍急的河段。主要以底栖昆虫的幼虫、桡足类、钩虾等为食，也摄食水生植物枝叶、藻类等。4 龄左右性成熟，溯河产卵。

生长较缓慢，但肉质好，尚有一定产量，为产区重要经济鱼类。

流域内资源现状　流域上游尚为常见种，有一定的资源量。

分布　为我国特有种，分布于黄河和长江水系上游。金沙江流域见于上游干流、支流；特别在雅砻江江段，向下可见于中游的立曲（康定沙德镇河段，2017 年采集记录）（图 9-10）。

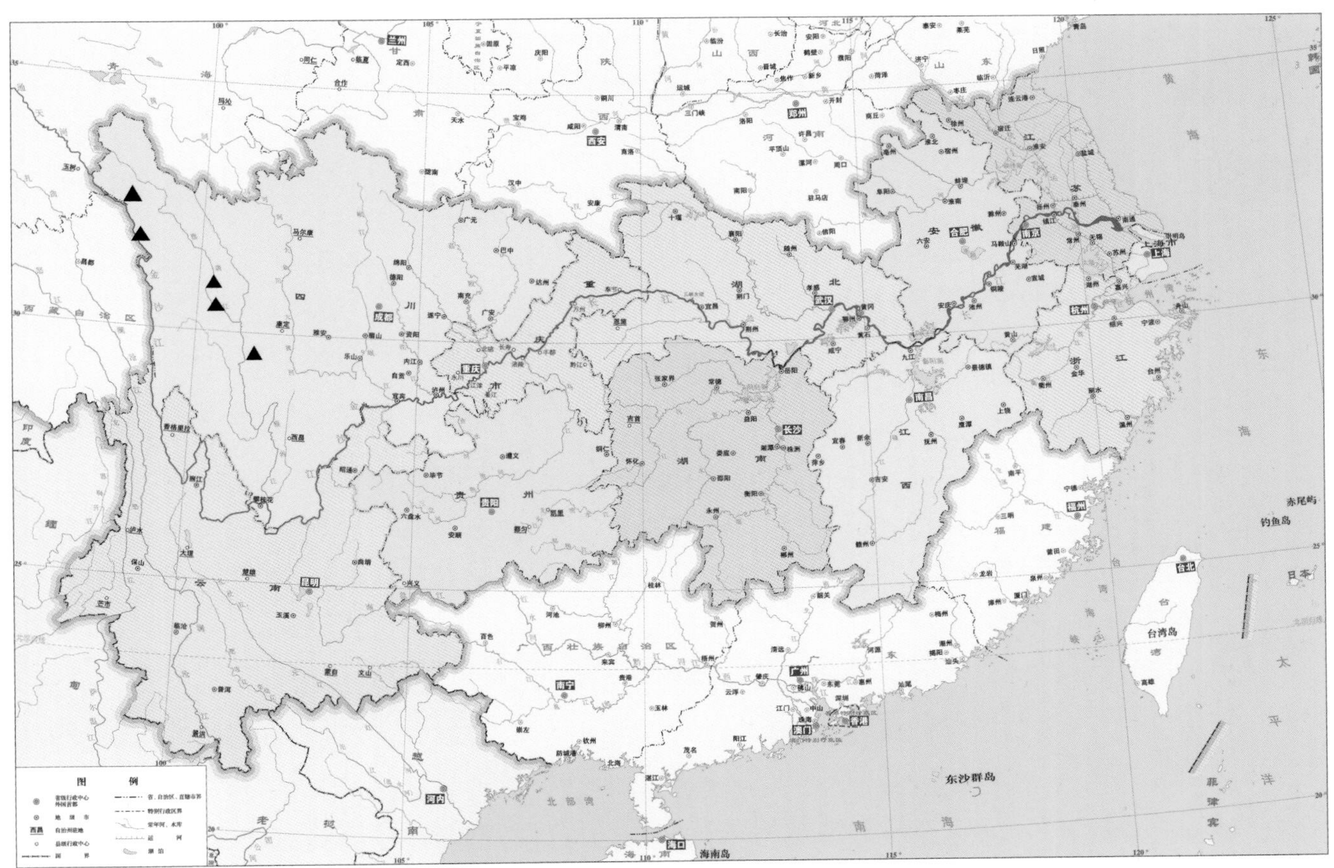

图 9-10　厚唇裸重唇鱼 *Gymnodiptychus pachycheilus* 分布示意图

（54）裸鲤属 *Gymnocypris*

体长，略侧扁，腹部圆。口端位或亚下位，口裂较大，呈弧形。下颌无角质缘，或内侧具角质。下唇不发达，仅限于下颌两侧；唇后沟中断。无须。颏部两侧各具 1 列发达的黏液腔。体表除臀鳞和肩带处有少数不规则排列的鳞片外，其他部分裸露无鳞；侧线鳞仅为皮褶状。背鳍末根不分枝鳍条为强壮的硬刺或较软弱，后缘有锯齿。侧线完全。下咽齿 2 行。鳔 2 室。腹膜黑色。

本属为青藏高原特有类群，多见于青藏高原核心区。金沙江流域有 1 种，见于上游江段。

硬刺松潘裸鲤 *Gymnocypris potanini firmispinatus* Wu *et* Wu，1988

曾用名　硬刺裸鲤

地方俗名　土鱼

Gymnocypris potanini firmispinatus Wu *et* Wu（武云飞和吴翠珍），1988：17（金沙江水系）；陈宜瑜，1998：234（云南丽江石鼓和中甸下桥头）；乐佩琦，2000：358（云南丽江石鼓和中甸下桥头）。
Gymnocypris firmispinatus：武云飞和吴翠珍，1992：449（云南石鼓）。

主要形态特征　测量 12 尾，全长为 92.7~243.0mm，标准长为 72.8~197.6mm。采自四川得荣县松麦镇，云南玉龙县石鼓镇、虎跳峡与龙蟠镇之间江段，香格里拉市五境乡泽通村和巨甸镇等。

背鳍 iii-7~8；臀鳍 iii-5；胸鳍 i-16~18；腹鳍 i-7~9；尾鳍 18~20。第一鳃弓外侧鳃耙 7~11。下咽齿 2 行，3·4—4·3。

体长为体高的 4.3~4.8 倍，为头长的 3.8~4.3 倍，为尾柄长的 6.0~7.2 倍，为尾柄高的 9.7~12.1 倍。头长为吻长的 3.1~3.8 倍，为眼径的 3.7~4.9 倍，为眼间距的 2.9~3.3 倍。尾柄长为尾柄高的 1.6~2.1 倍。

体延长，稍侧扁，略呈圆筒形；体背稍隆起，腹部圆。头锥形。吻钝圆，吻长明显短于眼后头长。口位变化较大，但基本均为亚下位，呈弧形。下颌前缘无锐利角质；下唇细狭，不发达，仅限于下颌两侧；唇后沟中断。无须。鼻孔位于眼前缘。眼较大，侧上位；眼间距较圆凸。颏部两侧各具 1 列发达的黏液腔，鲜活时有些不太明显。

背鳍外缘稍平截，末根不分枝鳍条较硬，其后缘具锯齿，与前一根不分枝鳍条之间的间隔扩大，有 1 皮膜相连；其起点至吻端小于至尾鳍基部的距离。胸鳍末端后伸达其起点至腹鳍起点的 3/5~2/3 处，远不达腹鳍起点。腹鳍起点一般与背鳍第三根分枝鳍条相对；其末端后伸达腹鳍起点至臀鳍起点的 2/3~3/4 处，近肛门。臀鳍末端后伸一般接近或达尾鳍基部。尾鳍叉形，下叶较

上叶稍长或约等长，末端钝。肛门紧位于臀鳍起点之前。

臀鳞发达，前端一般达到或接近腹鳍基部；肩带有 2 或 3 行排列不规则的鳞片；体表其他部分裸露无鳞。侧线鳞仅前面几枚比较明显，其后为不明显的皮褶。侧线完全，较平直，后伸入尾柄正中。

下咽齿细圆，顶端尖，钩曲，咀嚼面匙状。鳔 2 室，后室长约为前室的 2.0 倍以上。腹膜黑色。

经福尔马林固定的新鲜标本，头和体背侧部青灰色，不规则的散布一些黑褐色小斑点，侧线以下向腹面渐呈银白色。背鳍和尾鳍浅灰色，间有黑褐色斑点，胸鳍、腹鳍和臀鳍浅灰白色，近边缘色更淡。

生活习性及经济价值　依我们现场实地调查所见，该鱼主要出现在石鼓以上的干流江段和一些支流的下游，主要在水流较急的河段活动。

为产地主要渔获物之一，个体不大，有一定的经济价值。

流域内资源现状　很多产地为较常见种，尚有一定资源量。

分布　为长江上游特有亚种，见于金沙江云南丽江虎跳峡以上江段，我们于 2017 年在四川康定市立曲（雅砻江上游左侧支流）采集时也采到样品（图 9-11）。

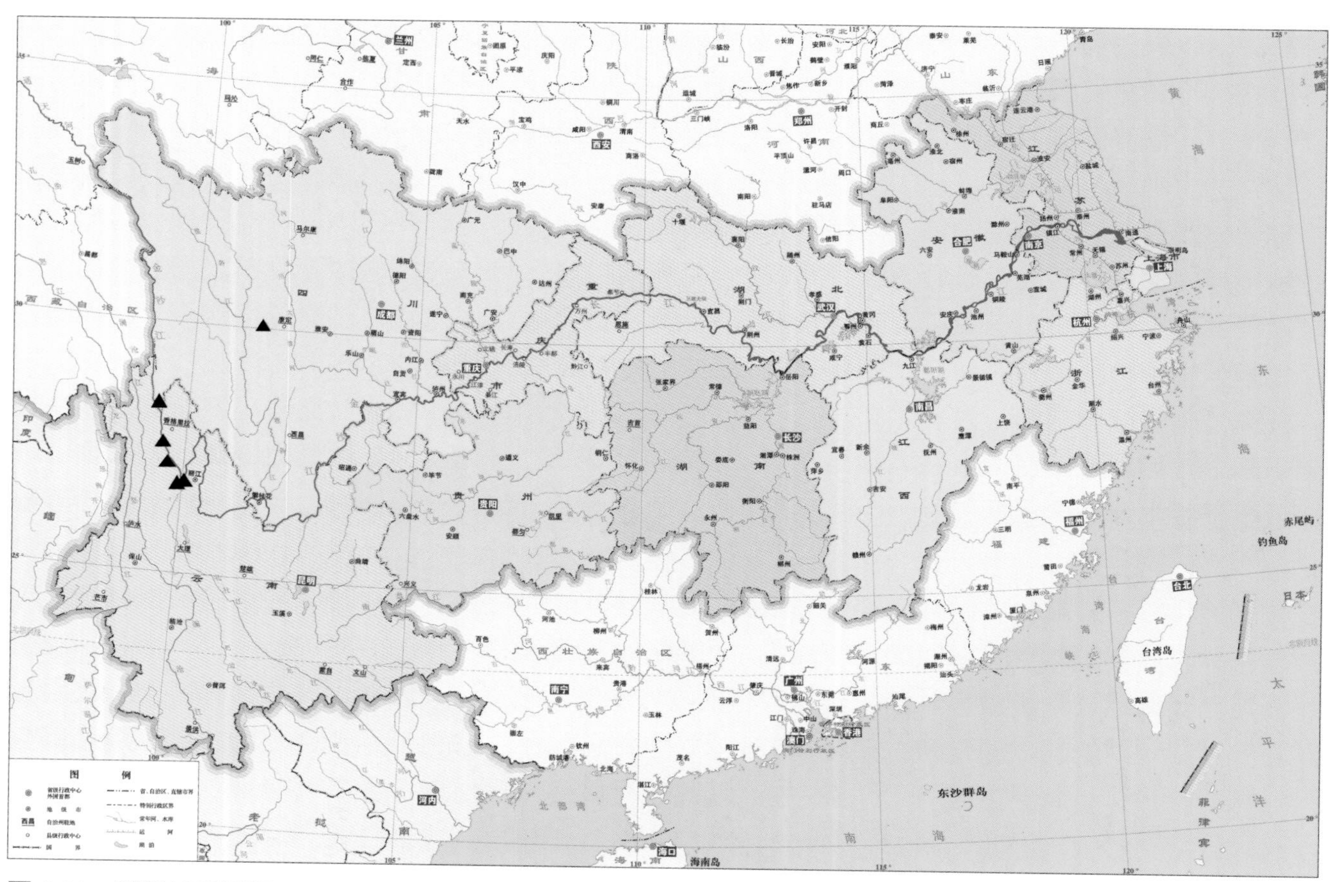

图 9-11　硬刺松潘裸鲤 *Gymnocypris potanini firmispinatus* 分布示意图

(55) 裸裂尻鱼属 *Schizopygopsis*

体长，略侧扁，腹部圆。口亚下位或下位，口裂较大，呈弧形或为横裂。下颌前缘具锐利的角质。下唇窄细，分左、右两叶；唇后沟中断。无须。体表除臀鳞和肩带处有少数不规则排列的鳞片外，其他部分裸露无鳞；侧线鳞仅为皮褶状。背鳍末根不分枝鳍条为强壮的硬刺或较软弱，后缘有锯齿。侧线完全。下咽齿 2 行，齿面凹入呈匙状或斜截呈铲状。鳔 2 室，后室较细长。腹膜黑色。

本属为青藏高原特有类群，多见于青藏高原核心区。金沙江流域有 1 种，见于金沙江和雅砻江的上游江段。

软刺裸裂尻鱼 *Schizopygopsis malacanthus malacanthus* Herzenstein，1891

曾用名 玉树裸裂尻鱼

地方俗名 土鱼、小嘴鱼、白鱼子

Schizopygopsis malacanthus Herzenstein，1891：201（雅砻江、金沙江）；曹文宣和邓中粦，1962：44（雅砻江、金沙江）；曹文宣，1964（见伍献文，1964）：188（雅砻江、金沙江）；武云飞和吴翠珍，1992：477（巴塘、芒康、称多竹节寺、康定新都桥镇）。

Schizopygopsis malacanthus malacanthus：武云飞和陈瑗，1979：291（青海玉树通天河、雅砻江上游清水河）；丁瑞华，1994：398（两河口、新都桥、石渠的邓柯、甘孜）；陈宜瑜，1998：238（四川甘孜、康定、新都桥、道孚、炉霍、德格、马尼干戈、稻城，西藏芒康、江达）；乐佩琦，2000：373（四川甘孜、康定、新都桥、道孚、炉霍、德格、马尼干戈、稻城，西藏芒康、江达）。

主要形态特征 测量标本 17 尾，全长为 49.6~334.6mm，标准长为 35.9~265.2mm。采自青海省称多县通天河，四川省石渠、白玉、稻城、德格、乡城、巴塘、得荣、新龙、理塘等，云南省石鼓镇和香格里拉市等。

背鳍 iii-7~8；臀鳍 iii-5；胸鳍 i-16~19；腹鳍 i-8~9。第一鳃弓外侧鳃耙 12~19。下咽齿 2 行，3·4—4·3。

体长为体高的 4.1~5.8 倍，为头长的 3.3~4.8 倍，为尾柄长的 6.6~7.7 倍（10.1~12.8 倍），为尾柄高的 12.0~16.1 倍。头长为吻长的 2.9~3.8 倍，为眼径的 3.7~6.5 倍，为眼间距的 2.5~3.7 倍。尾柄长为尾柄高的 1.7~2.3 倍。

体延长，稍侧扁；体背隆起，腹部圆。头锥形。吻钝圆，吻长明显短于眼后头长。口下位或稍向前呈亚下位，口裂宽，横直，或呈弧形。吻皮下垂至上颌边缘，后侧缘游离斜向口角处，垂直呈 1 短浅的沟裂。下颌前缘具锐利角质。下唇细狭，仅存在于两侧口角处，左、右两下唇相隔甚远。无须。颏部两侧各有 1 列不明显的黏液腔（个别个体较明显）。鼻孔明显距眼前缘为近。眼稍小，侧上位，眼间距稍宽，较圆凸。

^ 2017 年雅砻江中游康定立曲采集

背鳍外缘平截，末根不分枝鳍条在较小的个体中较强壮，形成硬刺，后缘前 2/3 每侧具 11~35 枚较强壮锯齿；体长 200mm 以上的个体硬刺渐弱，且仅在下 1/3 部分每侧约有 10 枚细齿；雄性性成熟个体背鳍最末根不分枝鳍条与其前一根不分枝鳍条的间隔扩大，由 1 皮膜相连；背鳍起点至吻端小于其至尾鳍基部的距离。胸鳍末端后伸达胸鳍起点至腹鳍起点的 3/5~3/4 处。腹鳍起点一般与背鳍第四或第五根分枝鳍条基部相对，个别与第三根分枝鳍条基部相对；其末端后伸达腹鳍起点至臀鳍起点的 2/3~4/5 处，接近肛门。肛门紧挨臀鳍起点之前。臀鳍末端后伸一般不达尾鳍基部。尾鳍叉形，上、下叶约等长，叶尖稍钝。

臀鳞较大，每侧 16~23，覆瓦状排列，向前一般不达腹鳍基部，部分性成熟个体臀鳞向前可达腹鳍基部；肩带部分有 1~4 行不规则排列的鳞片；体表其他部分裸露无鳞。侧线完全，自鳃孔后上角沿体侧近平直向后伸入尾柄正中至尾鳍基部；前几枚侧线鳞稍明显，向后渐不明显，逐渐呈皮褶状。

新鲜标本，体背侧部暗灰色或黄褐色，向腹侧渐白色，较小个体体侧稍上方有多数黑色小斑点，较大个体体侧有不规则块状斑纹；背鳍、尾鳍灰黑色，胸鳍、腹鳍、臀鳍浅灰白色兼有微红色。新固定保存的标本，通体呈浅土黄色，侧腹部色淡；各鳍色淡。

繁殖期雄鱼副性征明显，头部、体侧、背鳍和臀鳍等处有珠星，臀鳍第四和第五根分枝鳍条明显特化变形、变硬（其他裂腹鱼亚科的鱼类也有类似特点）。

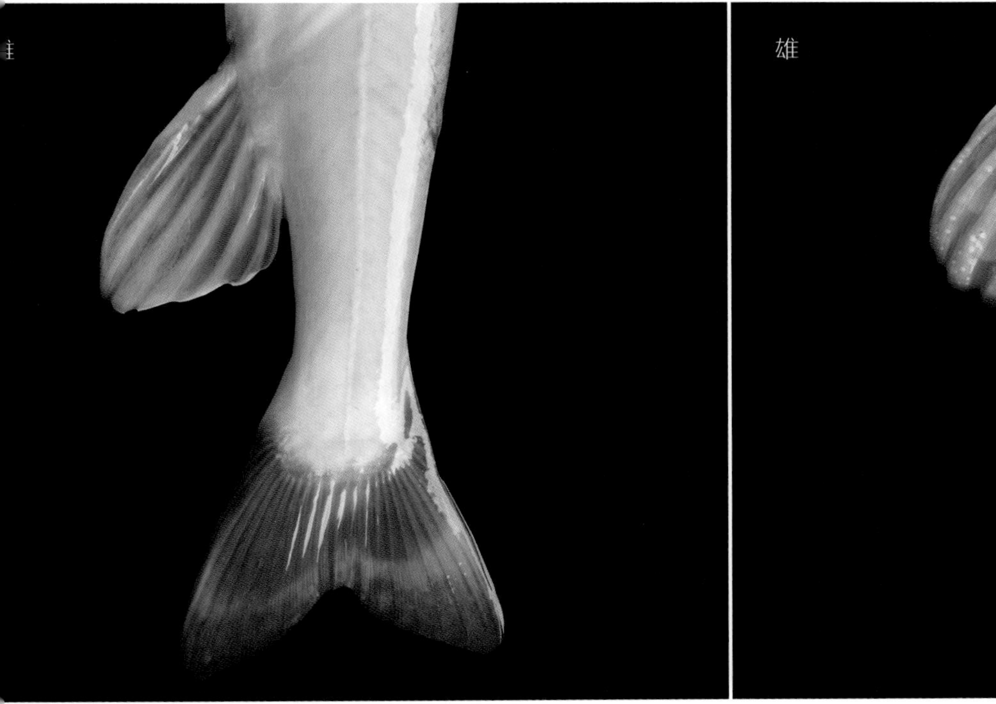

由谭德清先生提供，示臀鳍

2012 年金沙江中游巴塘县采集

此外，我们注意到，不同地理种群的软刺裸裂尻鱼在体形、体色，特别是口型、角质发达程度等方面都存在较明显的差异，也许是种间的区别。

生活习性及经济价值　多生活在水流清澈的干流、支流河谷较宽的河段，峡谷河流或一些支流上游的高山溪流中也可捕到。依据中国科学院水生生物研究所谭德清先生提供的研究数据，其食物组成以硅藻为主，也包括绿藻和蓝藻，食物中还掺杂少量摇蚊幼虫、节肢动物残体等。生长速度较慢。繁殖期，金沙江石鼓附近在 4~7 月，以 5~6 月为盛期；向上海拔更高、水温更低的河段可能在 8~9 月。有生殖洄游习性，繁殖期会集群在河口、干流和支流河道浅滩河段等处产卵。产卵场环境一般水的流速比较缓慢，底质为石砾、卵石或细沙，水深 0.1~1.1m，水温 6~17.5℃，溶氧 5~8mg/L，水质清澈见底。卵沉性微黏性，受精卵在石砾、卵石或细沙缝隙中孵化。在人工条件下，自然水温 16~17℃时，受精卵经 6~7 天孵化（有研究认为裂腹鱼属于“冷水性”鱼类，依上述实验温度，裂腹鱼至少应属于温水性鱼类）。孵出的鱼苗多在干流、支流近岸浅水缓流或洄水湾沱等处活动。

依我们的实地调查，该鱼为产区重要经济鱼类，常见个体重 0.5kg 左右，鱼卵有毒，误食未经煮熟的鱼卵易发生呕吐、腹泻、晕眩等中毒现象。

流域内资源现状　为产地常见种，有一定资源量。

分布　主要分布于金沙江和雅砻江中上游干流和支流，最上至四川省石渠县（包括金沙江和雅砻江上游），向下可见于金沙江云南省石鼓江段和雅砻江四川省康定江段（图 9-12）。

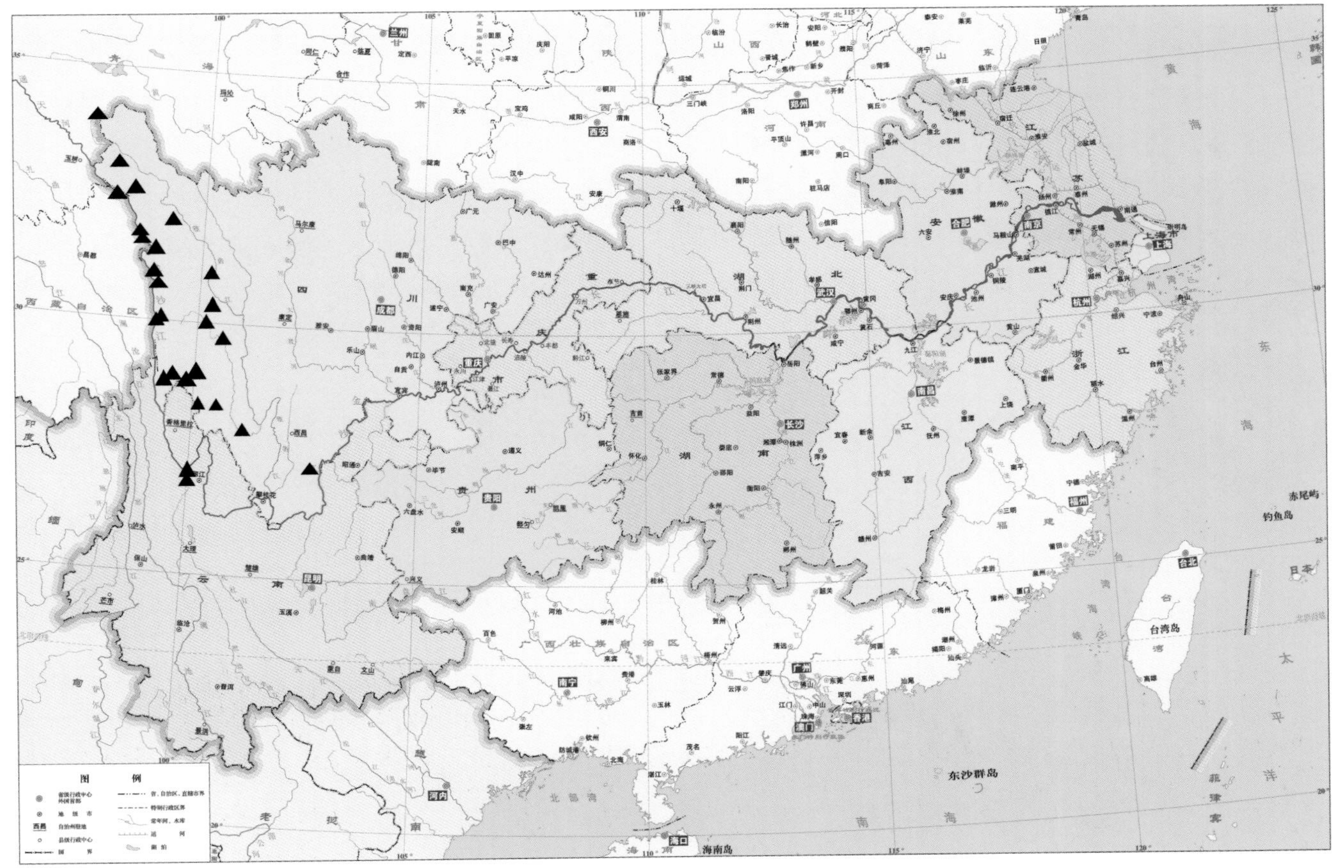

图 9-12　软刺裸裂尻鱼 *Schizopygopsis malacanthus malacanthus* 分布示意图

鲤亚科 Cyprininae

体延长，呈纺锤形，侧扁，少数体较高，近菱形，腹部圆或稍平坦，无腹棱。头部稍小，短而钝。口多为亚下位，部分端位，少数上位。唇较厚，结构简单，上、下唇紧包于上、下颌外表；唇后沟在颏部中断。须 2 对，少数 1 对或无。体被鳞，通常鳞片较大，排列较整齐。侧线完全。背鳍、臀鳍末根不分枝鳍条为后缘具锯齿状结构的硬刺，臀鳍分枝鳍条 5，尾鳍分叉。侧线完全。下咽齿 1~3 行，个别为 4 行。鳔 2 室。

本亚科在我国中东部大部分地区分布的种类比较简单，如鲤、鲫等。在云贵高原分化出了若干种。金沙江流域现知有 3 属 6 种。

属检索表

1(4) 口须 2 对

2(3) 下咽齿匙形；体侧各鳞片基部具 1 黑斑，组成超过 10 纵行线条……………………………………**原鲤属 *Procypris***

3(2) 下咽齿臼齿形；体侧各鳞片基部无明显黑斑，无明显纵行线条……………………………………**鲤属 *Cyprinus***

4(1) 口部无须……………………………………………………………………………………………………**鲫属 *Carassius***

（56）原鲤属 *Procypris*

体长，侧扁，腹部圆。头短，近锥形。吻钝。口亚下位，口裂呈马蹄形。唇厚，表面具细小乳突。须 2 对。鳞中等大，侧线鳞 42~46。侧线完全，后延至尾鳍基部正中。背鳍具 4 根不分枝鳍条，15~22 根分枝鳍条；臀鳍具 3 根不分枝鳍条，5 根分枝鳍条；背鳍、臀鳍末根不分枝鳍条均为后缘具锯齿的硬刺。尾鳍深分叉。鳃耙短。下咽骨狭长，下咽齿 3 行。鳔 2 室，后室大于前室。腹膜银白色。体侧各鳞片基部具 1 黑斑，组成超过 10 纵行线条。

为我国特有属，现知有 2 种，分布于长江中上游和珠江水系的西江。金沙江流域下游有 1 种。

岩原鲤 *Procypris rabaudi*（Tchang，1930）

Cyprinus rabaudi Tchang，1930：47（四川丰都、乐山）；Tchang，1931：226（四川）；Tchang，1933：18（四川乐山）；Kimura，1934：143（四川）。

Procypris rabaudi：Fang，1936：704（四川、贵州）；陈湘粦和黄宏金（见伍献文等），1977：400（四川）；王幼槐等，1979：423（四川宜宾、贵州乌江渡）；丁瑞华，1994：411（合川、乐山等）；褚新洛和陈银瑞，1998：247（金沙江）；乐佩琦，2000：397（四川南溪、宜宾、乐山等）。

主要形态特征 未测量标本，依据《横断山区鱼类》描述。

背鳍 iv-19~22；臀鳍 iii-5；胸鳍 i-16~17；腹鳍 i-8。侧线鳞$43\frac{7\sim8}{5}45$，背鳍前鳞 13~15，围尾柄鳞 16。第一鳃弓外侧鳃耙 20~22。下咽齿 3 行，2·3·4—4·3·2。

体长为体高的 2.7~3.0 倍，为头长的 3.6~4.0 倍，为尾柄长的 5.8~6.0 倍，为尾柄高的 6.9~7.2 倍。头长为吻长的 3.0~3.3 倍，为眼径的 3.2~3.8 倍，为眼间距的 2.8~3.2 倍。尾柄长为尾柄高的 1.1~1.2 倍。

体侧扁，略呈菱形，背部隆起，腹部圆。头小而尖。吻钝。口亚下位，呈马蹄形，上颌包着下颌，口裂达鼻孔前缘下方。唇发达，大个体唇表面具明显的乳突。须 2 对。眼侧上位。

背鳍外缘较平直，末根不分枝鳍条为后缘具锯齿的硬刺，其起点至吻端较至尾鳍基部为近。胸鳍末端后伸超过腹鳍起点。腹鳍起点与背鳍起点相对，末端后延达肛门。臀鳍末根不分枝鳍条为发达的硬刺，后缘具锯齿。尾鳍深分叉，两叶末端尖。

鳞较大，背鳍基部被鳞鞘。侧线完全，位于体侧中部，较平直。

鳃耙短，呈披针状，排列稀疏。下咽骨狭窄，下咽齿匙状，主行第一枚咽齿呈圆锥形。鳔 2 室，后室长约为前室的 2 倍。腹膜白色。

生活时，头及体背侧部黑褐色，腹部银白色，体侧鳞片后部具黑斑，由此组成体侧明显的条纹 12 或 13 行。各鳍灰黑色。

生活习性及经济价值　依据《长江鱼类》，最大个体为 10 龄，体长 59cm，体重 4kg，常见 1.0kg 以下个体。生长较缓慢，一般 4 龄才达 0.5kg。喜栖息于水流较缓的河段，常在水体底层活动。冬季在河床深潭岩缝中越冬，春季逆流而上到支流中产卵繁殖，繁殖期为 2~4 月。为杂食性鱼类，摄食底栖动物，如水生昆虫、壳菜、蚬、水生寡毛类等，也食植物碎屑等。

在产地属于中型鱼类，有一定的经济价值，但数量较少，产量不高。

流域内资源现状　目前，流域内数量稀少，在我们多年实地调查中未捕获到标本。

分布　为长江中上游特有种。依据文献，在金沙江流域，仅见《横断山区鱼类》记载为金沙江；刘成汉（1964）及丁瑞华和黄艳群（1992）记载安宁河（雅砻江下游支流）有分布（图 4-21）。

（57）鲤属 *Cyprinus*

体长，侧扁，腹部圆或轮廓较平直。头短。吻钝。口端位或亚下位，个别为亚上位甚或上位。唇厚，表面具细小乳突。须 2 对，1 对或无须。鳞中等大，侧线鳞 29~40。侧线完全，后延至尾鳍基部正中。背鳍具 4 根不分枝鳍条，15~22 根分枝鳍条；臀鳍具 3 根不分枝鳍条，5 根分枝鳍条；背鳍、臀鳍末根不分枝鳍条均为后缘具锯齿的硬刺。尾鳍深分叉。鳃耙短或细长。下咽齿 3 行，个别 4 行；主行第一枚下咽齿呈光滑的圆柱状；其余呈臼状，齿冠较平，具 1~5 条沟纹。鳔 2 室。体侧各鳞片基部无明显黑斑，无明显纵行线条。

该属鱼类在我国中、东部广泛分布，云贵高原特别是区域内高原湖泊中分化出若干独立种，有些种在分类学研究方面还存在争议。现知流域内有 4 种。

亚属和种检索表

1(2) 鳔前室显著小于后室（中鲤亚属 *Mesocyprinus*）…………………………小鲤 ***C.*(*M.*) *micristius***
2(1) 鳔前室大于或等于后室（鲤亚属 *Cyprinus*）
3(4) 口亚下位；口裂顶端在眼下缘水平线之下；口须 2 对……………………………鲤 ***C.*(*C.*) *carpio***
4(3) 口端位；口裂顶端在眼下缘水平线之上或在同一水平线上
5(6) 下咽骨较宽；咽齿主行第一枚齿大于第二枚齿；口须 2 对…………………杞麓鲤 ***C.*(*C.*) *carpio chilia***
6(5) 下咽骨狭长；咽齿主行第一枚齿小于第二枚齿；口须 1 对…………………邛海鲤 ***C.*(*C.*) *qionghaiensis***

小鲤 *Cyprinus*(*Mesocypris*) *micristius* Regan，1906

曾用名　中鲤

地方俗名　菜呼、麻鱼、马边鱼

Cyprinus micristius Regan，1906：332（云南滇池）；王幼槐等，1979：427（云南滇池）。
Mesocyprinus micristius：Fang，1936：701（云南滇池）。
Cyprinus(*Mesocyprinus*) *micristius*：陈湘粦和黄宏金，见伍献文等，1977：403（云南滇池）；褚新洛和陈银瑞，1989：330（云南滇池）；乐佩琦，2000：401（云南滇池）。

主要形态特征　测量标本 1 尾，全长为 108.0mm，体长为 84.0mm。采自云南昆明滇池，采集时间为 1938 年 11 月 2 日，采集人不详，标本保存在中国科学院动物研究所，并参考《云南鱼类志》描述。

背鳍 iv-10；臀鳍 iii-5；胸鳍 i-13；腹鳍 i-8。侧线鳞 $36\frac{6}{4}$，背鳍前鳞 15，围尾柄鳞 14。第一鳃弓外侧鳃耙 18。下咽齿 3 行，1·1·3—3·1·1。

体长为体高的 3.1 倍，为头长的 3.7 倍，为尾柄长的 5.3 倍，为尾柄高的 7.9 倍。头长为吻长的 3.0 倍，为眼径的 3.9 倍，为眼间距的 3.9 倍。尾柄长为尾柄高的 1.5 倍。

体呈纺锤形，侧扁，背部隆起，背鳍起点前为身体的最高点，腹缘平直。头锥形。吻端突出。口端位，马蹄形，口裂稍斜，上、下颌近等长。唇发达，表面具微小乳突。须 2 对，较小，口角须后伸达到或略超过眼前缘的下方。鼻孔前方有凹陷。眼侧上位，上缘略低于或约与主鳃盖骨前角平齐，下缘水平线与口裂顶端平齐或略上。尾柄较高。

背鳍外缘微凹，至吻端大于至尾鳍基部的距离。胸鳍外角略圆，末端后伸近腹鳍起点，相隔 1~3 枚鳞片，幼体甚至可伸至腹鳍起点。腹鳍起点与背鳍起点相对或稍后，末端后延接近或达到肛门。臀鳍起点至腹鳍起点较至尾鳍基部为近。尾鳍分叉。肛门紧位于臀鳍起点之后。

鳞较大，腹鳍基部有腋鳞。侧线完全，稍倾斜平直，沿体侧伸至尾柄正中。

鳃耙短，排列稀疏。下咽齿 3 行，主行第一枚齿呈光滑的圆锥形，较第二枚为大；其余为臼齿形，齿冠倾斜，有 1 道沟纹。鳔 2 室，后室长约为前室的 1.5 倍。腹膜浅黑色。

生活时，眼上部呈红色，头及头后背部青灰色，体侧及腹部淡黄色。背鳍和尾鳍灰绿色，其他各鳍边缘带黄色。固定保存的标本通体黑褐色。

生活习性及经济价值 依据《中国濒危动物红皮书 · 鱼类》记载，多栖息于水草较多的静水环境，为湖区中下层鱼类。以动物性饵料为主的杂食性鱼类，主要以水生昆虫、小虾等为食。5~7 月为繁殖期，在湖区近岸泥沙底质处产卵。

个体不大，一般体长为 120~160mm，体重为 250g。生长较慢。历史上产量不高。

流域内资源现状 已多年未见，我们在多年实地调查中也未捕获到标本。

保护等级 《中国濒危动物红皮书 · 鱼类》（濒危）。

分布 为流域特有种，现知仅分布于云南滇池（图 4-21）。

鲤 *Cyprinus*（*Cyprinus*）*carpio* Linnaeus，1758

曾用名　马湖鲤、鲤鱼

地方俗名　鲤拐子

Cyprinus carpio Linnaeus，1758：320（欧洲）；Tchang，1930：63（长江）；丁瑞华，1994：414（乐山、宜宾、屏山等）。
Cyprinus carpio var. *hungaricus*：Tchang，1930：62（长江）。
Cyprinus（*Cyprinus*）*mahuensis* Liu *et* Ding（刘成汉和丁瑞华），1982：71（四川雷波县马湖）。
Cyprinus（*Cyprinus*）*carpio*：丁瑞华，1994：414（乐山、宜宾、屏山等）；乐佩琦，2000：142（四川宜宾、邛海、马湖等）。
Cyprinus（*Cyprinus*）*carpio haematopterus*：陈宜瑜，1998：250（金沙江）。

主要形态特征 测量标本 2 尾，全长为 24.0~255.0mm，体长为 180.0~195.0mm。采自四川雷波县马湖。

采自马湖

背鳍 iv-16~17；臀鳍 iii-5；胸鳍 i-15~16；腹鳍 i-8。侧线鳞 $35\frac{5\sim6}{5}37$，背鳍前鳞 12 或 13，围尾柄鳞 16 或 17。第一鳃弓外侧鳃耙 23 或 24。下咽齿 3 行，1·1·3—3·1·1。

体长为体高的 3.0~3.4 倍，为头长的 3.2~3.5 倍，为尾柄长的 6.3 倍，为尾柄高的 7.7 倍。头长为吻长的 2.8~3.2 倍，为眼径的 4.6 倍，为眼间距的 2.4 倍。尾柄长为尾柄高的 1.3 倍。

体呈纺锤形，侧扁，背部隆起，背鳍起点前为身体的最高点，腹部略向下呈浅弧形或稍平直；尾柄较高。头锥形。吻稍长，吻长小于眼后头长。口略呈亚下位，上颌稍在下颌之前；马蹄形，口裂略倾斜。唇稍薄，表面较平滑，无乳突。须 2 对，较发达；吻须长小于口角须，口角须后伸达到或略超过眼前缘垂直下方。鼻孔位于眼正前方，鼻孔前方有轻微凹陷。眼位于头侧中线以上，口裂顶端在眼下缘水平线以下。

背鳍基长，外缘微凹，至吻端小于至尾鳍基部的距离。胸鳍外角圆，末端后伸达到或超过腹鳍起点。腹鳍起点位于背鳍起点后下方，末端后延不达肛门。臀鳍较发达，后伸接近或达到尾鳍基部。尾鳍深分叉。肛门紧位于臀鳍起点。

鳞较大，排列规则，个别个体局部鳞片排列错乱。侧线完全，较平直，向后沿体侧伸至尾柄正中。

鳃耙较短，三角形，排列稀疏。下咽齿 3 行，主行第一枚齿呈光滑的圆锥形，大于或等于第二枚齿；其余咽齿为臼齿形，齿冠有 2~4 道沟纹。鳔 2 室，前、后室约等长。腹膜灰白至灰黑色。

体色差异较大。生活时，体背侧部多呈金黄、灰褐、灰白等颜色，侧腹部通常银白或灰白色，体侧鳞片基部多具颜色深或浅的黑斑；各鳍颜色较深，夹带橘红色。固定保存的标本多呈一致的灰褐或浅灰褐色。

生活习性及经济价值　生存适应能力很强，江河湖泊、水库、坑塘等有鱼类生存的水域均可能有其分布。但依据我们实地采集调查，就整个金沙江流域分析，自然分布于中下游；自然半自

然水体中，湖泊、水库等大水面缓流或静水环境更适宜鲤生存，以在水体中下层生活为主。食性较杂，更喜食动物性食物。生长速度较快，个体较大。常可见 2kg、3kg 的个体。流域内繁殖期为 3~5 月，产黏性卵，受精卵黏附在水生植物茎、叶上孵化。

为较常见、重要的经济鱼类。

流域内资源现状 实地调查中，野生种群不大，偶见样本。

分布 在我国自然分布广泛。流域内我们最上在石鼓附近江段采集到标本，下游干流、支流江段明显多于中游，巨甸以上江段没有见到分布记录（图 4-21）。

杞麓鲤 *Cyprinus*（*Cyprinus*）*carpio chilia* Wu，1963

Cyprinus carpio chilia Wu 伍献文等，1963：43（云南杞麓湖）。
Cyprinus（*Cyprinus*）*carpio chilia*：陈湘粦和黄宏金，1977：416（云南各湖泊）；周伟，1981：338；233（云南各湖泊）。
Cyprinus(Cyprinus) crassilabris Chen *et* Huang（陈湘粦和黄宏金），1977：419（云南洱海）。
Cyprinus（*Cyprinus*）*chilia*：乐佩琦，2000：413（云南杞麓湖、星云湖、抚仙湖、异龙湖、阳宗海、洱海、滇池、茈碧湖）。

主要形态特征 野外调查期间我们没有采集到标本，依据《云南鱼类志》描述。

背鳍 iii-17~19；臀鳍 iii-5；胸鳍 i-16；腹鳍 i-8。侧线鳞$35\frac{6\sim7}{5}36$，背鳍前鳞 14 或 15，围尾柄鳞 16~18。第一鳃弓外侧鳃耙 21~24。下咽齿 3 行，1·1·3—3·1·1。

体长为体高的3.0~3.3倍，为头长的3.2~3.8倍。头长为吻长的3.0~3.3倍，为眼径的4.6~5.6倍，为眼间距的 3.2~3.3 倍。尾柄长为尾柄高的 1.5~1.6 倍。

体延长，侧扁，头后背部隆起不十分显著，一般至背鳍起点前为身体的最高点。头较长，约与体高或背鳍基长相等。口端位，上颌较下颌略突出，马蹄形，口裂较倾斜。唇较厚，有些甚至十分发达，并具微小乳突。通常具须 2 对，吻须长约为口角须长的 1/2，有些个体吻须消失。鼻孔前方有 1 凹陷。眼侧上位，上缘与主鳃盖骨前角平齐，下缘与口裂顶端在同一水平线上。

背鳍外缘微凹，起点略前于腹鳍起点或相对，至吻端较至尾鳍基部的距离为近或相等。胸鳍外角圆，末端后伸不达腹鳍起点，相距 1~3 枚鳞片。腹鳍末端后延不达肛门。臀鳍起点与背鳍倒数第 3~5 根分枝鳍条相对，至腹鳍起点较至尾鳍基部的距离为远。尾鳍深分叉。肛门紧邻臀鳍起点。

鳞较大，腹鳍基部有 1 较发达的腋鳞。侧线完全，略下弯，向后沿体侧伸至尾柄正中。

鳃耙较密，最长鳃耙约为鳃丝长的1/2。下咽骨后段显著向内侧弯曲，主行第一枚齿粗壮，光滑，圆锥形，较第二枚齿为粗；其余咽齿呈臼齿形，第二枚齿冠有 2 或 3 道沟纹。鳔 2 室，前室大于后室。腹膜灰白色。

生活时，背部青灰色，体侧浅草绿色略带青灰色，腹部微黄；各鳍黄绿略带青灰色，尾鳍边缘带黑色。

生活习性及经济价值　生活于水体中下层。杂食性，主要摄食底栖动物，如螺类、寡毛类、昆虫幼虫等，也大量摄食水草、小虾等。繁殖期集中在 5~6 月，黏性卵。

个体较大，可长到 4kg，为产地较常见鱼类。

流域内资源现状　实地调查中，如在滇池、程海等，没有见到样本。

分布　云南杞麓湖、抚仙湖、星云湖、异龙湖、滇池、程海、洱海和茈碧湖等（图 4-21）。

邛海鲤 *Cyprinus*（*Cyprinus*）*qionghaiensis* Liu，1981

曾用名　邛海大头鲤

地方俗名　黄桶鲤

Cyprinus（*Cyprinus*）*pellegrini qionghaiensis* Liu（刘成汉），1981：145（四川邛海）；陈银瑞，1998：257（四川邛海）。
Cyprinus（*Cyprinus*）*qionghaiensis*：丁瑞华，1994：416（邛海湖）；乐佩琦，2000：420（四川邛海）。

主要形态特征　测量标本 1 尾，体长为 250.0mm。采自四川西昌邛海，采集时间为 1964 年 7 月 6 日，采集人不详（中国科学院动物研究所馆藏标本）。

中国科学院动物研究所馆藏标本，1964 年 7 月 6 日采集于邛海

背鳍 iv-17；臀鳍 iii-5；胸鳍 i-15；腹鳍 i-8。侧线鳞$38\frac{6.5}{5.5}$，背鳍前鳞 13，围尾柄鳞 16。第一鳃弓外侧鳃耙 40。下咽齿 3 行，1·1·3—3·1·1。

体长为体高的 3.0 倍，为头长的 3.2 倍，为尾柄长的 5.7 倍，为尾柄高的 7.7 倍。头长为吻长的 5.0 倍，为眼径的 5.1 倍，为眼间距的 2.2 倍。尾柄长为尾柄高的 1.3 倍。

体长，侧扁，背腹部均向外隆起，呈深弧形，背鳍起点至眼上部为身体的最高点，之后较平直延至背鳍起点，自背鳍起点之后斜向下至尾柄最低处；尾柄较高。头锥形。吻钝。口端位，口裂呈弧形，上颌较下颌略向前突出。唇发达，表面具微小乳突。口角须 1 对，短小，后伸可达眼前缘垂直下方。鼻孔位于眼前上方，鼻孔前方有浅凹陷。眼稍大，侧上位；眼间距宽，略突出。

背鳍基长，外缘内凹，其起点至吻端与至尾鳍基部的距离约相等。胸鳍外角圆，末端后伸与腹鳍起点相隔 1~3 枚鳞片。腹鳍起点与背鳍起点相对或稍后，末端后延不达肛门。臀鳍起点至腹鳍起点较至尾鳍基部稍远。尾鳍深分叉。肛门紧位于臀鳍起点。

鳞较大，排列整齐。侧线完全，较平直，向后沿体侧伸至尾柄正中。

鳃耙较长，排列较密。下咽齿 3 行，主行第一枚齿呈光滑的圆锥形，较第二枚为小；其余为臼齿形，齿冠有 3 道沟纹。鳔大，2 室，前室大于后室，后室末端略尖。腹膜灰黑色。

新鲜标本，体金黄色，背部带青黄色，腹部黄白色，尾鳍下叶橘红色。固定保存的标本，通体一致呈灰褐色。

生活习性及经济价值　依据《四川鱼类志》记载，邛海鲤个体较大，生长速度较快，常在湖区底层活动。主要以浮游生物为食，也摄食一些水草、底栖生物、有机碎片等，4~5 月为繁殖期，繁殖习性与鲤相似，产黏性卵，受精卵黏附在水草上孵化。

曾为湖区主要经济鱼类。

流域内资源现状　因引入鲤养殖后，产量逐渐降低。我们在湖区考察期间没有见到样本。

分布　为流域特有种，现知仅分布于四川西昌邛海（图 4-21）。

（58）鲫属 *Carassius*

体高，侧扁，背部隆起，腹部圆。头中等长。吻短钝。口小，端位，下颌稍向上倾斜。无须。眼稍小，侧上位；眼间距宽，隆起。鳞大。侧线完全，较平直后延至尾鳍基部正中。背鳍较宽大，基部较长；背鳍、臀鳍末根不分枝鳍条均为后缘具锯齿的硬刺。尾鳍分叉。鳃耙细长，披针状，排列紧密。下咽齿 1 行，侧扁，呈铲状。鳔大，2 室。

该属鱼类在我国广泛分布，金沙江流域有 1 种。

102 鲫 *Carassius auratus*（Linnaeus，1758）

地方俗名　鲫鱼

Cyprinus auratus Linnaeus，1758：322（欧洲）。

Carassius auratus：Nichols，1918：15（云南等）；Tchang-Si（张玺），1948：18（云南）；武云飞等，1992：517（云南腾冲、丽江石鼓）；丁瑞华，1994：419（西昌、泸州等）。

Carassius auratus var. *wui* Tchang，1930：65（长江）。

Carassius auratus auratus：陈湘粦和黄宏金（见伍献文等），1977：431（四川等）；周伟（见褚新洛和陈银瑞），1989：350（绥江、丽江等）；乐佩琦，2000：429（云南昆明、四川西昌等）。

主要形态特征　测量标本 8 尾，全长为 56.7~174.6mm，体长为 40.3~140.4mm。采自云南丽江石鼓、树底（东江）村，水富县两碗乡等江段。

背鳍 iii-16~18；臀鳍 iii-5；胸鳍 i-14~16；腹鳍 i-8。侧线鳞 $26\frac{5.5\sim6}{5.5\sim6}29$，背鳍前鳞 11~13，围尾柄鳞 16。第一鳃弓外侧鳃耙 37~50。下咽齿 1 行，4—4。

体长为体高的 3.0~3.2 倍，为头长的 3.0~3.8 倍，为尾柄长的 8.5~10.2 倍，为尾柄高的 8.3~11.1 倍。头长为吻长的 3.7~3.8 倍，为眼径的 4.0~4.7 倍，为眼间距的 2.3~2.4 倍。尾柄长为尾柄高的 0.9~1.2 倍。

体较高，略侧扁，背部明显隆起，腹部较圆，尾柄短宽。头稍小，头长明显小于背鳍基部的长度。吻短，圆钝；吻长约与眼径相等，明显小于眼后头长。口裂较小，端位，呈弧形，下颌略上斜。下唇较上唇为厚，唇后沟长，延伸至中央几乎连续（或留凹痕）。无须。

鼻孔紧邻眼前缘之前。眼较小，侧上位；眼间距宽，为眼径的 2 倍以上，隆起。鳃膜连于峡部。

背鳍外缘斜截或微内凹，末根不分枝鳍条为粗壮硬刺，后缘带锯齿；起点与腹鳍起点相对或略后。胸鳍后缘圆钝，末端后伸接近或达到腹鳍基部。腹鳍末端后伸不达肛门。尾鳍分叉，上、下叶端钝圆或略尖。臀鳍外缘平截，末根不分枝鳍条为带锯齿的粗壮硬刺，末端后伸接近尾鳍基部。肛门紧靠臀鳍起点。

鳞相对较大，排列较整齐。侧线完全，较平直沿体测中央延伸至尾柄正中。

石鼓

鳃耙较细密，排列较紧密；鳃丝细长。下咽齿 1 行，主行第一枚齿近圆锥形，其余侧扁，铲形，齿冠有 1 道沟纹。鳔大，2 室，后室为前室的 1.5 倍以上，末端尖。腹膜黑色或黑褐色。

新鲜标本，体背部灰黑色，体侧银灰色或带黄绿色，腹部灰白色，各鳍均为灰色。

生活习性及经济价值 适应环境能力极强，分布广泛，一些污染很严重的水体中甚至也可见到其踪迹。属杂食性鱼类，食性广泛，摄食有机碎屑、藻类、水生维管束植物嫩叶、枝角类、桡足类、摇蚊幼虫、小鱼、虾等。繁殖期较长，流域内可从 3 月延续到 8 月，主要集中在 3~4 月；产黏性卵，附着在水草上孵化。

在多数分布区个体不大，为小型鱼类，但通常种群数量较大。生活在水质比较好的水体中的鲫，肉质较细嫩，味道鲜美，但肌间小刺多，适合煮汤，价格通常也不高，较受一般大众欢迎。除了食用价值外，也有一定的观赏价值。

流域内资源现状 分布广泛，野外尚有一定资源量。

分布 国内分布广泛，流域内最上可分布至丽江石鼓江段，再上尚未见有确切的分布报道或信息（图 4-21）。

（六）条鳅科 Nemacheilidae

隶属于鳅超科，是一群中小型鱼类，种类多，数量大，广布于我国大部分地区。身体延长，前躯近似圆筒形，尾柄侧扁或细长。须 3 对，吻须 2 对，口角须 1 对。眼位于头部侧上方，间距较小。鼻孔位于眼前方；前、后鼻孔相邻，或分开。鳞片覆盖程度从全身被鳞到完全裸露，鳞片小，多埋于皮下。头部和体侧具有感觉管系统。尾鳍后缘圆、平截、微凹或分叉。部分属种具有雄性第二性征，如眼下瓣、吻部刺突、胸鳍背侧皮肤褶突起等。鳔后室退化或发达。

广泛分布于欧洲和亚洲，我国大部分地区都有分布。

属检索表

1(2) 前、后鼻孔分离，前鼻孔在 1 短管中……………………………………**云南鳅属 *Yunnanilus***

2(1) 前、后鼻孔紧邻，前、后鼻孔由 1 瓣膜相隔

3(8) 雄性在眼前缘至上唇方向无由密集小棘突形成的隆起区，胸鳍背面无由密集小棘突形成的垫状隆起区

4(7) 尾柄上、下缘具发达的脂质软褶

5(6) 尾柄脂质软褶最多不及尾柄高的 1/2，且由尾前小刺（precurrent caudal rays）支撑……………………………………………………………………………………………**副鳅属 *Homatula***

6(5) 尾柄脂质软褶发达，背缘脂质软褶高度超过尾柄高的 1/2……………………**球鳔鳅属 *Sphaerophysa***

7(4) 尾柄上、下缘不具软鳍褶；或具皮质棱，但无尾前小刺支撑……………………**南鳅属 *Schistura***

8(3) 雄性眼前下缘至上唇方向有 1 由密集小棘突形成的隆起区，胸鳍背面有 1 由密集小棘突形成的垫状隆起区……………………………………………………………………**高原鳅属 *Triplophysa***

(59) 云南鳅属 *Yunnanilus*

体短而高或较细长。头侧扁。前、后鼻孔分开一短距离；前鼻孔位于 1 短管中，不延长成须状。唇中等发达，下唇前缘游离，常具皱褶。上颌中央具齿状突起。体被细鳞或部分裸露或完全裸露无鳞。侧线不完全或缺如。头部具侧线管孔或缺如。肠直。鳔前室包于骨质鳔囊中，骨质鳔囊的后壁不封闭；鳔后室发达，游离于腹腔中。

种检索表

1(4)　无侧线；头部无侧线管孔
2(3)　口端位，第一鳃弓外侧鳃耙 2 个以上……**黑斑云南鳅 *Y. nigromaculatus***
3(2)　口亚下位，第一鳃弓无外侧鳃耙……**牛栏江云南鳅 *Y. niulanensis***
4(1)　具侧线；头部具侧线管孔
5(8)　鳔后室不分第 2 和第 3 两室
6(7)　体后部被有细密鳞片……**长鳔云南鳅 *Y. longibulla***
7(6)　身体裸露无鳞……**异色云南鳅 *Y. discoloris***
8(5)　鳔后室分为第 2 和第 3 两室
9(14)　背鳍前缘具 1 小黑斑
10(13)　侧线孔 15~19
11(12)　体侧斑纹小而密，全身呈竖条状或仅在侧线上呈斑点状……**横斑云南鳅 *Y. spanisbripes***
12(11)　体侧斑纹大，全身呈大型斑块状……**干河云南鳅 *Y. ganheensis***
13(10)　侧线孔 10~12……**四川云南鳅 *Y. sichuanensis***
14(9)　背鳍前缘无黑斑……**侧纹云南鳅 *Y. pleurotaenia***

103 黑斑云南鳅 *Yunnanilus nigromaculatus*(Regan，1904)

Nemacheilus nigromaculatus Regan，1904，13(7)：192（滇池）。
Yunnanilus nigromaculatus: 朱松泉和王似华，1985，10(2)：208（滇池、杨林湖、阳宗海、南盘江）；褚新洛和陈银瑞，1990，云南鱼类志（下册）：14-15（金沙江水系）；Kottelat *et* Chu，1988，Environmental Biology of Fishes，23(1-2)：65-93（滇池）。
Eonemachilus nigromaculatus Kottelat，2012，Raffles Bulletin of Zoology，supplement 26：1-199 (Yunnan fu = Lake Dianchi)。

主要形态特征　测量标本 4 尾，体长为 48.8~72.5mm。采自云南昆明滇池。

背鳍 iv-8；臀鳍 iii-5；胸鳍 i-11~12；腹鳍 i-7；尾鳍分枝鳍条 14。第一鳃弓外侧鳃耙 3~5，内侧鳃耙 11 或 12（2 尾）。

体长为体高的 3.3~4.2 倍，为头长的 3.0~3.3 倍，为体宽的 6.7~8.8 倍，为背鳍前距的 1.7~1.8 倍，为腹鳍前距的 1.6~1.7 倍，为臀鳍前距的 1.2 倍，为肛门前距的 1.2 倍，为尾柄长的 10.3~16.9 倍。头长为吻长的 3.2~3.6 倍，为眼径的 5.0~5.3 倍，为眼间距的 3.9~4.9 倍。尾柄长为尾柄高的 0.4~0.8 倍。

体粗壮，侧扁。头较大，侧扁。吻钝，吻长远小于眼后头长，约为眼后头长的 0.6 倍。前、后鼻孔分开一短距离，前鼻孔短管状。眼较大，侧上位。口端位。上、下唇较厚，上唇光滑，无明显皱褶，中央无缺刻；下唇也无明显皱褶。上颌具有齿状突起，下颌中央有 1 小缺刻。须 3 对，内吻须后伸不达前鼻孔垂直下方，外吻须后伸达前鼻孔后缘，颌须后伸达眼中部或眼后缘的垂直下方。侧线孔和头部侧线管孔缺失。

背鳍末根不分枝鳍条柔软，短于第一根分枝鳍条，至吻端的距离略大于至尾鳍基部的距离；背鳍外缘平截，平卧时背鳍末端达到臀鳍起点上方。腹鳍起点与背鳍的第二、第三根分枝鳍条相对。胸鳍末端约伸达胸腹鳍起点间距的 1/2。腹鳍末端不伸达肛门。肛门靠近臀鳍起点。尾鳍平截。头部裸露无鳞，胸部被有稀疏鳞片，身体其余部位被有细密鳞片。

鳔前室埋于骨质囊中，鳔后室发达，末端达腹鳍起点，前端以 1 短管与前室相连。肠直。在 1 尾标本的胃中发现大量的蜉蝣目幼虫和少量摇蚊幼虫。

福尔马林浸泡的标本体侧和体背基色为黄色。腹部灰白。体侧和体背有许多不规则的褐色斑纹，头背部具有虫蚀状斑纹。背鳍基部黑色，中央具黑褐色斑纹，其余各鳍灰色。

生活习性　生活在滇池的入湖河流的河口地段，生活区域一般水流较缓，水深小于 1m，并且水草丰富，一般以虾类为食（Kottelat and Chu，1988）。

分布　仅见于云南滇池（图 4-22）。

牛栏江云南鳅 *Yunnanilus niulanensis* Chen，Yang *et* Yang，2012

Yunnanilus niulanensis Chen，Yang *et* Yang，2012，Zootaxa，3269：57-64（昆明嵩明牛栏江）。

主要形态特征 测量标本 5 尾，体长为 45.5~55.2mm，采自云南嵩明杨林牛栏江。

背鳍 iv-9；臀鳍 iii-5；胸鳍 i-11；腹鳍 i-7；尾鳍分枝鳍条 14。第一鳃弓无外侧鳃耙，内侧鳃耙 9 或 10（2 尾）。

体长为体高的 4.1~4.5 倍，为头长的 3.2~3.4 倍，为背鳍前距的 1.8~1.9 倍，为腹鳍前距的 1.7~1.8 倍，为臀鳍前距的 1.2~1.3 倍，为肛门前距的 1.2~1.4 倍，为尾柄长的 8.9~10.2 倍。头长为吻长的 3.4~3.8 倍，为眼径的 3.9~4.4 倍，为眼间距的 3.3~3.6 倍。尾柄长为尾柄高的 0.7~0.9 倍。

体延长，稍侧扁。头较大，侧扁。吻钝圆，吻长小于眼后头长。前、后鼻孔分开一短距离，前鼻孔短管状。眼中等大，侧上位。口亚下位。上唇中央具 1 缺刻，皱褶明显；下唇中央具 1 缺刻，缺刻两侧各具 2 或 3 个明显皱褶。上颌具齿状突，下颌中央无缺刻。须 3 对，内吻须后伸达前鼻孔垂直下方，外吻须后伸达眼前缘，颌须后伸达眼后缘的垂直下方。无侧线，头部无侧线管系统。

背鳍末根不分枝鳍条柔软，短于第一根分枝鳍条，至吻端的距离明显大于至尾鳍基部的距离；背鳍外缘平截，平卧时背鳍末端超过肛门上方。腹鳍起点与背鳍的第三根分枝鳍条相对。胸鳍末端约达胸腹鳍起点间距的 1/2。腹鳍末端不伸达肛门。肛门靠近臀鳍起点。尾鳍平截。头部裸露无鳞，身体其余部位被有细密鳞片。

鳔前室埋于骨质囊中，鳔后室发达，末端达腹鳍起点，前端以 1 短管与前室相连。肠直。

福尔马林浸泡的标本基色淡黄。身体的上 2/3 及头部分布有黑褐色的斑块。

生活习性 喜缓流水且具水草的环境，常居在水体的中下层，行动迟缓，常成群活动。

分布 云南嵩明，属于牛栏江水系（图 4-22）。

105 长鳔云南鳅 *Yunnanilus longibulla* Yang，1990

Yunnanilus longibulla Yang，1990，云南鱼类志（下册）：21（程海）。

主要形态特征　测量正模标本 818500，体长为 41.0mm；副模标本 9 尾，体长为 28.6~37.0mm；采自云南永胜程海。

背鳍 iv-8；臀鳍 iii-5；胸鳍 i-11~13；腹鳍 i-7~8；尾鳍分枝鳍条 15~17。第一鳃弓无外侧鳃耙，内侧鳃耙 10~12（3 尾）。

体长为体高的 4.8~6.1 倍，为头长的 3.6~4.1 倍，为体宽的 8.0~16.1 倍，为背鳍前距的 1.8~2.0 倍，为腹鳍前距的 1.7~1.9 倍，为臀鳍前距的 1.2~1.3 倍，为肛门前距的 1.3~1.4 倍，为尾柄长的 6.7~9.7 倍。头长为吻长的 2.8~3.9 倍，为眼径的 3.1~4.2 倍，为眼间距的 4.3~5.9 倍。尾柄长为尾柄高的 1.1~1.7 倍。

体延长，稍侧扁。头锥形，侧扁。吻略尖，吻长略小于眼后头长。前、后鼻孔分开一短距离，前鼻孔短管状。眼中等大，侧上位。口亚下位。上唇中央具 1 缺刻，弱皱褶；下唇中央具 1 缺刻，缺刻两侧各具 3 个明显皱褶。上颌齿状突明显，下颌中央有 1 小缺刻。须 3 对，内吻须后伸达前鼻孔垂直下方，外吻须后伸达后鼻孔后缘，颌须后伸达眼后缘的垂直下方。侧线不完全，末端后伸不超过胸鳍末端的垂直线，具侧线孔 14~17。头部存在侧线管孔，眶下管孔为 4+9；眶上管孔为 7 或 8；颞颥管孔为 3+3；颚骨 - 鳃盖管孔为 8 或 9。

背鳍末根不分枝鳍条柔软，短于第一根分枝鳍条，至吻端的距离略大于至尾鳍基部的距离；背鳍外缘平截，平卧时背鳍末端达肛门上方。腹鳍起点与背鳍的第三、第四根分枝鳍条相对。胸鳍末端超过胸腹鳍起点间距的 1/2。腹鳍末端不伸达肛门。肛门靠近臀鳍起点。尾鳍后缘略凹。头部裸露无鳞，胸部无鳞，腹部具稀少的鳞片，身体其余部位被有细密鳞片。

鳔前室埋于骨质囊中，鳔后室发达，末端达腹鳍起点，前端以一短管与前室相连。肠直。

♂

福尔马林浸泡的标本基色淡黄。雌雄异色：雄性从鳃盖末端到尾鳍基具 1 条黑褐色的纵纹，雌性无此纵纹，体侧具 1 列圆形或不规则的黑斑。

生活习性 喜缓流水且具水草的环境。

分布 仅见于云南永胜程海（金沙江中游）（图 4-22）。

106 异色云南鳅 *Yunnanilus discoloris* Zhou *et* He，1989

Yunnailus discoloris Zhou *et* He（周伟和何纪昌），1989，14：380-384（云南呈贡白龙潭）。

主要形态特征 测量标本 6 尾，体长为 21.6~31.4mm；采自云南昆明呈贡白龙潭。

背鳍 iv-9；臀鳍 iii-5；胸鳍 i-11~12；腹鳍 i-7；尾鳍分枝鳍条 14。

体长为体高的 4.0~5.4 倍，为头长的 3.2~3.4 倍，为背鳍前长的 1.8~1.9 倍，为腹鳍前长的 1.7~1.8 倍，为臀鳍前长的 1.2 倍，为肛门前长的 1.2~1.3 倍，为尾柄长的 6.8~9.0 倍。头长为吻长的 3.0~3.8 倍，为眼径的 2.8~3.4 倍，为眼间距的 3.9~5.4 倍。尾柄长为尾柄高的 1.4~1.7 倍。

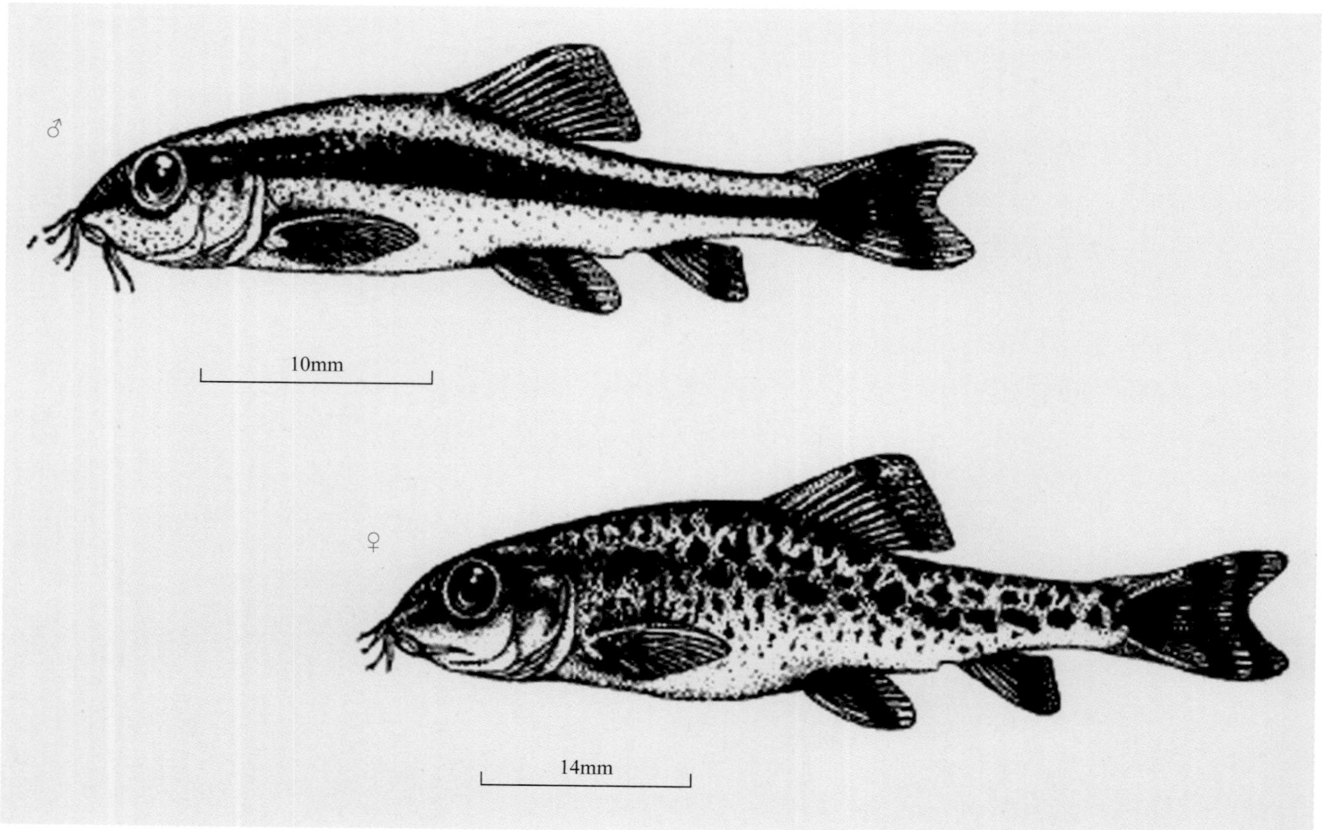

♂

10mm

♀

14mm

^ 依周伟和何纪昌，1989

体延长，略侧扁。头较大，侧扁。吻钝，吻长远小于眼后头长。前、后鼻孔分开一短距离，前鼻孔短管状。眼较大，侧上位。口下位。上、下唇较薄，上唇光滑，无明显皱褶，中央无缺刻；下唇略发达，具明显皱褶。须 3 对，内吻须后伸不达前鼻孔的垂直下方，外吻须后伸达前鼻孔后缘，颌须后伸达眼中部或眼后缘的垂直下方。侧线不完全，侧线孔为 4~10。

背鳍末根不分枝鳍条柔软，短于第一根分枝鳍条，至吻端的距离等于至尾鳍基部的距离；背鳍外缘平截，平卧时背鳍末端达到臀鳍起点上方。腹鳍起点与背鳍的第二、第三根分枝鳍条相对。胸鳍末端约伸达胸腹鳍起点间距的 1/2。腹鳍末端靠近肛门。肛门靠近臀鳍起点。尾鳍叉形。身体裸露无鳞。

鳔前室埋于骨质囊中，鳔后室发达，末端达腹鳍起点，前端以一短管与前室相连。肠直。

福尔马林浸泡的标本体侧和体背基色为黄色。腹部灰白。雄性个体沿体侧中轴，自眼后缘至尾鳍基部具 1 黑色纵带，雌性全身具不规则的黑色斑点或斑块。背鳍、臀鳍和腹鳍具 1 黑纹，尾鳍具 1 或 2 条淡黑纹。

生活习性　生活于水体流动的龙潭中，水清澈透明，平均水深 80cm，以沙砾为底，生有金鱼藻、丝状藻（周伟和何纪昌，1989）。

分布　云南昆明呈贡白龙潭，属于滇池流域（图 4-22）。

107 横斑云南鳅 *Yunnanilus spanisbripes* An，Liu *et* Li，2009

Yunnanilus spanisbripes An，Liu *et* Li，2009，34(3)：630-638（云南沾益县德泽乡牛栏江）。

主要形态特征　测量副模标本 10 尾，体长为 51.2~71.9mm。采自云南沾益县德泽乡牛栏江。

背鳍 iv-9；臀鳍 iii-6；胸鳍 i-11；腹鳍 i-7；尾鳍分枝鳍条 16。第一鳃弓外侧鳃耙 1，内侧鳃耙 11 或 12(2 尾）。

体长为体高的 4.6~6.1 倍，为头长的 3.9~4.4 倍，为体宽的 6.6~7.9 倍，为背鳍前距的 1.8~2.0 倍，为腹鳍前距的 1.7~1.8 倍，为臀鳍前距的 1.2~1.3 倍，为肛门前距的 1.3 倍，为尾柄长的 7.3~8.9 倍。头长为吻长的 2.7~3.1 倍，为眼径的 4.6~5.8 倍，为眼间距的 3.7~4.5 倍。尾柄长为尾柄高的 1.0~1.4 倍。

体延长，稍侧扁。头锥形，侧扁。吻钝，吻长略小于眼后头长。前、后鼻孔分开一短距离，前鼻孔短管状。眼位于头部侧上位。口亚下位。上、下唇发达，上唇中央具 1 缺刻，弱皱褶；下唇中央具 1 缺刻，缺刻两侧各具 3 个明显皱褶。上颌齿状突明显，下颌中央有 1 小缺刻。须 3 对，内吻须后伸达前鼻孔垂直下方，外吻须后伸达前鼻孔后缘，颌须后伸达眼后缘的垂直下方。侧线不完全，向后超过胸鳍末端，但不达背鳍起点，具侧线孔 15~24。头部存在侧线管孔，眶

下管孔为 3+12；眶上管孔为 8；颞颥管孔为 3+3，有少数个体为 2+2（2 尾）；颚骨 - 鳃盖管孔为 8~10。

背鳍末根不分枝鳍条柔软，短于第一根分枝鳍条，至吻端的距离略大于至尾鳍基部的距离；背鳍外缘平截，平卧时背鳍末端达到肛门上方。腹鳍起点与背鳍的第二、第三根分枝鳍条相对。胸鳍末端约伸达胸腹鳍起点间距的前 1/3。腹鳍末端不伸达肛门。肛门靠近臀鳍起点。尾鳍后缘略凹。头部裸露无鳞，胸部被有稀疏鳞片，身体其余部位被有细密鳞片。

鳔前室埋于骨质囊中，鳔后室发达，末端达腹鳍起点，前端以一短管与前室相连。肠直。

福尔马林浸泡的标本基色淡黄。雌雄异色：雄性从鳃盖末端到尾鳍基具 1 条黑褐色的纵纹，或是由 10~12 个圆斑组成的纵纹；雌性体侧具有 20~25 条横斑纹。

生活习性 喜缓流环境，生活在牛栏江干流或龙潭的进出水口（安莉等，2009）。

分布 云南沾益县德泽乡，属于牛栏江水系（图 4-22）。

干河云南鳅 *Yunnanilus ganheensis* An，Liu *et* Li，2009

Yunnanilus ganheensis An，Liu *et* Li，2009，动物分类学报，34：630-638。

主要形态特征 无标本，摘抄自原始描述。

背鳍 iii-8；臀鳍 ii-5；胸鳍 i-11；腹鳍 i-7；尾鳍分枝鳍条 16。

体长为体高的 4.9~5.1 倍，为头长的 3.7~3.9 倍，为尾柄长的 6.1~6.8 倍，为尾柄高的 8.6~8.8 倍，

为背鳍前距的 1.7~1.9 倍，为腹鳍前距的 1.8 倍。头长为吻长的 2.4~2.7 倍，为眼径的 4.2~5.5 倍，为眼间距的 2.9~3.4 倍。尾柄长为尾柄高的 1.3~1.4 倍。

体延长，侧扁。头长三角形，头宽小于头高。吻钝圆，吻长小于眼后头长。前、后鼻孔分开一短距离；前鼻孔呈短管状，约位于吻端与眼前缘的中点；后鼻孔周围无瓣膜。眼中等大，位于头侧上位，吻长加眼径约等于眼后头长。眼间距宽，略隆起。口小，亚下位，口角达到后鼻孔下缘。上、下唇发达，表面具小乳头；上唇弧形，下唇中央具缺刻，与上颌中部的齿状突起相对。须 3 对，短小，外吻须与颌须约等长，外吻须后伸不达后鼻孔，口角须后伸不达眼前缘。鳃孔狭小，鳃膜连于峡部。

各鳍短小。背鳍外缘平截；起点在腹鳍起点的前上方，至吻端的距离约等于至尾鳍基部的距离。胸鳍短小，后伸达其起点至腹鳍基距离的一半。腹鳍起点与背鳍第二根分枝鳍条相对，后伸远不达肛门。肛门紧靠臀鳍起点。臀鳍短，后伸远不达尾鳍基部。尾鳍后缘分叉。

体表有小鳞，隐于皮下；侧线不完全，终止于背鳍起点下方。

胃呈“U”字形，肠短，从胃后呈直线达肛门。

福尔马林浸制标本体表基色淡黄，沿体侧偏下具 10~12 个不规则菱形或圆形斑块。

生活习性　仅分布在寻甸县河口乡白石岩天生桥溶洞群的出水口以下缓流区。

分布　云南省寻甸县大河乡干河，属于牛栏江水系（图 4-22）。

四川云南鳅 *Yunnanilus sichuanensis* Ding，1995

Yunnanilus sichuanensis Ding（丁瑞华），1995，20：253-256（四川冕宁县安宁河）。

主要形态特征　无标本，摘自原始描述。

背鳍 iii-8；臀鳍 iii-5；胸鳍 i-12；腹鳍 i-7；尾鳍分枝鳍条 16。第一鳃弓内侧鳃耙 9 或 10。

体长为体高的 4.6~5.0 倍，为头长的 3.9~4.5 倍，为尾柄长的 6.0~8.4 倍，为背鳍前长的 1.6~1.8 倍。头长为吻长的 2.4~3.1 倍，为眼径的 3.3~4.0 倍，为眼间距的 2.2~2.8 倍。尾柄长为尾柄高的 0.9~1.0 倍。

体延长，稍侧扁。头较短，侧扁。吻钝圆，吻长约等于眼后头长。前、后鼻孔分开一短距离，前鼻孔短管状。眼大，位于头中部偏上方。口下位。上唇中央无缺刻，皱褶明显；下唇中央具 1 缺刻，缺刻两侧各具 2 个明显皱褶。上颌无齿状突。须 3 对，内吻须后伸达后鼻孔垂直下方，外吻须后伸超过眼前缘，颌须后伸达眼后缘的垂直下方。具侧线，侧线孔 10~12。

背鳍外缘稍呈弧形，其末端远不达臀鳍起点的垂直线，背鳍前距为体长的 54.5%~59.1%。胸鳍较短，末端具许多小缺刻，伸达胸鳍、腹鳍起点间的 1/2。腹鳍短小，起点约与背鳍第一根分枝鳍条基部相对；下缘也具小缺刻，末端不伸达肛门。臀鳍起点距腹鳍起点远大于距尾鳍基部。肛门离臀鳍起点稍远。尾鳍凹入，上、下叶末端钝圆。

胸、腹及身体前背部无鳞，其他部位被细鳞。侧线不完全，后端远不达背鳍下方。头部具感

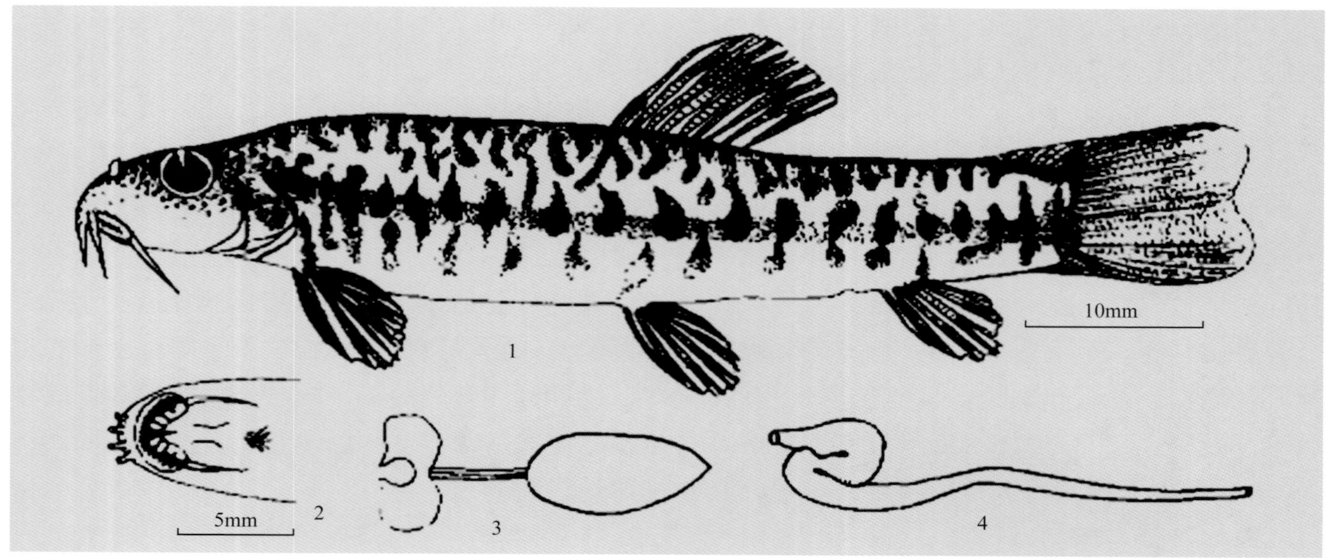

觉管孔。鳔前室分为左、右侧室，包于骨质鳔囊中，后室为长圆形，末端稍尖，游离于腹腔中，后端接近腹鳍起点。肠管较粗短，略弯曲。腹腔膜白色，其上具许多黑褐色斑点。

生活时腹部黄白色，身体其余部分草绿色。浸存标本基色为黄白色。头背和体侧上部具许多不规则黑褐色斑点，鳃盖上有 1 黑褐色斑块。体侧中轴上从鳃孔上角至尾鳍基部有 1 条较宽的黑褐色纵条纹，其上有 16~19 个横斑块；其上方有 1 列 20~26 个黑褐色短横条纹，下方具 15~17 个黑褐色斑点。背部有短横斑纹。背鳍前缘近基部有 1 小黑斑。其余各鳍无斑纹。

生活习性 生活于河流的缓水区，以底栖动物为食。

分布 四川省冕宁县安宁河，属于雅砻江水系（图 4-22）。

110 侧纹云南鳅 *Yunnanilus pleurotaenia*（Regan，1904）

Nemacheilus pleurotaenia Regan，1904，13(7)：192（滇池）。

Nemacheilus（*Yunnanilus*）*pleurotaenia*：Nichols，1925，171：1（云南）。

Yunnanilus pleurotaenia：朱松泉和王似华，1985：208（滇池、杨林湖、阳宗海、星云湖、程海、抚仙湖和洱海等地）；曹文宣（见郑慈英），1989：42-43（抚仙湖）；杨君兴（见褚新洛等），1990：25-26（抚仙湖）；朱松泉，1989：15-17（星云湖、抚仙湖、滇池、洱海和程海等地）；Kottelat *et* Chu，1988，23(1-2)：82-84 (Lake Dianchi and Lake Fuxian)；Yang，1991，2(3)：198-199 (Lake Fuxian)；杨君兴，1995：14-16（抚仙湖、滇池和洱海）。

Yunnanilus tigeriveinus Li *et* Duan，1999，14(3)：255-256（云南昆明）；Kottelat，2012，26：136。

主要形态特征 测量标本 10 尾，体长为 51.5~76.9mm，采自云南昆明滇池。

背鳍 iv-8；臀鳍 iii-5；胸鳍 i-10；腹鳍 i-6；尾鳍分枝鳍条 15 或 16。第一鳃弓无外侧鳃耙，内侧鳃耙 10~13(6 尾)。

体长为体高的4.5~5.8倍，为头长的3.8~4.3倍，为体宽的7.0~8.6倍，为背鳍前距的1.8~2.1倍，为腹鳍前距的1.7~1.9倍，为臀鳍前距的1.2~1.3倍，为肛门前距的1.3~1.4倍，为尾柄长的7.5~9.0倍。头长为吻长的2.4~3.2倍，为眼径的4.7~5.7倍，为眼间距的3.1~4.0倍。尾柄长为尾柄高的1.0~1.3倍。

体延长，稍侧扁。头较大，侧扁。吻钝圆，吻长略小于眼后头长。前、后鼻孔分开一短距离，前鼻孔短管状。眼中等大，侧上位。口亚下位。上唇中央具1缺刻，皱褶明显；下唇中央具1缺刻，缺刻两侧各具2或3个明显皱褶。上颌具弱的齿状突，下颌中央无缺刻。须3对，内吻须后伸达前鼻孔的垂直下方，外吻须后伸达眼中央的垂直下方，颌须后伸达眼后缘的垂直下方。侧线不完全，末端后伸达背鳍起点的垂直下方，具侧线孔16~26。头部存在侧线管孔，眶下管孔为4+10；眶上管孔为7~9；颞颥管孔为3+3；颚骨 - 鳃盖管孔为9。

背鳍末根不分枝鳍条柔软，短于第一根分枝鳍条，至吻端的距离明显大于至尾鳍基部的距离；背鳍外缘平截，平卧时背鳍末端超过肛门上方。腹鳍起点与背鳍的第三根分枝鳍条相对。胸鳍末端超过胸腹鳍起点间距的1/2。腹鳍末端不伸达肛门。肛门靠近臀鳍起点。尾鳍后缘略凹。头部裸露无鳞，身体其余部位被有细密鳞片。

鳔前室埋于骨质囊中，鳔后室发达，末端达腹鳍起点，前端以一短管与前室相连。肠直。

福尔马林浸泡的标本基色淡黄。雌雄异色：雄性从鳃盖末端到尾鳍基部具1条黑褐色的纵纹，雌性无此纵纹，体侧具1列圆形或不规则的黑褐色横斑纹。

生活习性 喜缓流水且具水草的环境，常栖居在水体的中下层，游动缓慢，常成群活动。

分布 云南滇池（图4-22）。

(60) 副鳅属 *Homatula*

曾用名：荷马条鳅属。

体形中等，前躯近似圆筒形，尾柄侧扁。须 3 对，2 对吻须，1 对口角须。前、后鼻孔紧相邻。前鼻孔多数瓣膜状。鳞小，多埋于皮下。背鳍分枝鳍条 8 $^1/_2$~9 $^1/_2$，臀鳍分枝鳍条 5$^1/_2$。尾柄具有由尾前小刺支撑的软鳍褶。尾鳍微凹、平截或圆形。鳔后室退化。

本属鱼为我国特有，广泛分布于长江、珠江、澜沧江、怒江、红河、渭河。金沙江流域分布有 2 种。

种检索表

1(2) 体细长，上颌具弱齿状突，下颌无缺刻或微凹；侧线完全 …………………………………… **红尾副鳅 *H. variegata***

2(1) 体较粗短，上颌具发达齿状突，下颌具相应缺刻；侧线不完全 ………………………………… **短体副鳅 *H. potanini***

红尾副鳅 *Homatula variegata* (Dabry de Thiersant，1874)

曾用名　红尾荷马条鳅

地方俗名　红尾子、红尾杆鳅

Nemachilus variegatus Dabry de Thiersant，*in* Sauvage *et* Dabry de Thiersant，1874（中国）。

Nemachilus oxygnathus Regan，1908（云南）。

Barbatula oxygnathus：Cheng，1958（昆明湖）。

Paracobitis variegatus variegatus：Yang，in Chu *et* Chen，1990（威信、盐津）。

Homatula variegata：Bănărescu *et* Nalbant，1995；Hu *et* Zhang，2010；Zeng et al.，2012；Gu *et* Zhang，2012（四川、云南金沙江，四川雅砻江等）。

主要形态特征　测量标本 15 尾，全长为 68.5~130.3mm，标准长为 56.9~112.9mm。采自四川盐边、盐源。

张春光提供

背鳍 iii-iv-$8^1/_2$；臀鳍 iii-iv-$5^1/_2$；胸鳍 9；腹鳍 7 或 8；尾鳍 17。脊椎骨总数 4+44 或 45。

体长为体高的 7.6~12.1 倍；为头长的 4.9~6.4 倍，为尾柄长的 4.9~6.4 倍，为尾柄高的 8.9~11.8 倍。头长为吻长的 2.1~2.5 倍；为眼径的 6.1~8.7 倍，为眼间距的 3.4~5.1 倍。

身体极度延长，背鳍基前横切面侧扁椭圆形，其后向尾柄方向越发侧扁，呈扁椭圆形。体高最大处为背鳍基起点附近，向尾柄方向高度不降低。尾柄背侧和腹侧均有肉质棱，其上有软鳍褶，背侧软鳍褶前伸超过臀鳍基后端或超过臀鳍基起点，内有细小尾前小刺支撑；肉质棱多前伸超过臀鳍基起点达背鳍鳍条末端或接近背鳍基后端；腹侧软鳍褶及肉质棱短，肉质棱前伸达臀鳍鳍条末端，软鳍褶前伸不达臀鳍鳍条末端与尾鳍基部距离的一半。头低扁，吻尖；眼纵向椭圆形或近圆形。口亚下位，强拱形。须 3 对，2 对吻须，1 对口角须；内、外吻须根部紧挨，内吻须按压不达或刚刚伸达口角内侧；外吻须按压伸达口角须基部附近；口角须按压下伸达眼前缘垂直线到眼后缘垂直线之间。上唇较薄，几乎平滑，有浅褶皱，中央具有很小的 1 个缺口或连续无缺口；下唇肉质，有较深褶皱，唇中央具有明显缺口或浅缺口，缺口延伸成深的褶皱或不延伸；上颌有齿状突，不发达，窄，末端尖圆；下颌不具有缺刻，窄舌状。前、后鼻孔紧挨一起，前鼻孔小，环绕着鼻瓣膜，后鼻孔椭圆形，与眼前缘靠近，间隔窄。

背鳍多数具有 3 或 4 根不分枝鳍条，$8^1/_2$ 根分枝鳍条。臀鳍多数具有 3 或 4 根不分枝鳍条，$5^1/_2$ 根分枝鳍条，个别个体具有 $6^1/_2$ 根分枝鳍条。尾鳍多数具有 9+8 根分枝鳍条，个别个体具有 8+8 根分枝鳍条。腹鳍具有 7 或 8 根分枝鳍条，多数具有 7 根。背鳍基起点明显更靠近头部，背鳍条末端边缘多呈微凸弧形，也有较平截的个体。腹鳍起点相对于背鳍起点或稍后，仅有一尾稍前（可能与保存体态相关），腹鳍鳍条末端远离肛门，具有中等大小的腋鳞，末端尖或钝圆，游离。斜截尾或平截尾，个体越小，越趋于平截；上、下叶圆，上叶长于下叶。肛门靠近臀鳍起点，约一个眼径距离，远离腹鳍起点。

头部感觉系统较发达，孔状，少数可以呈短管状。眼眶上孔 7 或者 8，眼眶下孔 4+10~11，鳃盖孔 9，颚骨 - 鳃盖骨孔 3。侧线多数完全或有小距离间断，1 尾在尾柄处有大段间断；侧线孔

94~109（对 7 尾标本感觉系统进行计数）。

鳞小，埋于皮下，不相互覆盖，后躯鳞细密；背鳍基向前逐渐稀疏，稀疏程度不一，沿侧线上、下鳞片相对密集，背中线多裸露无鳞；头部及臀鳍基前胸腹部多无鳞。胃较小，囊状；肠直，会出现简单弯折或小的盘绕。

雄性在繁殖季节，背鳍、胸鳍多出现珠星（刺突），少量标本腹鳍也有珠星。

不同居群的斑纹具有差异，主要有 2 种斑纹结构。体侧具规则横斑纹，前密后疏、前宽后细或几乎等宽；背鳍前躯斑纹宽于间隙，尾柄斑纹细于或约等于间隙；或尾柄部斑纹细，间隙远大于斑纹宽度，前躯斑纹细密，与间隙几乎同宽。

生活习性 在鳅类中属于个体较大的种类，在长江流域广泛分布，最北可越过秦岭见于黄河流域中游支流渭河的南侧（秦岭北坡）支流。喜生活于富氧的山区河流。

流域内资源现状及经济价值 分布区内一般种群数量较大，在产地有一定的经济价值。

分布 长江流域广泛分布，也见于黄河流域的渭河南侧支流（图 4-23）。

短体副鳅 *Homatula potanini*（Günther，1896）

曾用名　短体荷马条鳅

地方俗名　红尾巴鱼、钢鳅

Nemacheilus potanini Günther，1896（中国）。

Paracobitis potanini：Zhu，1989（贵州、四川、陕西长江中上游及其附属水体）；Ding，1994（四川盆地及周边山区各干支流）；Gao et al.，2013（攀枝花、巧家、绥江、水富）。

Homatula potanini：Hu *et* Zhang，2010；Zeng et al.，2012；Gu *et* Zhang，2012；Min et al.，2012a。

主要形态特征 测量标本 16 尾，全长为 53.6~89.7mm，标准长为 45.5~77.4mm。采自四川眉山、简阳。

背鳍 iii-iv-$7^1/_2$~$8^1/_2$；臀鳍 iii-iv-$5^1/_2$；胸鳍 8 或 9；腹鳍 6 或 7；尾鳍 9+8 或 8+8。脊椎骨总数 4+34 或 35。

体长为体高的 6.0~9.3 倍，为头长的 4.2~5.1 倍，为尾柄长的 5.6~7.1 倍，为尾柄高的 7.9~11.0 倍。头长为吻长的 1.6~2.9 倍，为眼径的 6.2~8.7 倍，为眼间距的 3.0~4.1 倍。

身体较粗壮，属于荷马条鳅属中体形最粗短的种。背鳍基前横切面椭圆形，其后向尾柄方向愈发侧扁，呈扁椭圆形。体高最大处为背鳍基起点附近，向尾柄方向高度不降低。尾柄背侧和腹侧均有发达肉质棱，其上有软鳍褶，背侧软鳍褶前伸达或超过臀鳍基部，肉质棱前伸超过臀鳍基起点达背鳍基后端；腹侧软鳍褶及肉质棱短，肉质棱前伸达臀鳍鳍条末端，软鳍褶前伸不达臀鳍鳍条末端与尾鳍基距离的一半。头向前略压低。吻钝圆。眼近似圆形，纵轴略长于横轴；眼四周有鼓起的皮肤膜包裹，与眼球连接处形成浅沟（眼上缘与皮肤膜之间平滑过渡无沟）；眼上缘多数不被两眼间头部皮肤遮盖或稍有遮盖。口亚下位，宽拱形。须 3 对，2 对吻须，1 对口角须；内、外吻须根部紧挨，内吻须按压不达或刚刚伸达口角内侧；外吻须按压下伸达口角内侧或达口角须基部附近；口角须按压下伸达眼中点与眼后缘连线之间。上唇肉质，连续，中央无缺口，有浅褶皱；下唇肉质，略厚，中央具有三角形缺口，缺口两侧具有较深褶皱；上颌具有发达的宽齿状突；下颌具有明显的深缺刻。前、后鼻孔紧挨一起，前鼻孔小，环绕着鼻瓣膜，后鼻孔较前鼻孔大，椭圆形，与眼前缘靠近，间隔窄。

背鳍具有 $7^1/_2$~$8^1/_2$ 根分枝鳍条，背鳍鳍条末端边缘平截或微凸。臀鳍具有 5 $^1/_2$ 根分枝鳍条。尾鳍常规具有 9+8 根分枝鳍条，同时发现一尾 8+8，平截尾，上、下叶等长。腹鳍具有 6 或 7 根分枝鳍条。腹鳍起点相对于背鳍起点位置变化较大，相对、稍后（相对于背鳍第一根分枝鳍条）、较明显靠后（相对于背鳍第二根分枝鳍条）或稍前；腹鳍鳍条末端靠近肛门，超过腹鳍起点与肛门连线的 1/2。腋鳞退化或无，多数为较细小腋鳞或末端不游离的肉质结构。肛门靠近臀鳍起点。

头部感觉系统呈孔状。眼眶上孔 7 或者 8，眼眶下孔 4+10 或 11，鳃盖孔 9~11，颚骨 - 鳃盖骨孔 3。侧线不完全，终止于背鳍基起点或不到背鳍基起点；侧线孔 14~27。

鳞小，圆形，埋于皮下，不相互覆盖，后躯尾柄鳞片有的比较细密，鳞片挨着鳞片，有的略稀疏，鳞片之间有空隙；向身体前方鳞片越发稀疏，直至无鳞；一般背鳍基鳞片稀疏，背鳍基前几乎裸露无鳞；头部及臀鳍基前胸腹部无鳞。胃较小，囊状；肠直，会出现简单盘绕。

体侧斑纹、尾柄部斑纹略宽于间隙，背鳍前斑纹密，略宽于间隙；背鳍后斑纹间隙略增加，略细于斑纹或与斑纹等宽；尾鳍基部具有连续的黑色粗斑纹。斑纹变异非常大，多数都是斑纹已经褪去形成暗色，或局部有模糊斑纹；还有斑纹溶解成细小黑色素点密集分布或完全无体色。

生活习性 喜生活于富氧的山区支流。

流域内资源现状及经济价值 在分布区域通常种群数量较大，但个体较小，经济价值不高。

分布 在长江水系中上游广泛分布，尤以山区支流为多（图 4-23）。

讨论 短体副鳅广泛分布于长江水系，与红尾副鳅在很多区域同域分布，小的溪流中大多只有短体副鳅分布，应该与鱼体的体形有关。短小的体形便于短体荷马条鳅在小水体生境活动及生存。短体副鳅与重叠分布的红尾副鳅体形差异显著，在该属中属于两个极端。检测的标本为同批采集，但体色存在显著差异。

（61）球鳔鳅属 *Sphaerophysa*

体延长，略侧扁。前躯裸出，背鳍之后有小鳞，尾柄处鳞片较密。侧线不完全，终止在胸鳍上方。前、后鼻孔紧相邻，前鼻孔在 1 鼻瓣膜中。尾柄上、下具发达的软鳍褶，背侧软鳍褶的高度超过尾柄高的 1/2。鳔前室膨大呈圆球形，包于与其形状相近的骨质鳔囊中。整个骨质鳔囊呈圆球形。鳔后室退化。

113 滇池球鳔鳅 *Sphaerophysa dianchiensis* Cao *et* Zhu，1988

Sphaerophysa dianchiensis Cao *et* Zhu（曹文宣和朱松泉），1988，405（云南昆明滇池）。

无标本，摘自原始描述。

主要形态特征 背鳍 iv-10~11；臀鳍 iii-6；胸鳍 i-10~12；腹鳍 i-7~8；尾鳍分枝鳍条 16。第一鳃弓内侧鳃耙 10 或 11。

体长为体高的 4.9~7.1 倍，为头长的 4.3~5.0 倍，为尾柄长的 4.6~5.8 倍。头长为吻长的 2.4~3.0 倍，为眼径的 3.3~4.5 倍，为眼间距的 5.3~6.8 倍。尾柄长为尾柄高的 2.1~2.8 倍（不包含软鳍褶高度）。

体稍延长，侧扁。头侧扁。吻部钝，吻长约等于眼后头长。前、后鼻孔紧相邻，前鼻孔位于瓣膜中。眼侧上位。口下位。唇狭，唇面光滑或有浅皱。上颌具齿状突。须 3 对，较短，外吻须后伸达口角，颌须后伸达眼中心和眼后缘之间的下方。

背鳍外缘平截或稍外凸，背鳍前距为体长的 45%~46%。胸鳍末端伸达胸鳍、腹鳍起点间的 1/2。腹鳍起点约与背鳍第二或第三根分枝鳍条基部相对，末端不伸达肛门。尾鳍后缘稍外凸呈圆弧形或斜截，上叶稍长。背部在背鳍和尾鳍之间及尾柄的下侧缘有发达的膜质软鳍褶，背部的背鳍褶高超过尾柄高度的一半，其中排列有弱的鳍条骨 58~61。

胸、腹及身体前背部无鳞，尾柄处具密集小鳞。侧线不完全，终止在胸鳍上方。鳔前室膨大呈圆球形，包于与其形状相近的骨质鳔囊中。整个骨质鳔囊呈圆球形。鳔后室退化。胸自“U”形胃发出，向后几乎呈一条直管通向肛门。

身体基色浅黄或灰白，背部较暗，未见明显斑纹。

分布　仅记录在云南昆明（滇池），属于金沙江水系（图 4-23）。自报道之后再未见采到标本的确切记录。

（62）南鳅属 *Schistura*

体延长，前躯稍圆，后躯侧扁。头部稍平扁，吻钝圆。须 3 对：吻须 2 对，口角须 1 对。前、后鼻孔紧相邻，两鼻孔间由瓣膜相隔。尾柄不具软鳍褶，少数种具有无尾前小刺支撑的肉质褶。尾鳍内凹或叉尾。身体裸露或部分被鳞或全部被鳞。上颌具有程度不同的齿状突，下颌具有或不具有缺刻。雄性不具明显的副性征，一些种雄性或具眼下瓣、眼下沟等。

本属在金沙江分布有 4 种。

种检索表

1（2）体被细鳞，或仅在尾柄处被鳞……………………………………**横纹南鳅 *S. fasciolata***

2（1）身体裸露无鳞

3（4）腹鳍起点较前，相对于背鳍基部起点稍前……………………………**戴氏南鳅 *S. dabryi***

4（3）腹鳍起点较后，与背鳍第 1~3 根分枝鳍条基部相对

5（6）腹鳍短，后伸远不达肛门；脊椎骨 39~41……………………**牛栏江南鳅 *S. niulanjiangensis***

6（5）腹鳍稍长，后伸接近肛门；脊椎骨 33~34……………………**似横纹南鳅 *S. pseudofasciolata***

横纹南鳅 *Schistura fasciolata*（Nichols *et* Pope，1927）

地方俗名　红尾巴鱼

Homaloptera fasciolata Nichols *et* Pope，1927（海南）。
Barbatula fasciolata：Mai（梅庭安），1978（越南北部、海南）。
Neomacheilus fasciolata：Zhu *et* Wang，1985（漾濞江、南盘江、横江、把边江）。
Nemacheilus fasciolatus：Yang，in Chu *et* Chen，1990（禄劝、宜良、南涧、屏边、绿春、剑川、漾濞）。
Schistura fasciolata：Zhu，1989（海南岛，广东连州、连平、罗浮山）；Kottelat，2001（越南北部）。

主要形态特征　测量标本 11 尾，全长为 61.4~80.9mm，标准长为 50.4~68.3mm。采自云南楚雄。

背鳍 iii-$7^1/_2$~$8^1/_2$；臀鳍 iii-$5^1/_2$；胸鳍 9；腹鳍 6 或 7；尾鳍 9+8。脊椎骨 4+33~36。

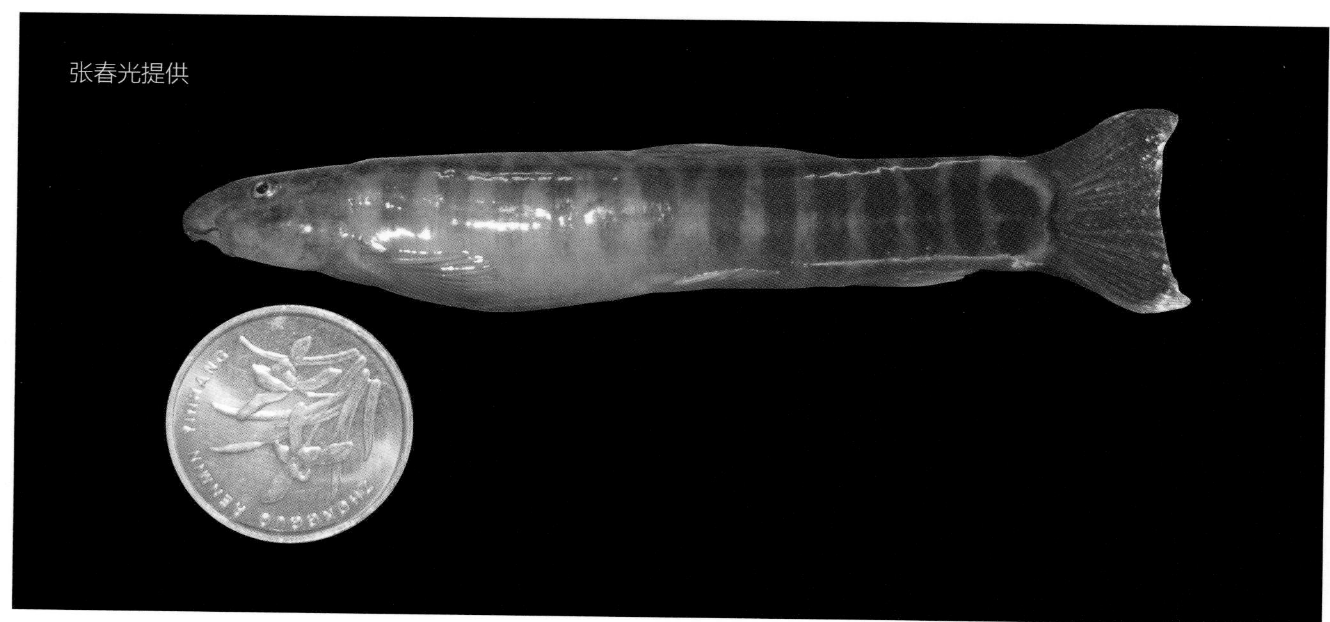

体长为体高的6.3~7.6倍，为头长的4.9~5.2倍，为尾柄长的5.8~7.4倍，为尾柄高的7.8~9.5倍。头长为吻长的2.1~2.8倍，为眼径的5.5~7.4倍，为眼间距的2.5~3.3倍。

体延长，前躯圆柱形稍侧扁，尾柄侧扁，背部隆起，从背鳍基开始下降，到尾柄处高度保持平行。尾鳍基上、下具有肉质棱，不向前延伸。头压低。吻钝圆。口下位。眼圆。前、后鼻孔相邻，前鼻孔形成鼻瓣膜，边缘开口低，瓣膜末端尖。有2对吻须，1对口角须；内吻须按压下后伸达口角内侧，外吻须按压下后伸达后鼻孔到眼前缘垂直线之间，口角须按压下后伸达或超过眼后缘，不达前鳃盖骨后缘。上、下颌变异大：上颌具发达齿状突，门齿状，或宽齿状突（只拨开上唇前

缘看不到齿状突边缘，需要拨开侧缘才能看到，但高度低），或弱齿状突，宽度、高度都小；下颌具发达“V”缺刻或不发达缺刻或微凹。上唇几乎平滑，中央部分形似齿状突；下唇中央具有“V”缺口。前、后鼻孔紧挨一起，前鼻孔环绕着鼻瓣膜，后鼻孔椭圆形，与眼前缘靠近，间隔窄。

背鳍具有 $7^1/_2$~$8^1/_2$ 根分枝鳍条，鳍条边缘平截或凸弧形，末端略超过臀鳍起点。臀鳍具有 $5^1/_2$ 根分枝鳍条，末端不达尾鳍基部。腹鳍具有 6 或 7 根分枝鳍条，末端接近肛门，不达或刚达肛门或超过肛门，不达臀鳍基部；腋鳞存在，中等发达，末端尖，游离。胸鳍具有 9 根分枝鳍条。尾鳍具有 9+8 根分枝鳍条，凹尾或深凹尾，近似浅叉尾，两叶约等长或下叶略长于上叶，两叶末端圆或尖。肛门更靠近臀鳍起点，有一个眼径以上的距离。

侧线完全，不插入尾鳍。侧线孔和头部感觉系统不发达，感觉孔小。侧线孔 74~81（4 尾标本），眼眶上孔 7 或 8，眼眶下孔 4+9 或 10，鳃盖孔 8 或 9，颚骨 - 鳃盖管孔 3。

尾柄处具有稀疏鳞片，其余部位几乎无鳞。脊椎骨 4+33~36。

生活时可明显见到体侧具 9~12 条斑纹（不包括尾鳍基斑纹），规则或前躯斑纹形成斑点；斑纹宽约等于两纹之间间隙的宽度。尾鳍基斑纹细于体侧斑纹，颜色更深，连续，达背腹侧中线或连续不达背腹侧中线或分成两段斑纹或分成 1 个斑点和 1 条斑纹；背鳍基最前段 1 个黑斑点，之后 1 个长黑斑条，几乎覆盖背鳍基后段。

生活习性及经济价值 喜生活于富氧的支流、山溪。个体较小，经济价值不高。

流域内资源现状 种群数量较多。

分布 分布广泛，珠江、南流江、韩江、九龙江、海南岛、长江、南盘江、元江、李仙江、澜沧江、驮娘江、香港等均有分布记录；国外见于越南北部。金沙江流域中下游有分布（图 4-24）。

讨论 该种是广布种，分布范围跨了几个水系：长江、珠江、元江（红河）、澜沧江等。该种的性状特征也变异很大，可能含有隐藏种。本研究只测量了金沙江标本，未发现明显区别，性状比较稳定。

戴氏南鳅 *Schistura dabryi*（Sauvage，1874）

地方俗名 瓦鱼子、麻鱼子

Oreias dabryi Sauvage，in Sauvage *et* Dabry de Thiersant，1874（四川硗碛）；Zhu *et* Wang，1985（云南石鼓）；Yang，in Chu *et* Chen，1990（宁蒗、中甸、宣威、寻甸）。
Schistura dabryi：Zhu，1989（贵州毕节）。
Claea dabryi：Kottelat，2010。

主要形态特征 测量标本 12 尾，全长为 53.8~82.8mm，标准长为 45.3~72.4mm。采自四川。背鳍 iii-iv-$8^1/_2$~$9^1/_2$；臀鳍 iii-$5^1/_2$；胸鳍 9 或 10；腹鳍 7；尾鳍 16。脊柱骨 4+40~42。

体长为体高的 7.0~9.9 倍，为头长的 5.1~5.8 倍，为尾柄长的 6.1~9.6 倍，为尾柄高的

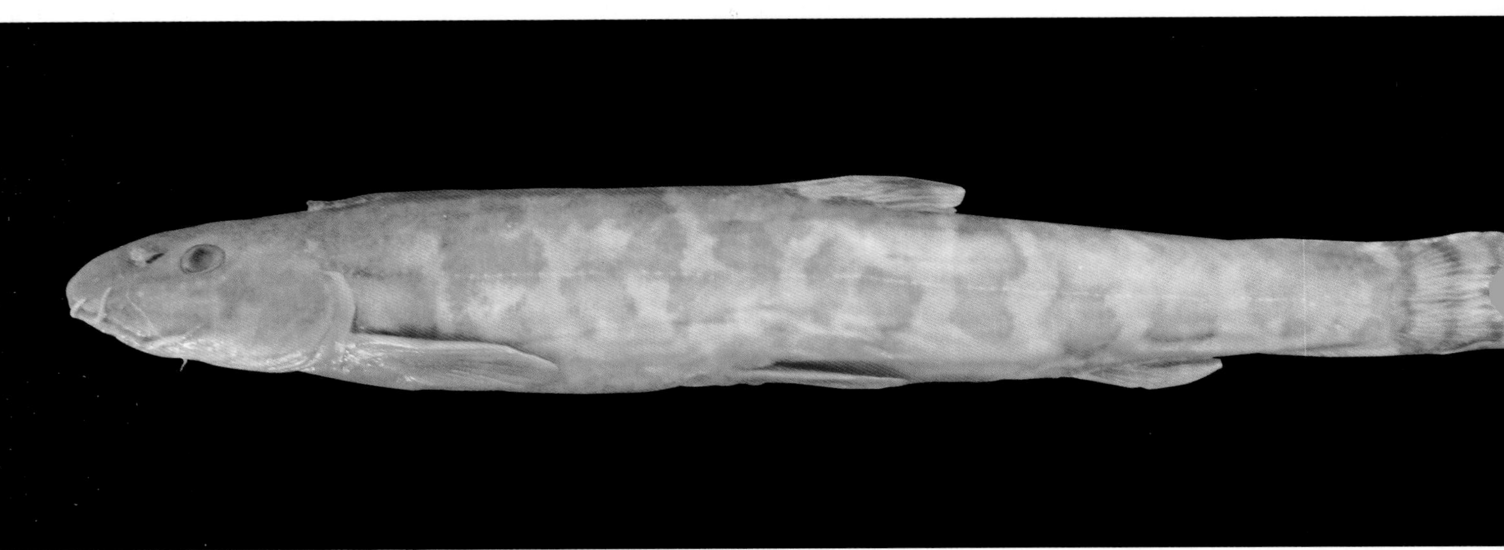

11.7~16.5 倍。头长为吻长的 1.9~2.4 倍，为眼径的 4.9~6.7 倍，为眼间距的 3.3~4.5 倍。

体形较小，体延长，体最高点在背鳍起点附近，向吻端降低，尾柄明显变细；体前躯近似圆柱形略侧扁。尾鳍基上、下具有肉质棱，上有短的微弱软鳍褶，只分布在尾柄基位置。头略压低，吻尖。眼椭圆形，眼四周有鼓起的皮肤膜包裹，与眼球连接处形成浅沟。口亚下位，宽拱形。须 3 对：2 对吻须，1 对口角须；内、外吻须根部紧挨，内吻须按压下伸达口角内侧；外吻须按压下伸达后鼻孔；口角须按压几乎伸达眼中点到眼后缘的垂直线之间。上唇几乎平滑，中央具小缺口或连续；下唇中央具有三角形缺口，并延伸成深的褶皱穿过下唇，下唇中间部分形成两个大的皱褶，两侧窄，连接口角；唇后沟不连通。上颌具有齿状突；下颌平滑无缺刻。前、后鼻孔紧挨一起，前鼻孔环绕着鼻瓣膜，后鼻孔椭圆形，与眼前缘靠近，间隔窄。

背鳍具有 $8^1/_2$~$9^1/_2$ 根分枝鳍条，背鳍鳍条末端边缘平截，鳍条末端达肛门垂直线。臀鳍具有 $5^1/_2$ 根分枝鳍条，末端不达尾鳍基部。腹鳍具 7 根分枝鳍条，其起点位于背鳍起点之前，鳍条末端接近肛门，但不达肛门。腹鳍腋鳞退化或完全消失。胸鳍具有 9 或 10 根分枝鳍条。尾鳍具有 16 根分枝鳍条，凹形尾，下叶略长于上叶或两叶约等长。肛门靠近臀鳍起点。

侧线完全，不插入尾鳍。全身裸露无鳞。

身体基色为黄色，体侧具不规则云状斑、斑点或斑点相连接形成 1 条沿侧线分布的模糊纵向的斑纹，背侧具有不规则斑点，尾鳍基部具有 1 条近似尾鳍末端边缘形状的斑纹或分割成 2 个斑点；头背部具有黑色斑块，头部其余位置颜色略浅；腹部无斑纹。尾鳍具有 1 或 2 排斑纹。

生活习性及经济价值　喜生活于富氧的支流，特别是山区溪流。个体较小，经济价值不高。

流域内资源现状　种群数量较多。

分布　金沙江；四川（图 4-24）。

讨论　戴氏南鳅归属经过了几次变更。该种体形更像高原鳅，未被归入高原鳅属是因为高原鳅属鱼类上颌没有齿状突，雄性具有第二性征，而戴氏南鳅具有齿状突，但雄性不具有第二性征。朱松泉（1989）将其放入南鳅属中，我们暂依此观点。

牛栏江南鳅 *Schistura niulanjiangensis* Chen，Lu *et* Mao，2006

地方俗名 钢鳅

Schistura niulanjiangensis Chen，Lu *et* Mao（陈量、卢宗民和卯卫宁），2006（牛栏江）。

主要形态特征 测量标本 37 尾，全长为 62.0~104.0mm，标准长为 50.5~87.0mm。采自云南曲靖。

背鳍 iii-$7^1/_2$~$8^1/_2$（极少数为 $7^1/_2$）；臀鳍 ii-$5^1/_2$；胸鳍 10 或 11；腹鳍 6；尾鳍分枝鳍条 14 或 15。第一鳃弓内侧鳃耙 8~11。脊椎骨 4+35~37。

体长为体高的6.5~7.5倍，为头长的4.0~4.5倍，为尾柄长的4.5~5.6倍，为尾柄高的14~19.3倍。头长为吻长的 2.1~2.6 倍，为眼径的 4.8~5.6 倍，为眼间距的 3.7~4.2 倍。尾柄长为尾柄高的 2.3~2.9 倍。

身体延长，前躯近圆筒形，背缘自吻端至背鳍起点逐渐隆起，腹面平，后躯侧扁。尾柄自起点至尾鳍基部方向的高度变化不明显，该处的宽小于高。头较长，稍扁平，头宽稍大于头高。吻部钝，吻长等于或稍小于眼后头长。鼻孔接近眼前缘，前、后鼻孔靠近，前鼻孔形成鼻瓣膜，边缘开口低，瓣膜末端尖。眼小，侧上位，腹视不可见。眼间距窄而平。口下位，口裂弧形，唇面光滑或有浅皱。上唇正常，下唇中央有 1 缺刻，缺刻之后有 1 中央颏沟。上颌正常，无齿状突。下颌匙状。吻须 2 对，内侧吻须较短，后伸达前鼻孔下方，外侧吻须伸达眼前缘的前下方。口角须 1 对，后伸超过眼后缘的垂直线。鳃孔伸达胸鳍基腹侧。侧线自鳃孔上角平缓延伸至尾鳍基部。

背鳍具 $7^1/_2$~$8^1/_2$ 根分枝鳍条，背鳍后缘平截，末端不达与臀鳍起点的相对位置。背鳍基部起点至吻端的距离为体长的 46%~51%。臀鳍起点距腹鳍起点近于距尾鳍基部，后伸不达尾鳍基部。胸鳍较长，外缘略尖，其长约为胸鳍基后部至腹鳍基起点距离的 2/3。腹鳍基起点与背鳍第二或第三根分枝鳍条基部相对，末端不达肛门。腹鳍腋部有 1 肉质鳍瓣。肛门靠近臀鳍起点。尾鳍后缘深凹入，上、下叶等长。

体表裸露无鳞。侧线完全，较平直。鳔后室退化，前室包于骨质鳔囊中。肠短，自“U”形胃发出后，在胃的后方折向前至胃背则中部后折通向肛门，绕折成“Z”字形。

生活时，体前段基色浅黄，向后渐呈淡白色，背部具 4~6 深褐色横斑，侧线以上有按肌节排列的浅褐色线纹，沿体侧有褐色不规则斑块分布，尾鳍基部有 1 黑褐色斑块。背鳍、尾鳍有 2 或 3 条黑褐色条纹，胸鳍散布黑褐色斑点，腹鳍和臀鳍色淡。

生活习性及经济价值 生活在底质为砂石的缓流河段。个体较小，经济价值不高。

流域内资源现状 在“引牛入滇”工程德泽水库大坝完工之后，在坝下河段成为优势种。

分布 现知为牛栏江特有种，仅发现在牛栏江中上游及其支流（图 4-24）。

117 似横纹南鳅 *Schistura pseudofasciolata* Zhou *et* Cui，1993

Schistura pseudofasciolata Zhou *et* Cui（周伟和崔桂华），1993，89；伍汉霖等，2012，73。

主要形态特征 未采集到标本，测量中国科学院昆明动物研究所馆藏模式标本 11 尾。全长为 57.5~83.3mm，体长为 49.0~69.5mm。采自四川会东。

背鳍 i-7~8；臀鳍 i-5；胸鳍 i-8~9；腹鳍 i-6。脊椎骨 33 或 34。

体长为体高的 5.8~7.3 倍，为头长的 3.8~4.5 倍，为尾柄长的 6.3~7.3 倍，为尾柄高的 8.3~10.8 倍。头长为吻长的 2.2~2.7 倍，为眼径的 5.9~6.9 倍，为眼间距的 3.0~4.5 倍。尾柄长为尾柄高的 1.2~1.6 倍。

体延长，腹部圆，尾柄侧扁，背部隆起，从背鳍基部开始下降，到尾柄处高度保持平行。吻钝圆。口下位。吻部有 3 对须：1 对口角须，后伸达或超过眼后缘，不达前鳃盖骨后缘；吻须 2 对，内吻须后伸达口角内侧，外吻须后伸达后鼻孔到眼前缘的垂直线之间。上颌具发达的齿状突；下颌缺刻明显。眼圆。前、后鼻孔相邻。

背鳍外缘平截或凸弧形，末端略与臀鳍起点之后相对。胸鳍后伸达腹鳍基部的 57.0%~70.3%。腹鳍起点与背鳍最后一根不分枝鳍条相对，末端不达臀鳍基部，接近肛门，基部具腋鳞。臀鳍后伸不达尾鳍基部。尾鳍基上、下具有肉质棱。尾鳍微分叉，两叶约等长或下叶略长于上叶，两叶末端圆或尖。肛门更靠近臀鳍起点，约为 1.5 倍眼径的距离。

侧线完全，水平延伸至尾鳍基部。头部侧线系统有眼眶上孔 6 或者 7(8)，眼眶下孔 4+(9)

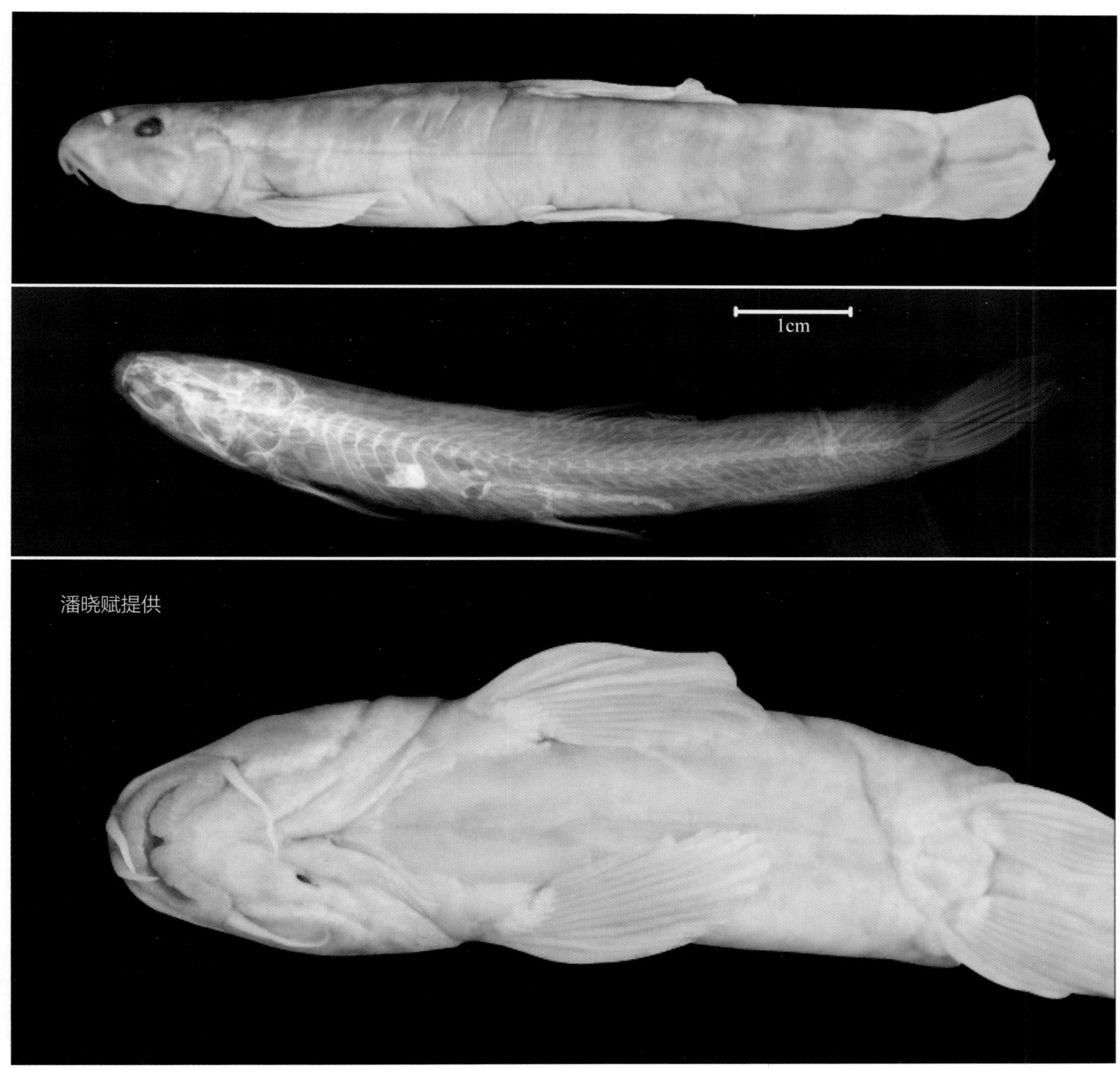

10~11，鳃盖孔 9，颚骨 - 鳃盖管孔 3。

体表裸露无鳞。脊椎骨 33~35：躯椎 9 或 10，尾椎 24 或 25。

生活时，身体及其他鳍条橙黄色，尾鳍红色。头顶被小的褐色斑点。体侧具有 8~12 条深褐色斑纹，不规则且宽度和形状各异；背部的条纹合并。背鳍中间有 1 排斑点，通常不太清楚。尾鳍基部有 1 垂直的线。

生活习性及经济价值　模式标本的生境为底质是鹅卵石的小溪、清水激流。个体较小，经济价值不高。

流域内资源现状　我们在近几年多次野外实地调查中均未采集到标本。

分布　四川省会东县鲹鱼河，属于金沙江水系下游左岸支流（图 4-24）。

（63）高原鳅属 *Triplophysa*

体延长，圆筒形或略侧扁。尾柄细圆或侧扁。头平扁或略侧扁，头部无鳞。前、后鼻孔紧相邻，前鼻孔位于鼻瓣中。口下位，上颌无齿状突起。体完全裸露无鳞或被鳞。侧线完全或不完全。头部具有侧线管孔。骨质鳔囊为封闭型。雄性眼前下缘至上唇方向有 1 圆弧形的布满小刺突的隆起区；胸鳍外侧数根分枝鳍条背面布满小刺突的垫状隆起。

种检索表

1(6) 鳔的后室发达，游离于腹腔中，其末端至少超过骨质鳔囊后缘

2(5) 腹鳍不伸达肛门

3(4) 身体较短，头和身体侧扁，体长为体高的 3.9~5.5 倍；体侧多褐色横斑条…………………**秀丽高原鳅 *T. venusta***

4(3) 身体延长，头部稍平扁和前躯略呈圆筒形，体长为体高的 5.9~7.5 倍；体侧为褐色斑块或斑点……………………………………………………………………………………………………**西昌高原鳅 *T. xichangensis***

5(2) 腹鳍伸达肛门或超过肛门达臀鳍起点……………………………………………………**东方高原鳅 *T. orientalis***

6(1) 鳔后室退化，残留 1 小膜质室或 1 突起，末端不会超过骨质鳔囊后缘

7(32) 臀鳍分枝鳍条 5 或 6

8(31) 尾柄高度向尾鳍方向不明显降低，尾柄起点处的宽小于该处的高

9(28) 肠在胃后方呈“Z”形

10(15) 尾鳍分叉

11(14) 第一鳃弓具有外侧鳃耙

12(13) 第一鳃弓外侧鳃耙 3，内侧鳃耙 16 或 17……………………………………………………**安氏高原鳅 *T. angeli***

13(12) 第一鳃弓外侧鳃耙 4~7，内侧鳃耙 12~16………………………………………………**贝氏高原鳅 *T. bleekeri***

14(11) 第一鳃弓无外侧鳃耙……………………………………………………………………**短尾高原鳅 *T. brevicauda***

15(10) 尾鳍后缘平截或凹入

16(19) 背鳍具硬刺

17(18) 第一鳃弓内侧鳃耙 11 或 12……………………………………………………………**宁蒗高原鳅 *T. ninglangensis***

18(17) 第一鳃弓内侧鳃耙 15………………………………………………………………**稻城高原鳅 *T. daochengensis***

19(16) 背鳍刺柔软，无硬刺

20(27) 后躯较薄，尾柄起点处的宽小于尾柄高

21(22) 背鳍起点位于腹鳍起点之前……………………………………………………………**前鳍高原鳅 *T. anterodorsalis***

22(23) 背鳍起点位于腹鳍起点之后

23(24) 背鳍分枝鳍条 8 或 9…………………………………………………………………**大桥高原鳅 *T. daqiaoensis***

24(23) 背鳍分枝鳍条主要是 6 或 7

25(26) 鳔后室退化……………………………………………………………………………**姚氏高原鳅 *T. yaopeizhii***

26(25) 鳔后室存在……………………………………………………………………………**西溪高原鳅 *T. xiqiensis***

27(20) 后躯较厚，尾柄起点处的宽大于或等于尾柄高……………………………………**修长高原鳅 *T. leptosoma***

28(9) 肠在胃后方形成 2~7 个螺旋

29(30) 背鳍末根不分枝鳍条柔软……………………………………………………………**斯氏高原鳅 *T. stoliczkai***

30(29)　背鳍末根不分枝鳍条硬 ………………………………………………………………… **雅江高原鳅 *T. yajiangensis***

31(8)　尾柄高度向尾鳍方向明显降低，尾柄起点处的横剖面近圆形，该处的宽大于或等于该处的高 ……………
…………………………………………………………………………………………………… **拟细尾高原鳅 *T. stenura***

32(7)　臀鳍分枝鳍条 7 ……………………………………………………………………………… **昆明高原鳅 *T. grahami***

118 安氏高原鳅 *Triplophysa angeli*（Fang，1941）

地方俗名　花泥鳅

Nemachilus nodus：Herzenstein (not Bleeker)，1888，3(2)：21（四川西部）。

Nemacheilus angeli Fang，1941，13 (4)：256（四川西部）；朱松泉，1989：105-106（四川西部）；丁瑞华，1994：78-79（四川西部）。

主要形态特征　测量标本 14 尾，全长为 80.5~103.4mm，体长为 66.7~84.8mm。采自四川省理塘县甲洼乡嘛庙。

背鳍 iii-7~8（绝大多数为 8）；臀鳍 iii-5；胸鳍 i-10~11（绝大多数为 11）；腹鳍 i-8；尾鳍分枝鳍条 16。第一鳃弓外侧鳃耙 3，内侧鳃耙 16 或 17(3 尾）。

体长为体高的 6.5~7.9 倍，为头长的 4.2~4.7 倍，为体宽的 7.3~9.3 倍，为背鳍前距的 1.9~2.0 倍，为腹鳍前距的 1.8~2.0 倍，为臀鳍前距的 1.3~1.4 倍，为肛门前距的 1.4~1.5 倍，为尾柄长的

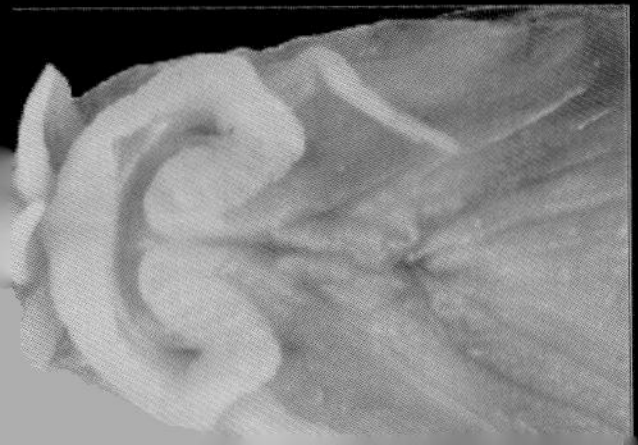

4.7~5.8 倍。头长为吻长的 2.5~3.1 倍，为眼径的 5.0~6.5 倍，为眼间距的 4.4~5.5 倍。尾柄长为尾柄高的 2.2~3.1 倍。

体延长，前躯近圆筒形，后躯略侧扁。尾柄前后高度相等，起点的横切面长椭圆形。侧线完全，起于鳃盖上缘开口处，沿体侧正中平直延伸至尾鳍基部，具侧线孔 72~84。

头略尖，头宽略大于头高，头长大于尾柄长。吻圆弧形，吻长小于眼后头长。前、后鼻孔紧相邻；前鼻孔位于 1 鼻瓣中；后鼻孔的周围无瓣膜。眼大，靠近头顶；眼径小于眼间距。口下位，口裂呈弧形。唇厚，上唇具明显皱褶，下唇面正中央具 1“V”形缺刻，缺刻两侧具明显皱褶。上、下颌弧形，无齿状突起，下颌匙状，上、下颌均不自然露出唇外。须 3 对，颌须后伸近眼后缘的垂直下方，外吻须后伸达后鼻孔，内吻须后伸达或略超过口角。头部侧线管孔发达，眶下管孔为 3+11；眶上管孔为 7 或 8（大部分为 8）；颞颥管孔为 3 或 2+2；颚骨 - 鳃盖管孔为 9 或 10（大部分为 9）。

背鳍末根不分枝鳍条柔软，短于第一根分枝鳍条，至吻端的距离略大于至尾鳍基部的距离；背鳍外缘略凹入，平卧时背鳍末端达臀鳍起点上方。腹鳍起点位于背鳍第一根分枝鳍条下方。胸鳍末端约伸达胸腹鳍起点间距的 2/3。腹鳍长度在雌雄上具有差异，雄性腹鳍较长，一般超过肛门至臀鳍起点的后 1/3 或达到臀鳍起点，雌性腹鳍末端不达或略过肛门。肛门位于臀鳍起点的前方，肛门距臀鳍起点的距离略大于 1/2 眼径。尾鳍后缘叉形，下叶略长。

鳔前室埋于骨质囊中，分左、右两侧室，其间有 1 骨质连接柄；鳔后室退化。肠自“U”形胃发出后，在胃后方向前弯折，形成半个回路，沿胃的左侧向体前，在达到胃前端后又向体后弯折，向后直达肛门。

福尔马林浸泡的标本全身基色为黄色。鳃盖处具 1 黑斑，背部具 7~10 块黑褐色斑块，背鳍前 4~6 块，背鳍后 3 或 4 块，尾鳍具 4 列黑色带纹，其他各鳍多具斑点。

生活习性 喜流水环境，在 6~9 月所采集的标本中，生殖腺已发育到Ⅲ ~ Ⅳ期。另外，在 1 尾标本的胃中解剖出摇蚊科、扁蜉科幼虫等。

分布 四川省西部。何春林（2008）认为安氏高原鳅仅分布在四川省绵远河、石亭江等沱江上游，而在雅砻江水系无分布，但根据我们采集的标本，认为该种在四川省理塘无量河（雅砻江水系）也有分布（图 4-25）。

前鳍高原鳅 *Triplophysa anterodorsalis* Zhu *et* Cao，1989

Triplophysa anterodorsalis Zhu *et* Cao，1989，106-107（四川凉山会东县）。

主要形态特征 测量标本 11 尾，全长为 59.5~89.3mm，体长为 48.6~101.9mm；采自四川

凉山。

背鳍 iii-9；臀鳍 iii-6；胸鳍 i-10~11（绝大多数为 11）；腹鳍 i-6~7（仅一尾为 6）；尾鳍分枝鳍条 16。第一鳃弓无外侧鳃耙，内侧鳃耙 11 或 12（3 尾）。

体长为体高的 4.8~6.3 倍，为头长的 3.7~4.7 倍，为背鳍前距的 1.9~2.3 倍，为腹鳍前距的 1.8~2.2 倍，为臀鳍前距的 1.3~1.5 倍，为肛门前距的 1.4~1.6 倍，为尾柄长的 5.5~7.2 倍。头长为吻长的 2.2~2.7 倍，为眼径的 4.4~6.3 倍，为眼间距的 3.3~4.1 倍。尾柄长为尾柄高的 1.3~1.9 倍。

身体稍延长，前躯稍宽，后躯略侧扁。尾柄前后高度相等，起点的横切面长椭圆形。侧线完全，起于鳃盖上缘开口处，沿体侧正中平直延伸至尾鳍基部，具侧线孔 55~78。

头较短，稍平扁，头宽大于头高，头长大于尾柄长。吻圆弧形，吻长大于眼后头长。前、后鼻孔紧相邻；前鼻孔位于 1 鼻瓣中；后鼻孔的周围无瓣膜。眼大，靠近头顶；眼径小于眼间距。口下位，口裂呈弧形。唇厚，上唇缘有短乳头状突起，下唇面正中央具 1“V”形缺刻，下唇面具浅皱褶。上、下颌弧形，无齿状突起，下颌铲状，露出唇外。须 3 对，颌须后伸近眼后缘的垂直下方，外吻须后伸达后鼻孔，内吻须后伸达或略超过口角。头部侧线管孔发达，眶下管孔为 3+8~10；眶上管孔为 7；颞颥管孔为 3；颚骨 - 鳃盖管孔为 8~10。

背鳍末根不分枝鳍条柔软，短于第一根分枝鳍条，至吻端的距离略小于至尾鳍基部的距离；背鳍外缘略凹入，平卧时背鳍末端达到肛门上方。腹鳍起点与背鳍的第一根分枝鳍条相对。胸鳍末端约达腹鳍起点。腹鳍末端后伸不达肛门。肛门位于臀鳍起点的前方，肛门距臀鳍起点的距离略大于 1/2 眼径。尾鳍后缘凹入。

鳔前室埋于骨质囊中，分左、右两侧室，其间有 1 骨质连接柄；鳔后室退化。肠自“U”形胃发出后，在胃后方约两倍胃长的地方向前弯折，形成半个回路，沿胃的右侧向体前，在达胃中部后又向体后弯折，向后直达肛门。

福尔马林浸泡的标本全身基色为黄色。背鳍前后各有 3 或 4 块黑斑，体表具不规则斑点。各鳍不透明，背鳍和尾鳍上具不明显的小黑斑点。

生活习性　喜流水环境，以着生藻、水生昆虫等为食。

分布　四川凉山会东县，属于金沙江下游（图 4-25）。

贝氏高原鳅 *Triplophysa bleekeri*（Dabry de Thiersant，1874）

地方俗名 兴山条鳅、多带高原鳅、勃氏高原鳅

Nemachilus bleekeri，Dabry de Thiersant，1874，15（陕西南部 Yenkiatsoun）。
Barbatula (*Barbatula*) *bleekeri*：Nichols，1943，9：215（陕西南部 Yenkiatsoun）。
Nemachilus xingshangensis：杨干荣和谢从新，1983，8(3)：314（湖北兴山香溪）。
Triplophysa bleekeri：陕西省动物研究所等，1987，23（嘉陵江和汉水）；朱松泉，1989，108-110（四川省、陕西省、湖北西部）；丁瑞华，1994，82-84（四川省）。
Triplophysa polyfasciata：丁瑞华和赖琪，1996，15(1)：10-14（四川岷江水系）。

主要形态特征 测量标本 6 尾，体长为 79.9~104.4mm。采自云南昭通盐津县。

背鳍 iii-8；臀鳍 iii-5；胸鳍 i-10~11（绝大多数为 10）；腹鳍 i-7；尾鳍分枝鳍条 14~16（仅一尾 14）。第一鳃弓外侧鳃耙 4~7，内侧鳃耙 12~16(3 尾）。

体长为体高的 4.6~5.4 倍，为头长的 4.1~4.4 倍，为体宽的 6.1~8.2 倍，为背鳍前距的 1.9~2.0 倍，为腹鳍前距的 1.9~2.0 倍，为臀鳍前距的 1.4 倍，为肛门前距的 1.4~1.5 倍，为尾柄长的 5.1~5.9 倍。头长为吻长的 2.5~2.8 倍，为眼径的 5.0~6.3 倍，为眼间距的 4.7~5.5 倍。尾柄长为尾柄高的 1.4~2.7 倍。

体粗壮，前躯近圆筒形，后躯略侧扁。尾柄前后高度相等，起点的横切面长椭圆形。侧线完全，起于鳃盖上缘开口处，沿体侧正中平直延伸至尾鳍基部，具侧线孔 70~77。

头短，头宽明显大于头高，头长大于尾柄长。吻长小于眼后头长。前、后鼻孔紧相邻；前鼻孔位于 1 鼻瓣中；后鼻孔的周围无瓣膜。眼大，靠近头顶；眼径小于眼间距。口下位，口裂呈弧形。唇薄，上唇具弱皱褶，下唇面正中央具 1 "V" 形缺刻，缺刻两侧具弱皱褶。上、下颌弧形，无齿状突起，下颌匙状，上、下颌均露出唇外。须 3 对，颌须后伸达眼后 1/3 的垂直下方，外吻须后伸达后鼻孔，内吻须后伸不达口角。头部存在侧线管孔，眶下管孔为 2+9；眶上管孔为 5~7（大部分为 7）；颞颥管孔为 2+2；无颚骨 - 鳃盖管孔。

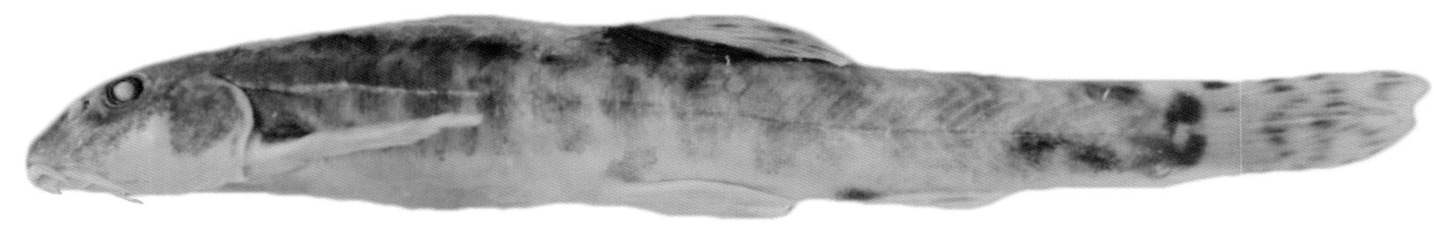

背鳍末根不分枝鳍条柔软，短于第一根分枝鳍条，至吻端的距离略大于至尾鳍基部的距离；背鳍外缘略凹入，平卧时背鳍末端达臀鳍起点上方。腹鳍起点与背鳍起点相对或略靠后。胸鳍末端约伸达胸腹鳍起点间距的 2/3。腹鳍末端后伸超过肛门，但不及臀鳍起点。肛门位于臀鳍起点的前方，肛门距臀鳍起点的距离略大于 1/2 眼径。尾鳍叉形。

鳔前室埋于骨质囊中，分左、右两侧室，其间有 1 骨质连接柄；鳔后室退化。肠自“U”形胃发出后，呈“Z”字形。在 1 尾标本的胃中发现大量的蜉蝣目幼虫和少量摇蚊幼虫。

福尔马林浸泡的标本全身基色为黄色。背部具 6~8 块黑斑，体侧沿侧线具 1 条由 12 块黑斑组成的纵条纹。其余各鳍条棕黑色。

生活习性 喜流水环境，10 月采集的标本中，生殖腺已发育到Ⅴ期。

分布 陕西省南部的汉水和嘉陵江水系、四川省嘉陵江上游和岷江水系、金沙江水系等（图 4-25）。

121 短尾高原鳅 *Triplophysa brevicauda*（Herzenstein，1888）

Nemachilus stoliczkae brevicauda Herzenstein，1888，3（2）：23（Dabsun-Gobi）。

Nemachilus stoliczkae：Zhang（not Steindachner），1963，15（4）：624（Laka Tsangpo River，Tibet）；Li，1966，Zoology，18(1)：48（North Xinjiang）；Institute of Zoology，CAS（part），1979，46（North Xinjiang）；Wu *et* Chen（not Steindachner），1979，291（Jiuzhi，Yushu and Rangqian，Qinghai）。

Nemachilus bellibarus Tchang，Yueh *et* Hwang，1963，15（4）：625（Nianchu River）。

Nemachilus microps：Cao（part），9=1974，76（Rongbu River）。

主要形态特征 测量标本 6 尾，全长为 90.7~106.3mm，体长为 74.7~88.1mm。采自云南维西巴迪。

背鳍 iii-7；臀鳍 iii-6；胸鳍 i-10；腹鳍 i-7；尾鳍分枝鳍条 14。第一鳃弓无外侧鳃耙，内侧鳃耙 10~12（2 尾）。

体长为体高的 6.6~7.3 倍，为头长的 4.3~4.7 倍，为体宽的 7.7~8.7 倍，为背鳍前距的 1.9~2.0 倍。为腹鳍前距的 1.8~2.0 倍。为臀鳍前距的 1.3~1.4 倍。为肛门前距的 1.4~1.5 倍。为尾柄长的 4.8~5.8 倍。头长为吻长的 2.4~3.2 倍，为眼径的 5.0~6.1 倍，为眼间距的 4.8~5.6 倍。尾柄长为尾柄高的 2.1~2.6 倍。

体延长，前躯近圆筒形，后躯略侧扁。尾柄前后高度相等，起点的横切面长椭圆形。侧线完全，起于鳃盖上缘开口处，沿体侧正中平直延伸至尾鳍基部。

头稍平扁，头宽大于头高，头长大于尾柄长。吻圆弧形，吻长等于或稍长于眼后头长。前、后鼻孔紧相邻；前鼻孔位于 1 鼻瓣中；后鼻孔的周围无瓣膜。眼大，靠近头顶；眼径小于眼间距。

口下位，口裂呈弧形。唇厚，上唇具明显皱褶，下唇面正中央具 1 “V” 形缺刻，缺刻两侧具明显皱褶。上、下颌弧形，无齿状突起，下颌匙状，上、下颌均不自然露出唇外。须 3 对，颌须后伸近眼后缘的垂直下方，外吻须后伸达后鼻孔，内吻须后伸达或略超过口角。

背鳍末根不分枝鳍条柔软，短于第一根分枝鳍条，至吻端的距离略大于至尾鳍基部的距离；背鳍外缘略凹入，平卧时背鳍末端达肛门上方。腹鳍起点位于背鳍第一根分枝鳍条的下方。胸鳍末端约伸达胸腹鳍起点间距的 2/3。肛门位于臀鳍起点的前方，肛门距臀鳍起点的距离略大于 1/2 眼径。尾鳍后缘叉形，下叶略长。

鳔前室埋于骨质囊中，分左、右两侧室，其间有 1 骨质连接柄；鳔后室退化。肠自 “U” 形胃发出后，在胃后方向前弯折，形成半个回路，沿胃的左侧向体前，在达到胃前端后又向体后弯折，向后直达肛门。

福尔马林浸泡的标本全身基色为黄色。背部在背鳍前、后各有 3~5 块较宽的褐色斑块，体侧多不规则的褐色斑块。背鳍和尾鳍上具有褐色斑点，其他鳍无斑点。

生活习性 喜流水环境。

分布 四川西部（图 4-25）。

122 稻城高原鳅 *Triplophysa daochengensis* Wu，Sun *et* Guo，2016

Triplophysa daochengensis Wu，Sun *et* Guo，2016，37(5)：290-295.

主要形态特征 测量标本 3 尾，体长为 83.5~95.6mm。采自四川稻城。

背鳍 iii-7；臀鳍 ii-5；胸鳍 i-10；腹鳍 i-7；尾鳍分枝鳍条 16。第一鳃弓内侧鳃耙 15（1 尾）。

体长为体高的 6.7~9.3 倍，为头长的 4.6 倍，为背鳍前距的 2.1 倍，为腹鳍前距的 2.0~2.1 倍，为臀鳍前距的 1.3~1.4 倍，为肛门前距的 1.3~1.5 倍，为尾柄长的 5.1~5.6 倍。头长为吻长的 2.9 倍，为眼径的 4.6~5.1 倍，为眼间距的 5.0~5.7 倍。尾柄长为尾柄高的 3.0~3.5 倍。

体延长，前躯近圆筒形，后躯略侧扁。尾柄前后高度相等，起点的横切面长椭圆形。侧线完全，起于鳃盖上缘开口处，沿体侧正中平直延伸至尾鳍基部，具侧线孔 88~90。

吻圆弧形，吻长小于眼后头长。前、后鼻孔紧相邻；前鼻孔位于 1 鼻瓣中；后鼻孔的周围无瓣膜。眼大，靠近头顶；眼径小于眼间距。口下位，口裂呈弧形。唇厚，上唇具明显皱褶，下唇面正中央具 1“V”形缺刻，缺刻两侧具明显皱褶。上、下颌弧形，无齿状突起，下颌匙状，上、下颌均不露出唇外。须 3 对，颌须后伸近眼后缘的垂直下方，外吻须后伸达后鼻孔，内吻须后伸不超过口角。头部侧线管孔发达，眶下管孔为 3+12；眶上管孔为 8 或 9；颞颥管孔为 2+2；颚骨 - 鳃盖管孔为 6 或 7。

背鳍末根不分枝鳍条较硬，短于第一根分枝鳍条，至吻端的距离略大于至尾鳍基部的距离；背鳍外缘略凹入，平卧时背鳍末端达臀鳍起点上方。腹鳍起点位于背鳍起点的后下方。胸鳍末端约伸达胸腹起点间距的 1/2。腹鳍末端后伸不达肛门。肛门位于臀鳍起点的前方，肛门距臀鳍起点的距离略大于 1/2 眼径。尾鳍后缘凹入。

鳔前室埋于骨质囊中，分左、右两侧室，其间有 1 骨质连接柄；鳔后室退化。肠自“U”形胃发出后，在胃后方约两倍胃长的地方向前弯折，形成半个回路，沿胃的右侧向体前，在达胃中部后又向体后弯折，向后直达肛门。

福尔马林浸泡的标本全身基色为黄色。背部具有 8~12 块褐色斑块，体侧具 10~16 块深褐色斑点。

生活习性　喜流水环境，以水生藻及水生昆虫为食。

分布　四川稻城稻城河，属于金沙江水系（图 4-25）。

123 大桥高原鳅 *Triplophysa daqiaoensis* Ding，1993

Triplophysa daqiaoensis，丁瑞华，1993，18(2)：247-252（四川凉山冕宁县城安宁河）；何春林，2008，97-102（金沙江水系）。

主要形态特征　测量标本 12 尾，体长为 48.6~101.9mm。采自四川省理塘县甲洼乡嘛庙。

背鳍 iii-7~8（绝大多数为 8）；臀鳍 iii-5；胸鳍 i-10~11（绝大多数为 11）；腹鳍 i-8；尾鳍分枝鳍条 16。第一鳃弓外侧鳃耙 1 或 2，内侧鳃耙 11~13(3 尾）。

体长为体高的 6.7~9.3 倍，为头长的 3.7~4.9 倍，为体宽的 7.9~10.7 倍，为背鳍前距的 1.7~1.9 倍，为腹鳍前距的 1.8~2.0 倍，为臀鳍前距的 1.3~1.4 倍，为肛门前距的 1.4 倍，为尾柄长的 5.2~6.7 倍。头长为吻长的 2.4~2.8 倍，为眼径的 5.8~8.3 倍，为眼间距的 5.6~7.1 倍。尾柄长为尾柄高的 1.9~3.2 倍。

体延长，前躯近圆筒形，后躯略侧扁。尾柄前后高度相等，起点横切面长椭圆形。侧线完全，起于鳃盖上缘开口处，沿体侧正中平直延伸至尾鳍基部，具侧线孔 84~105。

头略尖，头宽大于头高，头长大于尾柄长。吻圆弧形，吻长小于眼后头长。前、后鼻孔紧相邻；前鼻孔位于 1 鼻瓣中；后鼻孔的周围无瓣膜。眼大，靠近头顶；眼径小于眼间距。口下位，口裂呈弧形。唇厚，上唇具明显皱褶，下唇面正中央具 1“V”形缺刻，缺刻两侧具明显皱褶。上、下颌弧形，无齿状突起，下颌匙状，上、下颌均不露出唇外。须 3 对，颌须后伸近眼后缘的垂直下方，外吻须后伸达后鼻孔，内吻须后伸达或略超过口角。头部侧线管孔发达，眶下管孔为 3+10~12；眶上管孔为 7 或 8（大部分为 7）；颞颥管孔为 3 或 2+2；颚骨 - 鳃盖管孔为 8。

背鳍末根不分枝鳍条柔软，短于第一根分枝鳍条，至吻端的距离略大于至尾鳍基部的距离；背鳍外缘略凹入，平卧时背鳍末端达臀鳍起点的上方。腹鳍起点位于背鳍起点的前下方。胸鳍末端约伸达胸腹鳍起点间距的 2/3。腹鳍末端后伸不达肛门。肛门位于臀鳍起点的前方，肛门距臀鳍起点的距离略大于 1/2 眼径。尾鳍后缘凹入。

鳔前室埋于骨质囊中，分左、右两侧室，其间有 1 骨质连接柄；鳔后室退化。肠自“U”形胃发出后，在胃后方约两倍胃长的地方向前弯折，形成半个回路，沿胃的右侧向体前，在达胃中部后又向体后弯折，向后直达肛门。

福尔马林浸泡的标本全身基色为黄色。背鳍前 4~8 块黑斑，背鳍后 4~6 块黑斑，体表无斑点或斑点不明显。各鳍不透明，背鳍和尾鳍上具不明显的小黑斑点。

生活习性 喜流水环境，6~9 月采集的标本中，生殖腺已发育到Ⅲ ~ Ⅳ期。

分布 四川理塘、冕宁，属于雅砻江水系（图 4-25）。

124 昆明高原鳅 *Triplophysa grahami*（Regan，1906）

Nemachilus graham Regan，1906，7(17)：333（Yunnan fu = Lake Dianchi）。
Barbatula graham：Nichols，1943，9：216（Yunnan fu = Lake Dianchi）。
Triplophysa graham：朱松泉，1989，127-128（云南昆明螳螂川）。

主要形态特征　测量标本 9 尾，全长为 67.9~107.6mm，体长为 55.4~86.7mm。采自云南昆明嵩明白邑。

背鳍 iv-10；臀鳍 iv-7；胸鳍 i-10；腹鳍 i-7；尾鳍分枝鳍条 16。第一鳃弓无外侧鳃耙，内侧鳃耙 11 或 12(3 尾)。

体长为体高的 5.1~6.6 倍，为头长的 3.8~4.3 倍，为背鳍前距的 1.7~1.9 倍，为腹鳍前距的 1.7~2.0 倍，为臀鳍前距的 1.3~1.4 倍，为肛门前距的 1.4~1.7 倍，为尾柄长的 5.3~6.9 倍。头长为吻长的 2.2~2.8 倍，为眼径的 4.8~6.2 倍，为眼间距的 3.9~4.3 倍。尾柄长为尾柄高的 1.4~2.3 倍。

身体延长，前躯较宽，后躯略侧扁。尾柄前后高度相等，起点横切面长椭圆形。侧线完全，起于鳃盖上缘开口处，沿体侧正中平直延伸至尾鳍基部，具侧线孔 76~78。

头短，稍平扁，头宽大于头高，头长大于尾柄长。吻圆弧形，吻长大于眼后头长。前、后鼻孔紧相邻；前鼻孔位于 1 鼻瓣中；后鼻孔的周围无瓣膜。眼大，靠近头顶；眼径小于眼间距。口下位，口裂呈弧形。唇薄，唇面光滑或有弱皱褶。上颌弧形，无齿状突起，下颌匙状。须 3 对，颌须后伸近眼后缘的垂直下方，外吻须后伸达后鼻孔，内吻须后伸达或略超过口角。头部侧线管孔发达，眶下管孔为 3+12；眶上管孔为 6~7；颞颥管孔为 5 或 2+2；颚骨 - 鳃盖管孔为 11 或 12。

背鳍末根不分枝鳍条柔软，短于第一根分枝鳍条，至吻端的距离略小于至尾鳍基部的距离；背鳍外缘略凹入，平卧时背鳍末端达肛门上方。腹鳍起点位于背鳍第二、第三根分枝鳍条的下方。胸鳍末端约伸达胸腹鳍起点间距的 2/3。腹鳍末端后伸不达肛门。肛门位于臀鳍起点的前方，肛门距臀鳍起点的距离略大于 1/2 眼径。尾鳍后缘平截。

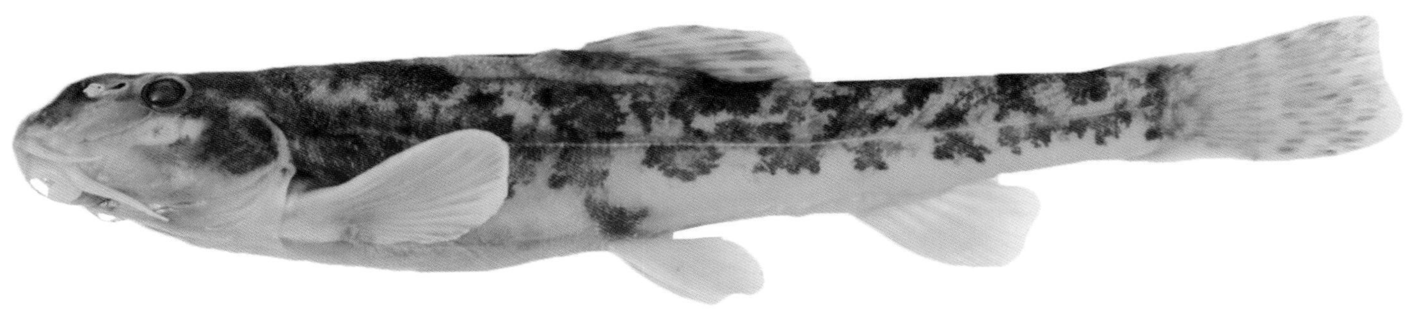

鳔前室埋于骨质囊中，分左、右两侧室，其间有 1 骨质连接柄；鳔后室退化，留 1 小的膜质室，其长约为 1.5 个脊椎骨长。肠自“U”形胃发出后，在胃后方约两倍胃长的地方向前弯折，形成半个回路，沿胃的右侧向体前，在达胃中部后又向体后弯折，向后直达肛门。

福尔马林浸泡的标本全身基色为黄色。背鳍前、后各有 3 或 4 块黑斑，体侧有很多不规则的褐色斑纹和斑点。沿侧线有 1 列褐色斑块。

生活习性 栖息在缓流河段的石砾缝隙或水草丛中，以底栖昆虫为食。

分布 云南昆明附近的河流和湖泊、礼社江上游（图 4-26）。

125 修长高原鳅 *Triplophysa leptosoma*（Herzenstein，1888）

Nemachilus stoliczkae leptosoma Herzenstein，1888，3(2)：23（舒尔干河）。
Nemachilus stoliczkae productus Herzenstein，1888，3(2)：23（黄河）。
Nemachilus stoliczkae crassicauda Herzenstein，1888，3(2)：23（柴达木河）。
Nemachilus stoliczkae：朱松泉和武云飞，1975，17（青海）；朱松泉，1989，中国条鳅志：110-111（长江上游）。

主要形态特征 测量标本 11 尾，全长为 43.7~53.7mm；体长为 36.2~44.7mm。采自四川甘孜九龙县。

背鳍 iii-7；臀鳍 iii-5；胸鳍 i-10；腹鳍 i-6；尾鳍分枝鳍条 15。第一鳃弓无外侧鳃耙，内侧鳃耙 13（2 尾）。

体长为体高的 6.4~8.0 倍，为头长的 3.5~3.9 倍，为体宽的 7.2~8.7 倍，为背鳍前距的 1.8~2.0 倍，为腹鳍前距的 1.8~1.9 倍，为臀鳍前距的 1.3~1.4 倍，为肛门前距的 1.4~1.5 倍，为尾柄长的 4.9~6.2 倍。头长为吻长的 2.8~3.2 倍，为眼径的 4.5~6.0 倍，为眼间距的 4.4~5.4 倍。尾柄长为尾柄高的 2.4~3.3 倍。

体延长，前躯近圆筒形，后躯略侧扁。尾柄前后高度相等，起点的横切面长椭圆形。侧线完全，起于鳃盖上缘开口处，沿体侧正中平直延伸至尾鳍基部，具侧线孔 71~83。

头部稍平扁，头宽大于头高，头长大于尾柄长。吻部尖，吻长小于眼后头长。前、后鼻孔紧相邻；前鼻孔位于1鼻瓣中；后鼻孔的周围无瓣膜。眼大，靠近头顶；眼径小于眼间距。口下位，口裂呈弧形。唇厚，上唇缘多乳头状突起，呈流苏状，下唇面正中央具1“V”形缺刻，下唇面多乳头状突起和深皱褶。上、下颌弧形，无齿状突起，下颌匙状，上、下颌均不露出唇外。须3对，颌须后伸近眼后缘的垂直下方，外吻须后伸达后鼻孔，内吻须后伸达或略超过口角。头部侧线管孔发达，眶下管孔为3+14；眶上管孔为8；颞颥管孔为3；颚骨-鳃盖管孔为6或7。

背鳍末根不分枝鳍条柔软，短于第一根分枝鳍条，至吻端的距离略大于至尾鳍基部的距离；背鳍外缘略凹入，平卧时背鳍末端达臀鳍起点的上方。腹鳍起点位于背鳍起点的前下方。胸鳍末端约伸达胸腹鳍起点间距的2/3。腹鳍末端后伸达肛门。肛门位于臀鳍起点的前方，肛门距臀鳍起点的距离略小于1/2眼径。尾鳍后缘凹入。

鳔前室埋于骨质囊中，分左、右两侧室，其间有1骨质连接柄；鳔后室退化。肠自“U”形胃发出后，在胃后方约两倍胃长的地方向前弯折，形成半个回路，沿胃的右侧向体前，在达胃中部后又向体后弯折，向后直达肛门。

福尔马林浸泡的标本全身基色为黄色。背鳍前4~8块黑斑，背鳍后4~6块黑斑，体表无斑点或斑点不明显。各鳍不透明，背鳍和尾鳍上具不明显的小黑斑点。

生活习性 喜流水环境，以昆虫幼虫为食。

分布 四川甘孜（图4-26）。

126 宁蒗高原鳅 *Triplophysa ninglangensis* Wu *et* Wu，1988

Triplophysa ninglangensis Wu *et* Wu（武云飞和吴翠珍），1988，8：19-21（云南宁蒗宁蒗河）；武云飞和吴翠珍，1991：230-231。

主要形态特征 无标本，摘抄自《青藏高原鱼类》。

背鳍iii-7~8；臀鳍iii-5；胸鳍i-8~10；腹鳍i-6~7；尾鳍分枝鳍条15或16。第一鳃弓内侧鳃耙11或12。

体长为体高的5.1~7.0倍，为头长的3.8~4.6倍，为尾柄长的4.6~5.7倍。头长为吻长的2.0~2.7倍，为眼径的3.3~7.2倍。尾柄长为尾柄高的2.0~2.6倍。

身体延长，前躯稍圆，后躯略侧扁。尾柄前后高度相等。侧线完全，起于鳃盖上缘开口处，沿体侧正中平直延伸至尾鳍基部。

头锥形，吻圆弧形。前、后鼻孔紧相邻；前鼻孔位于1鼻瓣中；后鼻孔的周围无瓣膜。眼大，靠近头顶。口下位，口裂呈弧形。唇较厚，下唇中央分叶，中间两唇叶较发达，表面具皱褶。上颌弧形，无齿状突起，下颌匙状。须 3 对，颌须后伸近眼后缘的垂直下方，外吻须后伸达后鼻孔，内吻须后伸达或略超过口角。

背鳍末根不分枝鳍条上半部柔软，下半部硬，短于第一根分枝鳍条，至吻端的距离约与至尾鳍基部的距离相等；背鳍外缘平直，平卧时背鳍末端达肛门上方。腹鳍起点与背鳍第 1~3 根分枝鳍条相对。胸鳍较长，末端伸达胸腹鳍起点间距的 49%~78%。腹鳍末端后伸超过肛门，不达臀鳍起点。尾鳍后缘凹形，两叶均等长。

鳔前室埋于骨质囊中，分左、右两侧室，其间有 1 骨质连接柄；鳔后室退化。肠管短，呈“Y”字形，自胃幽门突起前、后有两个弯曲，然后直通肛门。其长短于体长的 3/4。

福尔马林浸泡的标本全身基色为黄色。侧线以上具多数不规则褐色杂斑，侧线之下较少，多数个体背部有 5 或 6 条棕黑色斑带，背鳍后 3 条，背鳍前 2 或 3 条。尾鳍斑带 2 条，尾鳍基部黑斑明显。

生活习性 生活于宁蒗河以砾石为底、水流清澈的河道中，以枝角类和硅藻为主要食物。

分布 仅分布于云南宁蒗宁蒗河（图 4-26）。

127 东方高原鳅 *Triplophysa orientalis*（Herzenstein，1888）

地方俗名 花泥鳅

Nemacheilus kungessanus orientalis Herzenstein，1888，3(2)：44（柴达木、黄河）。
Barbatula orientalis：王香亭等，1974，(1)：5（四川昭化）。
Nemachilus kungessanus：王香亭等，1974，(1)：6（四川榔本寺）。

主要形态特征 测量标本 7 尾，全长为 134.5~158.4mm，体长为 110.4~129.1mm。采自四川省石渠县俄多马乡。

背鳍 iii-7~8（绝大多数为 7）；臀鳍 ii-5；胸鳍 i-10；腹鳍 i-8；尾鳍分枝鳍条 15 或 16。第一鳃弓无外侧鳃耙，内侧鳃耙 9 或 10(2 尾）。

体长为体高的 5.7~7.7 倍，为头长的 4.1~4.4 倍，为体宽的 6.5~9.4 倍，为背鳍前距的 1.7~1.8 倍，为腹鳍前距的 1.8~1.9 倍，为臀鳍前距的 1.3~1.4 倍，为肛门前距的 1.4 倍，为尾柄长的 5.3~6.1 倍。头长为吻长的 2.5~3.1 倍，为眼径的 6.2~6.8 倍，为眼间距的 4.2~5.2 倍。尾柄长为尾柄高的 2.3~2.7 倍。

体延长，前躯近圆筒形，后躯略侧扁。尾柄前后高度相等，起点的横切面长椭圆形。侧线完全，起于鳃盖上缘开口处，沿体侧正中平直延伸至尾鳍基部，具侧线孔 72~113。

头稍平扁，头宽大于头高，头长大于尾柄长。吻圆弧形，吻长小于眼后头长。前、后鼻孔紧相邻；前鼻孔位于 1 鼻瓣中；后鼻孔的周围无瓣膜。眼大，靠近头顶；眼径小于眼间距。口下位，口裂呈弧形。唇厚，上唇具明显皱褶，下唇面正中央具 1“V”形缺刻，缺刻两侧具明显皱褶。上、

下颌弧形，无齿状突起，下颌匙状，上、下颌均不自然露出唇外。须 3 对，颌须后伸近眼后缘的垂直下方，外吻须后伸达后鼻孔，内吻须后伸达口角。头部侧线管孔发达，眶下管孔为 2+11~15 或 3+13；眶上管孔为 8 或 9（大部分为 9）；颞颥管孔为 2+2；颚骨 - 鳃盖管孔为 14~19。

背鳍末根不分枝鳍条柔软，短于第一根分枝鳍条，至吻端的距离略大于至尾鳍基部的距离；背鳍外缘略凹入，平卧时背鳍末端达臀鳍起点的上方。腹鳍起点在背鳍起点前或相对。胸鳍末端约伸达胸腹鳍起点间距的 1/2。腹鳍末端达到肛门，约伸达腹臀鳍起点的 2/3。肛门位于臀鳍起点的前方，肛门距臀鳍起点的距离略小于眼径。尾鳍后缘平截。

鳔前室埋于骨质囊中，分左、右两侧室，其间有 1 骨质连接柄；鳔后室发达，分为两室，前室为后室的 2 倍，前、后两室由 1 小管相连，细管的长度约为 1/2 后室长。肠自“U”形胃发出后，在胃后方向前弯折，直达胃的前部，然后向后折，直达肛门。

福尔马林浸泡的标本全身基色为黄色。背部在背鳍前、后各有 4 或 5 块深褐色横斑，体侧多褐色斑点。背鳍、尾鳍和胸鳍的背面有很多小斑点。

生活习性　喜流水环境，在 9 月所采集的标本中，生殖腺已发育到Ⅳ期。

分布　四川省西部的长江及其附属水体（图 4-26）。

128 拟细尾高原鳅 *Triplophysa pseudostenura* He，Zhang *et* Song，2012

Triplophysa pseudostenura He，Zhang *et* Song（何春林、张鹗和宋昭彬），2012，3586：272-280（四川德格、甘孜、炉霍、道孚等，属于雅砻江水系）。

主要形态特征　测量标本 7 尾，体长为 82.9~101.6mm。采自四川甘孜德格县。

背鳍 iii-8~9；臀鳍 iii-5；胸鳍 i-10；腹鳍 i-7；尾鳍分枝鳍条 16 或 17。第一鳃弓外侧鳃耙 1，内侧鳃耙 17 或 18（2 尾）。

体长为体高的 5.1~6.9 倍，为头长的 4.3~4.7 倍，为体宽的 6.6~8.4 倍，为背鳍前距的 2.0~2.1 倍，为腹鳍前距的 2.0~2.1 倍，为臀鳍前距的 1.5 倍，为肛门前距的 1.6 倍，为尾柄长的 3.7~4.3 倍。头长为吻长的 2.4~2.6 倍，为眼径的 5.9~8.2 倍，为眼间距的 4.9~5.6 倍。尾柄长为尾柄高的 4.4~5.1 倍。

体修长，前躯近圆筒形，后躯略侧扁。尾柄的高度向后逐渐减小。侧线完全，起于鳃盖上缘开口处，沿体侧正中平直延伸至尾鳍基部，具侧线鳞 83（2 尾）。

头长，头宽大于头高，头长小于尾柄长。吻长等于或略小于眼后头长。前、后鼻孔紧相邻；前鼻孔位于 1 鼻瓣中；后鼻孔的周围无瓣膜。眼圆，靠近头顶；眼径略小于眼间距。口下位，口裂呈弧形。唇薄，上唇具弱乳突，下唇面深皱褶，唇面具规则的乳突。上、下颌弧形，无齿状突起，下颌匙状，下颌露出唇外。须 3 对，颌须后伸达眼中部，外吻须后伸达后鼻孔，内吻须后伸不达口角。头部存在侧线管孔，眶下管孔为 3+11；眶上管孔为 7 或 8；颞颥管孔为 3；颚骨 - 鳃盖管孔 2。

金沙江上游——青海玉树巴塘河　张春光提供

雅砻江中游立曲（康定） 张春光提供

金沙江上游——青海玉树巴塘河 杜丽娜提供

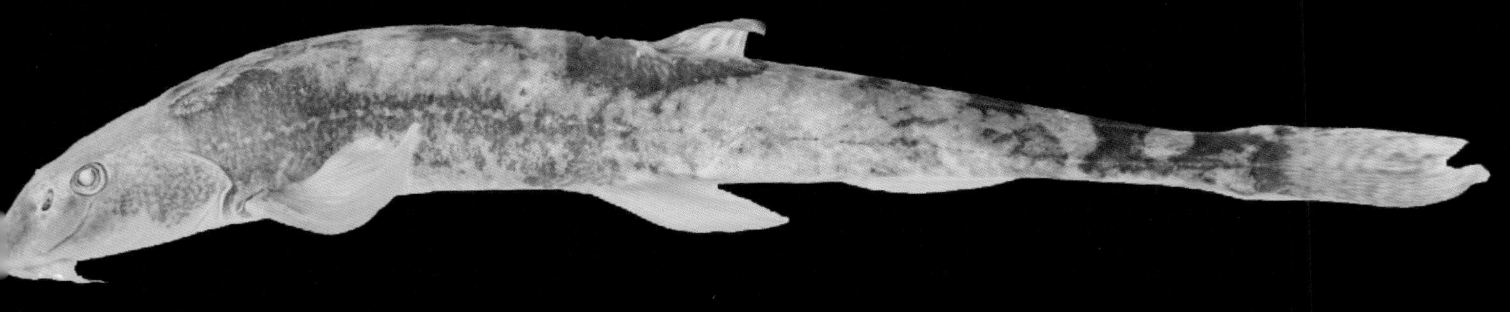

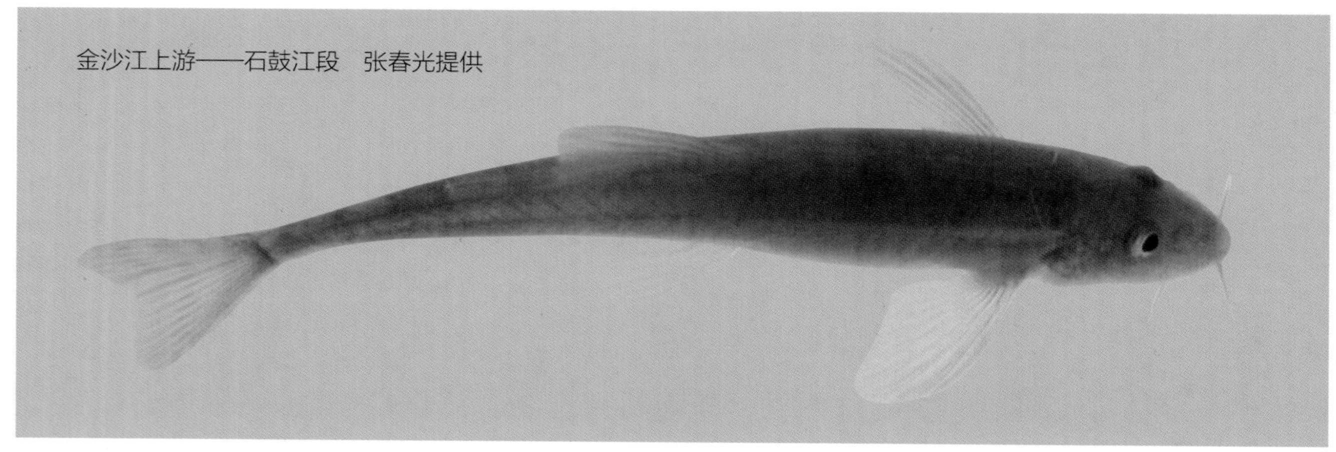
金沙江上游——石鼓江段 张春光提供

背鳍起点位于标准长的中点或略靠近尾柄；背鳍外缘平截，平卧时背鳍末端达臀鳍起点的上方。腹鳍起点与背鳍起点相对或略靠后。胸鳍末端约伸达胸腹鳍起点间距的 2/3。腹鳍末端后伸超过肛门，或达臀鳍起点。肛门位于臀鳍起点的前方，肛门距臀鳍起点距离略大于 1/2 眼径。尾鳍略叉形。

鳔前室埋于骨质囊中，分左、右两侧室，其间有 1 骨质连接柄；鳔后室退化。肠自“U”形胃发出后在胃底部下方折成“Z”字形。

福尔马林浸泡的标本全身基色为黄色。背部具 6~8 块黑斑。其余各鳍条棕黑色。

生活习性 喜流水环境，以固着藻类或水生昆虫为食。

分布 金沙江和雅砻江中上游广泛分布（图 4-27）。

斯氏高原鳅 *Triplophysa stoliczkai*（Steindachner，1866）

Cobitis stoliczkae Steindachner，1866，16：793（措姆瑞利湖）。

Nemachilus stoliczkae：Day，1876，53：795（列城、拉达克和印度河上游）；Zugmayer，1913，18：178（锡斯坦）；武云飞和朱松泉，1979，26（新疆的喀拉喀什河，西藏的普兰河、班公湖和象泉河等地）。

Nemachilus zaidamensis Kessler，李思忠，1965，5：219（青海、甘肃）；朱松泉和武云飞，1975，18（青海湖）。

Nemacheilus bertini，Fang，1941，13(4)：253（蒙古高原）。

Noemacheilus naziri Ahmad *et* Mirza，1963，15(2)：76（巴基斯坦的斯瓦特）。

Triplophysa stoliczkae dorsonotatus：陕西省动物研究所等，1987，25（渭河、洮河和嘉陵江水系）。

Triplophysa stoliczkae：朱松泉，1989，113-116（青藏高原及毗邻地区）；何春林，2008，135-139（青藏高原及其邻近地区）。

主要形态特征 测量标本 11 尾，全长为 70.3~127.9mm，体长为 57.7~107.0mm。采自四川省理塘县和德格县。

背鳍 iii-8~9（绝大多数为 8）；臀鳍 iii-6；胸鳍 i-10~11；腹鳍 i-7~8；尾鳍分枝鳍条 15 或 16。第一鳃弓无外侧鳃耙，内侧鳃耙 15~17（7 尾）。

体长为体高的 6.0~7.7 倍，为头长的 3.7~5.0 倍，为背鳍前距的 1.8~2.2 倍，为腹鳍前距的 1.8~2.0 倍，为臀鳍前距的 1.3~1.5 倍，为肛门前距的 1.4~1.6 倍，为尾柄长的 4.3~6.4 倍。头长为吻长的 2.5~3.0 倍，为眼径的 4.4~6.9 倍，为眼间距的 3.9~5.0 倍。尾柄长为尾柄高的 2.2~3.4 倍。

体延长，前躯近圆筒形，后躯略侧扁。尾柄前后高度相等，起点的横切面长椭圆形。侧线完全，起于鳃盖上缘开口处，沿体侧正中平直延伸至尾鳍基部，具侧线孔 72~85。

头短小而扁平，头宽大于头高，头长大于尾柄长。吻圆弧形，吻长小于眼后头长。前、后鼻孔紧相邻；前鼻孔位于 1 鼻瓣中；后鼻孔的周围无瓣膜。眼大，靠近头顶；眼径小于眼间距。口下位，口裂呈弧形。唇厚，上唇具浅皱褶，下唇面正中央具 1“V”形缺刻，缺刻两侧具明显皱褶。上、下颌弧形，无齿状突起，下颌匙状，下颌露出唇外。须 3 对，颌须后伸近眼后缘的垂直下方，外吻须后伸达后鼻孔，内吻须后伸达或略超过口角。头部侧线管孔发达，眶下管孔为 3+11~12；眶上管孔为 6~11；颞颥管孔为 3 或 2+2；颚骨 - 鳃盖管孔为 8~10。

背鳍末根不分枝鳍条柔软，短于第一根分枝鳍条，至吻端的距离略大于至尾鳍基部的距离；背鳍外缘略凹入，平卧时背鳍末端达肛门上方。腹鳍起点位于背鳍起点的后下方。胸鳍末端约伸达胸腹鳍起点间距的 2/3。腹鳍末端后伸达肛门。肛门位于臀鳍起点的前方，肛门距臀鳍起点的距离略大于 1/2 眼径。尾鳍后缘凹入。

鳔前室埋于骨质囊中，分左、右两侧室，其间有 1 骨质连接柄；鳔后室退化。肠自“U”形胃发出后绕折呈 4~7 个螺旋。

福尔马林浸泡的标本全身基色为黄色。背鳍前 4~8 块黑斑，背鳍后 4~6 块黑斑，体表无斑点或斑点不明显。各鳍不透明，背鳍和尾鳍上具不明显的小黑斑点。

生活习性　喜生活于高海拔缓流水体及其邻近的湖泊中，以刮食固着藻类、水生昆虫为食。

分布　广泛分布于青藏高原及毗邻地区的河流、湖泊（图 4-26）。

 秀丽高原鳅 *Triplophysa venusta* Zhu *et* Cao，1988

Triplophysa venusta Zhu *et* Cao（朱松泉和曹文宣），1988，13(1)：96（云南丽江黑龙潭）；朱松泉，1989，78-79（云南丽江黑龙潭）。

主要形态特征 测量标本 10 尾，全长为 58.7~90.3mm，体长为 49.5~76.5mm。采自云南丽江玉湖。

背鳍 iv-8；臀鳍 iii-6；胸鳍 i-10；腹鳍 i-6；尾鳍分枝鳍条 16。

体长为体高的 4.9~7.0 倍，为头长的 3.8~4.2 倍，为体宽的 7.9~11.7 倍，为背鳍前距的 1.8~2.0 倍，为腹鳍前距的 1.8~1.9 倍，为臀鳍前距的 1.2~1.3 倍，为肛门前距的 1.3~1.4 倍，为尾柄长的 6.4~8.7 倍。头长为吻长的 2.8~3.4 倍，为眼径的 3.7~4.9 倍，为眼间距的 3.7~5.3 倍。尾柄长为尾柄高的 1.3~2.0 倍。

身体延长，前躯近圆筒形，后躯略侧扁。尾柄前后高度相等，起点的横切面长椭圆形。侧线完全，起于鳃盖上缘开口处，沿体侧正中平直延伸至尾鳍基部，具侧线鳞 74~83。

头较大，侧扁，头宽大于头高，头长大于尾柄长。吻圆弧形，吻长小于眼后头长。前、后鼻孔紧相邻；前鼻孔位于 1 鼻瓣中；后鼻孔的周围无瓣膜。眼大，靠近头顶；眼径小于眼间距。口下位，口裂呈弧形。唇厚，上唇具乳头状突起，呈流苏状，下唇面正中央具 1“V”形缺刻，唇面有短乳头状突起和皱褶。上颌弧形，无齿状突起，下颌匙状，上、下颌均不露出唇外。须 3 对，颌须后伸近眼后缘的垂直下方，外吻须后伸达后鼻孔，内吻须后伸达或略超过口角。

背鳍末根不分枝鳍条柔软，短于第一根分枝鳍条，至吻端的距离略大于至尾鳍基部的距离；背鳍外缘略凹入，平卧时背鳍末端达肛门的上方。腹鳍起点位于背鳍起点的后下方。胸鳍末端约伸达胸腹鳍起点间距的 1/2。腹鳍末端后伸不达肛门。肛门位于臀鳍起点的前方，肛门距臀鳍起点的距离略大于 1/2 眼径。尾鳍后缘平截。

鳔前室埋于骨质囊中，分左、右两侧室，其间有1骨质连接柄；鳔后室发达，具1个卵圆形的膜质室，游离于腹腔中，末端达背鳍的下方。肠自“U”形胃发出后，直达肛门。

福尔马林浸泡的标本全身基色为黄色。背部有不规则的褐色斑块，有时在背鳍、尾鳍之间有5或6条褐色横斑条。体侧和头部有密集的褐色斑点。

生活习性　栖息于静水或缓水的水体。

分布　云南丽江黑龙潭（金沙江水系）（图4-27）。

131 西昌高原鳅 *Triplophysa xichangensis* Zhu *et* Cao，1989

Triplophysa xichangensis Zhu *et* Cao，1989（四川省西昌市安宁河）。

主要形态特征　测量标本2尾，全长为101.6~105.8mm，体长为84.2~90.2mm。采自四川省西昌市安宁河。

背鳍iii-7；臀鳍ii-5；胸鳍i-10；腹鳍i-7，尾鳍分枝鳍条15或16，第一鳃弓内侧鳃耙12。

体长为体高的6.7倍，为头长的4.8~5.0倍，为背鳍前距的1.9倍，为腹鳍前距的1.9倍，为臀鳍前距的2.1~2.2倍，为肛门前距的1.4倍。头长为吻长的2.0倍，为眼径的3.7~4.2倍，为眼间距的4.8~5.1倍。尾柄长为尾柄高的2.0倍。

身体粗短，前躯较宽，后躯略侧扁。尾柄前后高度相等，起点的横切面长椭圆形。侧线完全，起于鳃盖上缘开口处，沿体侧正中平直延伸至尾鳍基部。

头短，稍平扁，头宽大于头高，头长大于尾柄长。吻圆弧形，吻长小于眼后头长。前、后鼻孔紧相邻；前鼻孔位于1鼻瓣中；后鼻孔的周围无瓣膜。眼小，靠近头顶；眼径小于或等于1/2眼间距。口下位，口裂呈弧形。唇薄，唇面光滑或有弱皱褶。上颌弧形，无齿状突起，下颌匙状。须3对，颌须后伸近眼后缘的垂直下方，外吻须后伸达后鼻孔，内吻须后伸不达口角。

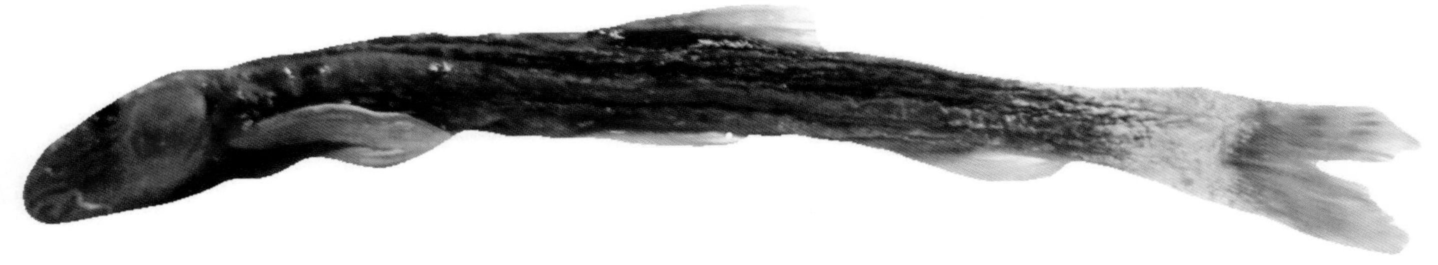

背鳍末根不分枝鳍条柔软，短于第一根分枝鳍条，至吻端的距离略大于至尾鳍基部的距离；背鳍外缘略凹入，平卧时背鳍末端达肛门的上方。腹鳍起点与背鳍基部起点相对或稍前，末端不伸达肛门。胸鳍末端约伸达胸腹鳍起点间距的 1/2。尾鳍后缘平截或微内凹。

鳔前室埋于骨质囊中，分左、右两侧室，其间有 1 骨质连接柄；鳔后室发达，呈长筒形，中部无收缢，末端后伸接近腹鳍起点。肠自"U"形胃发出后，在胃后方约两倍胃长的地方向前弯折，形成半个回路，沿胃的右侧向体前，在达胃中部后又向体后弯折，向后直达肛门。

福尔马林浸泡的标本背部和体侧为浅褐色，腹部浅棕黄色。背鳍前背部具 5 或 6 个褐色斑纹，体侧具浅褐色小斑点或斑块。背鳍和尾鳍具 3 或 4 列褐色斑点状条纹。

分布 四川省西昌市安宁河，属于雅砻江水系（图 4-27）。

西溪高原鳅 *Triplophysa xiqiensis* Ding *et* Lai，1996

Triplophysa xichangensis Ding *et* Lai，1996，21：374-376（四川凉山昭觉西溪河）。

主要形态特征 无标本，摘抄自原始描述。

背鳍 iv-7；臀鳍 iv-5；胸鳍 i-10~11；腹鳍 i-7~8；尾鳍分枝鳍条 15 或 16。第一鳃弓内侧鳃耙 10 或 11。

体长为体高的 6.5~7.8 倍，为头长的 4.4~4.7 倍，为尾柄长的 5.1~6.1 倍，为尾柄高的 10.7~13.0 倍。头长为吻长的 2.4~2.6 倍，为眼径的 5.0~5.6 倍，为眼间距的 2.8~3.4 倍。尾柄长为尾柄高的 1.6~2.5 倍。

身体延长，前躯稍圆，后躯略侧扁。尾柄前后高度相等。侧线完全，起于鳃盖上缘开口处，沿体侧正中平直延伸至尾鳍基部。

头短，稍平扁，头宽大于头高。吻圆弧形，吻长小于眼后头长。前、后鼻孔紧相邻；前鼻孔位于 1 鼻瓣中；后鼻孔的周围无瓣膜。眼大，靠近头顶。口下位，口裂呈弧形。唇较厚，下唇中央分叶，中间两唇叶较发达，表面具皱褶。上颌弧形，无齿状突起，下颌匙状。须 3 对，颌须后伸近眼后缘的垂直下方，外吻须后伸达后鼻孔，内吻须后伸达或略超过口角。

背鳍末根不分枝鳍条柔软，短于第一根分枝鳍条，至吻端的距离略大于至尾鳍基部的距离；背鳍外缘稍呈弧形，平卧时背鳍末端达肛门的上方。腹鳍起点位于背鳍基部起点之前或相对。雄性胸鳍较长，末端伸达胸腹鳍起点间距的 57.6%~60.1%，雌性胸鳍末端伸达胸腹鳍起点间距的 54.0%~56.1%。腹鳍末端后伸不达肛门。尾鳍后缘凹形，两叶圆，下叶稍长。

鳔前室埋于骨质囊中，分左、右两侧室，其间有 1 骨质连接柄；鳔后室短小，留 1 小的膜质室，游离于腹腔中，前端较小，与前室横管相连。肠自"U"形胃发出后，在胃后方折向前，至胃的末端处向后折，与肛门相通，体长为肠长的 1.4~1.6 倍。

福尔马林浸泡的标本全身基色为黄色。背鳍上部浅褐色，背鳍前、后各有 3 或 4 块黑斑及 3 条褐色横斑条，体侧有很多不规则的褐色斑纹和斑点。背鳍有 2 列褐色斑点，尾鳍基部有 1 长形深褐色横斑，鳍条上具 3 列斑点。

生活习性　生活于多砾石、水急、清澈的江段，成群觅食，以水生昆虫幼虫为主要食物。

分布　四川凉山昭觉县四开乡增产村的西溪河，属于金沙江下游左岸支流（图 4-27）。

133 雅江高原鳅 *Triplophysa yajiangensis* Yan，Sun *et* Guo，2015

Triplophysa yajiangensis Yan，Sun *et* Guo，2015，36(5)：299-305（四川甘孜雅江）。

主要形态特征　测量标本 2 尾，全长为 92.7~117.8mm，体长为 77.2~98.0mm。采自四川甘孜雅江。

背鳍 iii-8；臀鳍 ii-5；胸鳍 i-10；腹鳍 i-8；尾鳍分枝鳍条 16。第一鳃弓内侧鳃耙 15（1 尾）。

体长为体高的 5.1~6.0 倍，为头长的 4.5 倍，为尾柄长的 4.6~5.2 倍，为尾柄高的 11.8~14.3 倍。头长为吻长的 2.4~2.5 倍，为眼径的 4.3~5.1 倍，为眼间距的 3.6~4.5 倍。尾柄长为尾柄高的 2.6~2.7 倍。

身体延长，前躯稍圆，后躯略侧扁。尾柄前后高度相等。侧线完全，起于鳃盖上缘开口处，沿体侧正中平直延伸至尾鳍基部，具有 85~87 个侧线孔。

吻圆弧形，吻长或略小于眼后头长。前、后鼻孔紧相邻；前鼻孔位于 1 鼻瓣中；后鼻孔的周围无瓣膜。眼大，靠近头顶。口下位，口裂呈弧形。唇较厚，下唇中央分叶，中间两唇叶较发达，表面具皱褶。上颌弧形，无齿状突起，下颌匙状。须 3 对，颌须后伸近眼后缘的垂直下方，外吻须后伸达眼前缘，内吻须后伸略超过口角。

背鳍末根不分枝鳍条硬，短于第一根分枝鳍条，至吻端的距离略小于至尾鳍基部的距离；背鳍外缘稍呈弧形，平卧时背鳍末端达肛门的上方。腹鳍起点位于背鳍基部起点之后下方。腹鳍末端后伸达或者超过肛门。尾鳍后缘深凹形，两叶圆，下叶稍长。

鳔前室埋于骨质囊中，分左、右两侧室，其间有 1 骨质连接柄；鳔后室退化。肠自“U”形胃发出后，在胃后方形成 3~5 个螺旋。

福尔马林浸泡的标本全身基色为黄色。背鳍上部浅褐色，背部具 8 个褐色横斑条，体侧有 5~8 块褐色斑点。背鳍有 2 或 3 列褐色斑点，尾鳍 3 或 4 列褐色斑点。

生活习性 生活于多砾石、清澈的江段，以水生昆虫幼虫为主要食物。

分布 四川甘孜，雅砻江的中上游（图 4-27）。

134 姚氏高原鳅 *Triplophysa yaopeizhii* Xu *et* Zhang，1996

Triplophysa yaopeizhii Xu *et* Zhang，1996，动物分类学报，21：377-379（西藏江达、芒康、贡觉）。

主要形态特征 测量标本 7 尾，体长为 80~135mm；采自西藏江达、芒康、贡觉。

背鳍 iii-6~7；臀鳍 i-5；胸鳍 i-8~12；腹鳍 i-6~8；尾鳍分枝鳍条 16~19。

体长为体高的 6.9~9.2 倍，为头长的 4.5~5.6 倍；为尾柄长的 4.7~5.6 倍，为尾柄高的 10.8~15.8 倍。头长为吻长的 2.2~2.7 倍，为眼径的 5.0~9.8 倍，为眼间隔的 3.2~4.7 倍。尾柄长为尾柄高的 2.0~3.2 倍。

身体延长，前躯略圆，自肛门之后稍侧扁。头部锥形，钝圆。吻长与眼后头长相等，口下位，口裂弧形。下颌边缘匙状，略露出，无角质。上、下唇较厚，在口角处相连，下唇分离，两侧叶略扩展，中央无明显突起。须 3 对，吻须 2 对，口角须 1 对。前、后鼻孔紧相邻，离眼前缘较离吻端近。眼稍大，圆形，位于头中部侧上方。体表裸露无鳞，侧线完全，平直，从鳃孔上角直达尾柄基部。

背鳍外缘微内凹，其起点距吻端较距尾鳍基为远，鳍条柔软。胸鳍平展，起点紧接鳃盖侧下角，或为其所盖，末端稍圆，后伸至多达胸鳍、腹鳍起点之间距离的 1/2 处。腹鳍较窄，内侧鳍条略短，末端稍尖，后伸远不达肛门，其起点明显在背鳍起点之前。臀鳍起点位于腹鳍起点与尾鳍起点之间，离肛门有一段距离，后伸远不达尾鳍基。尾鳍后缘浅凹入。

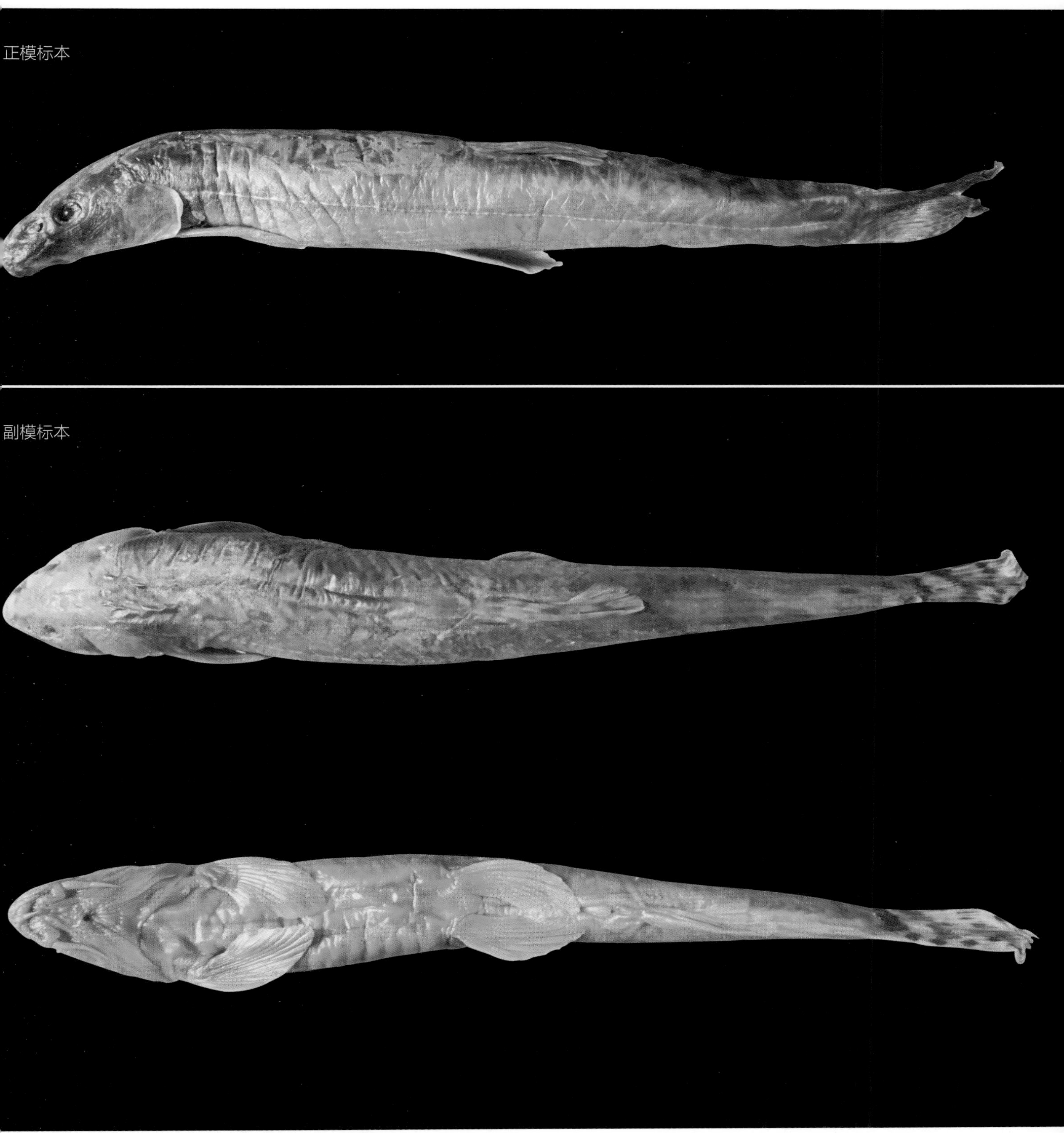

^ 以上标本均于 1992 年 8 月采集自西藏贡觉、芒康、江达等，金沙江上游右侧支流，标本保存于中国科学院动物研究所，由张春光拍摄

鳔的后室退化，仅残留一很小的膜质室。肠短，自“U”字形的胃发出后，在胃后方折向前，至胃中段和前端之间再后折通肛门，绕折成“Z”字形。

体褐色，侧腹部颜色略浅，背部在背鳍前、后各有数块深褐色鞍形斑纹。体侧散布有多数不规则的深褐色斑块或斑点。背鳍、尾鳍具略显规则的横列深褐色斑纹，胸鳍、腹鳍的上面散布黑斑，个别不明显，下面的色淡；臀鳍色淡。

生活习性 喜在流速较快沙砾底质的河流中活动。

分布 为金沙江上游特有种，现知分布于西藏江达、芒康、觉贡等（属藏曲—金沙江水系右侧一级支流）。

（七）沙鳅科 Botiidae

体长而侧扁，头侧扁，吻尖。体被细鳞，颊部有鳞或裸露。具有眼下刺，分叉或不分叉。须3对或4对，吻须2对，口角须1对，颏须1对或无。

本科鱼类在金沙江分布有3属7种。

属检索表

1（2）眼下刺不分叉……………………………………………………………………**薄鳅属 *Leptobotia***

2（1）眼下刺分叉

3（4）颊部裸露……………………………………………………………………**沙鳅属 *Sinibotia***

4（3）颊部被鳞……………………………………………………………………**副沙鳅属 *Parabotia***

（64）薄鳅属 *Leptobotia*

眼下刺不分叉。须3对：吻须2对，口角须1对。颏部不具突起或1对突起。颊部被鳞。

本属在金沙江分布有5种。

种检索表

1（2）颏部具有纽状突起……………………………………………………**红唇薄鳅 *L. rubrilabris***

2（1）颏部不具有突起

3（4）眼小，仅后躯被鳞，背部及胸腹部无鳞或几乎无鳞……………**小眼薄鳅 *L. microphthalma***

4（3）全身被鳞

5（6）体高在背鳍部分明显变高，尾柄处降低…………………………**紫薄鳅 *L. taeniops***

6（5）体高变化不明显

7（8）体延长，须长，眼下刺后伸达眼后缘，脊椎骨38或39……………**长薄鳅 *L. elongata***

8（7）须短，眼下刺后伸只达眼中点，脊椎骨35……………………………**薄鳅 *L. pellegrini***

红唇薄鳅 *Leptobotia rubrilabris*（Dabry de Thiersant，1872）

地方俗名　红针

Parabotia rubriclabris Dabry de Thiersant，1872：191（四川）。
Leptobotia pratti 湖北省水生生物研究所鱼类研究室，1976：158.
Botia pratti Günther，1892，238-250，Pls. 1-4.

主要形态特征　测量标本 2 尾，全长为 227.0~242.0mm，标准长为 179.4~181.6mm。采自四川攀枝花。

张春光　2017 年夏　横江口至三块石下江段现场拍摄

背鳍 iv-8；臀鳍 iii-5；胸鳍 11；腹鳍条 7。

体长为体高的 7.0~7.9 倍；为头长的 4.1~4.4 倍，为尾柄长的 4.6~4.8 倍，为尾柄高的 11.4~12.9 倍。头长为吻长的 2.3~2.4 倍，为眼径的 18.0~20.9 倍，为眼间距的 6.6~6.9 倍。

体长且侧扁，身体最高点在背鳍基起点附近，向前到头躯连接处较平直，头部开始缓缓下降，到鼻孔处向前急降到吻端；背鳍基向后降低到尾柄处高度最低，尾鳍基部高度缓升。头部侧扁，吻尖，头背侧中棱隆起，鼻孔横向连线隆起。眼小，圆，位于头部侧上方，背侧俯视头部可以看到眼；眼下具有“一”字形沟，内有光滑不分叉的眼下刺，向后伸达或超过眼后缘垂直线。口下位，强拱形；上唇几乎平滑，具有非常浅的细褶，中央具三角形缺口；下唇分为口角和中间两部分：中间部分向口角方向延伸出细条内唇，直达口角内侧，在下唇中点两侧有外唇结构，直达口角与上唇相连，下唇中央具有三角形缺口，唇后沟不连通。颏下具有 1 对纽状突起。上颌具有宽且厚的齿状突；下颌圆滑。须 3 对，吻须 2 对，聚生于吻端，外吻须略长于内吻须，内吻须按压达口角内侧，外吻须按压达口角须根；口角须 1 对，按压达或超过眼前缘垂直线的下方，不达眼中点垂直线。前、后鼻孔紧挨，前鼻孔边缘隆起形成瓣膜状，末端尖；后鼻孔边缘微凸起，在与前鼻孔交接位置隆起成瓣膜，宽、高度不及前鼻孔瓣膜，与前鼻孔瓣膜相连，成为前鼻孔瓣膜的外侧瓣膜。

背鳍具有 8 根分枝鳍条，背鳍末端边缘内凹；臀鳍具有 5 根分枝鳍条，鳍条末端后伸不达尾鳍基部；胸鳍具有 11 根分枝鳍条，鳍条末端后伸超过肛门；腹鳍具有 7 根分枝鳍条；除背鳍外，其余鳍条均为第一、第二根不分枝鳍条最长，之后逐渐变短。胸鳍及腹鳍都具有发达腋鳞。尾鳍深叉，上、下叶尖，等长，具有 9+8 根分枝鳍条。

头部感觉系统存在，侧线完全，较平直。

全身被细密鳞片，颊部少鳞。脊椎骨 36 或 37。

生活时，体黄绿色，或体侧具斑纹，背部具大圆斑或斑块。曾见 1 尾标本体侧隐约可见约 12 条规则斑纹，后躯斑纹及间隙略宽于前躯斑纹及间隙，前躯斑纹与间隙宽度相似或略宽，后躯斑纹略宽于间隙。另见 1 尾标本体侧无斑纹，背鳍前具 4 个斑块。各鳍常见有深色斑纹沿鳍条分布。胸腹部颜色浅，有少量色素分布。头部背侧及侧面上方颜色深。

生活习性及经济价值　喜生活于江河底层。个体较大，有一定的经济价值，但数量稀少。

分布　长江流域。

136 长薄鳅 *Leptobotia elongata*（Bleeker，1870）

地方俗名　花鳅、薄鳅

Botia elongata Bleeker，1870（长江）。

Leptobotia elongata：Tchang，1959（四川）；Chen，1980（长江中上游）；Kuang，in Chu *et* Chen，1990（绥江、永仁）；Kottelat，2001（越南 Lo 河）；Gao et al.，2013（攀枝花、巧家、永善、绥江、水富）。

主要形态特征　测量标本 11 尾，全长为 133.2~278.0mm，标准长为 105.3~230.0mm。采自云南水富、丽江和重庆江津。

背鳍 iii-iv-8~9；臀鳍 iii-iv-5~7；胸鳍 9~12；腹鳍 7 或 8。

体长为体高的 6.3~7.5 倍；为头长的 4.2~6.6 倍，为尾柄长的 4.7~7.0 倍，为尾柄高的 9.6~11.2 倍。头长为吻长的 1.9~2.9 倍，为眼径的 10.3~19.2 倍，为眼间距的 4.7~7.1 倍。

体长且侧扁，身体最高点位于背鳍基起点之前背部，向后在背鳍基段明显压低，其后尾柄段较平直；向前略有压低或较明显压低；头部压低，侧扁，头背侧中棱隆起。吻尖。眼小，圆，位于头部侧上方，由背侧俯视头部可以看到眼；眼下皮肤具有“一”字形沟，内有光滑不分叉的眼下刺，后伸达眼后缘垂直线附近。口下位，强拱形；上唇几乎平滑，具有非常浅的细褶，中央具微小三角形缺口；下唇分为两部分——口角部和中间部分，中间部分不延伸至口角，而直接与外唇连接，下唇中央具有三角形缺口。颏下无纽状突起。上颌齿状突弱，微凸；下颌平。须 3 对，吻须 2 对，聚生于吻端，内吻须略长于外吻须，两者后伸均接近或伸达口角内侧；口角须 1 对，后伸达或超过眼后缘。前、后鼻孔紧挨，前鼻孔边缘隆起形成瓣膜状，末端尖；后鼻孔边缘微凸

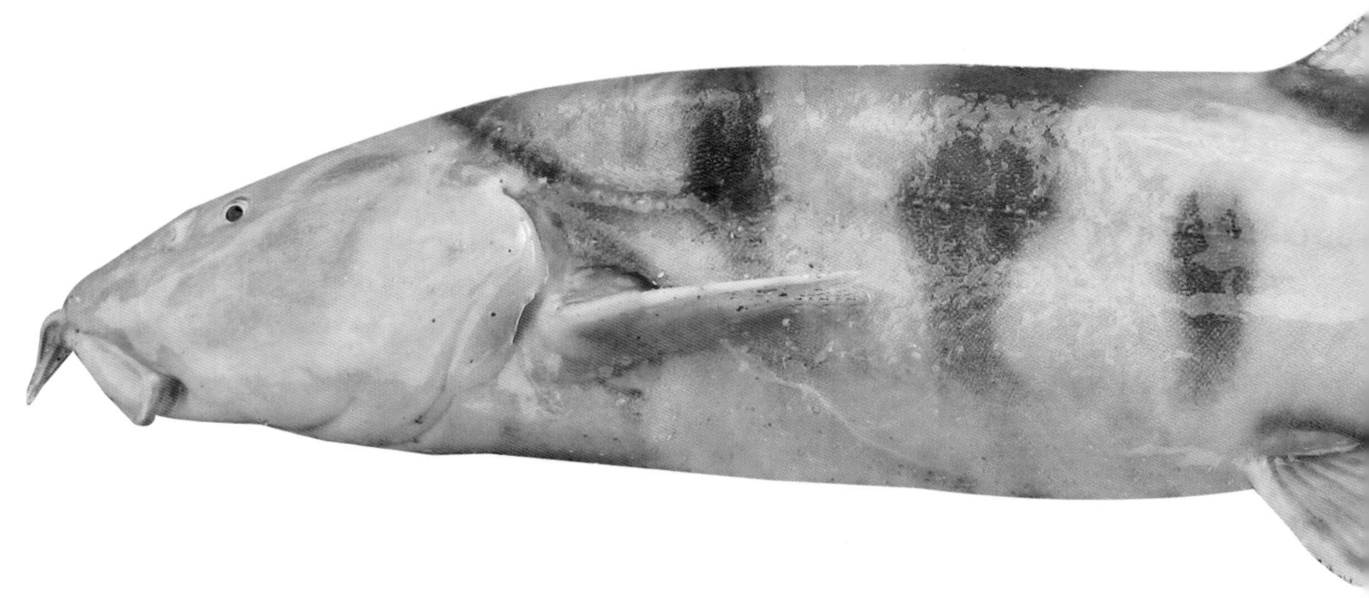

^ 张春光：金沙江下游乌东德库区江段现场拍摄

起，在与前鼻孔交接位置隆起成瓣膜，宽和高不及前鼻孔瓣膜，与前鼻孔瓣膜相连，成为前鼻孔瓣膜的外侧瓣膜。

背鳍末端边缘内凹；臀鳍末端后伸不达尾鳍基部；胸鳍具有 9~12 根分枝鳍条；腹鳍具有 7 或 8 根分枝鳍条，鳍条末端后伸超过肛门；除背鳍外，其余鳍条均为第一、第二根不分枝鳍条最长，之后递减。胸鳍及腹鳍都具有发达腋鳞。尾鳍深叉，上、下叶尖，等长，具有 9+8 或 8+8 根分枝鳍条。

全身被细鳞，颊部分布细密鳞片。

脊椎骨 38 或 39。

新鲜标本身体基色为土黄绿色，斑纹为深棕色，体侧具有 5 条垂直斑纹，可以是较规则斑纹，上略宽，下略窄，或同宽，间隙宽于斑纹；可以是一条斑纹中间断开，分解成上、下两个斑块。背鳍和尾鳍鳍条分布有多排斑纹，其余鳍条斑纹少且多数模糊。

生活习性及经济价值　喜生活于江河底层。个体较大，经济价值较高。

流域内资源现状　流域内中下游干流和一些支流干流的下游尚较常见。

分布　长江包括金沙江中上游（图 4-28）。

小眼薄鳅 *Leptobotia microphthalma* Fu *et* Ye，1983

地方俗名　高粱鱼、竹叶鱼

Leptobotia microphthalma Fu *et* Ye（傅天佑和叶妙荣），1983。

主要形态特征　测量标本 11 尾，全长为 81.6~111.2mm，标准长为 66.6~91.3mm。采自云南昭通和四川盐边。

背鳍 iii-iv-7~8；臀鳍 iii-iv-5；胸鳍 8 或 9；腹鳍 6。

体长为体高的 5.5~8.1 倍，为头长的 4.3~4.9 倍，为尾柄长的 4.3~5.1 倍，为尾柄高的 6.7~8.4 倍。头长为吻长的 2.5~4.0 倍，为眼径的 14.8~29.7 倍，为眼间距的 4.8~12.7 倍。

体短且侧扁，体高几乎不变，尾柄部不降低，具有肉质棱，前伸几达背鳍基后端；头部压低，侧扁，吻尖，头背侧中棱隆起。眼退化，极小，1 尾标本一侧眼被皮肤覆盖，圆，位于头部侧上方；眼下皮肤具有“一”字形沟，内有光滑不分叉的眼下刺，后伸超过眼后缘垂直线。口下位，强拱形；上唇几乎平滑，具有非常浅的细褶，中央不具微小三角形缺口，与吻皮之间有 1 条沟隔开；下唇分为两部分——口角部和中间部分，中间部分向口角方向延伸出细条内唇，直达口

角内侧，在下唇中点两侧有外唇结构，直达口角与上唇相连，下唇中央具有三角形缺口，唇后沟不连通。颏下无纽状突起。上颌微凸，下颌平弧形。须3对，短，吻须2对，聚生于吻端，内吻须略长于外吻须，两者后伸均不达口角内侧；口角须1对，后伸不超过后鼻孔后缘。前、后鼻孔紧挨，前鼻孔边缘隆起形成瓣膜状，延长，末端尖；后鼻孔边缘微凸起，在与前鼻孔交接位置隆起成瓣膜，宽，高度不及前鼻孔瓣膜的一半，与前鼻孔瓣膜相连，成为前鼻孔瓣膜的外侧瓣膜。

背鳍末端边缘平截；臀鳍末端后伸不达尾鳍基部；胸鳍具有8或9根分枝鳍条，鳍条末端不及胸腹鳍起点的一半；腹鳍末端后伸不及或刚触及肛门；除背鳍外，其余鳍条均为第一、第二根不分枝鳍条最长，之后不显著地逐渐变短。胸鳍及腹鳍都具有发达腋鳞。尾鳍深叉，上、下叶尖，上叶略长于下叶，具有17根分枝鳍条。

侧线完全，平直。脊椎骨33或34。

体后躯被密鳞，背鳍前略稀疏，前背部几乎无鳞，胸腹部无鳞，颊部历史记载有鳞，但颊部未发现鳞片，或很难发现。

浸液标本底色为黄色，无斑纹，肉质棱深黄色。

生活习性及经济价值　喜生活于江河底层。个体较小，数量较少，经济价值不高。

分布　长江流域（图4-28）。

紫薄鳅 *Leptobotia taeniops*（Sauvage，1878）

Parabotia taeniops Sauvage，1878（长江）。

Leptobotia taeniops: Fang，1936（四川东部奉节）；Chen，1980（长江上游）；丁瑞华，1994（四川长江干流、岷江）；Gao et al.，2013（金沙江下游攀枝花至宜宾江段）。

主要形态特征　测量标本1尾，全长为95.5mm，标准长为78.1mm。采自湖南省怀化市辰溪县（沅江干流）。

背鳍7；臀鳍5；胸鳍10；腹鳍7。

体长为体高的5.1倍，为头长的5.0倍，为尾柄长的5.0倍，为尾柄高的9.9倍，头长为吻长的2.7倍，为眼径的10.9倍，为眼间距的4.1倍。

体延长，侧扁，体非常高，背鳍后体高逐渐降低，背鳍前至头部后端高度较均一。头侧扁。吻尖。眼小，圆，位于头部侧上方，由背侧俯视头部可以看到眼；眼下皮肤具有“一”字形沟，内有光滑不分叉的眼下刺，后伸刚过眼后缘。口下位，呈马蹄形；唇较平滑。颏下无纽状突起。上颌齿状突弱，微凸；下颌平滑。须3对，吻须2对，聚生于吻端；口角须1对，后伸达眼中点。前、后鼻孔紧挨。

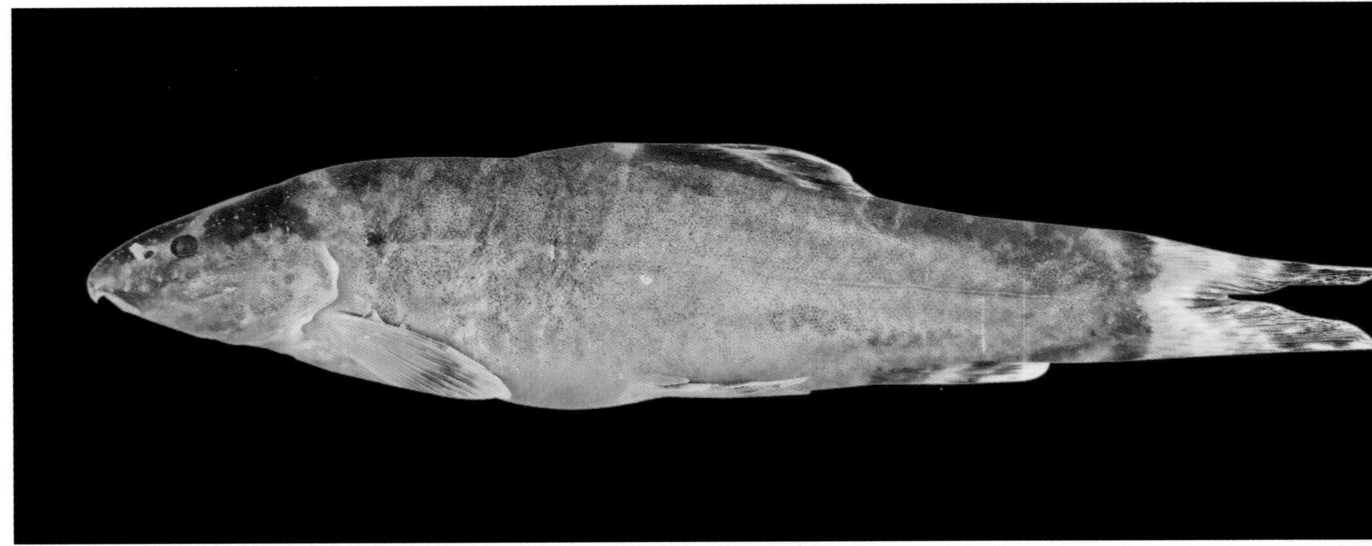

背鳍具有 7 根分枝鳍条，背鳍末端边缘微凹；臀鳍具有 5 根分枝鳍条，鳍条末端后伸不达尾鳍基部；胸鳍具有 10 根分枝鳍条；腹鳍具有 7 根分枝鳍条，鳍条末端后伸超过肛门，不及臀鳍起点。胸鳍及腹鳍都具有发达腋鳞。尾鳍深叉，上、下叶尖，等长，具有 9+8 根分枝鳍条。

全身被细鳞，颊部分布细密鳞片。

侧线完全。

体侧斑纹几乎不可见，背侧可见 6 个宽大斑纹。各个鳍条都具有 1 条深色斑纹。头背侧在眼后有 1 条横的浅色斑纹，中央突出向后，头部其余部分深棕色。

分布 长江水系（图 4-28）。

薄鳅 *Leptobotia pellegrini*（Fang，1936）

Leptobotia pellegrini Fang（方炳文），1936：29-32（四川）；刘成汉，1964：111（四川）；陈景星，1980：15（四川）；曹文宣等，1987：4（长江干流）。

主要形态特征 测量标本 2 尾，全长为 92.7~105.0mm，标准长为 76.6~87.1mm。采自湖南。

背鳍 iv-8；臀鳍 iii-5；胸鳍 11；腹鳍 7。

体长为体高的 6.0~8.5 倍，为头长的 4.7~4.9 倍，为尾柄长的 5.0~55.0 倍，为尾柄高的 9.8~11.0 倍。头长为吻长的 2.4~3.1 倍，为眼径的 8.2~8.5 倍，为眼间距的 5.4 倍。

体延长，侧扁，体高，背鳍后体高逐渐降低，背鳍前至头部后端高度较均一。头较长，侧扁。吻尖。眼小，圆，位于头部侧上方，由背侧俯视头部可以看到眼；眼下皮肤具有“一”字形沟，

内有光滑不分叉的眼下刺，后伸过眼中点，不达眼后缘。口下位，呈马蹄形；唇较平滑。颏下无纽状突起。上颌齿状突弱，微凸；下颌平滑。须 3 对，吻须 2 对，聚生于吻端，外吻须略长于内吻须，内吻须后伸达口角内侧；外吻须后伸达口角须根；口角须 1 对，后伸过眼前缘，不达眼中点。前、后鼻孔紧挨，前鼻孔边缘隆起形成瓣膜状，末端尖。

背鳍末端边缘微凹；臀鳍鳍条末端后伸不达尾鳍基部；腹鳍鳍条末端后伸超过肛门，不及臀鳍起点。胸鳍及腹鳍都具有发达腋鳞。尾鳍深叉，上、下叶尖，等长，具有 9+8 根分枝鳍条。

全身被细鳞，颊部分布细密鳞片。

侧线完全。脊椎骨 35。

身体底色为黄色，斑纹为深棕色，体侧具有 6 条垂直的上宽下窄的斑纹；斑纹多数不完全，有的超过侧线就形成不规则的零碎斑纹。各个鳍条都具有 1 或 2 条深斑纹。头背侧在眼后有 1 条横的浅色斑纹，头部其余部分深棕色。

分布　长江干流、珠江、闽江（图 4-28）。

(65) 沙鳅属 *Sinibotia*

颊部裸露无鳞；眼下刺分叉。须 3 对，吻须 2 对，口角须 1 对。颏部具有纽状突起。深叉尾。本属鱼类在金沙江分布有 2 种。

种检索表

1(2) 体延长，体长为体高的 7.6~8.4 倍，胸鳍 10~12 ······ **中华沙鳅 *S. superciliaris***
2(1) 体高，体长为体高的 4.5 倍，胸鳍 14 ······ **宽体沙鳅 *S. reevesae***

中华沙鳅 *Sinibotia superciliaris* Günther，1892

地方俗名 龙针、钢鳅

Sinibotia superciliaris Günther，1892。
Botia superciliaris Günther，1892（四川峨眉山 Kia-tiang-fu）。
Botia (*Sinibotia*) *superciliaris*：Fang，1936；Chen，1980（四川）；Kuang，in Chu *et* Chen，1990（维西白济汛）。
Sinibotia superciliaris：Nalbant，2002；Kottelat，2004；Chen，in Yang et al.，2010（金沙江）；Kottelat，2012。

主要形态特征 测量标本 10 尾，全长为 69.7~155.8mm，标准长为 51.7~ 127.5mm。采自四川盐源和云南盐津。

背鳍 iii-iv-7~8；臀鳍 iii-5；胸鳍 10~12；腹鳍 6 或 7。

体长为体高的 7.6~8.4 倍，为头长的 4.1~4.4 倍，为尾柄长的 4.4~5.6 倍，为尾柄高的 8.8~10.3 倍。头长为吻长的 1.9~2.6 倍，为眼径的 8.3~12.6 倍，为眼间距的 3.6~4.4 倍。

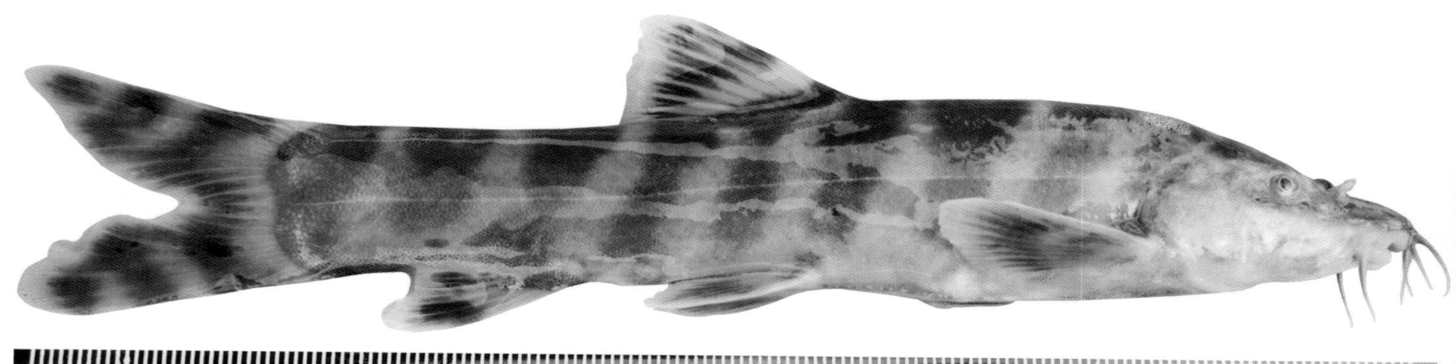

^ 张春光，金沙江中游下梓里江段现场拍摄

体长且侧扁，尾柄细。头侧扁。吻尖。口亚下位。颏部具有 1 对纽状突起。上唇流苏状，皮褶发达，中央部分与上颌分开，靠近口角位置与上颌愈合；下唇中央有明显三角形缺口，分为内、外唇，内唇构成下唇的中间部分（与纽状突起等宽）并且向口角延伸细长内唇；外唇与内唇由纽状突起隔开，与上唇在口角处相连接；外唇内唇皮褶发达，外唇较平滑。上颌边缘突出，下颌平滑。须 3 对，2 对吻须聚生于吻端，外吻须根部位于外侧盖住内吻须根，外吻须长于内吻须；内吻须按压后伸达口角内侧或口角须根部；外吻须按压后伸超过口角须根部达前鼻孔或后鼻孔垂直线；口角须 1 对，按压后伸几达或超过眼前缘的垂直线，不达眼中点的垂直线。眼近似圆形，侧上位，俯视头背部，可见少量的眼球突出，眼大部分不可见。眼下缘具有“一”形沟，内有在基部分叉的眼下刺，末端超过眼后缘；基部的分叉短，不达眼中点。背鳍具有 7 或 8 根分枝鳍条，边缘微凸或平截，鳍条末端几达肛门垂直线或超过肛门不达臀鳍起点；臀鳍具有 5 根分枝鳍条，鳍条末端后伸不达尾鳍基部；胸鳍鳍条末端后伸接近腹鳍起点，但不达；腹鳍具有 6 或 7 根分枝鳍条，末端后伸不达肛门，但很接近，腹鳍起点与背鳍起点相对；肛门位置明显靠近臀鳍起点。胸鳍及腹鳍都具有发达腋鳞。尾鳍深叉，上、下叶尖，等长，具有 9+8 根分枝鳍条。

全身被细鳞，颊部无鳞。脊椎骨 33~35。

侧线平直、完全，插入尾鳍。尾柄基上、下具有不发达、短的肉质棱。

体侧具有7~9条横斑纹，模糊或清晰，斑纹宽于间隙，相邻斑纹有上端汇合而下端分开的“人”字形情况；有些标本尾柄具有沿侧线模糊的纵向条带，前躯隐约可见；胸腹部无斑纹，偶有模糊斑块，像是体侧斑纹的延续。头部背侧具有纵向条带，与头背部形状相同，后宽前窄；两侧眼下具有对称的纵向条带向前延伸至吻端，与头背部条带间由细窄的浅色间隙隔开，鼻孔位于间隙带上。各个鳍条均有斑纹分布，背鳍及尾鳍斑纹较清晰。

生活习性及经济价值 喜生活于江河底层。个体较小，数量较少，经济价值不高。

分布 金沙江；四川、湖北、甘肃长江水系（图4-29）。

141 宽体沙鳅 *Sinibotia reevesae*（Chang，1944）

Botia reevesae Chang（张孝威），1994：49（泸州窑滩）；吴江等，1986：3（雅砻江下游）；叶妙荣和傅天佑，1987：38（大渡河中游）；曹文宣等，1987：4（沱江）。

Botia sp. 湖北省水生生物研究所鱼类室，1976：161（泸州）；施白南，1982：165（嘉陵江）。

Botia (*Sinibotia*) *reevesae*：陈景星，1980：8（泸州窑滩）。

主要形态特征 无标本，根据丁瑞华（1994）《四川鱼类志》的描述整理。

全长为121mm，标准长为95mm。

背鳍 iv-7；胸鳍 i-14；腹鳍 i-7；臀鳍 iii-5。

标准长为体高的4.5倍，为头长的3.5倍，为尾柄长的8.6倍，为尾柄高的6.3倍。

体长形，侧扁，腹部较圆。头稍短，前端尖，侧扁。须3对，吻须2对，聚生于吻端，口角须1对。尾鳍宽大，分叉深。肛门离臀鳍起点较近。

体背细鳞，颊部无鳞。侧线完全。

体侧具有7或8条宽的垂直横带纹。

分布 长江各大支流（图4-29）。

（66）副沙鳅属 *Parabotia*

须 3 对，颊部被鳞。眼下刺分叉。颏下无纽状突起。

本属在金沙江分布有 1 种。

142 花斑副沙鳅 *Parabotia fasciata*（Dabry de Thiersant，1872）

地方俗名　黄鳅、黄沙鳅、伍氏沙鳅

Parabotia fasciata Dabry de Thiersant，1872：191（长江）；陈景星，1980：9（四川）；丁瑞华，1987：28（彭山、成都、金堂）；曹文宣等，1987：4（长江干流、岷江、沱江、嘉陵江）。

Leptobotia hopeiensis：Tchang *et* Shih，1934：433（嘉陵江下游）。

Botia xanthi：刘成汉，1964：11（嘉陵江）；施白南等，1980：42（嘉陵江）；嘉陵江鱼类资源调查组，1980：16（渠江）；施白南，1982：165（长江、嘉陵江、岷江、沱江）。

Botia fasciata：Fang，1936：10（长江上游）；施白南等，1980：42（嘉陵江下游）；施白南，1982：165（嘉陵江）。

Botia wui Chang，1944：50（乐山）；刘成汉，1964：11（嘉陵江）。

主要形态特征　测量标本 9 尾，全长为 104.3~189.2mm，标准长为 85.2~150.0mm。采自湖南怀化和云南富宁。

背鳍 iii-8~9；臀鳍 iii-5~6；胸鳍 13 或 14；腹鳍 7。

体长为体高的 6.1~8.4 倍，为头长的 4.5~5.0 倍，为尾柄长的 5.1~6.2 倍，为尾柄高的 10.2~14.1 倍。头长为吻长的 1.9~2.6 倍，为眼径的 6.3~8.8 倍，为眼间距的 5.4~6.6 倍。

体长且侧扁，尾柄细。头侧扁。吻尖。口亚下位。上、下唇平滑，上唇中央具有很小的三角形缺口。唇后沟中断。上颌具有齿状突，下颌平滑。无纽状突起。须 3 对，2 对吻须聚生于吻端，外吻须根部位于外侧盖住内吻须根，外吻须长于内吻须；内吻须按压后伸达口角内侧或略超过口角须根部；外吻须按压后伸超过口角须根部，几达前鼻孔垂直线；口角须 1 对，按压后伸达或超过眼前缘垂直线，但不达眼中点垂直线。眼大，近似圆形，侧上位。眼下缘具有“一”形沟，内有在基部分叉的眼下刺，末端达眼中点。鼻孔小，前鼻孔边缘突出呈瓣膜状，末端不延长，瓣膜缺口直接与鼻孔边缘连接，不形成短管状；外侧鼻瓣膜宽大，但是不及内侧瓣膜高。背鳍具有 8 或 9 根分枝鳍条，鳍条边缘内凹，第二、第三根不分枝鳍条为最凹处，之后鳍条边缘延长，鳍条末端超过肛门，但不达臀鳍起点；臀鳍具有 5 或 6 根分枝鳍条，鳍条末端后伸不达尾鳍基部；胸鳍鳍条末端后伸达胸鳍起点和腹鳍起点连线的中点，靠近腹鳍起点；腹鳍末端后伸几达肛门，腹鳍起点稍后于背鳍起点，位于背鳍第一根分枝鳍条的下方；肛门位置略超过腹鳍起点和臀鳍起点连线的中点，靠近臀鳍起点。胸鳍及腹鳍都具有发达腋鳞。尾鳍深叉，上、下叶尖，等长，具有 17 根分枝鳍条。

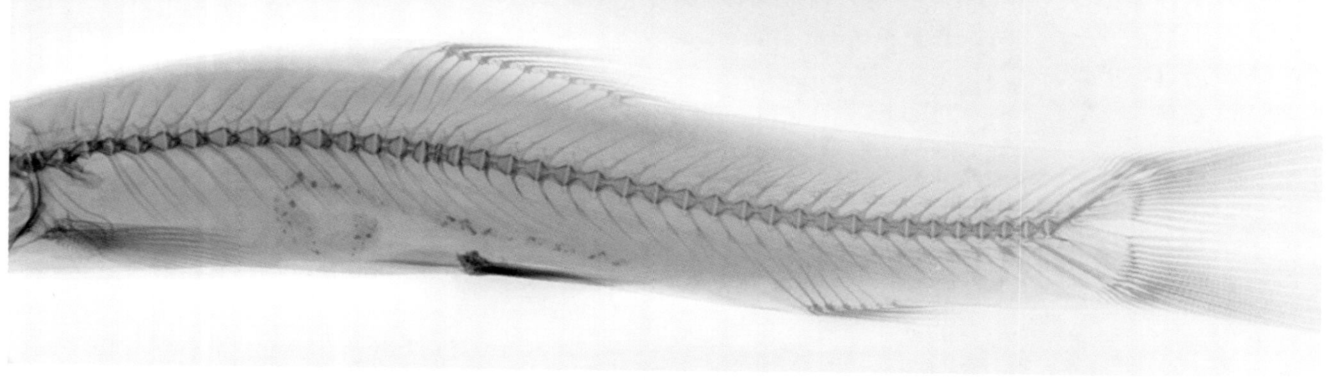

全身被细鳞，颊部被鳞。脊椎骨 38 或 39。

侧线平直、完全，插入尾鳍。尾柄基上、下具有不发达、短的肉质棱。

体色浅棕色，斑纹棕色。体侧具有 12 或 14 条横斑纹，模糊，斑纹细，明显窄于间隙，前躯斑纹和间隙略细于后躯斑纹和间隙。尾柄基部，侧线插入尾鳍位置有显著的黑色圆斑点。背鳍和尾鳍鳍条具有多排斑纹；其余鳍条无斑纹，有少量色素分布。头部具有不规则斑点，鳃及眼下颊部具有模糊斑点。

分布　宜宾附近（图 4-29）。

（八）花鳅科 Cobitidae

头和身体侧扁。体延长。体侧和头部被细鳞或裸露。须 3 对或 5 对。尾鳍内凹、平截或圆形。本科鱼类在金沙江分布有 2 属 2 种。

属检索表

1（2）体细长，尾柄具有皮质棱；尾鳍基部上端具有 1 个黑色斑点……………………………… **泥鳅属 *Misgurnus***

2（1）体粗壮，尾柄具有十分发达且高的皮质棱；尾鳍基部上端不具有黑色斑点

……………………………………………………………………………………………… **副泥鳅属 *Paramisgurnus***

（67）泥鳅属 *Misgurnus*

体延长，稍侧扁。眼小，侧上位。无眼下刺。须 5 对，吻须 2 对，口角须 1 对，颏须 2 对。上、下颌分别与上、下唇愈合。尾鳍圆形。尾柄皮质棱发达。侧线不完全。体被细鳞。头部裸露。尾鳍基部上端有 1 个黑色斑点。

本属在金沙江分布有 1 种。

泥鳅 *Misgurnus anguillicaudatus*（Cantor，1842）

地方俗名　泥鳅

Cobitis anguillicaudata Cantor，1842（浙江舟山）。

Misgurnus mohoity yunnan Nichols，1925（昆明）；Cheng，1958（云南）。

Misgurnus anguillicaudatus：褚新洛和陈银瑞，1990（滇池、洱海、异龙湖、阳宗海、泸沽湖、腾冲、盈江、双江、巍山、剑川、中甸、开远、宜良、沾益、富源、宣威、镇雄）；朱松泉，1995（辽河以南至澜沧江以北，台湾，海南岛）；Froese *et* Pauly，2013（西伯利亚、库页岛、朝鲜、日本、中国南方至越南北部，引入欧洲、北美、澳大利亚、夏威夷）。

主要形态特征　测量标本 9 尾，全长为 58.7~176.7mm，标准长为 49.3~153.6mm。采自云南沾益、嵩明和中甸。

背鳍 iii-6~8；臀鳍 iii-5；胸鳍 8~11；腹鳍 6 或 7。

体长为体高的 6.7~11.1 倍，为头长的 6.1~7.6 倍，为尾柄长的 6.4~8.3 倍，为尾柄高的 8.8~14.5 倍。头长为吻长的 2.0~3.2 倍，为眼径的 5.4~9.9 倍，为眼间距的 3.3~5.3 倍。

身体非常延长，前躯近似圆柱形，略侧扁，尾柄侧扁。头短。吻较钝。尾鳍具有较发达的肉质棱，向前延伸达臀鳍基部，其上具有弱软鳍褶。眼圆，眼周边缘与皮肤愈合。口亚下位，上、下颌分别与上、下唇愈合。上唇中央无缺口，边缘具有浅褶皱，外侧几乎平滑，内侧凹凸不平；下唇中央形成两个突起，类似退化的须，两侧下唇呈片状，其上分布不规则突起，不平滑。

须 5 对，2 对吻须、1 对口角须、2 对颏须；内吻须按压后伸达前鼻孔或后鼻孔垂直线，外

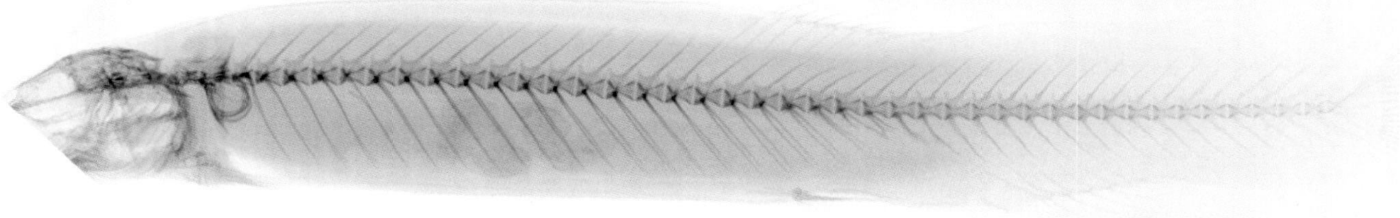

吻须按压后伸达眼中点垂直线附近；口角须按压后伸达或超过眼后缘垂直线；颏须短，外颏须长于内颏须。鼻分为前、后鼻孔，鼻孔小，前鼻孔位于后鼻孔斜上方，相互挨着；前鼻孔边缘形成短管状瓣膜，末端较圆，不尖，不延长。

侧线不完全，只有最前面 3 或 4 个侧线孔。头部具有感觉孔。

除尾鳍外，其余鳍条短小。背鳍具有 6~8 根分枝鳍条，起点靠后，目测位于全长的中点之后，末端后伸达肛门垂直线，边缘弧形微凸。腹鳍起点位于背鳍第 1~3 根分枝鳍条下方，腹鳍具有 6 或 7 根分枝鳍条，末端不达肛门，但非常接近。肛门位置更靠近臀鳍起点。腹鳍和臀鳍起点较近，与胸鳍起点相距甚远。胸鳍具有 8~11 根分枝鳍条，末端不达胸腹鳍起点连线的一半。胸鳍、腹鳍腋鳞都不存在。臀鳍具有 5 根分枝鳍条，后伸不达尾鳍基部。尾鳍圆形，具有 13~15 根分枝鳍条。

全身被细密鳞片，埋于皮下；头部裸露无鳞。脊椎骨 42~45。

全身包括头部，布满不规则模糊斑点，腹侧浅黄色底色，无斑点。背鳍、尾鳍和胸鳍背侧布满斑点，臀鳍、腹鳍少有斑点。尾鳍基部上端具有 1 个黑色斑点。

经济价值　广布种，数量多，经济价值高。

分布　流域内中下游广泛分布，野外和农贸市场均常见（图 4-30）。

（68）副泥鳅属 *Paramisgurnus*

体近似圆筒形，尾柄侧扁。头短。无眼下刺。头部无鳞。侧线不完全。须 5 对，吻须 2 对，口角须 1 对，颏须 2 对。上、下颌分别与上、下唇愈合。眼皮被皮肤膜覆盖。尾柄皮质棱非常发达。尾鳍圆形。尾鳍基部上端不具有黑色斑点。侧线不完全。

本属在金沙江分布有 1 种。

大鳞副泥鳅 *Paramisgurnus dabryanus* Dabry de Thiersant，1872

地方俗名 大泥鳅

Paramisgurnus dabryanus Dabry de Thiersant，1872（长江）；朱松泉，1995（长江中下游、浙江、福建、台湾）；Chen，in Yang et al.，2010（引入滇池、抚仙湖、保山瓦窑河）；Wang et al.，2011（南盘江）。

主要形态特征 测量标本 11 尾，全长为 107.2~185.6mm，标准长为 92.5~164.4mm。采自云南中甸。

背鳍 iii-6~7；臀鳍 iii-5；胸鳍 10 或 11；腹鳍 6 或 7。

体长为体高的 5.9~6.8 倍，为头长的 6.5~8.2 倍，为尾柄长的 7.3~9.5 倍，为尾柄高的 7.9~10.2 倍。头长为吻长的 2.1~2.9 倍，为眼径的 5.7~7.3 倍，为眼间距的 3.2~4.3 倍。

身体延长、粗壮，前躯椭圆柱形，略侧扁，尾柄侧扁。头短。吻钝。尾鳍上、下具有发达的肉质棱，很高，背侧肉质棱向前伸达背鳍基后端，腹侧肉质棱向前伸达臀鳍基后端，其上都具有微弱的软鳍褶。

眼圆，眼周边缘与皮肤愈合。口端位或亚下位，上、下颌分别与上、下唇愈合。上唇中央无缺口，边缘具有浅褶皱，外侧几乎平滑，内侧凹凸不平；下唇中央形成两个突起，类似退化的须，两侧下唇呈片状，其上分布不规则突起，不平滑。鳃鼓，开口小，鳃盖末端与颏部皮肤相连。

须 5 对：2 对吻须、1 对口角须、2 对颏须；内吻须按压后伸达眼中点垂直线到眼后缘，外吻须按压后几乎伸达或超过眼后缘垂直线，但不及口角须末端伸达位置；口角须按压后伸超过眼后缘垂直线；颏须短，外颏须长于内颏须。鼻分为前、后鼻孔，鼻孔小，前鼻孔位于后鼻孔斜上方，相互挨着；前鼻孔边缘形成短管状瓣膜，末端较圆，不尖，不延长。

侧线不完全，只有最前面 3 或 4 个侧线孔。头部具有感觉孔。

各个鳍条都很短。背鳍具有 6 或 7 根分枝鳍条，起点靠后，目测位于全长的中点之后，末端后伸几达肛门垂直线，边缘弧形微凸。腹鳍起点位于背鳍第三、第四根分枝鳍条下方或第六根分枝鳍条下方（不同地点位置不同），腹鳍末端不达肛门。肛门位置更靠近臀鳍起点。腹鳍和臀鳍起点较近，与胸鳍起点相距甚远。胸鳍末端不达胸腹起点连线的一半。胸鳍、腹鳍腋鳞都不存在。

张春光：金沙江中游鲁地拉库区现场拍摄

臀鳍后伸不达尾鳍基部。尾鳍圆形，具有 13 或 14 根分枝鳍条。

全身被细密鳞片，覆瓦状，肉眼清晰可见；头部裸露无鳞。脊椎骨 44 或 45。

身体底色为黑色，体侧无斑纹，腹侧黄色，布有小色素斑点，或身体底色为深黄色，布满不规则斑点，背侧到腹侧斑点由大到小，胸部有小片区域无斑点。鳍条底色深黄色布有密集斑点。

经济价值　广布种，数量多，常见，经济价值高。

分布　自然分布于我国长江及其以南，最北曾记录于河北白洋淀，现在我国广泛分布，但海河以北仍较少见。流域内最上记录于石鼓江段（图 4-30）。

（九）爬鳅科 Balitoridae

头部和体前段较平扁或呈圆筒形，后段渐侧扁，腹面平坦。口下位，呈弧形或马蹄形。多数种类具由吻皮下包而成的吻褶，吻褶与上唇间形成吻沟，但在原始的类群中吻褶与吻沟不明显或缺如。吻褶分 3 叶，叶间具 2 对短小吻须，口角须 1~3 对，也较短小，有的种类具由吻皮或唇特化出的次级吻须。眼侧上位，腹面不可见。背鳍短，无硬刺，分枝鳍条 7 或 8。臀鳍通常有 5 根分枝鳍条。偶鳍宽大平展，外缘常呈扇形，具有较多的鳍条。左、右腹鳍彼此分离或相连呈盘状。尾鳍常呈凹形，也有斜截形或深叉形。鳃裂较窄，仅限于头的背面或延伸至头的腹面。鳔小，前室包在骨囊中，后室退化。下咽齿 1 行，具 4 或 5 枚小齿。多为生活于山溪激流中的小型鱼类。

国内分布于四川、云南、贵州、广西、广东、福建、浙江、湖北、湖南、甘肃、陕西和台湾等省（区）。国外广泛分布于印度、尼泊尔、印度尼西亚、马来西亚、缅甸、泰国、越南、柬埔寨等。

亚科检索表

1（2）偶鳍前部仅有 1 根不分枝鳍条……………………………………**腹吸鳅亚科 Gastromyzoninae**

2（1）偶鳍前部具 2 根以上不分枝鳍条……………………………………**爬鳅亚科 Balitorinae**

腹吸鳅亚科 Gastromyzoninae

体呈圆筒形或平扁，背部隆起，腹面宽而平坦。头及体前部较平扁。口下位。口前一般具有由吻皮下包而成的吻褶，吻褶与上唇之间凹陷形成吻沟。普遍具有吻须 2 对，口角须 1 或 2 对。眼侧上位，腹面不可见。背鳍 iii-7~8，无硬刺；臀鳍 ii-5。偶鳍宽大平展，呈扇形，仅有 1 根不分枝鳍条，有些种类腹鳍后缘左、右相连呈盘状。尾鳍凹形或斜截。体被细小圆鳞，鳞片部分为皮膜所覆盖，头背及胸腹部裸露无鳞。侧线完全。鳃裂较窄，从胸鳍基部之前稍延伸到头部腹面，或仅限于胸鳍基部的上方。

本亚科鱼类在我国主要分布于长江以南各省（区）。金沙江流域中下游分布有 3 属 5 种。

属检索表

1 (2) 体近圆筒形，体高约等于体宽；鳃裂较宽，下角延伸至头部腹面；胸鳍末端不达腹鳍起点……………………………………………………………………**原缨口鳅属 *Vanmanenia***

2 (1) 体平扁或稍平扁，体高小于体宽；鳃裂较窄，下角不延伸至头部腹面；胸鳍末端超过腹鳍起点

3 (4) 腹鳍左、右分开不连成吸盘状……………………………**似原吸鳅属 *Paraprotomyzon***

4 (3) 腹鳍后缘左、右相连成吸盘状……………………………………**爬岩鳅属 *Beaufortia***

(69) 原缨口鳅属 *Vanmanenia*

体近圆筒形，体高约等于体宽。口前具吻沟。吻褶分 3 叶，叶间具 2 对吻须，有些种类吻褶叶端呈须状，或分化出 3 条次级吻须，口角须 2 对，内侧 1 对很小。唇肉质，下唇边缘具 4 个分叶状乳突。鳃裂较宽，扩展到头部腹面。胸鳍 i-13~17，起点在眼眶后缘下方，末端显著不达腹鳍起点。腹鳍 i-8~9；左、右分开，不连成吸盘状。尾鳍凹形。

本属鱼类在我国主要分布于元江、珠江、海南和闽浙沿海水系，以及鄱阳湖、洞庭湖水系。金沙江流域中下游分布有 1 种。

拟横斑原缨口鳅，新种

Vanmanenia pseudostriata Zhu，Zhao，Liu *et* Niu sp. nov.*

正模标本　ASIZB-205511，全长 75.0mm，体长 60.0mm；张春光和赵亚辉于 2010 年采自云南省禄劝县掌鸠河，采集地点属于金沙江下游右侧一级支流普渡河下游左测支流。副模标本: 1 尾，KIZ-873071，体长 51.8mm，褚新洛 1987 年采自云南禄劝。正模标本保存在中国科学院动物研究所鱼类标本馆，副模标本保存在中国科学院昆明动物研究所鱼类标本馆。

测量标本 2 尾，体长为 51.8~60.0mm，2010 年采自云南省禄劝县掌鸠河（金沙江下游右侧

---

* 本新种由朱瑜（广西水产畜牧学校）、赵亚辉、刘淑伟、牛诚祎描述

* The new species is described by Zhu Yu，Zhao Yahui，Liu Shuwei，and Niu Chengyi

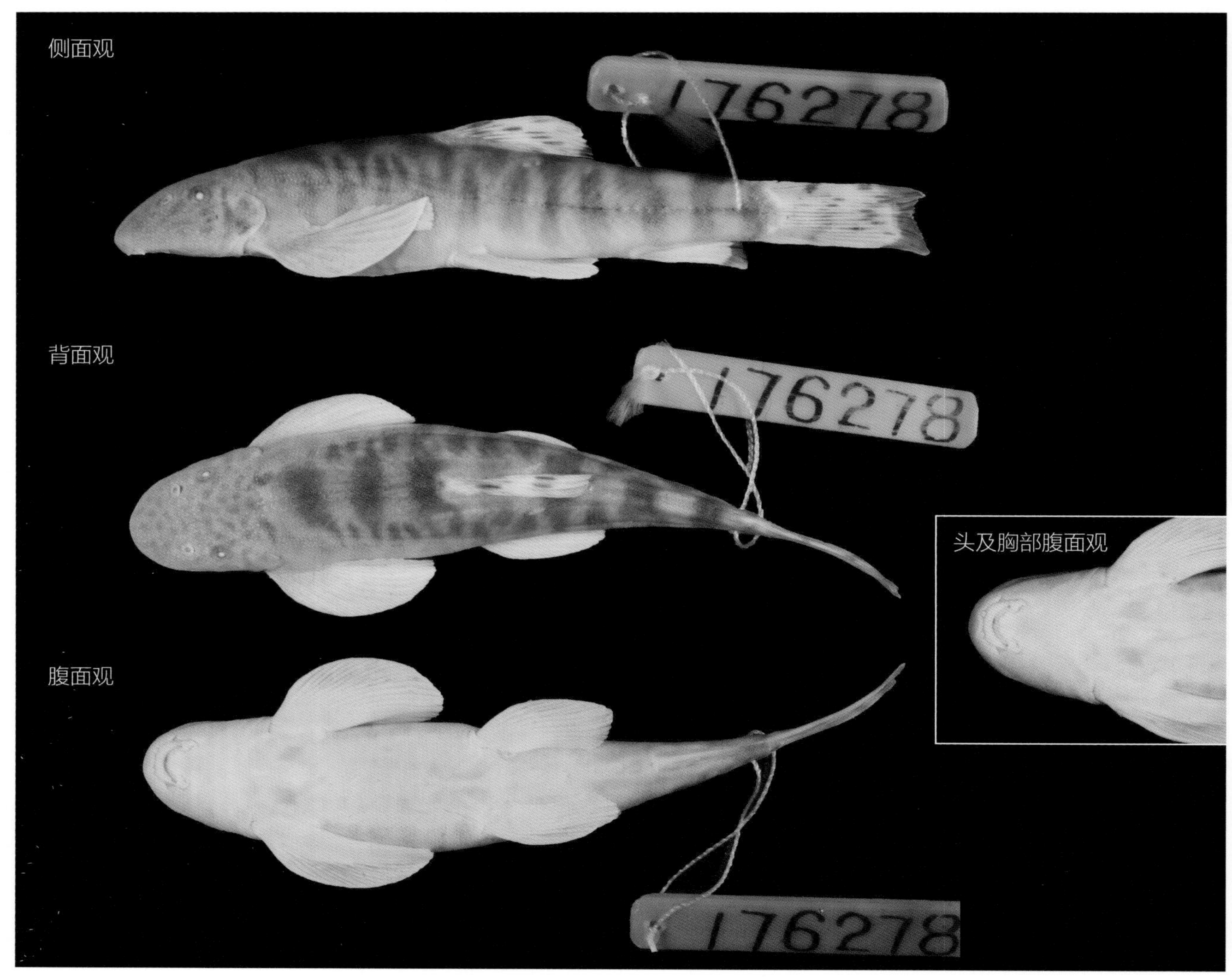

一级支流普渡河下游左测支流）。

背鳍 iii-8；臀鳍 ii-5；胸鳍 i-13；腹鳍 i-7；侧线鳞 95~100。

体长为体高的 5.0~7.3 倍，为体宽的 5.0~7.1 倍，为头长的 4.1~4.7 倍，为尾柄长的 6.0~7.3 倍，为背鳍前距的 2.0 倍，为腹鳍前距 1.9~2.0 倍，为胸鳍长的 3.6~3.8 倍，为腹鳍长的 4.6~4.9 倍。头长为头高的 1.7~1.8 倍，为头宽的 1.3 倍，为吻长的 1.8 倍，为眼后头长的 3.2 倍，为眼径的 6.3~7.3 倍，为眼间距的 2.4~2.5 倍。尾柄长为尾柄高的 1.8 倍，头宽为口宽的 2.8~3.0 倍。

体延长；前躯背侧部，略浑圆，腹部平扁；后躯至尾部渐侧扁。侧面观，体背缘自吻端向后略呈弧形隆起，至背鳍前缘为最高点，向后至尾鳍基平直降低；腹缘较平直。吻端圆钝，边缘稍薄；吻长约为眼后头长的 1.8~2.0 倍。鼻孔每侧 1 对，分位于眼内前方，距眼前缘较距吻端为近；单侧 1 对，前后 2 鼻孔紧相邻，前鼻孔呈浅圆盘状，具薄边，后缘几盖住后鼻孔。眼稍小，侧上位。眼间距宽阔，略突。口下位，弧形。上唇与吻端间的吻沟呈弧形，两端延伸至口角。吻沟前的吻褶分 3 叶，各叶端边缘较整齐，个别较大个体吻褶会特化为多个短须状的乳突。吻褶间具 4 个吻须，内侧 2 个吻须呈乳突状，外侧 1 对约为眼径的 1/4。上、下唇肉质：上唇较肥厚，表面平滑；

下唇前缘具 4 个分叶状乳突，弧形排列；上、下唇在口角处相连。口闭合时可见到暴露的上、下颌：上颌弧形，稍外露；下颌前缘出露较多。两侧口角各具 1 小须，长约为眼径的 1/2；有些个体可见其内侧还有 1 乳突状小须。鳃裂较大，向下可扩展到胸鳍基部前缘稍下方。体侧自背部向下至腹部内缘明显被覆细小鳞片，排列较密集；腹部自颏部向后至腹鳍基后起点裸露无鳞。侧线完全，自体侧鳃孔上角较平直后延到尾鳍基。

背鳍基长约与吻长相等，其起点约在吻端至尾鳍基部的中点。臀鳍基短于背鳍基长，后缘略平截，鳍条压倒后末端接近或达到尾鳍基。偶鳍宽大平展，末端圆钝，基部不具肉质鳍柄：胸鳍基长稍短于吻长，其起点约与鳃裂上角相对，末端约伸至胸 - 腹鳍起点间的后 2/3 处或接近腹鳍起点。腹鳍起点在背鳍起点稍后下方，末端伸过肛门，至肛门和臀鳍起点的约 1/2 处，基部背面具 1 小于眼径的肉质瓣。肛门明显距腹鳍腋部近于至臀鳍起点的距离。尾鳍长约等于头长，末端近平截。

体色，固定标本体背侧常呈灰棕褐色，腹面灰白至肉黄色；体背部自头后至尾鳍基部的背中线隐约可见 7~9 个黑褐色斑块，体侧特别是体后部隐约可见数条稍宽的横斑；除背鳍和尾鳍隐约可见一些不规则褐色斑点组成的条纹，其余各鳍不见特别的斑纹，呈浅褐色。新鲜样品，背部黄褐色，体侧和腹部黄色；背面观，头部散布鼻孔大小的浅黑褐色圆斑，沿头后背中线有 7~8 个鞍状斑，背鳍基后端两侧隐约可见 2 个小长型黄色亮斑；体侧面观，自头部之后至尾鳍基明显可见 10 条或略多宽于眼径的褐色垂直斑纹；尾鳍和背鳍具由黑色斑点组成排列不太整齐的条纹，偶鳍和臀鳍浅黄色，无明显斑纹。

因新种体侧斑带与横斑原缨口鳅相似，均呈沿体轴垂直分布的类型，故取拟 + 横斑原缨口鳅 (*pseudo+striata*) 为其学名。

现知仅分布于长江上游金沙江下游右侧一级支流普渡河下游左侧支流掌鸠河，也为本属已知分布于北线长江的最西分布点的一个种（图 9-13）。

分类讨论　本新种最早的记录出现在《云南鱼类志（下）》（褚新洛和陈银瑞，1990），书中将采自云南省禄劝县掌鸠河的标本归入横斑原缨口鳅 *Vanmanenia tetraloba*（Mai，1978），并认为陈宜瑜（1980）发表的采自云南大理下关（元江，即红河上游中国境内河段）的横斑原缨口鳅新种 *V. striata* 与 Mai（1978）发表的产自越南北部红河的 *Homaloptera tetraloba* 鉴别特征相似（如体侧具密集的横斑，肛门位置近腹鳍基等），*V. striata* 应为 *H. tetraloba* 的同物异名（中文名仍沿用了横斑原缨口鳅）。陈宜瑜和唐文乔在之后的研究中（乐佩琦，2000）参照了这一观点。

陈宜瑜（1980）在发表“横斑原缨口鳅”时，特别指出该新种体侧具“不规则的横斑，与本属其他已知种显著不同”；此外，文中还提到了另一个重要的鉴别信息，标本肛门位置“离腹鳍腋部较离臀鳍起点为近”，这也应该是该种与属内绝大多数其他已知种相区分的重要特征（现知属内仅分布于闽江的线纹原缨口鳅 *V. caldwelli* 有相似的特征 [陈宜瑜和唐文乔（见乐佩琦等），2000]。关于体侧斑纹特征，在陈银瑞（褚新洛和陈银瑞，1990）及陈宜瑜和唐文乔（乐佩琦等，2000）等的研究中，更进一步详细记述为体侧“具许多不规则的条状横斑”或“自头后至尾鳍基具 20 条以上细密而清晰的黑色条纹”。对于“横斑原缨口鳅”的分布，早期的相关研究认为该种除见于元江外，还见于澜沧江（郑慈英等，1982；陈银瑞，1990；陈宜瑜和唐文乔，2000）。

周伟等（2010）对分布在云南的原缨口鳅属鱼类进行了深入研究，他们采用形态度量学方法，

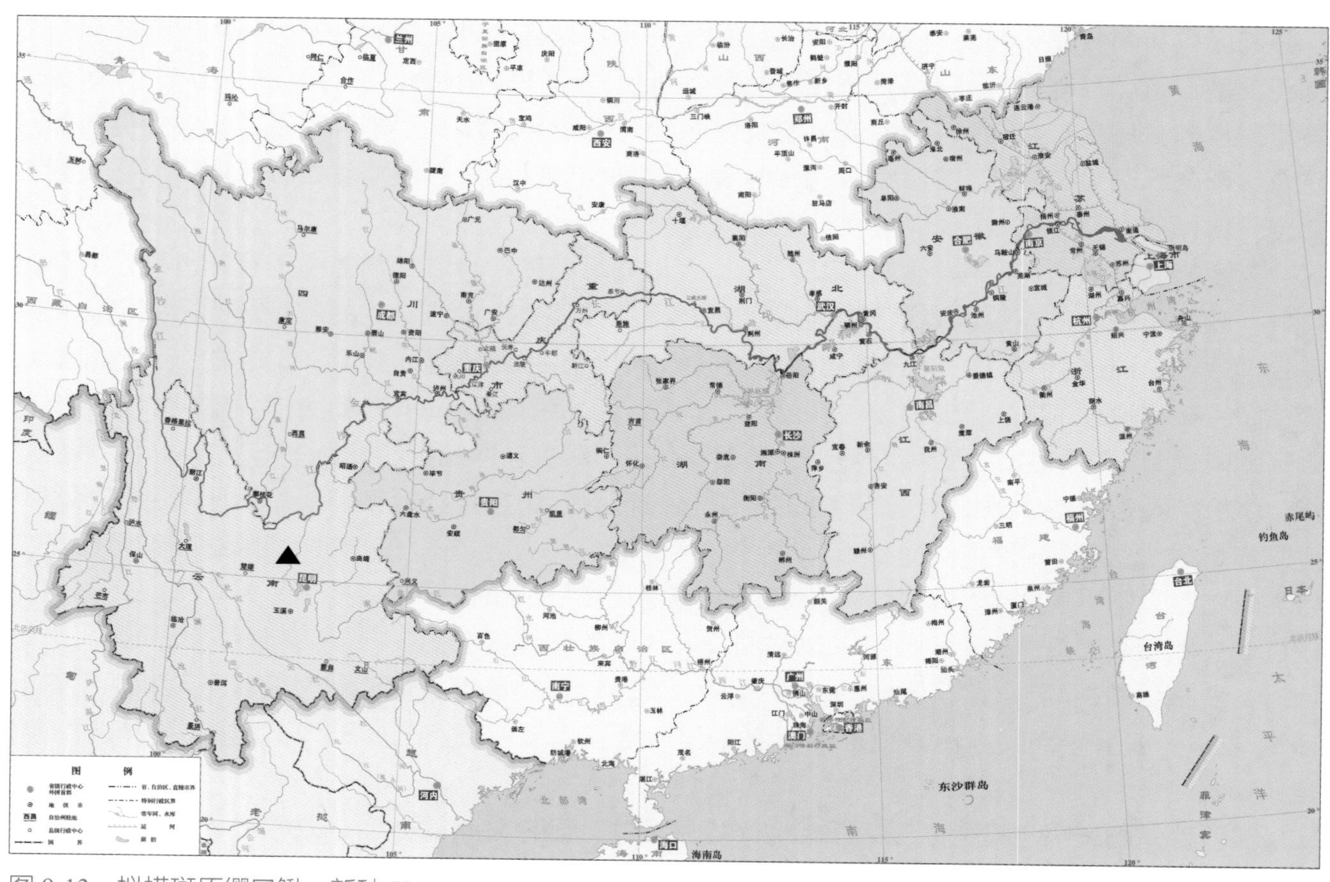

图 9-13　拟横斑原缨口鳅，新种 *Vanmanenia pseudostriata* Zhu，Zhao，Liu *et* Niu，sp. nov. 分布示意图

分别对分布于澜沧江、李仙江（红河下游右侧支流）和元江（红河上游）的 3 个地理种群共 249 尾标本的差异系数进行了分析，认为 3 个地理种群间的差异明显，应为相互独立的种：李仙江（红河下游）种群的特征和地理分布与 Mai (1978) 描述的 *Homaloptera tetraloba* 相近，应为同一种，并建议中文名为四叶原缨口鳅；分布于元江（红河上游）的种群与红河（下游）种群差异显著，应即为陈宜瑜（1980）描述的横斑原缨口鳅 *Vanmanenia striata*（恢复原种名）；澜沧江种群尽管与李仙江种群和元江种群均不同，但仍需后续进一步深入研究，种名待定。至于分布于金沙江普渡河（掌鸠河）的种群，周伟等检视了用于《云南鱼类志》描述的 1 尾保存时间较长的褪色标本，并参考《四川鱼类志》（丁瑞华，1994）中记载的平舟原缨口鳅的分布信息（周伟等在文中将其误记为“金沙江左岸支流清江”，《四川鱼类志》中记载的实应为现重庆市秀山县所属的长江中游右侧洞庭湖水系的酉水），推定应属于“平舟原缨口鳅”。

我们的采自云南省禄劝县掌鸠河的标本，可明显见到沿体侧垂直规则排列的 10 或略多的较宽的带纹。从带纹排列类型上看，本新种与分布于红河和澜沧江的 3 个种群应属相同类型，而“与本属其他已知种显著不同”；但就斑带本身的数量和宽度看，与红河和澜沧江的 3 个种群体侧“具许多不规则的条状横斑”或“自头后至尾鳍基具 20 条以上细密而清晰的黑色条纹”区分明显。再从分布水系上分析，尽管新种与横斑原缨口鳅、四叶原缨口鳅和澜沧江种群均分布于原缨口鳅属分布区的最西部，但金沙江下游的普渡河与元江和澜沧江分属于相互完全独立的水系；而与已知的“平舟原缨口鳅”或“多斑原缨口鳅”（见 Yi et al.，2014）分布区域（珠江和长江中游南侧支流）则是相去甚远。故本新种与属内其他已知种的鉴别特征包括分布区域等差异均十分明显。

此外，云南分布的这几个种（包括红河 - 元江种群 + 澜沧江种群 + 金沙江下游普渡河种群），体侧共同具有沿体轴垂直分布的或密或稀或宽或窄的带纹，肛门位置都比较靠前，而有别于属内其他的已知绝大部分种类，似可将它们统一视为“横斑类型”。再就分布区域来看，这个“横斑类型”均分布于长江上游金沙江右侧支流 + 红河 + 澜沧江，与属内其他绝大多数已知种分布于珠江和长江中游及东南沿海河流明显独立，这里也是本属已知的最西分布区。这些形态的（体侧斑纹 + 肛门位置）和分布上的特征似乎可提示我们，这个地理群（包括四叶原缨口鳅、横斑原缨口鳅、澜沧江待定种和本新种）可能是一支相对独立分化的自然类群；同时，似乎也反映地史上金沙江水系应与红河（包括元江）和 / 或湄公河上游（澜沧江）有过密切的联系。

属内中国已知种检索表

1(12) 吻沟前的吻褶分 3 叶，叶端呈三角形或稍尖，但不特化成须状

2(7) 体侧沿体轴具横行斑纹

3(6) 体侧横行斑纹密集，排列不规则

4(5) 体较高，偶鳍较窄小（李仙江，属红河水系中下游支流）…… **四叶原缨口鳅 *Vanmanenia tetraloba*（Mai）**

5(4) 体较平扁，偶鳍较宽大（元江，属红河水系上游）…………………… **横斑原缨口鳅 *Vanmanenia striata* Chen**

6(3) 体侧横行斑纹宽，数量少，通常 10 个左右（金沙江下游右侧支流普渡河下游的左侧支流掌鸠河）……
……………………… **拟横斑原缨口鳅（新种）*Vanmanenia pseudoatriata* Zhu，Zhao，Liu *et* Niu，sp. nov.**

7(2) 体侧斑纹呈虫蚀状或纵行带纹

8(11) 肛门距腹鳍腋部较离臀鳍起点为远；体侧斑纹呈虫蚀状

9(10) 胸腹部裸露区小，胸腹鳍起点间的前 1/3 处无鳞（甬江、瓯江、灵江）……………………………………
…………………………………………………………………… **原缨口鳅 *Vanmanenia stenosoma*（Boulenger）**

10(9) 胸腹部裸露区大，胸腹鳍起点间的后 2/3 甚至整个腹部无鳞（鄱阳湖、洞庭湖、清江等水系）……………
…………………………………………………………… **多斑原缨口鳅 *Vanmanenia maculate* Yi，Zhang et Shen**

11(8) 肛门距腹鳍腋部较离臀鳍起点为近；尾柄高约等于尾柄长；体侧具 1 条纵行黑纹（闽江）……………………
…………………………………………………………………… **纵纹原缨口鳅 *Vanmanenia caldwelli*（Nichols）**

12(1) 吻沟前的吻褶分 3 叶，叶端（特别在一些较大的个体）常特化出 1~3 条须状突（吻须）

13(18) 胸腹部裸露区接近腹鳍起点；肛门约位于腹鳍腋部至臀鳍起点间的中点

14(15) 体被云斑；背鳍起点约在吻端至尾鳍基部间的中点（九龙江）……………………………………………
…………………………………………………………………………… **裸腹原缨口鳅 *Vanmanenia gymnetrus* Chen**

15(14) 体侧散布点斑或具纵纹；背鳍起点距吻端较距尾鳍基部为近

16(17) 体侧散布点斑（珠江下游支流）……………………… **信宜原缨口鳅 *Vanmanenia xinyiensis* Zheng et Chen**

17(16) 体侧沿侧线上下具 1~2 条连续或不连续的棕褐色纵纹（柳江）…………………………………………………
……………………………………………………………… **平头原缨口鳅 *Vanmanenia homalocephala* Zhang et Zhao**

18(13) 腹部裸露区不超过胸鳍和腹鳍起点间的中点；肛门约位于腹鳍腋部至臀鳍起点间的后 1/3 处

19(22) 体侧具不规则的云斑

20(21) 背鳍后方的体侧具 1 对亮斑；腹鳍起点约与背鳍第 3 或第 4 分枝鳍条相对（珠江流域中下游北侧一些支流）……………………………………………………… **平舟原缨口鳅 *Vanmanenia pingchowensis* (Fang)**

21(20) 背鳍后方的体侧无亮斑；腹鳍起点约与背鳍第 2 分枝鳍条相对（海南岛昌江）………………………………………………………………………… **海南原缨口鳅 *Vanmanenia hainanensis* Chen et Zheng**

22(19) 体侧具波形纵斑（西江）……………………………………… **线纹原缨口鳅 *Vanmanenia lineata* (Fang)**

***Vanmanenia pseudostriata* sp. nov.**

Holotype. ASIZB-205511, 60.0 mm standard length (SL), from Luquan county, Kunming city, Yunnan, China, belonging to Puduhe River Basin, caught in 2010 by C. G. Zhang and Y. H. Zhao. The specimen is deposited in the Animal Museum of the Institute of Zoology, Chinese Academy of Sciences (ASIZB), Beijing, China.

Paratype. KIZ-873071, 51.8 mm SL, from Luquan county, Kunming city, Yunnan, China, belonging to Puduhe River Basin, caught in 1987 by X. L. Chu. The specimen is deposited in the Animal Museum of the Kunming Institute of Zoology, Chinese Academy of Sciences (ASIZB), Kunming, Yunnan Province, China.

D. iii-8; A. ii-5; P. i-13; V. i-7. Later line scale counts: 95-100.

Depth of body 5.0-7.3, length of head 4.1-4.7, length of caudal peduncle 6.0-7.3, length of predorsal 2.0, length of prepelvic 1.9-2.0, length of pectoral fin 3.6-3.8, length of pelvic fin 4.6-4.9 in standard length. Depth of head 1.7-1.8, width of head 1.3, length of snout 1.8, length of head behind eye 3.2, diameter of eye 6.3-7.3, width of interorbital 2.4-2.5 in head length. Depth of caudal peduncle 1.8 in length of caudal peduncle. Width of mouth 2.8-3.0 in width of head.

Vanmanenia pseudostriata sp. nov. is most similar to *V. striata*. The latter was found from Honghe River. The new species has about 10 black wide stripes, and *V. striata* has more than 20 black stripes.

Key Words: New species, *Vanmanenia*, Cypriniformes, Jinsha River Basin, Yunnan Province

(70) 似原吸鳅属 *Paraprotomyzon*

口前具吻沟。吻褶分 3 叶，叶间具 2 对小吻须。口下位。唇肉质，上唇光滑，下唇前缘具乳突。口角须 2 对。鳃裂较窄，仅限头部背面或延伸到胸鳍起点。胸鳍 i-19~24；起点在眼后缘下方，末端超过腹鳍起点。腹鳍 i-13~16；基部具发达的皮质鳍瓣，左、右分开不连成吸盘。尾鳍斜截或稍凹。

本属鱼类在我国主要分布于长江上游和西江。金沙江流域内分布有 1 种。

牛栏江似原吸鳅 *Paraprotomyzon niulanjiangensis* Lu，Lu *et* Mao，2005

地方俗名 铁石爬子、石扁头等

Paraprotomyzon niulanjiangensis Lu，Lu *et* Mao（卢玉发、卢宗民和卯卫宁），2005，Acta Zootaxonomica Sinica（动物分类学报），30（1）：202-204（曲靖德泽牛栏江）。

主要形态特征 没有采集到标本，参照卢玉发等（2005）文献描述。

背鳍 iii-8；臀鳍 ii-5；胸鳍 i-19~22；腹鳍 i-15~16；侧线鳞 86~93。

体长为体高的 6.1~6.5 倍，为头长的 4.7~4.9 倍，为体宽的 4.7~4.9 倍，为尾柄长的 6.5~6.8 倍，

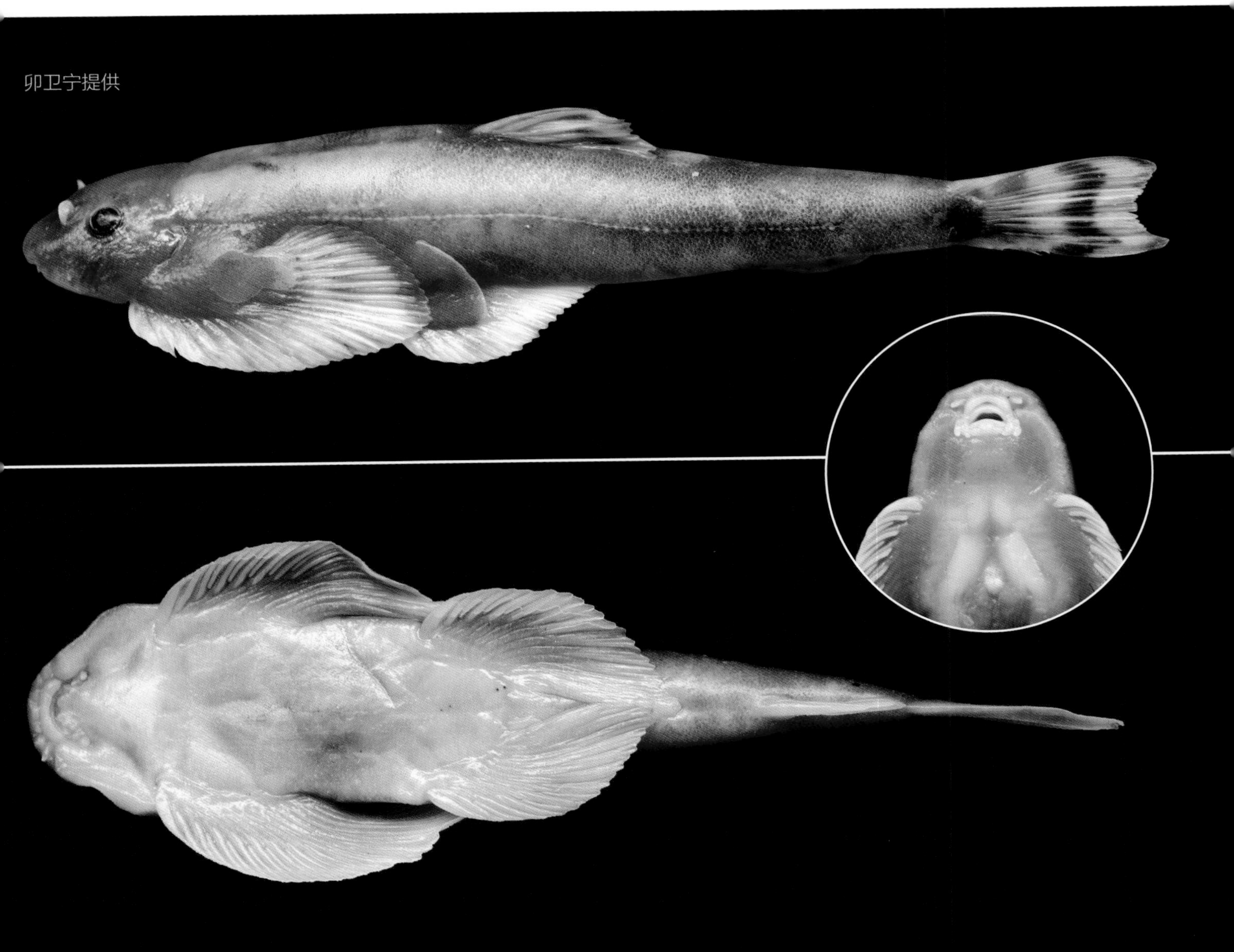

卯卫宁提供

为背鳍前距的 1.9~2.0 倍，为腹鳍前距的 2.3~2.5 倍。头长为头高的 1.6~2.0 倍，为头宽的 1.0~1.1 倍，为吻长的 1.9~2.0 倍，为眼径的 5.3~6.0 倍，为眼间距的 2.1~2.2 倍。尾柄长为尾柄高的 2.0~2.5 倍。头宽为口宽的 3.1~4.2 倍。

体形小，前躯平扁，头背部隆起，腹面平，背鳍起点以后圆形渐侧扁。背视吻端稍圆。吻褶发达，分为 3 叶，叶间具 2 对吻须，外侧吻须稍长；外吻须后有 1 明显向外的深凹沟与头侧相通。口小，下位，呈弧形。唇肉质，上、下唇在口角处相连。上唇或有 1 明显的中脊，中脊光滑，前、后两侧具细小乳突；或上唇中脊不明显，表面具细小乳突；下唇分化为 4 个较大的乳突，呈平行或向前凸的弧形排列。口角须 2 对；内侧 1 对很小，或呈乳突状；外侧 1 对约与吻须等大。下颌外露，边缘具角质。眼小，侧上位，腹视不可见。鳃孔窄小，仅限于头部背侧，约与眼径等宽。头背部、偶鳍基部及腹鳍基部之前的腹面无鳞，身体的其他部位被细鳞。侧线完全，自鳃裂上角向后沿体侧平直延伸到尾鳍基部。

背鳍起点在吻端至尾鳍基部的中点或稍后。臀鳍后缘远不达尾鳍基部。偶鳍平展。胸鳍起点在眼后缘下方，外缘弧形，末端远盖过腹鳍起点。腹鳍起点远在背鳍起点之前，基部背面具发达的皮质瓣膜，外缘圆形；左、右腹鳍分开不相连，最后 3 根分枝鳍条与鳍膜向外折叠贴于体表；腹鳍后伸不过肛门。肛门位于腹鳍起点至臀鳍起点的后 1/5 处。尾鳍发达，后缘略内凹。

福尔马林固定的标本体背侧茶褐色，腹面灰白或全体灰白色。胸鳍、腹鳍外缘有时会有小圆斑；背鳍近外缘具 1 列条纹；尾鳍多具 1 列条纹，少数可见到 2 列。背鳍起点后的背部具 3 或 4 个鞍形宽横斑，体侧为虫纹斑。

生活习性及经济价值 属于激流底栖小型鱼类，主要借助其宽大平展的偶鳍和平坦裸露的胸腹部吸附在急流中的砾石表面。食用价值不大，但具有一定的观赏价值。

流域内资源现状 随着栖息地丧失和人类活动干扰，该种鱼类数量已经极为稀少。

分布 目前仅记录分布于金沙江一级支流牛栏江（图 4-31）。

（71）爬岩鳅属 *Beaufortia*

头及体前部宽而平扁，体高显著小于体宽。口前具吻沟和吻褶。吻褶叶间具 2 对小吻须。口角须 2 对。唇肉质，结构简单。鳃裂很窄，仅限于胸鳍基部背上方。胸鳍 i-19~30；基部背侧具有发达的肉质鳍柄，起点超过眼后缘垂线，末端盖过腹鳍起点。腹鳍 i-15~24；基部背侧具有 1 发达的肉质瓣膜，后缘鳍条左、右相连，呈吸盘状。尾鳍斜截或浅凹。

本属鱼类在我国主要分布于元江、珠江、长江和海南等水系。金沙江流域内分布有 3 种。

种检索表

1（2）吻褶后侧具侧沟与头侧相通……………………………………………**侧沟爬岩鳅 *B. liui***

2（1）吻褶后侧无侧沟

3（4）腹鳍分枝鳍条 21 ……………………………………………**牛栏爬岩鳅 *B. niulanensis***

4（3）腹鳍分枝鳍条 25 或 26 ……………………………………**四川爬岩鳅 *B. szechuanensis***

侧沟爬岩鳅 *Beaufortia liui* Chang，1944

地方俗名　铁石爬子、石扁头等

Beaufortia liui Chang（张孝威），1944，Sinensia，15（1-6）：55（四川乐山、雅安）；陈宜瑜，1980，水生生物学集刊，7（1）：113（四川）；陈银瑞（见陈宜瑜），1998，横断山区鱼类：262（四川会理）；陈宜瑜和唐文乔（见乐佩琦等），2000，中国动物志　硬骨鱼纲　鲤形目（下卷）：518（四川）。

主要形态特征　测量标本 3 尾，体长为 43.5~58.5mm，采自四川省昭觉县、绥江县。

背鳍 iii-7；臀鳍 ii-5；胸鳍 i-22；腹鳍 i-16；侧线鳞 103~109。

体长为体高的 6.0~8.3 倍，为头长的 4.9~5.6 倍，为体宽的 4.7~5.8 倍，为尾柄长的 6.6~7.6 倍，为背鳍前距的 2.1 倍，为腹鳍前距的 2.8~2.9 倍。头长为头高的 1.5~1.9 倍，为头宽的 0.9~1.1 倍，为吻长的 1.8~1.9 倍，为眼径的 3.7~5.0 倍，为眼间距的 1.8~2.0 倍。尾柄长为尾柄高的 1.4~1.8 倍。头宽为口宽的 3.2~3.8 倍。

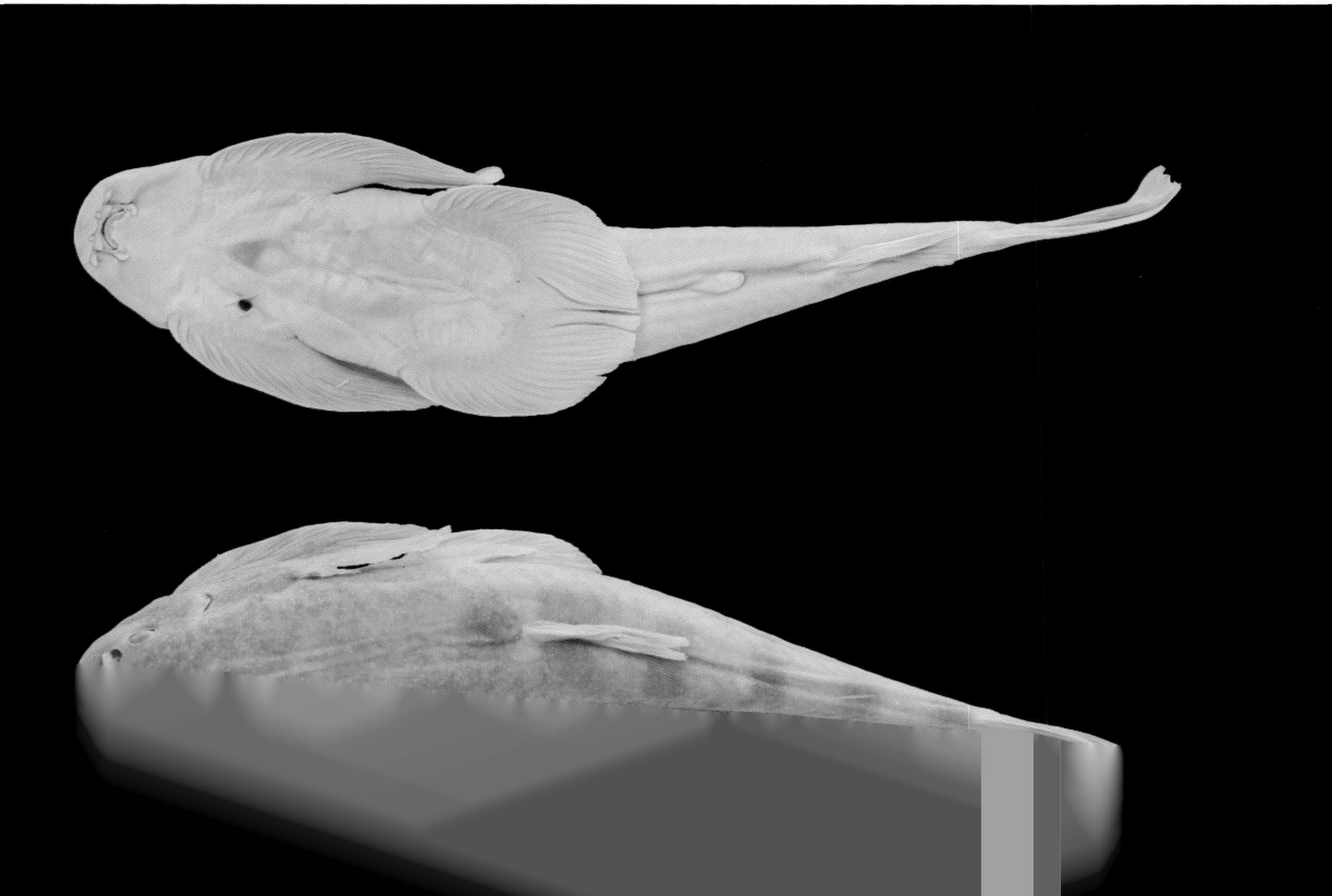

^ 张春光，木里县小金河现场调查，属于雅砻江水系

体稍延长，前段宽且平扁，后段渐侧扁。背缘呈弧形隆起，腹面平坦。头较宽扁。吻端圆钝，边缘薄，吻长大于眼后头长。口下位，很小，呈弧形。唇肉质，上唇无明显的乳突；下唇八字形，中部具 1 深缺刻，左、右唇片边缘稍游离，各有 3 个约等大的分叶状乳突，上、下唇在口角处相连。下颌前缘稍外露，表面的沟和脊不明显。上唇与吻端之间具吻沟，延伸到口角。吻沟前的吻褶发达，分为约等大的 3 叶，叶端圆钝。吻褶叶间具 2 对小吻须，外侧 1 对稍大。外吻须外侧具 1 条自口角延伸至吻端的宽侧沟，深达上颌骨，以致在两侧沟处上唇缺失。口角须 1 对，约与外侧吻须等大。鼻孔较大，具鼻瓣。眼较小，侧上位，眼间距宽阔，平坦。鳃裂很小，仅限于胸鳍基部前缘的背侧面，宽似眼径。鳞细小，头部及偶鳍基部的背侧面和腹鳍基部之前的腹面无鳞，为皮膜所覆盖。侧线完全，自体侧中部平直延伸到尾鳍基部。

背鳍基长略大于吻长，起点约在吻端至尾鳍基部的中点。臀鳍短小，基部长约为吻长的一半，不分枝鳍条不变粗不变硬，末端压倒后可达尾鳍基部。偶鳍宽大平展。胸鳍基长约等于头长，起点在后鼻孔与眼前缘中点的垂直下方，外缘近椭圆形，末端达腹鳍基部中点稍后。腹鳍起点至臀鳍起点的距离远大于至吻端的距离，基部背面具 1 稍短于吻长的细长肉质瓣膜，左、右腹鳍鳍条的最末 1 或 2 根分枝鳍条在中部斜向相连，后缘缺刻深约为鳍条长的 1/4，末端远不达肛门。肛门约在腹鳍基部至臀鳍起点的 2/3 处。尾鳍长稍长于头长，末端斜截，下叶稍长。

固定标本体背侧棕褐色，腹面浅棕色，头背部暗褐色。各鳍均具由黑色斑点组成的条纹。

生活习性及经济价值 属于激流底栖小型鱼类，主要借助其宽大平展的偶鳍和平坦裸露的胸腹部吸附在急流中的砾石表面。食用价值不大，但具有一定的观赏价值。

流域内资源现状 随着栖息地丧失和人类活动干扰，该种鱼类数量已经极为稀少。

分布 分布于金沙江下游、长江中上游，目前已知金沙江最上游的分布点为四川木里县雅砻江支流小金河（图 4-31）。

148 牛栏爬岩鳅 *Beaufortia niulanensis* Chen，Huang *et* Yang，2009

地方俗名 铁石爬子、石扁头等

Beaufortia niulanensis Chen，Huang *et* Yang（陈自明，黄艳飞，杨君兴），2009，Acta Zootaxonomica Sinica（动物分类学报），34(3)：639-641（沾益县德泽乡同兴桥下）。

主要形态特征 测量标本 3 尾，均为模式标本。体长为 38.7~39.4mm。采自云南沾益县。

背鳍 iii-7；臀鳍 ii-5；胸鳍 i-27；腹鳍 i-21；侧线鳞 90~95。

体长为体高的 7.1~7.8 倍，为头长的 4.9~5.2 倍，为体宽的 4.6~5.1 倍，为尾柄长的 6.5~7.0 倍，为背鳍前距的 1.9~2.0 倍，为腹鳍前距的 2.7~3.0 倍。头长为头高的 1.5~1.7 倍，为头宽的 1.0 倍，为吻长的 1.8~2.1 倍，为眼径的 4.2~4.8 倍，为眼间距的 1.6~1.7 倍。尾柄长为尾柄高的 1.7~1.8 倍。头宽为口宽的 2.6~3.1 倍。

头及体前部很平扁，后段渐侧扁。吻端圆钝，边缘很薄，背缘呈弧形隆起，腹面平坦。头宽且低平。吻端圆钝，边缘薄，吻长约为眼后头长的 2 倍。口下位，中等大，呈弧形。唇肉质，上唇无明显的乳突；下唇中部具 1 深缺刻，左、右唇片边缘光滑或具 3 个不显著的分叶状乳突，上、下唇在口角处相连。下颌前缘稍外露，表面具放射状的沟和脊。上唇与吻端之间具较深的吻沟，延伸到口角。吻沟前的吻褶分 3 叶，约等大，叶端圆钝，呈半圆状突出。吻褶叶间具 2 对小吻须，外侧 1 对稍大。口角须 1 对，约与外侧吻须等大。鼻孔较大，具发达的鼻瓣。眼中等大，侧上位，眼间距宽阔，平坦。鳃裂极小，仅限于胸鳍基部前缘的背侧面。鳞细小，头部及偶鳍基部的背侧面和腹鳍基部之前的腹面无鳞。侧线完全，自体侧中部平直延伸到尾鳍基部。

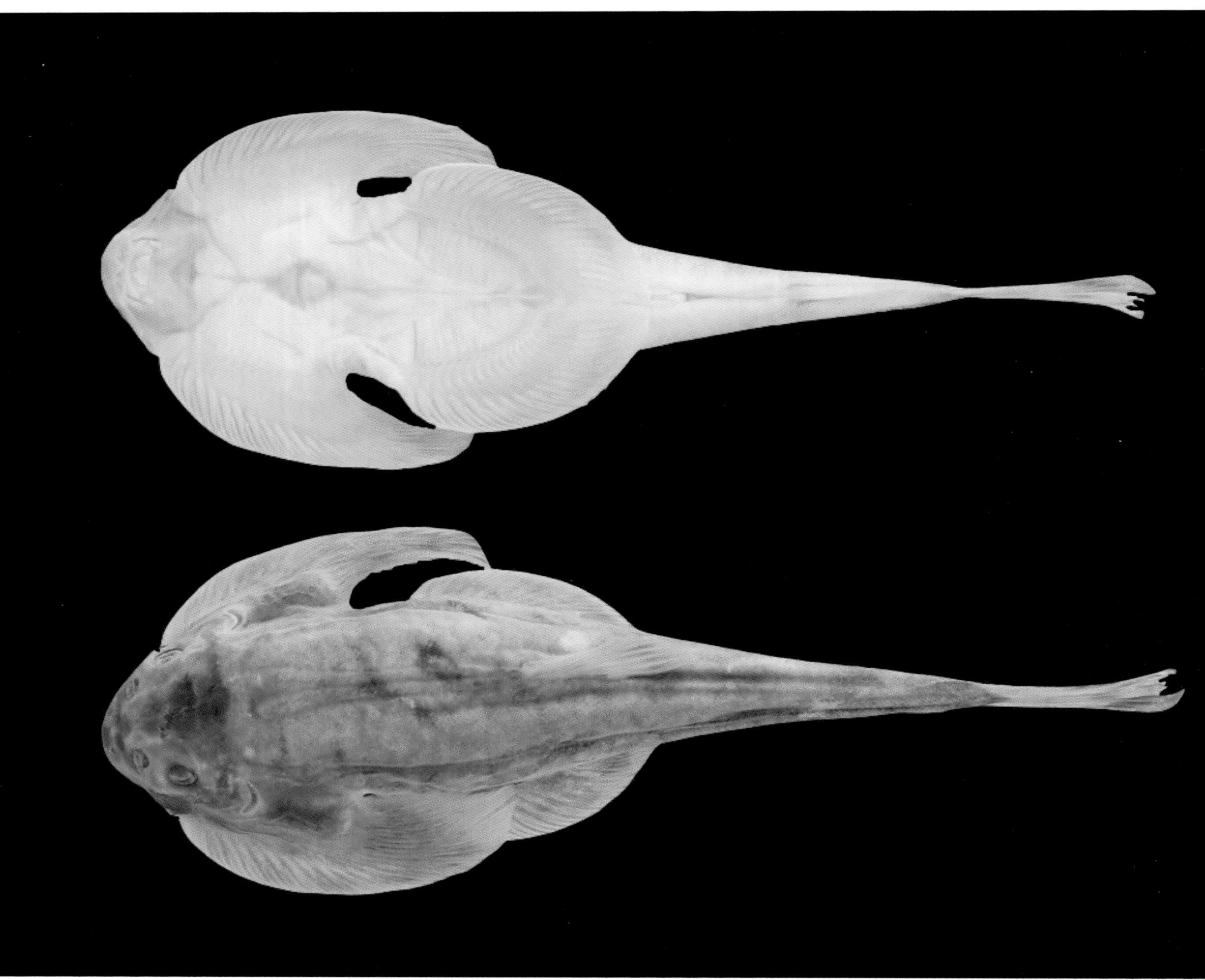

背鳍基长约等于吻长，起点相对于腹鳍起点至腹鳍基部后缘的中点稍后。臀鳍短小，基部长不足吻长的一半，不分枝鳍条不变粗不变硬，末端压倒后可达尾鳍基部。偶鳍宽大平展。胸鳍基长约等于头长，起点在鼻孔和眼前缘之间，末端超过腹鳍起点。腹鳍起点至臀鳍起点的距离远大于至吻端的距离，基部背面具 1 发达肉质瓣膜，左、右腹鳍鳍条在后缘完全愈合，无缺刻，末端接近肛门。肛门位于腹鳍基后缘至臀鳍起点的中点。尾鳍长约等于头长，末端斜截，下叶稍长。

福尔马林浸泡后，头背、体背、体侧灰黑色，腹面淡黄色。头背部无虫蚀状黑纹，横跨背鳍起点之前的背中线有 2 个不明显的褐色横纹，背鳍起点之后的背中线有 5 个不明显的褐色横纹，背鳍、尾鳍各有 1 条褐色横纹，臀鳍的褐色横纹不明显。胸鳍、腹鳍具有若干个浅褐色圆斑。

生活习性及经济价值　属于激流底栖小型鱼类，主要借助其宽大平展的偶鳍和平坦裸露的胸腹部吸附在急流中的砾石表面。食用价值不大，但具有一定的观赏价值。

流域内资源现状　随着栖息地丧失和人类活动干扰，该种鱼类数量已经极为稀少。

分布　目前仅记录分布于金沙江一级支流牛栏江（图 4-31）。

149 四川爬岩鳅 *Beaufortia szechuanensis*（Fang，1930）

地方俗名　铁石爬子、石扁头等

Gastromyzon szechuanensis Fang（方炳文），1930，Sinensia，6 (4)：36（四川峨眉）。

Beaufortia szechuanensis：李贵禄（见丁瑞华等），1994，四川鱼类志：427（龚嘴、巫溪、鳡鱼河）。

主要形态特征　测量标本 6 尾。标准长为 39.2~52.3mm。采自四川省会东县。

背鳍 iii-7；臀鳍 ii-5；胸鳍 i-25~27；腹鳍 i-17~19；侧线鳞 95~108。

体长为体高的 5.7~6.9 倍，为体宽的 4.6~5.1 倍，为头长的 4.3~5.4 倍，为尾柄长的 7.2~8.4 倍，为背鳍前距的 1.9~2.1 倍，为胸鳍长的 2.6~2.8 倍，为腹鳍长的 3.3~3.6 倍。头长为吻长的 1.6~1.9 倍，为眼径的 4.1~5.5 倍，为眼间距的 1.7~2.0 倍。尾柄长为尾柄高的 1.4~1.7 倍。头宽为口宽的 3.3~3.9 倍。

体稍延长，前段宽且平扁，后段渐侧扁。背缘呈弧形隆起，腹面平坦。头宽且低平。吻端圆钝，边缘薄，吻长约为眼后头长的 2 倍。口下位，中等大，呈弧形。唇肉质，上唇无明显的乳突；下唇中部具 1 深缺刻，左、右唇片边缘光滑或具 3 个不显著的分叶状乳突，上、下唇在口角处相连。下颌前缘稍外露，表面具放射状的沟和脊。上唇与吻端之间具较深的吻沟，延伸到口角。吻沟前的吻褶分 3 叶，约等大，叶端圆钝，呈半圆状突出。吻褶叶间具 2 对小吻须，外侧 1 对稍大。口角须 1 对，约与外侧吻须等大。鼻孔较大，具发达的鼻瓣。眼中等大，侧上位，眼间距宽阔，平坦。鳃裂极小，仅限于胸鳍基部前缘的背侧面。鳞细小，头部及偶鳍基部的背侧面和腹鳍基部之前的腹面无鳞。侧线完全，自体侧中部平直延伸到尾鳍基部。

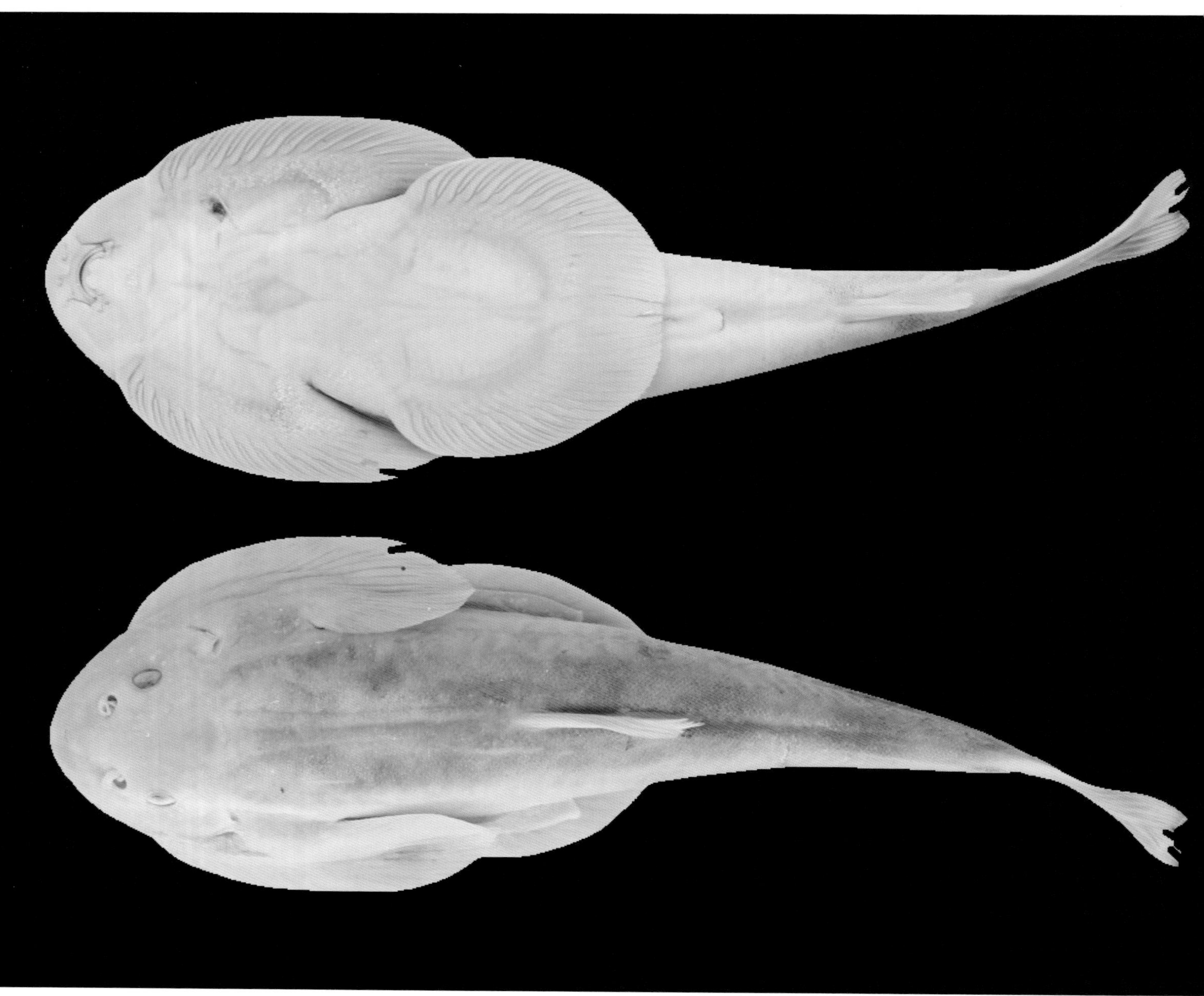

背鳍基长约等于吻长，起点约在吻端至尾鳍基部的中点。臀鳍短小，基部长不足吻长的一半，不分枝鳍条不变粗不变硬，末端压倒后可达尾鳍基部。偶鳍宽大平展。胸鳍基长约等于头长，起点在眼前缘的垂直下方，末端超过腹鳍起点。腹鳍起点至臀鳍起点的距离远大于至吻端的距离，基部背面具 1 发达肉质瓣膜，左、右腹鳍鳍条在后缘完全愈合，无缺刻，末端远不达肛门。肛门约在腹鳍基部至臀鳍起点的中点稍后。尾鳍长约等于头长，末端斜截，下叶稍长。

鲜活标本体背侧棕褐色，腹面肉红色。头背部及偶鳍基背侧具密集的暗褐色圆斑，其中以吻部的较为细密，偶鳍基背面的较粗大。横跨背中线有 8~10 个暗黑色的圆形大斑块，体侧约具 20 条不规则横纹。各鳍均具由黑色斑点组成的不规则条纹。

^ 张春光提供

固定标本体背侧黑褐色，腹面浅灰色，横跨背中线有 7~9 个黑色斑块。奇鳍均具有黑色斑点组成的条纹，其中臀鳍 1 条，背鳍和尾鳍 3 条，偶鳍的背侧面散布有浅灰色斑纹。

生活习性及经济价值　属于激流底栖小型鱼类，主要借助其宽大平展的偶鳍和平坦裸露的胸腹部吸附在急流中的砾石表面。食用价值不大，但具有一定的观赏价值。

流域内资源现状　随着栖息地丧失和人类活动干扰，该种鱼类数量已经极为稀少。

分布　分布于金沙江下游、长江中上游，目前已知金沙江流域最上游的分布点为四川雅砻江支流鳡鱼河（图 4-31）。

爬鳅亚科 Balitorinae

体呈圆筒形或平扁，背部隆起，腹面宽而平坦。头及体前部较平扁。口下位，口裂呈弧形。口前一般具有吻褶和吻沟。普遍具有吻须 2 对，口角须 1~3 对。眼侧上位，在腹面不可见。背鳍 iii-7~8，无硬刺；臀鳍 ii-5。偶鳍宽大平展，呈扇形，具 2 根以上不分枝鳍条。有些种类腹鳍后缘左、右相连呈盘状。臀鳍短，具硬刺或无。尾鳍凹形或深叉。体被细小圆鳞，头背部和腹部裸露。侧线完全。鳃裂窄小，通常从胸鳍基部之前延伸至头部腹面，个别种类只限于胸鳍基部上方。

在我国主要分布于长江以南各省（区）。分布于本区域的有 5 属 9 种。

属检索表

1(2) 尾柄细长，尾柄长为尾柄高的 10 倍以上……………………………… **犁头鳅属 *Lepturichthys***

2(1) 尾柄短粗，尾柄长为尾柄高的 6 倍以下

3(8) 鳃孔延伸到头部腹面

4(5) 左、右腹鳍后缘相连，呈吸盘状……………………………… **华吸鳅属 *Sinogastromyzon***

5(4) 左、右腹鳍分离或仅基部相连

6(7) 尾鳍深分叉；体长为尾鳍长的 3 倍以下；尾柄切面圆或方形……………………………… **金沙鳅属 *Jinshaia***

7(6) 尾鳍浅分叉；体长为尾鳍长的 3.5 倍以上；尾柄侧扁……………………………… **间吸鳅属 *Hemimyzon***

8(3) 鳃孔限于胸鳍基部之上……………………………… **后平鳅属 *Metahomaloptera***

（72）犁头鳅属 *Lepturichthys*

体细长，前段呈半圆筒形，体高略小于体宽。尾柄细长呈鞭状，最小高度小于眼径。吻褶分 3 叶，中间叶宽，后缘有 2 个须状突。吻褶叶间具 2 对长吻须。唇具发达的须状乳突，上唇 2 或 3 排，呈流苏状，下唇 1 排稍短。颊部具 3~5 对小须。鳃裂扩展到头部腹面。胸鳍 vii-ix-10~13；起点在眼的后下方。腹鳍 iii-8；左、右鳍条不相连。尾鳍叉形。

本属鱼类在我国主要分布于金沙江、长江及闽江水系。金沙江流域分布有 1 种。

犁头鳅 *Lepturichthys fimbriatus*（Günther，1888）

地方俗名　铁石爬子、石扁头、琵琶鱼

Homaloptera fimbriata Günther，1888，Ann Mag Nat Hist，6(1)：433（湖北宜昌）；Günther，1892，In Pratt's“To the Snows of Tibet through China”，2：248。

Lepturichthys fimbriata：郑慈英、陈银瑞、黄顺友，1982，动物学研究，3(4)：394（金沙江）；陈银瑞（见褚新洛和陈银瑞），1990，云南鱼类志（下册）：95（永仁）；陈宜瑜和唐文乔（见乐佩琦等），2000，中国动物志　硬骨鱼纲　鲤形目（下卷）：534（四川宜宾）。

主要形态特征　测量标本 11 尾。体长为 78.3~133.8mm。采自四川省盐边县和冕宁县。

背鳍 iii-8；臀鳍 ii-5；胸鳍 viii-ix-11~12；腹鳍 iii-9；侧线鳞 89~99。

体长为体高的 7.6~10.5 倍，为体宽的 6.8~8.8 倍，为头长的 6.2~7.7 倍，为尾柄长的 2.9~3.2 倍，为胸鳍长的 4.7~5.8 倍，为腹鳍长的 5.8~6.5 倍，为背鳍前距的 2.7~3.0 倍，为腹鳍前距的 2.7~3.0 倍。头长为头高的 1.8~2.5 倍，为头宽的 1.1~1.3 倍，为吻长的 1.5~1.9 倍，为眼径的 5.2~7.2 倍，为眼间距的 2.1~2.7 倍。尾柄长为尾柄高的 24.1~29.4 倍。头宽为口宽的 2.5~3.7 倍。

体细长，前段呈半圆筒形，腹面平坦，尾柄细长，呈鞭状。头低平，吻端稍细尖，边缘较厚；吻长大于眼后头长。口下位，中等大，呈弧形。唇肉质，具发达的须状乳突，上唇乳突 2 或 3 排，呈流苏状；下唇 1 排，稍短；颏部有 3~5 对小须。上、下唇在口角处相连。下颌稍外露。上唇与吻端之间具有较深的吻沟，延伸到口角。吻沟前的吻褶分 3 叶，中叶较宽，叶端一般有 2 个须状突，个体特大者则可分化出多达 5 个乳突，两侧叶端细。吻褶叶间有 2 对吻须，外侧 1 对较粗大。口角须 3 对，外侧 2 对粗大，略小于眼径；内侧 1 对细小，位于口角内侧。鼻孔较大，具鼻瓣。眼侧上位，较小，眼间距宽阔，弧形。鳃裂较宽，自胸鳍基部背侧延伸到头部腹侧。鳞细小，大多数鳞片表面具有易脱落的角质疣突，头背部及臀鳍起点之前的腹面无鳞。侧线完全，自体侧中部平直延伸到尾鳍基部。

背鳍基长略小于头长，起点约在吻端至尾鳍基部的 2/5 处。臀鳍基长约等于吻长，最长臀鳍鳍条约为最长背鳍鳍条的 4/5。偶鳍平展。胸鳍起点在眼后缘的下方，末端仅达胸鳍起点至腹鳍起点的 2/3。腹鳍起点约与背鳍起点相对，末端延伸至腹鳍腋部至臀鳍起点的中点。肛门约在腹

^ 张春光，拉鲊 - 鱼鲊江段现场拍摄

鳍腋部至臀鳍起点的 2/3 处。尾鳍长显著大于头长，末端叉形，下叶稍长。

固定标本体背侧呈褐色或棕黑色，腹面呈浅黄色至深棕色。横跨背中线自头至尾鳍基部具 9~11 个深褐色斑块，各鳍均具由黑色斑点组成的条纹。

生活习性及经济价值 生活于急流石滩的小型底栖鱼类，主要借助其宽大平展的偶鳍和平坦裸露的胸腹部吸附在急流中的砾石表面，依靠角质化的锋利下颌刮食固着藻类和小型无脊椎动物。金沙江的犁头鳅生殖季节为 4 月中旬至 6 月中旬，在水流湍急的峡谷江段产漂流性卵。食用价值不大，但具有一定的观赏价值。

流域内资源现状 在金沙江及雅砻江流域中下游为常见种类，尚有一定资源量，随着梯级电站的不断修建，资源量预计会有明显下降趋势。

分布 广泛分布于金沙江和雅砻江中下游的干流和支流河段（图 4-32）。

（73）华吸鳅属 *Sinogastromyzon*

体短而平扁，体高明显小于体宽。口前具吻沟和吻褶。吻褶叶间具 2 对小吻须。唇具乳突，上唇 1 排发达，下唇乳突不明显。鳃裂稍扩展到头部腹面。胸鳍 xi-xiii-13~14；基部具有发达的肉质鳍柄，起点在眼前缘的垂直下方之前，末端盖过腹鳍起点。腹鳍 v-ix-13~17；后缘鳍条左、右相连，呈吸盘状，基部一般具有较发达的肉质鳍瓣。尾鳍凹形。

本属鱼类主要分布于中国及越南，主要分布于元江、珠江、金沙江、长江上游及台湾等地。金沙江流域分布有 3 种。

种检索表

1 (2) 肛门远离臀鳍起点……………………………………………………………… **四川华吸鳅 *S. szechuanensis***

2 (1) 肛门接近臀鳍起点

3 (4) 腹鳍末端达肛门 ……………………………………………………………… **德泽华吸鳅 *S. dezeensis***

4 (3) 腹鳍末端远离肛门……………………………………………………………… **西昌华吸鳅 *S. sichangensis***

四川华吸鳅 *Sinogastromyzon szechuanensis* Fang，1930

地方俗名　铁石爬子、石扁头等

Sinogastromyzon szechuanensis Fang（方炳文），1930，Contr Biol Lab Sci Soc China (Zool)，6 (9)：99（四川）；陈宜瑜和唐文乔（见乐佩琦等），2000，中国动物志　硬骨鱼纲　鲤形目（下卷）：552（四川雅安、德昌）。

主要形态特征 测量标本 2 尾。体长为 50.4~59.2mm。采自云南省会泽县。

背鳍 iii-8；臀鳍 ii-5；胸鳍 xii-13；腹鳍 vii-12；侧线鳞 67~71。

体长为体高的 7.2~7.3 倍，为体宽的 5.1~5.3 倍，为头长的 4.1~4.9 倍，为尾柄长的 5.4~5.5 倍，

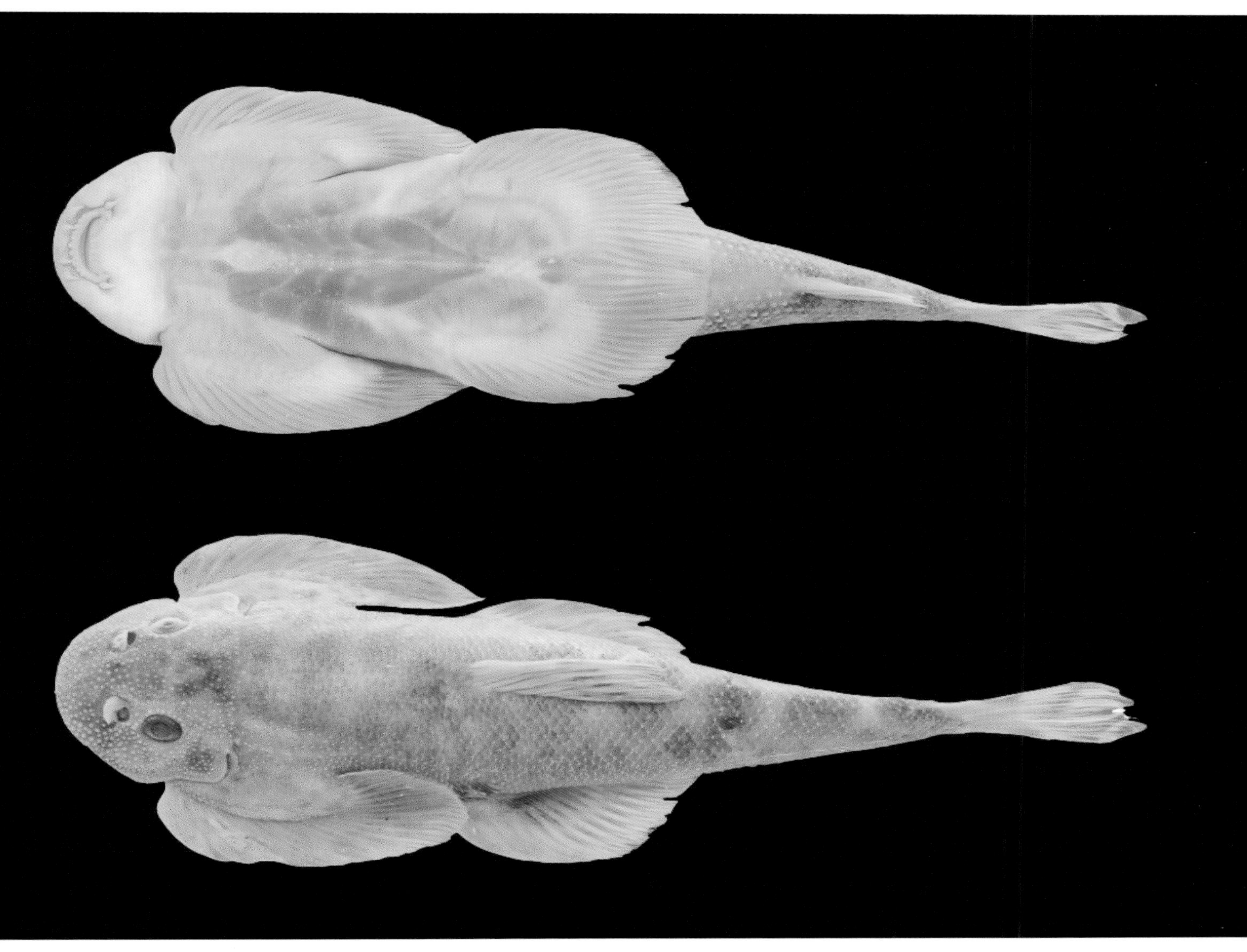

为背鳍前距的 2.0~2.1 倍，为胸鳍长的 2.8~2.9 倍。头长为头高的 1.2~1.7 倍，为头宽的 0.6~1.0 倍，为吻长的 1.6~1.9 倍，为眼径的 4.5~4.6 倍，为眼间距的 2.0~2.4 倍。尾柄长为尾柄高的 2.8~2.9 倍 。头宽为口宽的 2.6~3.0 倍。

体较短，前段宽且很平扁，后段渐侧扁。背缘略呈弧形隆起，腹面平坦。头较低平。吻端圆钝，边缘薄，吻长约为眼后头长的 2 倍。口下位，较宽，呈弧形。唇薄，上唇具 1 排明显乳突；下唇乳突不明显，上、下唇在口角处相连。下颌前缘稍外露，表面的沟和脊不明显。上唇与吻端之间具较深的吻沟，延伸到口角。吻沟前的吻褶分 3 叶，叶端圆钝，中叶较大。吻褶叶间具 2 对小吻须，外侧 1 对稍粗大。口角须 2 对，外侧 1 对稍大于外侧吻须，内侧 1 对甚粗短。鼻孔中等大小，具发达的鼻瓣。眼较大，侧上位，眼间距宽阔，平坦。鳃裂稍扩展到头腹部。鳞细小，头部及偶鳍基部的背面和胸鳍腋部至腹鳍起点的体侧，以及腹鳍基部之前的腹面无鳞。侧线完全，自体侧中部平直延伸到尾鳍基部。

背鳍基长约为头长的2/3，起点在吻端至尾鳍基部的中点稍前，臀鳍基长约为背鳍基长的一半，首根不分枝鳍条不变粗，仅基部1/2稍变硬，末端压倒后远不达尾鳍基部。偶鳍宽大平展，具发达的肉质鳍柄；胸鳍基长大于头长，约为吻长的2倍，起点在眼前缘的垂直下方，鳍条长度较短，仅为最长背鳍鳍条的1/2左右，末端超过腹鳍起点，腹鳍起点显著在背鳍起点之前，基部背面具1长约为吻长的细长的肉质瓣膜，左、右腹鳍鳍条在后缘完全愈合，后缘无缺刻，末端超过肛门。肛门约在腹鳍基部至臀鳍起点的1/3处。尾鳍长等于或稍大于头长，末端凹形，下叶稍长。

鲜活标本体背侧棕褐色，腹面肉红色。头背部及偶鳍基背侧具密集的暗褐色圆斑，其中以吻部的较为细密，偶鳍基背面的较粗大。横跨背中线有8~10个暗黑色的圆形大斑块，体侧约具20条不规则横纹。各鳍均具由黑色斑点组成的不规则条纹。

生活习性及经济价值 属于激流底栖小型鱼类，主要借助其宽大平展的偶鳍和平坦裸露的胸腹部吸附在急流中的砾石表面。食用价值不大，但具有一定的观赏价值。

流域内资源现状 随着栖息地丧失和人类活动干扰，该种鱼类数量已经较为稀少。

分布 主要分布于长江上游至金沙江下游，目前已知金沙江流域最上游的分布点为云南省会泽县（图4-32）。

152 西昌华吸鳅 *Sinogastromyzon sichangensis* Chang，1944

地方俗名 铁石爬子、石扁头等

Sinogastromyzon sichangensis Chang（张孝威），1944，Sinensia，15(1-6)：53（四川西昌）；Kottelat *et* Chu（褚新洛），1988，Rev Suiss Zool，95(1)：197（云南金沙江）；陈银瑞（见褚新洛等），1990，云南鱼类志（下册）：100（威信）；武云飞和吴翠珍，1991，青藏高原鱼类：520（云南中甸）。

主要形态特征 测量标本5尾。体长为42.3~61.5mm。采自四川省冕宁县和云南省镇雄县。

背鳍iii-8；臀鳍ii-5；胸鳍xi-12~15；腹鳍vi-10~14；侧线鳞72~79。

体长为体高的5.5~7.5倍，为体宽的3.9~5.4倍，为头长的4.3~5.1倍，为尾柄长的5.0~7.9倍，为背鳍前距的2.0~2.3倍，为腹鳍前距的2.5~2.9倍，为胸鳍长的2.5~3.1倍。头长为头高的1.7~2.0倍，为头宽的0.8~1.1倍，为吻长的1.7~2.2倍，为眼径的3.9~6.6倍，为眼间距的2.1~2.3倍。尾柄长为尾柄高的1.8~3.2倍。头宽为口宽的2.5~3.6倍。

体短，前段宽且很平扁，后段渐侧扁。背缘略呈弧形隆起，腹面平坦。头较低平。吻端圆钝，边缘薄，吻长约为眼后头长的2倍。口下位，稍宽，呈弧形。唇较薄，上唇具8~10个明显乳突，排成1排；下唇乳突不明显，上、下唇在口角处相连。颏部具1对宽大而平扁的不明显乳突。下颌前缘稍外露，表面具放射状的沟和脊。上唇与吻端之间具较深的吻沟，延伸到口角。吻沟前的吻褶分3叶，叶端圆钝，中叶较大。吻褶叶间具2对小吻须，基部较粗壮，外侧1对稍粗大。口

角须 2 对，外侧 1 对，约与外侧吻须等大，内侧 1 对短小。鼻孔较小，具发达的鼻瓣。眼中等大，侧上位，眼间距宽阔，平坦。鳃裂稍扩展到头腹部。鳞细小，头部及偶鳍基部的背侧面和胸鳍腋部至腹鳍起点的体侧，以及腹鳍基部之前的腹面无鳞。侧线完全，自体侧中部平直延伸到尾鳍基部。

背鳍基长约为头长的 2/3，起点在吻端至尾鳍基部的中点稍前。臀鳍基长约为背鳍基长的 2/5，首根不分枝鳍条为细弱扁平的硬刺，末端压倒后不达尾鳍基部。偶鳍宽大平展，具发达的肉质鳍柄。胸鳍基长大于头长，起点稍前于眼中部的垂直下方，最长鳍条接近吻长而稍短于最长背鳍鳍条长，末端超过腹鳍起点。腹鳍起点显著在背鳍起点之前，基部背面具 1 长约为吻长的细长的肉质瓣膜，左、右腹鳍鳍条在后缘完全愈合，后缘无缺刻，末端远不达肛门。肛门接近臀鳍起点。尾鳍长约等于头长，末端凹形，下叶稍长。

固定标本体背侧黑褐色，腹面浅灰色，横跨背中线有 7~9 个黑色斑块。奇鳍均具由黑色斑点组成的条纹，其中臀鳍 1 条，背鳍和尾鳍 3 条，偶鳍的背侧面散布有浅灰色斑纹。

生活习性及经济价值 属于激流底栖小型鱼类，主要借助其宽大平展的偶鳍和平坦裸露的胸腹部吸附在急流中的砾石表面。食用价值不大，但具有一定的观赏价值。

流域内资源现状 随着栖息地丧失和人类活动干扰，该种鱼类数量已经较为稀少。

分布 分布于金沙江中下游、雅砻江中下游及长江上游，目前已知金沙江流域最上游的分布点为云南省香格里拉（图 4-32）。

153 德泽华吸鳅 *Sinogastromyzon dezeensis* Li，Mao *et* Lu，1999

地方俗名 铁石爬子、石扁头等

Sinogastromyzon dezeensis Li，Mao *et* Lu（李维贤，卯卫宁，卢宗民），1999，水产学杂志，12(2)：45-47（曲靖沾益德泽牛栏江）。

主要形态特征 测量标本 5 尾。标准长为 39.8~57.5mm。采自云南省沾益县。

背鳍 iii-8；臀鳍 ii-5；胸鳍 xi-xii-11~12；腹鳍 vi-vii-10~11；侧线鳞 71~78。

体长为体高的 6.0~6.4 倍，为头长的 4.3~4.5 倍，为体宽的 3.9~4.6 倍，为尾柄长的 5.2~5.5 倍，为背鳍前距的 2.0~2.2 倍，为腹鳍前距的 2.4~2.5 倍。头长为头高的 1.7~2.0 倍，为头宽的 0.9~1.0 倍，为吻长的 1.8~2.0 倍，为眼径的 4.1~5.0 倍，为眼间距的 2.2~2.4 倍。尾柄长为尾柄高的 2.7~2.9 倍。头宽为口宽的 2.6~2.8 倍。

体短而宽，背缘略呈弧形隆起，腹面平坦。体高显著小于体宽。前段平扁，后段渐侧扁。吻端圆钝，边缘薄，吻长大于眼后头长。口下位，较窄，呈弧形。唇具乳突，上唇乳突发达，排成 1 排；下唇乳突不明显。上、下唇在口角处相连，上唇与吻端之间具吻沟，延伸到口角。吻沟前的吻褶分 3 叶，叶端圆钝，中叶较大。吻褶叶间具 2 对短而粗的吻须。口角须 2 对，外侧 1 对较强。眼中等大，侧上位。眼间距宽阔，平坦。鳃裂稍扩展到头腹部。鳞细小，头部及偶鳍基部的背侧面和胸鳍腋部至腹鳍起点的体侧，以及腹鳍基部之前的腹面无鳞。侧线完全，自体侧中部平直延伸到尾鳍基部。

背鳍起点在腹鳍起点的后上方，至吻端距离小于至尾鳍基部。臀鳍具弱硬刺，后伸超过至尾鳍基距离的一半。胸鳍具发达的肉质鳍柄，起点位于眼前缘的垂直线下方之前，末端超过腹鳍起点。腹鳍具肉质鳍柄，起点约位于胸鳍起点和肛门的中点，左、右鳍条相连呈吸盘状，末端达肛门。肛门接近臀鳍起点。尾鳍凹形，下叶长于上叶。

体色棕褐，体背有 7 或 8 个（大多为 7 个）深褐色斑块，其分布为背鳍前 2 或 3 个，背鳍后 3 或 4 个，腹部淡黄色。背鳍具 2 或 3 条黑色条纹，臀鳍中间具 1 条黑色条纹，胸鳍和腹鳍背面散布棕灰色斑点，尾鳍具 2 或 3 条黑色条纹。

生活习性及经济价值　属于激流底栖小型鱼类，主要借助其宽大平展的偶鳍和平坦裸露的胸腹部吸附在急流中的砾石表面。食用价值不大，但具有一定的观赏价值。

流域内资源现状　随着栖息地丧失和人类活动干扰，该种鱼类数量已经十分稀少。

分布　目前仅记录分布于金沙江一级支流牛栏江（图 4-32）。

(74) 金沙鳅属 *Jinshaia*

体延长，前段较宽，平扁，腹面平，体宽大于体高。口较大，呈弧形。口前具吻沟和吻褶；吻褶分 3 叶，叶间具 2 对吻须。唇具乳突，上唇乳突 1 排，发达，下唇不明显。鳃裂扩展到头部腹面。胸鳍 xi-xiv-10~13；起点在眼中部的垂直下方。腹鳍 iii-v-10~15；左、右分开不连成吸盘。尾鳍深叉形。

目前，本属鱼类仅记录于我国金沙江水系及长江上游水系，共有 2 种。

种检索表

1 (2) 腹鳍分枝鳍条共 13~15 ······ **中华金沙鳅 *J. sinensis***
2 (1) 腹鳍分枝鳍条共 11 或 12 ······ **短身金沙鳅 *J. abbreviata***

中华金沙鳅 *Jinshaia sinensis* (Dabry de Thiersant，1874)

地方俗名　铁石巴子、石扁头

Psilorhynchus sinensis Dabry de Thiersant，1874，Ann Sci Nat Zool，6(5)：14（四川隆昌）。
Hemimyzon sinensis：郑慈英、陈银瑞和黄顺友，1982，动物学研究，3(4)：394（金沙江）；陈银瑞（见陈宜瑜），1998，横断山区鱼类：270（云南丽江、绥江）。
Jinshaia sinensis：Kottelat *et* Chu（褚新洛），1988，Rev Suiss Zool，95(1)：191；陈银瑞（见褚新洛等），1990，云南鱼类志（下册）：102（鹤庆、永仁、绥江）；陈宜瑜和唐文乔（见乐佩琦等），2000，中国动物志　硬骨鱼纲　鲤形目（下卷）：549（西昌）。
Jinshaia niulanjiangensis：李维贤等，1998，水产学杂志，11(1)：1-3（沾益）。

张春光提供

主要形态特征 测量标本 14 尾。体长为 47.9~117.0mm。采自四川省炉霍县、木里县和冕宁县。

背鳍 iii-8；臀鳍 ii-5；胸鳍 xii-xv-12~14；腹鳍 iv-vi-10~14；侧线鳞 77~86。

体长为体高的 6.4~10.0 倍，为体宽的 4.8~6.6 倍，为头长的 5.1~6.0 倍，为尾柄长的 3.6~4.5 倍，为背鳍前距的 2.2~2.4 倍，为腹鳍前距的 2.5~2.8 倍，为胸鳍长的 3.1~3.6 倍。头长为头高的 1.9~2.3 倍，为头宽的 1.0~1.3 倍，为吻长的 1.6~1.8 倍，为眼径的 5.2~7.2 倍，为眼间距的 1.9~2.5 倍。尾柄长为尾柄高的 5.2~8.2 倍。头宽为口宽的 1.6~2.7 倍。

体延长，前段较宽，由前向后逐渐变窄，腹面平坦。头低平。吻端近方形，边缘薄；吻长大于眼后头长。口下位，宽阔，呈浅弧形。唇肉质，较薄，上唇 1 排 14~17 个明显的乳突，下唇乳突不明显；颏部有 1 对扁平的纵向乳突。上、下唇在口角处相连。下颌稍外露。上唇与吻端之间具有深吻沟，延伸到口角。吻沟前的吻褶分 3 叶，中叶很大，叶端圆钝，两侧叶很小，呈乳突状。吻褶叶间有 2 对近等长的吻须，约与眼径等长。口角须 1 对，稍大于吻须。鼻孔较大，具发达的鼻瓣。眼侧上位，较小，眼间距宽阔，平坦。鳃裂较宽，自胸鳍基部背侧延伸到头部腹侧。鳞细小，头部背侧、偶鳍背侧及肛门之前的腹面无鳞。侧线完全，自体侧中部平直延伸到尾鳍基部。

背鳍基长约与头长相等，起点约在吻端至尾鳍基部的中点稍前。臀鳍基长约为背鳍基长的一半，末端压倒后可达臀鳍基后缘至尾鳍基部的中点。偶鳍宽大平展。胸鳍起点约在眼中部的下方，末端达或接近腹鳍起点。腹鳍左右分开，后缘近截形，末端接近肛门。肛门约在腹鳍腋部至臀鳍起点的 2/3 处。尾鳍深叉形，下叶显著长于上叶。

固定标本体背侧呈青灰色至棕黑色，腹面灰黄至棕黄色。横跨背鳍基部至尾鳍基部的背中线具 8 或 9 个黑色斑块。尾鳍灰黑色，其他各鳍呈棕色。

生活习性及经济价值 属于激流底栖小型鱼类，杂食性，主要借助其宽大平展的偶鳍和平坦裸露的胸腹部吸附在急流中的砾石表面，依靠角质化的锋利下颌刮食固着藻类和小型无脊椎动物，其中藻类主要为硅藻门和绿藻门，而水生昆虫主要为摇蚊幼虫和石蚕。其繁殖季节通常为 4 月中旬至 8 月中旬，其产卵对水流涨落、水温比较敏感，多在水流较急的干流江段产漂流性卵，其卵

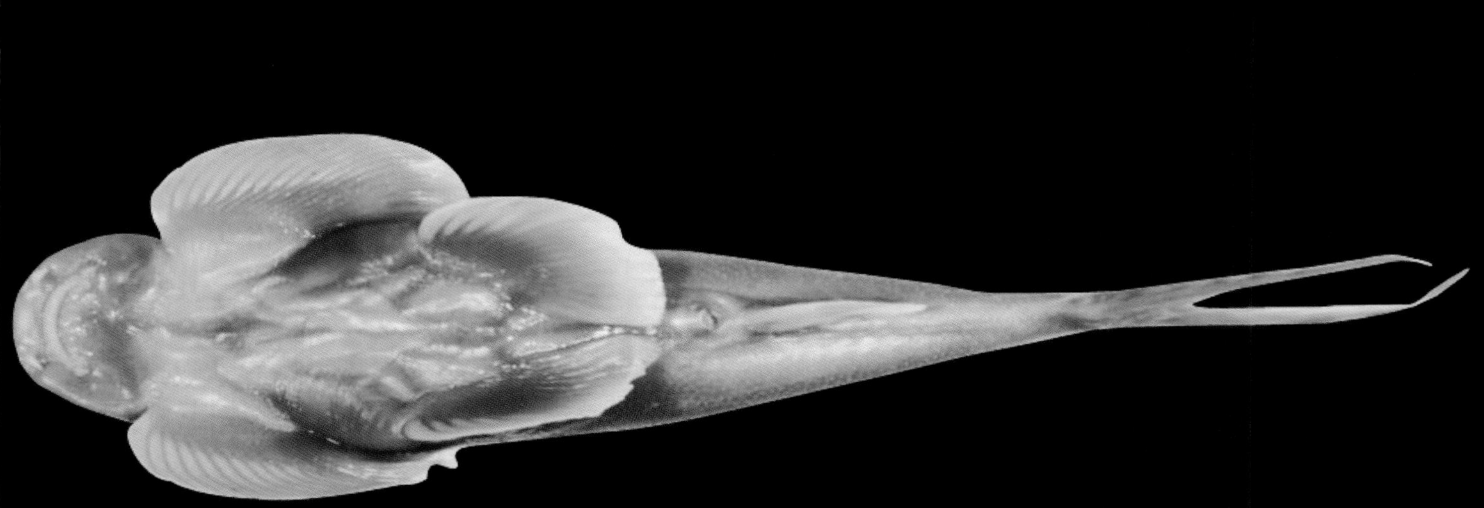

的发育需溶氧较高的流水环境。食用价值不大，但具有一定的观赏价值。

流域内资源现状 在金沙江及雅砻江干流下游为常见种，尚有一定资源量，随着梯级电站的不断修建，资源量预计会呈明显下降趋势。

分布 广泛分布于金沙江、雅砻江干流中下游河段（图 4-33），在金沙江最上可分布至石鼓或稍上。

注 李维贤等（1998）根据牛栏江的金沙鳅标本描述了新种牛栏江金沙鳅，其区别于中华金沙鳅的特征为：胸鳍 xi-xii-11-12 vs. xiii-xiv-12~14；腹鳍 iii-iv-11~12 vs. 13~15；体长为体高的 9.4 倍（7.9~10.3 倍）vs. 6.2 倍（5.6~7.8 倍）；体长为尾柄高的 25.7 倍（24.4~26.8 倍）vs. 20.5 倍（19.8~21.4 倍）；尾柄长为尾柄高的 6.1 倍（6.0~6.4 倍）vs. 4.7 倍（4.3~5.1 倍）。区别于短身金沙鳅的特征为：体鳞有鳞嵴 vs. 光滑；腹鳍末端接近或达肛门 vs. 远不达肛门；体长为体高的 9.4 倍（7.9~10.3 倍）vs. 7.4 倍（7.2~7.9 倍）；体长为尾柄高的 25.7 倍（24.4~26.8 倍）vs. 19.5 倍（18.0~22.0 倍）；尾柄长为尾柄高的 6.1 倍（6.0~6.4 倍）vs. 4.3 倍（3.1~4.6 倍）。胸鳍和腹鳍鳍条的数目与中华金沙鳅是重合的；关于体鳞及肛门与腹鳍末端相对位置的描述均与事实不符，无论“中华金沙鳅”还是“短身金沙鳅”体鳞都有鳞嵴，腹鳍末端均接近肛门；其余比例性状只是参考了丁瑞华（1994）、伍律（1989）的描述，并未实际测量，因此可信度不高。综合以上分析，在此认为牛栏江金沙鳅是中华金沙鳅的一个次级同物异名。

155 短身金沙鳅 *Jinshaia abbreviata*（Günther，1892）

地方俗名 铁石巴子、石扁头

Homaloptera abbreviata，Günther，1892，In Pratt's：To the Snows of Tibet through China，2：248（四川）。

Hemimyzon abbreviata：郑慈英等，1982，动物学研究，3(4)：394（金沙江）；陈宜瑜，1998，横断山区鱼类：269（云南盐津）。

Jinshaia abbreviata：Kottelat *et* Chu，1988，Rev Suiss Zool，95(1)：192；陈银瑞（见褚新洛等），1990，云南鱼类志（下册）：103（云南盐津）；陈宜瑜和唐文乔（见乐佩琦等），2000，中国动物志 硬骨鱼纲 鲤形目（下卷）：548（四川西昌）。

主要形态特征 测量标本 11 尾。体长为 51.9~71.3mm。采自云南省盐津县。

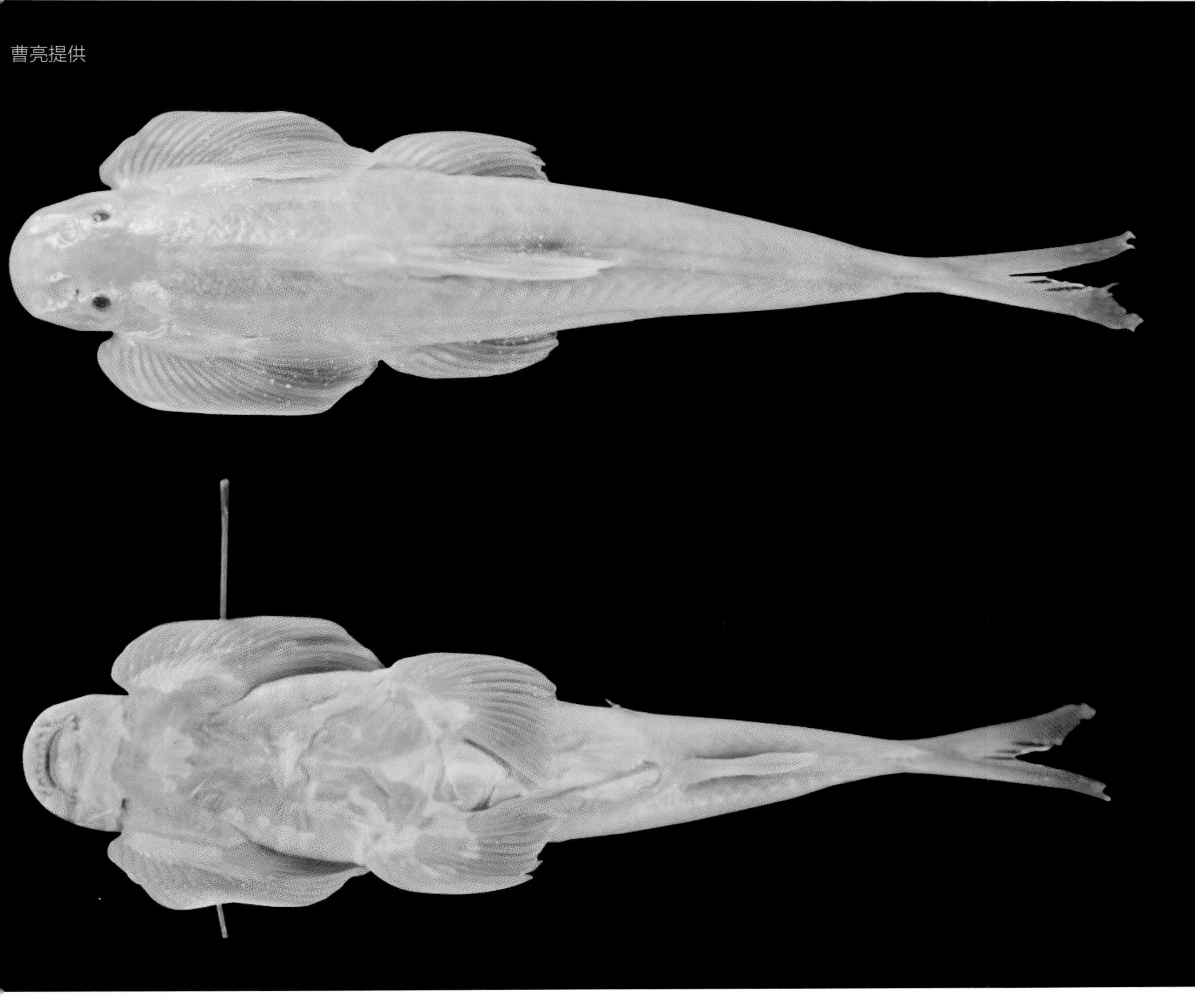

背鳍 iii-8；臀鳍 ii-5；胸鳍 xi-xii-11~12；腹鳍 iii-iv-11~12；侧线鳞 72~83。

体长为体高的 7.4~11.1 倍，为体宽的 4.9~7.2 倍，为头长的 5.0~6.2 倍，为尾柄长的 4.1~4.9 倍，为背鳍前距的 2.1~2.3 倍，为腹鳍前距的 2.4~2.7 倍，为胸鳍长的 3.2~3.7 倍。头长为头高的 1.8~2.3 倍，为头宽的 1.1~1.3 倍，为吻长的 1.7~1.9 倍，为眼径的 5.8~7.4 倍，为眼间距的 1.9~2.5 倍。尾柄长为尾柄高的 5.6~7.9 倍。头宽为口宽的 1.7~2.4 倍。

体延长，前段较宽，由前向后逐渐变窄，腹面平坦。头低平。吻端圆钝，边缘薄；吻长大于眼后头长。口下位，宽阔，呈浅弧形。唇肉质，较薄，上唇 1 排 14~16 个明显的乳突，下唇乳突不明显；颏部有 1 对扁平的纵向乳突。上、下唇在口角处相连。下颌稍外露。上唇与吻端之间具有深吻沟，延伸到口角。吻沟前的吻褶分 3 叶，中叶很大，叶端圆钝，两侧叶很小，呈乳突状。吻褶叶间有 2 对近等长的吻须，约与眼径等长。口角须 1 对，稍大于吻须。鼻孔较大，具发达的鼻瓣。眼侧上位，较小，眼间距宽阔，平坦。鳃裂较宽，自胸鳍基部背侧延伸到头部腹侧。鳞细小，头部背侧、偶鳍背侧及肛门之前的腹面无鳞。侧线完全，自体侧中部平直延伸到尾鳍基部。

背鳍基长约与头长相等，起点约在吻端至尾鳍基部的中点稍前。臀鳍基长约为背鳍基长的一半，末端压倒后可达臀鳍基后缘至尾鳍基部的中点。偶鳍宽大平展。胸鳍起点约在眼中部的下方，末端达或接近腹鳍起点。腹鳍左右分开，后缘截形，末端远离肛门。肛门靠近臀鳍起点。尾鳍深叉形，下叶显著长于上叶。

固定标本体背侧呈青灰色至棕黑色，腹面灰黄至棕黄色。横跨背鳍基部至尾鳍基部的背中线具 8 或 9 个黑色斑块。尾鳍灰黑色，其他各鳍呈棕色。

生活习性及经济价值　与中华金沙鳅相似，属于激流底栖小型鱼类，杂食性，主要借助其宽大平展的偶鳍和平坦裸露的胸腹部吸附在急流中的砾石表面，依靠角质化的锋利下颌刮食固着藻类和小型无脊椎动物，其中藻类主要为硅藻门和绿藻门，而水生昆虫主要为摇蚊幼虫和石蚕。其繁殖季节通常为 4 月中旬至 8 月中旬。食用价值不大，但具有一定的观赏价值。

流域内资源现状　在金沙江及雅砻江流域中下游为常见种类，尚有一定资源量，随着梯级电站的不断修建，资源量预计会呈明显下降趋势。

分布　主要分布于金沙江下游（图 4-33）。

（75）间吸鳅属 *Hemimyzon*

体延长，呈半圆筒形，腹面平坦，体高显著小于体宽。口前具吻沟。吻褶分 3 叶，叶间有 2 对小吻须。唇肉质，上唇具 1 或 2 排较显著的乳突，下唇乳突不明显，颏部有 1 或 2 对乳突。鳃裂扩展到头的腹面。胸鳍 viii-xv-9~15，起点约在眼眶后缘的垂直下方。腹鳍 iii-viii-9~14；左右分开，不连成吸盘状，基部一般具有明显的肉质鳍瓣。尾鳍深凹。

本属鱼类主要分布于金沙江下游、长江上游、西江上游及台湾等地。金沙江流域下游分布有 1 种。

156 窑滩间吸鳅 *Hemimyzon yaotanensis*（Fang，1931）

Sinohomaloptera yaotanensis Fang（方炳文），1931，Sinensia，1(3)：137（四川窑滩）。
Hemimyzon yaotanensis：陈宜瑜和唐文乔（见乐佩琦等），2000，中国动物志　硬骨鱼纲　鲤形目（下卷）：539（四川泸州窑滩）。

主要形态特征　我们没有采集到标本，参照《中国动物志》描述。

背鳍 iii-8；臀鳍 ii-5；胸鳍 viii-x-11~13；腹鳍 iv-8；侧线鳞 69~72。

体长为体高的 6.0~10.0 倍，为体宽的 4.4~5.6 倍，为头长的 4.4~5.5 倍，为尾柄长的 6.0~7.8 倍，为尾柄高的 12.0~14.5 倍，为背鳍前距的 2.2~2.3 倍，为腹鳍前距的 2.3~2.4 倍。头长为头高的 2.0~2.5 倍，为头宽的 0.9~1.1 倍，为吻长的 1.6~1.8 倍，为眼径的 5.8~7.3 倍，为眼间距的 2.0~3.0 倍。尾柄长为尾柄高的 1.8~2.2 倍。头宽为口宽的 3.3~4.0 倍。

体较长，前部呈扁圆筒形，后部渐侧扁，背缘稍呈弧形，腹面平坦。头很低平。吻端圆钝，边缘很薄，吻长约为眼后头长的 2 倍。口下位，较小，呈弧形。唇肉质，具有发达的乳突，上唇乳突 1 或 2 排，其中前排的 14 或 15 个大而显著，后排的较细小且不甚明显；下唇的 10~12 个也较细小而不甚显著。颏部具有 2 对小乳突。上、下唇在口角处相连。下颌前缘稍外露，表面无明显的沟和脊。上唇与吻端之间有深的吻沟，延伸到口角。吻沟前有发达的吻褶，分为 3 叶，叶端圆钝，中叶较大。吻褶间具 2 对较发达的吻须，其长度略小于眼径。口角须 2 对，内侧 1 对约与吻须等长，外侧 1 对稍长。鼻孔较大，具发达的鼻瓣。眼中等，侧上位，眼间距宽阔，平坦。鳃裂自胸鳍基部延伸到头部的腹面。鳞中等大小，有皮质鳞嵴，头部背面及偶鳍基背侧无鳞，腹部裸露区延伸到腹鳍腋部至肛门的中点。侧线完全，自体侧中部平直延伸到尾鳍基部。

背鳍基长稍短于头长，起点显著在吻端至尾鳍基部的中点之前，外缘平直。臀鳍基长约为背鳍基长的 1/2，末端压倒后远不及尾鳍基部。偶鳍宽大平展，末端稍尖。胸鳍基长略短于头长，基部具不甚发达的肉质鳍柄，起点在眼后缘的垂直下方，末端不及腹鳍起点。腹鳍起点在背鳍起点之后，基部背面具 1 细长的肉质瓣膜，末端远不达肛门。肛门约在腹鳍腋部至臀鳍起点的 4/5 处。尾鳍长约为头长的 1.3 倍，末端深凹，下叶较长。

固定标本体背侧棕黑色，腹面灰白，横跨背中线有 10 或 11 个带有白色边缘的大黑斑。体侧有不规则小黑圆斑。除臀鳍外，其他各鳍均具有由黑色斑点组成的 2 或 3 条不规则黑条纹。

生活习性及经济价值　属于激流底栖小型鱼类，主要借助其宽大平展的偶鳍和平坦裸露的胸腹部吸附在急流中的砾石表面。食用价值不大，但具有一定的观赏价值。

流域内资源现状　随着栖息地丧失和人类活动干扰，该种鱼类数量已经较为稀少。

分布　主要分布于长江上游泸州窑滩一带，预计金沙江下游也有分布（图 4-33）。

（76）后平鳅属 *Metahomaloptera*

体短而宽扁，体高显著小于体宽。口前具吻沟和吻褶。吻褶间具 2 对小吻须。口角须 2 对。唇具乳突，上唇 1 排发达，下唇乳突不明显。鳃裂很窄，仅限于胸鳍基部的上方。胸鳍 ix-xi-11~18；基部具有发达的肉质鳍柄，起点在眼中部垂直下方之前，末端盖过腹鳍起点。腹鳍 v-viii-11~15；基部背侧具有发达的肉质瓣膜，后缘鳍条左右相连呈吸盘状。尾鳍凹形或近斜截。

本属鱼类主要分布于金沙江下游，长江上游及支流汉江水系。在金沙江流域下游分布有 2 种。

种检索表

1（2）背鳍起点位于体中部，臀鳍末端接近尾鳍起点 …………………………………………… ***M. omeiensis* 峨眉后平鳅**

2（1）背鳍起点位于体前部，臀鳍末端远离尾鳍起点 …………………………………………… ***M. longicauda* 长尾后平鳅**

峨眉后平鳅 *Metahomaloptera omeiensis* Chang，1944

地方俗名　铁石爬子、石扁头等

Metahomaloptera omeiensis Chang（张孝威），1944，Sinensia，15（1-6）：54（四川乐山）；陈银瑞（见褚新洛等），1990，云南鱼类志（下册）：111（盐津、威信）。

主要形态特征　测量标本 3 尾。体长为 33.9~45.6mm。采自云南省会泽县。

背鳍 iii-8；臀鳍 ii-5；胸鳍 xi-13；腹鳍 vi-vii-12~13；侧线鳞 67~77。

体长为体高的 6.5~7.4 倍，为头长的 3.9~4.6 倍，为体宽的 4.1~4.7 倍，为尾柄长的 8.4~9.2 倍，为背鳍前距的 1.9~2.0 倍，为腹鳍前距的 2.2~2.3 倍。头长为头高的 1.6~2.0 倍，为头宽的 0.8~1.0 倍，为吻长的 1.6~1.9 倍，为眼径的 3.8~5.3 倍，为眼间距的 1.7~2.0 倍。尾柄长为尾柄高的 1.7~1.8 倍。头宽为口宽的 2.4~2.7 倍。

体较短而宽，前段宽且平扁，后段渐侧扁。背缘呈弧形隆起，腹面平坦。头宽且低平。吻端圆钝，边缘薄，吻长超过眼后头长的 2 倍。口下位，中等大，呈浅弧形。唇肉质，上唇具 1 排明显的乳突；下唇中央稍凹，乳突不明显。上、下唇在口角处相连。下颌前缘稍外露，表面具放射状的沟和脊。上唇与吻端之间具较深的吻沟，延伸到口角。吻褶分 3 叶，叶端圆钝，中叶较大。吻褶叶间具 2 对小吻须，外侧 1 对稍粗大。口角须 2 对，约与吻须等大，内侧 1 对短小。鼻孔较小，具发达的鼻瓣。眼中等大，侧上位，眼间距宽阔，平坦。鳃裂极小，宽不足眼径，仅限于胸鳍基部前缘的背侧面。鳞细小，头部及偶鳍基部的背侧面无鳞。侧线完全，自体侧中部平直延伸到尾鳍基部。

背鳍基长稍大于吻长，起点约在吻端至尾鳍基部的中点，后缘浅凹。臀鳍短小，基部长约为背鳍基长的一半，末端压倒后不达尾鳍基部。偶鳍宽大平展，但鳍条较短。胸鳍基长大于头长，基部具有非常发达的肉质鳍柄，起点在眼前缘的垂直下方，末端超过腹鳍起点。腹鳍起点显著在背鳍起点之前，约在吻端至肛门的中点，基部背面具有 1 个长约为吻长的肉质瓣膜，左、右腹鳍鳍条在后缘完全愈合，末端约伸达腹鳍腋部至臀鳍起点的中点，远不达肛门。肛门接近臀鳍起点。尾鳍长稍短于头长，末端凹形，下叶稍长。

固定标本体背侧黑褐色，腹面浅黄色，头背部及体侧和偶鳍基背面具黑褐色小圆斑。横跨头后至尾鳍基部的背中线有 8~10 个不规则的较大褐色斑块。各鳍均具由黑色斑点组成的条纹，其

中臀鳍 1 条，背鳍和尾鳍 2 或 3 条，偶鳍的背侧面散布有浅灰色斑纹。

生活习性及经济价值　属于激流底栖小型鱼类，主要借助其宽大平展的偶鳍和平坦裸露的胸腹部吸附在急流中的砾石表面。食用价值不大，但具有一定的观赏价值。

流域内资源现状　随着栖息地丧失和人类活动干扰，该种鱼类数量已经十分稀少。

分布　分布于金沙江下游及长江上游，目前已知金沙江流域最上游的分布点为云南省会泽县（图 4-33）。

长尾后平鳅 *Metahomaloptera longicauda* Yang，Chen *et* Yang，2007

地方俗名　铁石爬子、石扁头等

Metahomaloptera longicauda Yang，Chen *et* Yang（杨剑，陈小勇，杨君兴），2007，1526：63-68（沾益德泽）。

主要形态特征　测量标本 3 尾。体长为 36.4~43.2mm。采自云南省沾益县。

背鳍 iii-8；臀鳍 ii-5；胸鳍 xiii-14~15；腹鳍 viii-11~12；侧线鳞 66~78。

体长为体高的 6.0~6.2 倍，为头长的 4.5~5.1 倍，为体宽的 4.2~4.8 倍，为尾柄长的 4.4~5.1 倍，为背鳍前距的 2.2~2.3 倍，为腹鳍前距的 2.9~3.2 倍。头长为头高的 1.7~1.8 倍，为头宽的 0.9 倍，为吻长的 1.5~1.7 倍，为眼径的 4.2~4.3 倍，为眼间距的 1.5~1.7 倍。尾柄长为尾柄高的 2.9~3.2 倍。

头宽为口宽的 1.5 倍。

体较短，前段宽且很平扁，后段渐侧扁。背缘呈弧形隆起，腹面平坦。头宽且低平。吻端圆钝，边缘薄，吻长大于眼后头长。口下位，较大，呈浅弧形。唇肉质，上唇具 1 排明显的乳突；下唇乳突不明显。上、下唇在口角处相连。下颌前缘稍外露，表面具放射状的沟和脊。上唇与吻端之间具较深的吻沟，延伸到口角。吻沟前的吻褶分 3 叶，叶端圆钝，中叶较大。吻褶叶间具 2 对小吻须，约等大。口角须 2 对，乳突状。鼻孔较小，具发达的鼻瓣。眼中等大，侧上位，眼间距宽阔，平坦。鳃裂极小，宽不足眼径，仅限于胸鳍基部前缘的背侧面。鳞细小，头部及偶鳍基部的背侧面无鳞。侧线完全，自体侧中部平直延伸到尾鳍基部。

背鳍基长稍大于吻长，起点在吻端至尾鳍基部的中点之前，后缘浅凹。臀鳍短小，基部长约为背鳍基长的一半，末端压倒后不达尾鳍基部。偶鳍宽大平展，具发达的肉质鳍柄。胸鳍基长大于头长，起点稍前于眼前缘的垂直下方，末端超过腹鳍起点。腹鳍起点显著在背鳍起点前下方，约在吻端至肛门的中点，基部背面具 1 长约为吻长的细长的肉质瓣膜，左、右腹鳍鳍条在后缘完全愈合，后缘无缺刻，末端接近肛门。肛门接近臀鳍起点。尾鳍长稍短于头长，末端凹形，下叶较长。

固定标本体背侧深灰色，腹面浅黄色。横跨头后至尾鳍基部的背中线有 8 或 9 个不规则的较大褐色斑块，2 或 3 个在背鳍起点前，5 或 6 个在背鳍起点后。背鳍灰色，具有 2 条由黑色斑点组成的条纹。臀鳍和尾鳍各具 1 条较宽的灰色竖直条带。偶鳍的背侧面浅灰色，边缘白色。

生活习性及经济价值　属于激流底栖小型鱼类，主要借助其宽大平展的偶鳍和平坦裸露的胸腹部吸附在急流中的砾石表面。食用价值不大，但具有一定的观赏价值。

流域内资源现状　随着栖息地丧失和人类活动干扰，该种鱼类数量已经十分稀少。

分布　目前仅记录分布于金沙江一级支流牛栏江（图 4-33）。

四、鲇形目 Siluriformes

体通常较延长，尾部侧扁或细长。头圆钝，侧扁或纵扁。全身裸露无鳞，少数被骨板。口不能收缩，但口形多变，有上位、下位或端位。鼻孔每侧 2 个，前、后鼻孔相近或较远。上、下颌常有绒毛状齿带。须 1~4 对。无假鳃。背鳍、胸鳍通常有硬刺。通常有脂鳍。侧线完全或不完全。

全球分布于亚洲、欧洲、非洲及南北美洲，主要营淡水生活，少数可生活于近海。在金沙江分布有 6 科 11 属 31 种。其中鲇、黄颡鱼、胡子鲇等均为当地常见的经济鱼类。

科检索表

1(8)　具脂鳍

2(3)　前、后鼻孔距离颇远；腭齿存在……………………………………………………**鲿科 Bagridae**

3(2)　前后鼻孔距离很近或紧邻；腭齿缺如

4(5) 鳃膜与鳃峡相连；少数不连于鳃峡的属、种，则其背鳍、胸鳍和尾鳍有丝状延长鳍条……………………………………………………………………………………**鲱科 Sisoridae**

5(4) 鳃膜不与鳃峡相连；背鳍、胸鳍和尾鳍无丝状延长鳍条

6(7) 脂鳍与尾鳍相连或接近……………………………………**钝头鮠科 Amblycipitidae**

7(6) 脂鳍与尾鳍明显不连……………………………………………**鮰科 Ictaluridae**

8(1) 无脂鳍

9(10) 背鳍短小或不存在；须 2 或 3 对……………………………………**鲇科 Siluridae**

10(9) 背鳍长；须 4 对……………………………………………**胡子鲇科 Clariidae**

（十）鲿科 Bagridae

体长形，侧扁。头略扁阔，头顶裸露或被皮膜。前、后鼻孔距离较远，后者前缘伸出鼻须。口下位或亚下位，弧形。须 4 对：鼻须及上颌须各 1 对，颏须 2 对。上、下颌及腭骨有齿带，齿呈绒毛状。鳃盖条 7~13。背鳍短，具骨质硬刺。具脂鳍，长或短。胸鳍具粗壮的硬刺，通常后缘具锯齿。腹鳍相对较短，一般不具硬刺，鳍条通常为 6。臀鳍短或中等长，无硬刺，鳍条少于 30。

本科鱼类主要分布于亚洲和非洲，在我国广泛分布于除西藏高原及新疆外的广大地区。金沙江流域具有 4 属 14 种。

属检索表

1(6) 脂鳍短或中等长，短于或略长于臀鳍基部；颌须较短，末端不伸过胸鳍基部

2(5) 尾鳍深分叉，中央鳍条长度最多为最长鳍条的一半

3(4) 头顶多少裸露且粗糙；臀鳍鳍条一般多于 20……………………**黄颡鱼属 *Pelteobagrus***

4(3) 头顶被皮肤，上枕骨棘或裸露；臀鳍鳍条不多于 20……………………**鮠属 *Leiocassis***

5(2) 尾鳍凹入，中央鳍条长至少为最长鳍条的 2/3，或为截形、圆形；头顶被皮肤，仅上枕骨棘或裸露……………………………………………………………………**拟鲿属 *Pseudobagrus***

6(1) 脂鳍通常较长，一般长于臀鳍基的 2 倍；颌须很长，末端远超过胸鳍基部……………………………………………………………………………………**鳠属 *Hemibagrus***

（77）黄颡鱼属 *Pelteobagrus*

体中等延长，后部侧扁。头略纵扁，头顶多少裸露且粗糙，或被薄皮而上枕骨棘外露。躯干部和尾部侧扁，背部倾斜。吻圆钝或呈锥形，稍突出。上颌突出于下颌。上、下颌及腭骨有绒毛状细齿。前、后鼻孔分离，前鼻孔短管状。须 4 对，其中颌须较短，末端不伸过胸鳍。眼一般不被皮膜所覆盖，眼缘游离或部分游离。背鳍具 1 根硬刺和分枝鳍条 6 或 7。脂鳍长常短于臀鳍基部。胸鳍硬刺前、后缘均具细锯齿，或内缘光滑。腹鳍鳍条 6。臀鳍鳍条 18~27，一般多于 20。尾鳍深分叉。体表无鳞，侧线完全。

本属广泛分布于自黑龙江到海南之间的各大水系之中，金沙江流域具有 3 种。

种检索表

1（2）胸鳍硬刺前、后缘均有锯齿……黄颡鱼 *P. fulvidraco*

2（1）胸鳍硬刺前缘光滑，后缘有强锯齿

3（4）颌须长，末端远超过胸鳍基部……瓦氏黄颡鱼 *P. vachelli*

4（3）颌须较短，末端不超过胸鳍基部……光泽黄颡鱼 *P. nitidus*

159 黄颡鱼 *Pelteobagrus fulvidraco*（Richardson，1846）

地方俗名　黄辣丁

Pimelodus fulvidraco Richardson，1846，Rep Brit Assoc Adv Sci，15th Meet：286（珠江）。

Pseudobagrus fulvidraco（Richardson）：张春霖，1960，中国鲇类志：15（长江等）。

Pelteobagrus fulvidraco：李贵禄（见丁瑞华），1994，四川鱼类志：450（金沙江等）；郑葆珊和戴定远（见褚新洛等），1999，中国动物志　硬骨鱼纲　鲇形目：36（金沙江等水系）。

主要形态特征　测量标本 3 尾，体长为 54.5~152.8mm，采自四川省盐边县二滩库区、西昌邛海等。

背鳍 II-6~7；臀鳍 15~21；胸鳍 I-7~9；腹鳍 6 或 7。鳃耙 13~16。

体长为体高（肛门处体高）的 3.9~6.5 倍，为头长的 3.3~4.5 倍，为尾柄长的 5.7~12.0 倍，为尾柄高的 11.2~15.5 倍，为前背长的 2.3~3.9 倍。头长为吻长的 2.8~3.3 倍，为眼径的 4.6~5.2 倍，为眼间距的 2.4~2.5 倍，为头宽的 1.3~1.4 倍，为口裂宽的 2.2 倍。尾柄长为尾柄高的 1.0~1.6 倍。

体延长，稍粗壮，吻端向背鳍上斜，后部侧扁，腹部浅平。头略大而纵扁，头宽大于头高，头背部皮肤大部分裸露。上枕骨棘宽短，接近项背骨。吻部背视钝圆。口大，下位，弧形，口闭

合时上颌齿带部分可见。颌齿及腭齿绒毛状，呈带状排列。口裂较宽，延伸至近眼前缘下方。眼中等大，侧上位，眼缘游离。眼间距宽，略隆起。前、后鼻孔分离，相距较远，前鼻孔呈短管状，后鼻孔具鼻须。须 4 对，其中，鼻须 1 对，伸达或超过眼后缘；颌须 1 对，向后伸达或超过胸鳍基部；颏须 2 对，外侧颏须长于内侧颏须。鳃孔大，向前伸至眼中部垂直下方腹面。鳔 1 室，心形。鳃膜不与鳃峡相连。

背鳍较小，起点距吻端大于距脂鳍起点；具骨质硬刺，前缘光滑，后缘具细锯齿。脂鳍短小，短于臀鳍并与臀鳍相对，基部位于背鳍基后端至尾鳍基中央偏前，后缘游离。臀鳍基底长，起点位于脂鳍起点垂直下方之前，距尾鳍基部小于距胸鳍基后端。胸鳍侧下位，延伸不达腹鳍，骨质硬刺前缘锯齿细小而多，后缘锯齿粗壮而少。腹鳍短，末端伸达臀鳍，起点位于背鳍基稍后的垂直下方，距胸鳍基后端大于距臀鳍起点。肛门约位于臀鳍起点距腹鳍基后端的中间。尾鳍深分叉，末端圆，上、下叶等长。

活体背部橄榄褐色，至腹部渐浅黄色。沿侧线上、下各有 1 狭窄的黄色纵带，约在腹鳍与臀鳍上方各有 1 黄色横带，交错形成断续的暗色纵斑块。尾鳍两叶中部各有 1 暗色纵条纹。

生活习性及经济价值　广泛分布于全国各地的各种水体之中，适应性强，好栖息于水流较缓、水生植物较多的水底层。主要以水生昆虫及其幼虫、小虾、软体动物及小鱼等为食。根据《长江鱼类早期资源》（曹文宣等，2007）描述，黄颡鱼产卵期长，从 4 月下旬至 9 月中旬，其中高峰期为 5 月下旬至 6 月上旬和 6 月下旬至 7 月下旬，产卵水温要求在 20℃以上，常在水草生长茂盛或泥底的静水、浅水区产卵。产卵前，雄鱼有掘泥做巢的习性，雌鱼产卵之后即离去，雄鱼护卵直到仔鱼能自由游出鱼巢为止。卵沉性，外具胶膜，强黏性，吸水膨胀，黏附在水下物体上发育。现为常见的水产养殖品种，人工繁殖技术成熟，产量较高，具有较高的经济价值。

流域内资源现状　原为流域偶见种，现在由于人工养殖、水库建设等，已成为金沙江流域特别是中下游常见种。

分布　全国范围内，长江、珠江、闽江、黄河、海河、松花江及黑龙江等水系均有分布。现在由于人工养殖，分布范围更广。金沙江流域分布于金沙江中下游，实地调查显示，最上可分布到云南永胜（马过河，金沙江一级支流）（图 4-34）。

160 瓦氏黄颡鱼 *Pelteobagrus vachelli*（Richardson，1846）

Bagrus vachelli Richardson，1846，Rep Brit Assoc Adv Sci，15th Meet：286（珠江）。
Pseudobagrus vachelli：张春霖，1960，中国鲇类志：18（长江等）。
Pelteobagrus vachelli：崔桂华（见褚新洛和陈银瑞），1990，云南鱼类志（下册）：147（金沙江等）；李贵禄（见丁瑞华），1994，四川鱼类志：451（金沙江等）；陈宜瑜，1998，横断山区鱼类：280（金沙江支流）；郑葆珊和戴定远（见褚新洛等），1999，中国动物志 硬骨鱼纲 鲇形目：40（金沙江等）。

主要形态特征 测量标本 16 尾，体长为 77.74~111.09mm，采自云南水富县、云南会泽县大黄梨树等。

背鳍 II-6~8；臀鳍 21~25；胸鳍 I-7~9；腹鳍 5 或 6。鳃耙 13~18。

体长为体高（肛门处体高）的 4.2~5.9 倍，为头长的 3.7~4.4 倍，为尾柄长的 4.5~6.3 倍，为尾柄高的 10.4~15.9 倍，为前背长的 2.3~3.6 倍。头长为吻长的 2.3~2.8 倍，为眼径的 4.2~6.5 倍，为眼间距的 2.0~2.5 倍，为头宽的 1.2~1.3 倍，为口裂宽的 1.9~2.5 倍。尾柄长为尾柄高的 1.7~2.9 倍。

体延长，前部略圆，后部侧扁，尾柄略细长。头略短而纵扁，头宽略大于头高，头顶有皮膜覆盖。上枕骨棘常裸露，略细长，接于项背骨。吻钝圆，略呈锥形。口较小，下位，略呈弧形，口宽略小于该处头宽。上颌突出于下颌，上、下颌具绒毛状细齿，呈弧形齿带；下颌齿带中央分开；颚骨齿形成半圆形齿带。眼中等大，侧上位，纵椭圆形，位于头的前半部，眼缘不游离。眼间距稍平。前、后鼻孔分离，相距较远，前鼻孔呈短管状，位于吻端；后鼻孔前缘具小鼻须。须 4 对，其中，鼻须 1 对，后伸超过眼后缘；颌须 1 对，略粗壮，向后伸超过胸鳍基部；颏须 2 对，外侧颏须长于内侧颏须，后伸达胸鳍，内侧颏须水平后伸达鳃膜。鳔 1 室，心形。鳃孔大。鳃膜不与鳃峡相连。

背鳍外缘略内凹，位前，起点约在体前部 1/3 处，距吻端小于距脂鳍起点；具骨质硬刺，前缘光滑，后缘粗糙具细锯齿。脂鳍短，基部位于背鳍基后端至尾鳍基中央偏后，后缘游离。臀鳍基底长，大于脂鳍基，起点距尾鳍基部的距离大于距胸鳍基后端，外缘略凸出。胸鳍下侧位，后伸不达腹鳍，骨质硬刺前缘光滑，后缘具强锯齿。腹鳍起点位于背鳍基后端的垂直下方之后，距胸鳍基后端远大于距臀鳍起点，末端超过臀鳍起点。肛门距臀鳍起点较距腹鳍基后端为近。尾鳍深分叉，末端圆，上、下叶等长。

活体背部灰褐色，体侧灰黄色，腹部浅黄。各鳍暗色，边缘略带灰黑色。尾鳍下叶边缘灰黑色。

生活习性及经济价值 小型底栖鱼类，栖息于多岩石或泥沙底质的江河里。以水生昆虫及其幼虫、寡毛类、甲壳动物、小型软体动物和小鱼为食。根据《长江鱼类早期资源》（曹文宣等，2007）描述，瓦氏黄颡鱼产卵期为 5 月中旬至 7 月中旬，6 月为产卵高峰期。产卵场一般在河滩地带，鱼群将卵产于卵石间隙，并黏结成团附着于卵石上，借流水冲刷孵化。沉性卵，外具胶膜，强黏性。瓦氏黄颡鱼体形比黄颡鱼大，在养殖中更为常见。肉质细嫩，味道鲜美，少刺，具有较高的食用价值和经济价值。

流域内资源现状 原为流域偶见种，现在由于人工养殖、水库建设等，已成为流域特别是中下游常见种。

分布 全国范围内，珠江、闽江、长江、湘江、辽河等水系均有分布。现在由于人工养殖，分布范围更广。金沙江流域分布于中下游，实地调查显示最上分布到云南水富、会泽等地（图 4-34）。

161 光泽黄颡鱼 *Pelteobagrus nitidus*（Dabry de Thiersant，1874）

Pseudobagrus nitidus Dabry de Thiersant，1874，Ann Sci Nat Paris Zool，1(5)(6)：6（长江）。

Pelteobagrus nitidus：丁瑞华，1987：30（四川、长江）；李贵禄（见丁瑞华），1994，四川鱼类志：453（四川、长江）；陈宜瑜，1998，横断山区鱼类：281（金沙江支流）；郑葆珊和戴定远（见褚新洛等），1999，中国动物志 硬骨鱼纲 鲇形目：42（长江等）。

主要形态特征 无金沙江水系标本，测量长江流域标本 15 尾。体长为 80.44~216.04mm。采自贵州省遵义乌江镇、贵州省遵义高桥镇麻子坝、湖南省邵阳市资江干流。

背鳍 II-6~7；臀鳍 20~25；胸鳍 I-7~8，I-8~10；腹鳍 5 或 6。鳃耙 8~11。

体长为体高（肛门处体高）的 4.2~5.8 倍，为头长的 3.9~4.3 倍，为尾柄长的 4.9~7.1 倍，为尾柄高的 9.9~15.6 倍，为前背长的 2.5~3.1 倍。头长为吻长的 2.4~3.5 倍，为眼径的 4.2~7.5 倍，为眼间距的 2.3~3.2 倍，为头宽的 1.2~1.4 倍，为口裂宽的 2.3~3.5 倍。尾柄长为尾柄高的 1.7~2.9 倍。

体延长，前部纵扁，后部侧扁。头部扁平，头顶后部裸露，上枕骨明显，末端接近项背骨。

吻略短而钝圆。口下位，口裂略呈弧形。上颌突出于下颌，上、下颌及颚骨均具绒毛状细齿，排列成齿带，唇较肥厚。眼中等大，侧上位，位于头的前部，眼缘不游离。眼间距略隆起。前、后鼻孔分离，相隔较远，后鼻孔距眼较距前鼻孔为近；前鼻孔呈短管状，位于吻端；后鼻孔前缘有鼻须。须 4 对，其中，鼻须 1 对，后伸可达眼中央；颌须 1 对，短于头长，后伸不达胸鳍起点；颏须 2 对，外侧颏须长于内侧颏须。鳃孔大。鳃膜不与鳃峡相连。鳃耙细小，排列稀疏。

背鳍短小，位于胸鳍后端的垂直上方，起点距吻端大于距脂鳍起点；具骨质硬刺，前缘光滑，后缘具细锯齿，其刺长于胸鳍硬刺。脂鳍肥厚，位于背鳍基后端至尾鳍基中央，基长短于臀鳍基部，后缘游离。臀鳍基较长，长于脂鳍基，起点位于脂鳍起点之前。胸鳍下侧位，具粗壮硬刺，前缘光滑，后缘锯齿发达，其长短于背鳍硬刺，后伸不达腹鳍。腹鳍小，起点位于背鳍基后端的垂直下方，距胸鳍基后端远大于距臀鳍基起点，末端超过臀鳍起点。肛门距臀鳍起点较距腹鳍基后端为近。尾鳍深分叉，上、下叶等长，末端细尖。生殖突明显。

活体灰黄色，背色深，体侧有 2 暗色斑块（在福尔马林溶液中易消失），腹部浅黄白色。各鳍浅灰色。侧线平直。

生活习性及经济价值　好栖息在湖泊、江河支流的中下层，白天少活动，夜间外出觅食。以水生昆虫、小虾和小鱼等为食。5~6 月开始繁殖，多在近岸的浅水区产卵。产卵前，雄鱼有掘泥做巢的习性，在水底掘一个浅圆形坑，雌鱼产卵其中，产卵后离去，由雄鱼护卵发育。

流域内资源现状　原为流域偶见种，数量较少。

分布　国内还见于长江、湘江、汉江、闽江等水系。金沙江流域分布于中下游，未采集到实地调查标本（图 4-34）。

（78）鮠属 *Leiocassis*

体中等延长，后部侧扁。头中等大，稍纵扁，头顶大多被皮肤而光滑，仅上枕骨棘或裸露。吻圆钝或锥形，稍突出。口中等大，下位，横裂。上颌突出于下颌。上、下颌与腭骨具绒毛状细齿，形成齿带。后鼻孔距眼较距前鼻孔为近乃至稍远。眼缘或多或少游离。须 4 对，颌须较短，末端不伸过胸鳍。背鳍具 1 根硬刺和分枝鳍条 6 或 7。胸鳍具 1 根硬刺和分枝鳍条 7~9。臀鳍 12~19。尾鳍深分叉。

本属广泛分布于黑龙江至海南的各大水系之中，金沙江流域具有 4 种。

种检索表

1(2) 吻甚突出，头长小于吻长的 3 倍……………………………………………………………… **长吻鮠 *L. longirostris***
2(1) 吻较钝圆，头长等于或大于吻长的 3 倍
3(4) 脂鳍起点前于臀鳍起点垂直线；脂鳍基长大于臀鳍基长…………………………………… **粗唇鮠 *L. crassilabris***
4(3) 脂鳍起点后于臀鳍起点垂直线；脂鳍基长等于或小于臀鳍基长
5(6) 颌须后伸不达胸鳍起点；尾鳍上、下叶等长，末端圆……………………………………… **叉尾鮠 *L. tenuifurcatus***
6(5) 颌须后伸超过胸鳍起点；尾鳍上叶长于下叶，末端略尖…………………………………… **长须鮠 *L. longibarbus***

162 长吻鮠 *Leiocassis longirostris* (Günther, 1864)

地方俗名　江团、肥沱（四川）

Leiocassis longirostris 张春霖，1960，中国鲇类志：23（长江等）；崔桂华（见褚新洛和陈银瑞），1990，云南鱼类志（下册）：149（金沙江支流）；李贵禄（见丁瑞华），1994，四川鱼类志：455（金沙江等）；陈宜瑜，1998，横断山区鱼类：283（金沙江支流）；郑葆珊和戴定远（见褚新洛等），1999，中国动物志　硬骨鱼纲　鲇形目：44（长江等）。

主要形态特征　测量标本 16 尾，体长为 72.8~152.2mm，采自四川乐山、云南水富。

背鳍 II-6~7；臀鳍 i-14~18；胸鳍 I-9；腹鳍 i-6。鳃耙 11~18。

体长为体高（肛门处体高）的 5.0~8.6 倍，为头长的 3.5~5.7 倍，为尾柄长的 3.9~6.2 倍，为尾柄高的 10.5~19.4 倍，为前背长的 2.6~3.4 倍。头长为吻长的 1.9~3.1 倍，为眼径的 4.9~10.3 倍，为眼间距的 2.3~4.8 倍，为头宽的 1.3~2.3 倍，为口裂宽的 2.0~3.9 倍。尾柄长为尾柄高的 2.0~3.4 倍。

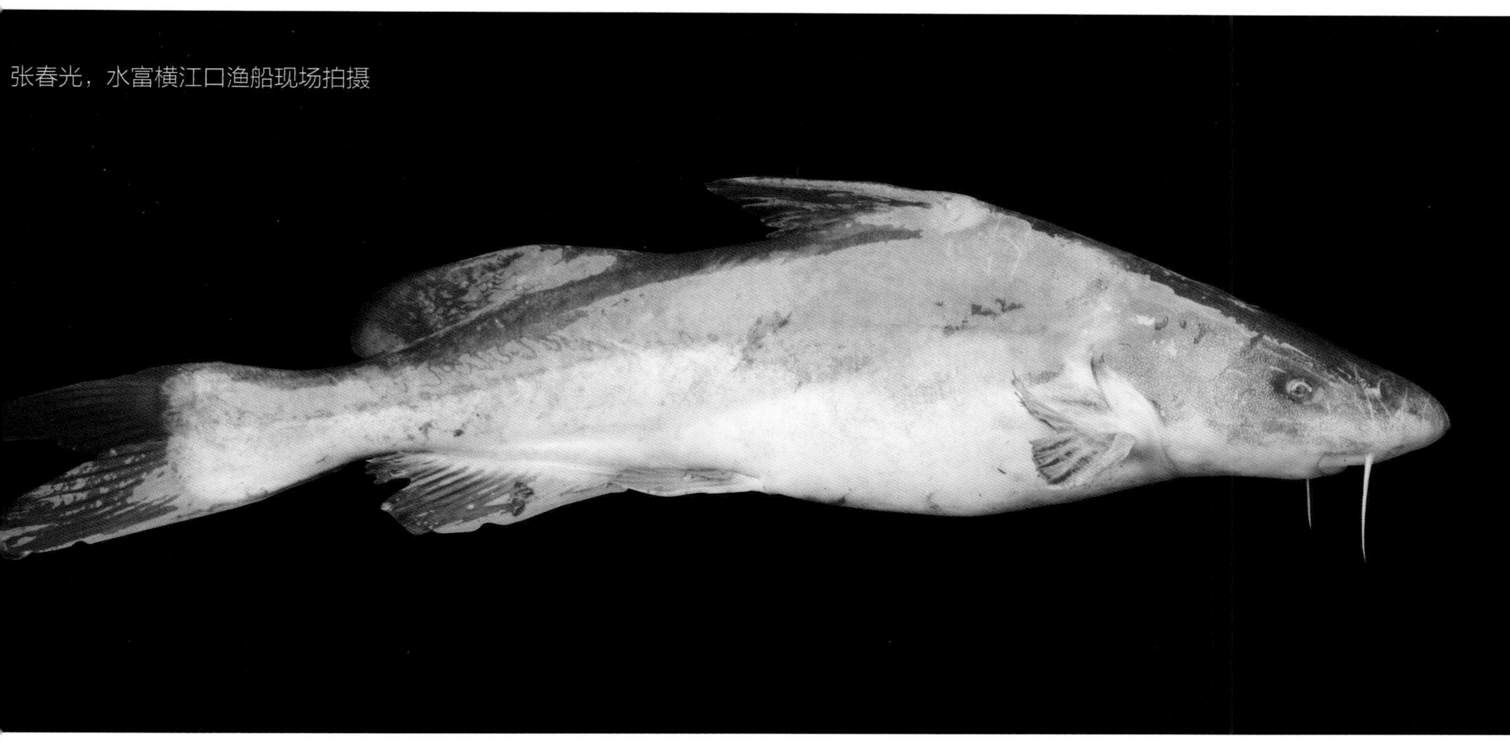
张春光，水富横江口渔船现场拍摄

体延长，背鳍起点为身体最高点，前部粗短，后部侧扁，腹部圆。头略大，头背面后部隆起，不被皮膜所盖；上枕骨棘粗糙，裸露。吻显著突出，尖且呈锥形。口下位，呈弧形。唇肥厚，光滑。上颌突出于下颌。唇后沟深，但不连续。上、下颌及颚骨均具绒毛状齿，形成弧形齿带。眼小，侧上位，眼缘不游离，为皮膜所覆盖，眼间距宽，隆起。前、后鼻孔相隔较远，前鼻孔呈短管状，位于吻前端下方；后鼻孔为裂缝状。须 4 对，较短，其中鼻须 1 对，紧位于后鼻孔前缘，后端达眼前缘；颌须 1 对，后端超过眼后缘；颏须 2 对，均短于颌须，外侧颏须较内侧颏须长。鳃孔大。鳃膜不与鳃峡相连。鳃耙细小。

背鳍短，起点位于胸鳍后端的垂直上方，距吻端大于距脂鳍起点；具骨质硬刺，前缘光滑，后缘具锯齿，其硬刺长于胸鳍硬刺。脂鳍短，基部位于背鳍基后端至尾鳍基中央偏后，后缘游离。臀鳍起点位于脂鳍起点垂直下方之后。胸鳍侧下位，硬刺前缘光滑，后缘有锯齿。腹鳍小，起点位于背鳍基后端的垂直下方稍后，距臀鳍起点较距胸鳍基后端为近，后伸达臀鳍起点。肛门约位于腹鳍基后端与臀鳍起点的中点。尾鳍深分叉，上、下叶等长，末端稍钝。

体色粉红，背部暗灰，腹部色浅。头及体侧具不规则的紫灰色斑块。各鳍灰黄色。侧线平直。

生活习性及经济价值　栖息于江河水的底层，常在水流较缓、水深且石块多的河湾水域里生活。白天常潜伏于水底或石缝内，夜间外出觅食。主要以水生昆虫及其幼虫、甲壳类、小型软体动物和小型鱼类为食。根据《长江鱼类早期资源》（曹文宣等，2007）：繁殖期为 3~5 月，以 4~5 月为盛期；多在底质为砾石的缓流水滩上产卵。产卵活动在深夜或黎明进行。亲鱼有护卵行为。产沉性卵，外具胶膜，强黏性，黏附于水下物体上发育。生长较快，体形大，一般重 2~2.5kg，最大个体可达十余千克。肉质细，味鲜美，少细刺，为优质食用鱼。在四川省内尤以“乐山江团”著称。其肥厚的鳔，干制后为名贵的鱼肚，属肴中珍品。现为常见的水产养殖品种，人工繁殖技术成熟，产量较高，具有较高的经济价值。

流域内资源现状 原在长江水系广泛分布，资源较为稳定，后来由于过度捕捞等种群有所下降。近年来由于人工养殖等，成为流域常见种。

分布 国内广泛分布于辽河至闽江水系。金沙江流域分布于中下游，实地考察显示，最上能分布到云南水富、绥江（图 4-35）。

粗唇鮠 *Leiocassis crassilabris*（Günther，1864）

地方俗名 黄蜡丁（四川）

Leiocassis crassilabris：崔桂华（见褚新洛和陈银瑞），1990，云南鱼类志（下册）：150（金沙江等）；李贵禄（见丁瑞华），1994，四川鱼类志：455（金沙江等）；陈宜瑜，1998，横断山区鱼类：283（金沙江支流）；郑葆珊和戴定远（见褚新洛等），1999，中国动物志　硬骨鱼纲　鲇形目：45（金沙江—长江等）。

主要形态特征 测量标本 11 尾。体长为 58.49~155.90mm。采自四川盐边桐子林镇、云南沾益德泽、会泽梨园乡江底。

背鳍 II-6~7；臀鳍 iii-iv-13~19；胸鳍 I-8~9；腹鳍 i-5。鳃耙 11~13。

体长为体高（肛门处体高）的 4.2~7.3 倍，为头长的 3.6~4.6 倍，为尾柄长的 4.4~7.1 倍，为尾柄高的 12.6~17.5 倍，为前背长的 2.6~3.8 倍。头长为吻长的 2.3~3.0 倍，为眼径的 5.3~7.2 倍，为眼间距的 2.3~3.1 倍，为头宽的 1.3~1.4 倍，为口裂宽的 2.2~2.6 倍。尾柄长为尾柄高的 2.1~2.9 倍。

体延长，前部略粗壮，后部侧扁。头钝，侧扁，头顶被厚皮膜；上枕骨不裸露，略长，接近项背骨。吻圆钝，突出，略呈锥形。眼中等大，侧上位，被皮膜；眼缘不游离。眼间距宽，略隆起。口下位，略呈弧形。唇略厚。上颌突出于下颌。上、下颌及颚骨均具绒毛状细齿，形成齿带。须

均细弱，鼻须位于后鼻孔前缘，后伸达或接近眼后缘，颌须可达鳃盖骨，颏须短于颌须。鳔1室，心形。鳃孔大。鳃膜不与鳃峡相连。鳃耙细短。

背鳍短小，骨质硬刺前缘光滑，后缘具细弱锯齿或齿痕，起点距吻端大于距脂鳍起点。脂鳍发达，长于臀鳍，基部位于背鳍基后端至尾鳍基中央偏前。臀鳍起点位于脂鳍起点的垂直下方略后，至尾鳍基部的距离与至胸鳍基后端相等。胸鳍侧下位，硬刺较宽扁，前缘光滑，后缘具10~14锯齿，后伸远不及腹鳍。腹鳍起点位于背鳍基后端至垂直下方略后，距胸鳍基后端大于距臀鳍起点，后伸达臀鳍。肛门约位于臀鳍起点至腹鳍基后端的中点。尾鳍深分叉，上、下叶等长，末端圆钝。

活体全身灰褐色，体侧色浅，腹部浅黄色。各鳍灰黑色。

生活习性及经济价值　小型鱼类。常生活在江河湾的草丛里和岩洞内，多夜间活动。主要以寡毛类、小型软体动物、虾、蟹及小鱼为食。8~9月在浅水草丛中产卵。卵具黏性，受精卵在水草上孵化。体长最长可达400mm。个体大，肉质细嫩，骨刺少，为优质鱼。现已成功人工繁殖。

流域内资源现状　原为流域偶见种，现在由于人工养殖、水库建设等，已成为流域特别是中下游常见种。

分布　全国范围内见于长江、珠江、闽江水系。金沙江流域分布于中下游，实地调查显示，最上分布到四川盐边桐子林镇，最下可分布到云南会泽、沾益等地（图4-35）。

164 叉尾鮠 *Leiocassis tenuifurcatus*（Nichols，1931）

Leiocassis tenuifurcatus：崔桂华（见褚新洛等），1990，云南鱼类志（下册）：152（金沙江支流）；郑葆珊和戴定远（见褚新洛等），1999，中国动物志　硬骨鱼纲　鲇形目：47（金沙江—长江等）。

主要形态特征　测量标本13尾，体长为72.88~189.84mm。采自四川盐边二滩库区、桐子林、盐源金河、攀枝花格里坪、云南会泽大井。

背鳍II-6~7；臀鳍ii-iv-13~18；胸鳍I-8~9；腹鳍i-5~6。鳃耙11~15。

体长为体高（肛门处体高）的4.3~7.2倍，为头长的3.7~4.7倍，为尾柄长的4.4~6.1倍，为尾柄高的11.3~19.2倍，为前背长的2.6~3.7倍。头长为吻长的2.3~3.0倍，为眼径的5.1~7.9倍，为眼间距的2.1~4.5倍，为头宽的1.2~1.4倍，为口裂宽的2.0~2.9倍。尾柄长为尾柄高的2.1~3.9倍。

体细长，背鳍起点为身体最高点，前部纵扁，后部侧扁，尾柄细长。头较小，头顶被皮膜，头部腹面较平。吻圆钝，略突出。口小，下位，弧形。唇厚，边缘梳状纹，在口角处形成发达的唇褶。上颌突出于下颌。上、下颌及颚骨均具绒毛状细齿，形成齿带，下颌齿带中央分开。眼中等大，侧上位，位于头的前半部，被皮膜；眼缘不游离。眼间距隆起。前、后鼻孔相距较远，前鼻孔呈短管状，位于吻端前缘，后鼻孔裂缝状，具鼻须。须4对，其中鼻须1对，紧位于后鼻孔

前缘，后伸达眼后缘；颌须 1 对，较短，后伸至眼后缘；颏须 2 对，外侧颏须长于内侧颏须，后伸达眼后缘。鳃孔大，鳃膜不与鳃峡相连。鳃耙细小。

背鳍短小，起点位于胸鳍后端的垂直上方略前，距吻端大于距脂鳍起点，平卧时，后伸不达脂鳍起点；具骨质硬刺，前缘光滑，末端尖，后缘粗糙具齿痕。脂鳍低长，基部位于背鳍基后端至尾鳍基中央，后缘游离。臀鳍起点位于脂鳍起点的垂直下方稍后。胸鳍侧下位，硬刺前缘光滑，后缘锯齿发达，后伸不达腹鳍。腹鳍起点位于背鳍基后端的垂直下方略后，后伸不达臀鳍起点。距胸鳍基后端大于距臀鳍起点。肛门距臀鳍起点近于距腹鳍基后端。尾鳍浅分叉，上、下叶等长，末端钝圆。

活体体侧灰褐色，腹部灰白。各鳍灰黑色。侧线平直。

生活习性及经济价值 小型底栖鱼类，常生活在小溪河中，白天很少活动，静栖于沙质水底或岩石缝隙，夜间外出觅食。以水生昆虫及其幼虫、寡毛类、虾类和小鱼等为食。产卵期为 4~5 月。卵沉性，浅黄色。受精卵附着于石块上孵化。个体小，肉味鲜美，但数量少。

流域内资源现状 个体较小，数量较少，流域偶见种。

分布 全国范围内分布于长江、珠江及闽江。金沙江流域分布于中下游，实地调查显示，最上分布到四川盐边二滩库区江段，最下分布到云南会泽大井（图 4-35）。

165 长须鮠 *Leiocassis longibarbus* Cui，1990

Leiocassis longibarbus Cui，1990，云南鱼类志（下册）：153-154（金沙江支流）。郑葆珊和戴定远（见褚新洛等），1999，中国动物志　硬骨鱼纲　鲇形目：50（金沙江支流）。

主要形态特征 测量标本 2 尾（分别为正模和副模标本），体长为 108.7~159.6mm。采自云南宾居河。

背鳍 I-7；臀鳍 20~22；胸鳍 I-7；腹鳍 6。鳃耙 14。

体长为体高（肛门处体高）的 5.7~6.8 倍，为头长的 4.5~4.6 倍，为尾柄长的 5.6~5.7 倍，为尾柄高的 12.7~13.6 倍，为前背长的 3.1~3.3 倍。头长为吻长的 2.8~3.0 倍，为眼径的 5.9 倍，为眼间距的 1.9~2.0 倍，为头宽的 1.3~1.4 倍，为口裂宽的 2.6~2.7 倍。尾柄长为尾柄高的 2.2~2.4 倍。

体延长，背缘隆起，轮廓幅度大于腹缘；背鳍起点为身体最高点，向前略下斜，向后稍平直。头部腹面较平，头宽大于头高。头背包括上枕骨棘，背面被皮肤。上枕骨棘与背鳍基骨前突相接触。吻钝圆。口下位，横裂，口裂正中距吻端小于眼径。上颌突出于下颌。眼侧位，纵椭圆形，位于头的前半部，腹视略可见。眼间距圆凸。前、后鼻孔相隔略远，前鼻孔略呈短管状，位于吻端前缘；后鼻孔距眼近于距吻端，具鼻须。须 4 对，其中鼻须 1 对，紧位于后鼻孔之前，后伸超过眼后缘；颌须 1 对，后伸超过胸鳍起点；颏须 2 对，外侧颏须超过鳃膜，内侧颏须短于外侧颏须，仅可伸达鳃膜联合处。鳃膜游离，不与鳃峡相连。

背鳍起点距吻端大于距腹鳍起点，后端不达脂鳍起点；具硬刺，前缘光滑，后缘粗糙有齿痕。脂鳍起点略后于臀鳍起点的垂直上方，后缘游离，基长小于臀鳍基。臀鳍起点距尾鳍基部等于或小于距胸鳍起点。胸鳍具硬刺，前缘光滑，后缘具强锯齿。腹鳍起点距吻端小于距尾鳍基部的距离，后伸不达臀鳍起点。尾鳍深分叉，上叶略长于下叶，末端略尖。

浸制的标本背部灰褐色，腹部浅灰，各鳍灰色。

生活习性及经济价值　该物种自发表之后，较少有研究涉及。至今其生活习性仍不详。原仅记录于云南省宾川县宾居河，本次调查未采集到标本。

流域内资源现状　个体小，数量较少，流域偶见种。

分布　金沙江流域特有种，目前仅分布于金沙江水系中下游的云南宾居河（图 4-35）。

（79）拟鲿属 *Pseudobagrus*

体中等延长，后部侧扁。腹部圆。头平扁，头顶被皮肤而光滑，仅上枕骨棘或裸露。吻圆钝或锥形。口亚下位或下位，弧形。上颌突出于下颌。上、下颌及腭骨均具齿带，齿呈绒毛状。前、后鼻孔分离。眼中等大，侧位，眼缘游离或部分游离。须 4 对，上颌须较短，后伸不过胸鳍。背鳍具 1 根骨质硬刺，分枝鳍条 5~7。具脂鳍，基部多短于臀鳍基部，后缘游离。胸鳍硬刺前、后缘具弱锯齿，或前缘光滑，后缘具弱锯齿。腹鳍 6。臀鳍 15~25。尾鳍凹入乃至截形或圆形，不呈深叉形。

本属广泛分布于自黑龙江至海南之间的各大水系之中，金沙江流域具有 6 种。

种检索表

1(2) 脂鳍短于臀鳍 ……………………………………………………… 中臀拟鲿 *P. medianalis*
2(1) 脂鳍等于或长于臀鳍
3(4) 枕突裸露；游离椎骨不少于 45 ……………………………………… 乌苏拟鲿 *P. ussuriensis*
4(3) 枕骨被皮肤；游离椎骨不多于 45
5(8) 须略长，颌须可达鳃膜；口亚下位
6(7) 尾鳍后缘略凹入或近截形……………………………………………… 切尾拟鲿 *P. truncatus*
7(6) 尾鳍后缘凹入较深，中央鳍条为最长鳍条的 2/3 …………………… 凹尾拟鲿 *P. emarginatus*
8(5) 须略短，颌须稍超过眼后缘；口下位
9(10) 背鳍前距等于或小于体长的 1/3………………………………………… 细体拟鲿 *P. pratti*
10(9) 背鳍前距大于体长的 1/3 ………………………………………… 短尾拟鲿 *P. brericaudatus*

中臀拟鲿 *Pseudobagrus medianalis*（Regan，1904）

地方俗名　湾丝

Macrones medianalis Regan，1904，Ann Mag Nat Hist，8(7)：194（金沙江支流）。
Pseudobagrus medianalis：张春霖，1960，中国鲇类志：21（金沙江支流）。崔桂华（见褚新洛等），1990，云南鱼类志（下册）：157（金沙江支流）；陈宜瑜，1998，横断山区鱼类：284（金沙江支流）；郑葆珊和戴定远（见褚新洛等），1999，中国动物志　硬骨鱼纲　鲇形目：54（金沙江支流）。

主要形态特征　测量标本 15 尾，体长为 30.38~185.99mm。采自云南昆明大板桥青龙潭、晋宁、呈贡。

背鳍 II-7；臀鳍 iv-13~14；胸鳍 I-7~8；腹鳍 i-5~6。鳃耙 9~12。

体长为体高（肛门处体高）的 3.5~4.9 倍，为头长的 3.5~4.3 倍，为尾柄长的 4.9~6.3 倍，为

尾柄高的 11.0~14.5 倍，为前背长的 2.3~3.0 倍。头长为吻长的 2.4~3.0 倍，为眼径的 5.4~8.1 倍，为眼间距的 2.3~3.1 倍，为头宽的 1.2~1.3 倍，为口裂宽的 2.0~3.2 倍。尾柄长为尾柄高的 1.8~2.5 倍。

体延长，前部略纵扁，后部侧扁。头顶有皮肤覆盖，上枕骨棘长为宽的 2 倍，长为头长的 1/4。头宽大于头高。吻纵扁且圆钝。口下位，口裂略呈弧形。唇肥厚。上颌突出于下颌。上、下颌具绒毛状细齿，形成宽齿带，下颌齿带中央分离；腭骨齿带呈半圆形，中央最窄。眼小，侧上位，上缘近于头缘，眼间距宽，略平。前、后鼻孔相距较远，前鼻孔呈短管状，后鼻孔呈裂缝状。须 4 对，稍短，鼻须后端超过眼后缘；颌须后伸达胸鳍起点；外侧颏须长于内侧颏须，后伸达鳃孔。鳃膜不与鳃峡相连。

背鳍短小，骨质硬刺前、后缘均光滑，尖端柔软，起点距吻端略大于距脂鳍起点。脂鳍基短于臀鳍基，起点位于臀鳍起点的垂直上方略后，后缘游离。臀鳍较长，鳍条 17 或 18，起点至尾鳍基部的距离略小于至胸鳍基后端。胸鳍硬刺前缘光滑，后缘具强锯齿，后伸不及腹鳍。腹鳍起点位于背鳍起点的垂直下方之后，距胸鳍基后端大于距臀鳍起点，后端不达臀鳍。肛门距臀鳍起点与距腹鳍基后端相等。尾鳍后缘多少凹形或平截，上、下叶约等长，末端圆钝。

活体呈灰褐色，腹部色浅。体侧有暗色斑块，顶部有浅色横带纹。

生活习性及经济价值　常生活于江河或溪流上游，在湖体中亦有分布。个体小，经济价值不高。

流域内资源现状　仅分布于云南滇池流域，原为滇池常见种，但 20 世纪 60 年代以来数量逐渐稀少，现在已经处于濒危状态。近年来在滇池周边的一些河流中采集到，但数量仍然较为稀少。

分布　国内仅分布于金沙江水系的云南滇池流域（图 4-36）。

167 乌苏拟鲿 *Pseudobagrus ussuriensis*（Dybowski，1872）

Leiocassis leiocassis：张春霖，1960，中国鲇类志：31（长江等）。

Pseudobagrus ussuriensis：崔桂华（见褚新洛等），1990，云南鱼类志（下册）：159（金沙江支流）；李贵禄（见丁瑞华），1994，四川鱼类志：464（长江支流）；陈宜瑜，1998，横断山区鱼类：286（金沙江支流）；郑葆珊和戴定远（见褚新洛等），1999，中国动物志　硬骨鱼纲　鲇形目：60（长江等）。

主要形态特征　测量标本 14 尾，体长为 70.36~110mm。采自云南绥江县及盐津县。

背鳍 I-6~7；臀鳍 ii-15~19；胸鳍 I-6~7；腹鳍 i-5~6。鳃耙 9~13。

体长为体高（肛门处体高）的 4.9~6.2 倍，为头长的 3.4~4.0 倍，为尾柄长的 4.8~6.5 倍，为尾柄高的 12.4~16.8 倍，为前背长的 2.6~3.0 倍。头长为吻长的 2.5~3.2 倍，为眼径的 5.3~8.4 倍，为眼间距的 2.7~4.2 倍，为头宽的 1.2~1.4 倍，为口裂宽的 2.4~3.4 倍。尾柄长为尾柄高的 2.0~3.0 倍。

体延长，前部粗圆，后部侧扁。头纵扁，头顶有皮膜覆盖；上枕骨棘几裸露，与项背骨接近。头宽显著大于头高。吻稍尖圆。口下位，横裂。唇厚。上颌突出于下颌。上、下颌具绒毛状细齿，

形成齿带；腭骨齿带呈新月形。眼小，侧上位，位于头的前半部，眼缘不游离，被皮肤覆盖，眼间距略凸，眼前略隆起。前、后鼻孔分离，前鼻孔呈短管状，位于吻端；后鼻孔位于其后，裂缝状，距眼略近于距吻端。须4对，短细，鼻须后伸达眼后缘，颌须后端接近胸鳍起点；外侧颏须长于内侧颏须，较鼻须为长，后伸超过眼后缘。鳃膜不与鳃峡相连。

背鳍骨质硬刺前缘光滑，后缘具弱锯齿，刺长稍长于胸鳍硬刺，起点距吻端略小于距脂鳍起点。脂鳍略低且长，等于或略长于臀鳍基，基部位于背鳍基后端至尾鳍基中央偏后，后缘游离。臀鳍起点位于脂鳍起点的垂直下方略后，至尾鳍基部的距离大于至胸鳍基后端。胸鳍硬刺前缘光滑，后缘具强锯齿，鳍条后伸不达腹鳍。腹鳍后伸不达臀鳍，位于背鳍后端垂直下方之后，距胸鳍基后端大于距臀鳍基起点。肛门距臀鳍起点与距腹鳍基后端距离相等。尾鳍内凹，上叶稍长，末端圆钝。

活体背及体侧灰黄色，腹部色浅。

生活习性及经济价值　常栖息于缓流河道。野外有一定数量，有一定的经济价值。现已成功开展人工繁殖，经济价值相对更高。

流域内资源现状　原为流域偶见种，现在由于人工养殖、水库建设等，已成为流域特别是中下游常见种。

分布　全国范围内分布于珠江至黑龙江水系。金沙江流域分布于中下游，实地调查显示，最上分布到四川雅砻江，最下分布到云南绥江、盐津等地（图4-36）。

切尾拟鲿 *Pseudobagrus truncatus*（Regan，1913）

Leiocassis truncatus Regan，1913，Ann Mag Nat Hist，11（8）：553（长江）；张春霖，1960，中国鲇类志：32（金沙江等）。

Pseudobagrus truncatus：崔桂华（见褚新洛等），1990，云南鱼类志（下册）：160（金沙江支流）；李贵禄（见丁瑞华），1994，四川鱼类志：460（金沙江等）；陈宜瑜，1998，横断山区鱼类：287（金沙江支流）；郑葆珊和戴定远（见褚新洛等），1999，中国动物志　硬骨鱼纲　鲇形目：62（金沙江—长江等）。

主要形态特征　测量标本14尾，体长为58.0~227.8mm。采自云南会泽梨园牛栏江、四川雅安雅砻江。

背鳍 II-7；臀鳍 iii-16~17；胸鳍 I-7~8；腹鳍 i-5。鳃耙 9 或 10。

体长为体高（肛门处体高）的 3.8~6.5 倍，为头长的 3.6~4.5 倍，为尾柄长的 4.4~7.1 倍，为尾柄高的 9.2~17.3 倍，为前背长的 2.6~3.2 倍。头长为吻长的 2.3~3.3 倍，为眼径的 6.1~9.5 倍，为眼间距的 2.5~3.5 倍，为头宽的 1.2~1.4 倍，为口裂宽的 2.3~3.1 倍。尾柄长为尾柄高的 1.8~3.1 倍。

体延长，前部略纵扁，后部侧扁。头中等大，且纵扁，较窄，腹面略平。头背包括上枕骨棘背面被皮肤。头宽大于头高，体长为头宽的 5 倍以上，头顶被皮膜，上枕骨棘细短。吻短，钝圆。口次下位，弧形。唇厚。上颌突出于下颌。上、下颌及颚骨具绒毛状齿，形成弧形齿带。眼小，侧上位，位于头的前半部，被皮膜，眼间距宽平。前、后鼻孔相隔较远，前鼻孔呈短管状，位于吻端，后鼻孔呈裂缝状。须 4 对，鼻须位于后鼻孔前缘，末端超过眼后缘。颌须后伸达胸鳍起点，外侧颏须长于内侧颏须，但后伸不达鳃膜。鳃孔宽大。鳃膜不与鳃峡相连。鳃耙细小。

背鳍骨质硬刺短，头长约为其长的 2 倍，前、后缘均光滑，起点距吻端略大于或等于距脂鳍起点。脂鳍低而长，基部长约等于臀鳍基长，二者相对，位于背鳍基后端至尾鳍基中央略后。臀鳍起点位于脂鳍起点的垂直下方，至尾鳍基的距离大于至胸鳍基后端。胸鳍短小，侧下位，稍长于背鳍硬刺，前缘具弱锯齿，后缘锯齿发达，后伸达腹鳍起点。腹鳍起点位于背鳍基后端的垂直下方之后，距胸鳍后端大于距臀鳍起点。肛门距臀鳍起点较距腹鳍基后端为近。尾鳍近平截或中央微凹，上、下叶约等长，末端钝圆。

活体背侧呈灰褐色，腹部浅黄色。体侧正中有数块不规则、不明显的暗斑。各鳍灰黑色。

生活习性及经济价值　常生活于江河或溪流上游。繁殖期为 5~7 月，6 月为繁殖盛期。产沉性卵，外具胶膜，强黏性。肉质细嫩，少刺，是常见的被捕食鱼类。但个体较小，常见个体重 50~100g，暂未有人工繁殖的报道。

流域内资源现状　数量较少，为流域偶见种。

分布　国内分布于闽江、长江和黄河水系。金沙江流域分布于中下游，实地调查显示，最上分布到四川雅安，最下分布到云南会泽（图 4-36）。

169 凹尾拟鲿 *Pseudobagrus emarginatus*（Regan，1913）

Leiocassis emarginatus Regan，1913，Ann Mag Nat Hist，11(8)：553（长江）；张春霖，1960，中国鲇类志：29（金沙江等）。

Pseudobagrus emarginatus：崔桂华（见褚新洛等），1990，云南鱼类志（下册）：161（金沙江）；李贵禄（见丁瑞华），1994，四川鱼类志：467（金沙江等）；郑葆珊和戴定远（见褚新洛等），1999，中国动物志　硬骨鱼纲　鲇形目：63（金沙江 — 长江等）。

主要形态特征　无金沙江标本，测量标本 14 尾，采自贵州遵义乌江，体长为 57.96~107.27mm。背鳍 II-6~7；臀鳍 iii-14~16；胸鳍 I-7~8；腹鳍 i-5。鳃耙 11 或 12。

体长为体高（肛门处体高）的 3.9~6.1 倍，为头长的 3.5~4.3 倍，为尾柄长的 5.6~6.8 倍，为尾柄高的 9.7~12.1 倍，为前背长的 2.6~2.9 倍。头长为吻长的 2.6~3.1 倍，为眼径的 5.0~6.1 倍，为眼间距的 2.5~3.8 倍，为头宽的 1.2~1.3 倍，为口裂宽的 2.0~3.8 倍。尾柄长为尾柄高的 1.5~2.0 倍。

体延长，前部略圆，后部侧扁。头纵扁，上枕骨棘短，稍长于眼径，头背包括上枕骨棘均被皮肤。口亚下位，口裂呈弧形。吻圆钝。唇厚，边缘具梳状褶，在口角处形成发达唇褶。上颌突出于下颌。上、下颌及腭骨具绒毛状细齿，形成齿带；腭骨齿带呈弯曲状，中间最窄。眼小，侧上位，位于头的前半部，被皮膜，眼间距圆凸。须 4 对，细短，鼻须后伸达眼后缘，颌须后端可达胸鳍起点；外侧颏须长于内侧颏须，可超过眼后缘，内侧颏须达眼中央。鳃孔大。鳃膜不与鳃峡相连。

背鳍硬刺前缘光滑，后缘无锯齿或具弱锯齿，起点位于胸鳍基后端的垂直上方略后，距吻端小于距脂鳍起点。脂鳍低长，基部位于背鳍基后端至尾鳍基中央略后，后缘游离，基长小于臀鳍基。臀鳍起点位于脂鳍起点的垂直下方略前，至尾鳍基部的距离大于至胸鳍基后端。胸鳍硬刺前缘光滑，后缘具强锯齿，后端不达腹鳍。腹鳍起点位于背鳍基后端的垂直下方后，距胸鳍后端大

于距臀鳍起点，鳍条后伸过肛门而不达臀鳍起点。肛门距臀鳍起点较距腹鳍基后端为近。尾鳍浅分叉，上、下叶等长，后缘凹入较深，中央鳍条为最长鳍条的 2/3。

活体浅黄色，散有不规则的小黑斑点。背鳍、臀鳍和尾鳍灰黑色，腹鳍浅灰色。

生活习性及经济价值　常生活于江河或溪流上游。肉质细嫩，少刺，是常见的被捕食鱼类。但个体较小，常见个体重 50~100g，暂未有人工繁殖的报道。

流域内资源现状　数量较少，为流域偶见种。

分布　国内分布于闽江和长江水系。金沙江流域分布于中下游，实地调查显示，最上分布到云南楚雄，最下分布于云南富民（图 4-36）。

细体拟鲿 *Pseudobagrus pratti*（Günther，1892）

地方俗名　黄辣丁

Macrones pratti Günther，1892，in Pratt's Snows of Tibet：245（长江）。

Pseudobagrus pratti：张春霖，1964，中国鲇类志：20（长江）。李贵禄（见丁瑞华），1994，四川鱼类志：465（金沙江等）；郑葆珊和戴定远（见褚新洛等），1999，中国动物志　硬骨鱼纲　鲇形目：65（长江等）。

主要形态特征　无金沙江标本，测量标本 12 尾，采自湖南沅江，广西荔浦、金秀等，体长为 33.33~224.83mm。

背鳍 II-6~7；臀鳍 19~22；胸鳍 I-7~8；腹鳍 i-5~6。鳃耙 10 或 11。

体长为体高（肛门处体高）的 4.8~6.4 倍，为头长的 3.4~5.6 倍，为尾柄长的 4.7~7.0 倍，为尾柄高的 13.9~19.9 倍，为前背长的 2.5~3.4 倍。头长为吻长的 2.3~3.5 倍，为眼径的 4.8~8.0 倍，为眼间距的 2.5~3.8 倍，为头宽的 1.2~1.6 倍，为口裂宽的 2.0~3.2 倍。尾柄长为尾柄高的 2.0~3.7 倍。

体很细长，前部略粗圆，后部侧扁，体高较低，尾柄高等于或小于头长的 1/3。头略纵扁，被皮肤所覆盖。吻宽，钝圆。口大，下位，口裂略呈弧形。唇厚，边缘具梳状纹，在口角处形成发达的唇褶，唇后沟不连续。上颌突出于下颌。上、下颌具绒毛状细齿，形成宽的齿带，下颌齿带中央分离；腭骨齿带近半圆形，中间最窄。眼小，侧上位，位于头的前半部。须 4 对，较细短，鼻须后伸达眼中央，颌须后端稍超过眼后缘，外侧颏须长于内侧颏须。鳔 1 室。鳃孔大。鳃膜不与鳃峡相连。

背鳍短，骨质硬刺前、后缘均光滑，无锯齿，短于鳍条，起点距吻端大于距脂鳍起点。脂鳍低长，基部位于背鳍基后端至尾鳍基中央。臀鳍起点位于脂鳍起点的垂直下方之后，至尾鳍基的距离远小于至胸鳍基后端。胸鳍侧下位，硬刺前缘光滑，后缘具锯齿，8~10 枚，鳍条后伸不达腹鳍。腹鳍起点位于背鳍基后端的垂直下方之后，距胸鳍基后端大于距臀鳍起点。肛门距臀鳍起点较距腹鳍基后端为近。尾鳍浅凹形，上、下叶末端圆钝。

活体呈褐色，至腹部渐浅，无斑。背鳍、尾鳍末端灰黑。

生活习性及经济价值 常生活于江河或溪流上游。在江河产卵，卵隐藏于石隙内发育。产沉性卵，外具胶膜，强黏性。肉质细嫩，少刺，是常见的被捕食鱼类。但个体较小，常见个体重50~100g，暂未有人工繁殖的报道。

流域内资源现状 数量较少，为流域偶见种。

分布 国内分布于珠江和长江水系。金沙江流域分布于中下游，历史记录分布到大渡河下游、宜宾等地（图 4-36）。

171 短尾拟鲿 *Pseudobagrus brericaudatus*（Wu，1930）

地方俗名 鲟鱼、腊子、大腊子

Leiocassis brericaudatus Wu，1930，Sinensia，1(6)：81（长江）。

Pseudobagrus brericaudatus：张春霖，1960，中国鲇类志：22-23（长江等）。崔桂华（见褚新洛等），1990，云南鱼类志（下册）：158（金沙江支流）；李贵禄（见丁瑞华），1994，四川鱼类志：462（长江）；陈宜瑜，1998，横断山区鱼类：285（金沙江支流）；郑葆珊和戴定远（见褚新洛等），1999，中国动物志 硬骨鱼纲 鲇形目：67（金沙江 — 长江等）。

主要形态特征 共测量标本 7 尾，体长为 54.19~166.39mm。采自云南沾益。

背鳍 I-6~7；臀鳍 iii-14~15；胸鳍 I-7~9；腹鳍 i-5。鳃耙 11 或 12。

体长为体高（肛门处体高）的 4.5~8.2 倍，为头长的 3.5~4.2 倍，为尾柄长的 5.2~6.6 倍，为尾柄高的 7.9~14.5 倍，为前背长的 2.4~2.8 倍。头长为吻长的 2.3~3.1 倍，为眼径的 6.2~9.5 倍，为眼间距的 1.7~3.1 倍，为头宽的 1.0~1.4 倍，为口裂宽的 1.5~3.3 倍。尾柄长为尾柄高的 1.3~2.5 倍。

体延长，背部略隆起，后部侧扁。头纵扁，头背包括上枕骨棘背面被皮肤。吻圆钝。口下位，

横裂且宽。唇厚，在口角处形成发达唇褶。上颌突出于下颌。上、下颌及腭骨均具绒毛状细齿，形成齿带。眼小，被皮肤覆盖，侧上位，位于头的前部，眼间距圆凸。前、后鼻孔相隔较远，前鼻孔呈短管状，位于吻端，后鼻孔呈裂缝状，距眼略近于距吻端。须 4 对，较细短，鼻须位于后鼻孔前缘，后伸达眼后缘；颌须超过眼后缘接近胸鳍起点；外侧颏须长于内侧颏须，后伸超过眼后缘。鳃孔较大。鳃膜不与鳃峡相连。鳃耙细短。

背鳍骨质硬刺前缘光滑，后缘具弱锯齿，起点距吻端大于距脂鳍起点。脂鳍长，基部位于背鳍后端至尾鳍中央，起点稍后于臀鳍起点的垂直上方，后缘游离。臀鳍起点位于脂鳍起点的垂直下方略前，至尾鳍基的距离不及距胸鳍基后端。胸鳍侧下位，前缘光滑或稍粗糙，后缘具锯齿 12 或 13 枚，鳍条末端不达腹鳍。腹鳍起点位于背鳍基后端的垂直下方之后，距胸鳍基后端远大于距臀鳍起点，鳍条后伸超过臀鳍起点。肛门距臀鳍起点较距腹鳍基后端为近。尾鳍分叉，中央最短鳍条长约为外缘最长鳍条的 2/3，叶后端圆钝。

活体黄褐色，体侧色浅，腹部黄白色。

生活习性及经济价值　常生活于江河或溪流水体。个体小，经济价值不高。

流域内资源现状　流域偶见种。

分布　国内记录分布于长江及闽江水系。金沙江流域分布于中下游，实地调查显示，最上分布到云南丽江，最下分布到云南沾益（图 4-36）。

（80）鳠属 *Hemibagrus*

体中等延长，尾部侧扁。腹部圆。头纵扁或侧扁。头顶光滑或粗糙，正中有 1 纵沟。上枕骨棘被皮肤或裸露。吻钝。口端位或次下位，横裂。眼小，侧上位，眼缘游离。鼻孔小，2 对，前、后鼻孔分离，前鼻孔有须。上颌突出于下颌。上、下颌及腭骨具绒毛状细齿。须 4 对。鼻须 1 对，颌须长于头长，末端超过胸鳍之后；颏须 2 对；内侧颏须短于头长，外侧颏须长度不一。背鳍具骨质硬刺，前、后缘光滑，具鳍条 7。脂鳍基长，甚长于臀鳍基，后缘游离。胸鳍硬刺前、后缘或仅后缘具锯齿。臀鳍 9~16。尾鳍分叉或稍凹以致呈圆形。

主要分布于长江及以南各水系，金沙江流域仅有 1 种。

大鳍鳠 *Hemibagrus macropterus*（Bleeker，1870）

Hemibagrus macropterus Bleeker，1970，Versl Med Akad Wetensch Amsterdam，4(2)：257（长江）；张春霖，1960，中国鲇类志：33（四川、长江）。Kottelat，2013，Raffles Bull Zool，259（四川、长江）。

Mystus macropterus：李贵禄（见丁瑞华），1994，四川鱼类志：468（金沙江等）；陈宜瑜，1998，横断山区鱼类：289（金沙江支流）。郑葆珊和戴定远（见褚新洛等），1999，中国动物志　硬骨鱼纲　鲇形目：71（金沙江—长江等）。

主要形态特征　测量标本 3 尾，体长为 155.89~285.62mm。采自云南水富。

背鳍 I-7；臀鳍 i-11~13；胸鳍 I-8~9；腹鳍 i-5。鳃耙 19 或 20。

体长为体高（肛门处体高）的 6.0~7.2 倍，为头长的 3.7~4.1 倍，为尾柄长的 4.2~5.3 倍，为尾柄高的 9.3~10.6 倍，为前背长的 2.6~2.9 倍。头长为吻长的 2.6~2.9 倍，为眼径的 6.8~7.5 倍，为眼间距的 3.3~3.6 倍，为头宽的 1.1~1.3 倍，为口裂宽的 2.2~2.4 倍。尾柄长为尾柄高的 1.8~2.4 倍。

体延长，前端略纵扁，后部侧扁。头较宽且纵扁，头顶被皮膜；上枕骨棘不外露，不连于项背骨。吻钝。口略大，次下位，口裂呈弧形。唇于口角处形成发达唇褶。上颌突出于下颌，上、下颌具绒毛状齿，形成弧形齿带，下颌齿带中央分开；颚骨齿形成半圆形齿带。唇后沟不连续。眼大，侧上位，位于头的前半部，上缘接近头缘，眼缘游离，不被皮膜覆盖，眼间距宽而平。前、

后鼻孔相隔较远，前鼻孔呈管状，后鼻孔为裂缝。须 4 对，鼻须位于后鼻孔前缘，末端超过眼中央或达眼后缘，颌须后伸达胸鳍后端。外侧颏须长于内侧颏须，后端达胸鳍起点。鳔 1 室。鳃孔大。鳃膜不与鳃峡相连。鳃耙细长。鳃盖条 12。体光滑无鳞。

背鳍短小，骨质硬刺前、后缘均光滑，短于胸鳍硬刺，起点位于胸鳍后端的垂直上方，约在体前 1/3 处，距吻端大于距脂鳍起点。脂鳍低且长，起点紧靠背鳍基后，后缘略斜或截形而不游离。臀鳍起点位于脂鳍起点之后，至尾鳍基部的距离不及至胸鳍基后端。胸鳍侧下位，硬刺前缘具细锯齿，后缘锯齿发达，鳍条后伸不达腹鳍。腹鳍起点位于背鳍基后端的垂直下方，距胸鳍基后端大于距臀鳍起点。肛门紧靠腹鳍基后端，距臀鳍起点较距腹鳍基后端为远。尾鳍分叉，上、下叶等长，末端圆钝。

活体背灰褐色，体侧色浅，腹部白色，体及各鳍均散布暗色小斑点，各鳍色灰，尾鳍上叶微黑。

生活习性及经济价值　为中型底栖鱼类，常栖息于江河激流、多石砾的水体中。以小型鱼类、软体动物等为食。繁殖期为 4~7 月，5~6 月为产卵盛期，产卵于流水的浅滩上。沉性卵，外具胶膜，弱黏性。最大个体达 5kg 左右。肉质细嫩，骨刺少，为优质食用鱼，有一定的经济价值。现已突破其人工养殖技术，部分地区有规模化养殖。

流域内资源现状　原为流域偶见种，现在由于人工养殖、水库建设等，已成为流域特别是中、上游常见种。四川省已在邻水县建立大洪河邻水段中华倒刺鲃、大鳍鳠省级水产种质资源保护区，保护该物种的种质资源。

分布　国内分布于长江、湘江、赣江及珠江水系。金沙江流域分布于下游，实地调查显示最上见于云南水富（图 4-36）。

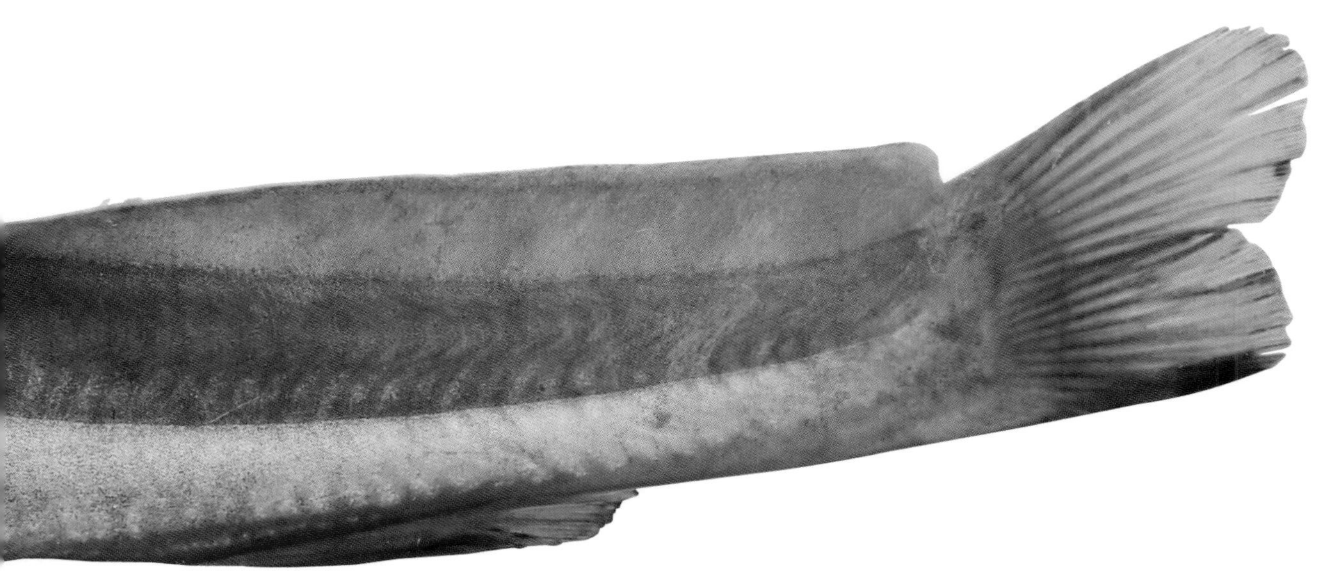

（十一）鮡科 Sisoridae

体小，除个别属外，均为小型鲇类。头平扁或略纵扁。口端位、下位或亚下位。齿生上颌和下颌，腭骨无齿。背鳍短，具 6 或 7 根分枝鳍条，位于腹鳍之前。臀鳍短，具 4~9 根分枝鳍条。胸鳍平展，具或不具硬刺。前、后鼻孔紧靠，间有瓣膜相隔，瓣膜延长成鼻须。颌须 1 对，颏须 2 对。鳃盖条 5~12。胸部具或不具吸着器。鳔分左、右两室，包于骨囊中。

主要分布于中国、印度和东南亚，国内分布于长江及以南的地区。金沙江流域有 3 属 6 种。

属检索表

1（2）胸部有吸着器……………………………………………………………………**纹胸鮡属 *Glyptothorax***

2（1）胸部无吸着器

3（4）前颌齿带很宽，两侧端向后延伸……………………………………………**石爬鮡属 *Chimarrichthys***

4（3）前颌齿带很窄，两侧端不向后延伸………………………………………………**鮡属 *Pareuchiloglanis***

（81）纹胸鮡属 *Glyptothorax*

体延长，头部向吻端逐渐平扁，体向尾端逐渐侧扁。头小，被皮肤或不同程度裸出。上颌齿带连续，下颌齿带中央间断；齿细小，圆锥形，尖端略后曲。腭骨、犁骨均无齿。须 4 对，颌须基部宽，有皮膜分别与下唇和头侧相连。鳃孔宽大，鳃膜与鳃峡相连。鳃盖条 6~10。两胸鳍间腹面有明显的纵向皮纹吸着器。皮肤光滑或具不同形式的突起。背鳍具 1 刺，分枝鳍条 5~7。脂鳍短而高。臀鳍鳍条 9~14。胸鳍具 1 宽扁硬刺，后缘具 4~16 枚锯齿，分枝鳍条 6~12。腹鳍鳍条 6。尾鳍叉形，偶鳍不分枝鳍条腹面有或无羽状褶皱。复合脊椎两侧的骨囊腹面开放或完全封闭。前颌骨每侧由两块或多块组成。后翼骨远小于外翼骨。额骨形成明显的框前突。脊椎骨 33~41。

该属主要分布于中国、印度和东南亚，国内分布于长江及以南的地区。金沙江流域有 1 种。

中华纹胸鮡 *Glyptothorax sinensis*（Regan，1908）

地方俗名　石爬子、刺格巴

Glyptosterum sinense Regan，1908，Ann Mag Nat Hist，1（8）：109-110（湖南洞庭湖）。
Glyptosternon fokiensis Rendahl，1925，Zool Anz，64：307（福建闽江）。
Glyptosternum conirostre：Günther，1892，245（四川岷江）；张春霖，1960，中国鲇类志：46（四川岷江）。
Glyptothorax platypogon：Shih *et* Tchang，1934，Contr Boil Dep Sci Inst W China，2：7（四川岷江）。
Glyptosternon punctatum Nichols，1941，American Mus Nov，1107：1（四川岷江）。
Glyptothorax sinense：张春霖，1960，中国鲇类志：44（金沙江等）；丁瑞华，1994，四川鱼类志，481-484（长江支流）；陈宜瑜，1998，横断山区鱼类：395（金沙江支流）。
Glyptothoraxa fukiensis：张春霖，1960，中国鲇类志：45（闽江及长江）；丁瑞华，1994，四川鱼类志：479-481（金沙江等）。
Glyptothorax fukiensis punctatum：李树深，1984，云南大学学报，3：63-71（金沙江等）。
Glyptothorax fukiensis fukiensis：李树深，1984，云南大学学报，3：63-71（长江等）。褚新洛和陈银瑞，1990，云南鱼类志（下册），179（金沙江等）；褚新洛等，1999，中国动物志　硬骨鱼纲　鲇形目：136-137（金沙江等）。
Glyptothorax sinense sinense：褚新洛等，1999，中国动物志　硬骨鱼纲　鲇形目：133-135（长江中下游）。
Glyptothorax fokiensis：Ferraris，2007，Zootaxa，1418：389（长江等）。
Glyptothorax sinensis：Ferraris，2007，Zootaxa，1418：389（长江等）。

主要形态特征　共测量标本23尾。体长为39.7~101.53mm。采自云南丽江玉龙、会泽牛栏江，四川攀枝花、冕宁、盐边等。

背鳍II-6；臀鳍ii-iv-7~9；胸鳍I-7~9；腹鳍i-5。鳃耙5~9。

体长为体高（肛门处体高）的4.5~7.5倍，为头长的3.4~3.9倍，为尾柄长的5.1~7.0倍，为尾柄高的8.9~15.0倍，为前背长的2.4~3.1倍。头长为吻长的1.8~2.3倍，为眼径的8.6~17.9倍，为眼间距的3.2~4.2倍，为头宽的1.2~1.4倍，为口裂宽的2.0~3.5倍。尾柄长为尾柄高的1.5~2.6倍。

体略粗短，背缘隆起，腹缘略圆凸，头后体侧扁。头略大，纵扁，背面被厚皮肤；头后躯体侧扁。吻扁钝。眼小，背侧位，位于头的后半部。口裂小，下位，横裂；下颌前缘横直；上颌齿带小，新月形，口闭合时齿带前部显露。须4对，鼻须后伸达其基至眼前缘的2/3处或达眼中部；颌须伸达胸鳍基中部或更后；外侧颏须达胸鳍起点或更后；内侧颏须达胸附着器前部。匙骨后突一般较为明显，部分裸出。第五脊椎横突远端与体侧皮肤连接。沿背中线髓棘远端一般不可外见。复合脊椎额腹突远端游离，两侧骨囊腹面完全开放。皮肤表面被疏密不等的细颗粒。侧线完全。胸附着器一般不很发达，后部纹路有点状或片状的过渡区，后中部有1无纹区，后端开放。

背鳍高小于其下体高，起点距吻端较距脂鳍起点为远；背鳍刺粗壮，包被皮肤，后缘具微锯齿。项背骨明显，形状介于马鞍形和三角形之间，包被皮肤，其前突不与上枕骨棘相接触。脂鳍较大，后缘游离，基长一般大于其起点至背鳍基后端的距离。臀鳍起点位于脂鳍起点的垂直下方或稍后，鳍条后伸达或略过脂鳍后缘的垂直下方。胸鳍长小于头长，刺强，包被皮肤，后缘具

7~14 枚锯齿。腹鳍起点位于背鳍基后端的垂直下方之后，距吻端较距尾鳍基部为远，鳍条后伸达或不达臀鳍起点。尾鳍长小于头长，深分叉，中央最短鳍条长约为最长鳍条长的 1/2，末端略圆，上、下叶等长或下叶略长。偶鳍不分枝鳍条腹面无羽状皱褶。

体黄色或黑灰色，腹面淡黄或灰色，背鳍、脂鳍下方及尾鳍基各有 1 横向深色大斑或宽带，偶有个体的背面及侧面散布有黑色斑点。各鳍黄色，基部黑灰，中部有 1 深浅不等的黑灰色横向斑块或条带。

生活习性及经济价值 中华纹胸鮡主要生活于底质为石块、砂砾的支流或小河当中，干流也有分布。底栖，以水生昆虫、蚯蚓等为食。繁殖期为 3~5 月，盛产期为 4 月，在鹅卵石底的流水浅滩上产卵繁殖。产卵时间多在天亮以前。产沉性卵，外具胶膜，强黏性。偶见种，现还未见人工繁殖的报道，经济价值不高。

流域内资源现状 流域偶见种，但由于一般生活于激流环境，建设电站以后，资源量有所减少。

分布 全国范围内分布于长江、珠江、闽江、九龙江等水系。金沙江水系分布于中下游，实地调查显示，最上分布到云南丽江玉龙，最下分布到金沙江下游及其支流牛栏江等（图 4-37）。

附记 中华纹胸鮡 *Glyptothorax sinensis* 是由外国鱼类学家 Regan 于 1908 年发表的一个新种，模式产地在湖南的洞庭湖。鱼类学家 Rendahl 于 1925 年发表了另外一个新种——福建纹胸鮡 *Glyptothorax fokiensis*，模式产地在福建连城。之后关于这两者的分类地位一直存在争议，因为其在外形上找不出太大的鉴别特征将其区别，传统的可量性状之间多有重叠。另外，在不同文献、专著中又出现不同的拉丁名，如 *Glyptothorax sinense sinense*、*Glyptothorax fukiensis*、*Glyptothorax fukiensis fukiensis* 等，使其分类更显混乱。《中国动物志：鲇形目》虽然将其作为不同的亚种对待，但亦注明没有明显的鉴别特征将其区别，仅认为两者在复合脊椎的腹突远端游离或愈合方面存在差异。谢仲桂等（2001）根据框架结构的主成分分析认为来自长江、珠江、九龙江、闽江的种群在形态度量方面没有明显的区别，故认为福建纹胸鮡应当是中华纹胸鮡的同物异名。作者多年从事纹胸鮡属鱼类的分类研究，对华南各大水系的纹胸鮡属鱼类进行了基于分子的谱系地理学分析，结果表明：中华纹胸鮡模式产地湖南洞庭湖入湖河流的种群与福建闽江等地的种群在分子系统关系中并不能以物种的形式分开，而是与华南的各大水系形成相应的地理结构。综合形态的特点，认为将华南地区原本归属为福建纹胸鮡的物种合并到中华纹胸鮡中为妥，根据命名法的先后原则，福建纹胸鮡是中华纹胸鮡的同物异名。但是，值得注意的是，谢仲桂等的研究中还笼统地包括海南岛的样品，但是作者的分子研究结果表明，原本分布于海南岛及广西南部独立入海的部分支流中的种群，更早地从整个谱系中被隔离出来，这和以往的分子研究类似（Chen et al.，2007），此外，以往的形态研究也表明它们之间有所区别（杜合军，2003）。因此，海南纹胸鮡应当是区别于中华纹胸鮡的另外一个独立的物种。虽然，Regan（1908）发表中华纹胸鮡种加词用的是 *sinense*，但 Thomson 和 Page（2006）、Ferraris（2007）整理鮡科鱼类分类地位时参照种加词遵从属名词性的原则，使用 *sinensis* 作为种加词，本专著中沿用了这个观点。

（82）石爬鮡属 *Chimarrichthys*

体延长，前部平扁。齿尖锥形，密生，齿带同原鮡。前颌齿带较宽，两侧端向后延伸。齿后沟不连续，间隔较宽。鳃孔中等，下角可伸达胸鳍第一根分枝鳍条的基部。胸鳍分枝鳍条 12~14。胸部无附着器，但胸鳍和腹鳍第一鳍条的腹面有羽状褶皱。各鳍无硬刺。

主要分布于中国和越南，国内分布于长江水系和红河水系。金沙江流域有 3 种。

种检索表

1（2）颌须末端尖细，尖须延长成线状，颌须延伸超过鳃孔，上颌齿带具有 3 个刻痕……………………………………………………………………**长须石爬鮡 *C. longibarbatus***

2（1）颌须末端稍尖，但不延长成线状，颌须延伸仅达鳃孔，上颌齿带仅具 1 个中央刻痕或无刻痕

3（4）上颌齿带中央有 1 个刻痕……………………………………**青石爬鮡 *C. davidi***

4（3）上颌齿带中央无刻痕……………………………………**黄石爬鮡 *C. kishinouyei***

174 长须石爬鮡 *Chimarrichthys longibarbatus*（Zhou，Li *et* Thomson，2011）

地方俗名　石爬子、石扁头、石斑鮡、石爬鮡

Euchiloglanis longibarbatus：Zhou，Li *et* Thomson，2011，Zootaxa，2871：1-18（金沙江）。
Chimarrichthys longibarbatus：Kottelat，2013，Raffles Bull Zool，221（金沙江）。

主要形态特征　共测量标本 15 尾，体长为 83.22~145.07mm。全部采自云南迪庆维西县。

背鳍 i-5~6；臀鳍 i-4~5；胸鳍 i-12~14；腹鳍 i-5。

体长为体高（肛门处体高）的 6.3~12.4 倍，为头长的 3.5~5.4 倍，为尾柄长的 4.0~6.7 倍，为尾柄高的 10.1~22.5 倍，为前背长的 2.4~3.4 倍。头长为吻长的 1.9~2.4 倍，为眼径的 8.9~16.0 倍，为眼间距的 3.4~5.7 倍，为头宽的 0.9~1.2 倍，为口裂宽的 2.3~3.0 倍。尾柄长为尾柄高的 2.2~4.6 倍。

头平扁，吻端圆。眼小，背位，距吻端大于距鳃孔上角。口下位，横裂，闭合时前颌齿带仅边缘显露。齿尖锥形，下粗上细顶端尖，密生，埋于皮下，仅露尖端。上颌齿带两边向后方延伸，呈新月形，中央有明显缺刻，两侧齿带近中央各有 1 个刻痕。鳃孔下角与胸鳍第一根不分枝鳍条的基部相对。唇后沟不通，止于内侧颏须的基部。下唇与颌须基膜直接相连，无明沟隔开。须 4 对，

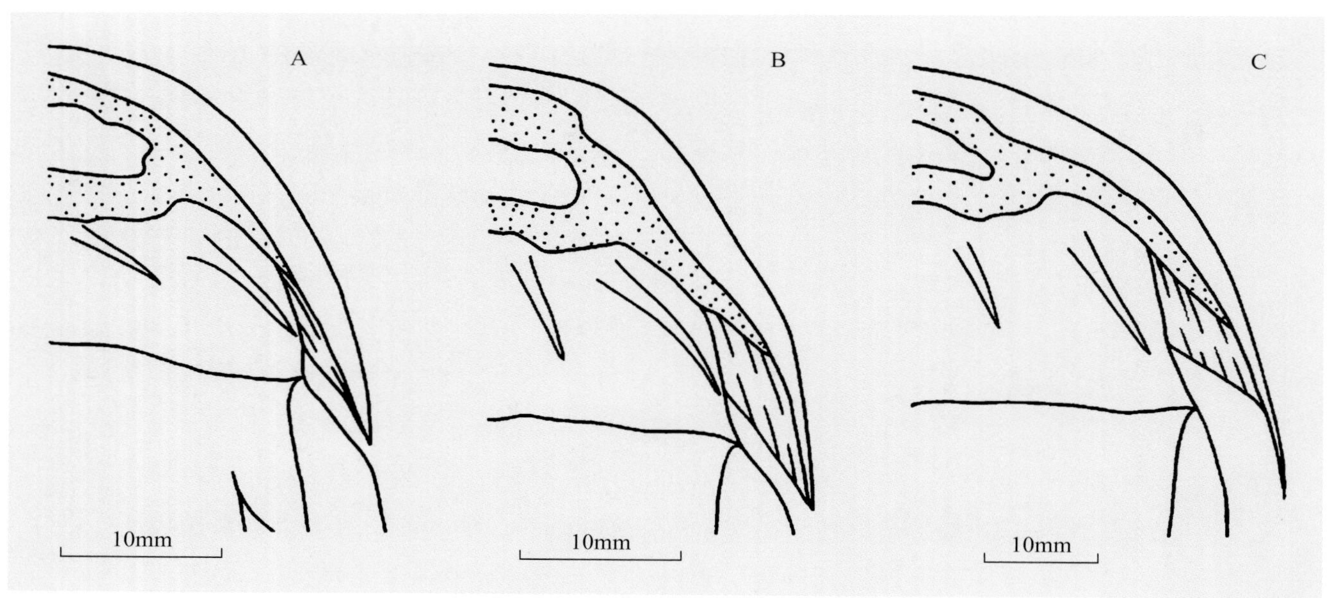

图 9-14　金沙江流域 3 种石爬鮡鱼类颌须形状示意图（引自 Zhou et al.，2011）
A. 青石爬鮡；B. 黄石爬鮡；C. 长须石爬鮡

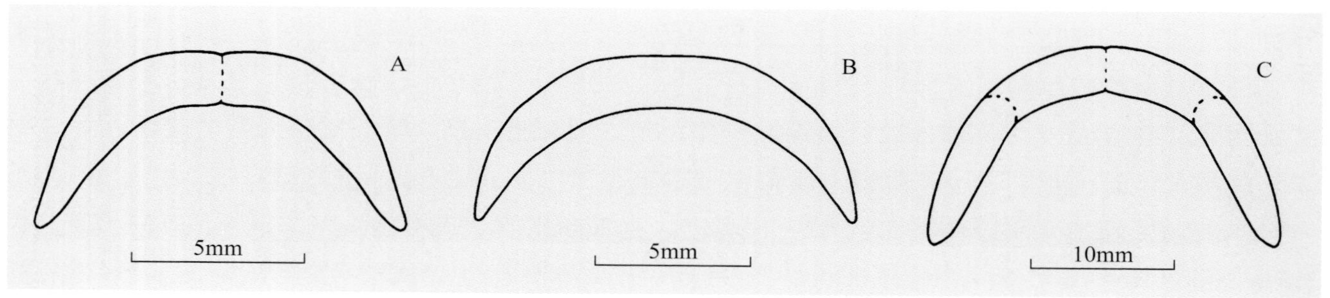

图 9-15　金沙江流域 3 种石爬鮡鱼类上颌齿带示意图（引自 Zhou et al.，2011）
A. 青石爬鮡；B. 黄石爬鮡；C. 长须石爬鮡

鼻须前端尖细后端宽，边缘皮肤薄膜状，后伸不达或达眼前缘；颌须发达，末端须状部分尖细且延长成线状，明显过胸鳍起点；外侧颏须不达或达胸鳍起点。

背缘隆起，腹面平直。口的周围和前胸密布小乳突，往后逐渐稀少，腹面光滑。脂鳍起点以后，身体逐渐侧扁。

背鳍起点距吻端明显大于距脂鳍起点，平卧时鳍条末端明显超过腹鳍基后端的垂直上方。背鳍外缘平直。脂鳍后端内凹，呈游离膜片，不与尾鳍连合；脂鳍起点与腹鳍末端的垂直上方相对或较前，个别个体可较后；脂鳍基长小于前背长。臀鳍起点距尾鳍基大于距腹鳍起点。胸鳍基上缘明显低于鳃孔上角，胸鳍后伸不达腹鳍起点。腹鳍后伸过肛门。肛门位于腹鳍基后端至臀鳍起点的中点。尾鳍平截。侧线平直，明显。

颜色通体暗黄，背面有细小黑色斑点。腹部乳白。胸鳍和腹鳍灰黄，边缘较淡。尾鳍末端灰黑，中央有不规则淡黄色斑。

生活习性及经济价值　小型激流底栖鱼类，主要生活在流速较快的支流或小溪中，趴伏于石头上或在石头间隙之间觅食。主要以小型鱼、虾、水生昆虫等为食。繁殖信息不详。个体不大，数量较少，暂时还没有人工繁殖的报道，经济价值不高。

流域内资源现状　原为流域偶见种，现在由于电站建设及过度捕捞等，资源量下降明显。

分布　金沙江水系特有种。分布于金沙江水系上游，实地调查显示，最上分布到云南维西、中甸等地（图 4-37）。

附记　长须石爬鮡 *Chimarrichthys longibarbatus* 作为新种首次出现于西南林学院（现名为西南林业大学）周伟指导的硕士研究生杨颖 (2006) 的硕士论文之中，该论文对长须石爬鮡给予了中文的详细描述。2011 年，周伟等正式描述并发表了该物种 (Zhou et al.，2011)，认为该物种与青石爬鮡、黄石爬鮡的主要区别在于颌须（图 9-14）及上颌齿带（图 9-15）的形状。本专著中对长须石爬鮡的中文描述暂沿用杨颖 (2006) 的中文描述略作修改，但比例特征按照实际测量给出，特此说明。

175 青石爬鮡 *Chimarrichthys davidi* Sauvage，1874

地方俗名　石爬子、青石爬子、石扁头、唇鮡、青鮡、外口鮡

Chimarrichthys davidi Sauvage，1874，Rev Mag Zool，2：332-333（青衣江）；Kottelat，2013，Raffles Bull Zool：221（金沙江）。

Euchiloglanis davidi：丁瑞华，1994，四川鱼类志：485（金沙江等）。陈宜瑜，1998，横断山区鱼类：303（金沙江支流）；褚新洛等，1999，中国动物志　硬骨鱼纲　鲇形目：160（青衣江）。Ferraris，2007，Zootaxa，1418：385（青衣江）；周伟，李旭，Alfred W. Thomson，2011，Zootaxa，2871：1-18（青衣江、大渡河）。

主要形态特征　共测量标本 12 尾，体长为 70.19~188.74mm，采自四川阿坝、雅安、冕宁、新龙。

背鳍 i-5；臀鳍 i-4~5；胸鳍 i-12~13；腹鳍 i-5。

体长为体高（肛门处体高）的 5.2~7.2 倍，为头长的 3.3~4.3 倍，为尾柄长的 4.1~5.1 倍，为尾柄高的 10.6~13.4 倍，为前背长的 2.5~3.0 倍。头长为吻长的 1.8~2.1 倍，为眼径的 10.2~17.5 倍，为眼间距的 3.1~4.2 倍，为头宽的 1.1~1.2 倍，为口裂宽的 1.7~3.2 倍。尾柄长为尾柄高的 2.2~2.9 倍。

背缘微隆起，腹面平直。背鳍以前宽而纵扁，脂鳍起点以后逐渐侧扁。头大而宽扁。吻端圆。眼小，位于头的背面，眼缘清楚，距吻端约等于距鳃孔上角。口大，下位，横裂，闭合时前颌齿带显露。上颌齿带的两侧端向后延伸，整块或中央有 1 小缺刻；下颌齿带左、右各 1 块，两块合成新月形。齿尖形，密生。唇后沟不连通。口角周围及颏部有小乳突，向后逐渐光滑。偶鳍第一根鳍条特别宽，腹面有许多羽状褶皱。须 4 对，鼻须伸达眼径；颌须末端略延长，伸达鳃孔下角；外侧颏须达胸鳍起点，内侧颏须较短。鳃孔下角与胸鳍的第一或第二根分枝鳍条的基部相对。

背鳍外缘平，起点至吻端等于至脂鳍起点或稍后；背鳍平卧时，显著不及脂鳍起点，末端与腹鳍基部的后端相对。脂鳍后端不与尾鳍连合，界线分明，起点与腹鳍末端相对或稍前，脂鳍基长小于前背长。臀鳍起点约位于尾鳍基至腹鳍起点的中点或略近于后者。胸鳍达或接近腹鳍起点。腹鳍伸达肛门，起点至臀鳍起点的距离总是大于至鳃孔下角的距离。肛门位于腹鳍基后端至臀鳍起点的中点或略近于后者。尾鳍平截。

前胸有少数乳突，分布不匀，稍向后方的胸鳍平面基本光滑。侧线平直，明显。

身体青灰，有明显的黄斑。尾鳍中部有 1 淡黄色斑，后缘有浅色边，其余各鳍灰黑。

生活习性及经济价值 小型激流底栖鱼类，主要生活在流速较快的支流或小溪中，趴伏于石头上或在石头间隙之间觅食。主要以小型鱼、虾、水生昆虫等为食。繁殖信息不详。个体不大，数量较少，暂时还没有人工繁殖的报道，经济价值不高。正是因为其稀少，在金沙江沿线某些地区，如攀枝花等，价格可达每千克 500 元甚至更高。

流域内资源现状 原为流域偶见种，现在由于电站建设及过度捕捞等，资源量下降明显。

分布 金沙江水系特有种。分布于金沙江水系中下游，实地调查显示，最上分布于四川阿坝（图 4-37）。

附记　青石爬鮡（原为 *Chimarrichthys davidi*）是由 Sauvage 于 1874 年描述的一个新种，并以此建立了一个新属 *Chimarrichthys*，模式产地在西藏东部的硗碛（Yao-Tchy）(Sauvage，1874)。之后，由于有人指出这一属名已被优先使用，Regan 于 1907 年建议属名改为 *Euchiloglanis*，至此，*Chimarrichthys* 属名被替用（Regan，1907）。而后，多数学者承认了 *Euchiloglanis* 的有效性，并将属级特征限定为上颌齿带不向两侧后方延伸，故 *Euchiloglanis* 包含了许多后续描述的具有上颌齿带不向两侧后方延伸这一特征的其他物种。而 Hora 和 Silas（1952）基于 Kimura(1934）描述的黄石爬鮡 *Euchiloglanis kishinouyei* 这一物种建立了另一个新属 *Coraglanis*，模式产地在四川灌县（现都江堰市）。属的特征是上颌齿带向两侧后方延伸以区别于当时所称的 *Euchiloglanis*。褚新洛（1981）详细讲述了这些属的分类历史，并核实了原本 Sauvage(1874）基于的模式标本 *Euchiloglanis davidi* 实际来自四川宝兴的硗碛，而模式标本及地膜标本均具有上颌齿带向两侧后方延伸的特点，因此，实际上 *Euchiloglanis davidi* 应当完全符合 *Coraglanis* 的属级特点，而由于 *Euchiloglanis* 命名在 *Coraglanis* 之前，故综合考虑，确定真正的具有上颌齿带向两侧后方延伸特点的有效属属名应当为 *Euchiloglanis*。而原本归入 *Euchiloglanis* 的那些上颌齿带不向后方延伸的种类，建议全部归入 Pellegrin(1936）建立的另一个属——鮡属 *Pareuchiloglanis* 当中。至此，真正属于石爬鮡属 *Euchiloglanis* 的种类只有两个，即模式种——黄石爬鮡 *E. davidi* 和另外一种——青石爬鮡 *E. kishinouyei*，并以此写入《中国动物志：鲇形目》之中。后来，郭宪光等（2004）基于形态框架度量学的主成分分析和线粒体 16S rRNA 基因序列的遗传差异，认为黄石爬鮡应当为青石爬鮡的同物异名。但是，Zhou 等（2011）指出郭宪光等（2004）的研究对物种的鉴定可能存在问题，而 Zhou 等（2011）的研究仍认为黄石爬鮡和青石爬鮡是完全独立可以相互区分的不同物种。在 Zhou 等（2011）的研究中，同时还描述了金沙江水系的另外一种石爬鮡新种——长须石爬鮡 *E. longibarbatus*。至此，作者认为，石爬鮡属的分类依然存在争议，与金沙江的鮡属鱼类一样，目前还没有更为综合全面的研究能给出十分具有说服力的结论。因此，本专著中仍然沿用《中国动物志：鲇形目》的观点，将青石爬鮡和黄石爬鮡作为独立的物种看待并对照《中国动物志：鲇形目》检索表进行鉴定。

而对于石爬鮡属的拉丁属名，Sauvage（1874）将其命名为 *Chimarrichthys*，后被 Regan（1907）以这一属名已被占用为由将其改为 *Euchiloglanis*，此后该属名 *Euchiloglanis* 一直被广泛使用在后续研究当中。但近期，据查证，Regan（1907）认为被占用的属名 *Cheimarrhichthys* Haast，1874 与 *Chimarrichthys* Sauvage，1987 实际上在字母组成上有所差异，因此 *Chimarrichthys* Sauvage，1987 实际上是有效的。Ferraris（2007）虽然指出了该问题，但其认为基于普遍使用需求的原则，还是建议维持 *Euchiloglanis* Regan，1907 为石爬鮡属的属名。但 Kottelat（2013）认为属名 *Chimarrichthys* Sauvage，1987 曾被文献引用过（如 Regan，1905），因此不能认为是一个遗忘名（a *nomen oblitum* under *Code* art. 23.9.2)，因此建议恢复 *Chimarrichthys* Sauvage ，1987 作为石爬鮡属的拉丁属名。这一观点也被采纳在鮡科鱼类最新的研究当中（Ng and Jiang，2015）。鉴于此，本专著将石爬鮡属的属名恢复为 *Chimarrichthys* Sauvage，1987，在此一并注解。

黄石爬鮡 *Chimarrichthys kishinouyei*（Kimura，1934）

地方俗名　石爬子、石扁头、石斑鮡、石爬鮡

Euchiloglanis kishinouyei Kimura，1934，J Shanghai Sci Inst，1(3)：178-180（岷江）；褚新洛和陈银瑞，1999，云南鱼类志（下册），223（金沙江）；陈宜瑜，1998，横断山区鱼类：303（金沙江）；丁瑞华，1994，四川鱼类志：487（金沙江等）。褚新洛等，1999，中国动物志　硬骨鱼纲　鲇形目：162（金沙江）；Ferraris，2007，Zootaxa，1418：385（金沙江）；Zhou et al.（周伟，李旭，Thomson A W），2011，Zootaxa，2871：1-18（岷江上游）。

Chimarrichthys kishinouyei（Kimura，1934）：Kottelat，2013，Raffles Bull Zool，221（金沙江）。

主要形态特征　共测量标本13尾，体长为99.76~192.67mm。采自四川阿坝壤塘、甘孜炉霍。背鳍i-5~6；臀鳍i-4~5；胸鳍i-12~14；腹鳍i-5。

体长为体高（肛门处体高）的5.3~6.5倍，为头长的3.1~4.0倍，为尾柄长的4.4~5.3倍，为尾柄高的10.7~13.4倍，为前背长的2.5~2.9倍。头长为吻长的1.9~2.3倍，为眼径的13.9~25.8倍，为眼间距的3.2~4.0倍，为头宽的1.0~1.3倍，为口裂宽的2.3~2.9倍。尾柄长为尾柄高的2.2~2.9倍。

背缘微隆起，腹面平直。背鳍以前宽而纵扁，脂鳍起点以后逐渐侧扁。头大而宽扁。吻端圆。眼小，眼缘清楚，距吻端约等于距鳃孔上角。口大，下位，横裂，闭合时前颌齿带显露。上颌齿带的两侧端向后延伸；下颌齿带左、右各1块，两块合成新月形。齿尖形，密生。唇后沟不连通，至于内侧颏须基部。须4对，鼻须几达或略超过眼前缘；颌须末端延长、稍尖，伸达鳃孔下角；外侧颏须刚达或略超过胸鳍起点，内侧颏须较短。鳃孔下角多数与胸鳍第一根分枝鳍条基部相对，少数与第2~4根分枝鳍条相对。

背鳍外缘平，起点至吻端的距离等于至脂鳍起点稍后或将达脂鳍基中点；背鳍平卧时，显著不及脂鳍起点，末端与腹鳍基后端相对，或稍前、稍后。脂鳍后端不与尾鳍联合，界线分明，起点与腹鳍末端相对，或略前、略后，基长小于前背长。臀鳍起点距尾鳍基部显著大于至腹鳍起点，少数相等。胸鳍一般不达腹鳍起点，少数几达或刚达。腹鳍盖过肛门，起点至臀鳍起点的距离小于或等于至鳃孔下角的距离。肛门至臀鳍起点相当于至腹鳍基后端或稍前。尾鳍近于平截。

由张春光提供，金沙江上游奔子栏江段

上唇、口侧及前胸有小乳突，往后仅表现为略粗糙，腹部光滑。

背部和体侧为橄榄色，分布不匀。脂鳍后部上缘黄色，尾鳍中部有1淡黄色斑，其余各鳍灰黑。

生活习性及经济价值 小型激流底栖鱼类，主要生活在流速较快的支流或小溪中，趴伏于石头上或在石头间隙之间觅食。主要以小型鱼、虾、水生昆虫等为食。繁殖信息不详。个体不大，数量较少，暂时还没有人工繁殖的报道，经济价值不高。正是因为其稀少，在金沙江沿线某些地区，如攀枝花等，价格可达每千克500元甚至更高。

流域内资源现状 原为流域偶见种，现在由于电站建设及过度捕捞等，资源量下降明显。

分布 金沙江水系特有种。分布于金沙江水系，实地调查显示最上分布于四川阿坝、甘孜等地，在金沙江中游奔子栏江段也有采集（图4-37）。

附记 分类讨论见青石爬鮡附记。

（83）鮡属 *Pareuchiloglanis*

体延长，前部平扁。齿尖形，密生，有些种类齿端略粗钝，开始出现分化为齿冠和齿柄的雏形。上颌齿带两侧端不向后伸展，整块或前缘中央有缺刻，甚至可以大致分为左、右两块。唇后沟不连续，间隔较宽或较狭。鳃孔中等或小，至多伸达胸鳍起点前方。胸鳍分枝鳍条13~17，发达程度不一，末端达或不及腹鳍起点。胸部无附着器，但胸鳍和腹鳍第一根鳍条的腹面有羽状褶皱。背鳍无硬刺。

主要分布于中国、印度和东南亚，国内分布于长江、珠江、元江、澜沧江水系。金沙江流域有2种。

种检索表

1（2）臀鳍起点至尾鳍基部的距离明显大于至腹鳍起点的距离 ……………… **前臀鮡 *P. anteanalis***

2（1）臀鳍起点至尾鳍基部的距离一般小于至多等于至腹鳍起点的距离 ……………… **中华鮡 *P. sinensis***

前臀鮡 *Pareuchiloglanis anteanalis* Fang，Xu *et* Cui，1984

地方俗名 石爬子、石扁头

Pareuchiloglanis anteanalis Fang，Xu *et* Cui，1984，动物分类学报，9(2)：209-211（金沙江等）；褚新洛等，1999，云南鱼类志（下册），208（金沙江）；丁瑞华，1994，四川鱼类志：490（金沙江）；褚新洛等，1999，中国动物志 硬骨鱼纲 鲇形目：169（金沙江等）。

主要形态特征 共测量标本11尾，体长为113.21~148.74mm。采自四川康定、云南丽江巨甸、云南会泽牛栏江。

背鳍 i-5~6；臀鳍 i-4；胸鳍 i-14~15；腹鳍 i-5。

张春光提供，云南丽江石鼓附近江段样品拍摄

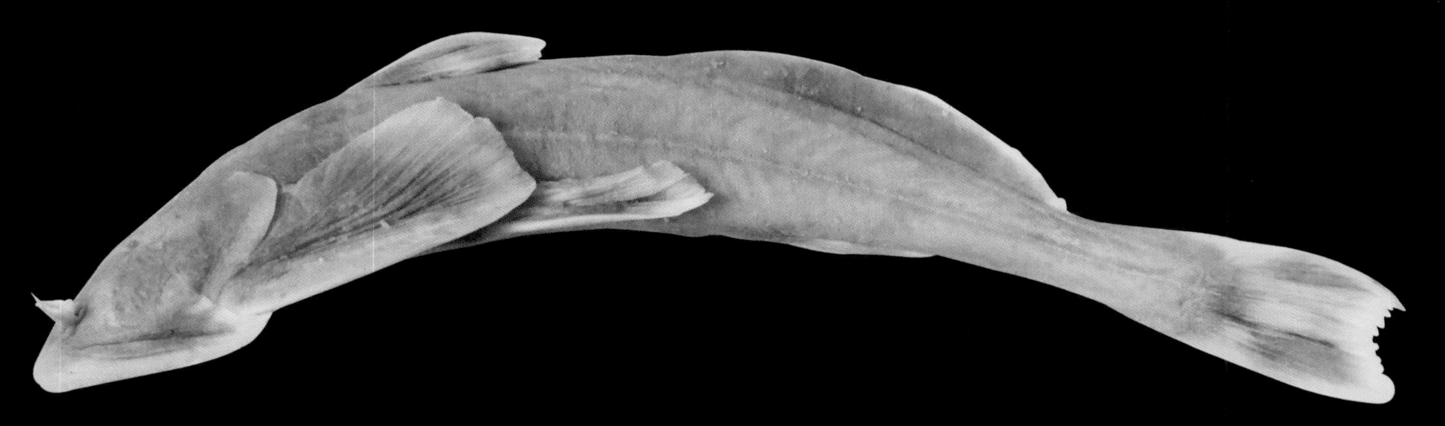

体长为体高（肛门处体高）的 6.9~10.7 倍，为头长的 3.6~4.9 倍，为尾柄长的 3.4~4.5 倍，为尾柄高的 16.5~28.3 倍，为前背长的 2.6~3.2 倍。头长为吻长的 1.5~2.3 倍，为眼径的 10.8~17.3 倍，为眼间距的 3.4~4.7 倍，为头宽的 1.0~1.3 倍，为口裂宽的 2.4~3.2 倍。尾柄长为尾柄高的 4.1~6.5 倍。

背缘微隆起，腹面平直。脂鳍起点以后，身体逐渐侧扁。头平扁。吻端圆。眼小，背位，距吻端大于距鳃孔上角。口大，下位，横裂，闭合时前颌齿带仅边缘显露。齿尖形，埋于皮下，仅露尖端。上颌齿带中央有明显缺刻。唇后沟不连通，止于内侧颏须基部。口部周围及前胸密布小乳突。须 4 对，鼻须伸达眼前缘；颌须末端略尖，达或超过鳃孔下角。鳃孔下角与胸鳍第 1~3 根分枝鳍条的基部相对，位于胸鳍基中点稍下。

背鳍外缘稍平，平卧时，鳍条末端达或略超过腹鳍基后端，起点距吻端大于或等于距脂鳍基起点。脂鳍后端不与尾鳍联合，起点一般不超过腹鳍末端的上方之前，基长一般小于前背长。臀鳍起点至尾鳍基部显著大于至腹鳍起点的距离。胸鳍一般不达腹鳍起点，少数将达腹鳍起点。腹鳍刚达或超过肛门。肛门距臀鳍起点较距腹鳍基部后端为近。尾鳍内凹或平截。

前胸密布小乳突，往后逐渐稀少。下唇两侧与颌须基膜直接相连，无明沟隔开。侧线平直，不太明显。

背面灰黄或绿黄，腹部乳白。鳃孔上方有两个界线不太清楚的黄斑，背鳍起点和脂鳍起点各有 1 个黄色斑块。胸鳍和腹鳍与体色一致，唯边缘较淡。尾鳍灰黑，中央有 1 黄色斑块。

生活习性及经济价值 属于小型激流底栖鱼类，主要生活在流速较快的支流或小溪中，趴伏于石头上或在石头间隙之间觅食。主要以小型鱼、虾、水生昆虫等为食。繁殖信息不详。个体不大，数量较少，暂时还没有人工繁殖的报道，经济价值不高。正是因为其稀少，在金沙江沿线某些地区，如攀枝花等，价格可达每千克 500 元甚至更高。

流域内资源现状 原为流域偶见种，现在由于电站建设及过度捕捞等，资源量下降明显。

分布 分布于金沙江 — 长江水系。金沙江水系分布于中下游，实地调查显示，最上可分布到西藏奔子栏、云南香格里拉石鼓等江段，最下分布到云南会泽（图 4-37）。

附记 分类讨论见中华鮡附记部分。

中华鮡 *Pareuchiloglanis sinensis*（Hora *et* Silas，1951）

地方俗名 石爬子、石扁头

Euchiloglanis sinensis Hora *et* Silas，1951，Rec Indian Mus，49；17（云南）。

Pareuchiloglanis sinensis：褚新洛等，1999，云南鱼类志（下册），211（金沙江）；丁瑞华，1994，四川鱼类志：489（金沙江等）；陈宜瑜，1998，横断山区鱼类：311（金沙江）；褚新洛等，1999，中国动物志 硬骨鱼纲 鲇形目：172（金沙江等）。

主要形态特征 共测量标本 14 尾，体长为 60.07~134.20mm。采自四川康定、云南昭通彝良、会泽。

背鳍 i-5；臀鳍 i-4；胸鳍 i-13~14；腹鳍 i-5。

体长为体高（肛门处体高）的 5.7~9.9 倍，为头长的 3.6~4.7 倍，为尾柄长的 3.6~4.6 倍，为尾柄高的 10.2~23.3 倍，为前背长的 2.4~3.0 倍。头长为吻长的 1.7~1.9 倍，为眼径的 8.8~17.0 倍，为眼间距的3.2~4.3 倍，为头宽的 1.0~1.2 倍，为口裂宽的 2.7~3.3 倍。尾柄长为尾柄高的 2.2~4.0 倍。

体延长，背缘自吻端向后逐渐隆起，自脂鳍起点向后逐渐下弯；腹面平直。头中等大，前段平扁，吻端中央后凹。眼小，背位，距吻端大于距鳃孔上角。口大，下位，横裂，闭合式齿带中央有明显缺刻。唇后沟不连通，至于内侧颏须的基部。上颌齿带中央有明显缺刻。齿尖形，外列较粗壮，尤以下颌齿为甚，但齿冠不侧扁。上唇或口侧有散在小乳突，下唇及胸部无显著乳突，仅表现为皮肤较粗糙。须 4 对，鼻须刚达或超过眼前缘；颌须末端尖细，刚达或略超过鳃孔下角。外侧颏须远不达胸鳍起点；内侧颏须更短。鳃孔下角的位置有个体变异，一般与胸鳍第 1~3 根分枝鳍条的基部相对，有时可及胸鳍第一根不分枝鳍条的上基。

背鳍外缘微凸或平截，平卧时，鳍条末端与腹鳍基后端相对或略后，起点距吻端相当于至脂鳍起点或稍后。脂鳍较高，后端不与尾鳍相连，起点略前于腹鳍末端的垂直上方，脂鳍基约等于前背长。臀鳍起点距尾鳍基部的距离小于或等于距腹鳍起点的距离。胸鳍显著不达腹鳍起点。腹鳍刚达肛门。肛门至臀鳍起点近于至腹鳍基后端。尾鳍微凹。

胸部具稀散小乳突，向腹部逐渐光滑。下唇两侧与颌须基膜直接相连。侧线平直，不太明显。

周身灰色，无显著黄斑，腹部略淡，各鳍灰黑，尾鳍黑色。

生活习性及经济价值　中华鮡属于小型激流底栖鱼类，主要生活在流速较快的支流或小溪中，趴伏于石头上或在石头间隙之间觅食。主要以小型鱼、虾、水生昆虫等为食。繁殖信息不详。个体不大，数量较少，暂时还没有人工繁殖的报道，经济价值不高。正是因为其稀少，在金沙江沿线某些地区，如攀枝花等，价格可达每千克 500 元甚至更高。

流域内资源现状　原为流域偶见种，现在由于电站建设及过度捕捞等，资源量下降明显。

分布　分布于金沙江 — 长江水系。金沙江水系分布于中下游，实地调查显示，最上分布到四川康定、木里、冕宁等地，最下分布到云南昭通彝良、会泽等（图 4-37）。

附记　中华鮡 *Pareuchiloglanis sinensis* 为 Hora 和 Silas（1951）描述的一个新种，模式产地在云南，而后判定为金沙江 — 长江水系（褚新洛，1979）。后来，中国学者方树淼等在 1984 年描述了另外一个新种前臀鮡 *Pareuchiloglanis anteanalis*，模式产地包含甘肃武都、舟曲、康县、文县（嘉陵江上游）及云南盐津（金沙江水系）等地。至此，两者在分布区上有所重叠。但方树淼等（1984）并没有谈及前臀鲱与中华鲱的区别。《中国动物志：鲇形目》认为两者是独立的物种，其主要区别在于臀鳍起点的相对位置。虽然有分子研究基于两者遗传距离较小认为它们应当是同物异名（Guo et al.，2004；Peng et al.，2004），但后续有基于形态的框架结构形态度量学研究认为两者是完全独立的不同物种（姚景龙等，2006）。值得注意的是，不同的方法有其优越性，同时也有其局限性，国内近年来通过分子或形态提出新的分类主张亦是层出不穷，鲱科鱼类就是其中的一个例子，如本专著中涉及的鲱属、石爬鲱属及纹胸鲱属均有同样的问题。作者认为，要客观分辨近缘同域分布物种之间的分类地位，分子和形态的手段均是必不可少的，但更重要的是，应当充分考虑物种分布范围内整个谱系的系统发育关系和形态变异，从整体的角度把握物种的分化情况。鉴于此，本研究暂时仍沿用《中国动物志：鲇形目》的观点，将两者作为独立的物种看待。但是，值得一提的是，《中国动物志：鲇形目》并没有收录丁瑞华等（1991）发表的分布于岷江水系的两个鲱属鱼类新种，分别是壮体鲱 *P. robusta* 和四川鲱 *P. sichuanensis*，以及丁瑞华（1997）发表的同样分布于岷江水系的新种天全鲱 *P. tianquanensis*。因此目前这些物种之间的分类地位仍值得探讨。但由于岷江水系不属于本专著中金沙江水系的范畴，故这 3 个物种并没有包含在金沙江鱼类当中。

（十二）钝头鮠科 Amblycipitidae

体长形，前躯较圆，后段逐渐侧扁。头宽而基腹面平，头背后侧鼓起。吻前端背视钝或圆钝。口端位或下位。上、下颌具齿带，齿绒毛状。眼很小，上位，覆有皮膜。前、后鼻孔接近，两鼻孔之间由鼻须的基部隔开。眼后的头顶中线处有凹槽，槽的两边略鼓起。须 4 对：鼻须 1 对，颌须 1 对，颏须 2 对。背鳍和胸鳍的短刺覆有厚的皮膜。脂鳍长而低，连于或接近尾鳍。鳔分左、右两室，部分包入骨质鳔囊中。无颞颥骨和翼骨。

本科主要分布于中国、日本、印度和东南亚，在国内仅分布于长江及其以南地区。金沙江流域具有 1 属 5 种。

（84）鉠属 *Liobagrus*

头宽而其腹面较平，头背后侧鼓起。吻端钝圆。前鼻孔短管状，后缘靠近后鼻孔；后鼻孔前部为宽的、膜状的鼻须基部所围绕。上、下颌有绒毛状细齿组成的齿带。有些种类腭骨有齿带。背鳍刺光滑，脂鳍低而长。臀鳍中等长。胸鳍刺外缘光滑，有些种类内缘有锯齿，刺的基部连有发达的毒腺，腺体位于胸鳍内侧身体的表皮下。腹鳍短。尾鳍圆或平截。各鳍大多覆盖有较厚皮膜，外观不易看清鳍条。鳔 2 室，以其前上部附着于左、右两侧瓢状骨质鳔囊的腹面，鳔囊由第四和第五椎体横突构成。无侧线。鳃膜不与鳃峡相连。

本科主要分布于中国、印度和东南亚，在国内仅分布于长江及其以南地区。金沙江流域具有 5 种。

种检索表

1（4）胸鳍刺内缘后端有锯齿

2（3）体高为体长的 19.9%~25.1%……………………………………………………**白缘鉠 *L. marginatus***

3(2) 体高为体长的 11.2%~19.6% ………………………………………………………………… 程海鲀 *L. chenghaiensis*

4(1) 胸鳍刺内缘无锯齿

5(6) 背鳍中央具 1 黑色横斑，横斑上、下均为黄色 ……………………………………………… 金氏鲀 *L. kingi*

6(5) 背鳍黑色，部分具有白色边缘

7(8) 背鳍起点至吻端的距离等于或大于至脂鳍起点的距离 …………………………………… 黑尾鲀 *L. nigricauda*

8(7) 背鳍起点至吻端的距离小于至脂鳍起点的距离 …………………………………………… 拟缘鲀 *L. marginatoides*

179 白缘鲀 *Liobagrus marginatus*（Günther，1892）

地方俗名 米汤粉、鱼蜂子、土鲇鱼（四川）

Amblyceps marginatus Günther，1892，in Pratt's Snows of Tibet：245（长江）。

Liobagrus marginatus：褚新洛和匡溥人（见褚新洛等），1990，云南鱼类志（下册）：167（金沙江）；丁瑞华，1994，四川鱼类志：471（金沙江等）；陈宜瑜，1998，横断山区鱼类：290（金沙江）；何名巨（见褚新洛等），1999，中国动物志 硬骨鱼纲 鲇形目：104（金沙江—长江水系）。

主要形态特征 测量标本 20 尾，体长为 35.49~105.69mm。采自云南沾益、会泽和四川攀枝花、盐边、盐源等。

背鳍 I-6~8；臀鳍 iv-10~13；胸鳍 I-7~8；腹鳍 i-5。

体长为体高（肛门处体高）的 4.6~7.9 倍，为头长的 3.6~4.8 倍，为尾柄长的 4.5~6.7 倍，为尾柄高的 7.1~11.1 倍，为前背长的 2.9~3.7 倍。头长为吻长的 2.8~4.3 倍，为眼径的 8.9~16.1 倍，为眼间距的 2.8~4.6 倍，为头宽的 1.1~1.4 倍，为口裂宽的 1.9~3.1 倍。尾柄长为尾柄高的 1.3~2.0 倍。

体长形，前躯较圆，肛门以后逐渐侧扁。头宽大而其腹面较平，背面有 1 纵沟，两侧鼓起。吻钝圆。下颌长于上颌。眼小，背位，眼缘模糊，紧位于后鼻孔的后外侧。口大，端位。前颌齿

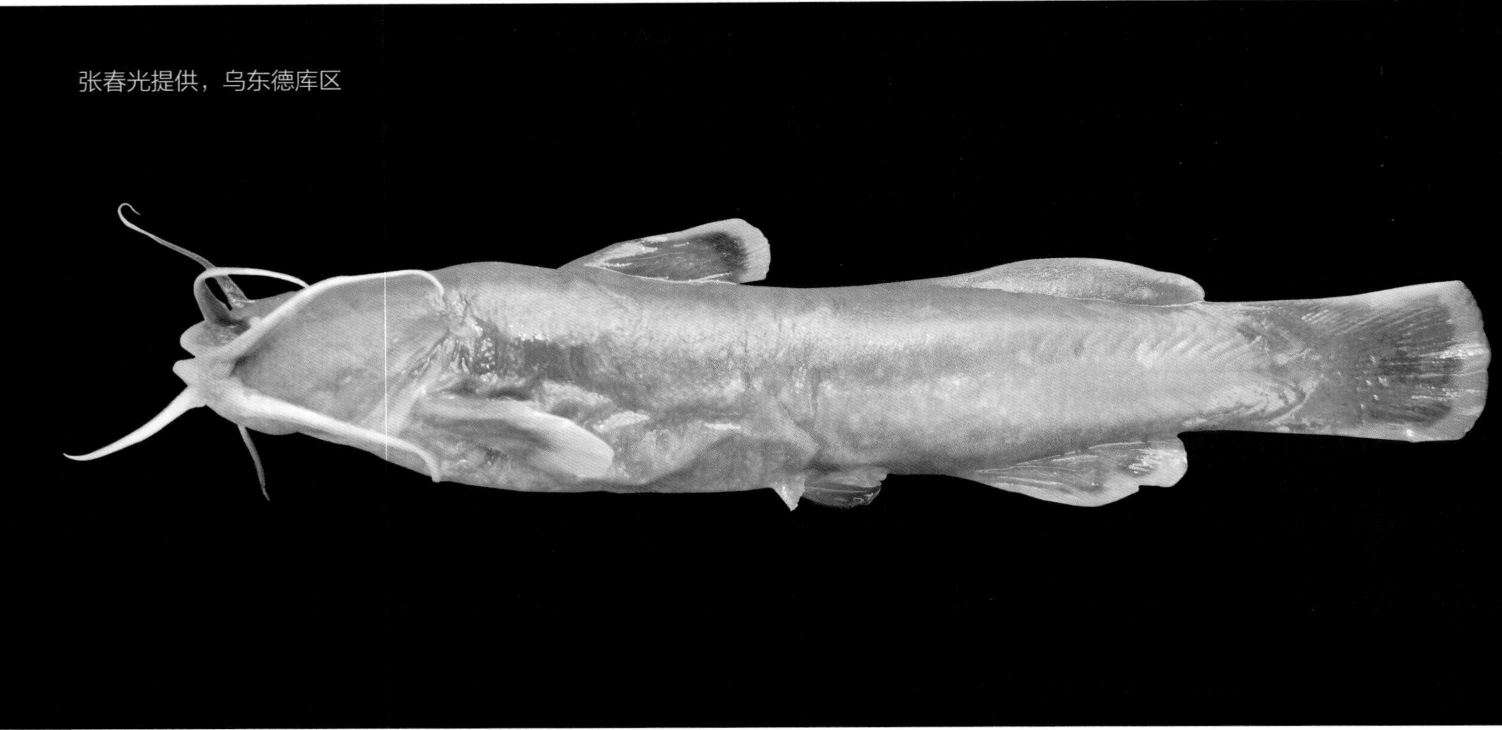
张春光提供，乌东德库区

带为整块状，约为口宽的一半，下颌齿带弯月形，分为紧靠的左、右两块。腭骨无齿。前鼻孔短管状，约位于吻端至眼前缘的中点；后鼻孔紧位于鼻须后基，后鼻孔的间距大于前鼻孔的间距。须 4 对。鼻须较长，后伸将及鳃孔上角；颌须基部皮膜较宽，颌须长等于或略短于外侧颏须长；内侧颏须短于鼻须。鳃孔大，鳃膜不与鳃峡相连。

背鳍硬刺包覆于皮膜之中，其长度不及最长分枝鳍条的一半。背鳍起点至吻端约等于至脂鳍起点的距离。脂鳍基较长，后缘游离，不与尾鳍相连，通过 1 缺刻分开。臀鳍平放不达尾鳍基部，起点距尾鳍基约等于距胸鳍基后端的距离。胸鳍刺包覆于皮膜之中，末端尖，前缘光滑，后缘基部有锯齿，基部有毒腺。腹鳍起点约位于吻端至尾鳍基部的中点。肛门距腹鳍基部较距臀鳍起点为近。尾鳍平截，有时后缘微凹。

活体全身灰黑色，腹面较淡，各鳍边缘白色或淡黄色。浸制标本呈淡棕色，较新的标本胸鳍、背鳍、臀鳍、尾鳍有暗色斑。

生活习性及经济价值 生活于多石流水溪河，底栖，白天潜入洞穴或石缝中，夜间成群在浅滩上觅食。以水生昆虫幼虫、小型软体动物、寡毛类和小鱼虾为食。个体小，生长较慢，无经济价值，无人工养殖报道。徒手捕捉，容易被胸鳍刺刺伤，毒液能让人产生剧烈的刺痛感。

流域内资源现状 数量较少，为流域偶见种。随着金沙江电站的建设，种群数量估计会进一步下降。

分布 记录于长江流域，应为长江中上游特别是上游特有种，下游未见确切的分布记录。金沙江流域分布于中下游，实地调查显示，最上分布到云南鹤庆涛源江段，最下分布到云南会泽等（图 4-38）。

180 程海鉠 *Liobagrus chenghaiensis* Sun，Ren *et* Zhang，2013

Liobagrus marginatus：褚新洛和匡溥人（见褚新洛等），1990，云南鱼类志（下册）：167（部分：程海）；丁瑞华，1994，四川鱼类志：471（部分：四川会东金沙江）；陈宜瑜，1998，横断山区鱼类：290（部分：程海）；何名巨（见褚新洛等），1999，中国动物志　硬骨鱼纲　鲇形目：104（部分：程海）。

Liobagrus chenghaiensis Sun，Ren *et* Zhang（孙智薇，任圣杰，张鹗），2013（云南程海、四川会东金沙江）。

主要形态特征　测量标本 7 尾，体长为 64.4~79.3mm。采自云南程海。

背鳍 I-6~8；臀鳍 iv-10~13；胸鳍 I-7~8；腹鳍 i-5。

体长为体高（肛门处体高）的 4.7~6.8 倍，为头长的 3.7~4.3 倍，为尾柄长的 5.4~7.1 倍，为尾柄高的 7.3~9.3 倍，为前背长的 2.8~3.5 倍。头长为吻长的 2.7~3.5 倍，为眼径的 10.1~12.4 倍，为眼间距的 2.6~3.0 倍，为头宽的 1.1~1.3 倍，为口裂宽的 1.8~2.4 倍。尾柄长为尾柄高的 1.2~1.7 倍。

体长形，前躯较圆，肛门以后逐渐侧扁。腹面平直，或从头部到臀鳍起点稍圆。头宽大而平扁，背面有 1 纵沟，两侧鼓起。吻背视钝圆，侧视近圆锥形。上、下颌几等长。眼小，背位，卵形，水平轴最长，眼缘模糊，紧位于后鼻孔的后外侧。眼间距平整或稍凸起。口大，端位。前颌齿带为整块状，弯曲，下颌齿带弯月形，分为紧靠的左、右两块，具绒毛状细齿。腭骨无齿。前鼻孔短管状；后鼻孔紧位于鼻须后基，接近眼前缘。须 4 对。鼻须细短，后伸超过眼径后缘，但不达胸鳍起点；颌须基部皮膜较宽，颌须和外侧颏须均达胸鳍起点；内侧颏须约为外侧颏须的一半，达鳃峡处，但不达胸鳍起点。鳃孔大，鳃膜不与鳃峡相连。

背鳍硬刺包覆于皮膜之中，其长度不及最长分枝鳍条的一半。背鳍起点至吻端约等于至脂鳍起点的距离。脂鳍基较长，后缘游离，不与尾鳍相连，通过 1 缺刻分开。臀鳍平放不达尾鳍基部，起点距尾鳍基部约等于距胸鳍基后端的距离。胸鳍刺包覆于皮膜之中，末端尖，前缘光滑，后缘

基部有锯齿，基部有毒腺。腹鳍起点约位于吻端至尾鳍基部的中点。肛门距腹鳍基较距臀鳍起点为近。尾鳍平截，有时后缘微凹。

活体全身灰黑色，腹面较淡，各鳍边缘白色或淡黄色。浸制标本呈淡棕色，较新的标本胸鳍、背鳍、臀鳍、尾鳍有暗色斑。侧线短，不明显，具 5 或 6 个侧线孔。

生活习性及经济价值 生活于多石流水溪河，底栖，白天潜入洞穴或石缝中，夜间成群在浅滩上觅食。以水生昆虫幼虫、小型软体动物、寡毛类和小鱼虾为食。个体小，生长较慢，无经济价值，无人工养殖报道。徒手捕捉，容易被胸鳍刺刺伤，毒液能让人产生剧烈的刺痛感。

流域内资源现状 数量较少，为流域偶见种。随着金沙江电站的建设，种群数量估计会进一步下降。

分布 程海鲀是由中国科学院水生生物研究所孙智薇、任圣杰、张鹗等鱼类研究者从白缘鲀这一广泛分布于金沙江 — 长江水系的物种中分离出来，于 2013 年发表的一个新种，该物种被认为仅分布于云南程海和四川会东（图 4-38）。国内目前仅记录于金沙江水系的以上两地。

181 金氏鲀 *Liobagrus kingi*（Tchang，1935）

Liobagrus kingi Tchang：1935，Bull Fan Meml Inst Biol，6(4)：95（云南滇池）。

Liobagrus kingi：褚新洛和匡溥人（见褚新洛等），1990，云南鱼类志（下册）：169（云南滇池）；丁瑞华，1994，四川鱼类志：472（四川会东金沙江等）；陈宜瑜，1998，横断山区鱼类：291（云南滇池）；何名巨（见褚新洛等），1999，中国动物志 硬骨鱼纲 鲇形目：104（金沙江）。

主要形态特征 测量标本 2 尾，体长为 68.61~75.04mm。采自云南滇池海埂。

背鳍 I-6~8；臀鳍 iv-10~13；胸鳍 I-7~8；腹鳍 i-5。

体长为体高（肛门处体高）的 3.8~5.4 倍，为头长的 3.4~3.6 倍，为尾柄长的 6.8~7.7 倍，为尾柄高的 7.1~8.1 倍，为前背长的 2.5~2.6 倍。头长为吻长的 3.0~3.3 倍，为眼径的 9.2~17.4 倍，为眼间距的 2.4~3.1 倍，为头宽的 1.1 倍，为口裂宽的 1.9 倍。尾柄长为尾柄高的 1.0~1.1 倍。

体长形，前躯较圆，腹鳍以后逐渐侧扁。头宽大而其腹面较平，背部纵沟不明显，两侧鼓起的程度不如白缘鲀。上、下颌约等长。眼小，背位，眼缘模糊，紧位于后鼻孔的后外侧。口大，端位。前颌齿带为整块状，约为口宽的一半，下颌齿带弯月形，分为紧靠的左、右两块。腭骨无齿。前鼻孔短管状，距吻端近于距眼前缘；后鼻孔紧位于鼻须后基，后鼻孔的间距略大于前鼻孔的间距。须 4 对。鼻须远不及鳃孔上角；颌须等于或略短于外侧颏须，后伸不达胸鳍起点；外侧颏须最长，后伸可达胸鳍起点；内侧颏须远不及胸鳍起点的垂直下方，与鼻须约等长。鳃孔大，鳃膜不与鳃峡相连。

背鳍硬刺包覆于皮膜之中，其长度略短于最长分枝鳍条的一半。背鳍起点至吻端等于或略大

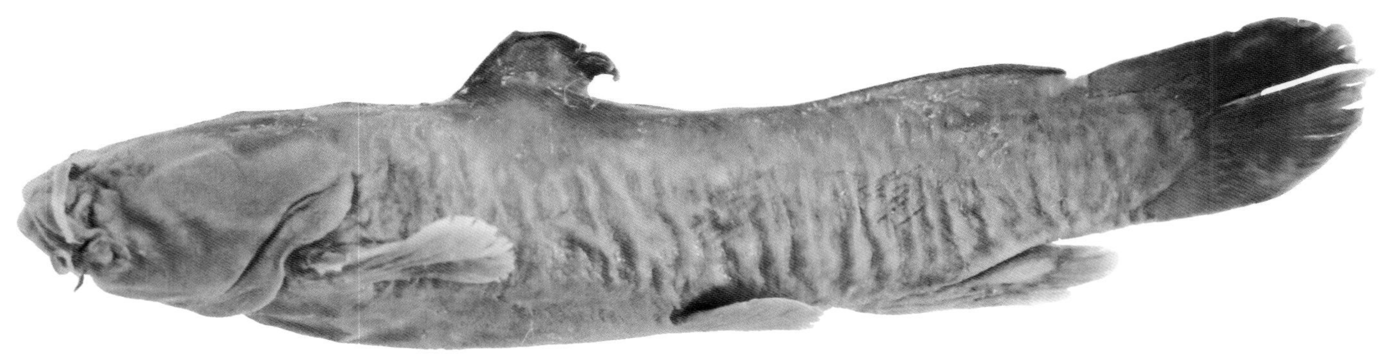

于至脂鳍起点。脂鳍基较长，后缘游离，不与尾鳍相连，通过 1 浅缺刻分开。臀鳍平放不达尾鳍基部，起点距尾鳍基部明显小于距胸鳍基后端的距离。胸鳍刺包覆于皮膜之中，末端尖，前缘光滑，后缘基部有锯齿，基部有毒腺。腹鳍起点距尾鳍基部显著小于距吻端的距离。肛门距臀鳍起点较距腹鳍基部为近。尾鳍圆形。

浸制标本体呈淡灰色，有大量棕色斑点，腹面颜色较淡。

生活习性及经济价值　生活于多石的流水环境。个体小，经济价值不高。标本采集于 1960 年，之后无人再采到标本，由于环境的污染，金氏鉠在滇池已濒绝迹。

流域内资源现状　近 40 余年均未采集到，资源已极度枯竭。

分布　金沙江流域特有种，分布于中下游，有记录分布于四川会东和云南滇池等地，我们实地采集最上见于金沙江云南鹤庆涛源江段（图 4-38）。

182 黑尾鉠 *Liobagrus nigricauda* Regan，1904

地方俗名　土鲇鱼（四川）

Liobagrus nigricauda Regan，1904，Ann Mag Nat Hist，13(7)：193（云南金沙江）；丁瑞华，1994，四川鱼类志：474（金沙江等）；何名巨（见褚新洛等），1999，中国动物志　硬骨鱼纲　鲇形目：106（长江及附属水体）。

主要形态特征　未测量金沙江流域的标本，测量标本 6 尾，采自四川合江县、重庆市江津区，体长为 56.14~74.95mm。

背鳍 I-6~8；臀鳍 iv-10~14；胸鳍 I-7~9；腹鳍 i-5。

体长为体高（肛门处体高）的 6.1~8.3 倍，为头长的 4.1~5.4 倍，为尾柄长的 4.6~6.7 倍，为尾柄高的 6.8~10.5 倍，为前背长的 2.8~3.6 倍。头长为吻长的 2.8~4.0 倍，为眼径的 5.2~16.6 倍，为眼间距的 1.9~3.5 倍，为头宽的 1.0~1.3 倍，为口裂宽的 1.5~2.8 倍。尾柄长为尾柄高的 1.4~2.0 倍。

体长形，前躯较圆，肛门以后逐渐侧扁。头扁，钝圆，背面有 1 深纵沟，两侧鼓起。吻较短。上、下颌约等长。眼小，背位，眼缘模糊，紧位于后鼻孔的后外侧。口大，端位。前颌齿带为整

块状，约为口宽的一半，下颌齿带弯月形，分为紧靠的左、右两块。腭骨无齿。前鼻孔短管状，约位于吻端至眼前缘的中点；后鼻孔紧位于鼻须后基，后鼻孔的间距大于前鼻孔的间距。须 4 对。鼻须较长，后伸几达胸鳍基上方；颌须基部皮膜较宽，颌须约与外侧颏须等长，后伸超过或达胸鳍基部；内侧颏须短于鼻须，约为外侧颏须的一半。鳃孔大，鳃膜不与鳃峡相连。

背鳍硬刺包覆于皮膜之中。背鳍起点至吻端的距离等于或大于至脂鳍起点的距离。脂鳍基较长，脂鳍与尾鳍相连，中间有 1 浅缺刻或无。尾柄长大于或等于臀鳍基长。胸鳍刺包覆于皮膜之中，末端尖，前缘光滑，后缘基部有弱锯齿或无，基部有毒腺。腹鳍末端超过肛门，肛门距腹鳍基部的距离较距臀鳍起点为近。尾鳍圆形。

浸制标本呈淡棕色，腹面较窄；尾鳍、脂鳍为灰色，有较窄的白色边。

生活习性及经济价值 喜生活于流水环境中，尤其以支流中数量较多。以水生昆虫成虫及幼虫、底栖无脊椎动物，以及小鱼虾为食。个体较小，常见个体全长为 80~100mm，一般为渔民所食用。

流域内资源现状 数量较少，为流域偶见种。随着金沙江电站的建设，种群数量估计会进一步下降。

分布 分布于长江及其附属水体。金沙江流域分布于下游，实地调查在宜宾江段采集到少量标本（图 4-38）。

183 拟缘䱀 *Liobagrus marginatoides*（Wu，1930）

Amblyceps marginatoides Wu，1930，Bull Mus Hist Nat Paris，2(2)：256（长江）。
Liobagrus marginatoides：丁瑞华，1994，四川鱼类志：476（金沙江等）；何名巨（见褚新洛等），1999，中国动物志 硬骨鱼纲 鲇形目：107（长江）。

主要形态特征 测量标本 4 尾。体长为 54.24~82.85mm。采自云南水富、四川乐山。

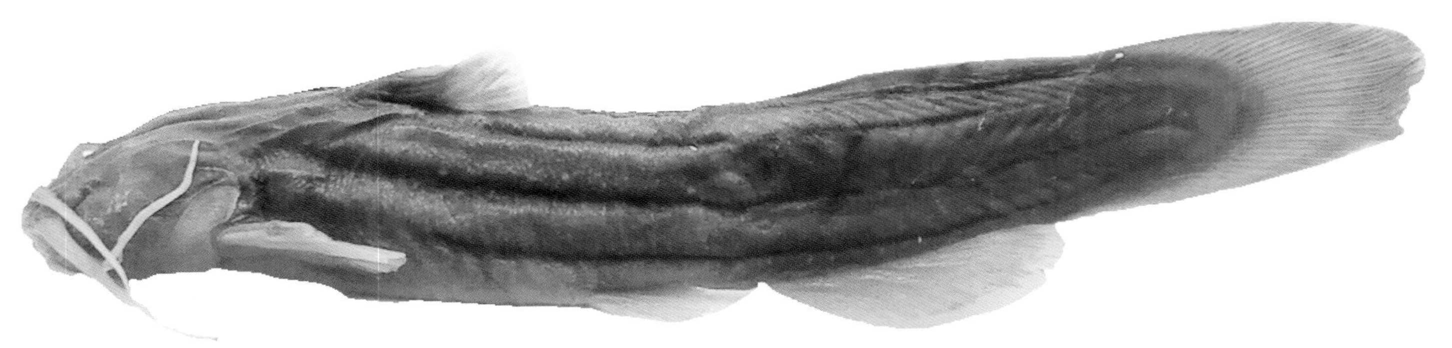

背鳍 I-6~8；臀鳍 iv-11~15；胸鳍 I-7~8；腹鳍 i-5。

体长为体高（肛门处体高）的 4.8~7.0 倍，为头长的 3.8~4.5 倍，为尾柄长的 5.4~6.5 倍，为尾柄高的 7.1~9.0 倍，为前背长的 2.8~3.4 倍。头长为吻长的 3.0~3.4 倍，为眼径的 10.5~13.1 倍，为眼间距的 2.6~3.3 倍，为头宽的 1.2~1.3 倍，为口裂宽的 1.8~2.4 倍。尾柄长为尾柄高的 1.2~1.4 倍。

体长形，前躯较圆，肛门以后逐渐侧扁。头圆扁。吻钝圆，背面有 1 纵沟，两侧鼓起。上、下颌约等长。眼小，背位，眼缘模糊，紧位于后鼻孔的后外侧。口大，端位。前颌齿带为整块状，约为口宽的一半，下颌齿带弯月形，分为紧靠的左、右两块。腭骨无齿。前鼻孔短管状，约位于吻端至眼前缘的中点；后鼻孔紧位于鼻须后基，后鼻孔的间距大于前鼻孔的间距。须 4 对。鼻须后伸超过头长的一半；颌须基部皮膜较宽，颌须最长；外侧颏须等于或略短于颌须，后伸不超过胸鳍基部；内侧颏须最短。鳃孔大，鳃膜不与鳃峡相连。

背鳍硬刺包覆于皮膜之中，其长度不及最长分枝鳍条的一半。背鳍起点距吻端的距离小于距脂鳍起点的距离。脂鳍基较长，脂鳍与尾鳍相连，中间有 1 缺刻。臀鳍平放，远不及尾鳍基部，尾柄长短于臀鳍基长。胸鳍刺包覆于皮膜之中，末端尖，前缘光滑，后缘基部有锯齿，基部有毒

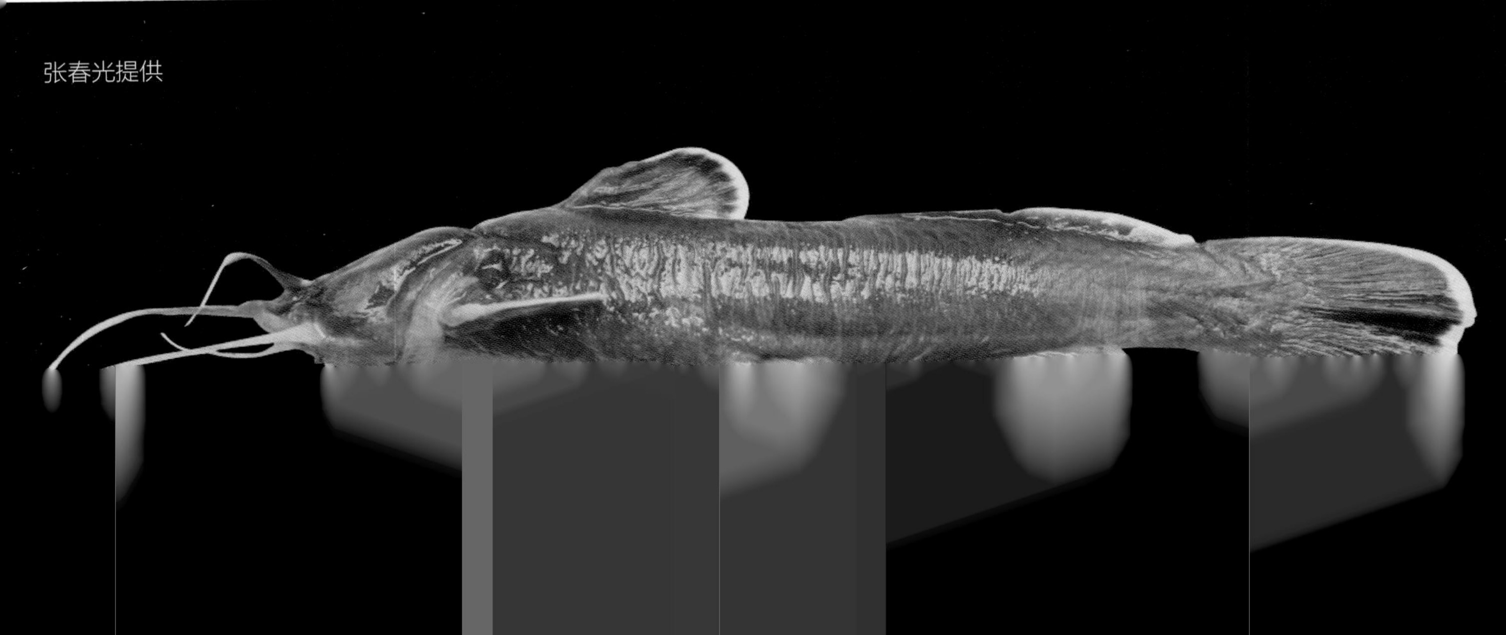

张春光提供

腺。腹鳍后伸超过肛门，但不达臀鳍起点。肛门距腹鳍基部的距离较距臀鳍起点的距离为近。尾鳍圆形。

浸制标本呈灰棕色，腹面较淡，各鳍边缘白色。

生活习性及经济价值 生活于多石流水溪河，底栖，白天潜入洞穴或石缝中，夜间成群在浅滩上觅食。食物以水生昆虫成虫及其幼虫和一些底栖动物为主，同时也采食小鱼虾。个体较小，常见个体全长为 80~100mm，数量较少。

流域内资源现状 数量较少，为流域偶见种。随着金沙江电站的建设，种群数量估计会进一步下降。

分布 国内仅记录于长江水系，金沙江流域分布于中下游。实地调查显示，最上可分布于四川雅安，最下可见于四川宜宾—云南水富江段（图 4-38）。

（十三）鮰科 Ictaluridae

体较长。皮肤裸露。侧线完全。吻较尖。口端位或亚下位。上、下颌具细齿。腭骨无齿。前、后鼻孔相距较近；后鼻孔常具 1 鼻须。须 4 对：1 对鼻须，1 对颌须和 2 对颏须。背鳍和胸鳍常具棘；背鳍分枝鳍条一般为 6；脂鳍小，不与尾鳍相连；尾鳍叉形。

分布于美洲，我国无自然分布。

（85）鮰属 *Ictalurus*

体较长，后部侧扁。头部平扁。皮肤裸露。侧线完全。吻较尖。口亚下位。上、下颌具细齿。腭骨无齿。前、后鼻孔相距较近；后鼻孔具鼻须。须 4 对：1 对鼻须，1 对颌须和 2 对颏须；颌须长超过胸鳍基部。背鳍和胸鳍常具棘，脂鳍小，不与尾鳍相连；尾鳍叉形。

金沙江流域有 1 引入种。

184 斑点叉尾鮰 *Ictalurus punctatus*（Rafinesque，1818）

Silurus punctatus：Rafrinesgue，1818（美国俄亥俄河）。
Ictalurus punctatus：Page *et* Burr，1991（北美五大湖等）。

主要形态特征 测量标本 4 尾，体长为 103.56~133.85mm，采自四川盐边永兴乡。

背鳍 I-7；臀鳍 i -22~24；胸鳍 I-8~9；腹鳍 i-7。

体长为体高（肛门处体高）的 4.9~6.1 倍，为头长的 4.0~4.3 倍，为尾柄长的 7.3~8.9 倍，为

^ 张春光提供，雅砻江下游安宁河入雅砻江附近江段

尾柄高的 11.5~13.5 倍，为前背长的 2.8~2.9 倍。头长为吻长的 2.6~2.9 倍，为眼径的 4.5~6.2 倍，为眼间距的2.5~2.7倍，为头宽的1.4~1.7倍，为口裂宽的3.5~4.2倍。尾柄长为尾柄高的1.5~1.6倍。

体前部较宽肥，后部较细长，腹部较平直，背部斜平。头较长，约为全长的 1/5。口亚下位，横裂，较小。上、下颌着生有较尖而锋利的小齿，齿排列不规则，中央密向两侧渐变短而稀，齿尖端向内弯曲。须 4 对，口角须最长，鼻须最短。口角须基部较粗，稍扁，渐向齿尖变为圆而尖，末端超过胸鳍基部；鼻须和 2 对颏须短于口角须一半以上。前、后鼻孔相距较远，均为管状，鼻须着生在后鼻孔前端，须长超过眼径后缘。2 对颏须呈较淡的灰黑色，外侧的 1 对颏须长于内侧的 1 对。眼较小，侧中位。鳃孔较大，鳃膜不连于峡部。颏部有明显的“∧”形皮肤皱褶。

体表光滑无鳞，黏液丰富。侧线完全，侧线孔明显。

各鳍条均为深灰色，背鳍和胸鳍有 1 根硬棘，硬棘外缘光滑，内缘和鳍条结合处有锯齿状的齿；腹鳍位于背鳍后方腹侧；臀鳍较长呈半扇状；尾鳍分叉较深。

食道较短，胃呈“U”形，肠长为体长的 2~2.3 倍。鳔 2 室，鳔内有 1“T”形结缔组织，将鳔分为相通的两室。

生活习性及经济价值 栖息于水体底层，属于杂食性鱼类。幼鱼主要以水生昆虫为食，成鱼则以蜉蝣、摇蚊幼虫、软体动物、甲壳类、绿藻、大型水生植物、植物种子、小杂鱼为食。喜欢集群摄食。具昼伏夜出的摄食习性。生存水温为 0~38℃。性成熟年龄为 3 龄。在洞穴及岩石缝处产卵。雄鱼有护卵习性。卵沉性，透明并具黏性。

流域内资源现状 原产于美洲，为美国淡水渔业中的主要养殖鱼类。1984 年引入我国，现全国多地均有养殖，部分逃逸到野外，已形成自然种群。

分布 由于养殖推广，现全国范围内广泛分布。金沙江流域分布于中下游，实地调查显示，最上分布到四川攀枝花雅砻江安宁河汇口江段，最下分布到云南禄劝。

（十四）鲇科 Siluridae

身体中等延长，前部平扁，后部侧扁。头大且圆。吻纵扁。口大，不能收缩。眼小，侧上位，通常被皮膜。须 1~3 对。前、后鼻孔相隔较远。上、下颌及犁骨具绒毛状细齿，形成齿带。无假鳃。背鳍缺如或有而无骨质硬刺，分枝鳍条通常少于 7。无脂鳍。臀鳍基长，后缘与尾鳍相连或不连。胸鳍具硬刺或缺如，前缘具明显的锯齿或光滑。腹鳍小或缺如。体表光滑无鳞。侧线完全。鳃膜不与鳃峡相连。尾鳍圆形、内凹或深分叉。

本科主要分布于亚洲和欧洲，在我国广泛分布于除西藏高原及新疆外的广大地区。金沙江流域具有 1 属 3 种。

（86）鲇属 *Silurus*

体延长，头部向前纵扁，背鳍以后侧扁。头大且圆。吻纵扁。口裂宽，上、下颌均密生细齿。眼小，侧上位，被皮膜所盖。前、后鼻孔相隔较远，前鼻孔呈短管状，后鼻孔圆形。无鼻须。颌须 1 对，颏须 1 或 2 对。背鳍无硬刺。无脂鳍。臀鳍基很长，后端与尾鳍相连。胸鳍具硬刺。尾鳍后缘近平截或稍凹。

本属广泛分布于黑龙江至海南的各大水系中。金沙江流域具有 3 种。

种检索表

1（4）口裂浅，末端与眼前缘相对

2（3）胸鳍刺前缘有明显的锯齿；犁骨齿带连成一片……………………**鲇 *S. asotus***

3（2）胸鳍刺前缘粗糙或有微弱的锯齿；犁骨齿带分为 2 条……………………**昆明鲇 *S. mento***

4（1）口裂较深，末端至少与眼球中部相对……………………**大口鲇 *S. meridionalis***

鲇 *Silurus asotus*（Linnaeus，1758）

地方俗名　鲇巴郎、土鲇、鲇拐子（四川）、鲇鱼（云南）

Parasilurus asotus：张春霖，1960，中国鲇类志：8（长江等）。

Silurus asotus Linnaeus，1758，Syst Nat ed. 10，1：304（亚洲）；李贵禄（见丁瑞华），1994，四川鱼类志：445（金沙江等）；陈宜瑜，1998，横断山区鱼类：276（金沙江支流）；戴定远（见褚新洛等），1999，中国动物志　硬骨鱼纲　鲇形目：83（金沙江等）。

主要形态特征　共测量标本 12 尾。体长为 72.84~155.88mm。采自云南会泽、嵩明，四川盐边等。

背鳍 4 或 5；臀鳍 75~86；胸鳍 I-9~13；腹鳍 i-12~13。鳃耙 9~13。

体长为体高（肛门处体高）的 4.6~7.0 倍，为头长的 3.8~4.2 倍，为前背长的 2.8~3.7 倍。头长为吻长的 2.4~3.1 倍，为眼径的 6.7~9.4 倍，为眼间距的 2.0~2.4 倍，为头宽的 1.4~1.6 倍，为口裂宽的 1.5~2.3 倍。

体延长，前部略呈短圆筒形，后部渐侧扁。头纵扁，宽大于头高，钝圆。吻圆钝，宽且纵扁。口大，次上位，口裂呈弧形且浅，伸达眼前缘的垂直下方。唇厚。口角唇褶发达，上唇沟和下唇沟明显。下颌突出于上颌。上、下颌具绒毛状细齿，形成弧形宽齿带，中央分离或分离界线不明显；犁骨齿形成 1 条弧形宽齿带，两端稍尖，内缘中央较窄。眼小，侧上位，为皮膜所覆盖。前、后鼻孔相距较远，前鼻孔呈短管状，后鼻孔圆形。须 2 对，颌须粗长，后伸达胸鳍后端；颏须细短，后伸可达眼后缘至胸鳍起点的一半。鳃孔大。鳃膜不与鳃峡相连。

背鳍短小，约位于体前 1/3 处，腹鳍起点的垂直上方之前，胸鳍起点至臀鳍起点的中点，无硬刺。无脂鳍。臀鳍基部甚长，后端与尾鳍相连。胸鳍圆形，侧下位，骨质硬刺前缘具弱锯齿，被皮膜，后缘锯齿强，鳍条后伸不及腹鳍。腹鳍小，左、右鳍基紧靠，起点位于背鳍基后端的垂直下方之

张春光提供，云南永胜马过河 - 金沙江中游左侧支流采集

后，距臀鳍起点小于至胸鳍基后端的距离。肛门距臀鳍起点较距腹鳍基后端为近。尾鳍斜截或微凹，上叶较下叶稍长或等长。

体色随栖息环境不同而有所变化，一般生活时体呈褐灰色，体侧色浅，具不规则的灰黑色斑块，腹面白色，各鳍色浅。

生活习性及经济价值　常生活于水草丛生、水流较缓的泥底层，为肉食鱼类，以虾、小鱼等为食。性成熟为 1 龄，开春后 3 月起，水温至 18~21℃时，开始产卵，可延续到 7 月中旬。在江河、湖泊、水库中皆可繁殖。卵大，沉性，外具胶膜，强黏性，多产在水草或石块上。生长速度快，柔嫩、刺少，为经济鱼类。

流域内资源现状　原为流域偶见种，现在由于人工养殖、水库建设等，已成为流域特别是中下游常见种。

分布　全国范围内除青藏高原及新疆外，遍布各水系。金沙江水系分布于中下游，实地调查显示，最上分布于金沙江中游四川盐边，最下分布到云南嵩明（图 4-39）。

186 昆明鲇 *Silurus mento* (Regan, 1904)

地方俗名 鲇鱼

Silurus mento Regan, 1904, Ann Mag Nat Hist, 13(7): 192(云南滇池)。褚新洛, 崔桂华(见褚新洛等), 1990, 云南鱼类志(下册): 116(云南滇池); 陈宜瑜, 1998, 横断山区鱼类: 277(云南滇池); 戴定远(见褚新洛等), 1999, 中国动物志 硬骨鱼纲 鲇形目: 84(云南滇池)。

主要形态特征 共测量标本 11 尾。体长为 185.62~288mm。采自云南滇池。

背鳍 I-4~5; 臀鳍 ii-61~72; 胸鳍 I-9-11; 腹鳍 i-8~10。鳃耙 12~14。

体长为体高(肛门处体高)的 5.4~7.2 倍, 为头长的 3.9~4.7 倍, 为前背长的 2.9~3.6 倍。头长为吻长的 2.4~3.1 倍, 为眼径的 8.2~10.9 倍, 为眼间距的 1.9~2.7 倍, 为头宽的 1.4~1.9 倍, 为口裂宽的 1.6~2.3 倍。

体延长, 前部纵扁, 后部侧扁。头中等大, 宽钝, 向前纵扁。口大, 次上位。口裂浅, 仅伸至眼前缘的垂直下方。眼小, 位于头侧中部前上方。眼间距宽且平坦。下颌突出于上颌。上、下颌具绒毛状细齿, 形成宽齿带。犁骨齿带中央不连续。前、后鼻孔相隔较远, 前鼻孔呈短管状, 后鼻孔圆形。须 2 对, 颌须较粗, 后伸可达胸鳍起点; 颏须较细, 短于颌须, 后伸超过眼后缘的垂直线。鳃膜游离, 在腹面互相重叠, 不与鳃峡相连。

背鳍甚短, 无硬刺, 起点位于胸鳍后端的垂直上方, 距尾鳍基部的距离大于距吻端的距离。无脂鳍。臀鳍基长, 后端与尾鳍相连, 距尾鳍基部的距离远大于至胸鳍基后端的距离。胸鳍中等大, 硬刺前缘具颗粒状突起, 后缘具弱锯齿, 鳍条后伸不达腹鳍。腹鳍小, 左、右鳍基紧靠, 位于背鳍基后端垂直下方之后, 鳍条后伸超过臀鳍起点, 距胸鳍基后端的距离大于距臀鳍起点的距离。肛门距臀鳍起点略小于距腹鳍基后端。尾鳍斜截或略凹, 上、下叶等长。

活体呈浅黄色至青灰色, 腹部灰白色, 体侧有不规则的斑点。

生活习性及经济价值 栖息于湖岸多水草处, 肉食性。

流域内资源现状 原为滇池常见经济鱼类, 20 世纪 70 年代以来, 均未在滇池流域采集到, 几乎绝迹。

分布 金沙江特有种。仅记录分布于金沙江水系的云南滇池流域(图 4-39)。

大口鲇 *Silurus meridionalis*（Chen，1934）

别名 南方大口鲇、南方鲇

地方俗名 鲇鱼（云南）、河鲇、鲇巴郎（四川）

Silurus soldatovi meridionalis：褚新洛和崔桂华（见褚新洛等），1990，云南鱼类志（下册）：119（金沙江等）。
Silurus meridionalis：李贵禄（见丁瑞华），1994，四川鱼类志：446（金沙江等）；陈宜瑜，1998，横断山区鱼类：277（金沙江支流）；戴定远（见褚新洛等），1999，中国动物志 硬骨鱼纲 鲇形目：86（长江等）。

主要形态特征 共测量标本 6 尾。体长为 207.52~356.68mm。采自云南香格里拉东旺河、宾居河、永胜、鹤庆。

背鳍 i-5；臀鳍 i-77~88；胸鳍 I-13~16；腹鳍 i-11~13。

体长为体高（肛门处体高）的 4.3~5.5 倍，为头长的 3.9~4.5 倍，为前背长的 3.0~3.2 倍。头长为吻长的 2.4~3.2 倍，为眼径的 11.1~12.7 倍，为眼间距的 1.9~2.6 倍，为头宽的 1.3~1.4 倍，为口裂宽的 1.6~1.8 倍。

体延长，前部粗圆，后部侧扁。头略长，宽且纵扁。吻宽，圆钝。口大，次上位，弧形，口角唇褶发达。下颌突出于上颌，露齿。口裂深，后伸至少达眼球中央垂直下方。上、下颌及犁骨均具锥形略带钩状的细齿，形成半月形齿带，下颌齿带中央分离或分离不明显。眼小，侧上位，被皮膜。眼间距宽平。前、后鼻孔相距较远，前鼻孔呈短管状，后鼻孔圆形。成体具须 2 对；颌须长，后伸可及腹鳍起点的垂直上方；颏须纤细，较短，后伸可达眼后缘至胸鳍起点的一半。鳃孔大。鳃耙稀疏、短粗。鳃膜游离，在腹面互相重叠，不与鳃峡相连。

背鳍基甚短，无骨质硬刺，距胸鳍起点的距离近于距腹鳍起点的距离。无脂鳍。臀鳍基很长，后端与尾鳍相连。胸鳍圆扇形，侧下位，具骨质硬刺，前缘具颗粒状突起；后缘中部至末端具弱锯齿，后伸可超过背鳍基后端的垂直下方。腹鳍小，左、右鳍基紧靠，起点位于背鳍基后端的垂直下方之后，距尾鳍基远大于距胸鳍基后端，鳍条末端超过臀鳍起点。肛门距臀鳍起点较距腹鳍基后端略远。尾鳍小，近斜截形或略内凹，上叶略等于下叶。

活体灰褐色，腹部灰白，各鳍灰黑色。

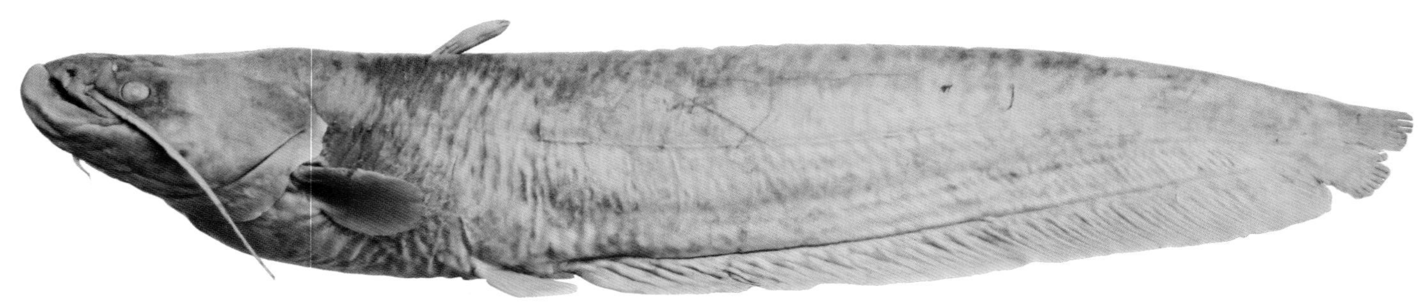

张春光提供，石鼓江段采集

生活习性及经济价值　大型凶猛型鱼类，捕食鱼、虾及其他水生动物，最大个体可达 50kg。肉细嫩、刺少，现已突破人工养殖技术，为常见水产养殖品种。繁殖期为每年的 3~5 月，平均水温为 15~24℃。单批产卵，产卵场为流水砾石浅滩，产卵前雌雄亲鱼激烈追逐，有相互咬斗的发情行为。产沉性卵，外具胶膜，强黏性。

流域内资源现状　原为流域偶见种，现在由于人工养殖、水库建设等，已成为流域特别是中下游常见种。

分布　全国范围内，分布于珠江、闽江、湘江、长江等水系。现在由于人工养殖及推广，分布范围更广。金沙江水系分布于中下游，实地调查显示，最上分布到云南香格里拉东旺河，最下分布到四川宜宾（图 4-39）。

（十五）胡子鲇科 Clariidae

体延长，前部平扁，后部渐侧扁。头宽，扁平，顶部及侧面有骨板。前、后鼻孔分离，前鼻孔呈短管状，后鼻孔圆形。吻圆钝。口中等大，下位或次下位。上、下颌及犁骨有绒毛状齿带。眼小，侧上位，眼缘游离。须 4 对：1 对鼻须，1 对颌须，2 对颏须。鳃孔大。鳃膜不与鳃峡相连。鳃腔内具树枝状辅助呼吸器官。体光滑无鳞。背鳍很长，鳍条通常在 30 以上，无硬刺。臀鳍基亦长，有时后端与尾鳍相连。无脂鳍。胸鳍具 1 根硬刺。腹鳍分枝鳍条 6。尾鳍圆形。

分布于亚洲与非洲，在国内分布在长江及其以南各省（区），现在由于人工养殖，已呈全国性分布。金沙江流域有 1 属 2 种。

（87）胡子鲇属 *Clarias*

属征同科。

分布于亚洲与非洲，在国内自然分布在长江及其以南各省（区），现在由于人工养殖分布区有所扩大。金沙江流域有 2 种，其中一种为外来种。

种检索表

1（2）体形较小；体侧无黑色斑点和灰白色云状斑块，背鳍 54~64 ………………………………… **胡子鲇 *C. fuscus***

2（1）体形较大；体侧有黑色斑点和灰白色云状斑块，背鳍 64~76 ………………………… **革胡子鲇 *C. gariepinus***

胡子鲇 *Clarias fuscus*（Lacépède，1803）

地方俗名　江鳅、挑手鱼（云南）

Clarias fuscus：岳佐和（见褚新洛等），1999，中国动物志　硬骨鱼纲　鲇形目：182（长江等）。

主要形态特征　未测量金沙江水系标本，测量其他地方标本 9 尾。体长为 63.09~166.85mm。采自云南西双版纳、广西荔浦等。

背鳍 55~67；臀鳍 43~51；胸鳍 I-6~9；腹鳍 i-5。鳃耙 15~18。

体长为体高（肛门处体高）的 5.6~7.6 倍，为头长的 4.0~4.9 倍，为前背长的 2.8~3.0 倍。头长为吻长的 2.7~3.7 倍，为眼径的 7.9~12.3 倍，为眼间距的 1.6~2.1 倍，为头宽的 1.0~1.3 倍，为口裂宽的 2.4~3.1 倍。

体延长，背鳍起点向前渐平扁，后渐侧扁。背缘和腹缘轮廓弧度相当。头平扁而宽，呈楔形。头顶部及两侧有骨板，被皮肤覆盖，上枕骨棘向后远不及背鳍起点。吻宽而圆钝。口大，次下位，弧形，口裂仅伸及鼻须基部的垂直下方。上颌略突出于下颌，犁骨齿带连续，下颌齿带中央有断裂。眼很小，侧上位，位于头的前 1/4 处。眼间距宽而平。前、后鼻孔相隔较远，前鼻孔呈短管状；

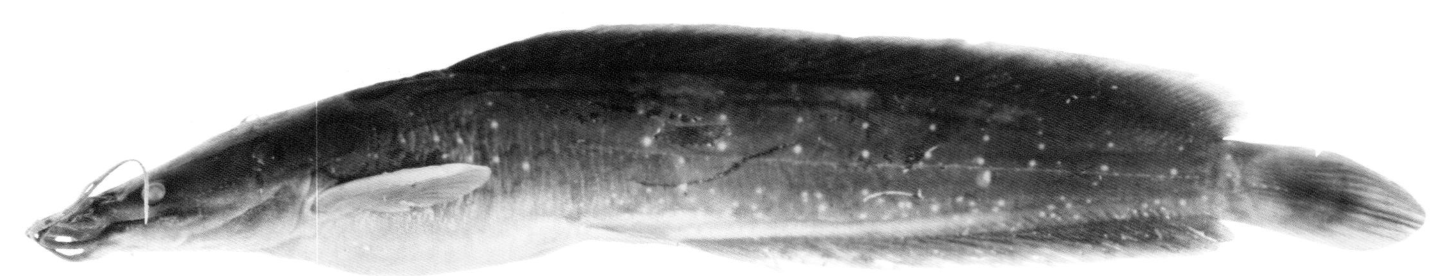

后鼻孔呈圆孔状，位于眼的前上方。须 4 对，鼻须位于后鼻孔前缘，末端后伸略过鳃孔。颌须接近或超过胸鳍起点；外侧颏须略长于内侧颏须，均不达胸鳍起点。鳃孔大。鳃膜不与鳃峡相连。鳃耙细长。

背鳍基很长，无骨质硬刺，鳍条隐于皮膜内，起点约位于胸鳍后端的垂直上方，距吻端小于距尾鳍基部的距离。臀鳍基长，短于背鳍基部，起点至尾鳍基部的距离大于至胸鳍基后端的距离。胸鳍小，侧下位，硬刺前缘粗糙，后缘具弱锯齿，鳍条末端后伸可达背鳍起点的垂直下方。腹鳍小，起点位于背鳍起点的垂直下方之后，距胸鳍基后端的距离大于距臀鳍起点的距离，末端达或伸过臀鳍起点。肛门距臀鳍起点的距离较距腹鳍基后端为近。尾鳍不与背鳍、臀鳍相连，圆形。侧线平直，不甚明显。

活体一般呈褐黄色，有些个体的背部呈褐黑色，腹部色浅。体侧有一些不规则的白色小斑点。

生活习性及经济价值　热带、亚热带小型底栖鱼类。常栖息于水草丛生的江河、池塘、沟渠、沼泽和稻田的洞穴内或暗处。性群栖，数十尾或更多聚集在一起。因其鳃腔内具辅助呼吸器官，故适应性很强，离水后存活时间较长。以水生昆虫及其幼虫、小虾、寡毛类、小型软体动物和小鱼为食。产卵期为 5~7 月，产卵时雄鱼以尾掘一个圆形穴，雌鱼产卵其中。产卵 70~200 粒，鱼卵受精后，雄鱼离去，雌鱼守穴防敌，直至鱼仔能自由游动觅食方始离去。

肉细嫩，除供食用外还可作药用，治小儿疳积，常食可促使伤口愈合。

流域内资源现状　主要为养殖逃逸，具体资源现状不详。

分布　全国范围内，南自海南岛，北至长江中下游，西自云南，东至台湾均有分布。虽然未在野外直接采集到标本，但由于沿线广泛人工养殖，推测金沙江流域中下游可能有其分布。

189 革胡子鲇 *Clarias gariepinus*（Burchell，1822）

主要形态特征　测量标本 7 尾，体长为 123.8~237.71mm。其中 1 尾来自金沙江水系，采自云南水富；其余来自云南富宁。

背鳍 i-69；臀鳍 i-47；胸鳍 i-9；腹鳍 i-6。

体长为体高（肛门处体高）的 6.0~7.7 倍，为头长的 3.8~4.7 倍。头长为吻长的 2.7~3.2 倍，为头宽的 1.1~1.4 倍，为头高的 1.6~1.9 倍，为眼径的 8.8~12.5 倍，为眼间距的 1.7~2.1 倍，为口裂宽的 1.6~1.9 倍。

体大，延长。头部扁平而宽，呈楔形，头背部有许多骨质颗粒状突起，呈放射状排列。吻平扁，宽而钝。口裂宽，亚下位，上颌略长于下颌。上、下颌有绒毛状齿带。须 4 对，上颌口角须最长，其末端超过胸鳍，鼻须及颌须稍短，均不达胸鳍。眼小，侧上位，眼间距宽而平。两鼻孔相隔较远。鳃孔宽。鳃膜不与鳃峡部相连。鳃腔内有树枝状辅助呼吸器官。体表裸露无鳞，富有黏液。侧线完全，平直，沿体侧中部伸达尾鳍基部。

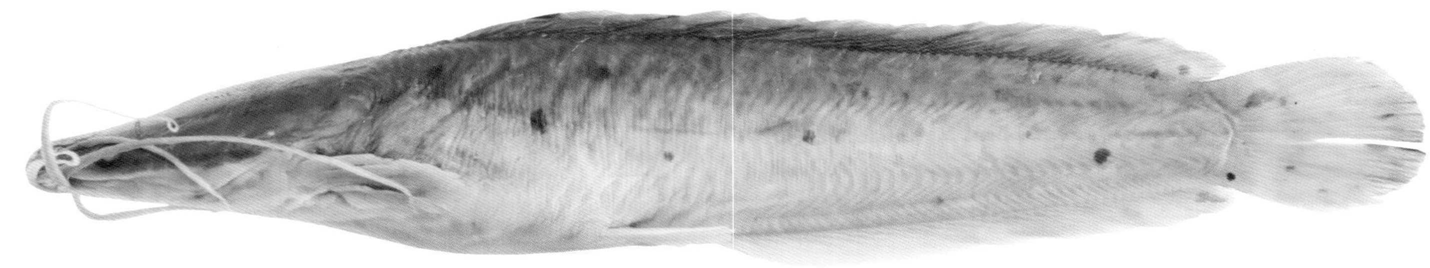

背鳍很长，约占体长的 2/3，无硬刺。臀鳍较背鳍短，无硬刺。胸鳍硬棘短钝，内缘具锯齿。腹鳍腹位，无硬刺。尾鳍圆形，不与背鳍、臀鳍相连。

体灰褐色，体侧有黑色斑点和灰白色云状斑块，胸腹部白色。

生活习性及经济价值 底层鱼类，栖息于江河、湖泊、池塘、沟渠及沼泽中，常集群于岸边的暗处及洞穴中。对环境适应性强，能在各种水体生活，具有辅助呼吸器官，耐低氧，当水中溶氧不足时，能窜到水面呼吸空气。是以动物性饵料为主的杂食性鱼类，也食植物性饵料，食性杂，食量大。鱼苗摄食浮游动物，体长达 2cm 以后，能摄食各种动植物饵料；成鱼主食水生昆虫、软体动物、小鱼虾，也喜食腐败的动植物尸体等。生长迅速，一年可达 1.5~3.0kg。性成熟年龄为 5~7 个月，繁殖季节为 4~10 月，最适时间为 5~6 月，繁殖适宜水温为 22~30℃；每年多次产卵，受精卵黏性。最低临界水温为 7℃。

^ 张春光提供

采自金沙江干流石鼓以上巨甸江段，张春光提供

采自云南水富横江，张春光提供

采自金沙江汇口江段，张春光提供

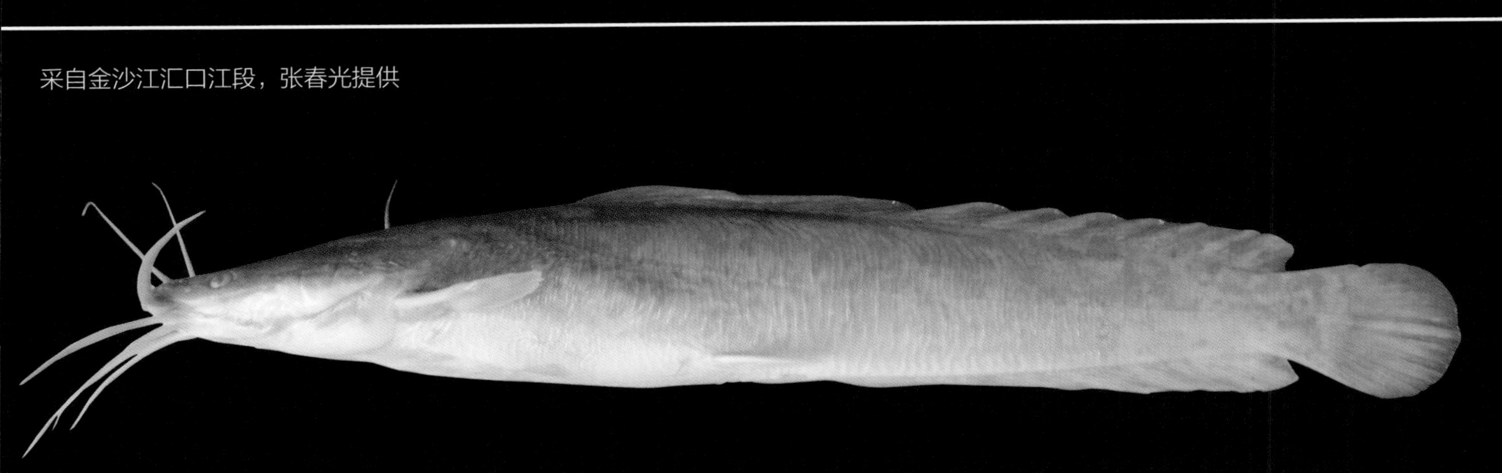

流域内资源现状 原产于非洲尼罗河水域，是埃及尼罗河一带普遍养殖的鱼类之一。我国于 1981 年从国外引进，已在全国推广养殖，这其中就包括金沙江沿线的四川和云南等地。该鱼适应能力强，极易逃逸到自然水体。野外调查期间，我们曾在金沙江干流云南丽江石鼓以上的巨甸江段、水富横江 + 金沙江汇口附近江段等见到当地渔民捕捞到该鱼，在整个中下游干流江段该鱼已成为较常见的渔获物。

分布 全国范围内，南方各地水域均有由养殖逃逸的种群。金沙江流域分布于中下游，实地调查显示，最上可分布至云南丽江石鼓以上巨甸江段，最下分布到云南水富。

五、胡瓜鱼目 Osmeriformes

一般具脂鳍。口裂上缘由前颌骨和上颌骨组成。椎体横突不与椎体同骨化。无输卵管，或输卵管不完全，仅具由膜褶皱形成的输卵沟。无下肌间骨。

（十六）银鱼科 Salangidae

体小，细长，半透明。体前部近圆柱状，后部侧扁。头前部平扁。吻尖且长。眼小，侧位。口裂宽；颌具齿，有些颚骨无齿，犁骨和舌上附齿；上颌骨在眶前缘或后向下弯曲。体表除在雄性臀鳍基部上方有 1 行较大鳞片外，其他部位裸露无鳞。无侧线。背鳍位于体后部，与臀鳍相对或位于臀鳍前上方。脂鳍小。腹鳍 7。尾鳍叉形。消化管直，无幽门盲囊。具鳔。主要分布在我国东部、东南部沿海地区。

（88）新银鱼属 *Neosalanx*

体细长，吻短钝。下颌缝合部无骨质突起，前端亦无缝前突。颚骨和舌上无齿。其他特征同科。本流域有 1 种，为增殖放流引入种。

陈氏新银鱼 *Neosalanx tangkahkeii*（Wu，1931）

曾用名 太湖新银鱼、太湖短吻银鱼

地方俗名 银鱼

Protosalanx tangkahkeii Wu，1931：219（厦门）。
Neosalanx tangkahkeii：周伟（见褚新洛和陈银瑞，1990）。

主要形态特征 采集标本 250g 以上，调查中在滇池、程海，以及金沙江下游已建向家坝、溪洛渡、雅砻江二滩等水库库区渔获物中均见有大量该鱼。未测量标本，主要依据《云南鱼类志》描述。

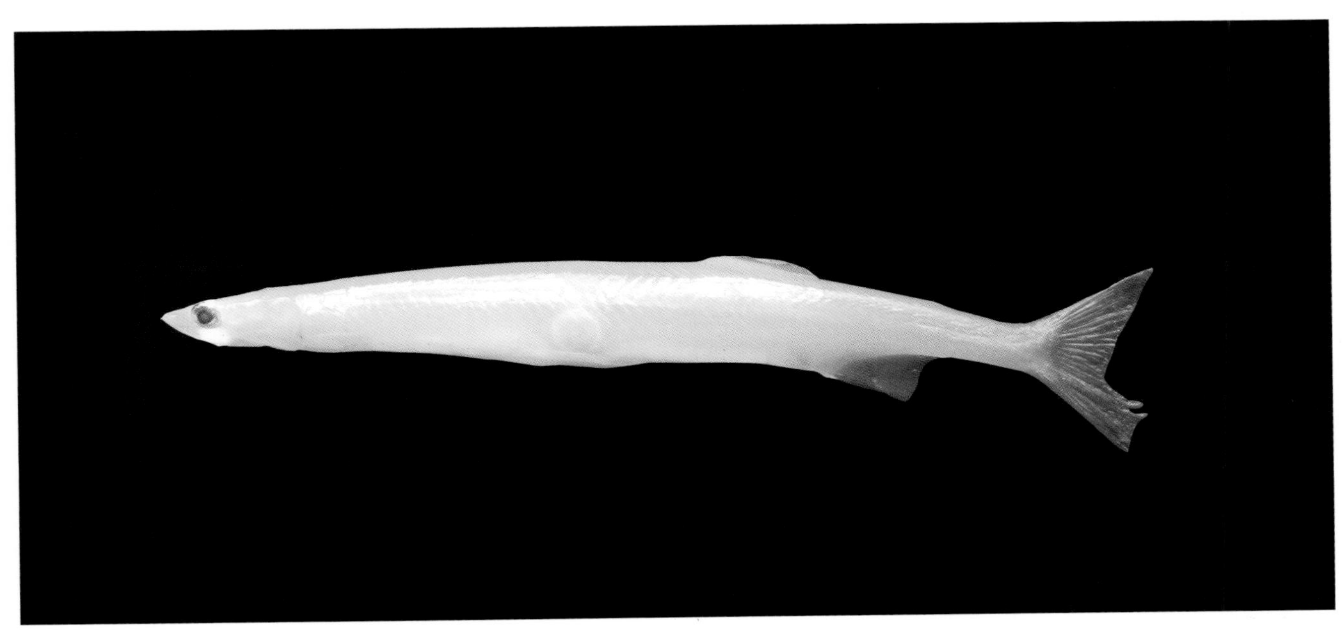

测量标本 11 尾，采自滇池和抚仙湖；全长为 77~94mm，体长为 68.5~83mm。

背鳍 ii-12~13；臀鳍 iii-21~24；胸鳍 24~28；腹鳍 i-6；尾鳍分枝鳍条 17。

体长为体高的 6.4~8.9 倍，为头长的 5.7~6.6 倍，为尾柄长的 9.3~11.9 倍，为尾柄高的 17.5~19.3 倍。头长为吻长的 3.4~4.7 倍，为眼径的 4.4~6.3 倍，为眼间距的 2.9~3.4 倍。尾柄长为尾柄高的 1.6~2.0 倍。

体细长，稍侧扁。头平扁，头长略大于体高。吻短，向前突出，吻长稍大于眼径。口亚上位。下颌较上颌突出，下颌前端无骨质突起；上颌骨末端伸过眼前缘的垂直线之后。上、下颌各具 1 行齿；腭骨和舌上无齿。上、下唇薄。眼较大，侧位；眼间距宽，微隆起。鳃孔大，鳃膜与鳃峡相连。有假鳃，鳃耙细长。

背鳍无硬刺，位置较后，基部后端位于臀鳍起点的前上方。脂鳍小，后缘游离，其起点位于背鳍基后端至尾鳍基的中点。胸鳍短，具发达的肉质基。腹鳍起点距吻端的距离近于至尾鳍基部的距离。肛门紧邻臀鳍起点。臀鳍稍大，雄鱼臀鳍鳍条较雌鱼的稍大且长。尾鳍分叉，下叶长于上叶，末端尖。

体表除雄鱼臀鳍基部两侧各具 1 行鳞片外，其他部位均裸露无鳞。无侧线。腹鳍至肛门间具腹棱。

雄鱼仅 1 个精巢，雌鱼有前、后 2 个卵巢。腹膜白色。

生活时，体呈半透明，有些个体腹部两侧各具 1 行黑色小圆斑点。尾鳍上、下叶浅黑色，其余各鳍无色。

生活习性及经济价值　沿海咸淡水中均能生活。栖息于沿海地区的种群有洄游习性；淡水种群能在淡水中完成生活史，形成淡水定居种群。以枝角类、桡足类等浮游动物为食。我国东部分布的种群有春季和秋季两个产卵期，根据《云南鱼类志》记载，在滇池分为秋、冬两个产卵盛期。卵沉性，卵膜表面自受精孔向对极不均匀分布着长短不一的卵膜丝。亲鱼产卵后死亡。

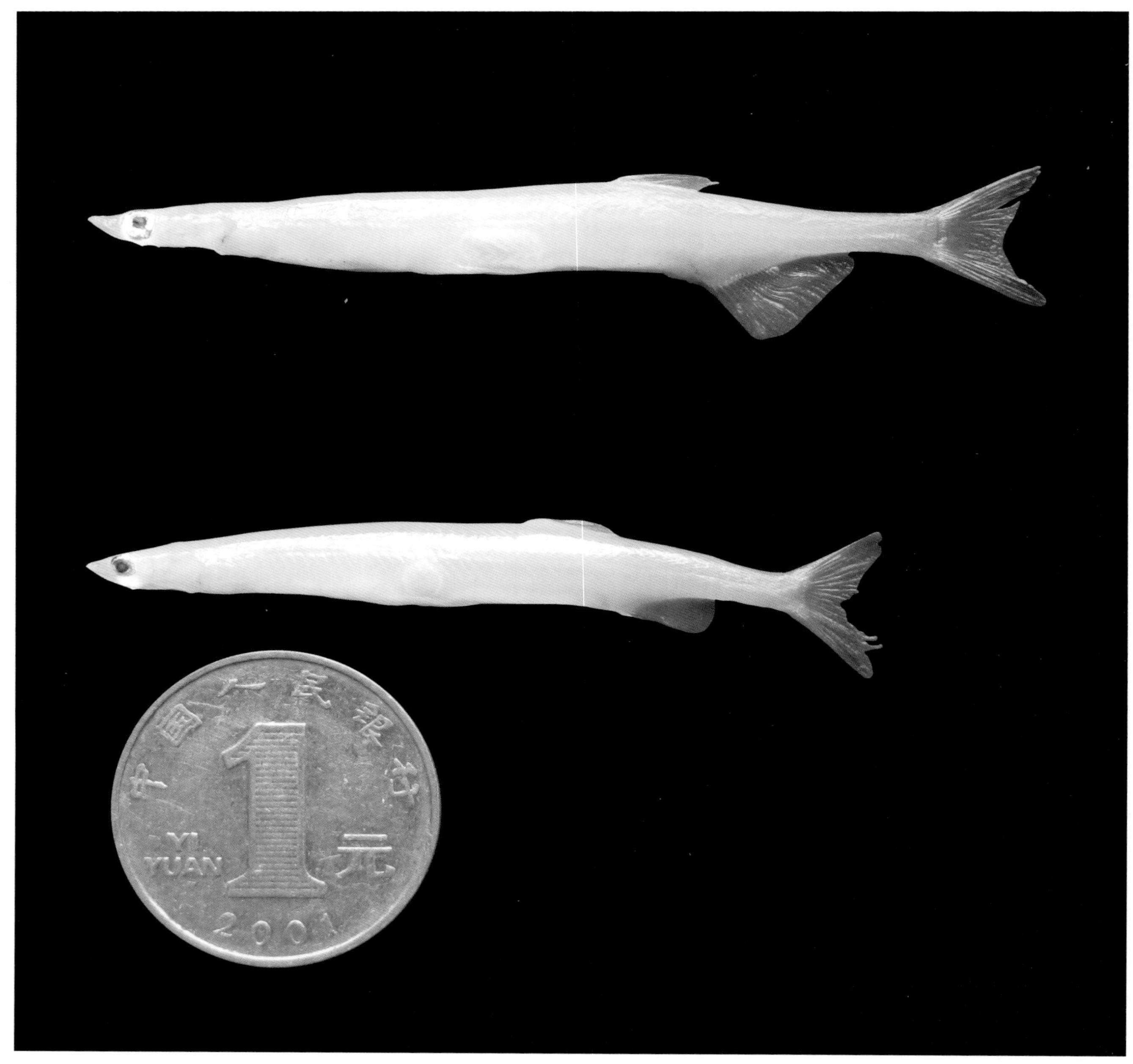

流域内资源现状　20 世纪 80 年代引入滇池，之后又被引入其他高原湖泊。根据我们的调查，在滇池、程海，以及金沙江下游已建向家坝、溪洛渡、雅砻江二滩等水库库区渔获物中均见有大量该鱼，可占到渔获物的 80% 以上，常为产地主要经济鱼类。某些干流河段如金沙江干流攀枝花以下、雅砻江二滩以下等江段偶尔也可捕到。

分布　我国主要自然分布在山东、江苏、福建、浙江等沿海河口区域，以及上述地区各通海江河的中下游附属湖泊中，现已被广泛移植，移植区域上以长江及其以南为主，长江以北主要移植大银鱼 *Protosalanx chinensis*。金沙江流域主要出现在一些高原湖泊和中下游已建水库等中，攀枝花以下干流、雅砻江下游干流等偶见。

六、鳉形目 Cyprinodontiformes

口裂上缘仅由前颌骨组成。无第二围眶骨。背鳍 1；各鳍无鳍棘；腹鳍复位，鳍条数少于 7；胸鳍位高。无中乌喙骨和眶蝶骨；有背肋及腹肋。侧线位低或无侧线。鳔无鳔管。卵生、卵胎生甚至胎生。

科检索表

1(2) 卵生；背鳍后位，其起点距鳃孔常较距尾鳍基部的距离为近；性成熟雄鱼臀鳍前部不形成交配器…………………………………………………………………………………………**大颌鳉科 Adrianichthyidae**

2(1) 卵胎生；背鳍位置较前，其起点距鳃孔常较距尾鳍基部的距离为远；性成熟雄鱼臀鳍前部形成交配器…………………………………………………………………………………………**胎（花）鳉科 Poeciliidae**

（十七）大颌鳉科 Adrianichthyidae

个体小。口上位，口裂横直。犁骨和舌上均无齿。眼大，眼间距宽阔平坦。背鳍短小，后位，其起点距鳃孔的距离常较距尾鳍基部为远。无侧线。体背圆鳞。臀鳍基宽，成年雄鱼臀鳍不延长形成生殖足（交配器或输精器）。成年雌、雄鱼体色无明显差异；卵生。

自然分布于东亚和南亚的淡水河湖中，沿岸咸淡水水域也有分布。我国有 1 属。

（89）青鳉属 *Oryzias*

主要属征同科。

我国现知有 3 种，金沙江流域有 1 种。

中华青鳉 *Oryzias latipes sinensis* Chen，Uwa *et* Chu，1989

Haplochilus laticeps Kreyenberg *et* Pappenheim，1908：22(Pin Shiang)。

Oryzias laticeps Osima，1926，19(near Kaschek，Hainan)；丁瑞华，1994：494(雅安、合江)。

Aplocheilus laticeps：Chang(张孝威)，1944：58(峨眉山、乐山、成都等)。

Oryzias latipes sinensis Chen，Uwa *et* Chu，1989：240(云南)；陈银瑞(见褚新洛和陈银瑞，1990)，1990，(昆明、蒙自、洱海、普洱)；李思忠和张春光，2011：154(中国东部辽河下游至海南岛、金沙江水系的昆明等)。

未采集到标本，依据《云南鱼类志》描述。

主要形态特征　测量标本 129 尾，全长为 20.0~31.0mm，体长为 15.8~26.8mm。采自昆明等。

^ 卯卫宁提供

背鳍 6~7；臀鳍 16~20；胸鳍 8~10；腹鳍 6；尾鳍分枝鳍条 8~10。纵列鳞大多为 30 或 31。鳃盖条骨 5。脊椎骨 28~30，最后背鳍鳍担骨之后的脊椎骨 8~10，最后臀鳍鳍担骨之后的脊椎骨 8~10。

体长为体高的 3.9~4.4 倍，为前背长的 1.2~1.3 倍，为肛门前长的 1.7~1.9 倍，为臀鳍前体长的 1.6~1.8 倍。

体长形，侧扁。背缘平直，腹缘弧形。头前部平扁。口上位，口裂横直。下颌长于上颌，颌齿尖小。无须。

背鳍基短，后位，其起点位于臀鳍基中点的后上方。胸鳍末端圆钝，后伸达腹鳍基部上方。腹鳍腹位，末端伸达或超过肛门。肛门紧近臀鳍起点，距尾鳍基部的距离较距吻端为近。臀鳍基长，距胸鳍起点的距离较距尾鳍基部为近。尾鳍后缘截形。

体被圆鳞（包括头部）。腹膜黑色。第一肋骨连接在第二椎骨上，第二上鳃骨染色处理后呈红色圆点状。胸鳍游离鳍担骨 4。始于尾下骨的鳍条 5+4。雄鱼在生殖季节臀鳍自倒数第二根起，第五或第六根鳍条后缘具瘤状突起，鳍条稍长。

体背淡褐色，腹部白色；体上侧分布有黑色小斑点，头背具1大的马蹄形黑斑，沿背部正中及体侧自胸鳍末端至尾鳍基部各具1黑色条纹；臀鳍基部两侧各有1由黑点连成的岔形线纹，在臀鳍基后合并，并延伸到尾鳍基部。胸鳍和腹鳍具稀疏小黑点。

生活习性及经济价值　小型鱼，多在小江小河、湖泊、水库、稻田、坑塘、沟渠等近岸缓流或微流水环境生活，常可见在水体的表层集群游动。

个体小，无直接食用价值。可观赏或作为实验鱼养殖。

流域内资源现状　在一些如坑塘、稻田、沟渠等小水体尚较常见。

分布　原广泛分布于我国东部、东南部、南部自辽河下游至海南岛，其间的海河、黄河、长江、珠江等，向西至元江、澜沧江等均有分布。20世纪50年代后期以后，随着内陆鱼类人工养殖的发展，向西甚至已被带到新疆塔里木盆地（李思忠和张春光，2011）。金沙江流域至少在金沙江中游的程海还有分布报道（陈银瑞等，1983）（图4-40）。

（十八）胎（花）鳉科 Poeciliidae

成年雄鱼有由臀鳍第3~5鳍条变大的臀鳍担鳍骨和脉弓联合形成的生殖足（交配器），雄鱼小于雌鱼。胸鳍位置较高。体内受精，卵胎生或胎生。

自然分布于中北美洲、加勒比海诸岛和南美洲的乌拉圭。

（90）食蚊鱼属 *Gambusia*

主要属征同科。

我国有1引入种，金沙江流域有分布报道。

192 食蚊鱼 *Gambusia affinis*（Baird *et* Girard，1853）

曾用名　食蚊鳉

Heterandria affinis Baird *et* Girard，1853，390。

Gambusia affinis：褚新洛和陈银瑞，1990，229（昆明等）。

采集到多尾，未测量标本，依据《云南鱼类志》描述。

主要形态特征　测量标本30尾，全长为30.5~48.0mm，体长为25.5~37.3mm。采自昆明等地。

背鳍 i-ii-5~6；臀鳍 iii-7；胸鳍 11 或 12；腹鳍 5 或 6；尾鳍分枝鳍条 12~14。鳃耙 12~14。纵列鳞 31~33。脊椎骨 31~32。

体长为体高的3.7~4.5倍，为头长的3.9~4.4倍，为尾柄长的2.8~3.3倍，为尾柄高的6.8~7.5倍。头长为吻长的4.0~5.0倍，为眼径的2.7~3.4倍，为眼间距的1.8~2.2倍。尾柄长为尾柄高的2.3~2.7倍。

体小，背缘浅弧形，腹部圆。头宽短，前端楔形。吻短。眼大，偏于头的前部。口上位。下颌突出于上颌；口裂浅，距眼前缘远。颌齿细小。无须。

背鳍短，无硬刺，其起点位于臀鳍起点的后上方，至尾鳍基部约等于至吻端距离的1/2。胸鳍末端圆钝，后伸超过腹鳍基部。腹鳍末端不到（雌鱼）或达到（雄鱼）臀鳍起点。臀鳍基后端约与背鳍起点相对（雌鱼）；或完全在背鳍的前下方，且第3~5根鳍条延长成输精器（雄鱼）。肛门紧靠臀鳍起点之前。尾鳍后缘圆。

头部和躯干部均被圆鳞。无侧线。鳃耙长，排列较密。腹膜密布黑色小斑点。

体背上侧灰黑，腹部白色；头背具1黑斑；沿背部及尾柄末端具黑色条纹；鳞后缘色素明显。除腹鳍外，其他各鳍不同程度地分布有黑斑。

生活习性及经济价值 小型热带鱼类，体长一般为30~40mm，生活在小江小河、湖泊、水库、坑塘、沟渠等缓流或静水中，常可见在水体的表层活动。以孑孓、轮虫、枝角类、桡足类等动物性饵料为食，也兼食浮游植物。卵胎生，仔鱼离开母体后即可自由游动。一年多次产卵，每次约产20尾。

上：雌 / 下：雄；会泽，卯卫宁，2017年

∧ 雌；会理，2009 年

个体小，无直接食用价值。可摄食孑孓，引入主要是为了控制蚊子滋生。据记载，我国 1924 年和 1926 年先后从菲律宾和美国引入上海，1957 年后被引入长江以南地区。

流域内资源现状　在近年野外实地调查中采集到少量标本。

分布　现广泛分布于我国东部长江中下游及其以南，西南等地区。在金沙江流域，《云南鱼类志》中有确切记载在昆明有分布；此外，我们在会泽（牛栏江）、金沙江下游（会理）等地也有采集记录。

七、颌针鱼目 Beloniformes

体长。口裂上部边缘仅由前颌骨组成；上、下颌或仅下颌延长，或至少稚鱼期下颌延长。无中乌喙骨和眶蝶骨。麦克尔氏软骨在关节骨内侧形成 1 块种子骨，有时可自外方见到。左、右下咽骨完全愈合。鳃膜条骨 9~15。体被圆鳞。侧线下侧位，与腹缘平行。鳍无鳍棘。背鳍 1，后位，在臀鳍上方；腹鳍腹位，鳍条 6；胸鳍上侧位。上、下肋骨与椎体横突连接。无鳔管。无幽门盲囊。

本目主要为海产，淡水种很少。

（十九）鱵科 Hemiramphidae

体细长，略呈圆柱状，稍侧扁，尾部稍细。头长。吻较短。口小。上颌骨与前（间）颌骨完全愈合，呈三角形；下颌一般延长呈针状；上、下颌相对部分具细齿。鼻孔大，每侧 1 个。鳃孔宽，鳃耙发达，鳃膜彼此愈合，不与峡部相连。背鳍 1，远位于体后，一般与臀鳍同形，相对；胸鳍上侧位。体被圆鳞。侧线下侧位，近体腹缘。

为热带及暖温带海域上层鱼类，少数生活在淡水。现知中国及邻近水域有 5 属 26 种，可上溯入淡水很远。

(91) 鱵属 *Hyporhamphus*

体细长，略呈圆柱状，稍侧扁，尾部稍细。头长。口小。上颌骨与前颌骨完全愈合，呈三角形，其上覆盖有鳞片；下颌延长，呈长针状。鼻孔大，每侧 1 个，呈长圆形浅凹。背鳍远位于体后部，其起点约与臀鳍相对；腹鳍位置偏于体后部，基部较长；尾鳍分叉，下叶长于上叶。侧线在胸鳍下方具 1 分枝，向上伸达胸鳍基部。

我国有 10 种，海产，可沿长江和珠江进入较远的区域。金沙江流域有 1 种，仅见于滇池，为引入种。

间下鱵 *Hyporhamphus intermedius*（Cantor，1842）

Hemirhamphus intermedius Cantor，1842：485（舟山）。
Hyporhamphus intermedius：周伟（见褚新洛和陈银瑞），1990：233（滇池）；李思忠和张春光，2011：273。

未测量标本，依据《云南鱼类志》描述。

主要形态特征　测量标本 10 尾，全长为 134~189mm，体长为 119~170mm。采自滇池。

背鳍 ii-13~14；臀鳍 ii-13~15；胸鳍 i-10；腹鳍 i-5；尾鳍分枝鳍条 13。鳃耙 7~8+18~19。侧线鳞 46~52；背鳍前鳞 56~61。

体长为体高的 14.0~15.3 倍，为头长的 6.0~6.7 倍，为尾柄长的 14.0~17.6 倍（10.1~12.8 倍），为尾柄高的 34.0~38.6 倍。头长为吻长的 2.4~2.8 倍，为眼径的 4.4~5.5 倍，为眼间距的 4.4~5.6 倍。尾柄长为尾柄高的 2.0~2.7 倍。

体细长，前部略呈圆筒形，向后渐侧扁；体背腹缘近平直，腹部圆。头尖长，头长远大于体高。口小。上颌骨与前颌骨愈合，呈长三角形；下颌突出，向前延长，呈平扁长针状，其长度大于或等于头长；上、下颌均具齿。鼻孔大，每侧 1 个，长圆浅凹形，紧邻眼前缘上方，具 1 圆形鼻瓣。眼较大，约等于眼间距；侧上位。无上唇，下颌两侧及喙部腹面具皮质瓣膜。无须。鳃孔大；左、右鳃膜不与峡部相连。

背鳍不分枝鳍条柔软，其起点远位于身体后部，略后于臀鳍起点垂直线，外缘微凹。胸鳍较长，其长度大于吻后头长，外缘微凹，外角尖。腹鳍后伸至臀鳍起点的 1/2 或更后，其起点偏于体后。肛门紧挨臀鳍起点之前。臀鳍末端后伸不达尾鳍基部，其起点距尾鳍基部的距离较距腹鳍起点为远。尾鳍叉形，下叶长于上叶。

体被较大的圆鳞，头处额顶、上颌三角区、颊部及鳃盖部等具鳞。侧线下侧位，始自鳃峡后方，沿体腹缘向后延伸，止于臀鳍基后缘的垂直上方或稍前；侧线在胸鳍下方有 1 分枝，向上伸

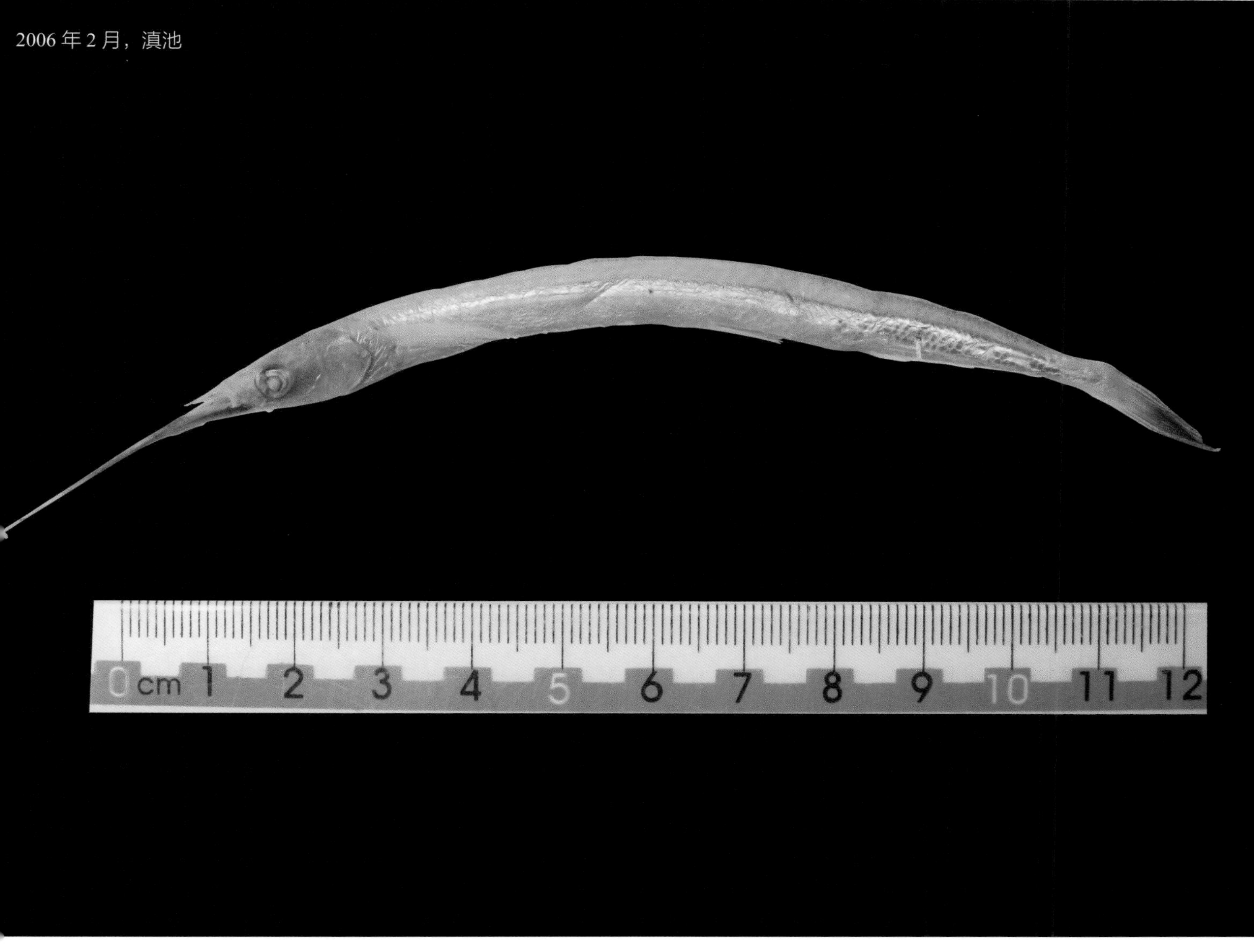

2006 年 2 月，滇池

达胸鳍基部。鳃耙细长，排列稀疏。腹膜褐色。

生活时，体背部暗绿色，腹部银白色。体侧胸部至尾鳍基部具 1 黑色纵带，前窄后宽，在背鳍基部下方前后最宽。

生活习性及经济价值 生活于近海中上层的暖水性鱼类，亦生活于河口附近或进入淡水。主要以浮游动物如桡足类、枝角类等为食，也摄食昆虫类。

流域内资源现状 20 世纪 50 年代后期，随家鱼引入被带入滇池，现已繁衍定居，并已形成一定规模的自然种群，具有一定的经济价值。自 80 年代以后，产量逐渐下降。现已极少见。

分布 在我国，自然分布于渤海、黄海、东海到南海北部珠江口附近等水域及其附近江河和湖内；渤海达白洋淀及黄河下游；沿长江达洞庭湖等；沿珠江达广西梧州等。国外见于朝鲜半岛西侧及南侧和日本本州中部的东岸。滇池分布的为引入种。

八、合鳃鱼目 Synbranchiformes

体细长，蛇形。背鳍和臀鳍退化为皮褶状，较长，与尾鳍相连；具或不具鳍条。无胸鳍；腹鳍小，喉位，或无。体裸露无鳞。鳃孔腹位，合二为一，裂缝状。口裂前缘由前颌骨和部分颌骨组成。鳃不发达。无鳔，口腔黏膜具呼吸作用。

本目仅 1 科，即合鳃鱼科。

（二十）合鳃鱼科 Synbranchidae

体细长，蛇形或鳗形。眼小。左、右鳃孔位于头部腹面，联合为 1 横缝。鳃盖条骨 4~6。无胸鳍、腹鳍，背鳍、臀鳍仅为皮褶状，无鳍条。大部分种体表裸露无鳞。大部分种具辅助呼吸器，多喜穴居。

我国产 1 属。

（92）黄鳝属 *Monopterus*

体细长，蛇形或鳗形，前部亚圆筒形，向后渐细而侧扁，尾部尖细。头大，圆钝。吻稍长。口大，前位，略斜裂，上颌突出；两颌及腭骨具圆锥形细齿。唇厚。鼻孔每侧 2 个，前、后鼻孔相距较远。眼小，侧上位，为皮膜所盖；眼间距宽，稍隆起。左、右鳃孔在头部腹面联合为 1 横缝；鳃膜与峡部相连。鳃不发达。体表裸露无鳞或部分被鳞。侧线明显。背鳍、臀鳍退化为皮褶状；无胸鳍、腹鳍。

我国产 2 种，金沙江流域有 1 种。

黄鳝 *Monopterus albus*（Zuiew，1793）

地方俗名　鳝鱼

Muraena alba Zuiew，1793：299（产地不详）。

Monopterus albus：成庆泰，1958：163（云南）；刘成汉，1964：116（安宁河）；李树深，1982：171（云南各湖泊）；褚新洛和陈银瑞，1990：235（滇池等）；丁瑞华和黄艳群，1992：23（安宁河）；陈宜瑜，1998：320（滇池等）。

未测量标本，依据《云南鱼类志》描述。

主要形态特征　测量标本 31 尾，体长为 221~458mm。采自云南多地，其中包括采自滇池的标本。

体长为体高的 18.7~28.9 倍，为头长的 10.5~13.1 倍，为肛后体长的 3.4~4.3 倍。头长为吻长

的 4.2~6.3 倍，为眼径的 9.2~15.6 倍，为眼间距的 6.1~8.6 倍，为头宽的 2.2~2.9 倍。眼间距为眼径的 1.4~2.0 倍。

体甚细长，蛇形，肛门前躯干部浑圆，往后渐侧扁，且渐尖细。头部膨大，自吻端向后隆起，头高大于体高。吻钝圆，较短。前鼻孔位于吻端，后鼻孔紧位于眼前缘的后上方，近圆形。眼小，侧上位，为皮膜所覆盖，眼间距微隆起。口亚下位，上颌稍突出。口裂大而平直，后伸超过眼后缘的垂直下方。上颌及腭骨前部具齿 2 行，腭骨后部具齿 1 行，下颌具齿多行。唇发达，上唇稍向下覆盖下唇，唇后沟在颏部不相通，相隔距离约等于眼径。鳃孔腹位，呈“V”形裂缝；鳃孔上角约位于口裂水平线。

背鳍、臀鳍退化，仅留尾部上、下缘皮褶，与尾鳍相连。尾鳍小，末端尖。体裸露无鳞。具侧线，纵贯体侧中轴。肛门约位于体后 1/4 处。腹膜褐色。

生活时，体背部黄褐色或黄色，腹部乳黄或灰白色，全身散布不规则黑色斑点。体色随生活环境不同而有较大变化。

生活习性及经济价值 常栖息在沟、塘、稻田、小型湖泊、水库等缓流或静止水体。白天潜伏于近岸洞穴内，夜晚外出觅食。肉食性，食性广，摄食蚯蚓、水生或近水活动的昆虫、蝌蚪、小型蛙类、小鱼、小虾等。鳃不发达，口腔内的皮肤有辅助呼吸功能，长时间离水不易死亡。4~8 月为繁殖期；产卵前，亲鱼会吐泡成巢，卵产于其中，亲鱼有护巢习性。个体发育过程中有性逆转现象：幼鱼至性成熟，生殖腺均为卵巢，雌性；产卵后，转化为精巢，变成雄鱼。

适应性强，分布较广泛，通常均为区域内较常见的经济鱼类。

流域内资源现状　市场上较常见，但野生状态下少有采集。目前滇池内尚可见到。我们在野外实地调查中仅在入邛海的一个小支流中采集到 1 尾标本。

分布　国内分布广泛，除青藏高原、西北等地区外，全国其他水系的平原或浅山区均有自然分布。金沙江流域至少在滇池、程海、邛海等有分布报道（陈银瑞等，1983；刘成汉等，1988；褚新洛和陈银瑞，1990）（图 4-41）。

九、鲈形目 Perciformes

体多侧扁。背鳍 1 或 2 个：若为 1 个，则一般前部均由鳍棘组成，后部由鳍条组成；若为 2 个，则前一个为鳍棘，后一个为鳍条，且常与臀鳍相对。胸鳍位不高。腹鳍常存在，位于胸鳍下方附近，通常具 1 棘 5 条。上颌口缘通常由前颌骨构成。鳔无鳔管。鳃盖发达，且常具棘。体表通常被栉鳞，部分被圆鳞。

本目世界性分布，种类繁多。金沙江流域有 4 科。

种检索表

1(6) 无鳃上器

2(3) 有侧线；左、右腹鳍分离……………………………………………………**鮨鲈科 Percichthyidae**

3(2) 无侧线；左、右腹鳍靠近或愈合呈吸盘状

4(5) 左、右腹鳍显著靠近，但不愈合…………………………………………**沙塘鳢科 Odontobutidae**

5(4) 左、右腹鳍常愈合呈杯状，至少基部相连……………………………………………**虾虎鱼科 Gobiidae**

6(1) 有鳃上器……………………………………………………………………………**鳢科 Channidae**

（二十一）鮨鲈科 Percichthyidae

本科分类尚较混乱，不是一个单系群。通常认为，其共同特征为体延长或呈椭圆形，侧扁。鳃盖末端具 2 枚棘。侧线完全，连续。尾鳍后缘常叉形。腹部无鳞质突起。腹鳍具 1 棘 5 鳍条。雌雄异体。

淡海水中均有分布。金沙江流域有 1 属。

（93）鳜属 *Siniperca*

体长，侧扁；或前段近圆筒形，向后渐侧扁。头较大。吻尖。口大，斜裂，具辅上颌骨，前颌骨能伸缩；上、下颌具细齿，上颌前端和下颌两侧齿扩大呈犬齿状，犁骨和腭骨上具绒毛状齿。舌狭长，光滑，前端游离。无须。前、后鼻孔靠近。眼较大，侧上位。前鳃盖骨后缘具细齿，下角及下缘具强棘；鳃盖骨具 2 扁棘。具假鳃。背鳍棘XI～XIII，鳍条 10~14；臀鳍棘III，鳍条 7~9。胸鳍外缘扇形，鳍条 15 或 16。腹鳍棘 I，鳍条 5。尾鳍后缘圆形，分枝鳍条 8+7。幽门盲囊多，分枝。

本属现知有 9 种（刘焕章，1993），在我国从黑龙江至珠江均有分布，长江流域有 7 种。依一些文献记载（刘成汉，1964；丁瑞华和黄艳群，1992），金沙江流域至少在下游可能有鳜 *S. chautsi*、斑鳜 *S. scherzeri*、大眼鳜 *S. kneri* 等分布。但经查阅《横断山区鱼类》《云南鱼类志》《四川鱼类志》，以及刘成汉等（1988）、彭徐（2007）、王晓爱等（2009）文献综合分析，真正有实物标本采集记录的仅在宜宾附近江段有鳜 1 种分布，滇池也有其分布，但应为引入种（见《云南鱼类志》）。本项工作期间，我们在金沙江干流攀枝花金江镇江段获得了大眼鳜标本（幼体），据此可表明该类群在金沙江干流向上至少可分布至中下游交界河段。

种检索表

1(2) 眼小，头长为眼径的 5.3~8.1 倍；上颌骨后伸达眼后缘的下方………………………**鳜 *S. chuatsi***

2(1) 眼大，头长为眼径的 4.4~5.1 倍；上颌骨后伸达眼后缘之前的下方……………**大眼鳜 *S. kneri***

鳜 *Siniperca chuatsi*（Basilewsky，1855）

Perca chuatsi Basilewsky，1855，218（华北）。

Siniperca chuatsi：褚新洛和陈银瑞，1990（滇池）。

未采集到标本，依据《云南鱼类志》描述。

主要形态特征 测量标本 6 尾，全长为 102~190mm，体长为 86~159mm。采自滇池。

背鳍 XI-XII-13~14；臀鳍 III-8~9；胸鳍 15 或 16；腹鳍 I-5；尾鳍分枝鳍条 8+7。鳃耙 6 或 7。侧线鳞 112~122。鳃盖条骨 7。

体长为体高的2.6~3.0倍，为头长的2.5~2.7倍，为尾柄长的6.8~8.2倍，为尾柄高的8.0~9.1倍。头长为吻长的 3.1~3.3 倍，为眼径的 5.7~6.6 倍，为眼间距的 6.0~7.1 倍。尾柄长为尾柄高的 1.1~1.2 倍。

体侧扁，较高，背部隆起，腹缘浅弧形。头锥形。吻尖。鼻孔位于眼前缘，前鼻孔后缘具 1 鼻瓣；后鼻孔细狭，略呈椭圆形。眼稍大，眼径大于眼间距；侧上位，眼间稍宽，稍圆凸。口上位，下颌显著突出。口裂大，倾斜；具辅上颌骨，上颌骨后端超过眼中点的垂直线，有些接近眼后缘垂直下方。上颌前端和下颌两侧部分齿扩大，呈犬齿状；下颌前端也有部分牙齿扩大，但不明显。舌狭长，前端游离。前鳃盖骨后缘具细齿，下角及下缘具棘状细齿。左、右鳃膜相连处在眼后缘的垂直下方。

两背鳍连续，其起点位于胸鳍起点的后上方，距吻端远大于距尾鳍基部的距离；鳍条部基长约为鳍棘部基长的 1/2；最长鳍棘稍长于吻长。臀鳍起点位于背鳍最后鳍棘的垂直下方，距腹鳍起点约等于距尾鳍基部的距离。胸鳍后缘圆形，后伸不达腹鳍末端。腹鳍基稍后于胸鳍基部，内侧具短膜与腹部相连，后伸远不达肛门。肛门紧邻臀鳍起点。尾鳍后缘圆形。

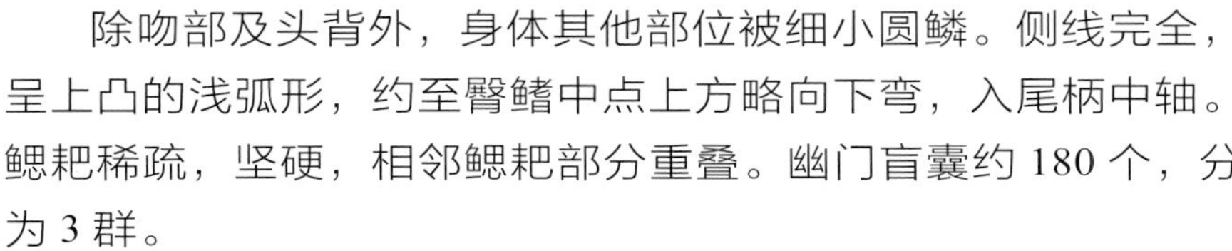

除吻部及头背外，身体其他部位被细小圆鳞。侧线完全，呈上凸的浅弧形，约至臀鳍中点上方略向下弯，入尾柄中轴。鳃耙稀疏，坚硬，相邻鳃耙部分重叠。幽门盲囊约 180 个，分为 3 群。

生活时，体色棕黄，腹部灰白，具多数不规则褐色斑块或斑点。自吻端过眼至背鳍前具 1 褐色斜纹。第 6~7 背鳍棘下常具 1 褐色横带，奇鳍具褐色斑点连成的带纹，偶鳍色浅。

生活习性及经济价值　常见于我国东部平原或较低海拔地区的江河湖泊、水库等缓流或静水水域。肉食性鱼，主要以其他鱼类为食，也摄食虾类。5~7 月为繁殖期，多在夜间产卵；分批产卵；卵浮性，具脂肪滴。

个体较大，生长速度较快，常见 1kg、2kg 的个体。肉质细嫩，少刺，为较名贵经济鱼类。依据《云南鱼类志》，20 世纪 50 年代末引入滇池，曾经产量较多，70 年代后资源量减少，现已罕见。

流域内资源现状　我们在近几年野外实地调查中未采集到标本。

分布　自然分布于长江及其以北至黑龙江。国外分布于俄罗斯远东黑龙江流域。流域内，自然分布于宜宾附近江段及以下，滇池分布的应为引进种（图 4-42）。

196 大眼鳜 *Siniperca kneri* Garman，1912

Siniperca kneri Garman，1912，112（宜昌）；成庆泰和郑葆珊，1987，286（长江流域等）；周才武等，1988，116（四川等）；周伟（见褚新洛和陈银瑞），1990，241（云南西洋江）；刘焕章，1993，66（长江及其以南各水系）；邓其祥（见丁瑞华），1994，511（四川除甘孜和阿坝州外广布）。

主要形态特征　测量标本 1 尾，标准长为 61.85mm，采自攀枝花市金江镇。

背鳍Ⅻ-13；臀鳍Ⅲ-8；胸鳍 15；腹鳍Ⅰ-5。鳃耙 6。侧线鳞 87。

体长为体高的 2.78 倍，为头长的 2.04 倍，为尾柄长的 10.33 倍，为尾柄高的 8.72 倍。头长为吻长的 3.43 倍，为眼径的 4.41 倍，为眼间距的 7.97 倍。尾柄长为尾柄高的 0.84 倍。

体侧扁，较高，头、背部隆起，胸、腹部浅弧形。头锥形。吻尖。鼻孔位于眼前缘，前鼻孔呈短管状，后缘具 1 鼻瓣；后鼻孔细狭，略呈椭圆形，距前鼻孔近。眼大，侧上位，眼径显著大于眼间距。口上位，下颌显著突出，口闭合时下颌前端的齿外露；口裂大，倾斜；上颌骨后端宽

幼体

阔，向后明显超过眼中点的垂直线，接近眼后缘的垂直下方。上颌前端两侧犬齿发达，丛生，两侧细齿排列成行；下颌前端也有部分牙齿扩大，但较细弱，两侧中后部犬齿发达。前鳃盖骨后缘锯齿发达，隅部和下缘具强大刺棘。间鳃盖骨和下鳃盖骨下缘无锯齿。左、右鳃膜相连处在眼后缘的垂直下方。

两背鳍连续，前部约 2/3 为鳍棘，后部约 1/3 为鳍条；其起点与胸鳍起点相对或略后上方，距吻端小于距尾鳍基部的距离；最长鳍棘稍长于吻长。臀鳍外缘圆形，起点位于背鳍最后鳍棘的垂直下方，末端接近或达尾鳍基部。胸鳍后缘圆形，后伸不达腹鳍末端。腹鳍较窄，其起点稍后于胸鳍基部，内侧具短膜与腹部相连，后伸远不达肛门。肛门紧邻臀鳍起点。尾鳍后缘圆截形。

除吻部及头背外，身体其他部位被圆鳞。鳃盖上有细小鳞片。体上部鳞片大于下部。侧线完全，呈上凸的浅弧形，约至臀鳍中点上方略向下弯，向后入尾柄中轴。鳃耙稀疏，坚硬。

生活时，体棕黄或灰黄色，腹部灰白色。头部两侧各有 1 贯穿眼的褐色斜带。头背部至背鳍基前有 1 褐色条带。背鳍基部有若干黑褐色鞍状斑纹。体侧布有不规则的棕褐色斑点。背鳍、尾鳍上有数列棕褐色斑点。

生活习性及经济价值 生活习性与鳜相似。更喜栖息于江河、湖泊等流水环境。性凶猛，肉食性，以小鱼、虾等为食。成熟卵为圆球形，淡黄色，无黏性；分批产卵；繁殖期为 5~7 月。记录的最大个体可达 5kg。

流域内资源现状 我们在近几年野外实地调查中只采集到 1 尾标本，稀见。

分布 自然分布于长江至珠江各水系；在金沙江流域，见于干流中下游交界处以下江段（图 4-42）。

（二十二）沙塘鳢科 Odontobutidae

体延长，前部圆筒形，后部稍侧扁，腹部圆。头稍宽大，前部略平扁。口略大，端位、上位或亚上位。上、下颌具细尖齿，多行。鳃孔较大，向前下方延伸，伸达或超过前鳃盖骨下方。前鳃盖骨与鳃盖骨边缘具棘或光滑无棘。鳃盖条 6。体被栉鳞或圆鳞。无侧线。背鳍 2 个，前后分离：第一背鳍具 6 或 7 鳍棘；第二背鳍具 1 鳍棘，7~13 鳍条。臀鳍位于第二背鳍下方，具 1 鳍棘，6~10 鳍条。胸鳍大，圆形。腹鳍胸位，左、右相互靠近，但不会愈合，更不会形成吸盘。尾鳍圆形或稍尖。常具鳔。

淡水中、小型鱼类，仅分布于亚洲东部。我国广泛分布于近海内陆河流之中，黑龙江、黄河、长江和珠江等水系均有分布。金沙江流域仅有 1 属。

（94）小黄黝属 *Micropercops*

体延长，略侧扁。头侧扁，稍宽。吻短，圆钝或稍尖。眼中等大，位于头的前半部。眼间距窄，平坦或稍内凹。鼻孔每侧 1 对，单侧 1 对鼻孔前后分离。口小或中等大，端位、亚上位或上位，口裂倾斜。上、下颌具细尖齿 1 或 2 行，排列成绒毛状齿带。下颌稍突出。舌发达，游离，前端圆形或平截。鳃孔较宽，侧位。前鳃盖骨外缘光滑，无棘。具发达的假鳃，鳃耙细短。体被栉鳞，头部被小圆鳞，项部、峡部与鳃盖部无鳞。无侧线。背鳍 2 个，前后分离：第一背鳍具 7 或 8 鳍棘；第二背鳍具 1 鳍棘，10~12 鳍条。臀鳍位于第二背鳍下方，具 1 鳍棘，8 或 9 鳍条。胸鳍尖长，基部宽。腹鳍胸位，左、右相互靠近，不愈合成吸盘。尾鳍圆形。

淡水小型鱼类，国内广布于黑龙江、黄河、长江和珠江等水系。金沙江流域内仅有 1 种。

197 小黄黝 *Micropercops swinhonis*（Günther，1873）

地方俗名　黄黝

Eleotris swinhonis Günther，1873，242；Tchang，1928，39；1929，406；Shaw，1930，196；Wang，1933，3。
Perccottus swinhonis Chu，1931，159；Tchang，1939，215。
Hypseleotris swinhonis：朱元鼎，1932，53；刘成汉，1964，117；褚新洛和陈银瑞，1990，251（滇池、罗平）；丁瑞华，1994，517（成都）。
Micropercops swinhonis：伍汉霖和钟俊生等，2008，142。

未测量标本，参考《中国动物志　硬骨鱼纲　鲈形目　虾虎鱼亚目（五）》《云南鱼类志》和《四川鱼类志》等整理描述。

主要形态特征　背鳍 VII-IX-i-10~12；臀鳍 I-8~9；胸鳍 I-14~15；腹鳍 I-5。

体长为体高的3.5~4.5倍，为头长的3.0~3.8倍，为尾柄长的3.3~4.0倍，为尾柄高的8.3~9.1倍。头长为吻长的3.4~5.0倍，为眼径的3.3~5.3倍，为眼间距的3.1~5.3倍。尾柄长为尾柄高的2.1~2.5倍。

体延长，稍侧扁；背、腹缘呈浅弧形；腹部圆、平直。头较大，稍尖，侧扁。吻较尖，明显前突。鼻孔2对，前后分离：前鼻孔近吻端，具1短管；后鼻孔小，圆形，紧靠眼前缘。眼大，位于头侧上方，上缘突出于头部背缘。眼间距窄，等于或稍小于眼径。口大，亚上位，口裂斜，下颌向前突出，稍长于上颌。具上颌骨，后端不伸达眼前缘下方。上、下颌均具齿，细小，尖锐，绒毛状，多行排列，呈带状。唇略厚，发达。舌游离，前端浅弧形。鳃孔大，鳃膜在峡部中前方相互愈合，且同时与峡部有小部分相连。鳃盖条6。具假鳃。鳃耙短小，柔软。

背鳍2个，前后分离，间距较近。第一背鳍高，由柔软鳍棘组成，基部短，起点位于胸鳍基部上方稍后；第二背鳍略高于第一背鳍，基部较长，中部鳍条最长，最长鳍条稍大于头长的1/2，平卧时不伸达尾鳍基部。臀鳍位于第二背鳍下方，起点约与第二背鳍的第三、第四根鳍条相对，后部鳍条较长，平卧时不达尾鳍基部。胸鳍侧下位，末端宽圆，后缘几乎伸达肛门上方。腹鳍胸位，圆形，左、右腹鳍分离，不愈合成吸盘。尾鳍圆扇形，短于头长。

头部、前鳃盖骨前部、胸部和胸鳍基部被圆鳞。吻部和眼间距处无鳞。其余部分被小栉鳞，无侧线。

生活时，体色变化较大。一般身体呈棕黄色，背部颜色较深，体侧具12~16条暗色横带；眼

^ 泸沽湖渔获，可见其中夹杂有大量小黄黝

前下方至口角上方具 1 暗纹。背鳍、尾鳍和臀鳍浅灰色，具纵行斑纹，胸鳍、腹鳍颜色较浅。胸鳍基部的前方具 1 细长黑斜纹；尾鳍具 6 行黑色横纹。

生活习性及经济价值 淡水小型鱼类，喜伏卧于水底活动，作间歇性缓游。食性杂，以水生无脊椎动物、藻类等为食。1 龄性成熟，5~6 月为繁殖期，少数地区可延长至 8 月，卵沉性。

个体小，最大个体仅 60mm 左右。种群数量虽然大，但很少被食用，可作为凶猛鱼类的活饵料。

流域内资源现状 特别在金沙江中下游一些支流、湖泊等处较长见，甚至在部分水域资源量较大，虽然非渔业捕捞对象，但亦在渔获物中常有混杂，为鱼市场野杂鱼中常见种类。

分布 为我国特有种，广泛分布于我国东北、华北、华东、华南、华中、西南等地。金沙江流域见于中下游，为引入种。

（二十三）虾虎鱼科 Gobiidae

体延长，前部亚圆筒形，后部侧扁；或呈卵圆形，侧扁。眼小或中等大，一般稍突出，侧位或背侧位。鼻孔 2 对。口大或小，端位或下位。上、下颌具细尖齿，有时上颌或下颌突出。鳃孔小或中等大。前鳃盖骨外缘光滑或具细齿。体被栉鳞或圆鳞，或隐于皮下。无侧线。背鳍 2 个，第一背鳍具 6~8 弱棘；第二背鳍具 1 鳍棘，数枚鳍条。臀鳍常位于第二背鳍下方，或与尾鳍相连。

胸鳍大，圆形。腹鳍胸位，具 1 鳍棘，5 鳍条，左、右愈合成 1 吸盘。尾鳍圆形或尖形。常无鳔。

多为海产，少数分布于黑龙江、图们江、黄河、长江、钱塘江、闽江、珠江等水系。金沙江流域内仅有 1 属。

（95）吻虾虎鱼属 *Rhinogobius*

体长，前部近圆筒形，后部侧扁。头宽大，前部平扁或稍侧扁。吻圆钝或尖突。眼稍大，背侧位，眼间距狭窄，平坦或稍凹。鼻孔每侧 1 对，每侧鼻孔前、后分离：前鼻孔具 1 短管；后鼻孔小，呈裂缝状。口大，端位，斜裂。上、下颌齿尖锐，3 或 4 行，下颌后部有时具 1 枚犬齿。两颌约等长，或下颌稍突出。唇略厚。舌发达，游离，前端圆形、截形或微凹。鳃孔较宽，侧位。具发达的假鳃。鳃耙细短。体被栉鳞，头部几乎完全裸露，峡部与鳃盖部一般裸露无鳞，胸、腹部及胸鳍基部一般无鳞。无侧线。背鳍 2 个，前后分离：第一背鳍具 6 鳍棘；第二背鳍具 1 鳍棘，6~11 鳍条；臀鳍位于第二背鳍下方，具 1 鳍棘，6~10 鳍条；胸鳍长，基部宽；腹鳍胸位，左、右愈合成 1 吸盘；尾鳍一般圆形。

目前我国记录该属鱼类 33 种，分布于沿海、台湾、海南岛、黑龙江、图们江、黄河、长江、钱塘江、闽江、珠江等水系。金沙江流域有 2 种。

种检索表

1（2）眼下颊部有若干条黑褐色条纹……………………**子陵吻虾虎鱼 *R. giurinus***

2（1）眼下颊部无黑褐色条纹……………………**波氏吻虾虎鱼 *R. cliffordpopei***

198 子陵吻虾虎鱼 *Rhinogobius giurinus*（Rutter，1897）

曾用名　栉虾虎鱼、吻虾虎鱼、普栉虾虎鱼、子陵栉虾虎鱼

Gobius giurinus Rutter，1897，86（汕头）。

Rhinogobius giurinus：朱元鼎，1932，51；邓其祥，1985，32（雅砻江下游、安宁河、邛海、泸沽湖等）；伍汉霖和钟俊生等，2008，594。

Ctenogobius giurinus：Wu，1939，137；褚新洛和陈银瑞，1990，253（曲靖、沾益等）；丁瑞华，1994，522（泸沽湖等）。

Glossogobius giuris 刘成汉，1964，117（大渡河）。

未测量标本，参考《长江鱼类》《横断山区鱼类》《四川鱼类志》等整理描述。

主要形态特征　背鳍 VI，i-7~9；臀鳍 I-7~9；胸鳍 18~21；腹鳍 i-5。

体长为体高的 4.3~5.6 倍，为头长的 3.2~4.2 倍，为尾柄长的 3.8~4.5 倍，为尾柄高的 8.1~9.5 倍。头长为吻长的 2.7~3.2 倍，为眼径的 4.0~6.0 倍，为眼间距的 5.3~9.0 倍。尾柄长为尾柄高的 2.0~2.5 倍。

体延长，前部近圆筒形，向后渐侧扁；背缘浅弧形隆起，腹缘稍平直。头较大，圆钝，前部宽而平扁，背部稍隆起。吻较长，圆钝。鼻孔 2 对，前后分离：前鼻孔近吻端，具 1 短管；后鼻孔小，圆形，紧靠眼前缘。眼中等大，背侧位，位于头的前半部，上缘突出于头部背缘。眼间距窄，稍小于眼径。口中等大，端位，斜裂，上、下颌等长或上颌稍突出。具上颌骨，后端伸达眼前缘下方。上、下颌齿均尖锐，2 行，排列稀疏，呈带状。唇厚，发达。舌游离，前端圆形。鳃孔较大，侧位，稍向头部腹面延伸。峡部宽，鳃膜与峡部相连。鳃盖条 5 根。具假鳃。鳃耙短小。

背鳍 2 个，前后分离，间距较近。第一背鳍高，由柔软鳍棘组成，基部短，起点位于胸鳍基部上方稍后，第三、第四鳍棘最长，平卧时几达第二背鳍起点；第二背鳍略高于第一背鳍，基部较长，后部鳍条较长，最长的鳍条稍大于头长的 1/2，平卧时不达尾鳍基部。臀鳍位于第二背鳍下方，起点约与第二背鳍的第二、第三根鳍条相对，后部鳍条较长，平卧时不达尾鳍基部。胸鳍侧下位，圆扇形，伸达或稍过腹鳍末端上方。左、右腹鳍愈合成 1 吸盘，长圆盘状，约与胸鳍等长，雄鱼腹鳍末端可伸达肛门，雌鱼腹鳍末端距肛门较近，其距离小于腹鳍长的 1/2。尾鳍圆扇形，短于头长。

鳞中等大，体侧被栉鳞，腹部被圆鳞。头部、胸部及胸鳍基部均无鳞。背鳍中央前方具 11~13 枚背鳍前鳞，前伸几达眼间距后方。无侧线。

生活时呈褐色，体侧及背部具数个深褐色斑块，腹部灰白。福尔马林固定后颜色变淡。头、体呈黄褐色，头部在眼前方具数条虫纹斑，峡部及鳃盖具 5 条斜向下前方延伸的暗色条纹；臀鳍、腹鳍和胸鳍黄色，胸鳍基上方具 1 黑斑。背鳍和尾鳍黄色或橘红色，具数行浅褐色小点构成的条纹。

生活习性及经济价值 小型底栖鱼类。喜生活于溪流、湖泊、沟渠及池塘之中，尤其是江河溪流的沿岸浅滩，底质为砂砾的浅水区；有时也栖息于河口。肉食性凶猛鱼类，会主动攻击其他鱼类。常在水底匍匐游动，伺机掠食，摄食小鱼、虾、水生昆虫、水生环节动物、浮游动物和藻类等，亦有同类蚕食现象。在池塘中会大量吞食鱼苗，属鱼苗育种池的有害杂鱼。繁殖期为 4~6 月，以 6 月为最盛。

6~9 月幼鱼结群沿钱塘江上溯，在严子陵钓台附近形成鱼汛，故此得名。鱼汛初期，钱塘江年产量曾达 10~15t，干品称为“子陵鱼干”，为当地名产。具较高的经济价值。

流域内资源现状 流域中下游水库、湖泊、沟渠等常见，很多地区在渔获物中占有很大比例，甚至可占到外来小杂鱼的 50%。

分布 除西北地区以外的各大江河水系包括海南及台湾均有分布，国外分布于日本、朝鲜半岛。在云南，原仅产于南盘江水系，20 世纪 50 年代后期随家鱼带入云南大部地区，现在中下游特别是一些支流、湖泊等均较常见，为外来引入种。

波氏吻虾虎鱼 *Rhinogobius cliffordpopei* (Nichols，1925)

曾用名 波氏栉虾虎鱼、克氏虾虎、洞庭栉虾虎鱼、裸背栉虾虎鱼、泼氏吻虾虎鱼

Gobius cliffordpopei Nichols，1925，5（洞庭湖）。
Ctenogobius cliffordpopei：朱元鼎和伍汉霖，1965，130；成庆泰和郑葆珊，1987，446；褚新洛和周伟，1989，27；褚新洛和陈银瑞，1990，256（滇池等）；丁瑞华，1994，528；杨君兴和陈银瑞，1995，115。
Rhinogobius cliffordpopei：伍汉霖和钟俊生，2008：596。

采集到多尾样品，未测量，参考《长江鱼类》《横断山区鱼类》《四川鱼类志》等整理描述。

主要形态特征 背鳍 VI-VII，i-7~8；臀鳍 i-8；胸鳍 16 或 17；腹鳍 i-5。

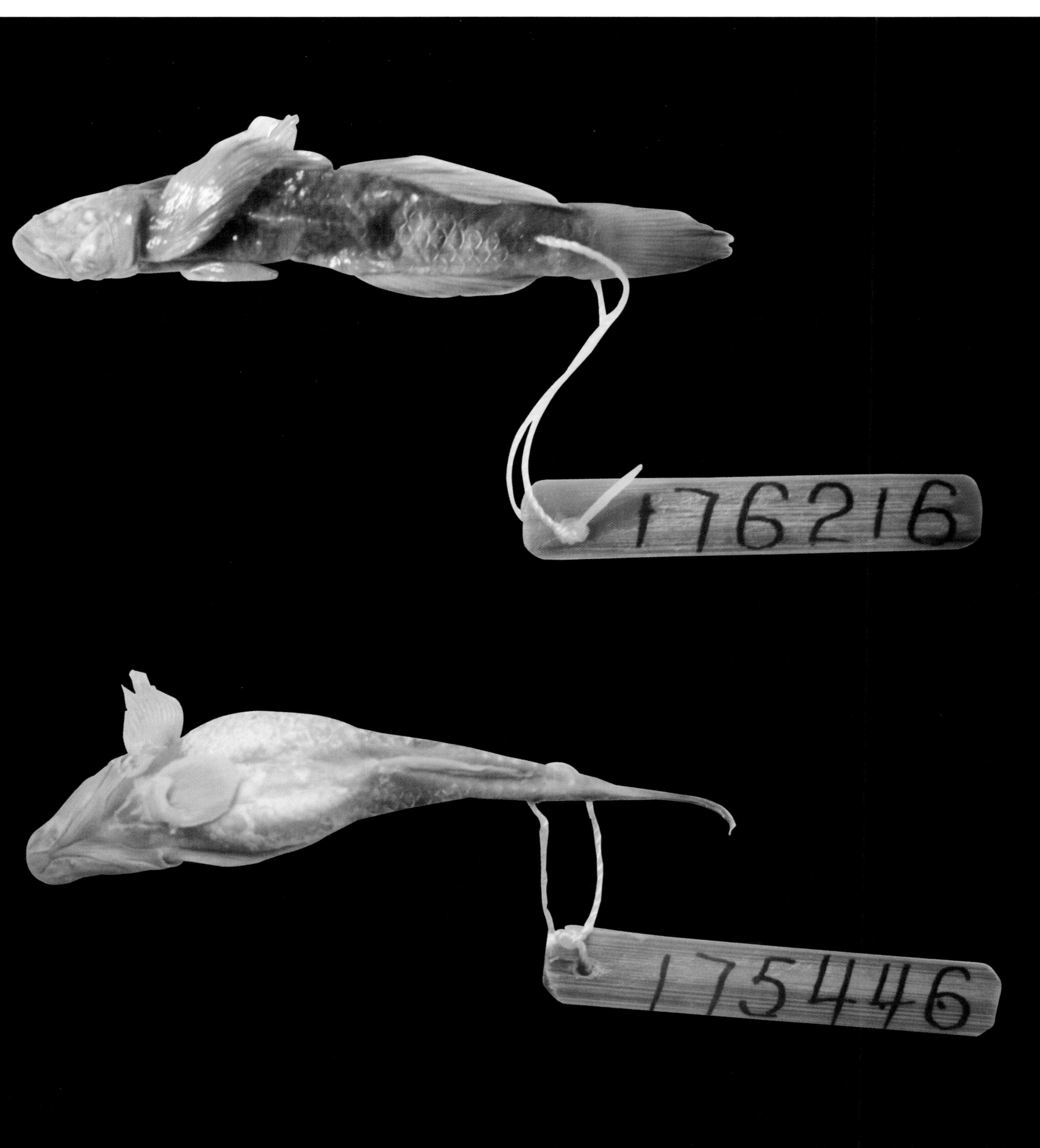

∧ 2009 年，云南巧家

体长为体高的3.9~5.8倍，为头长的3.1~3.8倍，为尾柄长的3.9~4.4倍，为尾柄高的8.0~9.0倍。头长为吻长的2.9~3.5倍，为眼径的3.9~5.7倍，为眼间距的4.1~6.8倍。尾柄长为尾柄高的1.9~2.3倍。

体延长，前部近圆筒形，向后渐侧扁；背缘浅弧形，腹缘稍平直。头较大，圆钝，前部宽而扁平，背部稍隆起。吻较短，圆钝。鼻孔2对，前后分离；前鼻孔位于吻部前方1/3处，具1短管；后鼻孔小，圆形，紧靠眼前缘。眼中等大，位于头侧上方，略鼓出，眼间距窄，其宽小于眼径。口小，端位，斜裂。上、下颌等长或下颌稍突出。具上颌骨，后伸达后鼻孔垂直下方。上、下颌具齿，细小，尖锐，多行，排列稀疏，呈带状。唇厚，发达。舌游离，前端圆形。鳃孔大，侧位，向头部腹面延伸。峡部宽，鳃盖骨与峡部相连。具假鳃。鳃耙短小。

背鳍2个，前后分离，间距较近。第一背鳍高，由柔软鳍棘组成，基部短，起点位于胸鳍基部上方稍后；第二背鳍略高于第一背鳍，基部较长，后部鳍条较长，最长鳍条稍大于头长的1/2，平卧时不伸达尾鳍基部。臀鳍位于第二背鳍下方，起点与第二背鳍的第一、第二根鳍条相对，后部鳍条较长，平卧时不伸达尾鳍基部。胸鳍侧下位，末端宽圆，末端后伸距肛门上方有较大距离。左、右腹鳍愈合成1吸盘，末端至臀鳍起点的距离约等于腹鳍长。尾鳍圆扇形，短于头长。

体侧被弱栉鳞，腹侧被圆鳞。头的吻部、峡部、鳃盖部无鳞。背鳍中央前方无小鳞。胸部、腹部及胸鳍基部均无鳞。无侧线。

生活时体灰绿色或灰黑色，腹部灰白。福尔马林固定后颜色变淡，体呈灰绿色，背部稍暗，腹部浅色。体侧具6或7条黑绿色横带或斑块。第一背鳍的第一、第二根鳍棘间的鳍膜上具1墨绿色大斑点，有时雌鱼的不明显。第二背鳍和尾鳍具数行淡黑色小点构成的条纹，其余各鳍灰黑色。

生活习性及经济价值　小型底栖鱼类。喜生活于底质为沙地、砾石和贝壳等的湖岸、河流中的浅滩区。伏卧水底，进行间歇性缓游。食性杂，摄食摇蚊幼虫、白虾、桡足类、丝状藻、枝角类、鱼卵等。个体小，一般为20~30mm。

与当地土著鱼争夺饵料和产卵场，已造成了直接危害。但波氏吻虾虎鱼肉质细嫩，脂多，蛋白质高，味美，除鲜食外，多晒成淡干品出售，可与银鱼媲美，具有较高的经济价值。

流域内资源现状　野外调查期间较常见，但较子陵吻虾虎鱼资源量少得多。依据《云南鱼类志》，1971年产量曾达100余万千克，应为与子陵吻虾虎鱼合计的结果（两种的活动区域十分相似，依我们野外所见，渔获物常混在一起）。

分布　中国特有种，自然分布于辽河、黄河、长江、钱塘江、珠江等水系。流域内非原产，随家鱼鱼苗由外省带入，现已广泛分布于云南省内各湖泊。

（二十四）鳢科 Channidae

体延长，前部近圆筒形，向后渐侧扁。头较长，前部稍平扁。吻短而宽。鼻孔每侧1对，单侧的前、后鼻孔分离。眼较小。眼间距宽而平。口大，端位，口裂倾斜。上、下颌均具细齿。左、右鳃膜相连。具假鳃。全身被圆鳞，头顶被有大型不规则鳞片。侧线存在，常中断。各鳍均无棘。腹鳍亚胸位，有时不存在。鳔长，无鳔管。

广布于东南亚、缅甸、印度和非洲。国内除内蒙古、西藏、青海、新疆等省（区）外，中东部河流、湖泊、水库等均有分布。金沙江流域有 1 属 1 种。

（96）鳢属 *Channa*

属征同科。

200 乌鳢 *Channa argus*（Cantor，1842）

地方俗名　黑鱼、乌鱼、乌棒

Ophicephalus argus Cantor，1842，484。
Ophicephalus argus：成庆泰，1958，163（云南）；李树深，1982，171（程海、滇池等）。
Channa argus：成庆泰和郑葆珊，1987，457；褚新洛和陈银瑞，1990，264（滇池等）；丁瑞华，1994，536（乐山等）；陈宜瑜，1998，328（滇池、邛海）。

未采集到标本，参考《长江鱼类》《横断山区鱼类》《四川鱼类志》等整理描述。

主要形态特征　背鳍 48~51；臀鳍 31~34；胸鳍 i-17~18；腹鳍 i-5~7。

体长为体高的 5.1~6.3 倍，为头长的 3.0~3.3 倍，为尾柄长的 14.3~20.3 倍，为尾柄高的 10.1~11.8 倍。头长为吻长的 6.3~7.2 倍，为眼径的 8.1~12.0 倍，为眼间距的 4.6~5.9 倍。尾柄长为尾柄高的 0.5~0.7 倍。

体长，圆筒状，尾部渐侧扁。背、腹缘浅弧形。头大，约为体长的 1/3，侧视较尖。吻圆钝，扁平，后部稍隆起。鼻孔 2 对，相距较远：前鼻孔呈管状，近吻端；后鼻孔小，圆形，靠近眼前缘。眼较小，位于头侧上方，眼缘游离，眼间距宽平，间距约为 2 倍眼径。口大，端位，口裂斜，下颌向前突出，稍长于上颌。上、下颌均具齿，细小，绒毛状，呈带状。上、下唇均厚；吻褶沟深，后伸略过眼后缘垂直线；唇后沟更深，前伸达前鼻孔垂直线。鳃孔大，左、右鳃膜彼此相连，但不与峡部相连。

背鳍基部极长，无硬刺，起点位于胸鳍基部后上方，末端接近尾鳍基部。臀鳍基部长，外缘平截，末端接近尾鳍基部。胸鳍较大，呈圆扇形，起点位于鳃膜后缘的下方，后伸达胸鳍至臀鳍起点距离的 3/5 处。腹鳍小，近胸位，后伸达腹鳍至臀鳍起点的 2/3 处。尾鳍圆形。肛门紧靠臀鳍起点。

全身均被圆鳞。头顶鳞片较小，且不规则，腹鳍前鳞小于体侧鳞。侧线自鳃孔上角向后延伸，至臀鳍起点上方下弯或中断。侧线前端在体侧上部，后段在体侧中部。

生活时全身黑灰色，背部与头背面较深，腹部较淡，间具不规则的黑色斑块。头侧自吻端经眼至鳃盖具 1 列黑纹；自眼下方至胸鳍基部亦具 1 黑带，该带有时不连续，呈断续的斑块状。背鳍、臀鳍和尾鳍呈黑灰色，鳍膜上有不规则黑褐色斑点。胸鳍和腹鳍呈浅黄色，胸鳍基部具 1 黑色斑点。

生活习性及经济价值 乌鳢的适应力极强，对水质、温度和其他外界环境条件的要求不苛刻。

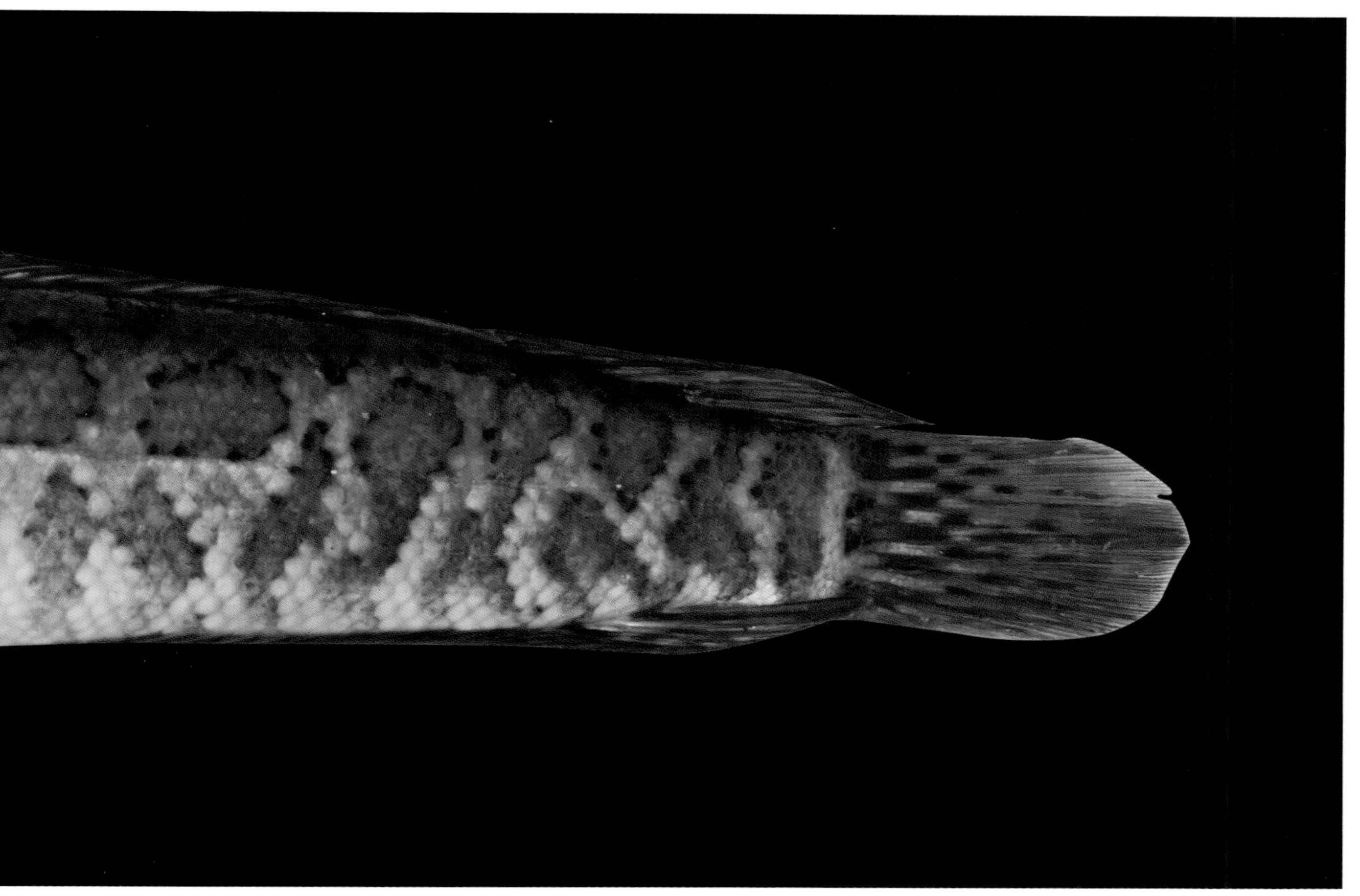

多栖息于湖泊、河流、塘库等静水或缓流水体中，尤以水草茂密的湖泊、塘库中为多。喜草下潜伏，发现有小鱼靠近时迅猛袭击，为凶猛肉食性鱼类；冬季潜入深水底泥中越冬。随身体增长，食性有所变化。幼鱼以桡足类和枝角类为食；稍大后以昆虫、小虾和小鱼为食；成鱼主要以鱼类甚至蛙类为食。一般 5~7 月繁殖，产浮性卵。有筑巢、护幼习性。

生长较迅速，个体可以长得很大。肉肥味美，营养丰富，且骨刺少，深受民众喜爱。云南地区的“通海乌鱼片”更是地方传统名菜。具较高经济价值。

流域内资源现状　以往在程海、滇池、邛海等均有分布记录，且有一定产量。有报道（《云南鱼类志》）在滇池已近绝迹，我们在近几年多次野外实地调查中也未采集到标本。

分布　在我国中东部江河、湖泊、水库，甚至很多坑塘等中均有分布，国外分布于俄罗斯、朝鲜半岛等。金沙江流域中下游湖泊、水库等处有自然分布（图 4-42）。

主要参考文献

安莉，刘柏松，李维贤 . 2009. 云南牛栏江云南鳅属鱼类二新种记述（鲤形目，爬鳅科，条鳅亚科）. 动物分类学报，34(3)：630-638.

安莉，刘柏松，赵亚辉，张春光 . 2010. 中国西南野鲮亚科（鲤形目，鲤科）一新属新种——原鲮属原鲮 . 动物分类学报，35(3)：661-665.

曹文宣 . 1959. 偏窗子水库库区水生生物和渔业调查 . 水生生物学集刊，(1)：57-71.

曹文宣 . 2008. 有关长江流域鱼类资源保护的几个问题 . 长江流域资源与环境，17(2)：163-164.

曹文宣，常剑波，乔晔，段中华 . 2007. 长江鱼类早期资源 . 北京：中国水利水电出版社 .

曹文宣，邓中粦 . 1962. 四川西部及其邻近地区的裂腹鱼类 . 水生生物学集刊，(2)：27-53.

曹文宣，伍献文 . 1962. 四川西部甘孜阿坝地区鱼类生物学及渔业问题 . 水生生物学集刊，2：79-112.

曹文宣，余志堂 . 1987. 三峡工程对长江鱼类资源影响的初步评价及资源增殖途径的研究 . 长江三峡工程对生态与环境影响及其对策研究论文集 . 北京：科学出版社：3-18.

曹文宣，朱松泉 . 1988. 云南滇池条鳅亚科鱼类的一新属新种（鲤形目：鳅科）. 动物分类学报，13(4)：405-408.

长江水系渔业资源调查协作组 . 1990. 长江水系渔业资源 . 北京：海洋出版社 .

陈景星 . 1980. 中国沙鳅亚科鱼类系统分类的研究 . 动物学研究，1(1)：3-26.

陈宜瑜 . 1980. 中国平鳍鳅科鱼类系统分类的研究：Ⅱ . 腹吸鳅亚科鱼类的分类 . 水生生物学集刊，7 (1)：95-120.

陈宜瑜 . 1998. 横断山区鱼类 . 北京：科学出版社 .

陈宜瑜等 . 1998. 中国动物志　硬骨鱼纲　鲤形目（中卷）. 北京：科学出版社 .

陈宜瑜，张卫，黄顺友 . 1982. 泸沽湖裂腹鱼类的物种形成 . 动物学报，28(3)：217-224.

陈银瑞 . 1986. 白鱼属鱼类的分类整理 . 动物分类学报，11(4)：429-438.

陈银瑞，褚新洛 . 1980. 云南白鱼属鱼类的分类包括三新种和一新亚种的描述 . 动物学研究，1(3)：417-418.

陈银瑞，李再云，陈宜瑜 . 1983. 程海鱼类区系的来源及其物种分化 . 动物学研究，4(3)：227-234.

陈自明，黄艳飞，杨君兴 . 2009. 中国爬岩鳅属鱼类一新种记述（鲤形目，平鳍鳅科）. 动物分类学报，34(3)：639-641.

陈自明，杨君兴，苏瑞凤，陈小勇 . 2001. 滇池土著鱼类现状 . 生物多样性，9(4)：407-412.

成庆泰 . 1958. 云南的鱼类研究 . 动物学杂志，2(3)：163.

成庆泰，郑葆珊 . 1987. 中国鱼类系统检索（上册）. 北京：科学出版社 .

褚新洛 . 1979. 鰋鮡鱼类的系统分类及演化谱系，包括一新属和一新亚种的描述 . 动物分类学报，4 (1)：72-82.

褚新洛 . 1981. 鮡属和石爬鮡属的订正包括一新种的描述 . 动物学研究，2(1)：25-31.

褚新洛，陈银瑞 . 1989. 云南鱼类志（上册）. 北京：科学出版社 .

褚新洛，陈银瑞 . 1990. 云南鱼类志（下册）. 北京：科学出版社 .

褚新洛，郑葆珊，戴定远 . 1999. 中国动物志　硬骨鱼纲　鲇形目 . 北京：科学出版社 .

邓其祥 . 1985. 雅砻江鱼类调查报告 . 南充师范学院学报，1：33-36.

邓其祥 . 1996. 雅砻江下游地区的鱼类区系和分布 . 动物学杂志，31(5)：5-12.

邓中粦，余志堂，赵燕，邓昕 . 1987. 三峡水利枢纽对长江白鲟和胭脂鱼影响的评价及资源保护的研究 . 长江三峡工程对生态与环境影响及其对策研究论文集 . 北京：科学出版社：42-52.

丁瑞华 . 1987. 成都地区鱼类的研究 . 四川动物，6(2)：26-31.

丁瑞华 . 1994. 四川鱼类志 . 成都：四川科学技术出版社 .

丁瑞华 . 1995. 四川西部云南鳅属鱼类一新种记述（鲤形目：鳅科）. 动物分类学报，20(2)：253-256.

丁瑞华 . 1997. 鮡科三种鱼类 DNA 指纹图比较及一新种记述 . 鱼类学论文集（第六辑）. 北京：科学出版社：15-21.

丁瑞华，邓其祥 . 1990. 四川省条鳅亚科鱼类的研究 I . 副鳅、条鳅和山鳅属鱼类的整理 . 动物学研究，11(4)：285-290.

丁瑞华，傅天佑，叶妙荣 . 1991. 中国鮡属鱼类二新种记述（鲇形目：鮡科）. 动物分类学报，16(3)：369-374.

丁瑞华，黄艳群 . 1992. 安宁河鱼类区系及其资源保护的研究 . 四川动物，11(2)：23-26.

丁瑞华，赖琪 . 1996. 四川省高原鳅属鱼类一新种（鲤形目：鳅科）. 动物分类学报，21(3)：374-376.

杜合军 . 2003. 华南大陆西部沿海六独立水系淡水鱼类区系及动物地理 . 广州：华南师范大学硕士学位论文：48.

方树淼，许涛清，崔桂华 . 1984. 鮡属 *Pareuchiloglanis* 鱼类一新种 . 动物分类学报，9 (2)：209-211.

高少波，唐会元，洪峰 . 2012. 圆口铜鱼仔幼鱼驯养初试 . 水生态学杂志，33：150-152.

郭宪光，张耀光，何舜平 . 2004. 中国石爬鮡属鱼类的形态变异及物种有效性研究 . 水生生物学报，28：260-268.

何春林 . 2008. 四川省高原鳅属鱼类分类整理 . 成都：四川大学生命科学学院硕士学位论文 .

何纪昌，刘振华 . 1985. 从滇池鱼类区系变化论滇池鱼类数量变动及其原因 . 云南大学学报，7(增刊)：29-36.

何纪昌，王重光 . 1984. 白鱼属鱼类的数值分类包括二新种和一新亚种的描述 . 动物分类学报，9(1)：100-109.

湖北省水生生物研究所鱼类研究室 . 1976. 长江鱼类 . 北京：科学出版社 .

黄顺友 . 1985. 云南裂腹鱼类三新种及二新亚种 . 动物学研究，6(3)：209-217.

蒋志刚，纪力强 . 1999. 鸟兽物种多样性测度的 G-F 指数方法 . 生物多样性，7(3)：220-225.

金沙江白鹤滩水电站水生生态影响评价专题报告 . 2014.

孔德平，陈小勇，杨君兴 . 2006. 泸沽湖鱼类区系现状及人为影响成因的初步探讨 . 动物学研究，27(1)：94-97.

乐佩琦 . 2000. 中国动物志 硬骨鱼纲 鲤形目（下卷）. 北京：科学出版社 .

乐佩琦，陈宜瑜 . 1998. 中国濒危动物红皮书 · 鱼类 . 北京：科学出版社 .

冷云，徐伟毅，刘跃天，杨再兴，赵世明，宝建红，杨光清，赵树海 . 2006. 小裂腹鱼胚胎发育的观察 . 水利渔业，26(1)：32-33.

李吉均 . 1996. 横断山冰川 . 北京：科学出版社 .

李磊 . 2013. 长江宜宾江段渔业资源现状调查 . 长江流域资源与环境，22(11)：1449-1457.

李树深 . 1982. 云南湖泊鱼类的区系及其类型分化 . 动物学报，28(2)：169-176.

李树深 . 1984. 高臀纹胸鮡属 *Glyptothorax fukiensis* (Rendahl)（新组合）的种下分类研究 . 云南大学学报，3 (3)：63-70.

李思忠 . 1981. 中国淡水鱼类的分布区划 . 北京：科学出版社 .

李思忠，方芳 . 1990. 鲢、鳙、青、草鱼地理分布的研究 . 动物学报，36(3)：244-250.

李思忠，张春光 . 2011. 中国动物志 硬骨鱼纲 银汉鱼目、鳉形目、颌针鱼目等 . 北京：科学出版社 .

李维贤，段森 . 1999. 昆明观赏鱼类一新种——虎纹云南鳅 . 云南农业大学学报，14(3)：254-260.

李维贤，卯卫宁，卢宗民，孙荣富，陆海生 . 1998. 云南高原平鳍鳅科鱼类二新种 . 水产学杂志，11(1)：1-6.

李维贤，卯卫宁，卢宗民，晏维柱 . 2003. 中国金线鲃属鱼类二新种记述 . 吉首大学学报（自然科学版），24(2)：63-65.

李维贤，卯卫宁，孙荣富，卢宗民．1994. 云南省云南鳅属鱼类二新种．动物分类学报，19(3)：370-374.
李维贤，孙荣富，卢宗民，卯卫宁．1999. 云南省华吸鳅属鱼类一新种．水产学杂志，12(2)：45-47.
刘成汉．1964. 四川鱼类区系的研究．四川大学学报，2：95-136.
刘成汉，丁瑞华，周道琼．1988. 邛海鱼类区系的形成及其演变．华南师范大学学报，(1)：46-52.
刘飞，但胜国，王剑伟，曹文宣．2012. 长江上游圆口铜鱼的食性分析．水生生物学报，36：1081-1086.
刘焕章．1993. 鱖类的骨骼解剖及其系统发育的研究．武汉：中国科学院水生生物研究所博士学位论文．
刘建康，曹文宣．1992. 长江流域的鱼类资源及其保护对策．长江流域资源与环境，1(1)：17-23.
刘乐河，吴国犀，王志玲．1990. 葛洲坝水利枢纽兴建后长江干流铜鱼和圆口铜鱼的繁殖生态．水生生物学报，14：205-215.
卢玉发，卢宗民，卯卫宁．2005. 云南似原吸鳅属鱼类一新种描述（鲤形目，平鳍鳅科）. 动物分类学报，30(1)：202-204.
陆孝平．2010. 中国主要江河水系要览．北京：中国水利水电出版社．
罗佳，姜伟，陈求稳．2013. 葛洲坝下中华鲟产卵场食卵鱼资源量的调查和分析．淡水渔业，43(4)：27-30.
罗云林．1994. 鲌属和红鲌属模式种的订正．水生生物学报，18(1)：45-49.
彭徐．2007. 四川邛海鱼类多样性危机及对策．西南师范大学学报（自然科学版），32(1)：48-51.
彭徐，徐大勇，董艳珍，邓思红．2015. 泸沽湖鱼类资源现状及保护对策．西昌学院学报（自然科学版），29(2)：1-4.
任慕莲，郭焱，张人铭，等．2002. 中国额尔齐斯河鱼类资源及渔业．乌鲁木齐：新疆科技卫生出版社．
施白南．1982. 四川资源动物志（第一卷）鱼纲．成都：四川人民出版社．
施白南，邓其祥．1980. 嘉陵江鱼类名录及其调查史略．西南师范学院学报（自然科学版），2：34-44.
四川省长江水产资源调查组．1975. 四川省长江干流渔业及鱼类资源调查报告．四川省长江水产资源调查资料汇编．
四川省长江水产资源调查组——四川大学、四川农学院小组．1979. 四川两种铜鱼的调查报告．四川水产增刊：1-22.
唐会元，杨志，高少波，陈金生，张轶超，万力，乔晔．2012. 金沙江中游圆口铜鱼早期资源现状．四川动物，31：416-421，425.
王苏民，窦鸿身．1998. 中国湖泊志．北京：科学出版社．
王伟营，杨君兴，陈小勇．2011. 云南境内南盘江水系鱼类种质资源现状及保护对策．水生态学杂志，32(5)：19-29.
王香亭，秦长青，崔文敏．1974. 白龙江鱼类资源调查及其利用的几点建议．动物学杂志，1：3-8.
王晓爱，陈小勇，杨君兴．2009. 中国金沙江一级支流牛栏江的鱼类区系分析．动物学研究，30(5)：585-592.
王幼槐，庄大栋，张开翔，高礼存．1981. 云南高原泸沽湖裂腹鱼类三新种．动物分类学报，6(3)：328-333.
危起伟．2012. 长江上游珍稀特有鱼类国家级自然保护区科学考察报告．北京：科学出版社．
吴江，吴明森．1985. 关于金沙江石鼓到宜宾段鱼类资源的概况及其利用问题．西南师范大学学报，(1)：80-87.
吴江，吴明森．1986. 雅砻江的渔业自然资源．四川动物，5(1)：1-5.
吴江，吴明森．1990. 金沙江的鱼类区系．四川动物，9(3)：23-26.
伍律．1989. 贵州鱼类志．贵阳：贵州人民出版社．
伍献文，等．1964. 中国鲤科鱼类志（上卷）. 上海：上海科学技术出版社．
伍献文，等．1977. 中国鲤科鱼类志（下卷）. 上海：上海人民出版社．
武云飞，吴翠珍．1988. 长江上游鱼类的新属、新种和新亚种．高原生物学集刊，(8)：19-21.
武云飞，吴翠珍．1990. 滇西金沙江河段鱼类区系的初步分析．高原生物学集刊，9：63-75.

武云飞，吴翠珍 . 1992. 青藏高原鱼类 . 成都：四川科学技术出版社 .

谢仲桂，张鹗，何舜平 . 2001. 应用形态度量学方法对中华纹胸鮡和福建纹胸鮡物种有效性的研究 . 华中农业大学学报，20 (2)：169-172.

徐树英，张燕，汪登强，李志华，陈大庆 . 2007. 长江宜宾江段圆口铜鱼遗传多样性的微卫星分析 . 淡水渔业，37：76-79.

许涛清，张春光 . 1996. 西藏条鳅亚科高原鳅属鱼类一新种（鲤形目：鳅科）. 动物分类学报，21(3)：377-379.

杨干荣，谢从新 . 1983. 长江上游鳅类一新种 . 动物分类学报，8(3)：314-315.

杨君兴，陈银瑞 . 1995. 抚仙湖鱼类生物学和资源利用 . 昆明：云南科技出版社 .

杨颖 . 2006. 中国鮡科鰋鮡群的系统分类 . 昆明：西南林学院硕士学位论文：91.

杨志，乔晔，张轶超，朱迪，常剑波 . 2009. 长江中上游圆口铜鱼的种群死亡特征及其物种保护 . 水生态学杂志，2：50-55.

杨志，唐会元，龚云，董纯，高少波，熊美华，陈小娟 . 2017. 向家坝和溪洛渡蓄水对圆口铜鱼不同年龄个体下行移动的影响 . 四川动物，36：161-167.

杨志，万力，陶江平，蔡玉鹏，张原圆，乔晔 . 2011. 长江干流圆口铜鱼的年龄与生长研究 . 水生态学杂志，32：46-52.

姚景龙，陈毅峰，李堃，严云志 . 2006. 中华鮡与前臀鮡的形态差异和物种有效性 . 动物分类学报，31：11-17.

叶妙荣，傅天佑 . 1987. 四川大渡河的鱼类资源 . 资源开发与市场，(2)：39-42.

易伯鲁 . 1955. 关于鲂鱼（平胸鳊）种类的新资料 . 水生生物学集刊，2：115.

余志堂，邓中粦，蔡明艳，邓昕，姜华，易继舫，田家元 . 1988 . 葛洲坝下游胭脂鱼的繁殖生物学和人工繁殖初报 . 水生生物学报，12(1)：87-89.

虞功亮，刘军，许蕴玕，常剑波 . 2002. 葛洲坝下游江段中华鲟产卵场食卵鱼类资源量估算 . 水生生物学报，26(6)：591-599.

袁希平，严莉，徐树英，汪登强，张燕，陈大庆 . 2008. 长江流域铜鱼和圆口铜鱼的遗传多样性 . 中国水产科学，15：377-385.

曾元，张鹗，谷金辉，林刚，张家波 . 2012. 红尾荷马条鳅形态差异及其分类地位的研究 . 湖北农业科学，51(5)：972-976，980.

张春光，蔡斌，许涛清 . 1995. 西藏鱼类及其资源 . 北京：中国农业出版社 .

张春光，许涛清 . 1996. 西藏高原鳅属一新种——姚氏高原鳅 . 动物分类学报，21(3)：337-339.

张春光，赵亚辉 . 2000. 胭脂鱼的早期发育 . 动物学报，6(4)：438-447.

张春光，赵亚辉 . 2001. 长江胭脂鱼的洄游问题及水利工程对其资源的影响 . 动物学报，47(5)：518-521.

张春光，赵亚辉 . 2002. 广西十万大山地区的鱼类资源现状和保护对策 . 动物学杂志，37(6)：43-47.

张春光，赵亚辉 . 2016. 中国内陆鱼类物种与分布 . 北京：科学出版社 .

张春霖 . 1960. 中国鲇类志 . 北京：人民教育出版社 .

张春霖，刘成汉 . 1957. 岷江鱼类调查及其分布的研究 . 四川大学学报，2：221-241.

张雄 . 2013. 金沙江下游水电开发中特有鱼类及其栖息地的优先保护等级研究 . 北京：中国科学院大学硕士学位论文 .

郑慈英，陈银瑞，黄顺友 . 1982. 云南省的平鳍鳅科鱼类 . 动物学研究，3(4)：393-402.

中国科学院动物研究所，中国科学院新疆生物土壤沙漠研究所，新疆维吾尔自治区水产局 . 1979. 新疆鱼类志 . 乌鲁木齐：新疆人民出版社 .

中国科学院《中国自然地理》编辑委员会 . 1981. 中国自然地理——地表水 . 北京：科学出版社 .

周灿，祝茜，刘焕章 . 2010. 长江上游圆口铜鱼生长方程的分析 . 四川动物，29：510-516.

周伟，何纪昌 . 1989. 云南鳅属一矮小型新种（鲤形目：鳅科）. 动物分类学报，14(3)：380-384.

周伟，李旭，李燕男 . 2010. 云南原缨口鳅属鱼类不同地理居群形态差异及分化 . 动物分类学报，35(1)：96-100.

朱松泉 . 1989. 中国条鳅志 . 南京：江苏科学技术出版社 .

朱松泉 . 1995. 中国淡水鱼类检索 . 南京：江苏科学技术出版社 .

朱松泉，曹文宣 . 1988. 云南省条鳅亚科鱼类两新种和一新亚种 . 动物分类学报，13(1)：95-100.

朱松泉，王似华 . 1985. 云南省的条鳅亚科鱼类 . 动物分类学报，10(2)：208-220.

竺可桢 . 1981. 中国自然地理：地貌 . 北京：科学出版社 .

Bănărescu P，Nalbant T T. 1967. Revision of the genus *Sarcocheilichthys*(Pisces，Cyprinidae)，Vestn Cs spol zool. Acta Soc Zool Bohemoslow，31(4)：293-312.

Basilewsky S. 1855. Ichthyologiae China Borealis. Nouv Mem Soc Nat Mosc，10: 215-264.

Cantor T. 1842. General features of Chusan，with remarks on the flora and fauna of that island（III）. Ann Mag Nat Hist，9：481-493.

Chang H W. 1944. Notes on the fishes of Western Szechuan and Eastern Sikang. Sinensia，15(1-6)：27-60.

Chen X L，Chiang T Y，Lin H D，Zheng H S，Shao K T，Zhang Q，Hsu K C. 2007. Mitochondrial DNA phylogeography of *Glyptothorax fokiensis* and *Glyptothorax hainanensis* in Asia. Journal of Fish Biology，70：75-93.

Duméril A. 1868. Notes sur trois poissons de la collection du museum，un esturgeon，un polyodonte et un malarmat. Nouv Arch Mus Hist Nat Paris，IV：98.

Fang P W. 1930a. New and inadequately known homalopterin loaches of China，with a rearrangement and revision of the generic characters of *Gastromyzon*，*Sinogastromyzon* and their related genera. Contributions from the Biological Laboratory of the Science Society of China（Zoological Series），6(4)：25-43.

Fang P W. 1930b. *Sinogastromyzon szechuanensis*，a new homalopterid fish from Szechuan，China. Contributions from the Biological Laboratory of the Science Society of China（Zoological Series），6(9)：99-103.

Fang P W. 1931. Notes on new species of homalopterin loaches referring to *Sinohomaloptera* from Szechuan，China. Sinensia，1(9)：137-145.

Fang P W. 1935. Study on the crossostomoid fishes of China. Sinensia，6(1)：44-97.

Ferraris C J. 2007. Checklist of catfishes，recent and fossil（Osteichthyes，Siluriformes）and catalogue of Siluriform primary types. Zootaxa，1418：1-628.

Gray J E. 1834. Characters of two new species of Sturgeon. Proc Zool Soc London：122-123.

Gu J H，Zhang E. 2012. *Homatula laxiclathra*（Teleostei：Balitoridae），a new species of nemacheiline loach from the Yellow River drainage in Shaanxi Province，Northern China. Environmental Biology of Fishes，94(4)：591-599.

Günther A. 1888. Contribution to our knowledge of the fishes of the Yangtsze-Kiang. The Annals and Magazine of Natural History，1(6)：429-435.

Günther A. 1892. List of the species of reptiles and fishes collected by Mr. A. E. Pratt on the upper Yangtsze-Kiang and in the province SzeChuen，with description of the new species. Appendix II to Pratt's "To the Snows of Tibet through China"：238-250.

Guo X G, Zhang Y G, He S P, Chen Y Y. 2004. Mitochondrial 16S rRNA sequence variations and phylogeny of the Chinese sisorid catfishes. Chinese Science Bulletin, 49: 1586-1595.

He C L, Zhang E, Song Z B. 2012. *Triplophysa pseudostenura*, a new nemacheiline loach (Cypriniformes: Balitoridae) from the Yalong River of China. Zootaxa, 3586: 272-280.

Hora S L, Silas E G. 1952. Notes on fishes in the Indian Museum. XLVII. Revision of the glyptosternoid fishes of the family Sisoridae, with descriptions of new genera and species. Records of the Indian Museum, 49(1951[1952]): 5-29.

Hu Y T, Zhang E. 2010. *Homatula pycnolepis*, a new species of nemacheiline loach from the upper Mekong drainage, South China (Teleostei: Balitoridae). Ichthyological Exploration of Freshwaters, 21: 51-62.

Kimura S. 1934. Description of the fishes collected from the Yangtze-Kiang, China, by late Dr. K. Kishinouye and his party in 1927-1929. Journal of the Shanghai Science Institute, Sect 3, 1: 1-247, 6 pls.

Kottelat M. 2001. Freshwater Fishes of Northern Vietnam. Environment and Social Development Sector Unit. Washington D. C.: East Asia and Pacific Region, The World Bank.

Kottelat M. 2012. *Conspectus cobitidum*: an inventory of the loaches of the world (Teleostei: Cypriniformes: Cobitoidei). The Raffles Bulletin of Zoology, 26: 1-199.

Kottelat M. 2013. The fishes of the inland waters of Southeast Asia: a catalogue and core bibliography of the fishes known to occur in freshwaters, mangroves and estuaries. The Raffles Bulletin of Zoology, 27(Suppl.): 1-663.

Kottelat M, Chu X L. 1988a. A synopsis of Chinese balitorine loaches (Osteichthyes: Homalopteridae) with comments on their phylogeny and description of a new genus. Revue Suisse de Zoologie, 95(1): 181-201.

Kottelat M, Chu X L. 1988b. Revision of *Yunnanilus* with descriptions of a miniature species flock and six new species from China (Cypriniformes: Homalopteridae). Environmental Biology of Fishes, 23(1-2): 65-93.

Mai D Y. 1978. Identification of Freshwater Fishes of Northern Viet Nam. Ha Noi: Science & Technics Publishing House: 1-339. (In Vietnamese)

Min R, Yang J X, Chen X Y, Whitterbottom R, Mayden R. 2012. Phylogenetic relationships of the genus *Homatula* (Cypriniformes: Nemacheilidae), with special reference to the biogeographic history around the Yunnan-Guizhou Plateau. Zootaxa, 3586: 78-94.

Myers N, Mittermeier R A, Mittermeier C G, da Fonseca G A B, Kent J. 2000. Biodiversity hotspots for conservation priorities. Nature, 403: 853-858.

Ng H H, Jiang W S. 2015. Intrafamilial relationships of the Asian hillstream catfish family Sisoridae (Teleostei: Siluriformes) inferred from nuclear and mitochondrial DNA sequences. Ichthyological Exploration of Freshwaters, 26: 229-240.

Nichols J. 1925. *Nemacheilus* and related loaches in China. American Museum Novitates, 171: 1-7.

Pellegrin J. 1936. Poissons nouveau du Haut-Laos et de l'Annam. Bulletin de la Société Zoologique de France, 56: 243-248.

Peng Z G, He S P, Zhang Y G. 2004. Phylogenetic relationships of glyptosternoid fishes (Siluriformes: Sisoridae) inferred from mitochondrial cytochrome b gene sequences. Molecular Phylogenetics and Evolution, 31: 979-987.

Regan C T. 1904. On a collection of fishes made by Mr. John Graham at Yunnan Fu. The Annals and Magazine of Natural History, 7(13): 150-194.

Regan C T. 1906. Description of two new cyprinoid fishes from Yunnan Fu, collected by Mr. John Graham. The Annals and Magazine of Natural History，7(17)：332-333.

Regan C T. 1907. Descriptions of three new fishes from Yunnan，collected by Mr. J. Graham. The Annals and Magazine of Natural History (Ser. 7)，19 (109)：63-64.

Regan C T. 1908. Descriptions of three new freshwater fishes from China. The Annals and Magazine of Natural History (Ser. 8)，1：109-111.

Rendahl H. 1925. Eine neue Art der gattung *Glyptosternum* aus China. Zoologischer Anzeiger，64：307-308.

Sauvage H E，de Thiersant P D. 1874. Notes sur les poissons des eaux douces de Chine. Annales des Sciences Naturelles，Paris (Zoologie et Paléontologie)，6(5)：1-18.

Sauvage H E. 1874. Notices ichthyologiques. Revue et Magasin de Zoologie (Ser. 3)，2：332-340.

Sun Z W，Ren S J，Zhang E. 2013. *Liobagrus chenghaiensis*，a new species of catfish (Siluriformes：Amblycipitidae) from Yunnan，South China. Ichthyological Exploitation of Freshwaters，23(4)：275-384.

Tchang T L. 1928. A review of the Fishes of Najing. Contr Biol Lab Sci Soc China，4(4)：1-2.

Thomson A W，Page L M. 2006. Genera of the Asian catfish families Sisoridae and Erethistidae (Teleostei：Siluriformes). Zootaxa，(1345)：1-96.

Wu H W. 1930. On some fishes collected from the upper Yangtze valley. Sinensia，1(6)：65-86.

Wu Y Y，Sun Z Y，Guo Y S. 2016. A new species of the genus *Triplophysa* (Cypriniformes：Nemacheilidae)，*Triplophysa daochengensis*，from Sichuan Province，China. Zoological Research，37(5)：290-295.

Yan S L，Sun Z Y，Guo Y S. 2015. A new species of *Triplophysa* Rendahl (Cypriniformes，Nemacheilidae) from Sichuan Province，China. Zoological Research，36(5)：299-304.

Yang J，Chen X Y，Yang J X. 2007. A new species of *Metahomaloptera* (Teleostei：Balitoridae) from China. Zootaxa，1526：63-68.

Yang J X. 1991. The fishes of Fuxian Lake，Yunnan，China，with description of two new species. Ichthyological Exploration of Freshwaters，2(3)：193-202.

Zhang F，Tan D. 2010. Genetic diversity in population of largemouth bronze gudgeon (*Coreius guichenoti* Sauvage & Dabry) from Yangtze River determined by microsatellite DNA analysis. Genes Genet Syst，85：351-357.

Zhao Y H，Kullander F，Kullander S O，Zhang C G. 2009. A review of the genus *Distoechodon* (Teleostei：Cyprinidae)，and description of a new species. Environmental Biology of Fishes，86：31-44.

Zhou W，Cui G H. 1992. *Anabarilius brevianalis*，a new species from the Jinshajiang River Basin, China (Teleostei：Cyprinidae). Ichthyological Exploration of Freshwaters, 3(1)：49-54.

Zhou W，Cui G H. 1993. Status of the scaleless species of *Schistura* in China，with description of a new species (Teleostei：Balitoridae). Ichthyological Exploration of Freshwaters，4(1)：81-92.

Zhou W，Li X，Thomson A W. 2011. Two new species of the glyptosternine catfish genus *Euchiloglanis* (Teleostei：Sisoridae) from southwest China with redescriptions of *E. davidi* and *E. kishinouyei*. Zootaxa，2871：1-18.

附表　金沙江流域鱼类名录及分布表

水系、保护和特有信息 / 分类阶元	金沙江水系									雅砻江水系				国家保护名录	四川省保护名录	云南省保护名录	青海省保护名录	红皮书濒危物种	红色名录	IUCN red list	中国特有	长江特有	金沙江特有
	下游			中游			上游			干流													
	干流	左侧支流及其附属水体	右侧支流及其附属水体	干流	左侧支流及其附属水体	右侧支流及其附属水体	干流	左侧支流及其附属水体	右侧支流及其附属水体	下游	中游	上游	支流及其附属水体										
鲟形目 Acipenseriformes																							
鲟科 Acipenseridae																							
鲟属 *Acipenser*																							
中华鲟 *A. sinensis*	–													I		√		易危（VU）		极危（CR）			
达氏鲟 *A. dabryanus*	–													I		√		易危（VU）		极危（CR）			
白鲟（匙吻鲟）科 Polyodontidae																							
白鲟属 *Psephurus*																							
白鲟 *P. gladius*	–													I		√		濒危（EN）		极危（CR）	√	√	
鳗鲡目 Anguilliformes																							
鳗鲡科 Anguillidae																							
鳗鲡属 *Anguilla*																							
鳗鲡 *A. japonica*	–																						
鲤形目 Cypriniformes																							
胭脂鱼科 Catostomidae																							
胭脂鱼属 *Myxocyprinus*																							
胭脂鱼 *M. asiaticus*	–		+											II		√		易危（VU）			√		
鲤科 Cyprinidae																							

续表

水系、保护和特有信息 / 分类阶元	金沙江水系									雅砻江水系				国家保护名录	四川省保护名录	云南省保护名录	青海省保护名录	红皮书濒危物种	红色名录	IUCN red list	中国特有	长江特有	金沙江特有
	下游			中游			上游			干流													
	干流	左侧支流及其附属水体	右侧支流及其附属水体	干流	左侧支流及其附属水体	右侧支流及其附属水体	干流	左侧支流及其附属水体	右侧支流及其附属水体	下游	中游	上游	支流及其附属水体										
鲌亚科 Danioninae																							
鱲属 *Zacco*																							
宽鳍鱲 *Z. platypus*	±	±	±	±	±																		
马口鱼属 *Opsariichthys*																							
马口鱼 *O. bidens*	–	±											–										
细鲫属 *Aphyocypris*																							
中华细鲫 *A. chinensis*			+																				
雅罗鱼亚科 Leuciscinae																							
丁鲹属 *Tinca*																							
丁鲹 *T. tinca**	+			+																			
青鱼属 *Mylopharyngodon*																							
青鱼 *M. piceus**	–																						
草鱼属 *Ctenopharyngodon*																							
草鱼 *C. idellus**	–				–		–																
赤眼鳟属 *Squaliobarbus*																							
赤眼鳟 *S. curriculus*													–										
鳡属 *Ochetobius*																							
鳡 *O. elongatus**	–																						

续表

水系、保护和特有信息 / 分类阶元	金沙江水系									雅砻江水系				国家保护名录	四川省保护名录	云南省保护名录	青海省保护名录	红皮书濒危物种	红色名录	IUCN red list	中国特有	长江特有	金沙江特有
	下游			中游			上游			干流													
	干流	左侧支流及其附属水体	右侧支流及其附属水体	干流	左侧支流及其附属水体	右侧支流及其附属水体	干流	左侧支流及其附属水体	右侧支流及其附属水体	下游	中游	上游	支流及其附属水体										
鲸属 *Luciobrama*																							
鯮 *L. macrocephalus*[*]	–														√								
鳡属 *Elopichthys*																							
鳡 *E. bambusa*[*]	–														√								
鲌亚科 Cultrinae																							
白鱼属 *Anabarilius*																							
短臀白鱼 *A. brevianalis*		+													√								
西昌白鱼 *A. liui liui*		–	–							–					√				绝灭(EX)		√	√	√
程海白鱼 *A. liui chenghaiensis*					–																√	√	√
嵩明白鱼 *A. songmingensis*		+	±																		√	√	√
邛海白鱼 *A. qionghaiensis*													–		√						√	√	√
寻甸白鱼 *A. xundianensis*			–																				
多鳞白鱼 *A. polylepis*			–																		√	√	√
银白鱼 *A. alburnops*			–													√					√	√	√
飘鱼属 *Pseudolaubuca*																							
银飘鱼 *P. sinensis*	–		+							–													
寡鳞飘鱼 *P. engraulis*	–																				√		
似鱎属 *Toxabramis*																							

续表

分类阶元 \ 水系、保护和特有信息	金沙江水系									雅砻江水系				国家保护名录	四川省保护名录	云南省保护名录	青海省保护名录	红皮书濒危物种	红色名录	IUCN red list	中国特有	长江特有	金沙江特有
	下游			中游			上游			干流													
	干流	左侧支流及其附属水体	右侧支流及其附属水体	干流	左侧支流及其附属水体	右侧支流及其附属水体	干流	左侧支流及其附属水体	右侧支流及其附属水体	下游	中游	上游	支流及其附属水体										
似鲚 *T. swinhonis*	+																						
鳘属 *Hemiculter*																							
鳘 *H. leucisculus*	±		±							+			–										
张氏鳘 *H. tchangi*	–		+							–											√	√	
半鳘属 *Hemiculterella*																							
半鳘 *H. sauvagei*	+		+																		√	√	
原鲌属 *Cultrichthys*																							
红鳍原鲌 *C. erythropterus*	±		+							–			–										
鲌属 *Culter*																							
翘嘴鲌 *C. alburnus*	±																						
蒙古鲌 *C. mongolicus mongolicus*	–																						
程海鲌 *C. mongolicus elongatus*					–																√	√	√
邛海鲌 *C. mongolicus qionghaiensis*													–								√	√	√
鳊属 *Parabramis*																							
鳊 *P. pekinensis*[*]	–																						
鲂属 *Megalobrama*																							
鲂 *M. skolkovii*	+																						

续表

水系、保护和特有信息 / 分类阶元	金沙江水系									雅砻江水系				国家保护名录	四川省保护名录	云南省保护名录	青海省保护名录	红皮书濒危物种	红色名录	IUCN red list	中国特有	长江特有	金沙江特有
	下游			中游			上游			干流													
	干流	左侧支流及其附属水体	右侧支流及其附属水体	干流	左侧支流及其附属水体	右侧支流及其附属水体	干流	左侧支流及其附属水体	右侧支流及其附属水体	下游	中游	上游	支流及其附属水体										
团头鲂 *M. amblycephala*[*]	–																				√	√	
鲴亚科 Xenocyprinae																							
鲴属 *Xenocypris*																							
银鲴 *X. argentea*	–									–													
云南鲴 *X. yunnanensis*			–																		√	√	√
黄尾鲴 *X. davidi*	–																						
方氏鲴 *X. fangi*	–																				√		
细鳞鲴 *X. microlepis*[*]	–																						
圆吻鲴属 *Distoechodon*																							
大眼圆吻鲴 *D. macrophthalmus*					±																√	√	√
圆吻鲴 *D. tumirostris*	–												–								√		
鲢亚科 Hypophthalmichthyinae																							
鳙属 *Aristichthys*																							
鳙 *A. nobilis*[*]	–		–										–										
鲢属 *Hypophthalmichthys*																							
鲢 *H. molitrix*[*]	±		–		±								–										
鳑鲏（鱊）亚科 Acheilognathinae																							

续表

水系、保护和特有信息 / 分类阶元	金沙江水系									雅砻江水系				国家保护名录	四川省保护名录	云南省保护名录	青海省保护名录	红皮书濒危物种	红色名录	IUCN red list	中国特有	长江特有	金沙江特有
	下游			中游			上游			干流													
	干流	左侧支流及其附属水体	右侧支流及其附属水体	干流	左侧支流及其附属水体	右侧支流及其附属水体	干流	左侧支流及其附属水体	右侧支流及其附属水体	下游	中游	上游	支流及其附属水体										
鳑鲏属 *Rhodeus*																							
高体鳑鲏 *R. ocellatus*	±	+	±	+						–			+										
鱊属 *Acheilognathus*																							
大鳍鱊 *A. macropterus*	+																						
长身鱊 *A. elongatus*			+																			√	√	√
兴凯鱊 *A. chankaensis*[*]																							
鮈亚科 Gobioninae																							
䱻属 *Hemibarbus*																							
唇䱻 *H. labeo*	–		+																				
花䱻 *H. maculatus*	±		+																				
麦穗鱼属 *Pseudorasbora*																							
麦穗鱼 *P. parva*	±	±	±	±		+				±			±										
颌须鮈属 *Gnathopogon*																							
短须颌须鮈*G. imberbis*	±		+																			√	√	
银鮈属 *Squalidus*																							
银鮈 *S. argentatus*	±		+																				
点纹银鮈 *S. wolterstorffi*				–																		√		

续表

水系、保护和特有信息 / 分类阶元	金沙江水系									雅砻江水系				国家保护名录	四川省保护名录	云南省保护名录	青海省保护名录	红皮书濒危物种	红色名录	IUCN red list	中国特有	长江特有	金沙江特有
	下游			中游			上游			干流													
	干流	左侧支流及其附属水体	右侧支流及其附属水体	干流	左侧支流及其附属水体	右侧支流及其附属水体	干流	左侧支流及其附属水体	右侧支流及其附属水体	下游	中游	上游	支流及其附属水体										
铜鱼属 *Coreius*																							
铜鱼 *C. heterodon*	±																				√		
圆口铜鱼 *C. guichenoti*	±			±							+										√	√	
吻鮈属 *Rhinogobio*																							
吻鮈 *R. typus*	±																				√		
圆筒吻鮈 *R. cylindricus*	+																				√	√	
长鳍吻鮈 *R. ventralis*	±			±																	√	√	
片唇鮈属 *Platysmacheilus*																							
裸腹片唇鮈 *P. nudiventris*	±		−																		√	√	
棒花鱼属 *Abbottina*																							
棒花鱼 *A. rivularis*	±	±	±	+	+								+										
小鳔鮈属 *Microphysogobio*																							
乐山小鳔鮈 *G. kiatingensis*	±		±																		√		
蛇鮈属 *Saurogobio*																							
蛇鮈 *S. dabryi*	±		−	+	−																		
鳅鮀亚科 Gobiobotinae																							
异鳔鳅鮀属 *Xenophysogobio*																							

续表

分类阶元 \ 水系、保护和特有信息	金沙江水系									雅砻江水系				国家保护名录	四川省保护名录	云南省保护名录	青海省保护名录	红皮书濒危物种	红色名录	IUCN red list	中国特有	长江特有	金沙江特有
	下游			中游			上游			干流													
	干流	左侧支流及其附属水体	右侧支流及其附属水体	干流	左侧支流及其附属水体	右侧支流及其附属水体	干流	左侧支流及其附属水体	右侧支流及其附属水体	下游	中游	上游	支流及其附属水体										
异鳔鳅鮀 *X. boulengeri*	±									–					√						√	√	
裸体异鳔鳅鮀 *X. nudicorpa*	–			+											√						√	√	
鳅鮀属 *Gobiobotia*																							
宜昌鳅鮀 *G. filifer*	–																				√	√	
鲃亚科 Barbinae																							
倒刺鲃属 *Spinibarbus*																							
中华倒刺鲃 *S. sinensis*	±		±		–					–			±								√	√	
鲈鲤属 *Percocypris*																							
鲈鲤 *P. pingi*	–		–	±						–			–		√				易危(VU)	近危(NT)	√	√	
金线鲃属 *Sinocyclocheilus*																							
乌蒙山金线鲃 *S. wumengshanensis*			–																		√	√	√
滇池金线鲃 *S. grahami*			–											II		√		濒危(EN)		极危(CR)	√	√	√
会泽金线鲃 *S. huizeensis*			–																		√	√	√
光唇鱼属 *Acrossocheilus*																							
云南光唇鱼 *A. yunnanensis*	–		±							–			–								√		
白甲鱼属 *Onychostoma*																							
白甲鱼 *O. sima*	–		–							–			–								√		

续表

分类阶元 \ 水系、保护和特有信息	金沙江水系									雅砻江水系				国家保护名录	四川省保护名录	云南省保护名录	青海省保护名录	红皮书濒危物种	红色名录	IUCN red list	中国特有	长江特有	金沙江特有
	下游			中游			上游			干流			支流及其附属水体										
	干流	左侧支流及其附属水体	右侧支流及其附属水体	干流	左侧支流及其附属水体	右侧支流及其附属水体	干流	左侧支流及其附属水体	右侧支流及其附属水体	下游	中游	上游											
野鲮亚科 Labeoninae																							
原鲮属 *Protolabeo*																							
原鲮 *P. protolabeo*			+																		√	√	√
泉水鱼属 *Pseudogyrinocheilus*																							
泉水鱼 *P. prochilus*	−		+	+																	√	√	
墨头鱼属 *Garra*																							
缺须墨头鱼 *G. imberba*	±		±	±																			
盘鮈属 *Discogobio*																							
云南盘鮈 *D. yunnanensis*	−	−	±			+				−			+										
裂腹鱼亚科 Schizothoracinae																							
裂腹鱼属 *Schizothorax*																							
短须裂腹鱼 *S.* (*S.*) *wangchiachii*	±	±	±	±	−		±	±			+		−							近危(NT)	√	√	√
长丝裂腹鱼 *S.* (*S.*) *dolichonema*							±	−							√		√						
细鳞裂腹鱼 *S.* (*S.*) *chongi*	−	−	+	+											√						√	√	
昆明裂腹鱼 *S.* (*S.*) *grahami*		±	±		+		+	+		±			±						易危(VU)	极危(CR)	√	√	√
小裂腹鱼 *S.* (*Racoma*) *parvus*						−															√	√	√
花斑裂腹鱼（新种）*S.* (*R.*) *puncticulatus* sp. nov.												+											

续表

水系、保护和特有信息 / 分类阶元	金沙江水系									雅砻江水系				国家保护名录	四川省保护名录	云南省保护名录	青海省保护名录	红皮书濒危物种	红色名录	IUCN red list	中国特有	长江特有	金沙江特有
	下游			中游			上游			干流													
	干流	左侧支流及其附属水体	右侧支流及其附属水体	干流	左侧支流及其附属水体	右侧支流及其附属水体	干流	左侧支流及其附属水体	右侧支流及其附属水体	下游	中游	上游	支流及其附属水体										
宁蒗裂腹鱼 *S.* (*R.*) *ninglangensis*													–								√	√	√
小口裂腹鱼 *S.* (*R.*) *microstomus*													–								√	√	√
厚唇裂腹鱼 *S.* (*R.*) *labrosus*													–								√	√	√
四川裂腹鱼 *S.* (*R.*) *kozlovi*		–	–	±	–		+	–					–								√	√	√
叶须鱼属 *Ptychobarbus*																							
裸腹叶须鱼 *P. kaznakovi*							±	+															
中甸叶须鱼指名亚种 *P. chungtienensis chungtienensis*					–																√	√	√
中甸叶须鱼格咱亚种 *P. chungtienensis gezaensis*								±													√	√	√
修长叶须鱼（新种）*P. leptosomus* sp. nov.												+									√	√	√
裸重唇鱼属 *Gymnodiptychus*																							
厚唇裸重唇鱼 *G. pachycheilus*							±			±	+		+								√		
裸鲤属 *Gymnocypris*																							
硬刺松潘裸鲤 *G. potanini firmispinatus*							±	+					+								√	√	√
裸裂尻鱼属 *Schizopygopsis*																							
软刺裸裂尻鱼 *S. malacanthus malacanthus*		+		+	±		±	+	+	+	+	+	+								√	√	√
鲤亚科 Cyprininae																							
原鲤属 *Procypris*																							

续表

水系、保护和特有信息 / 分类阶元	金沙江水系									雅砻江水系				国家保护名录	四川省保护名录	云南省保护名录	青海省保护名录	红皮书濒危物种	红色名录	IUCN red list	中国特有	长江特有	金沙江特有
	下游			中游			上游			干流													
	干流	左侧支流及其附属水体	右侧支流及其附属水体	干流	左侧支流及其附属水体	右侧支流及其附属水体	干流	左侧支流及其附属水体	右侧支流及其附属水体	下游	中游	上游	支流及其附属水体										
岩原鲤 *P. rabaudi*	–		+										–		√			易危（VU）	易危（VU）		√	√	
鲤属 *Cyprinus*																							
小鲤 *C.*（*Mesocypris*）*micristius*			–																		√	√	√
鲤 *C.*（*Cyprinus*）*carpio*	±	+		+						–			–										
杞麓鲤 *C.*（*C.*）*carpio chilia*			–																		√		
邛海鲤 *C.*（*C.*）*qionghaiensis*													–		√						√	√	√
鲫属 *Carassius*																							
鲫 *C. auratus*	±	±	±	+						–			–										
条鳅科 Nemacheilidae																							
云南鳅属 *Yunnanilus*																							
黑斑云南鳅 *Y. nigromaculatus*			–																		√	√	√
牛栏江云南鳅 *Y. niulanensis*			–																		√	√	√
长鳔云南鳅 *Y. longibulla*					?																√	√	√
异色云南鳅 *Y. discoloris*			+																		√	√	√
横斑云南鳅 *Y. spanisbripes*			–																		√	√	√
干河云南鳅 *Y. ganheensis*			–																		√	√	√
四川云南鳅 *Y. sichuanensis*		+																			√	√	√

续表

水系、保护和特有信息 / 分类阶元	金沙江水系									雅砻江水系				国家保护名录	四川省保护名录	云南省保护名录	青海省保护名录	红皮书濒危物种	红色名录	IUCN red list	中国特有	长江特有	金沙江特有
	下游			中游			上游			干流													
	干流	左侧支流及其附属水体	右侧支流及其附属水体	干流	左侧支流及其附属水体	右侧支流及其附属水体	干流	左侧支流及其附属水体	右侧支流及其附属水体	下游	中游	上游	支流及其附属水体										
侧纹云南鳅 *Y. pleurotaenia*			–		?																√	√	√
副鳅属 *Homatula*																							
红尾副鳅 *H. variegata*	±	±	+	+		+				–			–								√		
短体副鳅 *H. potanini*	–									–											√	√	
球鳔鳅属 *Sphaerophysa*																							
滇池球鳔鳅 *S. dianchiensis*			–																		√	√	√
南鳅属 *Schistura*																							
横纹南鳅 *S. fasciolata*	±	±		+						–													
戴氏南鳅 *S. dabryi*		–		–									–								√	√	√
牛栏江南鳅 *S. niulanjiangensis*		–																			√	√	√
似横纹南鳅 *S. pseudofasciolata*		–																					
高原鳅属 *Triplophysa*																							
安氏高原鳅 *T. angeli*	±	+		+				+	+		+		+								√		
前鳍高原鳅 *T. anterodorsalis*		–		+																	√	√	√
贝氏高原鳅 *T. bleekeri*	–									–											√	√	
短尾高原鳅 *T. brevicauda*					+		±	+	+				+								√		
稻城高原鳅 *T. daochengensis*				–																	√	√	√

续表

分类阶元 \ 水系、保护和特有信息	金沙江水系									雅砻江水系				国家保护名录	四川省保护名录	云南省保护名录	青海省保护名录	红皮书濒危物种	红色名录	IUCN red list	中国特有	长江特有	金沙江特有
	下游			中游			上游			干流													
	干流	左侧支流及其附属水体	右侧支流及其附属水体	干流	左侧支流及其附属水体	右侧支流及其附属水体	干流	左侧支流及其附属水体	右侧支流及其附属水体	下游	中游	上游	支流及其附属水体										
大桥高原鳅 *T. daqiaoensis*													−		√						√	√	√
昆明高原鳅 *T. grahami*			+																		√		
修长高原鳅 *T. leptosoma*	+			+			±	+	+				+								√		
宁蒗高原鳅 *T. ninglangensis*													−								√	√	√
东方高原鳅 *T. orientalis*												−									√		
斯氏高原鳅 *T. stoliczkai*								+	+			+	+										
拟细尾高原鳅 *T. pseudostenura*													−								√	√	√
秀丽高原鳅 *T. venusta*						−															√	√	√
西昌高原鳅 *T. xichangensis*										−			+		√						√	√	√
西溪高原鳅 *T. xiqiensis*		−																			√	√	√
雅江高原鳅 *T. yajiangensis*											−										√	√	√
姚氏高原鳅 *T. yaopeizhii*									−												√	√	√
沙鳅科 Botiidae																							
薄鳅属 *Leptobotia*																							
红唇薄鳅 *L. rubrilabris*	−																				√	√	
长薄鳅 *L. elongata*	±		−	+														易危(VU)	易危(VU)		√	√	
小眼薄鳅 *L. microphthalma*	−														√						√	√	

续表

水系、保护和特有信息 / 分类阶元	金沙江水系									雅砻江水系				国家保护名录	四川省保护名录	云南省保护名录	青海省保护名录	红皮书濒危物种	红色名录	IUCN red list	中国特有	长江特有	金沙江特有
	下游			中游			上游			干流													
	干流	左侧支流及其附属水体	右侧支流及其附属水体	干流	左侧支流及其附属水体	右侧支流及其附属水体	干流	左侧支流及其附属水体	右侧支流及其附属水体	下游	中游	上游	支流及其附属水体										
紫薄鳅 *L. taeniops*	±																				√		
薄鳅 *L. pellegrini*	−																				√	√	
沙鳅属 *Sinibotia*																							
中华沙鳅 *S. superciliaris*	±		+	+						−											√		
宽体沙鳅 *S. reevesae*	±		+							−											√	√	
副沙鳅属 *Parabotia*																							
花斑副沙鳅 *P. fasciata*	−																				√		
花鳅科 Cobitidae																							
泥鳅属 *Misgurnus*																							
泥鳅 *M. anguillicaudatus*	−	+	−	±	−					−			−										
副泥鳅属 *Paramisgurnus*																							
大鳞副泥鳅 *P. dabryanus*	+	+	+	+																			
爬鳅科 Balitoridae																							
原缨口鳅属 *Vanmanenia*																							
拟横斑原缨口鳅 *V. pseudostriata*			+																		√	√	√
似原吸鳅属 *Paraprotomyzon*																							
牛栏江似原吸鳅 *P. niulanjiangensis*			+																		√	√	√

续表

水系、保护和特有信息 / 分类阶元	金沙江水系									雅砻江水系				国家保护名录	四川省保护名录	云南省保护名录	青海省保护名录	红皮书濒危物种	红色名录	IUCN red list	中国特有	长江特有	金沙江特有
	下游			中游			上游			干流													
	干流	左侧支流及其附属水体	右侧支流及其附属水体	干流	左侧支流及其附属水体	右侧支流及其附属水体	干流	左侧支流及其附属水体	右侧支流及其附属水体	下游	中游	上游	支流及其附属水体										
爬岩鳅属 *Beaufortia*																							
侧沟爬岩鳅 *B. liui*	+	±													√						√	√	
牛栏爬岩鳅 *B. niulanensis*			+																		√	√	√
四川爬岩鳅 *B. szechuanensis*		+																			√	√	
犁头鳅属 *Lepturichthys*																							
犁头鳅 *L. fimbriatus*	±		+	+						+											√	√	
华吸鳅属 *Sinogastromyzon*																							
四川华吸鳅 *S. szechuanensis*			+	−																	√	√	
西昌华吸鳅 *S. sichangensis*			+	−						−			+								√	√	
德泽华吸鳅 *S. dezeensis*			−																		√	√	√
金沙鳅属 *Jinshaia*																							
中华金沙鳅 *J. sinensis*	±			+	+		+			±											√	√	
短身金沙鳅 *J. abbreviata*	±		+	−																	√	√	
间吸鳅属 *Hemimyzon*																							
窑滩间吸鳅 *H. yaotanensis*	−														√				易危 (VU)		√	√	
后平鳅属 *Metahomaloptera*																							
峨眉后平鳅 *M. omeiensis*			+										−								√	√	

续表

水系、保护和特有信息 / 分类阶元	金沙江水系									雅砻江水系				国家保护名录	四川省保护名录	云南省保护名录	青海省保护名录	红皮书濒危物种	红色名录	IUCN red list	中国特有	长江特有	金沙江特有
	下游			中游			上游			干流													
	干流	左侧支流及其附属水体	右侧支流及其附属水体	干流	左侧支流及其附属水体	右侧支流及其附属水体	干流	左侧支流及其附属水体	右侧支流及其附属水体	下游	中游	上游	支流及其附属水体										
长尾后平鳅 *M. longicauda*			+																		√	√	√
鲇形目 Siluriformes																							
鲿科 Bagridae																							
黄颡鱼属 *Pelteobagrus*																							
黄颡鱼 *P. fulvidraco*	–									–													
瓦氏黄颡鱼 *P. vachelli*	±			–						–			–										
光泽黄颡鱼 *P. nitidus*	–		+																				
鮠属 *Leiocassis*																							
长吻鮠 *L. longirostris*	±																				√		
粗唇鮠 *L. crassilabris*	±				–					–											√		
叉尾鮠 *L. tenuifurcatus*	–																				√		
长须鮠 *L. longibarbus*						–															√	√	√
拟鲿属 *Pseudobagrus*																							
中臀拟鲿 *P. medianalis*			+															濒危（EN）	濒危（EN）	极危（CR）	√	√	√
乌苏拟鲿 *P. ussuriensis*	±		+							–													
切尾拟鲿 *P. truncatus*	–																				√		
凹尾拟鲿 *P. emarginatus*	–		+							–											√		

续表

水系、保护和特有信息 / 分类阶元	金沙江水系									雅砻江水系				国家保护名录	四川省保护名录	云南省保护名录	青海省保护名录	红皮书濒危物种	红色名录	IUCN red list	中国特有	长江特有	金沙江特有
	下游			中游			上游			干流													
	干流	左侧支流及其附属水体	右侧支流及其附属水体	干流	左侧支流及其附属水体	右侧支流及其附属水体	干流	左侧支流及其附属水体	右侧支流及其附属水体	下游	中游	上游	支流及其附属水体										
细体拟鲿 *P. pratti*	–									–											√		
短尾拟鲿 *P. brericaudatus*	+			+																	√		
鳠属 *Hemibagrus*																							
大鳍鳠 *H. macropterus*	–																				√		
鮡科 Sisoridae																							
纹胸鮡属 *Glyptothorax*																							
中华纹胸鮡 *G. sinensis*	–			+						–			–								√	√	
石爬鮡属 *Chimarrichthys*																							
长须石爬鮡 *C. longibarbatus*				–	–																√	√	
青石爬鮡 *C. davidi*										–			–		√						√	√	
黄石爬鮡 *C. kishinouyei*				+			±										√				√	√	√
鮡属 *Pareuchiloglanis*																							
前臀鮡 *P. anteanalis*			–	+			+														√	√	
中华鮡 *P. sinensis*							–								√				濒危(EN)		√	√	
钝头鮠科 Amblycipitidae																							
鉠属 *Liobagrus*																							
白缘鉠 *L. marginatus*	±		–							±			–						濒危(EN)		√	√	

续表

分类阶元 \ 水系、保护和特有信息	金沙江水系									雅砻江水系				国家保护名录	四川省保护名录	云南省保护名录	青海省保护名录	红皮书濒危物种	红色名录	IUCN red list	中国特有	长江特有	金沙江特有
	下游			中游			上游			干流													
	干流	左侧支流及其附属水体	右侧支流及其附属水体	干流	左侧支流及其附属水体	右侧支流及其附属水体	干流	左侧支流及其附属水体	右侧支流及其附属水体	下游	中游	上游	支流及其附属水体										
程海鱇 *L. chenghaiensis*		–			–																		
金氏鱇 *L. kingi*	–	–	–																		√	√	√
黑尾鱇 *L. nigricauda*	–		–										–								√	√	
拟缘鱇 *L. marginatoides*	–																				√	√	
鮰科 Ictaluridae																							
鮰属 *Ictalurus*																							
斑点叉尾鮰 *I. punctatus*[*]																							
鲇科 Siluridae																							
鲇属 *Silurus*																							
鲇 *S. asotus*	–		–										–										
昆明鲇 *S. mento*			–																		√	√	√
大口鲇 *S. meridionalis*	+	–		+	–								–								√		
胡子鲇科 Clariidae																							
胡子鲇属 *Clarias*																							
胡子鲇 *C. fuscus*[*]																							
革胡子鲇 *C. gariepinus*[*]	+						+					+											
胡瓜鱼目 Osmeriformes																							

续表

水系、保护和特有信息 / 分类阶元	金沙江水系									雅砻江水系				国家保护名录	四川省保护名录	云南省保护名录	青海省保护名录	红皮书濒危物种	红色名录	IUCN red list	中国特有	长江特有	金沙江特有
	下游			中游			上游			干流			支流及其附属水体										
	干流	左侧支流及其附属水体	右侧支流及其附属水体	干流	左侧支流及其附属水体	右侧支流及其附属水体	干流	左侧支流及其附属水体	右侧支流及其附属水体	下游	中游	上游											
银鱼科 Salangidae																							
新银鱼属 *Neosalanx*																							
陈氏新银鱼 *N. tangkahkeii*[*]	±																						
鳉形目 Cyprinodontiformes																							
大颌鳉科 Adrianichthyidae																							
青鳉属 *Oryzias*																							
中华青鳉 *O. latipes sinensis*					–																		
胎（花）鳉科 Poeciliidae																							
食蚊鱼属 *Gambusia*																							
食蚊鱼 *G. affinis*[*]		+																					
颌针鱼目 Beloniformes																							
鱵科 Hemiramphidae																							
鱵属 *Hemiramphus*																							
间下鱵 *H. intermedius*[*]			+																				
合鳃鱼目 Synbranchiformes																							
合鳃鱼科 Synbranchidae																							
黄鳝属 *Monopterus*																							

续表

水系、保护和特有信息 / 分类阶元	金沙江水系									雅砻江水系				国家保护名录	四川省保护名录	云南省保护名录	青海省保护名录	红皮书濒危物种	红色名录	IUCN red list	中国特有	长江特有	金沙江特有
	下游			中游			上游			干流													
	干流	左侧支流及其附属水体	右侧支流及其附属水体	干流	左侧支流及其附属水体	右侧支流及其附属水体	干流	左侧支流及其附属水体	右侧支流及其附属水体	下游	中游	上游	支流及其附属水体										
黄鳝 *M. albus*	±				–					–			–										
鲈形目 Perciformes																							
鮨鲈科 Percichthyidae																							
鳜属 *Siniperca*																							
鳜 *S. chuatsi*	–																						
大眼鳜 *S. kneri*	+																						
沙塘鳢科 Odontobutidae																							
小黄黝属 *Micropercops*																							
小黄黝 *M. swinhonis**	±	+	+	+			+																
虾虎鱼科 Gobiidae																							
吻虾虎鱼属 *Rhinogobius*																							
子陵吻虾虎鱼 *R. giurinus**	+					+																	
波氏吻虾虎鱼 *R. cliffordpopei**	+																						
鳢科 Channidae																							
鳢属 *Channa*																							
乌鳢 *C. argus*			–		–								–										

注：–，记录种；+，实际调查采集到的种；±，记录和采集种；*，引入种

中文学名索引

拉丁文学名索引

图 版

图版 I　野外调查采集及部分室内工作照

^ 图版 I-1　2008 年 6 月　乌东德库区（从左至右：张春光、张洁、赵亚辉、李高岩、康斌）

^ 图版 I-2　2012 年 4 月　野外调查［从左至右：张春光、Baradi Waryani（巴基斯坦）、曾晴贤（台湾“清华大学”）、刘海波、陈熙］

^ 图版 I-3　2015 年 6 月　金沙江中游调查（从左至右：刘海波、岳兰、张春光、牛诚祎、李飞、李浩林）

^ 图版 I-4　2008 年 6 月作者在野外调查采集（金沙江干流河汊）

^ 图版 I-5　收获喜悦

^ 图版 I-6　野外调查采集（无量河至木里河上游，海拔 4200m）

^ 图版 I-7　野外调查采集（赵亚辉）

^ 图版 I-8　野外鱼类“三场”调查

^ 图版 I-9　野外采集（理塘，海拔 4200m）

^ 图版 I-10　野外调查采集（奔子栏和子更乡）

图版 I-11　圆口铜鱼现场调查（赵亚辉）

图版 I-12　现场调查（金沙江干流元谋至江边乡江段）

图版 I-13　野外现场整理采集

图版 I-14　野外现场处理采集样品

图版 I-15　野外调查现场（金沙江干流——石鼓）

图版 I-16　野外样品处理（中国科学院昆明动物研究所）

^ 图版 I-17　野外样品处理

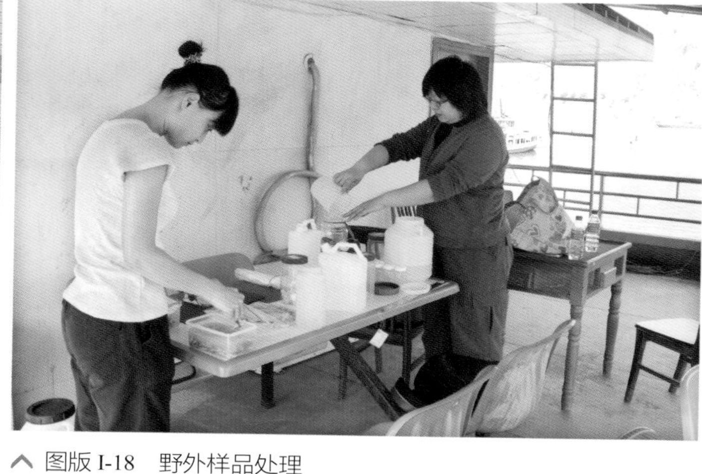
^ 图版 I-18　野外样品处理

^ 图版 I-19　室内标本整理鉴定

^ 图版 I-20　野外调查期间陷车（海拔 4000m）

^ 图版 I-21　野外陷车

^ 图版 I-22　2013 年　四川稻城县野外

^ 图版 I-23　野外陷车（乌东德调查）

^ 图版 I-24　打猎的还是打鱼的

^ 图版 I-25　一顿简单的中餐（海拔 4200m）

^ 图版 I-26　丰盛的晚餐“战利品”圆口铜鱼

图版 II　流域自然环境

^ 图版 II-1　金沙江也是长江上游最大支流——雅砻江上游（海拔 4000m 以上，刘淑伟提供）

^ 图版 II-2　汇入金沙江第一河——巴塘河——金沙江最上游

^ 图版 II-3　金沙江干流最上游（石渠江段）

^ 图版 II-4　金沙江干流上游（石渠洛须镇金沙江大桥）

^ 图版 II-5　金沙江干流上游峡谷激流河段

〈 图版 II-6　举世闻名的虎跳峡小憩

^ 图版 II-7　高山出平湖　金沙江中游上段金安桥库区缓流江段

^ 图版 II-8　金沙江中游干流鲁地拉库区缓流江段

^ 图版 II-9　金沙江干流下游第一梯级　乌东德库区未建前激流河段

图版 II-10　高原湿地——理塘城郊

图版 II-11　安宁河（金沙江中下游界河），雅砻江汇口洪水期

图版 II-12　安宁河，雅砻江汇口枯水期鱼类产卵场环境（刘淑伟提供）

^ 图版 II-13　雅砻江入金沙江汇口（枯水期，刘淑伟提供）

^ 图版 II-14　黑水河下游入金沙江汇口处（雨季）

^ 图版 II-15　雨季龙川江（金沙江支流）

^ 图版 II-16　金沙江下游干流元谋江段（圆口铜鱼及中华金沙鳅等激流鱼类主要生活江段），渔民流水网捕圆口铜鱼、中华金沙鳅等

^ 图版 II-17　金沙江干流蛟平渡江段（早期资源调查法推测的圆口铜鱼产卵场远眺）

^ 图版 II-18　程海风光

^ 图版 II-19　马湖

^ 图版 II-20　邛海风光

^ 图版 II-21　神秘的泸沽湖一瞥

图版 III 流域水电工程建设及影响河段现状

^ 图版 III-1 向家坝全景（蓄水期）

^ 图版 III-2 溪洛渡大坝——金沙江下游梯级第二级

图版 III-3　龙开口电站 - 泄水

图版 III-4　龙开口电站 - 丰水期

图版 III-5　龙开口水利枢纽 - 枯水期

^ 图版 III-6　木里河梯级开发 - 在建电站

^ 图版 III-7　金沙江下游溪洛渡库区黑水河上游水电站（金下栖息地保护河段）

^ 图版 III-8　雅砻江 - 支流电站

^ 图版 III-9　支流水坝

^ 图版 III-10　安宁河冕宁县城外坝下减脱水河段（中国科学院昆明动物研究所提供）

^ 图版 III-11　安宁河中游引水工程造成部分河段干涸（中国科学院昆明动物研究所提供）

^ 图版 III-12　九龙县乃渠乡支流电站下游，基本断流（中国科学院昆明动物研究所提供）

^ 图版 III-13　元谋龙川江 - 脱水河段

^ 图版 III-14　建坝后的减水河段

^ 图版 III-15　建坝后的脱水河段（小中甸河中下游天然河段）

^ 图版 III-16　支流坝下减水河段

^ 图版 III-17　支流大坝下减水河段

图版 IV 人文景观

^ 图版 IV-1 皎平渡 红军长征渡金沙江处

< 图版 IV-2 红军长征经过地——甘孜

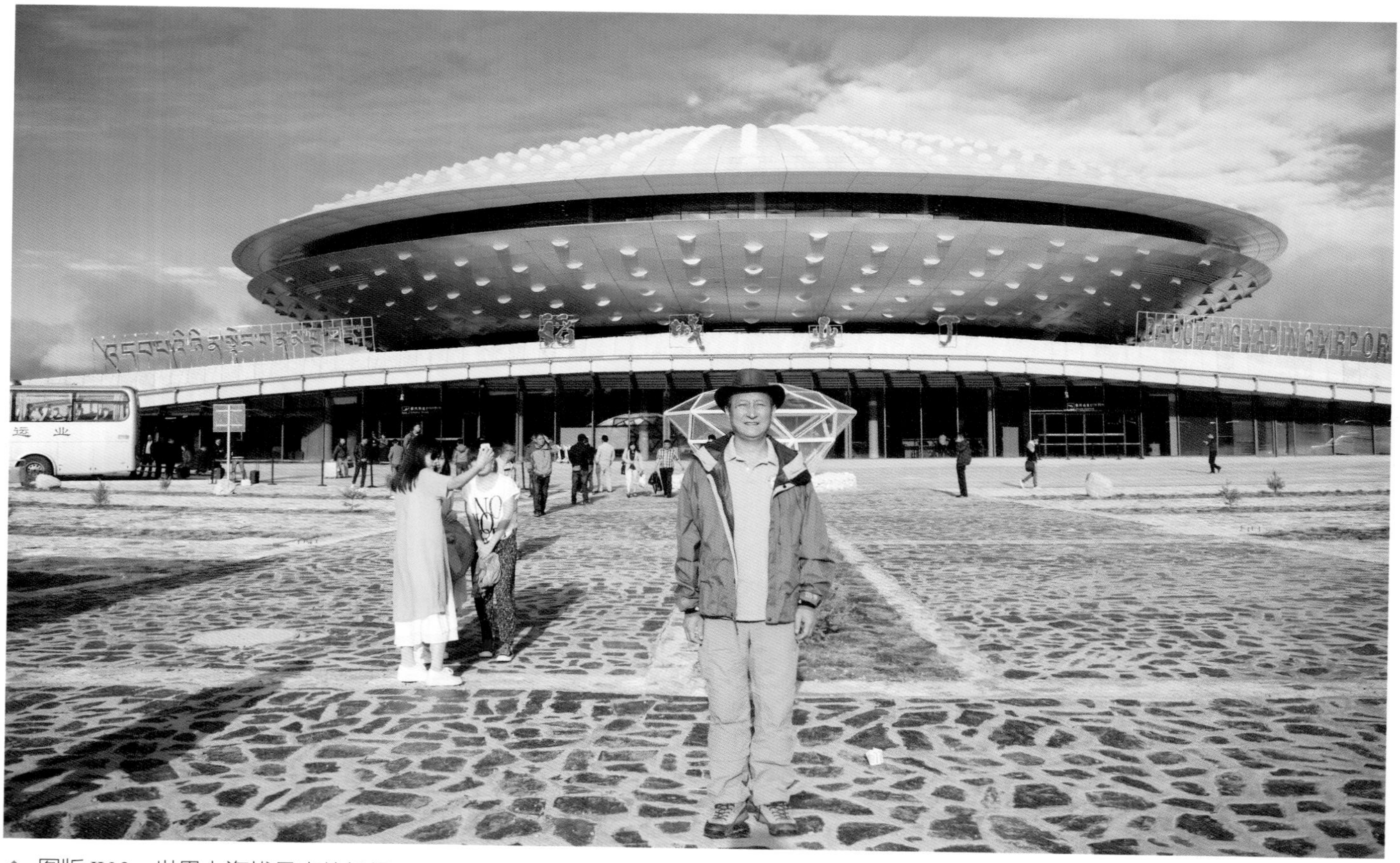

^ 图版 IV-3　世界上海拔最高的机场——亚丁机场，4200m（金沙江流域）

^ 图版 IV-4　攀枝花市鸟瞰（金沙江流域）

^ 图版 IV-5　金沙江轮渡（云南省元谋县江边乡）

^ 图版 IV-6　自然美景（四川省会东县鲹鱼河上游）

^ 图版 IV-7　稻城著杰寺

^ 图版 IV-8　稻城城郊——晨雾中的白塔

^ 图版 IV-9　木里县

^ 图版 IV-10　宗教圣地——木里河畔

^ 图版 IV-11 宗教圣地

^ 图版 IV-12 宗教圣地

^ 图版 IV-13 藏族神山

图版 IV-14　宗教圣地——藏区寺庙

图版 IV-15　木里县

图版 IV-16　上天的大门 - 世界最高城
——理塘县城西门（海拔 4200m）

^ 图版 IV-17　传统藏乡——新龙县

^ 图版 IV-18　传统藏族村落

^ 图版 IV-19　乡城鸟瞰

^ 图版 IV-20　传统藏族村落

^ 图版 IV-21　传统藏族民居

^ 图版 IV-22　传统藏乡

图版 IV-23　藏族民居——康定

图版 IV-24　淳朴的藏族同胞（乡城）

^ 图版 IV-25　高山动植物

^ 图版 IV-26　合欢树（元谋）

图版 V　流域常见产卵场、渔具、违法渔业和环境问题等

^ 图版 V-1　金沙江宜宾三块石江段平水期

^ 图版 V-2　金沙江干流下游宜宾三块石江段丰水期（历史上中华鲟及胭脂鱼等著名产卵场）

^ 图版 V-3　白鹤滩及乌冬德枢纽鱼类增殖放流站（世界上规模最大、条件最好的鱼类增殖放流站）

^ 图版 V-4　流刺网捕鱼（金沙江中下游干流）

^ 图版 V-5　流刺网捕捞圆口铜鱼和中华金沙鳅

^ 图版 V-6　金沙江下游干流元谋江段（圆口铜鱼和中华金沙鳅等激流鱼类主要生活江段）

^ 图版 V-7　活鱼仓圆口铜鱼活水养殖

^ 图版 V-8　金沙江汇口处渔业生产现场调查（水富横江）

^ 图版 V-9　横江下游近汇入金沙江汇口处专业渔民

^ 图版 V-10　垂钓（得荣）

^ 图版 V-11　搬罾（宜宾）

^ 图版 V-12　搬罾（金沙江 - 雅砻江汇口下）

^ 图版 V-13　溪洛渡库区网箱养鱼

^ 图版 V-14　地笼捕鱼

^ 图版 V-15　鱼梁（元谋至龙川江汇口）

^ 图版 V-16　淘鱼（三块石附近）

^ 图版 V-17　淘鱼（水富）

^ 图版 V-18　拉鲊 - 鱼鲊金沙江边鱼市交易

^ 图版 V-19　非法电鱼（巧家县牛栏江）

^ 图版 V-20　非法电鱼（安宁河及雅砻江交汇处）

^ 图版 V-21　非法电鱼（金安桥库区）

^ 图版 V-22　非法电鱼（龙开口库区非法电捕鱼）

^ 图版 V-23　非法电鱼（支流）

图版 V-24　非法电鱼（龙开口库区）

图版 V-25　2012 年 9 月 长江上游通天河段

图版 V-26　金沙江上游干流江边垃圾场

图版 V-27　支流污染

图版 V-28　向家坝（横江口下沿金沙江边堆放的生活垃圾）

图版 V-29　甘孜雅砻江大水过后江边枝杈上悬挂的污物